色谱技术丛书（第三版）

傅若农　主　编

汪正范　刘虎威　副主编

各分册主要执笔者：

《色谱分析概论》	傅若农
《气相色谱方法及应用》	刘虎威
《毛细管电泳技术及应用》	陈　义
《高效液相色谱方法及应用》	于世林
《离子色谱方法及应用》	牟世芬　朱　岩　刘克纳
《色谱柱技术》	赵　睿　刘国诠
《色谱联用技术》	白　玉　汪正范　吴侔天
《样品制备方法及应用》	李攻科　汪正范　胡玉玲　肖小华
《色谱手性分离技术及应用》	袁黎明　刘虎威
《液相色谱检测方法》	欧阳津　那　娜　秦卫东　云自厚
《色谱仪器维护与故障排除》	张庆合　李秀琴　吴方迪
《色谱在环境分析中的应用》	蔡亚岐　江桂斌　牟世芬
《色谱在食品安全分析中的应用》	吴永宁
《色谱在药物分析中的应用》	胡昌勤　马双成　田颂九
《色谱在生命科学中的应用》	宋德伟　董方霆　张养军

“十三五”国家重点出版物出版规划项目

色谱技术丛书

离子色谱方法及应用

第三版

牟世芬　朱　岩　刘克纳　编著

化学工业出版社

·北京·

本书是《色谱技术丛书》的一个分册，系统阐述了离子色谱的原理、仪器、技术及应用。全书首先概述了离子色谱的定义、特点及发展趋势，在此基础上详细介绍了离子交换色谱、离子排斥色谱和离子对色谱 3 种离子色谱的分离机理及影响因素，离子色谱柱填料，离子色谱的抑制技术，离子色谱常用的电化学和光学检测器，离子色谱样品前处理技术以及离子色谱在环境、食品、工业、医疗卫生、药物、农业等领域中的应用。最后，介绍了离子色谱仪器常见故障的排除和色谱柱的清洗。

本版在内容结构上较前两版做了较大的调整，增补了离子色谱在理论、应用、软件和硬件方面的最新近展，提供了如何利用离子色谱进行物质分离分析的思路、策略、方法和实例。

本书可作为从事离子色谱分析的研究人员、仪器开发人员和分析技术人员的参考书，同时可供环境、食品、化工、化学、医药、农业等领域的分析工作者参考阅读。

图书在版编目（CIP）数据

离子色谱方法及应用 / 牟世芬，朱岩，刘克纳编著. —3 版. 北京：化学工业出版社，2018.3（2024.2 重印）
（色谱技术丛书）
ISBN 978-7-122-31489-5

Ⅰ. ①离…　Ⅱ. ①牟…　②朱…　③刘…　Ⅲ. ①离子色谱法-研究　Ⅳ. ①O657.7

中国版本图书馆 CIP 数据核字（2018）第 024867 号

责任编辑：傅聪智　　　　文字编辑：向　东
责任校对：王　静　　　　装帧设计：刘丽华

出版发行：化学工业出版社（北京市东城区青年湖南街 13 号　邮政编码 100011）
印　　装：北京盛通数码印刷有限公司
710mm×1000mm　1/16　印张 27　字数 548 千字　2024 年 2 月北京第 3 版第 5 次印刷

购书咨询：010-64518888　　　　售后服务：010-64518899
网　　址：http://www.cip.com.cn
凡购买本书，如有缺损质量问题，本社销售中心负责调换。

定　　价：128.00 元

序

《色谱技术丛书》从2000年出版以来，受到读者的普遍欢迎。主要原因是这套丛书较全面地介绍了当代色谱技术，而且注重实用、语言朴实、内容丰富，对广大色谱工作者有很好的指导作用和参考价值。2004年起丛书第二版各分册陆续出版, 从第一版的13个分册发展到23个分册（实际发行22个分册），对提高我国色谱技术人员的业务水平以及色谱仪器制造和应用行业的发展起了积极的作用。现在，10多年又过去了，色谱技术又有了长足的发展，在分析检测一线工作的技术人员迫切需要了解和应用新的技术，以提高分析测试水平，促进国民经济的发展。作为对这种社会需求的回应，化学工业出版社和丛书作者决定对第二版丛书的部分分册进行修订，这是完全必要的，也是非常有意义的。应出版社和丛书主编的邀请，我很乐意为丛书第三版作序。

根据色谱技术的发展现状和读者的实际需求，丛书第三版与第二版相比，作了较大的修订，增加了不少新的内容，反映了色谱的发展现状。第三版包含了15个分册，分别是：傅若农的《色谱分析概论》，刘虎威的《气相色谱方法及应用》，陈义的《毛细管电泳技术及应用》，于世林的《高效液相色谱方法及应用》，牟世芬等的《离子色谱方法及应用》，赵睿、刘国诠等的《色谱柱技术》，白玉、汪正范等的《色谱联用技术》，李攻科、汪正范等的《样品制备方法及应用》，袁黎明等的《色谱手性分离技术及应用》，欧阳津等的《液相色谱检测方法》，张庆合等的《色谱仪器维护与故障排除》，蔡亚岐、江桂斌等的《色谱在环境分析中的应用》，吴永宁等的《色谱在食品安全分析中的应用》，胡昌勤等的《色谱在药物分析中的应用》，宋德伟等的《色谱在生命科学中的应用》。这些分册涵盖了色谱的主要技术和主要应用领域。特别是第三版中《样品制备方法及应用》是重新组织编写的，这也反映了随着仪器自动化的日臻完善，色谱分析对样品制备的要求越来越高，而样品制备也越来越成为色谱分析、乃至整个分析化学方法的关键步骤。此外，《色谱手性分离技术及应用》的出版也使得这套丛书更为全面。总之，这套丛书的新老作者都是长期耕耘在色谱分析领域的专家学者，书中融入了他们广博的知识和丰富的经验，相信对于读者，特别是色谱分析行业的年轻工作者以及研究生会有很好的参考价值。

感谢丛书作者们的出色工作，感谢出版社编辑们的辛勤劳动，感谢安捷伦科技有限公司的再次热情赞助！中国拥有世界上最大的色谱市场和人数最多的色谱工作者，我们正在由色谱大国变成色谱强国。希望第三版丛书继续受到读者的欢迎，也祝福中国的色谱事业不断发展。是为序。

2017年12月于大连

前言

离子色谱（IC）是液相色谱（LC）的一种模式，主要用于阴、阳离子的分析。对难以用其他仪器和方法分析的常见阴离子、阳离子、小分子有机酸和有机胺类等组分的分析，离子色谱法具有选择性独特、可同时分析多组分、很少用有机溶剂等突出优点。基于上述优点，离子色谱法自 1975 年问世以来发展很快，已在环境监测、食品分析、工业生产、医疗卫生、生化与药物等领域得到广泛应用，特别是近 10 年来在生化与药物分析中的应用发展迅速。近 10 年新增加的用离子色谱的标准方法多达 80 余项。

本书的第一版于 2000 年由化学工业出版社出版，2005 年出版的第二版在第一版的基础上对各章节做了必要的修改和补充，增加了五年发展的新内容。第二版出版至今已有十余年，在此期间离子色谱技术在理论、应用及软件和硬件等方面都有新的发展，其应用从主要用于无机阴、阳离子的分析发展成为在无机离子和有机离子的分析中起重要作用的分析技术。因此本版内容的改动较大。将离子色谱的三种分离方式（2005 年版的第三～五章）合并成一章（本版的第二章），增加了使用广泛的离子交换分离的内容，压缩了应用较少的离子排斥与离子对色谱的内容；将离子色谱的关键部件抑制器单独作为一章（本版的第四章）；对离子色谱的应用，除增加了最近十余年来的新应用以及在生化与药物分析中的应用之外，还增加了对方法发展的阐述；参考文献中尽可能增加国内期刊的文章。

离子色谱不同于高效液相色谱（HPLC）的独特选择性，是其快速发展的推动力。两项成就加速了离子色谱的发展，一项是淋洗液在线发生器，只用水即可在线得到高纯氢氧根（OH^-）淋洗液与碳酸盐淋洗液，使用氢氧根淋洗液的梯度淋洗可成功实施；另一项是高效电解抑制器的发展。只用水不用化学试剂进行一项分析，而且废液也是清洁的水，对使用者来说，除标准溶液与样品，水是唯一的试剂。这样绿色环保的分析技术在分析化学中几乎找不到先例。

与 HPLC 不同，IC 中影响选择性的关键因素是固定相，分离柱是 IC 的关键部件，新的离子交换剂的研究一直是 IC 发展中最具挑战性的目标，是 IC 研究的热点。抑制器是离子色谱不同于 HPLC 的关键部件，构成离子色谱应用最广的抑制型电导，近年来有较多的改进与发展。因此本书将离子色谱的固定相与抑制器分别单独作为一章来讨论。

在离子色谱应用一章中，较系统地介绍了其在环境、食品、工业、生化和药物等领域的应用，还重点讨论了根据待测化合物的化学和物理性质如何选择固定相、流动相以及检测器，为读者做方法发展提供参考。

本书在编写过程中，得到中国科学院生态环境研究中心环境化学与生态毒理学国家重点实验室、赛默飞世尔科技有限公司中国应用实验室的大力支持；浙江工业大学黄忠平老师、浙江省中医药研究院王娜妮老师与宁波疾病预防控制中心金米聪研究员参加了部分编写工作；丁晓静博士为样品前处理提供了基础资料（第二版）；从书副主编汪正范教授对书稿进行了审阅。在此一并表示衷心的感谢。

由于编者的水平有限，本书中的不足之处在所难免，恳请广大读者批评指正。

编著者

2017 年 10 月于北京

第一版前言

离子色谱是高效液相色谱的一种模式，主要用于阴、阳离子的分析。离子色谱法具有选择性好，灵敏、快速、简便，可同时测定多组分，特别是难以用其他仪器和方法分析的组分。基于上述优点，离子色谱法自1975年问世以来发展很快，已在环境监测、电力、半导体工业、食品、石油化工、医疗卫生和生化等领域得到广泛应用，并有数十项获有关国家批准的标准方法。

本书作者（之一）15年前与刘开录先生合作撰写了《离子色谱》一书，1986年由中国科学出版社出版。15年在近代科学发展史中应是一段较长的时间，离子色谱技术在硬件、软件、理论及应用等方面都有了很大的发展。其应用从主要用于无机阴离子的分析发展成为在无机离子和有机离子分析中起重要作用的分析技术。

为了促进离子色谱技术的普及和发展，有利于离子色谱分析工作的开展和提高，我们撰写了本书，供广大读者参阅。

本书较系统地阐述了离子色谱的原理、新技术及应用。全书分十章：第一章绪论，介绍了离子色谱的定义概念及各种分离方式的特点；第二章介绍了离子色谱的固定相；第三、四、五章分别系统地讨论了离子色谱的3种分离方式——离子交换、离子排斥和离子对色谱的分离机理及抑制机理，影响保留的主要参数，流动相的选择，用于无机阴离子、有机阴离子以及阳离子分析的典型色谱条件；第六章主要介绍非抑制型电导检测离子色谱；第七章重点介绍离子色谱常用的电化学和光学检测器；第八、九两章较系统地介绍了分析方法的开发和在环境、高纯水、食品、生化和石化等领域中的应用；第十章介绍仪器常规故障的排除和柱子的保护及清洗。

在本书中全面贯彻了国家标准《GB 3100~3102—93 量和单位》中的有关原则与规定，书中量和单位均按标准进行规范化，对于过去文献中使用的“当量”及相关的术语等，全部改用以“物质的量”为基准的表达。为保持与文献数据的一致性，在采用物质的量的单位“摩尔”（mol）时，其基本单元全部用“当量粒子”。

本书在编写过程中得到中国科学院生态环境研究中心离子色谱组和美国 Dionex 公司的大力支持，并得到天美公司的赞助。本书完稿之后，承北京理工大学傅若农教授审阅，并提出宝贵意见。在此一并表示衷心的感谢。

由于我们水平所限，书中不妥和错误之处在所难免，敬请读者错正。

牟世芬　刘克纳

2000 年 4 月于北京

第二版前言

离子色谱是高效液相色谱的一种模式，主要用于阴离子、阳离子的分析。对难以用其他仪器和方法分析的常见阴离子、阳离子、有机酸和有机胺类等组分的分析，离子色谱法具有选择性好，灵敏、快速、简便，可同时测定多组分的突出优点。基于上述优点，离子色谱法自 1975 年问世以来发展很快，已在环境监测、电力、半导体工业、食品、石油化工、医疗卫生和生化等领域得到广泛应用，已有数十项成为有关权威机构的标准方法。

本书的第一版于 2000 年由化学工业出版社出版。至今已过去 5 年，在此期间离子色谱技术在理论、应用及软件和硬件等方面都有新的发展，其应用从主要用于无机阴离子、阳离子的分析发展成为在无机离子和有机离子的分析中起重要作用的分析技术。本书在第一版的基础上对各章节都做了必要的修改和补充，增加了近 5 年来发展的新内容。

近年来离子色谱发展的一项重要突破是对氢氧根离子（OH^-）选择性的高效亲水性固定相以及可产生高纯氢氧化钾淋洗液的“在线”淋洗液发生器的商品化。这一技术提高了离子色谱方法的灵敏度，扩展了离子色谱的应用，用等浓度泵作梯度淋洗，使梯度淋洗与等浓度淋洗同样方便，对使用者来说，水是唯一的试剂。

由于常见的阴离子、阳离子是离子色谱分析的灵敏成分，对离子色谱分析样品的前处理方法有其特殊要求，因此，本书增加了样品前处理方面的内容。

在应用一章中，较系统地介绍了离子色谱在环境、半导体、食品、生化和石化等领域的应用，还重点讨论了根据待测成分的化学和物理性质如何选择固定相、流动相以及检测器。

本书第一、二、三、四、五章和第八章的第一、二、五、六、七节由牟世芬编写；第六、九章和第八章的第三、四节由刘克纳编写；第七章由丁晓静编写；全书由牟世芬统稿。

本书在编写过程中，得到中国科学院生态环境研究中心环境化学与生态毒理学国家重点实验室和美国 Dionex 公司的大力支持，丛书主编傅若农教授审阅全稿，在此一并表示衷心感谢。

由于编者的水平有限，本书中的不妥和错误在所难免，恳请广大读者批评指正。

牟世芬

2005 年 3 月于北京

目录

第一章 概述

第二章 离子色谱的分离机理与影响因素

第三章 离子色谱柱填料

第四章 离子色谱的抑制技术

第五章　离子色谱常用检测器

第六章　离子色谱样品的前处理

第七章　离子色谱的应用

第八章 仪器常见故障的排除和色谱柱的清洗

附录

CHAPTER 1

第一章

概述

第一节　离子色谱的定义和进展

离子色谱（IC）是液相色谱（LC）的一种，是分析阴、阳离子和小分子极性有机化合物的一种液相色谱方法。现代 IC 的开始源于 H. Small 及其合作者的工作，他们于 1975 年发表了第一篇 IC 论文[1]，同年商品仪器问世。

Small 等将第二支柱子（后来称为抑制器）连接于离子交换分离柱之后，通过在抑制柱中发生的化学反应，于进入电导检测器之前，将淋洗液转变成低电导形式、待测离子成高电导形式，降低流动相的背景电导，提高待测离子的电导响应值，称为抑制型电导。1979 年 Fritz 等提出另一种分离与检测离子的模式[2]，不用抑制器，电导检测池直接连接于分离柱之后，用较低容量的离子交换分离柱，较低离子强度的溶液作流动相，称为非抑制型离子色谱法(或称为单柱离子色谱法)。两种方法所用柱填料和淋洗液不同，各有优缺点，抑制型电导的应用较非抑制型广。

离子色谱不同于气相色谱（GC）与高效液相色谱（HPLC）的独特选择性，是其快速发展的推动力。从离子色谱问世至今，已经发生了巨大的变化。在其初期，IC 主要用于常见阴离子的分析，而今，IC 已是一项成熟的分析技术[3]，成为分析无机阴离子与小分子极性有机阴离子的首选方法。离子色谱也广泛应用于阳离子的分析，但由于有多种灵敏的多元素分析方法(特别是 ICP-MS)，IC 在阳离子分析中尚未承担主要作用。离子交换是 IC 的主要分离方式，离子排斥和离子对色谱在离子型和水可溶有机离子的分析中也起着重要的补充作用。就其主要应用而言，电导检测器是最通用的检测器，紫外/可见（UV/Vis）、安培或脉冲安培、荧光以及 ICP-MS 等元素特征检测器也得到广泛应用。IC 法早期发展的主要推动力是阴离子的分析，如一次进样，8min 内可同时测定几微克每升至数百毫克每升数量级的 F^-、Cl^-、NO_2^-、Br^-、NO_3^-、HPO_4^{2-} 和 SO_4^{2-} 等多种阴离子，因此 IC 问世之后很快就成为分析阴离子的首选方法。阳离子的 IC 法分析也在分析化学中广泛被接受。例如新型的弱酸型阳离子交换分离柱，一次进样 10min 内就可完成碱金属（一价）、碱土金属（二价）及铵的分离与检测。近年来，IC 在有机和生化分析方面的应用研究也很活跃，特别是在生化与药物分析方面的应用迅速增长。如用离子排斥柱，稀酸作流动相，可分析 30 余种常见的水溶性小分子有机酸，其中包括用 GC 难以分析的羟基有机酸与难以在 HPLC 柱上保留的极性强的有机酸。又如糖和氨基酸的分析，IC 法中无须柱前和柱后衍生反应[4]，在强碱介质中，氨基酸、单糖和低聚糖以阴离子形式存在，用氢氧化钠（或氢氧化钾）作流动相，阴离子交换分离、脉冲安培检测，直接进样，可检测的浓度低至 pmol/L～fmol/L。药物中杂质的监测是制药工业的一项基本任务[5]。当这些杂质是离子或可离子化的化合物时，离子色谱法是一个可选择的好分析方法，因为离子色谱提供的分离选择性是对广泛使用的反相 HPLC 的补充，由于分离机理不同，增加了检测杂质的概率。元素的价态与形态分析是分析化学关注的难点之一，离子的不同价态与形态是影响其在离子交换色谱柱上保留的关键因素，因此可在离子色谱柱上很好地被保留与分离，离子色谱与 ICP-MS、AFS 等联用，检测的浓度可低至 pg/L。

与 HPLC 不同，IC 中改变选择性的关键因素是固定相，分离柱是 IC 的关键部件，新的离子交换固定相的研究一直是 IC 发展中最具挑战性的目标，是 IC 研究的热点。为了改变与改善选择性，研制离子色谱的公司已发展了数十种分离柱，如美国 Dionex 公司（2011 年之后合并入 Thermo Fisher Scientific）已经商品化的阴离子交换分离柱近 40 种，阳离子交换分离柱近 20 种。固定相的几个主要发展是：改进树脂的表面化学性质，用新的键合官能团与结构获得新的离子交换选择性，改进离子交换剂的水解与热稳定性和亲水性以扩大应用范围；增加柱容量，改进直接进样分析含高浓度基质的复杂样品的能力；减小树脂的粒度，提高柱效；减小柱子的直径，可与选择性好、灵敏度高的多元素分析仪器（如 IC-MS、AFS、ESI-MS 等）联用，毛细管离子色谱已经商品化。高交联度离子交换树脂填充的阴离子交换分离柱，除了在 pH 0～14 稳定外，还可兼容反相有机溶剂（如甲醇、乙腈等），可在淋洗液中加入有机溶剂调节和改善分离的选择性，缩短疏水性较强的离子的保留时间，以及用有机溶剂清洗有机物对色谱柱的污染以延长柱子的使用寿命。对羟基（OH^-）选择性的亲水性固定相的研制成功是对 IC 固定相的又一突破。可用氢氧化钠（或氢氧化钾）作流动相，由于 OH^- 经抑制反应之后转变成水，淋洗液浓度的改变不影响背景电导，可作梯度淋洗；降低了淋洗液的背景电导，提高检测灵敏度；水负峰小，大体积进样时非常小的水负峰不干扰弱保留离子的分离。高效高容量柱（如阴离子交换分离柱 IonPac AS19 和阳离子交换分离柱 IonPac CS16 的柱容量分别高达 359μmol/柱和 8000μmol/柱），增加弱保留离子的保留，改善弱保留离子的分离；可用于高离子浓度基体的样品中痕量阴、阳离子的直接进样分析。具有离子交换、离子对和反向分离机理的多维分离柱[6]，可同时用多种分离机理来改善分离和选择性，一次进样可同时分离离子型和非离子型化合物。螯合树脂填料的引入[7]可做在线浓缩、富集和基体消除，降低IC法的检出限1～2个数量级。小孔径（2mm）IC柱[8]，直接进样，较相同条件下直径为4mm标准孔柱的灵敏度高4倍；需用的样品量和化学试剂量少，而且由于淋洗液的流量降低，相当于抑制器抑制容量的扩大，因此可用较高浓度的淋洗液分离高电荷以及强保留的阴、阳离子。小颗粒（4μm）填料的新型柱，提高了柱效；以OH^-为淋洗液，梯度淋洗，峰容量已达40多种离子。快速柱，对常见7种阴离子的分离小于3min。

前面已经述及，离子色谱中OH^-是一种非常理想的淋洗离子，但这种碱性溶液非常容易吸收空气中的CO_2。CO_2在碱性溶液中将转变成淋洗强度较OH^-强的CO_3^{2-}，导致选择性的改变、基线波动与高的噪声。淋洗液在线发生器（详见第二章）可得到纯的所需浓度的OH^-。对OH^-选择性的亲水性分离柱与淋洗液在线发生器的结合，是离子色谱发展的又一新的里程碑[9,10]。碳酸盐淋洗液的在线发生器也已商品化。该项新技术，勿需用化学试剂手工配制流动相，只需用水及鼠标操作，即可在线产生所需准确浓度的淋洗液。该项新技术不仅为离子色谱的在线自动检测提供了技术基础，而且将离子色谱发展到真实的“绿色化学”的新阶段。

抑制器是离子色谱的特殊而关键部件，抑制器技术的最新发展是可自动再生连续工作。将电解和离子交换膜（或离子交换树脂）技术结合，在库仑力的作用下推动离子通过离子交换膜的移动速度，因而增加了抑制器的抑制容量和减少平衡时间。该抑制器简化了抑制器的操作，摒弃了外加再生液（较浓的酸或碱）的需要，由电解水产生抑制反应所需的H^+和OH^-。基于该原理，为提高抑制容量、减小死体积、改善稳定性等性能的多种型号抑制器已商品化，而且不断有创新[11~13]。

两项新技术——淋洗液在线发生器[14]与自动再生电解抑制器的发展，加速了离子色谱应用的发展。只用水不用化学试剂进行一项分析任务，而且废液也是清洁的水，分析化学中几乎找不到先例。

高压离子色谱系统的商品化改变了离子色谱低压的限制，可用粒径小于4μm的柱填料，提高柱效与加快流速。

第二节 离子色谱的分离方式

离子色谱的分离机理主要是离子交换，有三种分离方式，它们是高效离子交换色谱（HPIC）、离子排斥色谱（HPIEC）和离子对色谱（MPIC）。用于三种分离方式的柱填料的树脂骨架基本上都是苯乙烯-二乙烯基苯的共聚物，但树脂的离子交换功能基和容量各不相同。HPIC用低容量的离子交换树脂，HPIEC用高容量的树脂，MPIC用不含离子交换基团的多孔树脂。三种分离方式各基于不同分离机理。HPIC的分离机理主要是离子交换，HPIEC主要是离子排斥，而MPIC则主要基于吸附和离子对的形成。离子抑制色谱法和金属配合物离子色谱法也有应用报道，但没有作为离子色谱法的一种分离方式提出来。

离子交换分离基于流动相中溶质离子（样品离子）与固定相上的离子交换基团之间发生的离子交换。对高极化度和疏水性较强的离子，分离机理中还包括非离子交换的吸附过程。离子交换色谱主要用于无机和有机阴离子和阳离子的分离。目前用于阴离子分离的离子交换树脂的功能基主要是季铵基，用于阳离子分离的离子交换树脂的功能基主要是磺酸基和羧酸基。

离子排斥色谱的分离机理包括 Donnan 排斥、空间排阻和吸附过程。固定相主要是高容量的总体磺化的聚苯乙烯/二乙烯基苯阳离子交换树脂。离子排斥色谱主要用于有机酸、无机弱酸和醇类的分离。HPIEC 的一个特别的优点是可用于弱的无机酸和有机酸与在高的酸性介质中完全离解的强酸的分离，强酸不被保留，在死体积被洗脱。

离子对色谱的主要分离机理是吸附，其固定相主要是弱极性和高比表面积的中性多孔聚苯乙烯-二乙烯基苯树脂和弱极性的辛烷或十八烷基键合的硅胶两类。分离的选择性主要由流动相决定。有机改进剂和离子对试剂的选择取决于待测离子的性质。离子对色谱主要用于表面活性的阴离子和阳离子以及金属络合物的分离。

第三节　离子色谱系统

IC 系统的构成与 HPLC 相同，仪器由流动相传送、分离柱、检测器和数据处理（色谱工作站除做数据处理之外，还可控制仪器，半智能地帮助选择和优化色谱条件）四个部分组成。其主要不同之处是 IC 的流动相要求耐酸碱腐蚀以及在可与水互溶的有机溶剂（如乙腈、甲醇和丙酮等）中稳定的系统。因此，凡是与流动相接触的容器、管道、阀门、泵、柱子及接头等均不宜用不锈钢材料，目前主要是用耐酸碱腐蚀的聚醚醚酮（PEEK）材料的全塑料 IC 系统。全塑料系统和用微机控制的高精度无脉冲双往复泵，在 0～14 的整个 pH 值范围内和 0～100%与水互溶的有机溶剂中性能稳定的柱填料和液体流路系统，以及用色谱工作站控制仪器的全部功能和做数据处理，是现代离子色谱仪的主要特点。

离子色谱的最重要部件是分离柱。柱管材料应是惰性的，一般均在室温下使用。高效柱和特殊性能分离柱的研制成功，是离子色谱迅速发展的关键。抑制器是抑制型电导检测器的关键部件之一，高的抑制容量、小的死体积、能自动连续工作、不用复杂和有害的化学试剂是现代抑制器的主要特点。

离子色谱的检测器分为两大类，即电化学检测器和光学检测器。电化学检测器包括电导、直流安培、脉冲安培和积分安培；光学检测器主要是紫外/可见分光。电导检测器是 IC 的主要检测器，分为抑制型和非抑制型两种。抑制器能够显著提高电导检测器的灵敏度和选择性，可用高离子交换容量的分离柱和高浓度的淋洗液。安培检测器有两种，单电位安培检测器（或称直流安培检测器）和多电位安培检测器[6]（或称脉冲安培检测器）。多电位安培检测器除工作电位外，另加一个较工作电位正的清洗电位和一个较工作电位负的清洗电位，用于直流安培检测器不能测定的易使电极中毒的化合物，如糖类、醇类和氨基酸等的检测。光学检测器包括紫外/可见和荧光检测器。紫外/可见检测器与普通液相色谱中所用者无明显区别，用可见波长区时，常加进柱后衍生以提高检测灵敏度与选择性。

与 ICP-MS、MS、AFS、LED 等多元素检测器的联用，可提高方法的灵敏度与选择性，扩大离子色谱的应用范围，弥补 GC-MS 与 HPLC-MS 存在的不足。联用时，可方便地用抑制器除盐，消除对质谱离子喷雾源的影响与对质谱系统 ESI 部件的损害；在淋洗液或洗脱液中添加有机溶剂提高检测灵敏度。如对火器弹药的分析[15]，虽然 GC-MS 与 HPLC-MS 已广泛应用，但对司法鉴定与环境而言，还存在缺口，有些化合物对识别与表征火器弹药至关重要，如识别氯氧化合物与氯离子，金属离子的不同形态（如 Fe^{3+}与 Fe^{2+}），含氮化合物（硝酸、亚硝酸、硫氰酸盐与氰酸盐等）的分析。

离子色谱工作站的作用在于控制仪器运行、采集信号、处理数据、输出报告，一般分为以下三种类型。①普及型：此种工作站仅采集模拟信号，兼可进行简单的触发控制。功能简单，可以兼容包括气相色谱、液相色谱的多种检测器，但是对于超出输出范围的色谱峰无法准确定量。②专一型：此种工作站是厂家根据各自生产的仪器需求专门研制的，可以实现从编辑程序、运行样品到分析结果的全自动操作，功能全面但是兼容性较差，对于同时拥有气相色谱仪、液相色谱仪和离子色谱仪的实验室而言，需要操作人员花费大量时间熟悉多种色谱软件的不同操作界面。③多功能型：此种工作站功能完善，可以实现不同厂家、多种型号仪器的网络化控制和分析数据的远程传输。实验人员在办公室中即可控制当地、乃至异地仪器的运行，了解其运行情况并分析结果。

色谱数据处理系统是现代离子色谱不可或缺的一个组成部分。借助于网络技术的发展，色谱工作站不仅做数据处理、全程控制仪器运行、实现仪器智能化与自动化，还可以实现对多系统的远程实时遥控。

第四节　离子色谱的优点

溶液中离子型化合物的检测是经典分析化学的主要内容。对阳离子的分析已有多种快速而灵敏的分析方法，如原子吸收、高频电感耦合等离子体发射光谱和 X 射线荧光分析法等，而对阴离子的分析长期以来缺乏同时检测多种阴离子的快速灵敏方法，一直是沿用经典的容量法、重量法和光度法等。这些方法不能同时分析多种离子，操作步骤冗长费时，需用多种化学试剂，灵敏度低而且干扰多。离子色谱具有快速、灵敏、选择性好和同时测定多组分的优点，可以测定很多目前难以用其他方法测定的离子，尤其是阴离子。离子色谱对阴离子的分析是分析化学中的一项新的突破。如果说高频电感耦合等离子体发射光谱-质谱（ICP-MS）是目前同时测定多元素的快速、灵敏而准确的分析方法，则同时测定多种阴离子的快速、灵敏而准确的分析方法当首推离子色谱法。离子色谱对阳离子分析的突出贡献是对 NH_4^+ 和有机胺的分析，因为这些化合物很难用别的仪器分析方法完成。

高效液相色谱（HPLC）中的固定相主要是硅胶，硅胶稳定的 pH 范围是 2～8。有机高聚物基质离子交换剂在 pH 0～14 和与水互溶的有机溶剂中稳定，因此可用强的酸和碱以及有机溶剂作流动相。IC 的应用已从主要做无机阴、阳离子的分析扩展到有机化合物的分析，特别是难以用 GC 和 HPLC 分析的极性较强的水溶性化合物的分析。

一、独特的选择性

IC 不同于 GC 和 LC 的独特选择性推动了离子色谱的快速发展。IC 对无机阴离子的分析已是广泛应用的首选方法，对常见无机阳离子、小分子有机酸与极性有机化合物的分析也显示出明显的优势，是对广泛应用的 LC 与 GC 的重要补充。待测定离子的电荷数、疏水性、大小等是影响其保留的重要因素，因此，IC 在价态与形态分析方面也显示出独特的优势。对不同离子分析的选择性可通过选择适当的分离方式、分离柱、检测方法与淋洗液来达到。与 HPLC 相比，IC 中固定相对选择性的影响较大，如 IonPac CS15 型阳离子分离柱，因其树脂的修饰基团增加了内径为 1.38nm 的冠醚，对离子半径亦为 1.38nm 的 K^+ 保留增强，将阳离子的洗脱顺序从原来的 $Li^+ \rightarrow Na^+ \rightarrow NH_4^+ \rightarrow K^+ \rightarrow Mg^{2+} \rightarrow Ca^{2+}$ 改变成 $Li^+ \rightarrow Na^+ \rightarrow NH_4^+ \rightarrow Mg^{2+} \rightarrow Ca^{2+} \rightarrow K^+$。虽然已有数十种已经商品化的不同选择性的高效分离柱供选用，但对固定相的研究一直是 IC 的热点，每年匹兹堡会议都有新的分离柱推出[16~19]。在离子交换分离中，溶质离子对固定相的亲和力主要与溶质的电荷数、离子半径和疏水性有关；在离子排斥色谱中，溶质离子对固定相的亲和力主要与其 pK_a 值有关。在选定分离柱和检测器之后，可由选择淋洗液的种类和浓度以及梯度来改变选择性。IC 中的抑制器不仅在用电导检测器时降低淋洗液的背景电导、提高目标离子的电导影响，而且将洗脱液转变成简单的 H_2O 或 H_2CO_3，可方便地与溶质特性检测器联用，改善选择性、提高灵敏度。

全 PEEK 材质，可耐强酸强碱，不必担心金属材质溶出问题；

二、高的灵敏度

离子色谱分析的浓度范围为每升几微克至数百毫克。直接进样（如 25μL）电导检测，对常见阴离子的检出限小于 10μg/L。对电厂、核电厂以及半导体工业所用高纯水，通过增加进样量，采用微孔柱（2mm 直径）或方便的在线浓缩等方法，检出限可达 pg/L 或更低。脉冲安培检测器对电化学活泼性化合物的检测限低至 fmol/L。

柱后衍生反应是一个成本较低且简单的提高检测灵敏度的方法。例如基于I^-对次氯酸盐与双二甲胺二苯甲烷之间反应的催化效应，对I^-的检测限达 0.02ng。

三、真正的绿色色谱分析技术

两项新技术加速了离子色谱的发展，一项是电解淋洗液在线发生器，可得到高纯氢氧化物淋洗液，使氢氧化物梯度淋洗可成功实施；另一项是高效电解抑制器的发展。离子色谱一般不用有机溶剂，有时用少量与水互溶的有机溶剂，减少了对工作人员健康的伤害与对环境的污染，是真正的绿色色谱分析技术。

第五节 离子色谱的发展趋势

一、离子色谱固定相的发展

离子色谱分离中，由于离子交换可以很方便地控制选择性并且在很宽的 pH 值范围内使用，因此最常用的固定相为离子交换固定相。常见的固定相有九种基本结构，包括静电附聚大孔基质、聚合物接枝多孔基质、化学修饰聚合物基质、聚合物包埋基质、聚合物上的多步聚合基质、离子态分子吸收色谱基质、硅烷基修饰的硅胶基质、静电附聚非孔基质与聚合外涂层的杂化基质。上述九种基本结构中，前五种应用较广[20]。

（一）新型离子色谱固定相

离子色谱已广泛应用于无机离子和离子态化合物的分析，至今已有 70 多种不同类型的商品化离子色谱柱。直到近期，离子色谱的生产和制造仍主要集中在提高固定相的离子交换容量和改善柱效、选择性与亲水性上，而较少考虑分析速度。而与之相对照的，近十年来在反相液相色谱中，用了超高压力（最高可达 15000psi，1psi=6894.76Pa）的金属泵，发展最快的是小颗粒填料（小于 2μm 的颗粒逐步推广），可以用更短的色谱柱在保持柱效和分辨率不变的前提下极大地提高分析速度。

离子色谱与高效液相色谱相比，小颗粒填料的应用相对落后，这是因为离子色谱受其硬件的限制。用于高效或超高压液相色谱的不锈钢泵、管路和接口不兼容离子色谱所用的高腐蚀性酸或碱淋洗液。早期的离子色谱是用玻璃柱和聚甲醛组件构成的。随着聚醚醚酮（PEEK）泵和管路的引入，离子色谱压力范围接近于常规的 HPLC。此外，由于碳酸盐淋洗溶液固有的电导和碳酸盐或氢氧根淋洗液的杂质在梯度淋洗离子色谱中有严重的漂移和鬼峰。通过淋洗液发生器可得到高纯氢氧根淋洗液，但淋洗液发生器本身的耐压范围有限，最高压力限定在 3000psi（1psi=6894.76Pa，下同）以防止淋洗液发生器内的膜泄漏，因此离子色谱硬件压力和流速范围一直限定在比较低的范围内[21]。由于压力的限制，离子色谱固定相试图通过在不提高柱压的前提下，通过提高淋洗液的流速来加快分离的速度，整体柱是一个很好的选择[22,23]。与填充柱不同，整体柱的结构可以制备成较大的孔隙，通过对流传质，当流速增大时柱效不会明显降低，而比较大的贯穿孔隙也不会有过大的反压。另外，由于整体柱不需要装填，可以很容易做成毛细管色谱柱。整体柱的基质材料可以用聚合物，也可以用硅胶，特别是聚合物基质的整体柱可以在很宽的 pH 值范围内使用。早期的离子色谱整体式固定相是采用商品化硅胶整体柱，涂上阳离子表面活性剂制成[24]或通过反相离子对分离[25]来实现的，这种色谱柱可以实现离子的快速分离。虽然这种类型的色谱柱具有很好的分离效率和分析速度，分离可以按秒来进行计算；但由于表面活性剂涂层的不稳定，这种色谱柱不可能商品化。经过近十年的努力，用于离子色谱分析的聚合物整体柱已经商品化，目前已有 Thermo Fisher Scientific 公司生产的 IonSwift™ 色谱柱系列。

（二）快速离子色谱固定相

由于压力和流速所限，离子色谱至今还通常采用比较大的颗粒填料（7～13μm）和较长的柱管（20～25cm）。缩短色谱柱长度是快速分离的途径之一[26]。图 1-1（a）为用柱长为 25cm、填充 6.5μm 填料的常规柱（IonPac AS22）的离子色谱图。7 种阴离子在 9600 塔板数下 12min 分离，柱压<2000psi。然而在图 1-1（a）中，过大的超过要求的分离度使时间变得太长，如图中矩形框部分。在颗粒粒径不变的情况下通过缩短色谱柱的长度，可以提高分析速度，如用柱长为 15cm 的 IonPac AS22-Fast 色谱柱，可以缩短 40%的运行时间，见图 1-1（b）。虽然柱效从 9600 降到 5000，但 7 种常见阴离子还是能够达到基线分离。而由于缩短了色谱柱长度，柱压也随之降低（1900psi），这样就可以用更高的流速。当将 15cm IonPac AS22-Fast 色谱柱的流速提高到 2.0mL/min 时，7 种常见无机阴离子的分离只需 4.5min，见图 1-1（c）。

随着超高压液相色谱（UHPLC）技术的发展，高效液相色谱（HPLC）越来越多地增加了小颗粒固定相的应用。近年来，这个趋势也影响了离子色谱领域新的色谱柱的引入。小颗粒与大颗粒固定相相比将改善分离的效率，仅用短的色谱柱就可以完成常规色谱柱的分离。例如，Tosoh 公司最近推出 TSKgel Super IC-Anion HS 色谱柱，被称为“超高速阴离子分析柱”，是采用 3.5μm 颗粒填料，该色谱柱尺寸为 100mm×4.6mm，由于填料的颗粒小，有较高的柱效，可以实现常见无机阴离子的快速分析，对 7 种常见阴离子的分离时间小于 4min。

Shodex 公司最近推出了 IC SI-35 4D 色谱柱，其填料为 3.5μm 颗粒的聚乙烯醇固定相，色谱柱尺寸为 150mm×4mm。由于小粒径具有高的色谱柱效，该色谱柱可在 14min 内快速分析常见离子和消毒副产物卤氧酸。这根色谱柱也可用于一些常见的脂肪酸的分析。Thermo Fisher Scientific 公司有 9 种通用的 4μm 填料的色谱柱已经商品化：IonPac AS28-4μm、IonPac AS23-4μm、IonPac AS11-HC-4μm、IonPac AS18-4μm、IonPac CS19-4μm、IonPac CS16-4μm、IonPac CS16-Fast-4μm、IonPac

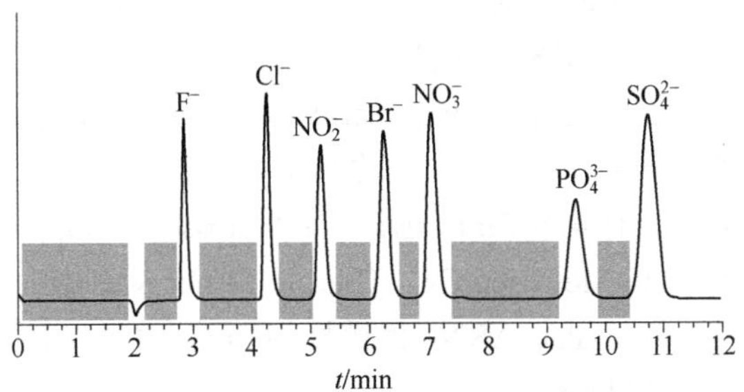

(a) 25cm × 0.4cm IonPac AS22，流速1.2mL/min

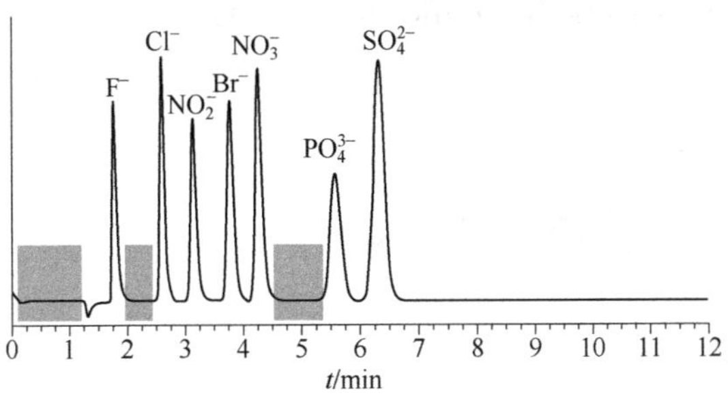

(b) 15cm × 0.4cm IonPac AS22-Fast，流速1.2mL/min

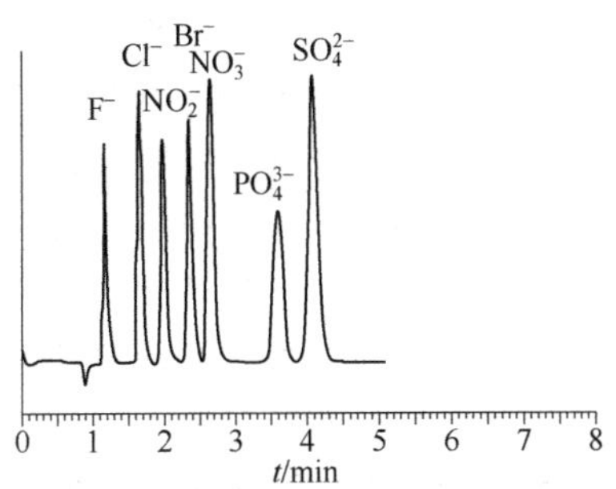

(c) 15cm × 0.4cm IonPac AS22-Fast，流速2.0mL/min

图 1-1 相同粒径填料（6.5μm）和色谱柱内径，柱长 25cm 和 15cm 色谱柱的比较

淋洗液：4.5mmol/L 碳酸钠-1.4mmol/L 碳酸氢钠

进样体积：10μL　　　检测器：抑制电导

CS12-4μm、IonPac AS22-Fast-4μm，均有 250mm 和 150mm 的柱长，其中 IonPac CS16-Fast-4μm 和 IonPac AS22-Fast-4μm 可用于常规的阴、阳离子快速分离。

（三）微孔和毛细管离子色谱柱

小内径色谱柱是离子色谱发展的另一个方向，微孔型（内径 1～2mm）和毛细管（内径<0.4mm）柱有两大优点：第一，对于一定量的样品具有更高的灵敏度，同样质量的样品注入更小内径的色谱柱，信号将会明显增加，有利于低浓度样品的分析；第二，对于同样的分离时间，线速度必须是相同的，小内径的色谱柱意味着流

速随着色谱柱内径的平方比减小而减小，这样就使溶剂的使用量减少。

用 4μm 颗粒的 IonPac AS18 毛细管柱，7 种常见阴离子分离只要 2min，流速为 25μL/min 时系统压力仅为 3480psi。与 AS22-Fast 色谱柱每个峰需要 98s 相比，该毛细管柱每种离子分离只需要 17s。在过去的几年里，2mm 内径的商品色谱柱快速增加。如 Metrohm 公司已经有 4 款 2mm 色谱柱：Metrosep A Supp10、Metrosep A Supp 15、Metrosep A Supp 16 和 Metrosep C4。Thermo Fisher Scientific 公司增加了 IonPac AS24A、IonPac AS25 和 IonPac AS26 色谱柱到 2mm 内径，并已经将 20 多款色谱柱扩展到毛细管（内径 400μm）型。

最近（2016 年），Thermo Scientific Dionex 已经推出 ICS-5000+系统和 Integrion HPIC 高压离子色谱系统，重新设计了淋洗液发生器，系统可承受更高的压力（6000psi）。

二、离子色谱检测技术的发展

（一）电导检测技术

电导检测有两种不同的类型，即接触式电导检测和非接触式电导检测。从目前商品化的离子色谱情况看，由于色谱柱还没有细到类似于毛细管电泳的状态，如 <100μm，因此非接触式毛细管电泳还没有在商品化离子色谱仪上采用。但从今后的发展趋势看，非接触式电导检测（C4D）应该有更广泛的适应性[27,28]。在 C4D 中，一对环形电极放置在毛细管的末端，隔开 1mm，在一个电极上施加一个激发电压，这个电压的频率为几千赫兹，这个激发信号通过毛细管壁与溶液内部形成电感耦合并传到另一电极上。有多种不同的方法来测定电导，最简单的方法是在收集电极和接地电极之间连接电流对电压的转换器，将检测信号放大与调整，使信号的大小与溶液电导成正比。已经有一款高分辨率的便宜电容——电压数字转换器与 C4D 技术相似，但其饱和电导值仅为 100μS/cm。尽管有许多优点，非接触式电导检测器应用于昂贵的离子色谱还需要一些时间。

抑制型电导离子色谱的最主要缺点是对弱酸响应值的减少，对于 $pK_a<7$ 的酸，实际上就看不到信号了。虽然氢氧根淋洗液的非抑制型离子色谱可以提供响应信号，但由于背景电导过高，加上实际样品的复杂基体，实际应用并不理想。因此在通过第一个（常规）抑制电导检测器之后，通过电解生成少量的氢氧根（如氢氧化钠），然后再用第二个检测器检测，第二个检测器的原理与非抑制氢氧根淋洗液离子色谱原理相同。这种两维检测的结果见图 1-2。这可以作为抑制型离子色谱的一个附件，由于至今还没有商品化，可通过将两个商品化系统连接来实现，每个系统都装配淋洗液发生器。用这种系统可以构建起来进行双检测。通过对比两个检测器所得的色谱峰面积之比就可以计算出弱酸的 pK_a 值[26,28]。

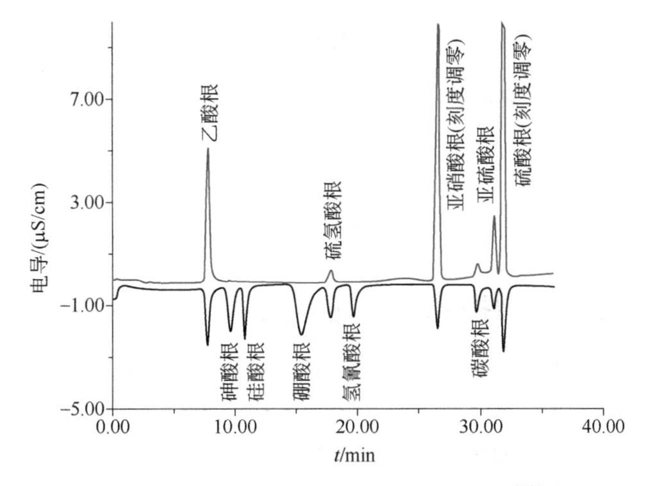

图 1-2　两维梯度氢氧根淋洗离子色谱[28]

上：抑制电导检测器；下：第二维检测器（基线扣除，背景约为 25μS/cm）

色谱柱：IonPac AS11-HC

淋洗液：KOH 梯度淋洗，0～30mmol/L

色谱峰：正峰依次是乙酸根、硫氢酸根、亚硝酸根、亚硫酸根、硫酸根

负峰依次是砷酸根、硅酸根、硼酸根、氢氰酸根、碳酸根

（二）新型电荷检测器

电荷检测器是最近才开发出来的离子色谱新型检测器[28,29]，它对离子有响应但检测原理跟电导检测器不同，电荷检测器是对电导检测器的一个很好的补充。电荷检测器的基本结构与电解抑制器相似，见图 1-3。它在阴极有一个阳离子交换膜（CEM），在阳极有一个阴离子交换膜（AEM），当抑制器流出液流过两个膜之间时，电极之间的电流（施加电压为 2～12V 直流，通常为 6V 直流）即为分析信号。因为 OH^-流动相经过抑制器后转变成水，仅有痕量的背景电流来自水中残留的杂质离子和水自身解离产生的很小量的背景电流。当电解质（对于抑制后的阴离子色谱必定为酸，但在原理上它可以是任何一种电解质转移到检测器）进入该电解池时，H^+和 X^-各自透过阳离子交换膜（CEM）和阴离子交换膜（AEM）移向负极和正极，即可检测这些离子携带的电荷。对完全离子化的电解质，可以用于校正，如 1μmol/L SO_4^{2-}产生的信号应与 2μmol/L Cl^-的信号相同。电荷检测器是一种破坏性的检测器，它的本质是去离子，对在去离子过程中发生的电荷转移进行测量。与电导检测器相比，电荷检测器对弱电解质有相对高的响应值。因为电导检测器仅对弱电解质的离解部分有响应，而在电荷检测器中发生去离子化，为了保持化学平衡，更多未离解的部分将产生离解。最终的离子化程度取决于施加的电场和在检测器中的停留时间。也就是说，淋洗液流速（相对于检测器的停留时间成反比）对弱酸的影响比对强酸的影响要大得多。即使在正常流速，电荷检测器对弱电解物质的响应信号也较抑制型电导大。

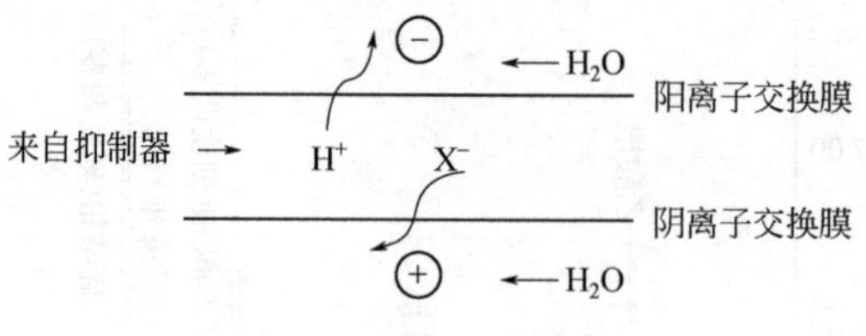

图 1-3 电荷检测器原理

三、多维离子色谱技术与阀切换技术

图 1-4 所示为二维离子色谱的流路，其中一维色谱分离系统为常规离子色谱系统（柱内径 4mm），通过第一维系统的分离之后，在第二维系统的进样阀中，将高浓度的基体离子或高浓度的干扰离子切换至废液；将目标离子（带有少量干扰离子）切换至浓缩柱。一维系统中的淋洗液是 OH^-，洗脱液经过抑制器后已被转变成不含洗脱离子的水，因此，目标离子可被完全保留在浓缩柱上，然后进入第二维进行分析。为了提高方法的灵敏度，第二维的分离柱可以是微孔柱或者 0.4mm 内径的毛细管系统，也可以是不同选择性的分离柱。除了常规的阴、阳离子交换分离柱之外，离子色谱的第一维基体消除，也可以采用离子排斥、反相等分离方式。多维离子色谱及其中心切割技术，极大地扩展了离子色谱的应用范围，特别是在复杂基体痕量成分分析中的应用。由于离子色谱的抑制器可以将淋洗液（OH^-）转化成水，因此离子色谱系统可非常简单地只用一个泵、一支分离柱与一支小的浓缩柱（也可以是

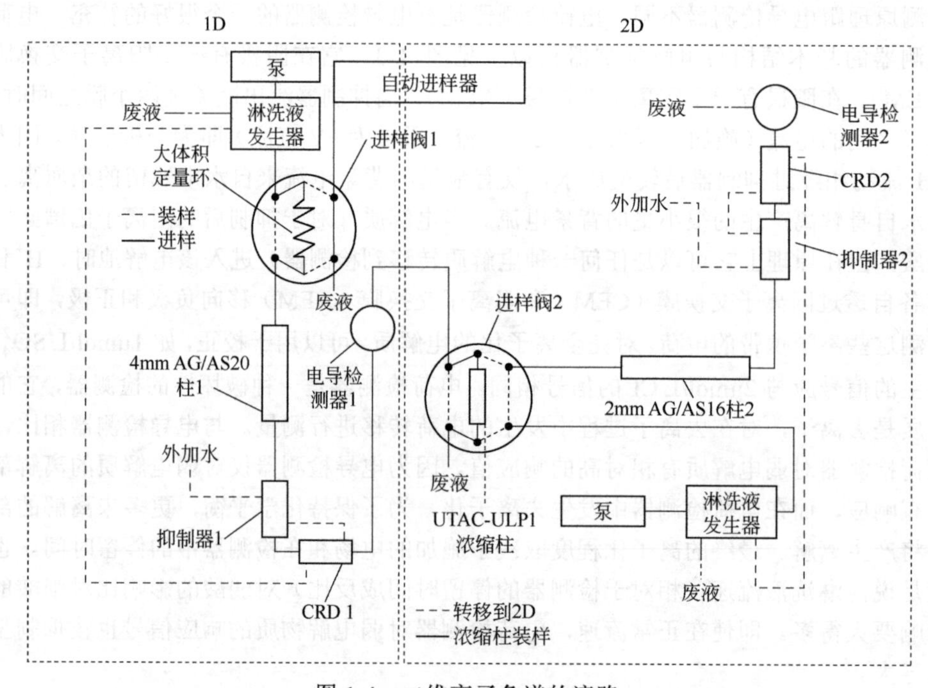

图 1-4 二维离子色谱的流路

分离柱的保护柱）来实现在线基体消除和对痕量成分的浓缩富集。

四、离子色谱的联用技术

离子色谱现有检测器主要是电导、安培和积分安培（包括脉冲安培）、紫外/可见光吸收和荧光检测器。然而在实际工作中，上述检测器有时难以满足被检测目标物的需求，为了进一步提高检测灵敏度与改进选择性，需要用更具选择性且灵敏的检测方法，因此发展了多种联用技术。目前离子色谱的联用主要是与光谱仪和质谱仪的联用，主要包括原子荧光光谱仪（AFS）、电感耦合等离子体质谱仪（ICP-MS）和有机质谱仪等的联用。

原子荧光光谱技术的优势主要体现在多元素的同时检测及可与质谱媲美的灵敏度和检出限，特别是与氢化物发生系统联用后可消除光源散射光和基体背景的干扰，再加上成本较低、操作简单，用于联用具有较大的优势。离子色谱与氢化物发生-原子荧光光谱仪(HG-AFS)联用，在线紫外光分解样品，可有效解决化合物的价态与形态分离问题，克服了电导检测器对这些化合物的检测灵敏度低的缺点。近年来，IC-HG-AFS 联用已广泛用于砷、硒、汞与铬的价态与形态分析[30~32]。

离子色谱与 ICP-MS 的联用技术融合了离子色谱与 ICP-MS 两种分析技术的优点，与 ICP-MS 或 ESI-MS 联用时，提供了远高于电导或 UV/Vis 检测器的灵敏度，能更好地应对当前分析检测中所面临的一些难题。离子色谱与 ICP-MS 的接口容易匹配而且十分简单。离子色谱的流动相通常含有无机盐和一定比例的有机溶剂，可在离子色谱柱与 ICP-MS 的雾化器间，利用离子色谱的抑制器实现在线除盐，减少盐在锥口的堆积，消除淋洗液中的盐对质谱电喷雾离子源的影响和对质谱部件的损害。在淋洗液或洗脱液中添加有机溶剂，增加洗脱液的挥发性来提高检测灵敏度。最近，多篇文章综述了该联用技术的应用，如 Barron 与 Gilchrist[33]综述了离子色谱与质谱联用在环境和法院对爆炸残留物分析中的应用，引用了 282 篇参考文献，说明了离子色谱与质谱联用的优点，改进了选择性与灵敏度，而且方法的重现性非常好；方法对爆炸残留物中痕量氯氧化合物与氯离子、金属离子的不同形态（如 Fe^{3+} 与 Fe^{2+}）、多种含氮化合物（硝酸、亚硝酸、硫氰酸盐与氰酸盐等）的组成分析，是其他方法无法完成的。Gilchrist 等[34]综述了该联用技术在饮用水消毒副产物卤氧化物分析中的应用。

形态分析是 ICP-MS 发展最快的领域之一，在环境、食品、生化等多种领域得到广泛应用。元素的不同形态和价态经过离子色谱的分离后用 ICP-MS 在线检测，方便快速，检出限低。近期的报道，如饮料中痕量 BrO_3^- 和 Br^-的分析[35]、地面水中砷的形态分析[36,37]、植物性样品中痕量的 IO_3^- 和 I^-的分析[38]、肉中砷的形态分析[39]、南极虾中砷的形态分析[40]、大鼠脏器中砷的形态分析[41]、玩具材料中铬的形态分析[42]、金的形态分析[43]、植物体中镧系元素的分析[44]，检测限可达 0.1～0.3ng/g。

质谱作为一种高灵敏度的定性、定量技术已在环境分析、药物分析及食品安全监测中得到了广泛的应用，离子色谱与有机质谱联用成为解决复杂基体中痕量离子型有害物质分析的有效工具。然而早期由于离子色谱与有机质谱联用的接口技术问题，有机质谱的离子源不兼容含有电解质的离子色谱淋洗液。为了克服上述问题，Kim 等开创了离子色谱与有机质谱联用的先河，将抑制器置于离子色谱柱出口和质谱之间，通过粒子束接口将离子色谱与质谱联用，并成功地用于芳族磺酸[45]的测定。接着又有人用于有机酸[46]、有机胂[47]、氯酚[48]、溴酸盐和高氯酸盐[49]等的测定研究。为了进一步降低淋洗液中电解质的量，一种流速为 μL/min 范围的微径柱应运而生，用于进一步改善离子色谱与有机质谱的兼容性，该柱已用于有机酸[50]、低聚糖和葡萄糖等的检测，取得了很好的效果。

参考文献

[1] Small H, Stevens T S, Baumann W C. Anal Chem, 1975, 47: 1801.

[2] Gjerde D T, Fritz J S, Schmuckler G. J Chromatogr, 1979, 186: 509.

[3] Haddad P R, Nesterenko P N, Buchberger W. J Chromatogr A, 2008, 1184: 456.

[4] Zhang Z, Khan N M, Karen M, et al. Anal Chem, 2012, 84: 4104.

[5] Karua N, Dicinoskia G W, Haddada P R, et al. J Chromatogr A, 2011, 1218: 9037.

[6] Stillian J, Pohl C A. J Chromatogr, 1990, 499: 249.

[7] Siriraks A, Kingston H M, Riviello J M. Anal Chem, 1990, 62: 1185.

[8] Wojtusik M J, Berthold J, KaiserE Q, et al. Adv Instrum Control, 1993, 48: 30.

[9] Haddad P R. Anal Bioanal Chem, 2004, 379: 341.

[10] Small H, Liu Y, Avdalovic N. Anal Chem, 1998, 70: 3629.

[11] Haddad P R, Jackson P E, Shawa M J. J Chromatogr A, 2003, 1000: 725.

[12] Elkin K, Riviello J, Small H. J Chromatogr A, 2015, 1403: 63.

[13] Wouters S, Wouters B, Jespers S, et al. J Chromatogr A, 2014, 1355: 253.

[14] Small H, Rivello J. Anal Chem, 1998, 70: 2205.

[15] Barron L, Gilchrist E. Anal Chim Acta, 2014, 806: 27.

[16] Haddad P R, Jackson P E. Trends Anal Chem, 1993, 12: 231.

[17] Saini C, Pohl C, Narayaran L. An Improved Ion Exchange phse for the Determination of Fluoride and other Common Anions by Ion Chromatography. Presentation at Pittsburgh Conferrence, 1995, New Orlenans, LA, USA.

[18] Woodruff A, Pohl C A, Bordunov A, et al. J Chromatogr A, 2002, 956: 35.

[19] Woodruff A, Christopher A P, Bordunov A, et al. J Chromatogr A, 2003, 997: 33.

[20] Pohl C. LC-GC North America, APRIL, 2013, 31: 16-22.

[21] Lucy CA, Wahab M F. LC-GC North America, APRIL, 2013, 31: 38.

[22] Nordborg A, Hilder E F, Haddad P R. Annu Rev Anal Chem, 2011, 4: 197.

[23] Paull B, Nesterenko P N. Tr Anal I Chem, 2005, 24: 295.

[24] Hatsis P, Lucy C A. Anal Chem, 2003, 75: 995.

[25] Hatsis P, Lucy C A. Analyst (Cambridge, UK), 2002, 127: 451.

[26] Qi D, Okada T, Dasgupta P K. Anal Chem, 1989, 61: 1383.

[27] Pencharee S, Faber P A, Ellis P S, et al. Anal Meth, 2012, 4: 1278.

[28] Dasgupta P K, Liao H, Shelor C P. LC-GC North America, APRIL, 2013, 31: 23.

[29] Yang B C, Chen Y J, Mori M, et al. Anal Chem, 2010, 82: 951.
[30] Liang L N, Moa S M, Zhang P, et al.J Chromatogr A, 2006, 1118: 139.
[31] Chao Shen-Tua, Fan Y C, Yizhong Hou Y Z, et al. J Chromatogr A, 2008, 1213: 56.
[32] 滕曼，梁立娜，蔡亚岐，等. 分析试验室, 2007, 26(1): 22.
[33] Barron L, Gilchrist E. Anal Chim Acta, 2014, 806: 27.
[34] Gilchrist E S, Healy D A, Morris V N, et al. Anal Chim Acta, 2016, 942: 12.
[35] 林立，陈玉红，王海波. 食品科学, 2010, 31(12): 226.
[36] Ammann A A. J Chromatogr A, 2010, 1217: 2111.
[37] 林立，陈光，陈玉红. 色谱, 2011, 29(7): 662.
[38] 黄红霞. 理化检验-化学分册, 2010, 46(10): 1122.
[39] 王松, LI Ke，崔鹤，等. 分析化学, 2016, 44(5): 767.
[40] 陈绍占，杜振霞，刘丽萍，等. 分析化学, 2014, 42(3): 349.
[41] 林莉，郑翊，卫碧文，等. 分析试验室, 2013, 32(8): 11.
[42] 刘德晔，朱醇，马永建. 分析化学, 2012, 40(6): 945.
[43] Bulska E, Danko B, Dybczynski R S, et al. Talanta, 2012, 97: 303.
[44] Kim I S, Sasinos F I, et al. J Chromatogr, 1991, 589: 177.
[45] Jin M C, Chen X H, Cai M Q, et al. Anal Lett, 2010, 43: 2061.
[46] Gallagher P A, Wei XY, Shoemaker JA, et al. J Anal At Spectrom, 1999, 14: 1829.
[47] OuYang X K, Chen X H, Yan Y Q, et al. Biomed Chromatogr, 2009, 23: 524.
[48] Wu Q, Zhang T, Sun H, et al. Arch Environ Con Tox, 2010, 58: 543.
[49] Bruggink C, Poorthuis B H M, Deelder A M, et al. Anal Bioanal Chem, 2012, 403: 1671.
[50] Burgess K, Creek D, Dewsbury P, et al. Rapid Commun Mass Sp, 2011, 25: 3447.

CHAPTER 2

第二章 离子色谱的分离机理与影响因素

第一节 离子交换色谱

一、基本概念

离子色谱与高效液相色谱同为液相色谱，只是分离模式不同，其色谱峰的迁移和扩展可用高效液相色谱理论进行描述，常用术语的定义与高效液相色谱相同。液相色谱的基本原理在《色谱技术丛书》的《色谱分析概论》分册中已有论述，本书不再赘述。本节仅讨论离子色谱中常用的几个基本概念。

（一）离子交换平衡与离子交换选择性

IC 的分离机理主要是离子交换，基于离子交换树脂上可离解的离子与流动相中具有相同电荷的溶质离子之间进行的可逆交换，其次是非离子性的吸附。离子交换色谱的固定相具有固定电荷的功能基，阴离子交换色谱中，其固定相的功能基一般是季铵基；阳离子交换色谱的固定相一般为羧酸基和膦酸基。在离子交换进行的过程中，流动相（离子色谱中通常称为淋洗液）连续提供与固定相离子交换位置的平衡离子相同电荷的离子，这种平衡离子（淋洗液中的淋洗离子）与固定相离子交换位置的相反电荷以库仑力结合，并保持电荷平衡。进样之后，样品离子与淋洗离子竞争固定相上的电荷位置。当固定相上的离子交换位置被样品离子置换时，由于样品离子与固定相电荷之间的库仑力，样品离子将暂时被固定相保留。同时，被保留的离子又被淋洗液中的淋洗离子置换，并从柱上被洗脱。样品中不同离子与固定相电荷之间的作用力不同，被固定相保留的程度不同，因此样品中不同的离子在通过色谱柱后可得到分离。

典型的离子交换模式是样品溶液中的离子与固定相上的离子交换位置上的反离子（或称平衡离子）之间直接的离子交换。例如用阴离子交换分离柱、NaOH 作淋洗液分析水中的 F^-、Cl^-和 SO_4^{2-}，首先用淋洗液平衡阴离子交换分离柱，树脂上带正电荷的季铵基全部与 OH^-结合。再将进样阀切换到进样位置，淋洗液将样品带入分离柱，此时树脂功能基（季铵基）位置上发生淋洗液阴离子（OH^-）与样品阴离子之间的离子交换，待测离子从阴离子交换树脂上置换 OH^-，并暂时保留在固定相上。同时，被保留的阴离子又被淋洗液中的 OH^-置换并从柱上被洗脱。在树脂功能基位置发生淋洗液阴离子（OH^-）与样品阴离子的离子交换平衡，这种平衡是可逆的，如下式所示：

$$\text{Resin—NR}_3^+\text{OH}^- + \text{Cl}^- \rightleftharpoons \text{Resin—NR}_3^+\text{Cl}^- + \text{OH}^-$$

$$2\text{Resin—NR}_3^+\text{OH}^- + \text{SO}_4^{2-} \rightleftharpoons (\text{Resin—NR}_3^+)_2\text{SO}_4^{2-} + 2\text{OH}^-$$

Cl^-和 SO_4^{2-}与季铵功能基之间的作用力不同，一价的阴离子（Cl^-）对树脂亲和力较二价的离子（SO_4^{2-}）弱，因此较二价的离子通过柱子快。这个过程决定了样品中阴离子之间的分离。经过分离柱之后，洗脱液通过抑制器，再进入电导池，电导检测。非抑制型离子色谱中，洗脱液直接进入电导池。将上述离子交换反应的平衡常数 K 称为选择性系数。离子交换反应可用通式表示为：

$$y\text{A}_\text{m}^{x-} + x\text{E}_\text{s}^{y-} \rightleftharpoons y\text{A}_\text{s}^{x-} + x\text{E}_\text{m}^{y-}$$

上式的平衡常数为：

$$K_{\text{A.E}}=\frac{[\text{A}_\text{s}^{x-}]^y[\text{E}_\text{m}^{y-}]^x}{[\text{A}_\text{m}^{x-}]^y[\text{E}_\text{s}^{y-}]^x}$$

式中，A 代表样品阴离子；E 代表淋洗离子；下标 m 代表流动相（或溶液）；下标 s 代表固定相（或树脂）。

溶液相也具有一种与离子交换树脂上的功能基团相同电荷的平衡阳离子，因其在阴离子交换过程中不起作用，一般不将其表示出来。离子色谱中，流动相的离子浓度和样品离子的浓度都比较小，可以不考虑活度系数的影响，直接用浓度计算。平衡常数 $K_{\text{A.E}}$ 反映了带电荷的溶质与离子交换树脂之间的相互反应程度。与样品离子相比，淋洗液离子的浓度远大于样品离子的浓度，因此可将 $[\text{E}_\text{m}^{y-}]^x/[\text{E}_\text{s}^{y-}]^x$ 视为常数。假若 $K_{\text{A.E}}=1$，则表示离子交换树脂对 A^{x-}和 E^{y-}的亲和力相同。若 $K_{\text{A.E}}>1$，则 A^{x-}对树脂的亲和力较 E^{y-}对树脂的亲和力强，树脂相中 A^{x-}的浓度将比溶液相中 A^{x-}的浓度高。反之，$K<1$，树脂相中 A^{x-}的浓度将比溶液相中 A^{x-}的浓度低。

带电荷的溶质和离子交换树脂之间的相互作用取决于溶质、树脂和溶液相的多种性质，其中主要包括：溶质离子的电荷，溶质离子的溶剂化合物的大小，溶质离子的极化性，树脂的交联度，树脂的离子交换容量，离子交换剂上功能基团的性质，淋洗离子的性质和浓度等。虽然随离子交换剂的类型和所用色谱条件的不同，溶质与树脂之间的这种亲和力会发生变化，但可用上述性质来预测离子交换剂对不同离子的亲和力。

阳离子交换的选择性系数的表示式与阴离子相同，仅电荷相反，如下式所示：

$$\text{Resin—}SO_3^- H^+ + Na^+ \rightleftharpoons \text{Resin—}SO_3^- Na^+ + H^+$$

平衡常数为：
$$K_H^{Na} = \frac{[Na^+]_s[H^+]_m}{[H^+]_s[Na^+]_m}$$

式中，下标 s 和 m 分别表示树脂相和溶液相。

离子色谱中可用选择性系数来评价淋洗离子的效率。具有高选择性系数的离子是优先选择的淋洗离子，因为它们在较低的浓度也有较强的淋洗能力，若样品离子洗脱太快，则应用较低的浓度或改用选择性系数较小的淋洗离子。但淋洗离子的选择性系数和样品离子的选择性系数应相差不大。

（二）分配系数 K_D

分配系数 K_D 表示溶质在固定相和流动相中的浓度比，即 $K_D=c_s/c_m$，c_s 和 c_m 分别表示溶质在固定相和流动相中的浓度。IC 中用分配系数 K_D 来描述溶质离子被离子交换固定相吸引的程度。溶质的保留时间是由流速和溶质在两相间的分配系数决定的。不同离子分配系数的差异是色谱分离的基础。在离子色谱分离过程中，流动相始终是以一定的流速在固定相中流动的，溶质离子因静电力和其他作用被固定相保留；同时，溶质离子又被流动相中的淋洗离子交换下来，进入流动相。与固定相作用越强的离子，在固定相上保留的时间越长。溶质在两相中反复分配，由于分配次数非常多，即使分配系数只有微小差别的多个组分，也可实现相互分离。影响溶质在两相间分配的主要因素包括：离子交换反应的选择性系数；离子交换剂容量；流动相中电解质的浓度；淋洗离子和溶质离子的电荷；流动相的 pH；流动相中的络合反应等。

以 Na^+ 和 Ca^{2+} 在磺酸功能基阳离子交换树脂上的分离为例来讨论 IC 的分配系数，下式表示在离子交换树脂上淋洗离子（H^+）与样品离子（Na^+）之间的反应：

$$\text{R—}SO_3^- H^+ + Na^+ \rightleftharpoons \text{R—}SO_3^- Na^+ + H^+$$

上式的平衡常数可表示为：

$$K_H^{Na} = \frac{[Na^+]_s[H^+]_m}{[Na^+]_m[H^+]_s}$$

将上式重排为：

$$\frac{[Na^+]_s}{[Na^+]_m} = \frac{K_H^{Na}[H^+]_s}{[H^+]_m}$$

上式左边为Na^+在树脂相和溶液相的浓度比，即分配系数K_D。IC中淋洗离子的浓度远大于溶质离子的浓度。阳离子IC中，H^+是典型的淋洗离子，因此$[H^+]_s$的浓度接近于树脂的容量c_R，则上式可表示为

$$\frac{[Na^+]_s}{[Na^+]_m}=K_D=\frac{K_H^{Na}c_R}{[E]_m}$$

上式的通式为：

$$\frac{[S]_s}{[S]_m}=K_D=\frac{K_E^m c_R}{[E]_m}$$

式中S和E分别代表样品离子和淋洗离子，描述了一价溶质离子（S）在离子交换树脂和只含有一价淋洗离子（E）的溶液之间的分配。分配系数的重要性是它表明了离子交换剂对E和S的选择性（亲和力）。

下式表示在磺酸树脂上H^+与二价离子Ca^{2+}的交换反应：

$$2R—SO_3^- H^+ + Ca^{2+} \rightleftharpoons (R-SO_3^-)_2Ca^{2+} + 2H^+$$

上式的平衡常数可表示为

$$K_H^{Ca}=\frac{[Ca^{2+}]_s[H^+]_m^2}{[H^+]_s^2[Ca^{2+}]_m}$$

同理，Ca^{2+}的浓度小于H^+浓度，重排上式得

$$\frac{[Ca^{2+}]_s}{[Ca^{2+}]_m}=K_D=\frac{K_H^{Ca}c_s^2}{[2H^+]_m^2}$$

因为K_H^{Ca}和c_s为常数，则Ca^{2+}在树脂和溶液之间的分配系数与H^+浓度的平方成反比（更确切地说Ca^{2+}的分配系数与H^+的活度的平方成反比，在低浓度下，活度系数接近1）。可见流动相浓度的改变对高电荷离子保留行为的影响大于对低电荷离子保留行为的影响。该离子交换反应规律是离子色谱中选择淋洗液浓度的关键因素。

除了单一的离子交换过程之外，对某些离子还存在与固定相的非离子相互作用，主要的非离子相互作用是吸附。若用具有芳香骨架的有机聚合物为树脂基核，具有芳香和烯碳骨架的溶质离子会与芳香树脂发生π-π相互作用，则除了离子交换过程之外还有吸附作用。不仅在芳香或烯属溶质的分离过程中存在吸附作用，而且在分离易极化的无机和有机离子时，也会观察到吸附作用。有时甚至分析简单无机阴离子如Br^-和NO_3^-时，也观察到非离子型吸附作用。由一个简单的实验可证明这种作用，Br^-和NO_3^-的电荷数相同，但NO_3^-的疏水性大于Br^-，在Br^-之后洗脱。在Br^-和NO_3^-达基线分离的色谱条件下，在淋洗液中加入对氰酚阻塞树脂表面的吸附位置，由于NO_3^-与树脂表面的疏水性吸附被减弱，NO_3^-的保留时间缩短，而疏水性较小的Br^-的保留时间改变不大，结果Br^-和NO_3^-共淋洗。

二、影响分离与保留的因素

第一章已述及，离子色谱有多种检测方式可用，其中电导检测是最主要的，因为它对水溶液中的离子具有通用性。电导检测中，主要是化学抑制型电导。化学抑制型电导检测法中，抑制反应是构成离子色谱的高灵敏度和选择性的重要因素，也是选择分离柱和淋洗液时必须考虑的主要因素。

（一）与固定相有关的因素

离子色谱成功的关键是其独特的选择性，离子色谱的选择性反映被检测离子与淋洗离子在固定相上的交换能力。HPLC 的选择性一般是由固定相化学与流动相化学决定。而离子色谱中，流动相的选择受限制，因为离子色谱的主要检测器是电导，需在低的电导背景下检测样品离子。选择性的改变主要是通过固定相的改变来完成，因此固定相的研究与发展非常活跃。如美国 Dionex 公司（2011 年之后合并入 Thermo Fisher Scientific），为了满足对不同类型样品中不同成分分离选择性的需要，已先后发展了从 IonPac AS1 至 IonPac AS28 等 28 种已商品化的阴离子交换分离柱，从 IonPac CS1 至 IonPac CS20 等 20 种已商品化的阳离子交换分离柱以及多种其他类型的离子交换分离柱。离子色谱柱对溶质的保留性能主要由离子交换剂的组成、疏水性和柱容量决定。

1. 固定相的组成

离子色谱柱的填料由基质和功能基团两部分组成。功能基团与固定相基质的连接方式主要分为接枝型和乳胶附聚型两种。基质对分离不起明显作用。功能基团能够在流动相中解离，在固定相的表面形成带电荷的离子交换位点，与流动相中的样品离子发生离子交换。在离子交换模式中，色谱固定相的本体结构基本不发生明显变化，仅由其交换功能基团上的离子与外界带同性电荷的离子发生等量的离子交换。能解离出阳离子（如 H^+）的功能基团，可以与样品中的阳离子进行交换，这样的填料称为阳离子交换固定相；能解离出阴离子（如 OH^-）的功能基团，可以与样品中的阴离子进行交换，这样的填料称为阴离子交换固定相。阳离子交换固定相的功能基团主要有能解离出 H^+的磺酸基、羧酸基和膦酸基；阴离子交换固定相的功能基团主要是带正电荷的季铵基团。

硅胶类的基质，其机械性能稳定、耐压、耐高温（80℃），基本没有溶胀和收缩问题，柱效高于有机聚合物柱。但耐受酸碱的性能差，一般仅在 pH 2～8 的溶液中稳定，酸性或碱性流动相的使用受限制，不适合用于抑制型电导检测，主要用于非抑制型电导检测阳离子的分离。广泛应用的离子色谱的固定相的基质主要是有机聚合物，具有高的交联度的基质有一定的机械强度，具有宽的 pH 值的稳定性，特别是在碱性条件下稳定。有机聚合物基质主要有三类[1]：高交联度的聚甲基丙烯酸酯、聚苯乙烯-二乙烯基苯和聚乙烯醇［poly（methacrylates）、poly（styrenedivinylbenzene）、poly（vinylalcohol）］。聚丙烯酸酯与聚甲基丙烯酸酯的亲水性较好，对极性较强的离子的保留比较弱，峰形良好，适合快速分离，但 pH 耐受范围有限（pH 1～12）。聚乙烯醇也有 pH 耐受范围（pH 3～12）的限制。聚苯乙烯/二乙烯基苯（简称 PS-DVB）的 pH 稳定范围宽（0～14），可通过调节 DVB 含量调节交联度而获得耐压和耐溶胀的性能，可用于抑制与非抑制型的柱填料。高交联度（55%二乙烯基苯基）的聚乙基乙烯苯/二乙烯基苯（简称 EVB-DVB）聚合物是目前使用最广的基质。高的交联度提高树脂的耐压性、降低在有机溶剂存在下的溶胀。

一个典型的实例是高氯酸与芳香磺酸盐（4-氯苯磺酸）的分离。Dionex 公司的 IonPac AS16 与 IonPac AS20 柱，都是疏水性非常低的柱子，其离子交换功能基都是亲水性的烷醇季铵，但树脂基质不同，IonPac AS20 柱的树脂基质是脂肪骨架，IonPac AS16 柱的树脂基质是芳香骨架，导致不同的选择性[2]。图 2-1 比较了这两种柱子对疏水性阴离子高氯酸与芳香磺酸盐（4-氯苯磺酸）分离的选择性。从图可见胶乳附聚型的 IonPac AS16 柱与超支化接枝修饰型的 IonPac AS20 柱的不同选择性。在 IonPac AS16 柱上，高氯酸（ClO_4^-）与 4-氯苯磺酸（*p*-CBS）共洗脱，而在 IonPac AS20 柱上，两种离子得到很好的分离。

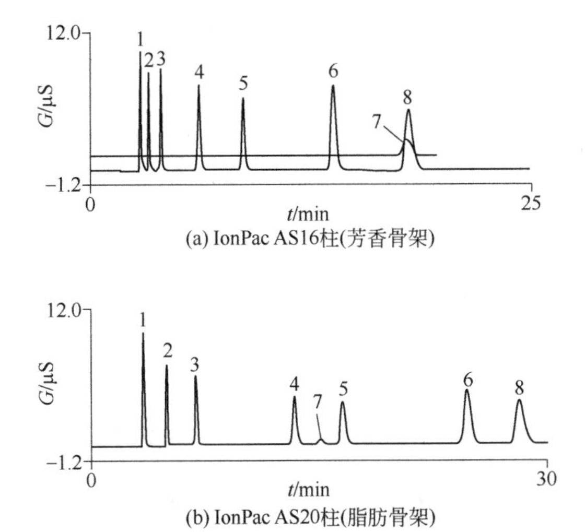

图 2-1　IonPac AS16 与 IonPac AS20 柱对高氯酸与 4-氯苯磺酸分离的比较[2]

淋洗液：35mmol/L NaOH；

色谱峰（mg/L）：1—F^-（2）；2—Cl^-（3）；3—SO_4^{2-}（5）；4—$S_2O_3^{2-}$（10）；5—I^-（20）；6—SCN^-（20）；7—*p*-CBS（5）；8—ClO_4^-（30）

2．离子交换功能基的类型与结构

按键合到树脂基质表面的离子交换功能基，阳离子交换树脂可分为强酸型和弱酸型两种，阴离子交换树脂可分为强碱型和弱碱型两种。用于抑制型 IC 中阴离子交换剂的离子交换功能基主要是季铵基，其选择性的改变是由改变离子交换功能基的结构，而不是改变其类型来达到。季铵功能基主要有两大类：烷基季铵和烷醇季铵。烷基季铵适合用碳酸盐类流动相，烷醇季铵对 OH^-的亲和力强，适合用氢氧化物（KOH 或 NaOH）淋洗液。而对阳离子交换树脂，则是使用不同类型功能基来改变其选择性。

阳离子交换剂的发展主要是为解决碱金属与碱土金属、铵离子与有机阳离子（有机胺类）的高效快速分离以及不同浓度比的相邻峰的分离问题。在离子交换剂的基质上引入不同的功能基可改善对某一种离子或某一组离子的离子交换选择性[3]。下面由比较连接到相同聚合物基质上具有不同功能基的三种阳离子交换剂的性质来说明离子交换功能基的类型对选择性的影响。所用的功能基是苯乙烯磺酸钾（potassium styrene sulfonate，KSS）、乙烯基膦酸（vinylphosphonic acid，VPA）和苯乙烯与顺丁烯二酸酐的共聚物（styrene-maleic anhydride，S-MA），S-MA 共聚物水解打开酸酐产生两个羧基。图 2-2 为用于合成这三种离子交换功能基所用材料的结构。用化学法将上述三种功能基接枝到乙基乙烯基苯-DVB 聚合物基质上构成三种阳离子交换树脂。

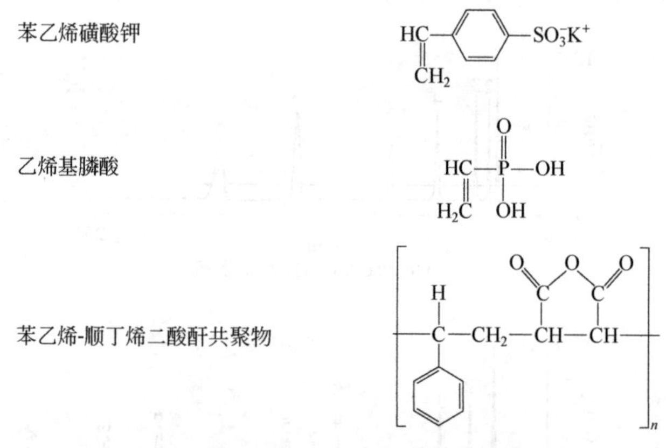

图 2-2　三种阳离子交换功能基的结构

表 2-1 列出了 6 种常见阳离子在上述三种接枝型的阳离子交换柱上，用不同浓度的甲基磺酸作淋洗液时的保留时间。用 5mmol/L 甲基磺酸作淋洗液时，只有一价阳离子从三种树脂上被洗脱，并且显示出明显的选择性差别。在磺酸类树脂上，NH_4^+靠近 K^+；在膦酸类树脂上，铵的峰在 K^+之后；在羧酸类树脂上，NH_4^+ 的峰靠近 Na^+。当甲基磺酸的浓度增加到 10mmol/L 时，二价阳离子在羧酸型树脂上被洗脱，但一价阳离子的分离不完全，一价阳离子在膦酸类柱上的分离也不好。当淋洗液的浓度增加到 25mmol/L 时，可将二价阳离子从膦酸柱上洗脱下来，而一价阳离子则完全分不开。只有当淋洗液的浓度高达 100mmol/L 时，才能从磺酸型柱上淋洗二价阳离

子，但一价阳离子完全分不开。在磺酸型柱上，可用二价淋洗液离子（如二氨基丙酸，DAP）来减少Ca^{2+}和Mg^{2+}的保留时间。用羧酸功能基或羧酸与膦酸混合功能基的阳离子交换树脂，可同时分离碱金属和碱土金属离子[5]。

表 2-1 6种常见阳离子在三种接枝型阳离子交换柱上的保留时间[4]

淋洗液浓度（甲基磺酸）	柱类型①	保留时间/min					
		Li^+	Na^+	NH_4^+	K^+	Mg^{2+}	Ca^{2+}
5mmol/L	1	11.7	13.8	19.8	23.1	—	—
	2	4.4	4.4	5.7	5.2	—	—
	3	5.0	6.3	7.2	9.8	—	—
10mmol/L	1	5.5	6.4	8.2	9.3	—	—
	2	3.0	3.0	3.6	3.4	—	—
	3	2.8	3.3	3.5	4.2	6.5	7.6
25mmol/L	1	3.1	3.6	4.4	5.0	—	—
	2	2.5	2.5	2.7	2.7	9.7	13.2
	3	2.2	2.5	2.5	2.7	2.7	2.7
100mmol/L	1	2.2	2.2	2.4	2.4	13.2	22.8
	2	2.2	2.2	2.2	2.2	2.7	2.9
	3	2.2	2.0	2.0	2.0	2.0	2.4

① 1—苯乙烯磺酸钾；2—乙烯基膦酸；3—苯乙烯-顺丁烯二酸酐。

已商品化的阳离子分离柱中，常用的有强酸性的磺酸基与弱酸性的羧基和膦酸基。磺酸功能基对二价阳离子的保留强，难以于一次进样中同时分离一价和二价阳离子，对二价阳离子的洗脱需要在淋洗液中添加二价淋洗离子，2000年后已用得较少。目前，已商品化的阳离子分离柱中，离子交换功能基主要是羧基和膦酸基，如Dionex公司的IonPac CS12柱，其离子交换功能基是羧基，可很好地用于碱金属与碱土金属离子的分离。因为膦酸对镁钙的保留选择性差异较大，引入膦酸功能团的IonPac CS12A柱具有羧基和磷酸两种功能基，增加了对锰离子的保留，改善镁、锰与钙的分离，并可同时分离脂肪胺。镁和钙的高分辨主要是膦酸基团的影响，应注意的是锰与镁和钙的最佳分离仅当选用甲基磺酸作为淋洗液可以获得，不能采用硫酸淋洗液，因为硫酸根与碱土金属及锰之间的络合性质将导致锰和镁之间的不完全分离。这种功能基除了与阳离子之间的离子交换作用外，还存在与过渡金属和重金属之间的螯合作用，这种螯合作用对分离的选择性提供了一种独特的模式[6]。IonPac CS15柱的固定相的离子交换功能基中除了羧基功能基之外，引入了大环聚醚（18-冠-6）[7,8]，由于18-冠-6对钾离子的亲和力强，延迟钾离子的洗脱于二价阳离子之后，使得钠与铵和钾得到很好的分离。固定相含有亚氨基二乙酸盐与氨基膦酸功能基的高效螯合离子色谱柱可用于碱土金属、过渡金属与重金属的分离[9]。

固定相对离子交换选择性影响的另一个因素是离子交换功能基的结构。研究表明[10]季铵类阴离子交换剂有数百种可能的结构。离子交换功能基的大小、形状以及功能基和功能基的分布等都对选择性有影响，可通过优化在季铵功能基中烷基的长度、厚度与疏水性等以改变选择性[11]。下面比较 4 种季铵基的阴离子交换树脂性能，并以此来说明离子交换功能基的结构对选择性的影响。4 种季铵基分别是三甲胺、二甲基乙基胺、二甲基烯丙胺和二甲基炔丙胺，其结构如图 2-3 所示。图 2-4 表示用相同的淋洗液，7 种常见阴离子在上述 4 种阴离子交换剂上的分离情况。4 种树脂的选择性明显不同。比较图 2-4（a）和图 2-4（b），图 2-4（a）的离子交换树脂功能基上有三个甲基；图 2-4（b）上的功能基是乙基置换了图 2-4（a）中的一个甲基。图 2-4（b）中，Br^-和 NO_3^- 的保留时间较图 2-4（a）中长，二者的保留时间之差增大，NO_3^- 在 PO_4^{3-} 之后洗脱，PO_4^{3-} 的保留时间与图 2-4（a）相比，变化不大。在烯丙胺树脂上［图 2-4（c）]，Br^-和 NO_3^- 的峰分离更开，两者都在 PO_4^{3-} 之后洗脱，PO_4^{3-} 的保留时间仍变化不大。在炔丙胺的情况下，Br^-、NO_3^- 的保留时间提前。这就表明在烷基取代基上的氢在离子交换位置和可极化阴离子（如 Br^-和 NO_3^- ）之间的相互作用上起着重要作用。

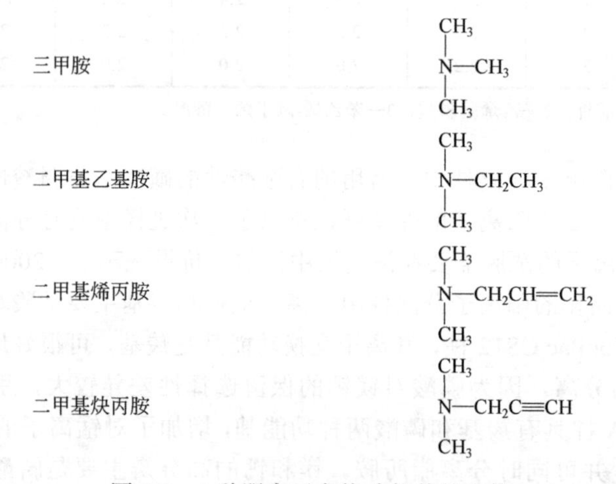

图 2-3　4 种阴离子交换功能基的结构

一般情况下，当功能基的大小增加时，亲水性多价阴离子（如 SO_4^{2-} ）的保留时间减小，因为功能基体积增加，其电荷密度减小，溶质和功能基之间的库仑力减弱。亲水性一价阴离子（如 Cl^-）受功能基大小的影响较小，而且当功能基的大小增加时，一价阴离子的保留时间略有增加。易极化阴离子（如 Br^-、NO_3^- 和 I^-）受离子交换位置的水合作用影响较大。当离子交换位置变得更疏水时，它们的保留时间减小。而当淋洗离子比溶质阴离子（如对氰酚）更易极化时，则可观察到相反的影响。

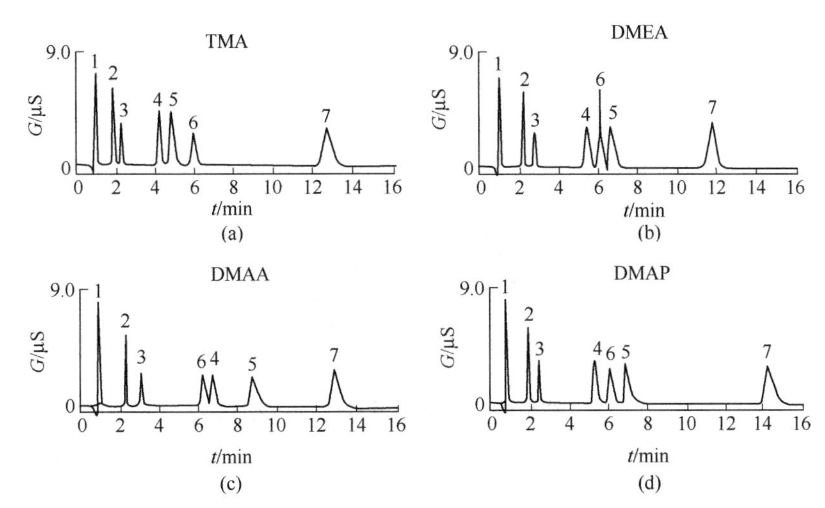

图 2-4　离子交换功能基的结构对阴离子交换选择性的影响

固定相上的阴离子交换功能基：(a) 三甲胺；(b) 二甲基乙基胺；(c) 二甲基烯丙胺；(d) 二甲基炔丙胺

色谱峰：1—F^-；2—Cl^-；3—NO_2^-；4—Br^-；5—NO_3^-；6—PO_4^{3-}；7—SO_4^{2-}

Pirogov 等[12]对离子交换树脂外层通式为$\left[R_2N^+\left(CH_2\right)_nNR_2^+\left(CH_2\right)_m\right]$的阴离子交换剂的结构对阴离子保留与选择性影响的研究表明，式中的脂肪片段数 n 与 m 小于 5，树脂比较亲水，对可极化离子（I^-、SCN^-、ClO_4^- 等）的保留弱；而式中的脂肪片段数 n 与 m 大于 5，树脂比较疏水，对可极化离子的保留较强。而对一价离子（Cl^-、NO_3^- 等）保留的影响不大。

3．柱容量与亲水性

高的柱容量和低的疏水性一直是离子色谱固定相研发的热点之一。高容量柱可用于含有高浓度组分的样品中痕量组分的直接进样分析，改善弱保留离子的分离，可用高的淋洗液浓度减小多价离子的保留，缩短分析时间。

图 2-5 与图 2-6 比较了不同柱容量柱的保留特性，图 2-5 中，分离柱的柱容量为 8400μeq；图 2-6 中，分离柱的柱容量为 940μeq。用于高容量柱的淋洗液浓度为用于低容量柱的两倍，但在高容量柱上保留比较弱的离子的保留时间大于在低容量柱上的保留时间一倍左右，而保留比较强的离子的保留时间并没有增加。高容量柱的这种性能对样品中弱保留离子的分析非常有益。

疏水性较强的阴离子，如硫代硫酸盐、碘化物、硫代氰酸盐与高氯酸盐等，这种阴离子的水合能低、水合离子半径小，在常规的阴离子交换柱上保留强。为了缩短保留时间，改善这些离子的峰形，需要在淋洗液中加入有机溶剂，但将伴随抑制型电导检测灵敏度的降低。低疏水性柱减弱易极化和疏水性强的溶质与固定相之间的疏水性相互作用，缩短保留时间，改善峰形，淋洗液中不需加入有机溶剂，而

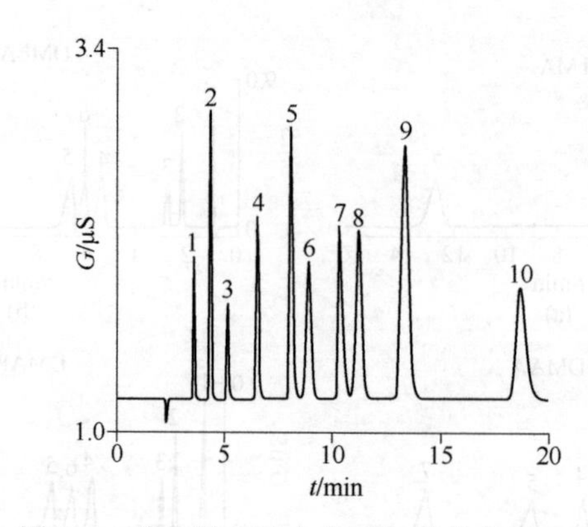

图 2-5 碱金属、碱土金属与铵的分离（1）

分离柱：IonPac CS16（5mm×250mm）

淋洗液：40mmol/L 甲基磺酸

流速：1.0mL/min

温度：65℃

进样体积：25μL

检测器：抑制型电导

抑制器：CSRS®-ULTRA 2-mm

色谱峰（mg/L）：1—Li^+（0.10）；2—Na^+(0.40)；3—NH_4^+（0.50）；4—K^+（1.00）；5—Ru^+（5.0）；6—Mg^{2+}（0.5）；7—Ce^+（5.0）；8—Ca^{2+}（1.0）；9—Sr^+（5.0）；10—Ba^{2+}（5.0）

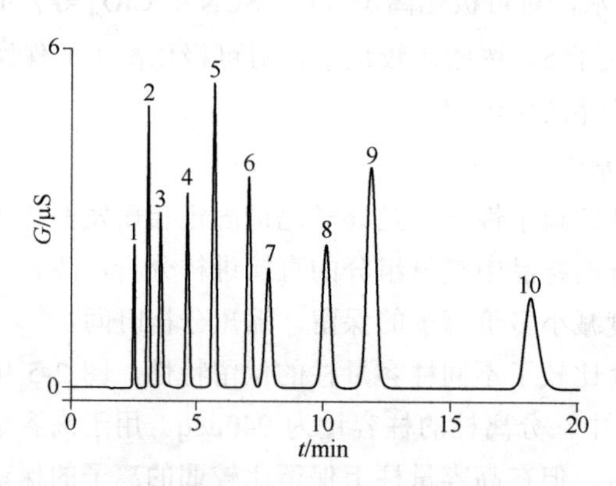

图 2-6 碱金属、碱土金属与铵的分离（2）

分离柱：IonPac CS12A，IonPac CG12A，3mm

淋洗液：20mmol/L 甲基磺酸

流速：0.5mL/min

温度：25℃

检测器：抑制型电导

进样体积：25μL

色谱峰（mg/L）：1—Li^+（0.1）；2—Na^+（0.4）；3—NH_4^+（0.5）；4—K^+（1.0）；5—Ru^+（5.0）；6—Ce^+（5.0）；7—Mg^{2+}（0.5）；8—Ca^{2+}（1.0）；9—Sr^{2+}（5.0）；10—Ba^{2+}（5.0）

且可以一次进样同时分离亲水性与疏水性离子。低疏水性固定相的另一优点是对 OH^-的亲和力增加[13]，OH^-是一种弱的淋洗液，增加离子交换位置的亲水性可增加 OH^-的有效淋洗强度。如对相同离子交换容量，离子交换功能基分别是三甲胺[—$N(CH_3)_3^+$]、二甲基乙醇胺（dimethylethanolamine）与一甲基二乙醇胺（monomethyl-diethanolamine）的分离柱，用相同浓度（100mmol/L）的 NaOH 作淋洗液，对 Cl^-的保留因子分别为 4.4、1.1 和 0.24；离子交换功能基是一甲基二乙醇胺的分离柱与离子交换功能基是三甲胺的分离柱比较，对 Cl^-、Br^-与 NO_3^- 的保留因子分别为 1/18、1/21 与 1/20。OH^-淋洗液对新型的“超低疏水性”柱（如 Dionex 公司已商品化的 IonPac AS16、AS20、AS24 柱）的淋洗强度较“低疏水性柱”（IonPac AS18、AS19）大，而对“低疏水性柱”的淋洗强度又大于对“中高疏水性柱”（IonPac AS15）的淋洗强度。OH^-淋洗液的淋洗强度反过来可说明分离柱的疏水性。用低疏水性的分离柱，可用较低浓度的 OH^-淋洗液，低浓度淋洗液对抑制器的使用寿命以及与质谱等的联用是有利因素。增加离子交换位置亲水性的另一个影响是改变被测定离子的相对保留时间，增加高水合离子（如 F^-）的相对保留时间，使其离开水负峰，并减少可极化的低水合离子（如 ClO_4^-）的相对保留时间，使保留时间缩短。

固定相的疏水性除明显影响疏水性强的离子（如硫代硫酸盐、碘化物、硫代氰酸盐与高氯酸盐等）的保留之外，对常见无机阴离子中易极化离子（如 Br^-、NO_3^-等）的保留也有较大影响。如 Br^-与 NO_3^- 在常规阴离子交换分离柱上的洗脱在 SO_4^{2-}之前，但在亲脂性较强的 IonPac AS10 柱上，在 SO_4^{2-}之后洗脱。因此需要注意 Br^-与 NO_3^-在疏水性不同的分离柱上的洗脱顺序。

在 55%交联的 EVB-DVB 大孔基质微粒上包覆无功能基化的单体，再将羧酸功能基接枝于其上。非功能基化的单体减弱被分析离子与固定相基质的疏水性相互作用，提高对氢离子的选择性，可用不含有机溶剂的酸性淋洗液洗脱疏水性溶质。用甲基磺酸作淋洗液梯度淋洗可以一次进样同时分离碱金属、碱土金属与腐胺、尸胺、组胺、亚精胺和精胺等多种生物胺。

分离柱的长度也影响柱子的交换容量。分离柱的长度影响理论塔板数（即柱效）。若两支分离柱串联，分离效率增加，将导致相似保留特性的离子之间的较好分离，同时保留时间也增加。

4．固定相颗粒的大小

柱填料微粒减小，柱效增加，分离度与灵敏度增加，弱保留溶质的分离更好。常用的离子交换树脂是直径为 7～9μm 的微粒，最近发展的用 4μm 微粒的色谱柱已经商品化。图 2-7 比较了 4μm 微粒柱与 9μm 微粒柱对 29 种阴离子的分离，图中上下两色谱图的柱填料的结构与组成相同、色谱条件相同、选择性相同，柱填料微粒的大小不同，上图的柱填料微粒为 4μm、下图为 9μm。在 4μm 微粒柱上的色谱峰较 9μm 微粒柱高而且峰宽窄。图中标记出的两个方形区可见到，其中的目标离子均达基线分离。4μm 微粒柱的峰效较 9μm 微粒柱提高了 50%～60%。

应注意填料微粒减小，柱压会升高。流速增加，小微粒柱的压力增加较大，微粒柱压的增加大，但柱效改变很小。

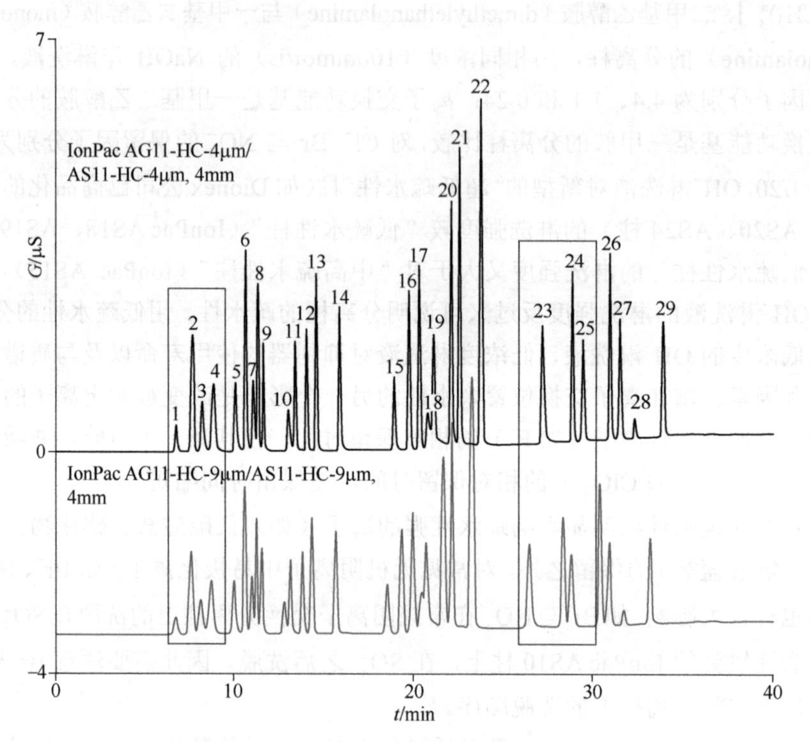

图 2-7 不同粒径固定相微粒的比较[14]

分离柱：上，IonPac AG11-HC-4μm/AS11-HC-4μm；下，IonPac AG11-HC-9μm/AS11-HC-9μm；4mm 柱径

淋洗液：KOH 梯度，0～7min，1mmol/L；7～16min，1～15mmol/L；16～25min，15～30mmol/L；25～33min，30～60mmol/L

流速：1.5mL/min　　进样体积：10μL

温度：30℃　　检测器：抑制型电导

色谱峰（mg/L）：1—奎尼酸（5.0）；2—F^-（1.5）；3—乳酸（5.0）；4—乙酸（5.0）；5—丙酸（5.0）；6—甲酸（5.0）；7—丁酸（5.0）；8—甲基磺酸（5.0）；9—丙酮酸（5.0）；10—戊酸（5.0）；11—氯乙酸（5.0）；12—BrO_3^-（5）；13—Cl^-（2.5）；14—NO_2^-（5.0）；15—三氟乙酸（5.0）；16—Br^-（5.0）；17—NO_3^-（5.0）；18—CO_3^{2-}；19—丙二酸（7.5）；20—马来酸（7.5）；21—SO_4^{2-}（7.5）；22—草酸（7.5）；23—钨酸（10）；24—PO_4^{3-}（10）；25—邻苯二甲酸（10）；26—柠檬酸（10）；27—铬酸（10）；28—顺式乌头酸（10）；29—反式乌头酸（10）

（二）与流动相有关的因素

抑制型 IC 中选择性的改变主要取决于固定相的性质，但使用离子色谱的单位，多数并不开展固定相的研制，也不可能购买多种色谱柱供选用，在固定相选定之后，流动相的选择在控制和改善离子交换选择性上也起很重要的作用。

淋洗液的选择与所用的检测器有关，直接电导检测和抑制型电导检测所用的淋洗液不仅在浓度和 pH 上不同，而且类型也有很大的不同，因此将分别讨论。

流动相影响分离选择性的因素主要有：淋洗液的种类、浓度、pH 值、非离子型淋洗液改进剂与洗脱方式。

1．淋洗液的种类

离子交换选择系数决定溶质从固定相上取代淋洗液离子的程度，当淋洗离子与固定相之间相互作用的程度改变时，保留和选择性也在改变。影响相互作用的主要因素包括淋洗液和溶质的水合焓和水合熵、极化度、电荷数、大小和结构。抑制型 IC 中淋洗离子的选择只限于通过抑制反应之后能够生成低电导的化合物。对阴离子的测定，淋洗液阴离子必须容易质子化，与 H^+结合生成弱离解的酸；淋洗液阴离子必须能在一个合理的时间从固定相洗脱溶质离子。离子交换分离是基于淋洗离子和样品离子之间对固定相有效交换容量的竞争，为了得到有效的竞争，样品离子和淋洗离子对固定相应有相近的亲和力。另外，与淋洗液阴离子对应的阳离子必须能在抑制器中与 H^+交换。分析阳离子时电荷相反，淋洗液阳离子必须容易羟基化并生成一个弱离解的碱；阳离子淋洗液必须能在一个合理的时间从固定相洗脱溶质离子，与淋洗液阳离子相对应的阴离子必须能在抑制器中与 OH^-交换。能达到上述条件的常用阴离子淋洗液包括氢氧化物、硼酸盐、碳酸盐（CO_3^{2-}/HCO_3^-）、酚盐和两性离子，钠与钾离子是较适合的阳离子，常用它们的钠盐。抑制型 IC 中，Na_2CO_3/$NaHCO_3$ 混合溶液是目前应用较广的淋洗液，两者都容易质子化形成弱电导的碳酸，可简单地改变 CO_3^{2-} 和 HCO_3^- 的比例或浓度来得到不同的选择性。图 2-8 为常见的 7 种阴离子的离子色谱图，将图中 $NaHCO_3$ 和 Na_2CO_3 的浓度比 1.7mmol/L $NaHCO_3$+1.8mmol/L Na_2CO_3 改变为 0.75mmol/L $NaHCO_3$+2mmol/L Na_2CO_3，则可一次进样同时分离非金属含氧阴离子和矿物酸，见图 2-8 和图 2-9。与 CO_3^{2-}/HCO_3^- 淋洗液相比，OH^-是较弱的淋洗离子。NaOH 淋洗液抑制反应的产物是水，背景电导小于 2μS，Na_2CO_3/$NaHCO_3$ 淋洗液的抑制反应产物是碳酸，碳酸的 pK_a 为 5 左右，在水溶液中将部分离解，因此其背景电导大于 2μS，一般为 20～22μS。NaOH 淋洗液的优点除了背景电导低之外，做梯度淋洗时无基线漂移，水负峰非常小，可用大的进样体积，这些优点对提高方法的信噪比和高灵敏检测都非常有利。CO_3^{2-}/HCO_3^- 和 NaOH 两种淋洗液的选择性不同，常用碳酸盐淋洗液的 pH 值在 9～10 之间，而 NaOH 淋洗液的 pH 值常在 12.5 以上，该性质对多价阴离子分离的影响较大，例如多元酸 H_3PO_4 的存在形态取决于溶液的 pH 值。用 NaOH 作淋洗液时，磷酸的存在形态是三价阴离子 PO_4^{3-}，洗脱在 SO_4^{2-}之后。

对阳离子分离，广泛使用的淋洗液是矿物酸，如硝酸、盐酸、硫酸和甲基磺酸。因矿物酸分子中的 H^+是一种有效的阳离子淋洗离子，在抑制器反应中与 OH^-发生中和反应生成的水是最弱的碱，而其酸根 NO_3^-、Cl^-、SO_4^{2-} 和甲基磺酸根等均容易在

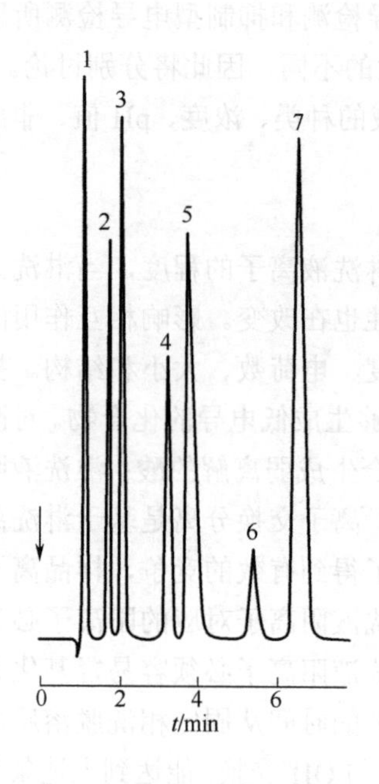

图 2-8 常见 7 种阴离子的分离

分离柱：IonPac AG4A 和 AS4A，4mm

淋洗液：1.8mmol/L Na_2CO_3，1.7 mmol/L $NaHCO_3$

流速：2mL/min

进样体积：50μL

检测器：抑制型电导，ASRS

色谱峰（mg/L）：1—F^-（3.0）；2—Cl^-（4.0）；3—NO_2^-（10.0）；4—Br^-（10.0）；5—NO_3^-（20.0）；6—PO_4^{3-}（10.0）；7—SO_4^{2-}（25.0）

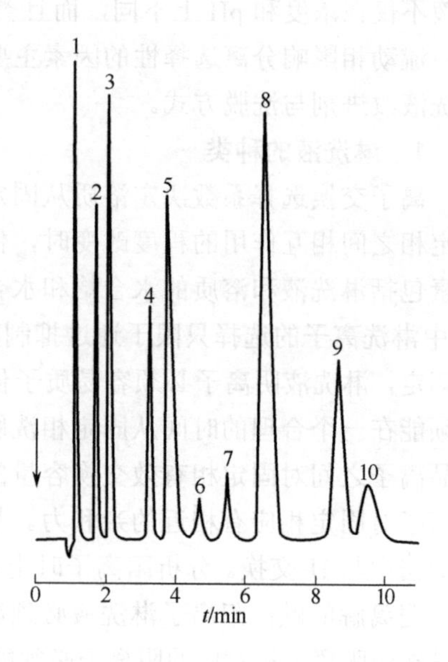

图 2-9 矿物酸和非金属离子含氧酸的分离

分离柱：IonPac AS4A

淋洗液：0.75mmol/L $NaHCO_3$+2mmol/L Na_2CO_3

流速：2mL/min

检测器：抑制型电导

进样体积：50μL

色谱峰（mg/L）：1—F^-（3）；2—Cl^-（4）；3—NO_2^-（10）；4—Br^-（10）；5—NO_3^-（20）；6—SeO_3^{2-}（10）；7—HPO_4^{2-}；8—SO_4^{2-}（10）；9—SeO_4^{2-}（20）；10—$HAsO_4^{2-}$（25）

抑制器中与 OH^- 置换。改变淋洗液离子是改变阴离子分离选择性的广泛使用的方法，而在阳离子的抑制型电导检测中，氢离子（H^+）几乎是唯一的淋洗液离子。

2．淋洗液的浓度和 pH 值

淋洗液的浓度影响离子交换平衡，因此影响离子的保留，淋洗离子的浓度越高，淋洗液从固定相置换溶质离子越有效，溶质离子被洗脱的时间越短。若以被分离离子的容量因子（k'）的对数对淋洗液浓度（[E]）的对数作图，可得到一直线（见图 2-10），其负的斜率等于溶质离子的价数与淋洗离子的价数之比[15]。从图可见，淋洗离子浓度的改变对一价和二价溶质离子保留时间的影响不同。淋洗离子浓度的增加使多价溶质离子保留时间的减少明显大于一价溶质离子保留时间的减少，这种影响有时会导致溶质离子被洗脱顺序的改变。如用 CO_3^{2-}/HCO_3^- 为淋洗液分离常见的 7 种阴离子，当淋洗离子浓度增加时，全部离子的保留时间都减小，但二价离子的减小

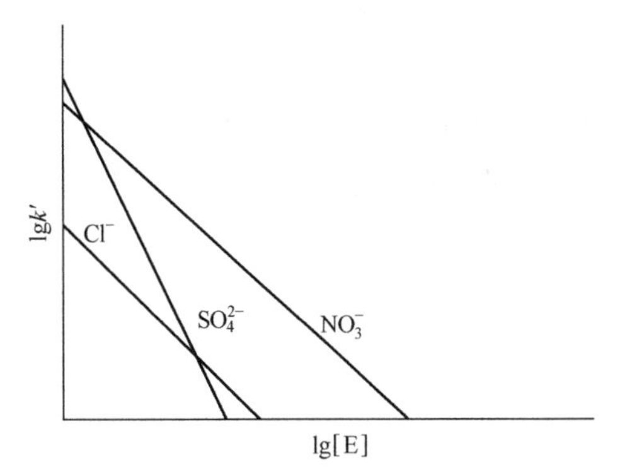

图 2-10　淋洗液浓度对一价和二价溶质离子保留的影响[15]

程度更大，结果 NO_3^-/PO_4^{3-} 和 NO_3^-/SO_4^{2-} 的选择性改变明显。改变淋洗液浓度以改变一价和多价离子之间分离的选择性是 IC 中普遍使用的方法，特别是当用 OH^- 为淋洗液时。例如，用 KOH 作淋洗液在 IonPac AS15 阴离子交换分离柱上分离常见阴离子，将 KOH 浓度从 33mmol/L 改变成 48mmol/L 时，除 F^- 之外，所有离子的保留时间均有明显缩短，见图 2-11。由于淋洗液浓度对多价离子保留的影响大于对一价离子的影响，三价阴离子 PO_4^{3-} 的保留时间缩短的程度远大于一价离子。从图 2-11 可见，当淋洗液 KOH 的浓度为 48mmol/L 时，PO_4^{3-} 的保留时间从 32min 减到 12min，并在 NO_3^- 之前被洗脱。若样品中 NO_3^- 的浓度较高，用较高浓度的 KOH 淋洗液时，NO_3^- 的峰在最后，将不干扰前面 F^-、Cl^-、SO_4^{2-}、PO_4^{3-} 等离子的分析。图 2-12 说明淋洗液浓度对阳离子交换分离选择性的影响，图 2-12

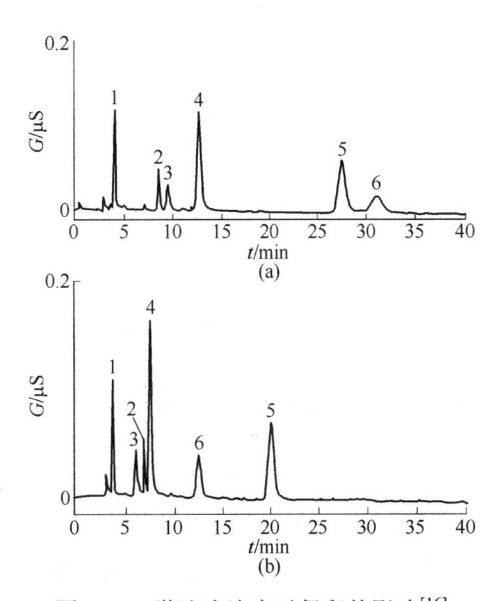

图 2-11　淋洗液浓度对保留的影响[16]

分离柱：IonPac AS15

淋洗液：（a）33mmol/L KOH；（b）48mmol/L KOH

流速：0.2mL/min　　　　进样体积：1μL

检测：抑制型电导，抑制器 ASRS

色谱峰（μg/L）：1—F^-（60）；2—Cl^-（90）；3—CO_3^{2-}；4—SO_4^{2-}（450）；5—NO_3^-（600）；6—PO_4^{3-}（450）

（a）的淋洗液是30mmol/L的甲基磺酸，阳离子的洗脱顺序是Li^+、Na^+、NH_4^+、K^+、Mg^{2+}、Ca^{2+}，总的洗脱时间是23min。图2-12（b）的淋洗液是48mmol/L的甲基磺酸，6种阳离子的保留时间均缩短，由于淋洗液浓度的增加导致两价离子保留时间的减小远大于一价离子，不仅总的洗脱时间小于10min，而且Mg^{2+}在K^+前被洗脱。

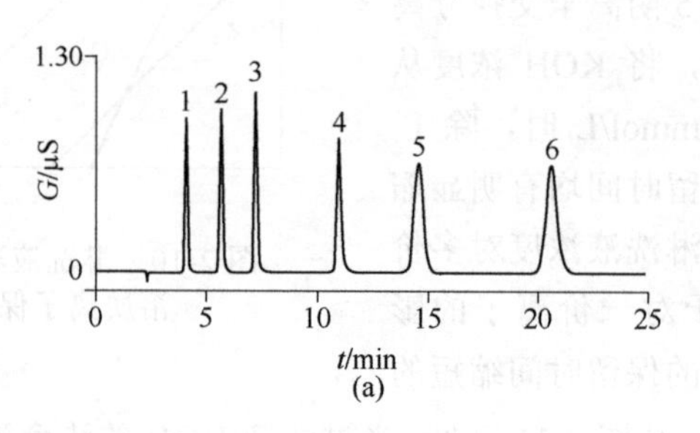

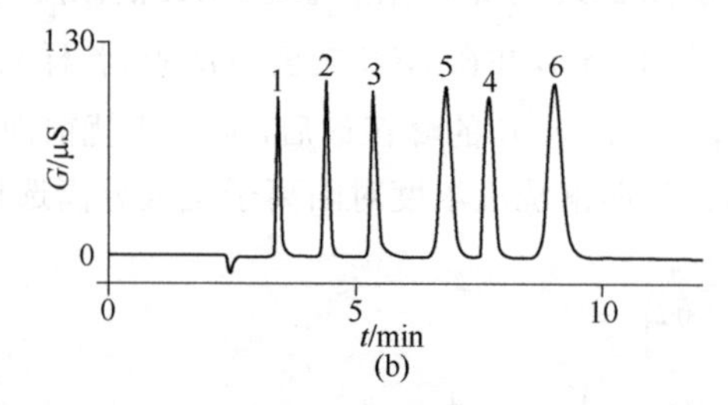

图2-12 淋洗液浓度对阳离子交换分离选择性的影响[17]

色谱柱：IonPac CS16(5mm×250mm)

淋洗液：（a）30mmol/L 甲基磺酸；（b）48mmol/L 甲基磺酸

流速：1.0mL/min

进样体积：25μL

检测器：抑制型电导

色谱峰（mg/L）：1—Li^+（0.1）；2—Na^+（0.4）；3—NH_4^+（0.5）；4—K^+（1.0）；5—Mg^{2+}（0.5）；6—Ca^{2+}（1.0）

淋洗液的pH影响离子交换功能基、淋洗液和溶质离子的离子化程度，因而影响保留。这种影响在阴离子分离中较明显，特别是在非抑制型IC中，若淋洗液是弱酸（或弱酸的盐），淋洗液pH的改变将影响酸的离解，因而影响它的电荷和洗脱溶质离子的能力。用弱碱性淋洗液分离阳离子时观察到相同的现象。与淋洗液相同，弱酸或弱碱的溶质也受pH的影响，因为它们的离解也受淋洗液pH的控制。增加溶质的电荷，将导致保留时间的增加。羧酸、弱酸性的阴离子（如F^-、PO_4^{3-}、CN^-、BO_3^-等）和多数胺类，受淋洗液pH影响较大。因此当上述离子存在时，淋洗液的pH控制是重要的。强酸性阴离子和强碱性阳离子受pH影响较小。

一般情况下，当淋洗液的浓度增加时，一价和二价离子的保留时间都缩短，而pH的变化对多价离子的保留行为影响更大。一些多价离子的存在价态是pH的函数。

例如正磷酸在不同 pH 按以下三步离解：

$$H_3PO_4 \rightleftharpoons H^+ + H_2PO_4^- \qquad pK_1=2.16$$

$$H_2PO_4^- \rightleftharpoons H^+ + HPO_4^{2-} \qquad pK_2=7.21$$

$$HPO_4^{2-} \rightleftharpoons H^+ + PO_4^{3-} \qquad pK_3=12.33$$

如果用 NaOH 作淋洗液，溶液的 pH 值将随着 NaOH 浓度的增加而提高。若用 0.001mol/L（pH 11）的 NaOH 为淋洗液分离 F^-、Cl^-、NO_2^-、PO_4^{3-}、Br^-、NO_3^- 和 SO_4^{2-} 等 7 种阴离子，PO_4^{3-} 和 SO_4^{2-} 不被洗脱，这是由于对二价 SO_4^{2-} 的淋洗，一价淋洗离子 OH^-的强度不够；而在 pH 11 时约有 10%的磷酸以 PO_4^{3-} 形式存在，PO_4^{3-} 和 HPO_4^{2-} 都强保留在柱上，此时若再提高 NaOH 的浓度，一价和二价离子的保留时间缩短，而磷酸的保留时间反而增加，因为随 pH 的提高，以 PO_4^{3-} 形式存在的磷酸的百分数也相应地提高，PO_4^{3-} 对离子交换剂的亲和力大于 HPO_4^{2-}。

一个复杂的情况是 CO_3^{2-}/HCO_3^- 缓冲混合液，由于离解平衡：

$$HCO_3^- \rightleftharpoons H^+ + CO_3^{2-} \qquad pK_2=10.31$$

CO_3^{2-} 与 HCO_3^- 在溶液中的比例与溶液的 pH 有关，由加入硼酸或氢氧化钠使溶液的 pH 降低或增加时，体系中的碳酸盐的总浓度不变，但 CO_3^{2-} 与 HCO_3^- 的比例发生变化。为了研究这种影响，从阴离子“标准”淋洗液的浓度（0.0028mol/L $NaHCO_3$/0.0022mol/L Na_2CO_3）出发，先保持 $NaHCO_3$ 浓度不变，Na_2CO_3 的浓度在 0.5×10^{-3}～2.22×10^{-3}mol/L 之间改变；再保持 Na_2CO_3 浓度不变，$NaHCO_3$ 的浓度在 0.5×10^{-3}～2.5×10^{-3}mol/L 之间改变。用上述色谱条件测定 7 种无机阴离子的容量因子，并用下式以 CO_3^{2-}/HCO_3^- 的浓度计算其 pH：

$$pH = pK_2 + \lg\frac{[CO_3^{2-}]}{[HCO_3^-]}$$

然后用容量因子 $\ln k'$ 对 pH 作图，无机阴离子保留行为的变化如图 2-13 与图 2-14 所示。图 2-13 说明改变 HCO_3^- 与 CO_3^{2-} 的浓度比导致淋洗液 pH 的改变对无机阴离子保留的影响，在 HCO_3^- 浓度不变的情况下（pH 8.35～10.23），CO_3^{2-} 浓度增加时，7 种阴离子的保留时间明显减小，多价离子 SO_4^{2-} 与 HPO_4^{2-} 的减小尤为明显。在 CO_3^{2-} 浓度不变的情况下（pH 10.28～10.98），HCO_3^- 浓度降低时，保留时间的改变不明显。但 pH 的改变对磷酸的保留行为影响很大。在 pH 9.6～10 和 pH>10.8 时，由于磷酸在不同 pH 的离解平衡不同，Br^-、NO_3^- 和 HPO_4^{2-} 的峰有时会重叠。

图 2-14 说明保持淋洗液中碳酸盐的总浓度不变，通过加入硼酸和氢氧化钠来改变淋洗液的 pH。加入硼酸后，下式的离解平衡向左进行。

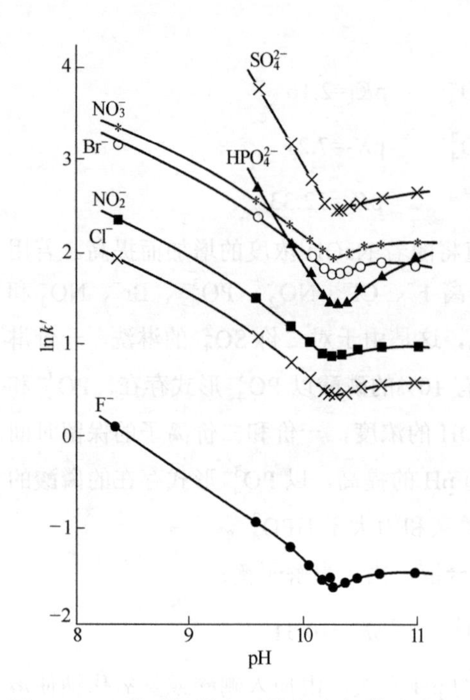

图 2-13 7 种无机阴离子的保留与淋洗液 pH 的关系（1）[18]

pH 8.35～10.23 时，淋洗液中 HCO_3^- 的浓度保持不变（2.5mmol/L），CO_3^{2-} 的浓度从 0.5mmol/L 增至 2.2mmol/L；pH 10.28～10.98 时，淋洗液中 CO_3^{2-} 的浓度保持不变（2.22mmol/L），HCO_3^- 的浓度从 2.5mmol/L 减至 0.5mmol/L

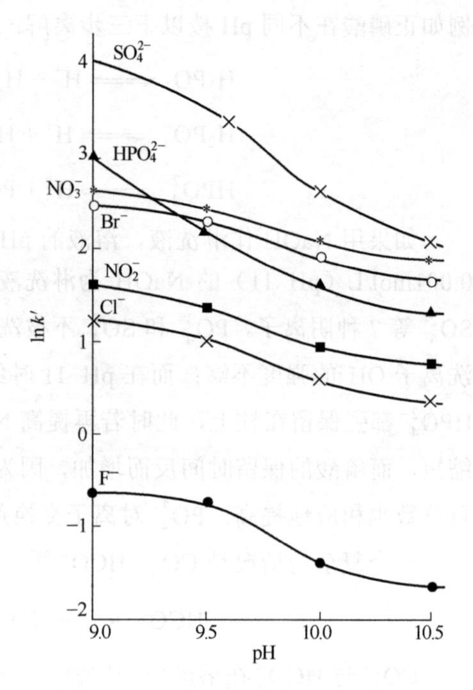

图 2-14 7 种无机阴离子的保留与淋洗液 pH 的关系（2）[18]

分离柱：HPIC-AS4
检测器：抑制型电导
进样体积：50μL
淋洗液：（淋洗液中 CO_3^{2-} 的总离子浓度相同）
0.0028mol/L $NaHCO_3$+0.0022mol/L Na_2CO_3
淋洗液 pH：9.0、9.5、10.0 用 H_3BO_3 调；10.5 用 NaOH 调

$$HCO_3^- \rightleftharpoons H^+ + CO_3^{2-} \qquad pk_2=10.31$$

HCO_3^- 是较 CO_3^{2-} 淋洗强度弱的淋洗离子，因此样品离子的保留时间增加。加入氢氧化钠后，上式的离解平衡向右进行，阴离子的保留时间缩短。

从上面的讨论可以看出，pH 的改变会直接引起 CO_3^{2-} 和 HCO_3^- 之间平衡的改变，用 CO_3^{2-} 和 HCO_3^- 淋洗液时，不能单独讨论 pH 的影响。如果保持 CO_3^{2-} 和 HCO_3^- 之比不变，即保持 pH 不改变，阴离子的保留与离子浓度的关系见图 2-15。从图 2-15 可见，淋洗液的离子浓度对两价离子的保留行为的影响较对一价离子大。淋洗液浓度对磷酸盐保留行为的影响最大。淋洗液离子浓度较低时，HPO_4^{2-} 将干扰 Br^- 和 NO_3^- 的检测；而在高的淋洗液离子浓度时，HPO_4^{2-} 在 Br^-、NO_3^- 和 SO_4^{2-} 之前洗脱。当用 Na_2CO_3 和 $NaHCO_3$ 混合溶液作淋洗液时，淋洗液的离子强度是影响无机阴离子保留行为的主要因素。pH 的改变影响 CO_3^{2-} 和 HCO_3^- 之间的浓度比，因此间接影响阴离子的保留行为。

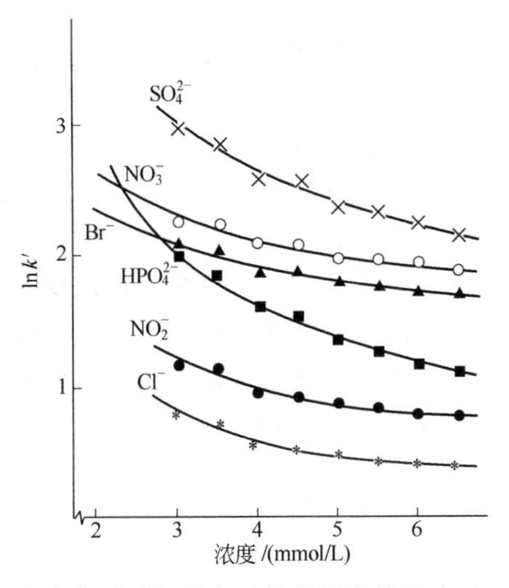

图 2-15　淋洗液浓度对无机阴离子保留行为的影响（pH 不变化）[18]

分离柱：HPIC-AS4

淋洗液：$NaHCO_3$+Na_2CO_3

流速：2mL/min

检测：抑制型电导

化合物的电离越小，保留越弱。对弱电离的阴离子（如有机酸），淋洗液的 pH 越小，保留减弱越大。

3. 非离子型淋洗液改进剂

淋洗液中加入有机溶剂的作用：其一是减弱疏水性溶质与固定相疏水表面的相互吸附作用，减弱疏水性溶质的保留，调节离子交换的选择性；其二是改善样品的溶解性，扩大 IC 的应用范围，并有利于对柱的清洗与质谱等的联用。淋洗液中有机溶剂的加入，将影响疏水性离子对离子交换剂的亲和力、弱酸或弱碱溶质的离子化程度（pK_a值）以及固定相功能基和溶质离子的溶剂化，因此将影响选择性。适合的有机溶剂包括甲醇、乙腈、乙醇、异丙醇和四氢呋喃等在 HPLC 中可用的有机溶剂。因为阳离子固定相的离子交换功能基主要是弱酸，不宜用醇类作有机改进剂。在强酸型阳离子交换剂中有机溶剂对无机阳离子的保留行为影响不大，而在弱酸型阳离子交换剂（如羧酸）柱上，用疏水性质子溶剂可以观察到选择性的改变，特别对二价阳离子。疏水性质子溶剂降低羧酸基团离解导致离子交换容量的显著损失。

常用的有机溶剂是非质子溶剂乙腈与质子溶剂甲醇[19]，乙腈与甲醇的介电常数分别是 37.5 与 33，因此对选择性的影响不同，见图 2-16。从图 2-16（a）可见，当淋洗液中加入的乙腈浓度小于 40%（体积分数）时，溶质的保留时间一般都减小，而当乙腈浓度进一步增加时，溶质的保留时间将增加。可能是因为在淋洗液的碱性条件下，乙腈发生碱解产生乙酸阴离子，该阴离子起弱的淋洗离子作用，因此在当淋洗液中加入的乙腈浓度不高时（＜40%），溶质的保留时间随乙腈浓度的增加而减小。用 OH^-淋洗液的固定相，为了增加 OH^-淋洗离子的淋洗强度，在季铵离子交换位置的邻近包含可电离的取代离子烷醇基。在烷醇取代基中的羟基起非常弱的酸的作用，在 20mmol/L 的 OH^-淋洗液中烷醇取代基中的羟基可部分离解，将导致低的阴离子交换容量。当淋洗液中非质子溶剂乙腈的浓度增加时，羟基的电离减少，将引起固定相表面拥有较多的正电荷，因此溶质的保留增加。质子溶剂甲醇对溶质保留的影响与乙腈不同，随淋洗液中甲醇的浓度增加，比较疏水的离子，如苯甲酸根与硫氰酸根（SCN^-）的保留减少；比较亲水的离子，如 CNO^-与 NO_3^- 的保留有小幅的增加；二价离子如草酸根与邻苯二甲酸根的保留则明显增加。当淋洗液中甲醇的浓度高于 60%时，有机酸不能被电导检测。

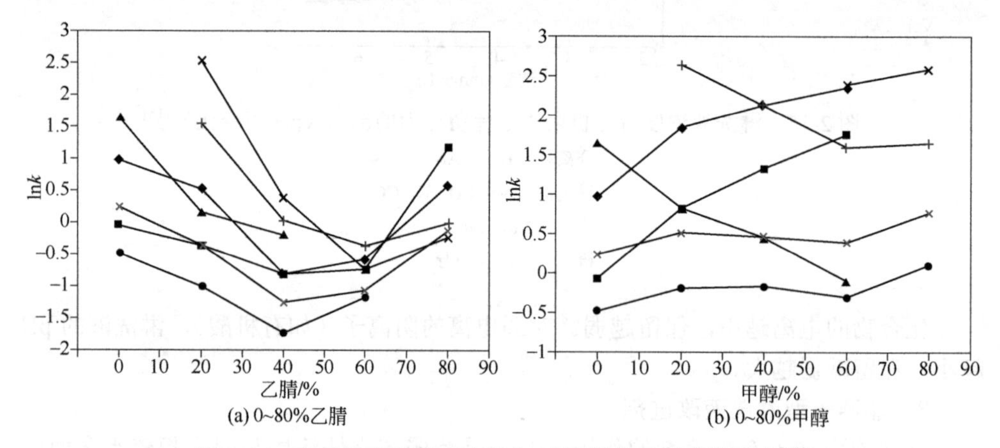

图 2-16　有机溶剂组成对有机与无机阴离子保留的影响[19]

分离柱：IonPac AS18

淋洗液：20mmol/L NaOH；lnk，保留因子

—◆— 邻苯二甲酸；—■— 草酸；—▲— 苯甲酸；—×— ClO_4^-；—×— NO_3^-；—●— CNO^-；—+— SCN^-

若在较长的洗脱时间改善分离度，则应选用含有甲醇的淋洗液。为了缩短保留时间，则应选用乙腈。图 2-17 说明淋洗液中加入有机溶剂对疏水性溶质分离的改善，图 2-17（a）色谱图的淋洗液是 NaOH 溶液，图 2-17（b）的淋洗液中加入了 16%（体积分数）甲醇。图 2-17（a）中，琥珀酸与苹果酸、酒石酸与马来酸、延胡羧酸与草酸共淋洗；而在图 2-17（b）中，甲醇的加入减弱了比较疏水性离子的保留，改善了几组靠近峰的分离。

异丙醇也能用于增加阴离子的分离。但应注意的是，长碳链的更疏水的异丙醇对树脂聚合物的溶胀作用大于甲醇。将异丙醇加到氢氧化钠淋洗液中，当异丙醇浓度低时，会增加离子的保留，而当异丙醇的浓度增高时会减少离子的保留。在低浓度，异丙醇对离子交换作用的调节性质与甲醇相似，而在高浓度时，它变成类似乙腈那样的溶胀溶剂。乙醇的性质在甲醇和乙腈之间。乙醇的介电常数低

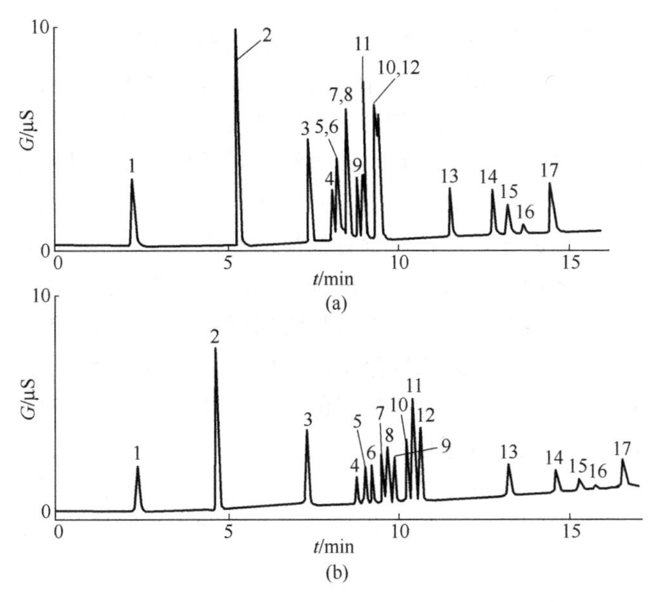

图 2-17　甲醇对离子在 IonPac AS11 柱上保留的影响

（a）NaOH 梯度，0→5min，0.5→5mmol/L；5→15min，5→38mmol/L

（b）NaOH 梯度同（a），但含 16%甲醇

流速：2.0mL/min　　　　检测：抑制型电导

色谱峰：1—乙酸；2—Cl^-；3—NO_3^-；4—戊二酸；5—丁二酸；6—苹果酸；7—丙二酸；8—酒石酸；9—马来酸；10—富马酸；11—SO_4^{2-}；12—草酸；13—PO_4^{3-}；14—柠檬酸；15—异柠檬酸；16—顺式乌头酸；17—反式乌头酸

于甲醇，因此水溶液中乙醇的极性小于甲醇，其溶剂化作用和对离子交换的影响也较甲醇小。

前面已讨论过，在保留机理主要是离子交换与淋洗液是水溶液的条件下，被测离子的保留因子（lg$k$）与淋洗液浓度的对数（lg[E]）呈线性关系，其斜率等于被测离子的电荷数。淋洗液中含有有机溶剂时会偏离这种关系。有机溶剂的加入改变了淋洗液的极性，影响溶质的离解，特别是弱酸性阴离子的离解。如邻苯二甲酸在水溶液中的 pK_2 值是 5.41，在 35%乙腈溶液中变成 7.10。因此淋洗液中含有有机溶剂时会偏离这种关系，导致非线性关系。

由于超低疏水性离子交换分离柱的商品化，对含疏水性离子型化合物样品的分析可直接选择低疏水性离子交换分离柱，不需加入有机溶剂。而对可离解有机化合物的分离或者与质谱、电喷雾（如 ELSD）等改进灵敏度与选择性的检测器联用时，常需要在淋洗液中加入有机溶剂。有机聚合物基质的色谱柱分离可离解的有机化合物包括两种分离机理，被分离化合物与聚合物离子交换树脂上无官能基区的疏水吸附作用和与固定相上电荷功能基之间的库仑作用。因此所用淋洗液需要含有控制两种保留机理运行的成分，即含有管控离子交换作用的离子化合物与反相作用的有机溶剂。离子化合物用于控制离子交换过程中的库仑作用以完成分离的选择性，有机溶剂利于待测定化合物的溶解，减弱与固定相树脂的反相作用，改进检测灵敏度（如ELSD检测器）。洗脱液进入检测器之前，必须通过抑制器脱盐。对抑制器的抑制模式的研究表明[20]，对含有离子化合物与有机溶剂混合的淋洗液，经化学抑制器后的背景电导、噪声与梯度淋洗时的漂移均较电解抑制器小。电解抑制器导致的背景电导增高、噪声与基线漂移的增大不是由于淋洗液的不完全抑制，而是由于较高的施加电流在抑制器里产生的热促进了包含有机溶剂的化学反应。减小这种影响的方法是选用低电导的有机溶剂，选用比较低的施加电流和高的再生液流速。进行梯度淋洗时，一般将电解抑制器的电流设置在可抑制梯度淋洗时淋洗液的最高浓度所需的电流，意味着所施加的电流超过梯度淋洗的浓度在较低的阶段所需的电流。当淋洗液中含有有机溶剂时，高于化学计量所需的电流将显著增加洗脱液抑制后的背景电导。图2-18说明了超过化学计量的电流对含有有机溶剂的淋洗液的不利影响，含有有机溶剂的淋洗液，其洗脱液的电导明显高于水溶液淋洗液的电导，而且电导随施加电流的增加而增加。非质子溶剂乙腈导致的电导增加大于质子溶剂甲醇导致的电导的增加。

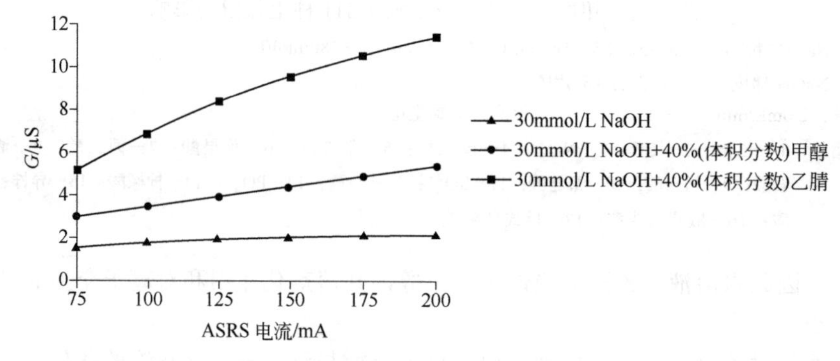

图2-18 抑制器（ASRS）电流对电导（抑制后）的影响[20]

用有机溶剂作改进剂时需注意柱子及抑制器是否与所用有机溶剂的种类和浓度匹配，有的柱子不与有机溶剂匹配或只在某一浓度范围匹配。应注意的是，在碱性条件下，乙腈会水解成乙酸和氨，乙酸将导致高的背景电导并改变淋洗液的组成，洗脱时引起大的基线波动。为避免淋洗液的降解，应将氢氧化钠和乙腈置于分开的瓶中，按所需比例直接进入泵系统，不宜用其混合溶液。不可将乙腈直接加入碱性的碳酸盐或氢氧化物溶液中。有机溶剂的介电常数低于水溶液，如常用的非质子溶剂乙腈与质子溶剂甲醇的介电常数（ε分别是37.5与33.0）明显低于水溶液（ε=80）的介电常数。因此，加有机溶剂于无机的淋洗液中将降低淋洗液的介电常数与极性，导致电导检测灵敏度降低。

（三）淋洗液在线发生器

前面已讨论过以NaOH为阴离子淋洗液的优点，但也存在一些问题。因碱性

NaOH 溶液及固体试剂均极易吸收空气中的 CO_2，溶入的 CO_2 将转变成 CO_3^{2-}，而 CO_3^{2-} 是一种较 OH^- 淋洗强度大得多的淋洗离子。淋洗液组成和浓度的改变不仅会引起保留时间的改变，而且不可避免地造成基线不稳、再现性不好，还会由于 CO_3^{2-} 的强的淋洗能力将强保留组分洗脱下来而出现鬼峰。虽然用煮沸除去二氧化碳后冷却的去离子水、经超声真空脱气的去离子水或氦气（或其他在水中溶解度小的惰性气体）脱气的去离子水来配制淋洗液，并采用特殊的配制方法，即先配成 50%的 NaOH 饱和溶液，至少放置一天后再用，用时再用吸液管从 50%溶液中取其中间部分来做稀释，可减小 CO_2 的影响，但操作复杂费时。已商品化的在线淋洗液发生器[21]很好地解决了这个问题。

1998 年，离子色谱的创始人 Small 提出了“淋洗液在线发生”的新概念[22,23]。图 2-19 为阴离子淋洗液在线发生器的结构和工作原理。淋洗液在线发生器由高压 KOH 发生室和低压 K^+电解槽组成。KOH 发生室装有一个穿孔的铂金阴极，钾离子电解槽内装有一个铂金阳极。KOH 发生室通过阳离子交换连接器与 K^+电解槽连接。离子交换连接器允许来自 K^+电解槽的 K^+通过并进入高压 KOH 发生室，而阻止来自 K^+电解槽的阴离子通过并进入高压 KOH 发生室。离子交换连接器将高压 KOH 发生室与常压 K^+电解槽隔开，其一关键作用是在低压的 K^+ 电解室与高压的淋洗液发生室之间起高压物理屏障作用。泵将去离子水输送到淋洗液发生室，在阴阳电极之间加上直流电压，水发生电解。在阳极，水被氧化产生 H^+与氧气；在阴极，水被还原产生 OH^-和氢气。

$$H_2O \longrightarrow 2H^+ + \frac{1}{2}O_2\uparrow + 2e^- \text{（阳极）}$$

$$2H_2O + 2e^- \longrightarrow 2OH^- + H_2\uparrow \text{（阴极）}$$

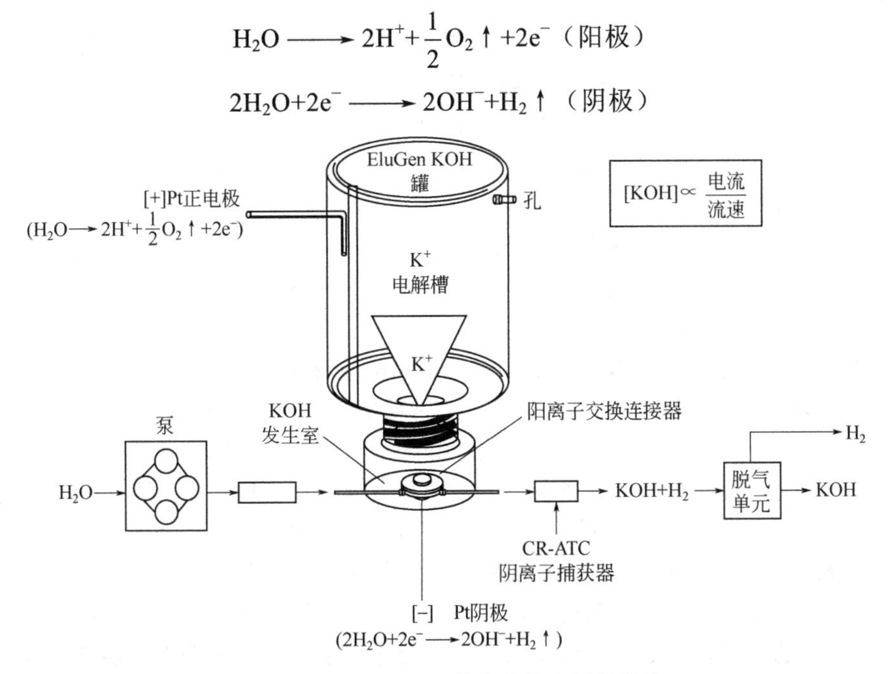

图 2-19　EG40 KOH 淋洗液发生器的结构

阳极产生的 H^+推动电解室内的 K^+穿过阳离子交换连接器进入淋洗液发生室与在阴极产生的 OH^-结合生成用于阴离子交换分离的 KOH 淋洗液。所产生的 KOH 溶液的浓度由加在发生器上的电流与泵所输送的通过发生室的去离子水的流速决定，施加电流和所产生的 KOH 浓度之间存在非常好的线性关系。因此，对于设定的流速，淋洗液发生器将可由精密的控制所加的电流得到准确而重现的所需浓度的 KOH 淋洗液。电解槽的电解液分别用 K^+、Na^+与 Li^+电解液，则可分别产生 KOH、NaOH 和 LiOH 淋洗液。

阳离子淋洗液发生器的结构和工作原理与阴离子淋洗液发生器的结构和工作原理相同，只是施加电流的阴极与阳极相反。即将图 2-19 中的 K^+电解槽换成甲基磺酸根（MSA）电解槽，阳离子交换连接器换成阴离子交换连接器，在电解槽装入 Pt 金阴极，发生室装 Pt 金阳极，即构成用于阳离子分析的淋洗液发生器。

淋洗液在线发生器所产生的淋洗液的浓度与施加电流成正比，与泵输送的纯水的流速成反比，所产生的淋洗液浓度可高达 100mmol/L。进入 KOH 淋洗液中的 CO_3^{2-} 等阴离子污染物，可在阴离子捕获器 CR-ATC（见图 2-19）中被捕获，基于离子交换和电解水原理的阴离子捕获器，可自动再生和连续工作。

淋洗液发生器除了不用酸碱试剂、消除人工配制溶液以及试剂杂质等导致的误差之外，其突出的优点是只用水和鼠标就能在线产生无污染的所需准确浓度的淋洗液，并得到非常好的重现性。另一突出的优点是做梯度淋洗非常方便，不用通常使用的四元比例阀或两个独立的高压泵，只用一台等浓度泵将纯水输入 IC 系统，由移动鼠标操作即可完成淋洗液的浓度梯度。在 HPLC 和 HPIC 中，一次进样运行完成之后，需将淋洗液的浓度从梯度淋洗程序的最后浓度转变到梯度淋洗程序的起始浓度，再用起始浓度去替换系统中的淋洗液并平衡系统和柱子。这一过程一般需要 1～1.5 倍一次进样分离的运行时间。如图 2-20 所示的简单梯度淋洗程序，从 0 到 8min，淋洗液（KOH）的浓度从 0.5mmol/L 升至 25mmol/L。一次进样运行完成之后，最少需要 12min（8min+4min）的平衡时间之后，方可做下一次进样。而用淋洗液在线发生器，因为改变浓度的淋洗液不经过管道、阀门和泵，而是直接进入分离柱，一般分离柱的死体积小于 0.5mL，只需小于 2min 的平衡时间即可做下一次进样。因此有效地简化了操作和缩短了运行时间，使其与等浓度淋洗一样方便。称具有这种功能的离子色谱仪为 RFIC（Reagent-Free Ion Chromatography）。

用 RFIC 做方法发展非常方便，可以非常精确地用鼠标编辑各种浓度梯度程序，在一次进样中，可将对固定相亲和力弱的和强的离子以及对固定相亲和力相近的多种组分分离开，图 2-21 为 19 种阴离子的一次进样分析实例。由于可得到非常纯的 KOH 淋洗液，在梯度的初始端用极低浓度的 KOH 淋洗液，延迟弱保留成分的洗脱时间与分离弱保留成分。由于 KOH 的抑制产物是水，消除了水负峰，则可用大体积进样，直接提高方法的灵敏度。高纯水通过泵，消除了酸、碱、盐、络合剂和有机溶剂对泵的腐蚀，可延长泵的使用寿命。消除了手工配制淋洗液的误差和试剂杂质的干扰，使方法的重现性和实验室之间的可比性更好。

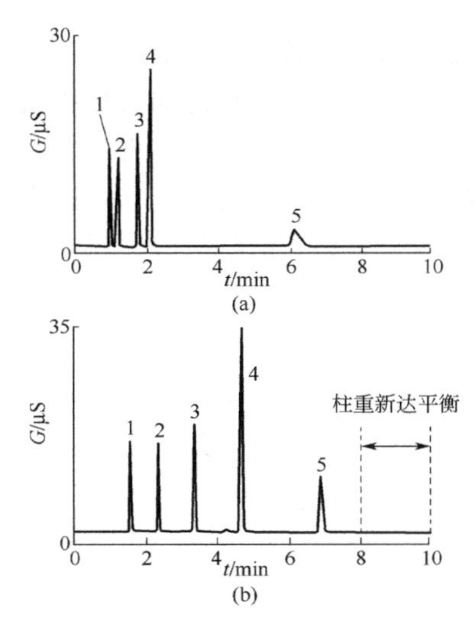

图 2-20　梯度淋洗和等浓度淋洗

分离柱：IonPac AS11/AG11（4mm）

淋洗液：（a）15.5mmol/L KOH；（b）0～8min，0.5～25.0mmol/L KOH

流速：2mL/min

进样体积：25μL

检测：抑制型电导

色谱峰（mg/L）：1—氟离子（2）；2—氯离子（3）；3—硝酸根（10）；4—硫酸根（15）；5—磷酸根（15）

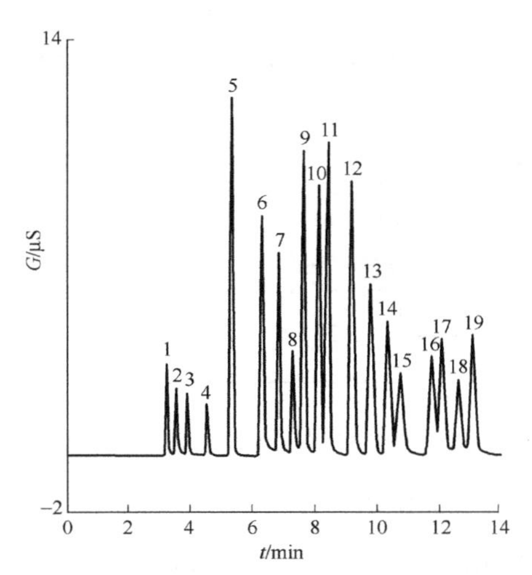

图 2-21　19 种阴离子的同时分离（KOH 梯度淋洗）

色谱柱：IonPac AS18

淋洗液（EGC-KOH）：KOH 梯度，0～5min，12～44mmol/L；8～10min，44～52mmol/L

流速：1mL/min　　　　温度：30℃

进样体积：25μL　　　　检测：抑制型电导

色谱峰（mg/L）：1—氟离子（0.5）；2—乙酸根（2.5）；3—甲酸根（1）；4—亚氯酸根（5）；5—氯离子（3）；6—亚硝酸根（6）；7—亚硒酸根（10）；8—亚硫酸根（10）；9—硫酸根（10）；10—溴离子（10）；11—硒酸根（10）；12—硝酸根（10）；13—氯酸根（10）；14—磷酸根（10）；15—钼酸根（10）；16—钨酸根（10）；17—砷酸根（10）；18—硫氰酸根（10）；19—铬酸根（10）

结合淋洗液在线发生器、对 OH^- 选择性高的分离柱、电解水自动连续再生的抑制器，除去淋洗液杂质的自动再生连续工作的捕获柱和色谱工作站，将离子色谱发展到一个崭新的阶段[24]——只用鼠标和“只用水”。

碳酸盐、碳酸盐/碳酸氢盐溶液比较稳定，人工配制方便，已商品化的这种淋洗液在线发生器，国内应用较少。其装置的结构与原理与前面讨论的两种相似，见图 2-22 和图 2-23[25]。

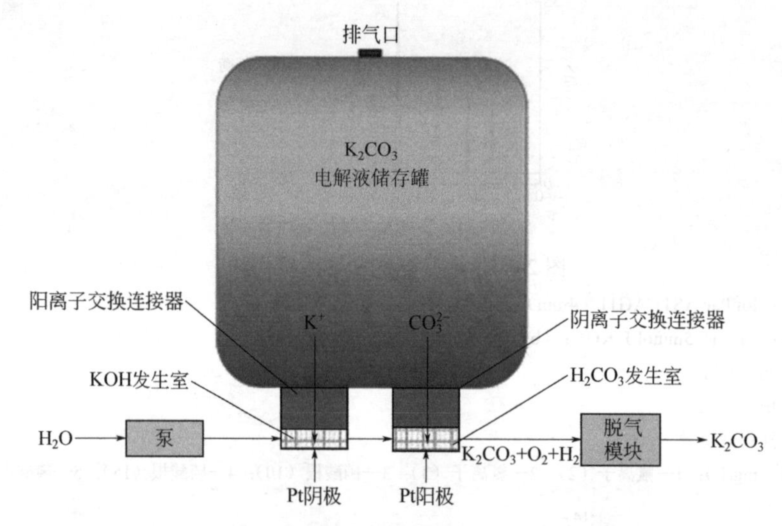

图 2-22　K_2CO_3 淋洗液发生器的结构和工作原理

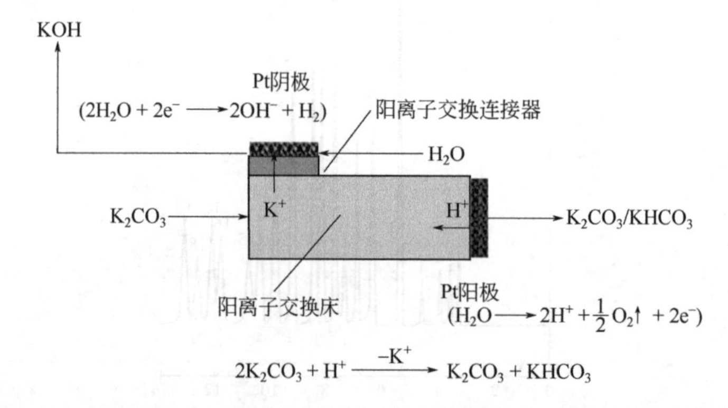

$$2K_2CO_3 + H^+ \xrightarrow{-K^+} K_2CO_3 + KHCO_3$$

图 2-23　K_2CO_3/ $KHCO_3$ 淋洗液发生器（EPM 500）的结构和工作原理

K_2CO_3 发生器由电解室和两个串联的高压淋洗液发生室组成。两个淋洗液发生室与电解室的连接分别是阳离子交换和阴离子交换区段。在第一个发生室中，阳离子交换区段直接在阴极上面；在第二个发生室中，阴离子交换区段直接在阳极上面。泵输送去离子水进入淋洗液发生室，施加直流电压于装置的阳极和阴极。在阴极，水被还原，生成 OH^- 和氢气；在阳极，水被氧化，生成 H^+ 和氧气。

在施加的电场下，电解室里的 K^+ 通过阳离子交换连接器与在阴极还原水所产生

的 OH^-结合形成 KOH 溶液。与此同时，碳酸根离子通过阴离子交换连接器与水在阳极被氧化所产生的 H^+结合形成碳酸溶液。KOH 溶液与碳酸溶液反应生成碳酸钾溶液。碳酸钾溶液的浓度与所施加的直流电的大小成正比，与通过淋洗液发生室的去离子水的流速成反比。

将发生 K_2CO_3 的装置与电解 pH 调节部件（EPM 500）结合，即可由电解产生碳酸钾/碳酸氢钾淋洗液。EPM 500 由阳离子交换床组成，阳极在其出口端，入口端通过阳离子交换连接器与阴极相连。当施加直流电压后，驱动一定量的钾离子通过阳离子交换连接器向阴极移动，K^+与 OH^-结合所形成的氢氧化钾溶液进入废液通道。与此同时，阳极产生的 H^+转变碳酸盐成碳酸氢盐，见图 2-23。由控制施加电流，调节 H^+浓度可将进入阳离子交换床的碳酸钾淋洗液调整成碳酸钾/碳酸氢钾淋洗液。

另一种淋洗液在线发生器的结构比较简单，如瑞士万通的 Dosino，该装置通过加液单元将超纯水和浓缩淋洗液按照一定比例混合，配制出分析所需浓度的淋洗液。使用液位传感器来控制配制淋洗液的时间点。其优点是可自由选择淋洗液种类、浓度和组成；可配制不同种类的淋洗液，满足不同的分析要求，例如阴阳离子双通道系统。

（四）温度与压力

电导检测器是离子色谱中应用最广的检测器，溶液中离子的电导受温度的影响，为了获得好的重现性，因此注意到在分析中需要保持温度稳定，但很少注意温度对选择性的影响。HPLC 中，保留时间随温度的增加而减小，保留时间改变的范围仅为 10%～15%。IC 中温度对保留时间的影响较 HPLC 中大，因温度对电解质的影响大于对非电解质的影响。

IC 中离子的保留包括吸热和放热两种过程[26,27]。离子交换过程为放热时，溶质的保留时间随温度的增加而减小；离子交换过程为吸热时，溶质的保留时间随温度的增加而增加。即随温度的增加某些离子的保留时间可能增加，而另一些离子的保留时间可能会减小。因此可由改变柱温来改变选择性。温度对离子交换保留的影响与淋洗液的种类（如 CO_3^{2-}/HCO_3^-与 OH^-）和浓度有关，淋洗液的种类的影响大于淋洗液浓度的影响。用 OH^-淋洗液时，常见阴离子可分成三组，见表 2-2，即弱保留的单电荷阴离子、多电荷阴离子和强保留的单电荷阴离子。温度的改变不影响同组阴离子之间的洗脱顺序，不能通过温度的改变来改变它们的选择性，但对不同组阴离子之间保留的影响不同。用 CO_3^{2-}/HCO_3^- 为淋洗液时所显示出的 Van’t Hoff 曲线斜率较用 NaOH 为淋洗液时大。因用 CO_3^{2-}/HCO_3^- 为淋洗液时，一般是吸热过程，而用 NaOH 时为放热过程。如阴离子 SCN^-和 ClO_4^-，用 NaOH 为淋洗液时是放热过程，随温度的增加，它们保留时间的减小较用 CO_3^{2-}/HCO_3^- 为淋洗液时大。反之，对 PO_4^{3-} 和 $S_2O_3^{2-}$，用 NaOH 为淋洗液时是吸热过程，即温度增加，它们的保留时间增加；而用 CO_3^{2-}/HCO_3^- 为淋洗液时是弱的放热过程，即温度增加，它们的保留时间减小。当用相同种类不同浓度的淋洗液时，所得到的 Van't Hoff 曲线斜率也不同。用 NaOH 为淋洗液时，对小的离子，保留时间随温度的增加而增加，而直径较大的离子，其保留时间随温度的增加而减小，二价与三价离子，其保留时间随温度的增加而增加。一般情况下，多电荷无机与有机阴离子的保留时间随柱温的增加而增加[27,28]，而单电荷离子的热力学影响对不同的离子则不同，如保留较强的 ClO_4^- 与 SCN^- 的保留时间随柱温的增加而明显减少，而对 NO_3^- 的影响则不明显。弱电解质的电离受温度的影响比较大，其保留时间也明显受温度的影响。淋洗液的浓度与其种类相比，淋洗液种类对保留时间的影响较大。

表 2-2 显示相似温度行为的阴离子分组[27]

组名	离子（举例）	温度特性
弱保留的单电荷阴离子	IO_3^-、BrO_3^-、NO_2^-、Br^-和 NO_3^-	保留时间随温度的增加而增加或减小
多电荷阴离子	SO_4^{2-}、草酸根、PO_4^{3-}、$S_2O_3^{2-}$	保留时间明显随温度的增加而增加
强保留的单电荷阴离子	I^-、SCN^-、ClO_4^-	保留时间明显随温度的增加而减小

温度对卤乙酸保留影响的大小与卤乙酸的亲脂性有很好的相关性，卤乙酸中亲脂性最小的一氯乙酸（MCA）受温度的影响最大，亲脂性最大的一氯二溴乙酸（CDBA）受温度的影响最小。一些卤乙酸的亲脂性大于常见的有机酸，即使在超低疏水性的柱上，卤乙酸的亲脂性仍将影响保留与选择性，对温度的反应灵敏。与单纯离子交换的保留不同，当柱温增加时，由于亲脂性相互作用的保留将减小，对亲脂性较强的卤乙酸，温度增加时，卤乙酸保留的增加不大。应用温度对溶质保留影响以改善多组分分离的一个很好的实例是饮用水中 19 种化合物的分离（图 2-24）。饮用水中 F^-、IO_3^-、ClO_2^-、MCA、BrO_3^-、Cl^-、MBA、TFA、NO_3^-、ClO_3^-、DCA、CDFA、DBA、CO_3^{2-}、SO_4^{2-}、TCA、BDCA、CDBA、ClO_4^- 的同时分离一直很困难。Barron 等[29]用 IonPac AS16 型分离柱，于不同温度条件下，OH^-淋洗液梯度淋洗分离上述 19 种离子，发现当温度增加时，图 2-24 中 1～6 号峰之间的分离度降低，7～13 号峰之间的分离度增加，14～19 号峰之间的分离度降低。即温度增加对色谱图中两端组分的分离不利，而对图中中间段组分的分离度有益。因此，他们用精细的程序控温改善了上述 19 种离子的分离，用于饮用水中常见阴离子、卤乙酸与卤氧化物的分离，得到满意结果。

温度对选择性的影响与固定相组成的关系，目前报道不多，但应注意的是一些类型的柱子对温度的影响非常灵敏，需要选择适合的温度方可得到较好的分离（需要仔细阅读柱子的说明书）。如图 2-25 所示，图中 7 种阴离子分离的最佳温度是 15℃，而在室温（20～25℃）下，2 与 3、4 与 5 两组离子将共洗脱。而 IonPac AS24 柱，其最佳温度是 30℃。用相同的淋洗液分离 F^-、Cl^-、SO_4^{2-}、Br^-、NO_3^- 与 $S_2O_3^{2-}$，15℃时，洗脱顺序依次是 F^-、SO_4^{2-}、Cl^-、Br^-、NO_3^- 与 $S_2O_3^{2-}$，SO_4^{2-} 在 Cl^-之前被

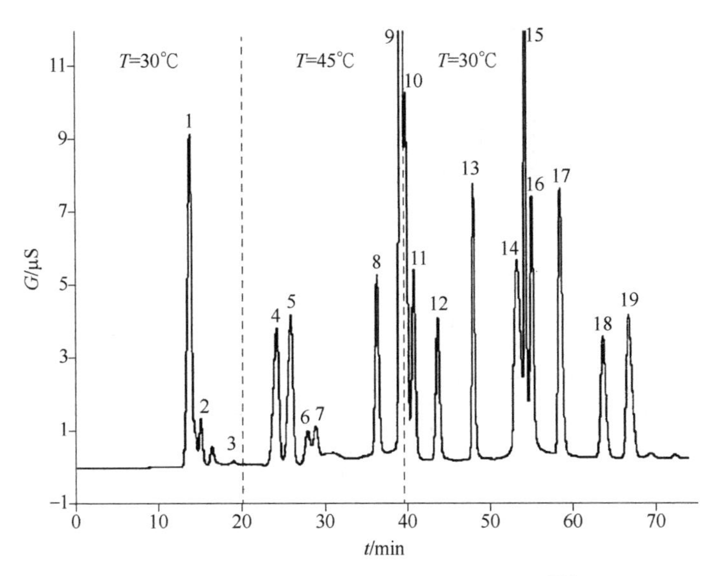

图 2-24 饮用水中 19 种化合物的分离[29]

分离柱：IonPac AS16+IonPac Ag16

淋洗液：NaOH 梯度，0～20min，1mmol/L NaOH；20～40min，1～4mmol/L；40～45min，4～20mmol/L；45～71min，20mmol/L

流速：1mL/min 进样体积：100μL 检测：抑制型电导

样品：饮用水样品标准加入量：CDBA，32μmol/L；BDCA，40μmol/L；其他均为 20μmol/L

色谱峰：1—F^-；2—IO_3^-；3—ClO_2^-；4—MCA；5—BrO_3^-；6—Cl^-；7—MBA；8—TFA；9—NO_3^-；10—ClO_3^-；11—DCA；12—CDFA；13—DBA；14—CO_3^{2-}；15—SO_4^{2-}；16—TCA；17—BDCA；18—CDBA；19—ClO_4^-

洗脱；22℃时，洗脱顺序依次是 F^-、SO_4^{2-}+Cl^-、Br^-、NO_3^- 与 $S_2O_3^{2-}$，SO_4^{2-} 与 Cl^- 共洗脱；30℃，洗脱顺序依次是 F^-、Cl^-、SO_4^{2-}、Br^-、NO_3^- 与 $S_2O_3^{2-}$，6 种离子均达基线分离。

当淋洗液中含有有机溶剂时，温度对保留的影响与有机溶剂的极性有关。淋洗液中含有极性的质子溶剂甲醇时，甲醇形成氢键的能力与水相似，温度对保留的影响与水溶液相似。淋洗液中含有非质子溶剂乙腈时，温度对保留的影响比较大，对有机酸保留的影响大于对无机离子保留的影响。有机聚合物树脂可工作的温度上限是 60℃。与固定相和流动相的组成相比，温度对选择性影响的可预测性较复杂。

离子色谱中高的压力与高的温度的应用可明显改善分离与减少分析时间，这种趋势与 HPLC 相似[30]。例如同一支分离柱在相同的分离时间，当压力从 21MPa 增加到 34MPa 时，填充 7μm 微粒的分离柱的塔板数提高了 14%，而填充 4μm 微粒的分离柱的塔板数提高了 28%。相似地，增加压力与减小填料粒度也可用于减少分析时间而保持塔板数不改变。对高效分离，当柱压增加时可得到性能的增加。此外，高压的离子色谱系统，可用小微粒（如 4μm）的柱填料以提高柱效；可增加柱的长度（250mm）以增加分离；可增加流速以缩短分析时间而不明显降低分离效率。但

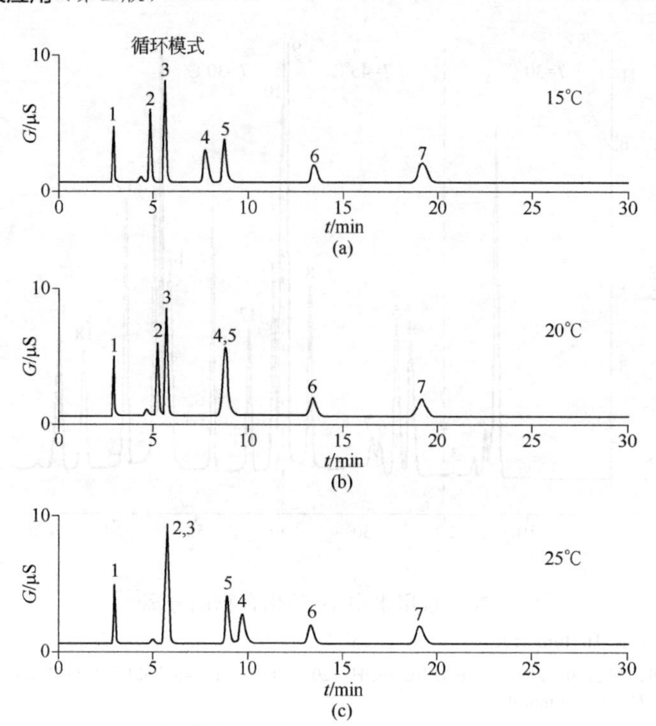

图 2-25　温度对选择性的影响

分离柱：IonPac AS26 2mm

淋洗液：35mmol/L KOH　　　　检测器：抑制型电导

色谱峰（mg/L）：1—F^-（2）；2—SO_4^{2-}（15）；3—Cl^-（3）；4—PO_4^{3-}（15）；5—NO_2^-（10）；6—Br^-（10）；7—NO_3^-（10）

流速的增加受分离柱与色谱系统可承受压力的限制。另外，降低流速以改善分离仅在有限范围是可能的，因淋洗液的 pH、离子强度不受流速改变的影响，待测离子的洗脱顺序也不受流速的影响。

（五）样品基体的酸度与离子浓度

样品基体的酸度与离子浓度影响目标离子的保留[31~34]。样品中高浓度的基体成分所引起的柱上过程可分为以下几种：自淋洗效应，淋洗液柱上改变，淋洗液柱上交互中和与检测信号被抑制。样品中高浓度基体离子的存在，由于自淋洗效应会导致待测离子保留时间缩短，而自淋洗效应与淋洗液组成柱上改变结合，将导致待测离子的保留时间延长。当基体阴离子对固定相的亲和力明显大于淋洗离子时，自淋洗效应明显。相反，当淋洗液淋洗离子对固定相的亲和力明显大于待测离子（如待测离子为 Cl^-，淋洗离子为 CO_3^{2-}）时，由于柱上原来的淋洗离子（CO_3^{2-}）被对固定相的亲和力明显弱的样品基体阴离子（Cl^-）替换，自淋洗效应与淋洗液组成柱上改变结合的结果是保留时间延长。

用离子色谱做样品分析时的一个误解是忽略样品溶液的 pH 对分离和检测的影响，离子色谱的分离柱在 pH 0～14 稳定，只表示其柱填料在 pH 0～14 稳定，并不表示其分离和检测不受 pH 影响。以硝酸根和亚硝酸根的分离为例，当分析酸性样品中的硝酸根和亚硝酸根时，与基体为盐类的样品相比，硝酸和亚硝酸的保留时间都会延长。从图 2-26 可见，样品基体阴离子和 H^+对硝酸和亚硝酸的保留时间的延长均起重要作用。当样品基体阴离子为 100mmol/L 的 Cl^-，与 Cl^-匹配的阳离子是 Na^+而不是 H^+（即 NaCl）时，亚硝酸根在柱上的容量因子从 1.2 增加到 2.1；而当 Cl^-为 HCl 形式时，亚硝酸根的容量因子则增加到 3.1。硝酸根在柱上的容量因子分别从 2.83 增加至 2.95 和 3.8，见图 2-26（a）。很明显，H_3O^+对硝酸根保留行为的影响明显大于 Cl^-对硝酸根保留行为的影响。乙酸根对固定相的亲和力比 Cl^-小（约为 Cl^-的 1/3），其自淋洗强度不大。因此，以钠盐存在时，甚至浓度高达 100mmol/L，亚硝酸根保留时间的延长也很小，其保留时间仅从 2.1min 增加至 2.3min。相反，乙酸根以酸的形式存在时，导致硝酸根和亚硝酸根保留时间的增加则分别为 18%和 60%，见图 2-26（b）。

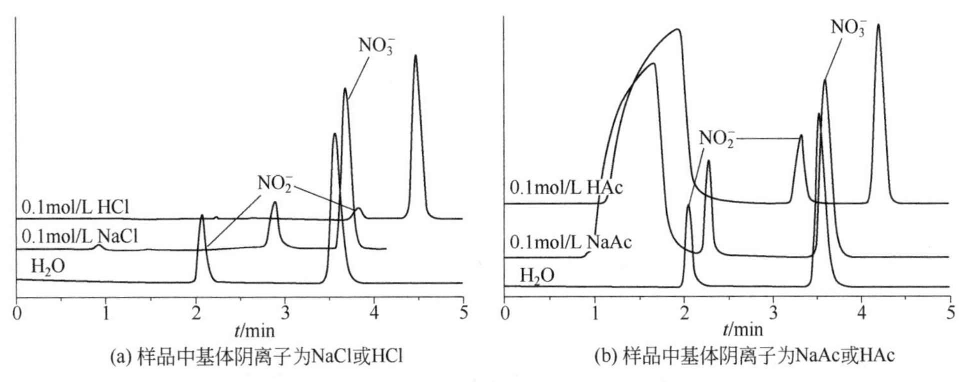

图 2-26 样品中基体阴离子为酸根和酸形式存在时对硝酸和亚硝酸保留的影响[33]

分离柱：IonPac AS4A/AG4A

淋洗液：CO_3^{2-}+HCO_3^-

流速：2.0mL/min

检测：UV 210nm

溶质离子：NO_2^-（2mg/L），NO_3^-（5mg/L）

在盐酸和乙酸存在下硝酸根和亚硝酸根保留时间的增加大于氯化钠和乙酸钠，可用柱上中和和柱上淋洗液改变来解释。当样品进入色谱柱之后，样品区带的 H_3O^+可转变固定相上的 CO_3^{2-} 和淋洗液中的 CO_3^{2-} 成 CO_2 和 H_2O。释放出的 CO_2 扩散入多孔的固定相，当其返回到流动相时，在柱上发生交互淋洗液中和，CO_3^{2-}+HCO_3^- 淋洗液转变成 HCO_3^- 淋洗液。硝酸根和亚硝酸根先在弱的 HCO_3^- 淋洗液环境下、之后在 Cl^-+HCO_3^- 淋洗液环境下、最后在 CO_3^{2-}+HCO_3^- 淋洗液环境下被洗脱。因此，硝酸根和亚硝酸根的保留时间显著增加。

若样品基体阴离子是100mmol/L的Na_2SO_4，因为SO_4^{2-}强的自淋洗作用，硝酸根和亚硝酸根保留时间比在水中短。而在硫酸基体中，除硫酸根的自淋洗作用之外，同时还存在柱上交互淋洗液中和作用，但两种作用相反，因此硝酸根和亚硝酸根保留时间的改变不大。

一个有趣的现象是在硫酸基体中，亚硝酸根的分叉，见图2-27。这是由于在酸性介质中亚硝酸根会质子化，形成弱离解的亚硝酸（pK_a=3.29）。当酸性样品进入分离柱之后，未离解的亚硝酸可扩散进入多孔的固定相，由于硫酸根的自淋洗作用，将保留在固定相上的亚硝酸根洗脱下来。之后，亚硝酸扩散回到碱性的淋洗液环境，并转变成亚硝酸根离子。因此出现基线变宽的分叉亚硝酸根的色谱峰。当出现亚硝酸根的峰分叉时，定量将不准，建议适当调节样品溶液的酸度。

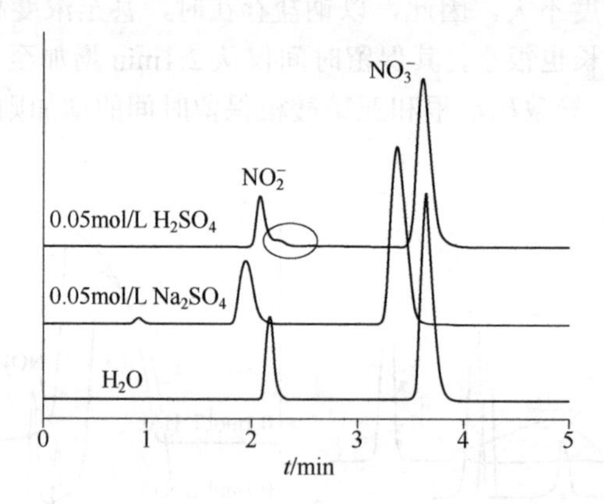

图2-27 样品中硫酸根离子以Na_2SO_4和H_2SO_4形式存在时对硝酸和亚硝酸保留的影响[33]

（色谱条件同图2-26）

亚硝酸根会质子化的另一个例子是将UV/Vis检测器串联于抑制器之后，对含高浓度Cl^-样品中的NO_2^-与NO_3^-进行分析。用UV/Vis与电导检测，发现Cl^-的浓度在0.1～10.0g/L之间时，NO_2^-与NO_3^-的保留时间明显增加，当Cl^-的浓度大于15.0g/L时，NO_2^-与NO_3^-共洗脱。将UV/Vis检测器串联于抑制器之后，NO_2^-在UV/Vis检测器的响应（峰面积）随Cl^-浓度的增加而减小，而NO_3^-的峰面积无明显改变，说明NO_2^-在抑制器中的质子化作用，减弱了其在UV/Vis检测器的吸收。保留时间的增加则是由于样品中存在的高浓度Cl^-导致的淋洗液组成柱上改变。

三、阴离子的分析

（一）无机阴离子的分析

1. 常用淋洗液

化学抑制型电导检测中，用于阴离子分析的淋洗液一般为弱酸的盐。这种化合物在水溶液的 pH 大于 8 时为阴离子，经化学抑制反应后转变成弱酸，即在 pH 5～8 之间为中性分子，其阴离子对固定相的亲和力与待测离子相近，这种弱酸的盐可用作阴离子分析的淋洗液。淋洗液的 pK_a 越大，在洗脱液中它的离子型与质子化酸型的比值越小，洗脱液的背景电导越低。一个最好的例子是 NaOH，它是弱酸（水）的钠盐，pK_a=14，在抑制反应中，淋洗液中的钠离子与再生液中的氢离子化学计量的交换[35]，H^+与 OH^-结合成低电导的水。表 2-3 列出了用于阴离子分析的常用淋洗液。Na_2CO_3 与 $NaHCO_3$ 的混合溶液是用得最广的淋洗液，它含有洗脱强度较弱的一价淋洗离子 HCO_3^- 和洗脱强度较强的二价淋洗离子 CO_3^{2-}，可用较低的淋洗液浓度同时洗脱一价和多价离子；Na_2CO_3 与 $NaHO_3$ 的混合溶液是一种缓冲溶液，可抑制由样品溶液导致的 pH 改变；可由改变 CO_3^{2-} 与 HCO_3^- 之间的浓度比来改变分离的选择性；配制方便，稳定性好。$B_4O_7^{2-}$ 是较弱的淋洗离子，用于对固定相亲和力弱的无机阴离子和短碳链脂肪羧酸的洗脱，由于其抑制反应产物 $H_2B_4O_7$ 的背景电导足够低，亦可用于梯度淋洗，见图 2-28。NaOH（或 KOH）用作淋洗液的突出优点是其

表 2-3　用于化学抑制型电导检测阴离子的常用淋洗液

淋洗液	淋洗离子	抑制反应产物	淋洗离子强度
$Na_2B_4O_7$	$B_4O_7^{2-}$	H_3BO_3	非常弱
NaOH 或 KOH	OH^-	H_2O	弱
$NaHCO_3$	HCO_3^-	H_2CO_3	弱
$NaHCO_3/Na_2CO_3$	HCO_3^-/CO_3^{2-}	H_2CO_3	中
Na_2CO_3	CO_3^{2-}	H_2CO_3	强

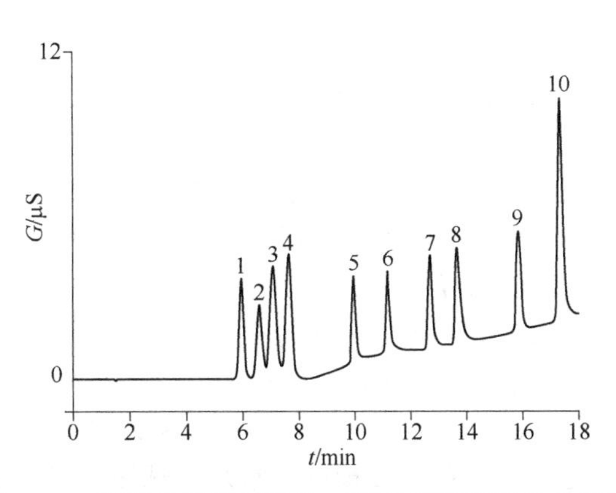

图 2-28　四硼酸钠梯度淋洗（弱保留阴离子的分离）

分离柱：IonPac AS14A/AG14A

淋洗液：四硼酸钠，0～6min，2mmol/L；6～10min，2～17.5mmol/L

检测器：抑制型电导

色谱峰（mg/L）：1—F^-（5）；2—乙醇酸（10）；3—乙酸（20）；4—甲酸（10）；5—Cl^-（3）；6—NO_2^-（10）；7—Br^-（10）；8—NO_3^-（10）；9—HPO_4^{2-}（15）；10—SO_4^{2-}（15）

抑制反应产物是水，背景电导低，噪声小，灵敏度高，可做梯度淋洗，无水负峰，可用大体进样。其缺点是 NaOH 易吸收空气中的 CO_2，使 NaOH 淋洗液的组成改变，影响重现性并导致基线漂移。必须严格控制配制和使用 OH^- 溶液的条件方可得到较纯的 OH^- 溶液。较好的方法是用淋洗液在线发生器（详见下节）。

非抑制型电导检测中，洗脱液直接进入电导检测器，因此淋洗液本身的电导应比较低，适合的淋洗液主要是弱电解质[36,37]，如苯甲酸盐、邻苯二甲酸氢钾、对羟基苯甲酸和邻磺基苯甲铵等。这些化合物对表面氨化的离子交换剂固定相有适当的亲和力，本身的电导低。当用芳香羧酸作淋洗液时，淋洗液的 pH 值必须调到 4～7 之间，因为 pH 值影响这些有机酸的离解度。如果淋洗液的酸性太强，羧酸的离解受抑制，作淋洗离子的羧酸根阴离子的浓度会降低，因此影响淋洗液的洗脱能力；而淋洗液的 pH 值太高将导致背景电导增大。苯甲酸钠(或苯甲酸钾)主要用于分离一价阴离子。苯甲酸对固定相的亲和力与 HCO_3^- 相似。邻苯二甲酸与芳香羧酸的淋洗强度较苯甲酸大，用于一价和多价阴离子的淋洗。不宜由增加苯甲酸的浓度来增加它的淋洗强度，因为浓度的增加会导致背景电导的增加，因而降低检测灵敏度。对极性比较强和多价阴离子的分离，常用的淋洗液是苯均三酸，因其分子中具有三个羧基，对固定相的亲和力强。对 pK_a 值大于 7 的无机阴离子的测定，KOH 是可选用的淋洗液。由于流动相的高 pH 值，弱酸可完全离解，因此可用电导检测。但这种弱酸的电导低于流动相，因此得到负峰。这种方法叫作间接电导检测。

用光度、安培与其他检测器时，淋洗液不受抑制反应与低电导的限制，可以不是弱酸的盐类与低电导的有机酸。用光学检测器时，应同时考虑淋洗离子的光学性质和化学性质，如具有很好 UV/Vis 透过性的碱金属磷酸盐、硫酸盐和高氯酸盐是适合的淋洗液。用安培检测器时，流动相除了起淋洗液的作用之外，还在安培池中起支持电解质的作用。碱金属的氯化物、氯酸盐、高氯酸盐、氢氧化物、乙酸盐和碳酸盐是适合的电解质。流动相电解质的浓度一般应 50～100 倍于待测离子的浓度。

2．洗脱方式

适合用 OH^- 淋洗液的分离柱商品化之前，IC 的洗脱方式主要是等度淋洗。梯度淋洗可在一次进样中同时分离弱保留与强保留的离子，改善分离度，增加弱保留离子的保留，改善强保留离子的峰型，缩短分析时间，提高峰容量。

IC 中的梯度淋洗主要有两种类型，即组成梯度和浓度梯度。组成梯度是在一次进样分离的运行中，改变淋洗液的组成，常用的方式是在梯度程序的初始段用对固定相亲和力弱的淋洗离子，再逐渐增加对固定相亲和力强的淋洗离子的比例。浓度梯度是运行时淋洗液的浓度改变。pH 梯度通常是将碱加到弱酸性的淋洗液中，实际上也是一种浓度梯度，因为强碱的加入是增加弱酸的离解，即增加了淋洗离子的浓度。组成梯度在 IC 的实际应用中存在的主要问题是两次进样之间的平衡时间。例如用梯度淋洗于一次进样分离弱保留的一价的乙酸和强保留的三价的柠檬酸，使用的淋洗液必须对固定相的亲和力明显不同。梯度程序中一般先用对固定相亲和力弱的淋洗液，后用对固定相亲和力强的淋洗液。在进行下一次进样时，需用对固定相亲和力弱的淋洗离子去替代对固定相亲和力强的淋洗离子，并用所需浓度的淋洗液去平衡柱子。因此极大地增加了两次运行之间的平衡时间。这种替代所需的时间取决于分离柱的离子交换容量与淋洗液强弱和浓度之比。而做浓度梯度时，由于树脂交换位置上的离子形式不变，因此平衡时间快得多。做梯度淋洗时，淋洗液浓度与组成的改变会导致背景电导的改变，因此基本上不能用于直接电导检测。梯度淋洗成功运用的最重要条件是得到稳定的背景电导，或波动非常小的背景电导。CO_3^{2-}/HCO_3^-淋洗液不适合用于梯度淋洗，因其抑制产物是H_2CO_3，虽然H_2CO_3是弱酸，仍有一定的离解度。随着CO_3^{2-}/HCO_3^-浓度的改变，H_2CO_3的浓度也会改变，难以得到稳定的背景电导。另外一些弱酸的盐也可用于梯度淋洗，如四硼酸钠。四硼酸钠的淋洗强度较NaOH（或KOH）弱，而且在水中的溶解度有限（0.05mol/L），因此在梯度淋洗中的应用有限。

至今，OH^-阴离子是最适合的梯度淋洗离子，因为只要抑制器的容量足够高，OH^-在抑制器中将全部被转变成水而与其初始和最后浓度无关。两次进样之间的平衡时间取决于梯度淋洗程序中淋洗液的最后（最高的E2）的浓度与初始（最低的E1）浓度之比及柱容量的大小。若在分离柱未用E1平衡的状态下进样，将影响最先被洗脱离子的分离，而且导致保留时间不重现。

流速梯度操作比较简单，但效率不高，应用较少。

3．无机阴离子的洗脱顺序

前面已讨论了固定相、流动相、温度与压力等对被分析化合物选择性的影响，本节将讨论被分析化合物本身的一些性质，包括电荷数（价态）、离子半径、极化程度、亲水性（或疏水性）和酸碱的强度等与保留的关系。一般的规律是溶质离子的电荷数越大，保留越强，如$SO_4^{2-}>NO_3^-$。相同电荷数的离子，离子半径越大，即水合离子半径越大，越容易极性化，保留越强，如$F^-<Cl^-<Br^-\ll I^-$。极化程度越强，保留越强，如$S_2O_3^{2-}>SO_4^{2-}$。疏水性越强，保留越强，如$ClO_4^->PO_4^{3-}$。离子的电荷数是影响保留的一个主要溶质特性。

由于水分子的特殊结构，使得水作为溶剂溶解无机盐时具有特殊的性质。水分子中有强极性的氢键，当样品离子溶于水时，水分子间的氢键断开（空腔化效应），其分子结构被破坏。离子越大，形成分子空穴所需的能量越大。同时，发生静电的离子偶极相互作用将导致新结构的形成。离子半径越小，离子电荷数越大，这种效应就越强。对相同电荷的离子，如卤素离子，其分子水合焓随离子半径的减小而增大，即离子半径越小，水合作用越强。离子的极化性直接与其水合态的离子半径有关，水合离子半径是决定离子对固定相亲和力的主要溶质特性之一。一般情况下，保留随水合离子半径（极化度）的增加而增加。如卤素的原子半径按下述顺序增加：$F^-<Cl^-<Br^-<I^-$，元素的负电性按相反的顺序减小。因此，卤素离子的保留时间按下述顺序增加：$F^-<Cl^-<Br^-\ll I^-$。它们之间的保留时间相差很大，需用不同淋洗强度的淋洗液或特别的分离柱才可于一次进样同时分离它们。体积大的阴离子一般

是易极化的阴离子，它们在阴离子交换固定相上显示出强的保留。在亲水性较弱的固定相上，离子体积的大小对保留的影响大于电荷大小的影响，如极化度较大的一价阴离子 SCN^-在阴离子交换固定相上的保留明显大于二价阴离子 SO_4^{2-}，在 SO_4^{2-}之后被洗脱。

4．弱保留离子的分离

弱保留的离子主要包括一价无机阴离子（如 F^-、Cl^-、HCO_3^-、CN^-等）、一元羧酸（如奎尼酸、乳酸、乙酸、丙酸、甲酸、丁酸、甲基磺酸、丙酮酸、戊酸、溴酸、一氯乙酸等）等。对它们的分离一般的方法是选用高容量分离柱与弱的淋洗液，或高容量柱梯度淋洗，另一种方法是选用特殊选择性的固定相。图 2-29 表示在相同的色谱柱上，分别用分离常见阴离子时所用的典型淋洗液（2.2mmol/L Na_2CO_3和 2.8mmol/L $NaHCO_3$）时 F^-与 Cl^-的分离与用弱淋洗液（1.5mmol/L $NaHCO_3$）时 F^-和 Cl^-的分离。从图 2-29 可见，用强淋洗液和弱淋洗液时，F^-的保留时间改变不大，而用弱淋洗液时，Cl^-的保留时间从 4min 增加到 12min，因为 Cl^-对树脂的亲和力较 HCO_3^- 对树脂的亲和力大。F^-对强碱性阴离子交换固定相的亲和力弱，在该色谱条件下，其峰靠近系统死体积峰，由于水负峰的干扰，不能准确测定低浓度的 F^-（<100μg/L）。已研究了多种方法来排除水负峰对 F^-测定的干扰，如选用弱的淋洗液，

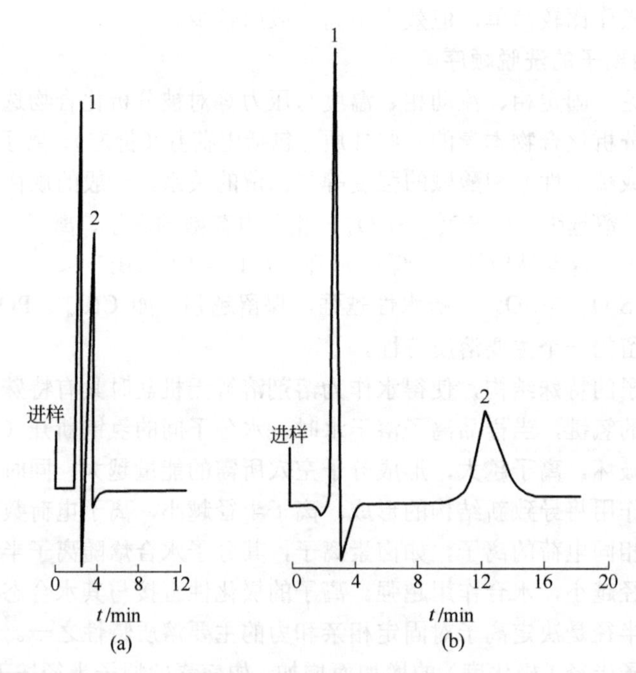

图 2-29　F^-和 Cl^-的分离

分离柱：HPIC-AS3

淋洗液：（a）2.2mmol/L Na_2CO_3+2.8mmol/L $NaHCO_3$；（b）1.5mmol/L $NaHCO_3$

色谱峰：1—F^-；2—Cl^-

用 NaOH 淋洗液消除水负峰，选用高容量分离柱。用碳酸盐淋洗液时的一个较简单的方法是加淋洗液到样品溶液中，使样品溶液与淋洗液具有相同的淋洗液浓度从而减小水负峰。但这种方法对某些真实样品的应用受到限制。目前发展的有效方法是改变固定相的结构，增加弱保留离子的保留与用 NaOH 淋洗液梯度淋洗。

在分析环境样品（如废水、地面水等）时，必须特别注意，因这些样品除含 F^- 外，还含有多种有机酸，一些弱保留的酸靠近死体积洗脱，或与 F^- 共洗脱，使信号的数据分析非常困难。另外，存在于矿泉水中的 HCO_3^-，若其浓度大于淋洗液中总的 CO_3^{2-} 浓度，在死体积会出现正峰，而无水负峰，这个正峰很难与 F^- 区别。因此用 CO_3^{2-}/HCO_3^- 淋洗液时，若无水负峰出现，F^- 的检测是不准确的。若放弃与其他阴离子同时检测的优点，用对固定相亲和力较弱的离子为淋洗液，增加 F^- 的保留时间，F^- 的定量是可能的。如 $Na_2B_4O_7$ 的稀溶液是较适合的淋洗液。对弱保留离子的分离也可选用稀的 HCO_3^- 淋洗液，但 HCO_3^- 溶液易吸收空气中的 CO_2，常使问题复杂化。$B_4O_7^{2-}$ 对固定相的亲和力较 CO_3^{2-} 弱，但缓冲能力较 CO_3^{2-} 强。如图 2-30 所示，用 2mmol/L $Na_2B_4O_7$ 作淋洗液，F^-、乙酸和甲酸达基线分离。然而该方法对常规分析的应用有一定限制，在该色谱条件下，Cl^-、NO_3^-、SO_4^{2-} 等离子的保留时间延长，保留于柱上的未被洗脱的化合物会对其后的分析产生干扰。因此应适时用浓的 CO_3^{2-}（0.1mol/L）淋洗分离柱以洗脱强保留于固定相上的离子，再用 $Na_2B_4O_7$ 淋洗液平衡柱子时需较长的时间，至少 1～2h。用高容量柱和弱淋洗液的方法，虽可使 F^- 的保留时间增加，离开水负峰，但无实际应用价值，因真实样品中其他离子的保留时间长，整个分析时间太长。目前，比较简单的方法是选用对 F^- 保留较强的固定相或高容量分离柱梯度淋洗。从图 2-31 可见，在同一支分离柱上，等度淋洗时，弱保留离子，氟、乙醇酸、乙酸、甲酸的分离不完全，而用两步浓度改变或线性梯度，上述弱保留离子则得到很好的分离。

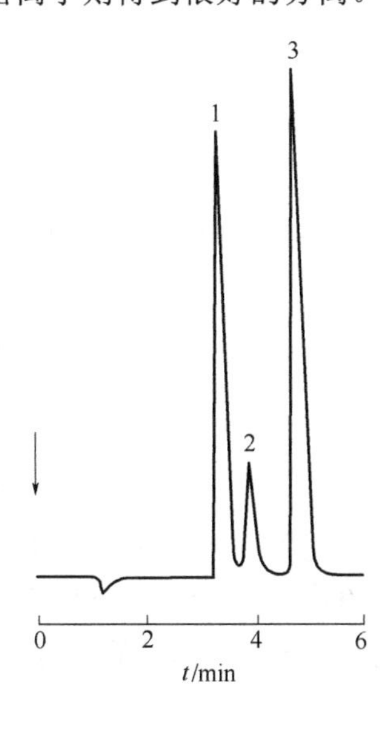

图 2-30 F^-、乙酸和甲酸的分离

分离柱：IonPac AS4

淋洗液：2mmol/L $Na_2B_4O_7$

流速：2mL/min

进样体积：50μL

检测器：抑制型电导

色谱峰（mg/L）：1—F^-（3）；2—CH_3COO^-（20）；3—$HCOO^-$（10）

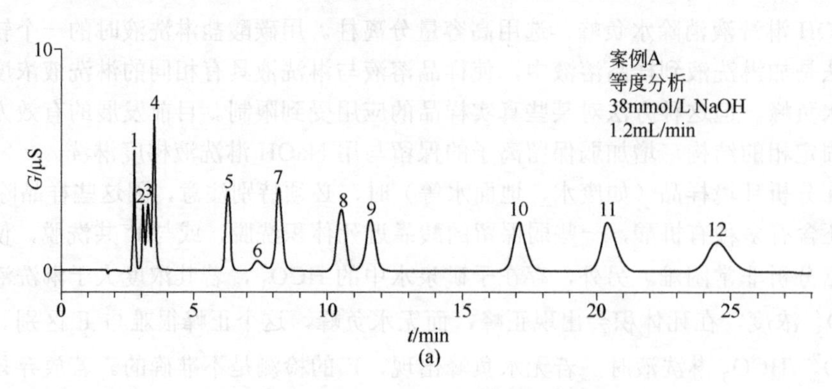

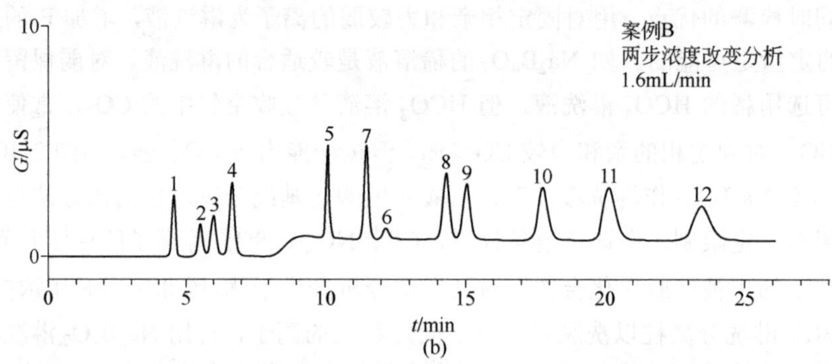

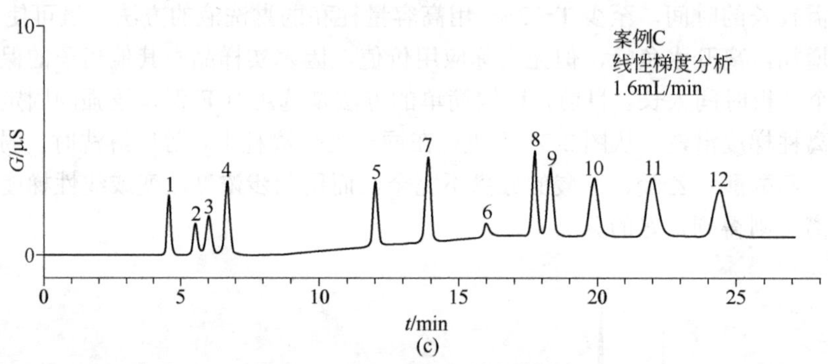

图 2-31 等浓度与梯度淋洗对弱保留离子分离的比较

淋洗方式：（a）淋洗液浓度 38mmol/L NaOH，等度淋洗；（b）8min 前，10mmol/L NaOH；8min 后，40mmol/L NaOH；（c）10～45mmol/L NaOH 线性梯度

色谱峰（mg/L）：1—F^-（2.0）；2—乙醇酸（10.0）；3—乙酸（10.0）；4—甲酸（10.0）；5—Cl^-（5.0）；6—CO_3^{2-}（50.0）；7—NO_2^-（10.0）；8—SO_4^{2-}（10.0）；9—草酸（10.0）；10—Br^-（20.0）；11—NO_3^-（20.0）；12—PO_4^{3-}（30.0）

5．易极化阴离子和多价阴离子的分离

常见的易极化无机阴离子，如 I^-、SCN^-、ClO_4^-、$S_2O_3^{2-}$、二元羧酸（如草酸、邻苯二甲酸、柠檬酸）及含氧金属阴离子 MoO_4^{2-}、WO_4^{2-}、CrO_4^{2-} 和多聚磷酸盐等，它们对阴离子交换固定相的亲和力较强，在前述分离常见无机阴离子的色谱条件下，

上述离子的保留时间很长，色谱峰宽而且拖尾，甚至不被洗脱。解决的方法主要是选用亲水性的固定相，若固定相的亲水性不够强，则须在流动相中加有机溶剂以减弱它们对固定相的亲和力。当用常规阴离子交换分离柱或中等亲水性阴离子交换分离柱时，为了减少吸附作用，改善峰形，须在淋洗液中加入有机溶剂，如对氰酚、甲醇、乙腈等。例如用中等疏水柱分离 I^-和 SCN^-，在淋洗液中加入 0.75mmol/L 的对氰酚，可明显改善峰形和减少保留时间，见图 2-32。在亲水性强的高效阴离子分离柱上，不必加入有机溶剂，一次进样可同时分析常见阴离子和可极化的阴离子，见图 2-33、图 2-34。

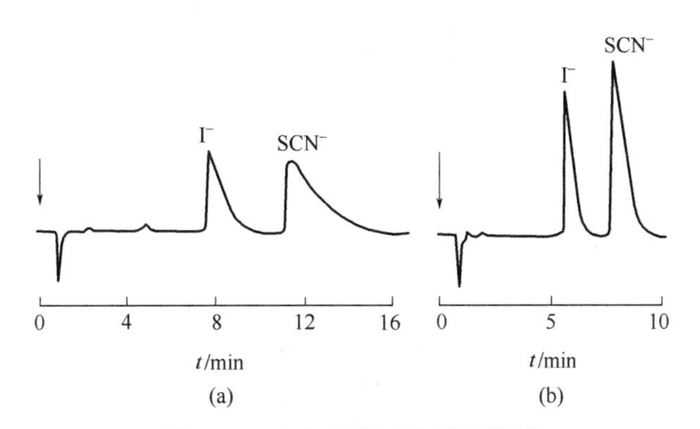

图 2-32　有机溶剂对拖尾的影响

分离柱：IonPac AS5

淋洗液：（a）3.4mmol/L Na_2CO_3+4.3mmol/L $NaHCO_3$;

（b）3.4mmol/L Na_2CO_3+4.3mmol/L $NaHCO_3$ +0.75mmol/L 对氰酚

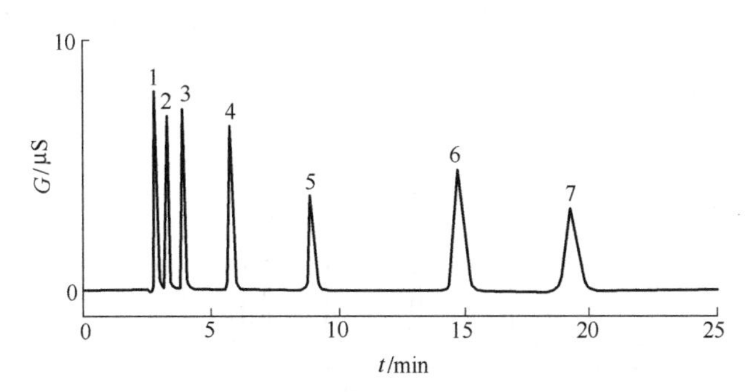

图 2-33　可极化阴离子在 IonPac AS16 柱上的分离

分离柱：IonPac SA16　　淋洗液：35mmol/L NaOH

流速：1mL/min　　进样体积：10μL

温度：30℃　　检测器：抑制型电导

色谱峰（mg/L）：1—F^-（2.0）；2—Cl^-（3.0）；3—SO_4^{2-}（5.0）；4—$S_2O_3^{2-}$（20.0）；5—I^-（20.0）；6—SCN^-（20.0）；7—ClO_4^-（20.0）

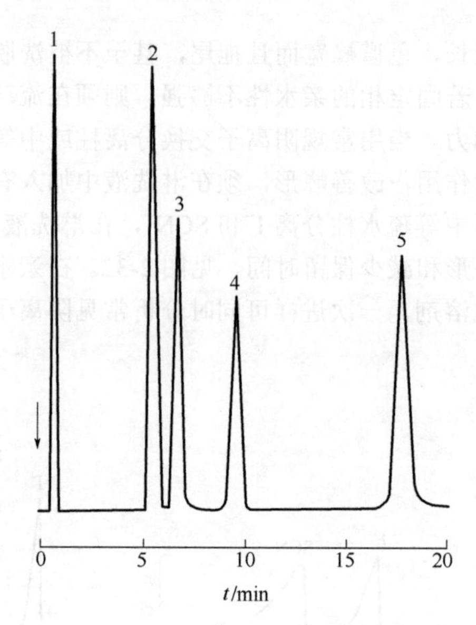

图 2-34 I^-、SCN^-和 $S_2O_3^{2-}$ 在硅质离子交换柱上的分离

分离柱：Vydac 300IC405

淋洗液：2.0mmol/L HKP+甲酸（体积比=90∶10），pH 5.0

流速：3mL/min　　检测器：直接电导　　进样体积：100μL

色谱峰（mg/L）：1—系统峰；2—I^-（40）；3—SO_4^{2-}（20）；4—SCN^-（20）；5—$S_2O_3^{2-}$（40）

对多聚磷酸盐的分离，宜选择对 OH^-亲和力强、柱容量大的亲水性阴离子分离柱，抑制型电导或柱后衍生光度法检测，见图 2-35 和图 2-36。Vaeth 等[38]报道了用 KCl 和 EDTA 混合溶液作淋洗液分离多聚磷酸盐。淋洗液中 KCl 的浓度决定保留时间，EDTA 的作用主要是改善峰的对称性，淋洗液的 pH 值影响多聚磷酸的保留，

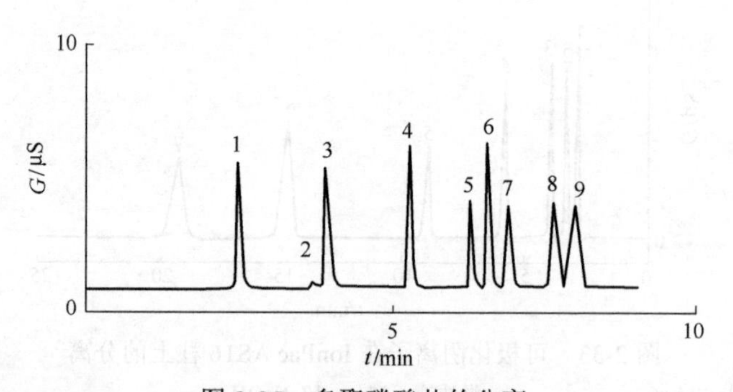

图 2-35 多聚磷酸盐的分离

分离柱：IonPac AS16

淋洗液（EG40）：NaOH 梯度，0→1.7min，25mmol/L；1.7→2.5min，25→65mmol/L

流速：1.5mL/min　　进样体积：10μL

色谱峰（mg/L）：1—Cl^-（3）；2—CO_3^{2-}（3）；3—SO_4^{2-}（5）；4—PO_4^{3-}（10）；5—焦磷酸（10）；6—三甲基磷酸（10）；7—三聚磷酸（10）；8—四甲基磷酸（10）；9—四聚磷酸（10）

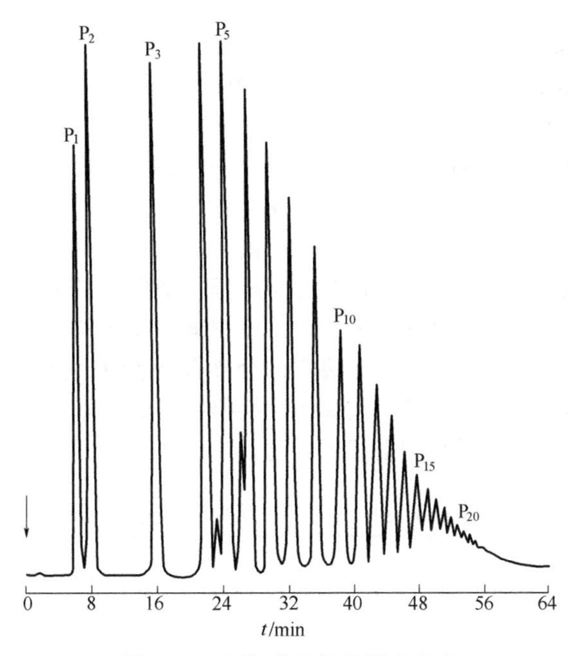

图 2-36 多聚磷酸盐的梯度分离

分离柱：IonPac AS7

淋洗液：A 0.17mmol/L KCl+3.2mmol/L EDTA，pH 5.1

B 0.5mmol/L KCl+3.2mmol/L EDTA，pH 5.1，梯度淋洗

流速：2mL/min　　进样体积：50μL　　溶质浓度：0.2%

一般是保留时间随淋洗液 pH 值的增加而增加。用足够高浓度的 KCl，可分离分子量高达 10000 的磷酸盐。图 2-36 为用梯度淋洗分离 P_1 到 P_{20} 的多聚磷酸盐，由图可见，当分子量较高时（大于 P_{15}），基线出现上漂，分离度和检测灵敏度下降。其检测是在分离之后于 110℃用 HNO_3 水解多聚磷酸成正磷酸，再与钼酸/钒酸盐试剂反应生成黄色磷钒钼酸盐，于波长 410nm 处测定。

（二）有机阴离子的分析

IC 用于有机离子的分析是 IC 的一项较新的应用。20 世纪 90 年代以来商品化的离子色谱柱多数均可在 pH 0～14 和 100% HPLC 用有机溶剂中稳定，而且柱容量高，疏水性低，这些性能为 IC 用于有机离子的分离提供了很有利的条件。若待测的有机化合物是弱酸（如糖和氨基酸），可用强碱作流动相，阴离子交换分离，因弱酸在强碱介质中能以阴离子形式存在。若待测的有机化合物是弱碱，可用强酸作流动相，阳离子交换分离，因弱碱在强酸性介质中将以阳离子形式存在。若待测化合物的疏水性较强，可在淋洗液中加入有机溶剂减弱有机化合物与固定相之间的疏水相互作用。有机阴离子的洗脱顺序除了与溶质的电荷数（价态）、离子半径、极化程度、酸碱性和疏水性有关之外，还与结构密切相关。一般的规律是：在不改变酸基的情况下，取代基越大、越多并离子半径越大，保留越强，如巯基乙酸＞乙酸、Ph—COOH＞HCOOH；酸的元数越多，保留越强，如苯二酸＞苯甲酸、草酸＞乙酸。

1. 小分子有机酸的分析

对有机酸的分离，IC可用离子交换和离子排斥两种分离方法，本节主要讨论离子交换分离，离子排斥的分离机理及应用将在本章第二节讨论。用离子交换分离时，有机酸的电荷数是影响保留的主要因素，对离子交换剂的亲和力是：三元酸＞二元酸＞一元酸。用离子排斥分离时，因为保留机理不是离子交换，影响保留的主要因素是有机酸的 pK_a 值；同系物中，pK_a 值大的有机酸在离子排斥柱上的保留小于 pK_a 值小的有机酸。表2-4列出了两种分离方法分离有机酸的比较。从表可见，几组用离子排斥法完全分不开的有机酸，用离子交换得到很好的分离；几组用离子交换分不开的有机酸，用离子排斥得到很好的分离。

表2-4　离子交换和离子排斥分离有机酸的比较

有机酸	阴离子交换	离子排斥
羟基丙酸（乳酸）/丁二酸（琥珀酸）	分离很好，一价和二价阴离子对固定相亲和力不同	共洗脱
丙酮酸/二羟基丁酸（酒石酸）	分离很好，一价和二价阴离子对固定相亲和力不同	共洗脱
柠檬酸/异柠檬酸	分离很好	共洗脱
丙二酸/羟基丁二酸	加入有机改进剂可分开，同为二价阴离子，疏水性不同	分离很好
丁二酸/羟基丁二酸	加入有机改进剂可分开，同为二价阴离子，疏水性不同	分离好
反式丁烯二酸(富马酸)/草酸	加入有机改进剂可分开，同为二价阴离子，疏水性不同	分离好

前面已讨论过，对在阴离子交换分离柱上保留弱的小分子羧酸，可用稀的 OH^-、HCO_3^- 或淋洗强度弱的 $Na_2B_4O_7$ 作淋洗液。但这种方法不适合用于复杂基体中有机酸的分离，因为样品中其他的阴离子，甚至 Cl^- 的保留时间都将很长。保留在柱上的成分将对其后弱保留成分的分离产生干扰，必须用强的淋洗液冲洗柱子。除了用弱的淋洗液之外，一种有效的方法是用亲水性较强的高容量分离柱，用KOH（或NaOH）作淋洗液梯度淋洗。如用对 OH^- 选择性高的亲水性阴离子交换分离柱IonPac AS11，用NaOH（或KOH）淋洗液梯度淋洗，可于一次进样同时分离21种有机酸与常见无机阴离子，见图2-37。

一元脂肪羧酸在阴离子交换分离柱上的保留很弱，一般在 Cl^- 之前被洗脱，其洗脱顺序如下：奎尼酸→乳酸→乙酸→丙酸→甲酸→丁酸→丙酮酸→戊酸。用 OH^- 淋洗液梯度淋洗，选用低的初始浓度（小于5mmol/L）可将其很好地分离。

脂肪二元羧酸的保留时间随 pK_a 值的减小而增加，见表2-5。二元羧酸分子中引入羟基取代基后，其酸性增加，因而保留时间增加，见表2-6。

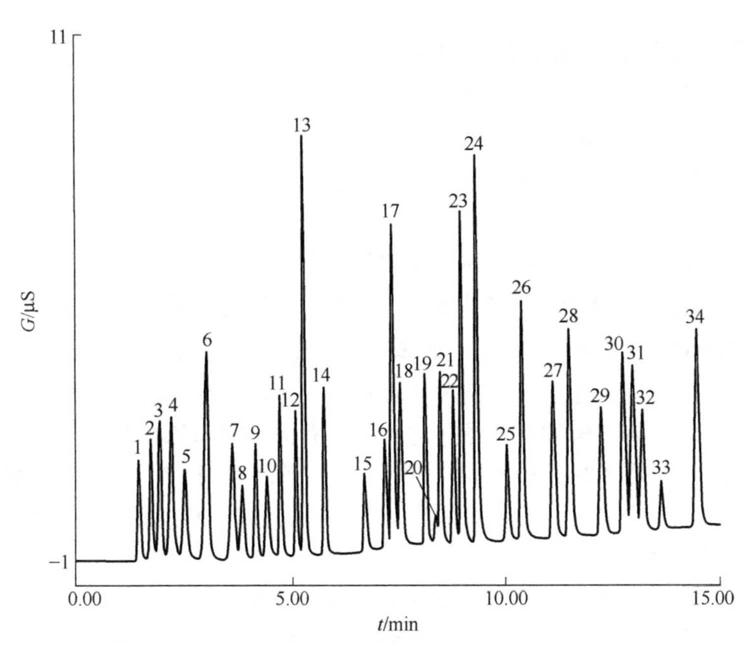

图 2-37　无机和有机阴离子的分离（NaOH 淋洗液梯度淋洗）

色谱柱：IonPac AS11

淋洗液：NaOH 梯度，E1，去离子水，E2，5.0mmol/L NaOH，E3，100mmol/L NaOH；0→2min，90% E1+10% E2；2→5min，100% E2；5→15min，65% E2+35% E3

流速：2.0mL/min　　　　检测：抑制型电导

色谱峰：1—异丙基乙基膦酸；2—奎尼酸；3—F^-；4—乙酸；5—丙酸；6—甲酸；7—甲基磺酸；8—丙酮酸；9—ClO_2^-；10—戊酸；11—一氯乙酸；12—BrO_3^-；13—Cl^-；14—NO_2^-；15—三氟乙酸；16—Br^-；17—NO_3^-；18—ClO_3^-；19—SeO_3^{2-}；20—CO_3^{2-}；21—丙二酸；22—马来酸；23—SO_4^{2-}；24—草酸；25—丙酮二酸；26—钨酸；27—邻苯二甲酸；28—PO_4^{3-}；29—CrO_4^{2-}；30—柠檬酸；31—丙三羧酸；32—异柠檬酸；33—顺式乌头酸；34—反式乌头酸

样品浓度：色谱峰 1～24 各为 5mg/L，色谱峰 25～34 各为 10mg/L

表 2-5　几种二元羧酸的洗脱顺序和其 pK_a 值

洗脱顺序（从上至下，保留时间增加）	pK_a 值	
	pK_{a1}	pK_{a2}
丁二酸	4.21	5.64
丙二酸	2.88	5.68
草酸	1.27	4.29

表 2-6　羟基取代和未取代的脂肪二元羧酸的洗脱顺序和 pK_a 值

洗脱顺序（从上至下，保留时间增加）	pK_a 值	
	pK_{a1}	pK_{a2}
丁二酸	4.21	5.64
羟基丁二酸	3.40	5.10
二羟基丁二酸（酒石酸）	3.04	4.37

三元脂肪羧酸对阴离子交换固定相的亲和力较强，中等淋洗强度的 CO_3^{2-}/HCO_3^- 溶液不适合作淋洗液。然而当用高浓度（80mmol/L）的 NaOH 作淋洗液时，可洗脱柠檬酸和异柠檬酸等三元酸，但必须选用高容量抑制器来减小背景电导方可用电导作检测器。分离这类对固定相亲和力强的有机酸的较好方法是选用较亲水的固定相。

与脂肪羧酸相比，芳香羧酸对固定相的亲和力较强。如苯甲酸的峰离 F^-较远，但与 NO_2^- 靠近甚至共洗脱，这种情况下，NO_2^- 的定量是很困难的，但苯甲酸与 NO_2^- 的峰形不同，NO_2^- 的峰形是对称的，而苯甲酸由于对固定相芳香骨架的吸附而拖尾。在非极性的离子对色谱柱上，这两种化合物就显示出明显的不同保留行为。在阴离子交换分离柱上，芳香酸的洗脱顺序与其 pK_a 有关，如苯乙醇酸、苯酰基乙酸和苯甲酸的 pK_a 值分别是 3.36、3.64 和 4.20，它们的洗脱顺序依次为苯乙醇酸→苯酰基乙酸→苯甲酸。一般情况下的洗脱顺序是一元脂肪羧酸→一元芳香酸→二元脂肪羧酸→二元芳香羧酸。

抑制器使离子色谱成为分析强酸与强碱的主导方法，但有机弱酸经抑制之后的电导比较低，使离子色谱对弱有机酸的检测难度增加。抑制型电导检测会降低弱酸的灵敏度，其降低的大小取决于弱酸的 pK_a 值。碱性淋洗液（NaOH 或 KOH）经抑制后的 pH 值为 5.2～5.5，若目标离子的 $pK_a>5$，经抑制器后是弱电离化合物。$pK_a>7$ 的弱酸实际上不被抑制型电导检测。离子色谱对弱电离的化合物的检测灵敏度不够高，需要增加其检测信号的强度。Haddad 等[39]详细讨论了多种增加弱酸灵敏度的方法，其中多种柱后衍生反应的方法，因没有商品化，使其应用不广泛。另一类兴趣是选择不同的检测器，经抑制器脱盐之后，方便地与 MS 等高灵敏度的元素选择性检测器联用，增加弱的有机酸灵敏度，扩大了离子色谱的应用范围，对离子色谱与 MS、ELSD 和 CAD 等检测器连接接口的研究是近几年研究的热点之一。

2. 多价有机阴离子的分析

多价阴离子的电荷数大，体积也大，对阴离子交换剂亲和力强。对它们的分离，应选用高容量分离柱和较高酸度的淋洗液。淋洗液的较高酸度可抑制多价阴离子的离解，降低其有效电荷。如氨基多羧酸和氨基多膦酸的分离，宜用具有高离子强度（0.03～0.05mol/L）的酸（如 HNO_3）作淋洗液。用高浓度的酸作淋洗液，不宜用电导作检测器。较成熟的方法是用硝酸铁作柱后衍生，于波长 330nm 处检测。如氨基膦酸类化合物（DEQUEST）的分离，用 0.03mmol/L HNO_3 作淋洗液，可于一次进样分析 6-甲基-2-氨基-4-甲基膦酸的同类物：DEQUEST 2010、DEQUEST 2051、DEQUEST 2000、DEQUEST 2041 与 DEQUEST 2060。

除氨基多膦酸之外，IC 也可分析无氨基的多膦酸。Weiβ和 Hägele[40]研究了应用于药物和发酵化学中的各种脂族和烯属的多膦酸和多次膦酸的色谱行为，实验表明洗脱顺序取决于膦酸基或次膦酸基的数目。遵循 IC 的一个基本规律，即保留时间随阴离子电荷数目的增加而增加，对相同碳链节的化合物，多次膦酸总是在多膦酸前洗脱。一般情况下，多价阴离子的色谱分离表现出既有离子交换又有吸附作用，不同的吸附行为是造成结构异构体分离的原因。例如1-苯乙烷-1-膦酸和反式1-苯乙烷-2-膦酸的分离，两种化合物分子的不同仅仅是膦酸基的位置。除了结构异构之外，也可分离立体异构和旋光异构的多膦酸和多次膦酸化合物。

（三）糖类化合物和氨基酸的分析

1. 糖类化合物的分析

（1）基本原理　基于糖类化合物分子具有电化学活泼性及在强碱溶液中呈阴离子状态，Rocklin[41]与Johnson等[42]于1983年首先报道了用阴离子交换色谱柱分离，脉冲安培检测器测定糖的新方法（简称HPAEC-PAD）。

中性糖类为pK_a在12～14之间的弱酸（见表2-7），在pH值足够高的淋洗液中，例如10～200mmol/L的NaOH溶液中，它们将部分或全部以阴离子形式存在，可以在阴离子交换柱上被保留并得到分离。

表2-7　一些常见糖的离解常数（在25℃水中）[43]

糖类	pK_a	糖类	pK_a
D-葡萄糖	12.35	乳糖	11.98
D-半乳糖	12.35	麦芽糖	11.94
D-甘露糖	12.08	棉籽糖	12.74
D-木糖	12.29	蔗糖	12.51
D-脱氧-D-葡萄糖	12.52	D-果糖	12.03
D-脱氧-D-核糖	12.65	D-甘露糖醇	13.50
D-阿拉伯糖	12.43	丙三醇	14.40
D-核糖	12.21	山梨醇	13.60

浓度为0.01～0.2mol/L的氢氧化钠是常用的淋洗液。淋洗液中OH^-有两种功能：作淋洗离子和调控流动相的pH值。淋洗液中OH^-浓度的改变对糖类化合物在阴离子交换柱上的保留行为有两方面影响，在糖类化合物离解的pH值，保留时间随pH值的增加而增加，高pH值所相应的较高的淋洗离子浓度又导致保留时间的减小。在糖类化合物还未完全离解的pH值，上述两种影响就会相互补偿。当糖类完全离解时，OH^-浓度的进一步增加，将只导致保留时间的减小。对固定相亲和力强的糖类化合物，需要在淋洗液中加入对固定相的亲和力大于OH^-的淋洗离子乙酸根（Ac^-）[44~46]。对多种单糖、寡糖和多聚糖的分离，常用NaOH与NaAc做梯度淋洗。用改变流动相pH值到接近这些糖类化合物的pK值的方法可明显改善糖类化合物的分离度。

单糖在阴离子交换分离柱上的保留主要与其分子上的羟基数目、端基差向异构和聚合度有关。强碱性溶液中单糖在阴离子交换色谱柱上的保留行为主要与其pK_a

有关。保留强弱依次为酸性糖>中性糖>氨基糖。由于酸性糖具有易于离解的磷酸、磺酸和乙酸等基团，这些糖的洗脱需要较强的淋洗条件（常用的淋洗液为 0.1mol/L NaOH 和 50mmol/L NaAc)。中性糖和氨基糖的分离主要借助糖分子中羟基离解度的差别。单糖中不同羟基位置的酸度是不同的。Koizumi 等[47]通过对葡萄糖不同位置的羟基进行甲基取代的研究，得出羟基的离子化强弱顺序为：1-OH＞2-OH≥6-OH＞3-OH＞4-OH。由于吡喃环上的氧对 C_1 位半缩醛羟基的吸电子诱导效应，使得 1-OH 酸性最强。不含酸性较强的半缩醛羟基的单糖的保留时间比对应的糖大大缩短，例如保留很弱的肌醇和烷基糖苷。此外随着羟基数目减少或者羟基被氨基或乙酰氨基取代，保留时间也会缩短（例如鼠李糖、海藻糖和氨基糖)。α 差向异构体中六元环上的氧原子对竖直 C_1-OH 的较强吸电子诱导效应，使得 α 差向异构体较 β 差向异构体具有较强的酸性。例如差向异构体半乳糖、葡萄糖的保留时间比甘露糖小，甘露糖保留较强的原因是其中 1-OH 的 α 差向异构体的比例大于 β 异构体。

寡糖和多聚糖在阴离子交换树脂上的保留主要与分子的大小(聚合度)和形状(连接位置与构型)有关。一般的规律是，随着聚合度的增加和分子中羟基数目增多，在阴离子交换分离柱上的保留增强。在寡糖和多聚糖中还原性末端 C_1-OH 酸性的影响小于其他位置的 OH。苷键的构型是影响化合物保留的主要因素[48]。由一种单糖组成的直链多聚糖的保留时间随着聚合度的增加而延长，不同聚合单元的多聚糖之间的保留行为差异较大，相同聚合度的木聚糖和甘聚糖的保留时间较葡聚糖的短许多。具有支链结构和不同单糖单元组成的复杂多聚糖的保留时间较直链同系物多聚糖的短。

因为阴离子交换分离是在碱性条件下完成的，检测方法必须与之相匹配。金电极的脉冲安培检测器适合这个条件。当施加一个电位在金电极上，糖易在金电极表面发生氧化反应。在碱性条件下，金电极的表面可为糖的电化学氧化反应提供一种反应途径，方法的选择性好，可检测低至 pmol/L 的糖，而且不需衍生反应和复杂的样品纯化过程[49]。基于糖的这两方面的特性，发展了一种全新的分析糖的选择性好而且灵敏度高的 IC 分析方法：高效阴离子交换分离-脉冲安培检测（HPAEC-PAD)。

直流安培检测器不能用于糖的检测，主要原因是糖的氧化产物对电极的不可逆污染。脉冲安培检测使用三个施加电位：E_1、E_2 及 E_3。这三个电位施加在特定的时间段：t_1、t_2 和 t_3 段。电位的选择可以通过电化学实验来确定，最常用的是循环伏安法。E_1 是工作电位，在该电位测量糖的氧化电流；E_2 为较 E_1 高的清洗电位，用于完全氧化电极表面，使糖的氧化物脱离电极；E_3 是较 E_1 负得多的电位，使金电极表面还原到金本身。然后电位再回到 E_1、E_2 和 E_3，依次自动循环，只有 t_1 时间段的电流才被测量。一次循环的时间为几百毫秒。为了得到高的灵敏度和选择性，需要对施加电位（E_1、E_2、E_3）和时间（t_1、t_2、t_3）做优化。最近的研究表明，改进的四电位波形增加金电极的使用寿命和基线噪声的降低[50]。

（2）典型的分离柱和色谱条件　表 2-8 列出了常用的分离糖的阴离子交换分离柱的性能和主要应用。PA 型柱子的树脂是无孔的基质，MA 型柱子的树脂是大孔型基质，其柱容量较 PA 型高，主要用于糖醇类化合物的分离。因为糖醇类还原糖的酸性小于非还原糖，在 PA 类柱上保留非常弱，而在高容量的 MA 类柱上可被保留并得到很好的分离。例如发酵池中醛醇、乙醇和乙二醇的分析，选用 CarboPac MA1 为分离柱，糖醇类化合物得到很好的分离。而在该高容量柱上，葡萄糖的保留时间长达 24min，其他糖的保留时间已长到不可接受的程度。PA100 和 PA200 柱填料的基质和其外层的胶乳高聚物完全相同，但 PA200 的基质和胶乳的粒度小于 PA100，PA200 的柱效明显高于 PA100，但柱容量小于 PA100。同理，PA20 的柱效高于 PA1 和 PA10，但柱容量小于 PA1 和 PA10。

表 2-8 常用分离糖的阴离子交换分离柱的性能和主要应用

分离柱	基质组成	基质粒径/μm	乳胶粒径/nm	胶乳功能基	有机溶剂	柱容量/μeq	主要应用
CarboPac PA1	聚苯乙烯-二乙烯基苯	10	580	季铵	<2%	100	单糖与二糖、线型均聚糖
CarboPac PA10	聚苯乙烯-二乙烯基苯	10	460	双功	<90%	100	单糖与二糖、线型均聚糖
CarboPac PA20	聚乙基乙烯基苯-二乙烯基苯	6.5	136	季铵	100%	65	单糖与二糖、线型均聚糖
CarboPac PA100	聚乙基乙烯基苯-二乙烯基苯	8.5	275	季铵	100%	90	单糖、低聚糖
CarboPac PA200	聚乙基乙烯基苯-二乙烯基苯	5.5	43	季铵	100%	35	低聚糖、多糖
CarboPac MA1	聚乙烯基苄基氯-二乙烯基苯，大孔	7.5	—	季铵	0	1470	糖醇、还原的单糖与二糖
Metrosep Carb 1-150/4.0	聚苯乙烯-二乙烯基苯	5	没有注明	季铵盐官能团	0～50%	700μmol（Cl^-）	单糖、二糖、糖醇、氨基酸快速分析
Metrosep Carb 2-150/4.0	聚苯乙烯-二乙烯基苯	5	没有注明	季铵盐官能团	50%乙腈，甲醇	700μmol（Cl^-）	单糖、二糖、糖醇、脱水糖、低聚糖
Hamilton RCX-30-150/4.6	聚苯乙烯-二乙烯基苯	7	没有注明	季铵盐官能团	0～50%	700μmol（Cl^-）	快速分析单糖、二糖、糖醇、脱水糖、低聚糖

糖类对阴离子交换固定相的亲和力按下列顺序增加：糖醇＜单糖＜寡糖＜多糖。用阴离子交换分离糖的一个潜在优点是改变保留时间和洗脱顺序的可能性。以几种常见的糖为例来说明 OH^-浓度对保留时间的影响。如图 2-38 所示，NaOH 浓度为 0.15mol/L 时，5 种糖达到最佳分离。影响保留时间的另一个参数是柱温，一般保留时间随柱温升高而减小。温度对保留时间的影响与糖分子的大小有关，减小的顺序是：寡糖＜糖醇＜单糖。

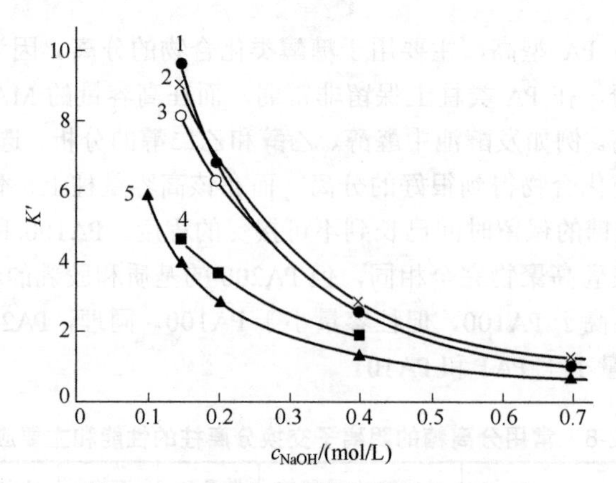

图 2-38 OH⁻浓度对糖保留时间的影响

分离柱：CarboPac PA1　　淋洗液：0.15mol/L NaOH

检测器：脉冲安培，金工作电极

溶质：1—麦芽糖；2—水苏糖；3—棉籽糖；4—蔗糖；5—乳糖

（3）单糖与双糖的分析　前面已述及糖醇对固定相亲和力弱，分离困难，可将两支柱子串联或选用高容量柱。与糖醇相反，多种单糖的分离则容易得多，这些化合物对固定相的亲和力差别并不大，但当将流动相的 pH 值降低至靠近相应化合物的 p*K* 值时，只要它们的离解常数有差异就可将其分开。图 2-39 为 6 种单糖在 CarboPac PA10 柱上的分离。在所述色谱条件下，甚至是异构体，如葡萄糖、甘露醇、半乳糖和两种重要的戊醛糖（阿拉伯糖和木糖）都可达基线分离。洗脱顺序与单糖的碳链长短无关。图中所用的分离柱 PA10 与 PA1 相比，在做高灵敏分析时有很大的优点。当用 PA1 柱和脉冲安培检测器检测时，溶解氧在金电极表面还原，在靠近葡糖胺处的基线会出现负峰，当做 pmol 级浓度分析时，这个负峰特别明显。改进的 PA10 柱的固定相对溶解氧的保留很强，将这个负峰移到所有单糖峰的后面。

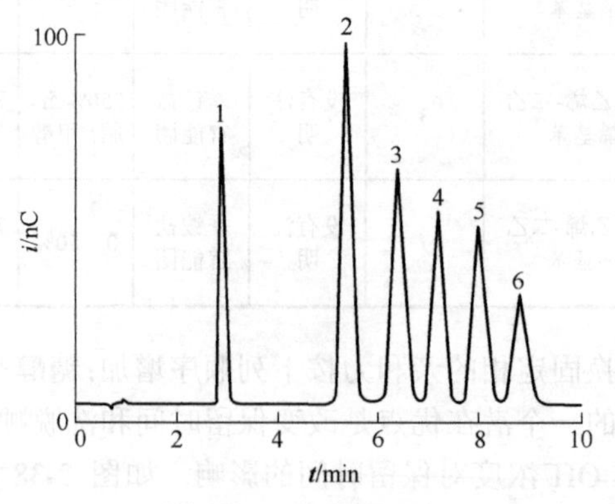

图 2-39 单糖的分离

分离柱：CarboPac PA10　　流速：1.5mL/min

淋洗液：18mmol/L NaOH　　检测器：脉冲安培，金工作电极

色谱峰（1nmol/L）：1—岩藻糖；2—半乳糖胺；3—葡糖胺；4—半乳糖；5—葡萄糖；6—甘露糖

改用小颗粒树脂的分离柱，如 CarboPac PA20（3mm×150mm）柱（从原来 10μm 减小到 6.5μm），提高了柱效，以 NaOH 淋洗液等度淋洗，已广泛用于多种果汁、饮料、酒和调味品等的分析。对糖蛋白单糖与生化样品中单糖的分析，需用氨基酸捕获柱去除氨基酸的干扰[51]。

氨基取代单糖中的羟基就得到氨基糖，氨基糖的两个重要代表化合物是 D-葡糖胺（或氨基葡糖）和半乳糖胺，可与它们的 *N*-乙酰化的衍生物同时分离。用 CarboPac PA1 为分离柱时，由于这些氨基糖在柱上保留弱，因此用较稀浓度的 NaOH 为淋洗液，但在洗脱液进入脉冲安培检测池之前，须柱后加入 0.3mol/L NaOH 以提高流动相的 pH 值到 13，pH 值大于 13 是脉冲安培检测氨基糖的最佳的 pH 值。图 2-40 说明 NaOH 柱后加入对分析氨基糖时基线稳定性的影响，图 2-40（a）未做 NaOH 柱后加入。

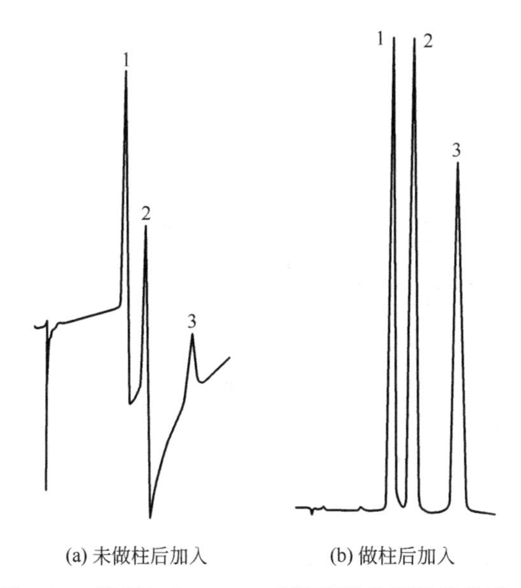

图 2-40 柱后加入 NaOH 对氨基糖分离基线的影响

分离柱：CarboPac PA1　　流速：1mL/min

淋洗液：0.01mol/L NaOH　　进样体积：50μL

检测器：脉冲安培，金工作电极

色谱峰：1—半乳糖胺；2—葡糖胺；3—*N*-L-酰半乳糖胺

对保留行为差距很大的糖的分离，梯度淋洗是推荐的方法。但检测池中必须保持恒定的 pH 值，因电化学检测中，pH 值的改变会导致大的基线漂移。对单糖和二糖的梯度淋洗，流动相中的 NaOH 浓度逐渐增大。为了确保基线稳定，须柱后加入 NaOH 补偿 NaOH 梯度所引起的 pH 值变化。

（4）寡糖和多糖的分析　二糖中，还原糖和非还原糖的区别是两个单糖连接的类型不同，非还原二糖是不同的已糖通过半缩醛的羟基连接，两个最主要的二糖代表是海藻糖和蔗糖。还原糖中，一个糖分子的半缩糖式羟基通过配糖键连接到另一个糖分子的纯式羟基上，最主要的代表化合物是麦芽二糖。还原和非还原二糖有不同的保留行为，用梯度淋洗，可于一次进样分离。为了缩短分析时间，在 NaOH 淋洗液中加入 NaAc。CarboPac PA100 和 PA200 是分析寡糖的推荐分离柱（见表 2-8）。其分离机理包括离子交换和疏水性吸附两种。多种寡糖的分离见图 2-41，图中的中性糖在中性 pH 不带电荷，但在 250mmol/L 的 NaOH 淋洗液中，其 pH 值已高到足够使它们离子化，结构非常相似的 12 种糖全部分离。从图 2-41 中可见高甘露糖（Man_3、Man_5、Man_9；色谱峰 2、5、12）和 2 个、3 个、4 个分支“天线”结构（峰 8、峰 9 和峰 11）的寡糖的分离是很容易的。岩藻糖基的寡糖在无岩藻糖基的寡糖之前洗脱（如峰 1 和 2，峰 3 和 4，峰 7 和 8）。

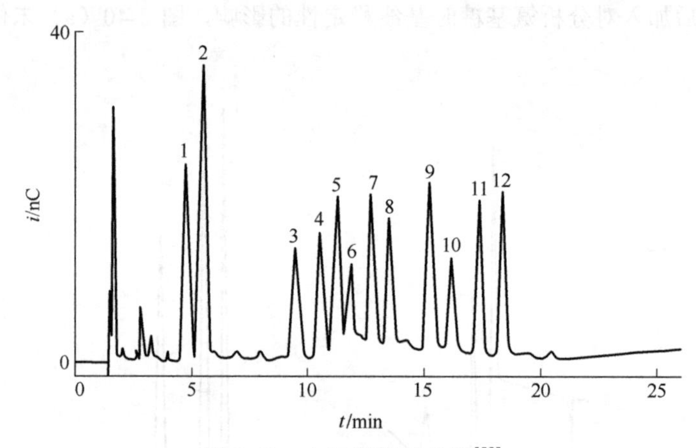

图 2-41　中性寡糖的分离[52]

分离柱：CarboPac PA100

淋洗液：250mmol/L NaOH+0~80mmol/L NaAc 梯度

流速：1mL/min　　　　进样体积：25μL

检测器：脉冲安培，金工作电极

色谱峰：1—fucosylated Man_3 $GlcNAc_2$；2—Man_3 $GlcNAc_2$；3—asialo agalacto bi,core fuc；4—asialo agalacto bi；5—Man_5 $GlcNAc_2$；6—asialo agalacto tri；7—asialobi,core fuc；8—asialo bi；9—asialo tri；10—bise cted hybrid；11—asialo tetra；12—Man_9 $GlcNAc_2$

对含有唾液酸的寡糖，用阴离子交换可很好地将它们分离。图 2-42 为中性和含有唾液酸寡糖的分离，由图可见，寡糖分子中唾液酸的数目越多，电荷数越大，在柱上保留越强，图中左边的一组为无唾液酸的糖，峰 8 和峰 9 为二唾液酸的糖，峰 10 和峰 11 为三唾液酸的糖，峰 12 和峰 13 为四唾液酸的糖。

植物和动物体均含有多糖。用化学键合的十八烷基和氨基丙基固定相，水或水与乙腈的混合溶液为淋洗液，折射率检测。虽然这种固定相有高的色谱柱效，但由于使用的检测系统，只能分析低聚合度（＜DP15）的糖。阴离子交换分离，脉冲安培检测，NaOH 和 NaAc 做梯度淋洗，可分析聚合度高达 DP70 的多糖。很多商品化的低热量甜味剂、增效剂和脂肪替代物是多糖或多种淀粉衍生而产生的多糖，HPAEC-PAD 是推荐的分析方法。

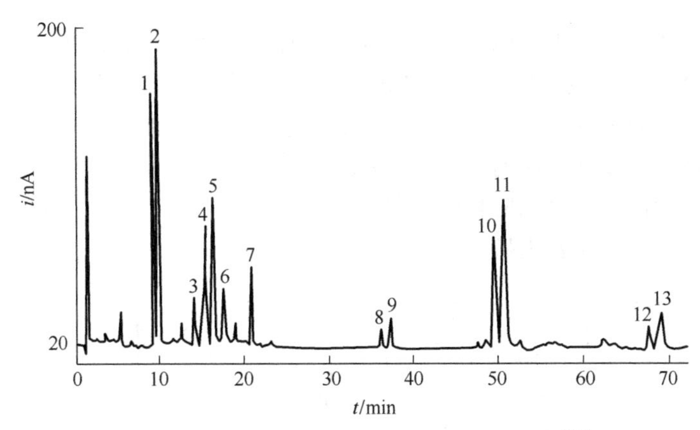

图 2-42 中性和唾液酸化的低聚糖的分离[52]

分离柱：CarboPac PA100

淋洗液：100mmol/L NaOH+0～250mmol/L NaAc 梯度

流速：1mL/min

检测器：脉冲安培，金工作电极

色谱峰：1～7—中性寡糖；8,9—二唾液酸化；10,11—三唾液酸化；12,13—四唾液酸化

（5）用 HPAEC-PAD 方法纯化寡糖时的在线除盐 高效阴离子交换色谱分离和脉冲安培检测法，因其对中性和具有电荷的寡糖的高分离度，已成为一种纯化寡糖的方法[44,53]。用 HPAEC-PAD 方法时所用的淋洗液是 NaOH 与 NaAc，而且浓度较高，纯化的低聚糖是在高浓度的 NaAc 溶液中，但对低聚糖的进一步研究需将高盐除去。一个比较简单的方法是在 PAD 后面串连一个除盐器（简称 CMD），含有寡糖的洗脱液中的 Na^+在除盐器中与 H^+交换而被除去。除去了钠的洗脱液中只有乙酸和被分离的糖，再经真空干燥除去其中的乙酸。除盐器的工作原理与阴离子抑制器相同，也可认为是高容量的阴离子抑制器。用 CMD 可除去高达 0.35mol/L NaAc 淋洗液中 99.9%的 Na^+，因此它得到广泛应用[52]。

2．氨基酸的分析

经典的氨基酸分析方法主要是阳离子交换分离，柱后衍生或柱前衍生，反相高效液相色谱分离，光度检测。本节将讨论无须柱前和柱后衍生的氨基酸直接分析方法——高效阴离子交换分离-积分脉冲安培检测（简称 HPAEC-IPAD）。HPAEC-IPAD 方法分离与检测氨基酸的原理与分离与检测糖类化合物相同，只是检测的电位与流动相的浓度不同。方法是基于氨基酸分子中的羧基在强碱介质中可以形成阴离子，在强碱介质中氨基酸分子中的氨基在一定的施加电压下可在贵金属（金、铂）电极表面发生氧化反应，而实现氨基酸的阴离子交换色谱分离和积分脉冲安培检测。1983 年，Polta 和 Johnson[54]首先提出了用阴离子交换色谱-脉冲安培检测法分析氨基酸。其后，Welch 等[55]对脉冲安培检测氨基酸和积分脉冲安培检测氨基酸进行了比较研究，提出了检测氨基酸的积分脉冲安培检测波形。为了增加氨基氧化时所产生的检测电流信号，抑制金电极氧化所产生的背景电流，1999 年，Clarke 等[56]对 Welch 等提出的积分脉冲安培法中的电位和时间参数进行了优化，得到检测氨基酸的六电位波形，见图 2-43，并成功用于氨基酸直接分析。美国 Dionex 公司在此基础上推出了氨基酸的直接分析方法商品仪器。为了克服金电极容易被污染需要经常清洗的缺点，推动氨基酸直接分析法的应用，Cheng 等[57]提出了无须经常清洗的薄膜电极，使用方便、平衡快、电极响应稳定、薄膜电极之间重现性好。这种薄膜电极的价格便宜，一般用一周后需要更换。

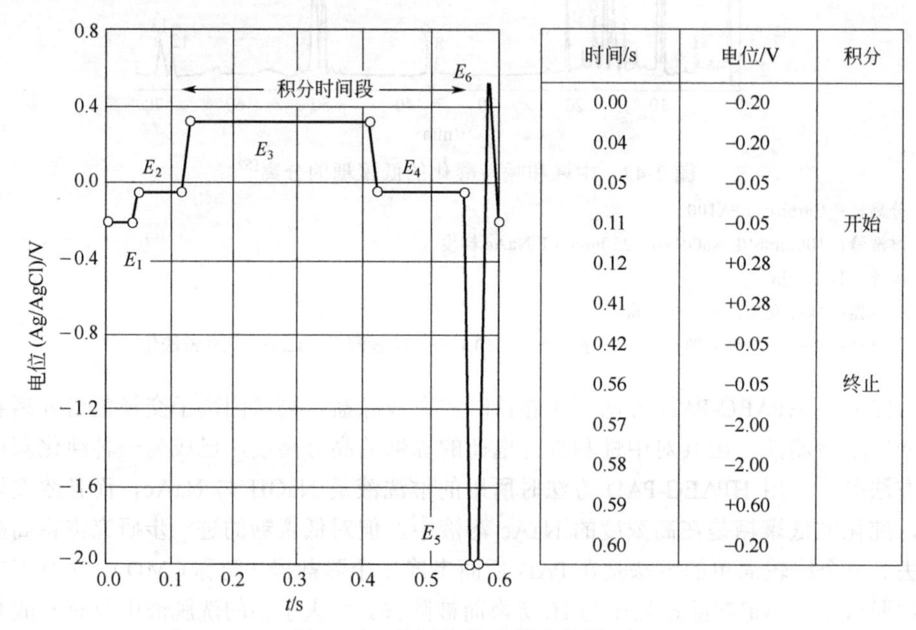

时间/s	电位/V	积分
0.00	−0.20	
0.04	−0.20	
0.05	−0.05	
0.11	−0.05	开始
0.12	+0.28	
0.41	+0.28	
0.42	−0.05	
0.56	−0.05	终止
0.57	−2.00	
0.58	−2.00	
0.59	+0.60	
0.60	−0.20	

图 2-43　分析氨基酸的电位波形

氨基酸具有两性离子结构，在酸性介质中，氨基酸以阳离子形态存在；在碱性介质中，以阴离子形态存在；可用阳离子交换或者阴离子交换分离。阴离子交换分离中所用流动相是较强的碱，与用金工作电极的脉冲积分安培检测器很好地匹配，因此离子色谱中对氨基酸的分析主要用阴离子交换。HPAEC-IPAD 分析氨基酸时采用薄壳型强碱性阴离子交换树脂为填料的色谱柱，氢氧化钠和乙酸钠作淋洗液，梯度淋洗。阴离子交换树脂的基质由乙基乙烯基苯交联 55%的乙烯基苯组成，外层乳胶为季铵/叔胺功能基化的氯代乙烯基苯微粒，在 pH 0～14 稳定。碱性淋洗液 NaOH（pH＞12）使氨基酸以阴离子形态存在，因此，可用阴离子交换分离。NaOH 除了起淋洗作用之外，其强碱介质亦使安培检测器对氨基酸有高的检测灵密度。氢氧化钠作淋洗液可洗脱弱保留氨基酸，但难以将强保留的氨基酸，如谷氨酸、天冬氨酸、胱氨酸和酪氨酸等从色谱柱中洗脱下来。对强保留氨基酸的洗脱，需添加较 OH^-强的淋洗离子（如乙酸钠）作淋洗液。为实现弱保留和强保留氨基酸的同时分离需选用氢氧化钠和乙酸钠的梯度淋洗。表 2-9 列出了用于分离 22 种氨基酸的典型梯度淋洗程序。氨基酸在阴离子交换柱上的保留主要由羧基和氨基的数目决定，洗脱顺序为：碱性氨基酸、中性氨基酸和酸性氨基酸。氨基酸结构中的碳链的疏水性和芳香环的π电子影响氨基酸的保留。

表 2-9　用 AminoPac PA10 柱分离氨基酸的典型梯度程序

时间/min	E_1/%	E_2/%	E_3/%	梯度曲线类型①	备注
初始阶段	76	24	0		自动进样器充满定量环
0.0	76	24	0		进样阀从装样切换到进样
2.0	76	24	0	8	开始 KOH 梯度，进样阀切换到装样
8.0	64	36	0		
11.0	64	36	0	8	
18.0	40	20	40	8	开始 NaAc 梯度
21.0	44	16	40	5	
23.0	14	16	70	8	
42.0	14	16	70		
42.1	20	80	0	5	KOH 淋洗柱子
44.1	20	80	0		
44.2	76	24	0		平衡柱子
75.0	76	24	0		

① 5 代表线性梯度，8 代表凹形曲线梯度。

注：E_1=H_2O，E_2=250mmol/L KOH，E_3=1.0mol/L NaAc。

较早以 HPAEC-PAD 方法用于氨基酸分析的商品色谱柱是 AminoPac PA1 柱，完成 22 种氨基酸的分离需要用三元梯度（OH^-、乙酸与硼酸），第二代商品色谱柱是 AminoPac PA10 柱，完成 22 种氨基酸的分离只需用二元梯度（OH^-与乙酸）。由于 AminoPac PA10 柱的填料是由微孔 EVB/DVB 高聚物基核和外层附聚具有季铵基团的乳胶构成的，具有一定的疏水性，因此具有较强疏水性的中性氨基酸（例如缬氨酸、亮氨酸和异亮氨酸等）的保留时间较亲水性的中性氨基酸（甘氨酸、苏氨酸等）长。由于组氨酸、苯丙氨酸和酪氨酸含有芳香环，当分子进入树脂微孔时，与聚合物基质有一定的亲和力，使得这些氨基酸的保留时间更长。淋洗液浓度和柱温均对氨基酸的分离有影响。通过改变淋洗液浓度和柱温可以改善氨基酸的分离。柱温通常选择在 25～40℃之间。图 2-44 为在优化的梯度淋洗条件下，22 种氨基酸分离的色谱图。该法对氨基酸分析的检测限为 pmol～fmol，除了用于氨基酸的分析之外，还可用于糖类化合物和氨基糖等的分析。

3. 氨基酸和糖的同时分析

用于糖类化合物与氨基酸分离的色谱柱都是薄壳型的阴离子交换树脂，两种柱

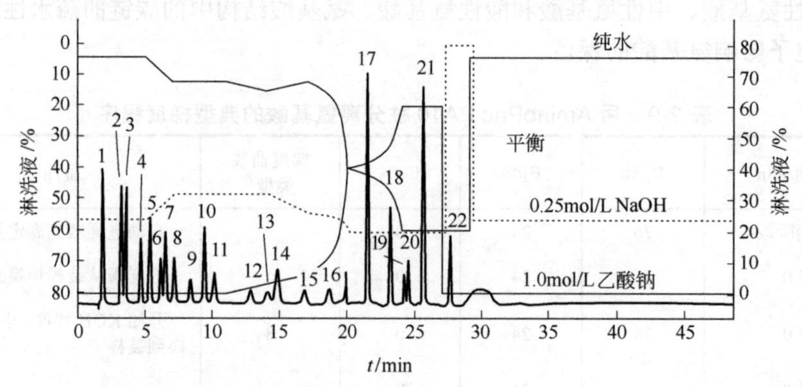

图 2-44 22 种氨基酸的分离

分离柱：AminoPac PA10

淋洗液：NaOH-NaAc,梯度淋洗程序（见表 2-9）

检测器：积分脉冲安培，金工作电极

进样量：25μL

色谱峰（100pmol/L）：1—精氨酸；2—鸟氨酸；3—赖氨酸；4—谷氨酰胺；5—天冬酰胺；6—丙氨酸；7—苏氨酸；8—苷氨酸；9—缬氨酸；10—丝氨酸；11—脯氨酸；12—异亮氨酸；13—亮氨酸；14—蛋氨酸；15—正亮氨酸；16—牛磺酸；17—组氨酸；18—苯丙氨酸；19—谷氨酸；20—天冬氨酸；21—胱氨酸；22—酪氨酸

填料的薄壳性质基本相同，但其阴离子交换功能基的化学性质不同。分离糖类化合物的分离柱对糖类化合物的分离是基于糖类化合物之间非常小的差异，如分子上羟基的 pK_a 值；而分离氨基酸的分离柱是基于氨基酸的多种不同性质，如离解常数、疏水性和氨基酸的结构特征[58]。

从前面的讨论可看到，氨基酸和糖类化合物均可在碱性溶液中以阴离子形式存在，因此可用 NaOH/NaAc 为淋洗液，阴离子交换分离，在适当的外加电压下，在三电极池的金工作电极上被氧化，因而可用积分脉冲安培检测器检测。这种状况的优点是可同时测定两类化合物，缺点是氨基酸和糖之间可能互相干扰。用于糖和氨基酸检测的施加电位由两部分组成：检测部分（图 2-45 中的 E_1 和 E_2）和使电极表面再活化的部分。检测部分包括一个或一系列电位。波形的第二部分对两种类型的化合物是相同的，第一部分对两种化合物则不同。用于糖类化合物检测的电位较低，一般 E_1 为−0.05～0.1V（相对 Ag/AgCl 参比电极）。用于氨基酸检测的电位比较高，一般 E_2 为 0.2～0.3V，为了降低背景和噪声，用于氨基酸的电流积分只在 E_2 进行。用检测氨基酸的电位波形［图 2-45（b）］可检测两类化合物，而检测糖的电位波形［图 2-45（a）］对氨基酸的检测灵敏度不高。比较糖和氨基酸的分析检测特性，用检测糖的条件分析糖时，可用改变电位波形的方法消除氨基酸的干扰。而用于分析氨基酸的 HPAEC-IPAD 条件，由于较宽的选择性和对氨基酸和糖均有高的灵敏度，可用于做氨基酸和糖的同时分析。

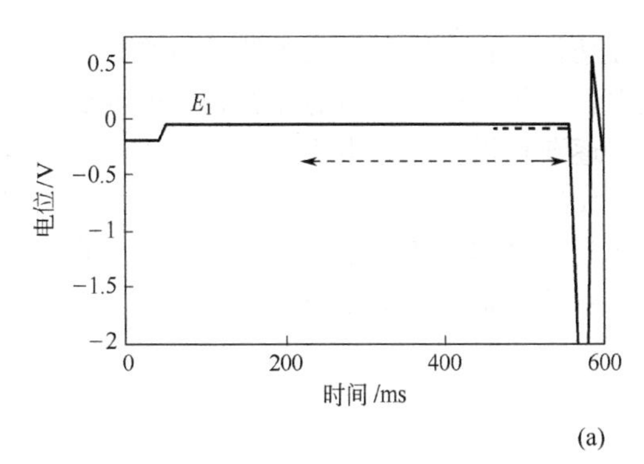

时间/ms	电位/V	积分
0	−0.2	
40	−0.2	
50	−0.05	
210	−0.05	开始
220	−0.05	
460	−0.05	
470	−0.05	
560	−0.05	终止
570	−2	
580	−2	
590	0.6	
600	−0.2	

(a)

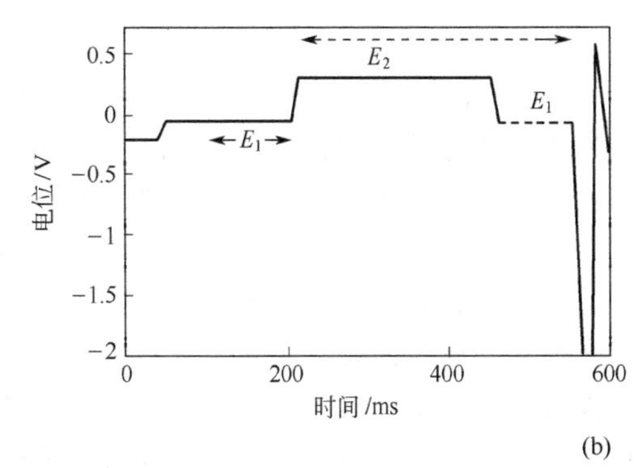

时间/ms	电位/V	模式(b)	模式(a)
0	−0.2		
40	−0.2		
50	−0.05		
110	−0.05	开始	开始
210	−0.05		终止
220	−0.28		
460	−0.28		
470	−0.05		
560	−0.05		
570	−2	终止	
580	−2		
590	0.6		
600	−0.2		

(b)

图 2-45 用于检测糖的波形（a）和用于检测氨基酸的波形（b）[58]

对多数样品的分析，用最佳化梯度淋洗程序[59]或检测的电位波形[60]以及结合两者的方法，可于一次进样同时分离和检测氨基酸及糖。当样品中存在大量糖类化合物时，则推荐用在线[61]或离线[62]的方法将大量的糖除去。

2011 年 Jandik 等[63]提出了用 2D 离子色谱同时分离和测定氨基酸及糖，在其基础上将改进的方法已用于细胞培养液中氨基酸和糖的同时分析[64]。方法基于氨基酸与糖的酸性不同，以适当的酸性淋洗液在阳离子捕获柱上分离与富集糖和氨基酸，再分别以阴离子交换分离，积分脉冲安培检测。

4．实验中应注意的问题

第一个要求是淋洗液中没有细菌。即使是淋洗液、盛淋洗液的容器、淋洗液流路或者准备淋洗液的玻璃器皿中极微量的细菌，都会导致检测背景值的升高，影响峰形。例如，通过偶然的皮肤接触、共用的玻璃器皿、淋洗液不经过 0.2μm 膜所导致的细菌污染均需要用 2mol/L 氢氧化钠溶液对整套系统进行清洗。经验丰富的用户经常在两个不含氢氧化钠的淋洗液（水和乙酸钠）中加入低浓度的氢氧化钠溶液（10～25mmol/L），将细菌污染减小到最低。

第二个要求来自于羟基化合物检测方法的灵敏度。糖和其他有机溶剂对淋洗液的偶然污染会影响检测器响应的长期稳定性，需要用 6mol/L 盐酸对整套系统进行清洗。不正确的淋洗液过滤材料，如乙酸纤维素膜，或疏忽地从含 50%甲醇的自动进样器清洗溶液中引入醇类，是分析羟基化合物最经常导致系统污染的原因。

第三个不常见的问题是淋洗液中含有的极微量的硫醇化合物。因为硫醇化合物对金电极具有很强的亲和能力，能够逐渐积累在工作电极表面，导致检测信号逐渐降低。笔者建议经常用单标化合物，如组氨酸，对电极响应进行测试。研究表明，硫醇的污染无一例外均来自于淋洗液配制过程中乙酸钠的纯度不够。因此，使用不含硫醇的乙酸钠对这一新的氨基酸分析技术是绝对必要的。

四、阳离子的分析

（一）概述

IC 也广泛应用于阳离子的分析，由于有多种灵敏的多元素分析方法（特别是 ICP-MS），IC 在阳离子分析中尚未成为主要的分析方法，但对碱金属、碱土金属、铵及小分子胺类化合物的分析，IC 有明显的优势。阳离子的分离机理、抑制原理与阴离子相似，只是电荷相反。阴离子分析中，经过抑制器之后，在电导检测器中检测的是氢离子（H^+）与被检测的阴离子（A^{x-}）的电导之和（xH^++A^{x-}），极大地提高了检测灵敏度。阳离子分析中，经过抑制器之后，提高的检测灵敏度比较小，因此在阳离子分析中非抑制型电导的应用较阴离子中多。选用非抑制型电导检测时，所用淋洗液的浓度比较低，适合用中低容量的分离柱。用于阳离子分离的淋洗液主要是矿物酸，经过抑制器之后转变成水，因此可做梯度淋洗。离子交换功能基是羧基的阳离子交换分离柱，不可用醇作为有机改进剂，若淋洗液中含醇，离子交换位置可能发生酯化反应，对固定相的性能产生影响。螯合 IC 用于复杂基体中痕量金属离子的分析近年来有较大的发展。

（二）碱金属、碱土金属及铵的分析

对阳离子分析的分离机理、抑制原理与阴离子的分析相似，淋洗液主要是能提供氢离子（H^+）的矿物酸，如 HCl、HNO_3、H_2SO_4 与甲基磺酸。与阴离子分离柱相同，阳离子交换剂也用胶乳和接枝两种树脂。胶乳型的离子交换功能基主要是磺酸基，这种强酸型磺酸功能基阳离子交换剂对氢离子（H^+）的选择性不高，而对二价的碱土金属离子的亲和力较大，在磺酸型阳离子柱上若不采用梯度淋洗，很难一次进样同时分离碱金属和碱土金属离子。增加矿物酸浓度将影响一价离子的分离，并导致高的背景电导。为了有效地洗脱二价的碱土金属离子，需在淋洗液中加入二价的淋洗离子[65]，如二氨基丙酸（DAP）、组氨酸、乙二酸、柠檬酸等。

离子交换功能基为弱酸的阳离子交换剂，只用简单的 H^+ 即可有效地洗脱一价和二价的阳离子，即一次进样可同时分析碱金属、碱土金属和铵，常用的淋洗液是硫酸和甲基磺酸，是用于碱金属和碱土金属常规分析的推荐方法。图 2-46 为分析碱金属、碱土金属和铵的常用色谱条件和色谱图。对淋洗液的抑制，若用甲基磺酸或

硫酸作淋洗液，电解微膜阳离子抑制器可用循环模式；用 HCl 作淋洗液时，应采用外加水模式或化学抑制模式，并用氢氧化四丁基铵或氢氧化钾作再生液。

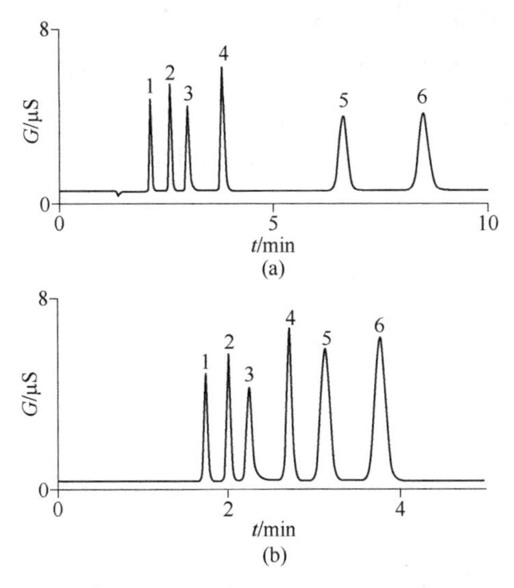

图 2-46 碱金属、碱土金属和铵的分离

分离柱：IonPac CS12A（3mm×150mm）

淋洗液：（a）20mmol/L 甲基磺酸；（b）33mmol/L 甲基磺酸

流速：0.50mL/min　　温度：30℃　　进样体积：25μL

检测器：抑制型电导　　抑制器：CSRS-ULTRA 2-mm

色谱峰（mg/L）：1—Li^+（0.12）；2—Na^+（0.50）；3—NH_4^+（0.62）；4—K^+（1.25）；5—Mg^{2+}（0.62）；6—Ca^{2+}（1.25）

对样品的基体离子浓度不同、特别是相邻色谱峰的离子浓度差特大的样品中痕量离子的测定一直是色谱分析的难点之一。环境样品中，通常钠离子的浓度很高，而铵的浓度很低。IC 分离中，常用的磺酸功能基或弱酸功能基（羧酸和膦酸）阳离子交换柱对钠与铵的选择性比较相近，钠与铵的保留时间靠近，用于实际样品分析时，钠的大峰将淹没铵的小峰。用两支分离柱或阀切换等方法可消除钠对铵的干扰，但仪器和操作均很复杂。

针对上述难点，可选择具有独特选择性的分离柱或高柱容量的分离柱。将大环配位体引入到离子色谱的固定相或流动相是解决高浓度钠和低浓度铵的样品中铵的分析的较好途径。在淋洗液中加入冠醚可较大地改变它们的选择性[3,66]，但发现冠醚会缩短抑制器的使用寿命。而将冠醚加到离子交换剂上作为离子交换功能团，可使固定相有特殊的选择性。冠醚是一种大环配位体，它带有亲水性的内孔穴和疏水性的外表面，金属离子可在内孔与配位体键合形成稳定的络合物，这种环形冠醚对阳离子的选择性取决于冠醚的内孔大小和金属离子的离子半径。K^+的离子半径为0.331nm（3.31Å），与 18-冠-6-醚（18-crown-6-ether）的内孔大小相近，可与 18-冠-6-醚形成稳定的络合物，因此，对 K^+的保留很强。例如 Dionex 公司的 IonPac CS15

柱，其功能基包括羧基、膦酸基和冠醚[67,68]。从图 2-47 可见，在 IonPac CS15 柱上，K^+在二价阳离子 Mg^{2+}和 Ca^{2+}之后才被洗脱。钠和铵之间的分离度明显增加，镁和钙之间有很大的空间。对高钠低铵（Na^+：NH_4^+=4000：1）、高钾低铵（K^+：NH_4^+=10000：1）和高铵低钠（NH_4^+：Na^+=10000：1）的样品，用硫酸和乙腈作流动相，可直接进样分析。由于这种冠醚具有疏水性的外表面，淋洗液中必须含有一定的有机溶剂，如图 2-47 中选用的淋洗液是 5mmol/L H_2SO_4 + 9%乙腈。

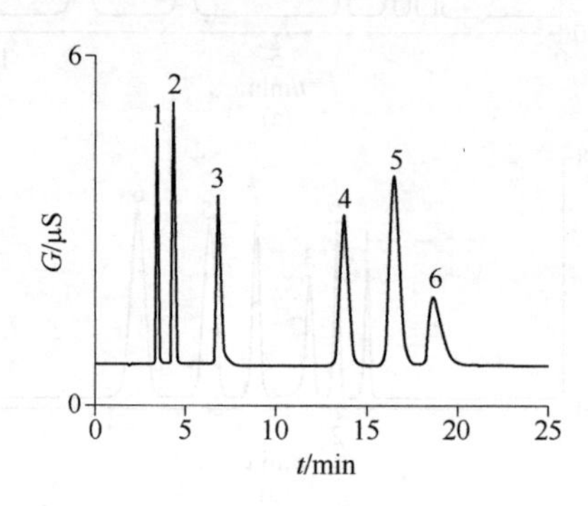

图 2-47　在含有冠醚功能基的阳离子交换剂上碱金属、碱土金属和铵的分离

分离柱：IonPac CG15，CS15

淋洗液：5mmol/L H_2SO_4+9%乙腈　　流速：1.2mL/min

温度：40℃　　进样体积：25μL

检测器：抑制型电导（抑制器用外加水模式）

色谱峰（mg/L）：1—Li^+（1）；2—Na^+（4）；3—NH_4^+（10）；4—Mg^{2+}（5）；5—Ca^{2+}（10）；6—K^+（10）

含有冠醚功能基的阳离子交换柱所用的淋洗液除了前面已经述及的甲基磺酸或硫酸之外，羟胺（NH_2OH）也是一种很好的淋洗液添加剂。羟胺是很弱的碱，其 pK_a 为 6。若淋洗液为 7.5mmol/L 的硫酸，相应的 pH 值应是 1.8，在该 pH 值下，羟胺是阳离子，因此有助于由于与固定相上的羧基的相互作用而被保留离子的洗脱。图 2-48（a）的淋洗液是 7.5mmol/L H_2SO_4，图 2-48（b）的淋洗液是 7.5mmol/L H_2SO_4 +

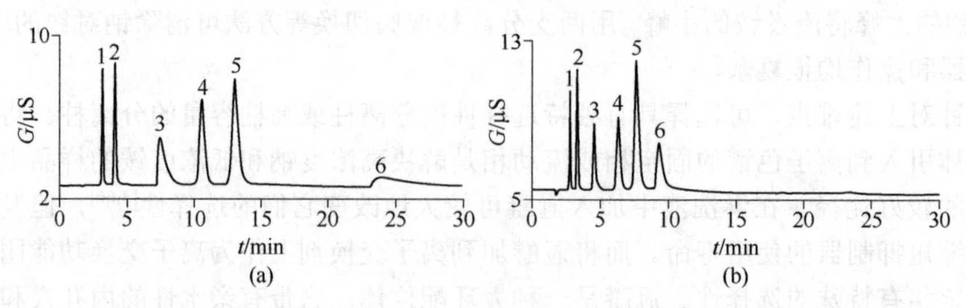

图 2-48　羟胺对碱金属、碱土金属和铵在阳离子交换分离柱上保留的影响[67]

分离柱：IonPac CS15

淋洗液：（a）7.5mmol/L H_2SO_4；（b）7.5mmol/L H_2SO_4+7.5mmol/L NH_2OH

流速：1.2mL/min　　进样体积：25μL

色谱峰（mg/L）：1—Li^+（1）；2—Na^+（4）；3—NH_4^+（10）；4—Mg^{2+}（5）；5—Ca^{2+}（10）；6—K^+（10）

7.5mmol/L 羟胺。从图 2-48 可见，淋洗液中含有羟胺时，对铵与钾的峰形和柱效有非常明显的改进，总的运行时间减少了 2/3，而且淋洗液中可以不加有机溶剂。其缺点是增加噪声，抑制器不能用自循环模式，需用外加水模式或化学再生抑制器。

另一种解决痕量 NH_4^+ 与高浓度 Na^+ 和 K^+ 分离的方法是用高容量柱。柱容量高达 8400μeq 的 IonPac CS16 型阳离子交换柱[69]（常规阳离子分离柱的柱容量一般为 2000μeq），其柱填料的粒度比较小（5μm），具有高密度的接枝羧酸阳离子交换功能基以及比较大的柱体积（5mm×250mm）。由于其离子交换功能基只有羧酸，不含大环化合物，淋洗液中不需要加入有机溶剂，使用更方便。从图 2-49 可见，样品中浓度差高达 4 个数量级的 6 种常见阳离子，可于一次进样同时测定，其中钠与铵的浓度分别为 19.73mg/L 和 0.065mg/L，钠的浓度较铵的浓度高 300 倍以上，钠的浓度较锂高 10000 倍。应注意不能以理论柱容量来计算可允许的样品进样量，因为这种阳离子交换剂的离子交换功能基是弱酸（—COOH），而所用淋洗液是甲基磺酸或硫酸，酸性条件下，—COOH 的离解受抑制，因此会减少有效离子交换位置，降低柱容量。

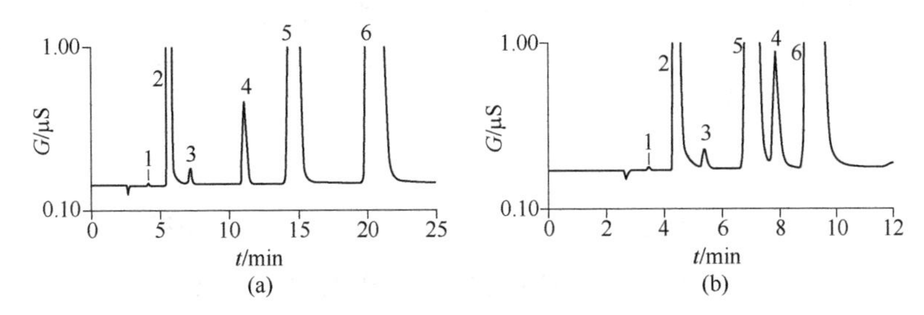

图 2-49 饮用水中 6 种阳离子的同时测定

分离柱：IonPac CG16A，CS16A

淋洗液：（a）30mmol/L 甲基磺酸；（b）48mmol/L 甲基磺酸

流速：1.0mL/min　　柱温：40℃　　进样体积：25μL

检测：电导检测，（CSRS-ULTRA，抑制器，自动循环再生模式）

色谱峰（mg/L）：1—Li^+（0.002）；2—Na^+（19.730）；3—NH_4^+（0.065）；4—K^+（0.987）；5—Mg^{2+}（7.210）；6—Ca^{2+}（18.544）

（三）小分子有机胺的分析

小分子有机胺的极性比较强，在 C_{18} 柱上无保留，无紫外吸收，在 HPLC 中所用的离子对试剂与质谱的兼容性差，其挥发性也不适合直接用 GC 分析。小分子有机胺是比较弱的碱，在酸性条件下是阳离子，因此可用无机酸作淋洗液，阳离子交换分离，抑制型或非抑制型电导检测。

从前面对碱金属与碱土金属分离的讨论可知，一价阳离子（Li^+、Na^+、NH_4^+、K^+等）在常规阳离子交换分离柱上的保留时间小于二价阳离子（Mg^{2+}、Ca^{2+}等），两组离子保留时间的差距比较大。用高容量的分离柱增加一价阳离子的保留，并用高的淋洗液浓度减小二价阳离子的保留时间，可减小两组离子的保留时间差。不同的小分子有机胺对阳离子交换分离柱的亲和力不同，可将其分成两部分。一部分是对阳离子交换分离柱的亲和力小于两价阳离子、大于一价阳离子的小分子有机胺，如乙醇胺、二乙醇胺、三乙醇胺、肼、5-氨基戊醇、吗啉、二乙氨基乙醇、甲胺、二甲胺、三甲胺、乙胺、丁胺、叔丁胺、仲丁胺、异丁胺、1,2-二甲基丙胺、二丙胺、甲氧基丙胺、甲基二乙醇胺、二甲氨基丙醇、*N*-甲基吗啉、甘醇胺、氨基戊醇、二乙氨基乙醇、奎宁环醇、2-甲基咪唑、4-甲基咪唑等。另一部分是对阳离子交换分离柱的亲和力大于二价阳离子的小分子有机胺，如腐胺、尸胺、组胺、胍丁胺、苯乙胺、亚精胺、精胺、乙二胺、1,2-丙二胺、3,3-二氨基丙胺、1,6-己二胺、哌嗪、1,7-庚二胺、1,8-辛二胺、1,9-壬二胺、*N,N,N,N*-四甲基乙二胺、1,10-癸二胺、苯乙胺、环己胺等。

极性比较强的链烷醇胺（如乙醇胺、二乙醇胺、三乙醇胺等）与甲胺（如甲胺、二甲胺、三甲胺等）对阳离子交换剂的亲和力小于二价的Mg^{2+}和Ca^{2+}，用甲基磺酸作淋洗液，等度或梯度淋洗，可与碱金属和碱土金属同时分离，其洗脱顺序依次是Li^+、Na^+、NH_4^+、乙醇胺、甲胺、二乙醇胺、K^+、二甲胺、三乙醇胺、三甲胺、Mg^{2+}、Ca^{2+}。但对甲胺类的分离，提高温度（40℃）的条件下较好。

生物胺与多胺，如腐胺（PUT）、亚精胺（SPD）和精胺（SPE）是长碳链的脂肪胺，其分子式分别为：

$$H_2N\text{-}(CH_2)_4\text{-}NH_2 \qquad (PUT)$$

$$H_2N\text{-}(CH_2)_4\text{-}NH\text{-}(CH_2)_3\text{-}NH_2 \qquad (SPD)$$

$$H_2N\text{-}(CH_2)_3\text{-}NH\text{-}(CH_2)_4\text{-}NH\text{-}(CH_2)_3\text{-}NH_2 \qquad (SPE)$$

它们的疏水性较强，与典型的阳离子交换固定相之间的疏水性相互作用将导致长的保留时间和扁平不对称的峰形，对它们的分离应选择中等柱容量与低疏水性的分离柱以减弱保留，或者在淋洗液中添加有机溶剂减弱疏水性相互作用。研究表明[72]，阳离子交换分离，甲基磺酸为淋洗液，抑制型电导检测是分析生物胺的简单方法。用中等柱容量与中等疏水性的分离柱，对多数生物胺的分离只需用低浓度的甲基磺酸为淋洗液（10～15mmol/L），而对强保留胺（如亚精胺与精胺）的分离，需将淋洗液的浓度增加到40mmol/L，无须在淋洗液中加入有机溶剂。生物胺与烷基二元胺对阳离子交换剂的亲和力大于碱金属和碱土金属，在碱金属和碱土金属之后被洗脱，选用梯度淋洗可同时分离[70,71]。用新型的弱酸型（羧酸）离子交换功能基的中等疏水性高容量IonPac CS19柱，以甲基磺酸为淋洗液，梯度淋洗，无须在淋洗液中加入有机溶剂，可同时分离常见阳离子与多种二胺以及同时分离常见阳离子与生物胺，见图2-50与图2-51。

生物胺的分子中含可被氧化的基团，也可用电化学检测器检测，改善选择性。离子色谱中所用的流动相通常是酸和乙腈，与质谱兼容性好，其洗脱液可以直接进质谱。与抑制型电导检测比较，积分脉冲安培可检测胺的种类更多，包括多巴胺、酪胺和5-羟色胺，见图2-52（a）。方法对生物胺的检测限，用抑制型电导、积分脉

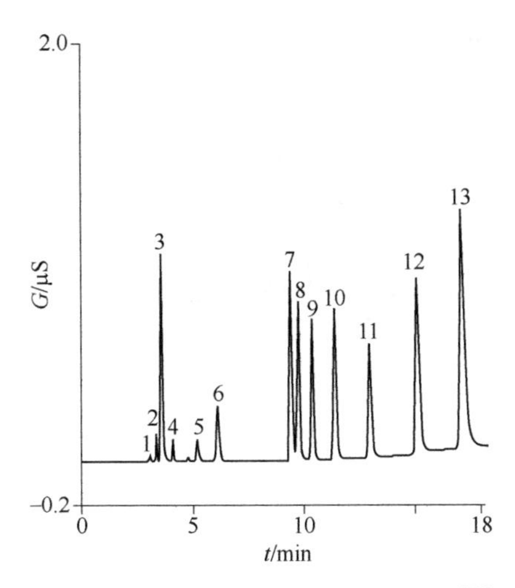

图 2-50　常见阳离子与二胺的分离[70]

色谱柱：IonPac CS19-4μm/IonPac CG9-4μm（0.4mm×250mm）

淋洗液：甲基磺酸梯度，10～65mmol/L

流速：13μL/min　　　进样体积：0.4μL　　　温度：30℃

检测：抑制型电导，自动循环模式

色谱峰（mg/L）：1—Li^+（0.005）；2—Na^+（0.02）；3—NH_4^+（>0.03）；4—K^+（0.05）；5—Mg^{2+}（0.05）；6—Ca^{2+}（0.05）；7—乙二胺（0.05）；8—1,4-丁二胺（0.05）；9—1,5-戊二胺（0.05）；10—1,6-己二胺（0.05）；11—1,7-庚二胺（0.05）；12—1,8-辛二胺（0.05）；13—1,9-壬二胺（1.50）

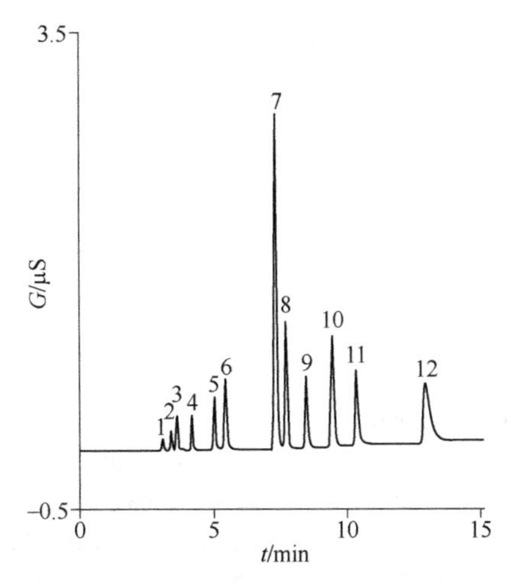

图 2-51　6 种常见阳离子与生物胺的分离[70]

色谱柱：IonPac CS19-4μm/IonPac CG9-4μm

淋洗液：甲基磺酸梯度，9～65mmol/L

流速：13μL/min　　　进样体积：0.4μL　　　温度：30℃

检测：抑制型电导，自动循环模式

色谱峰（mg/L）：1—Li^+（0.013）；2—Na^+（0.05）；3—NH_4^+（0.063）；4—K^+（0.125）；5—Mg^{2+}（0.063）；6—Ca^{2+}（0.125）；7—腐胺（1.875）；8—尸胺（1.125）；9—组胺（1.625）；10—胍胺（1.25）；11—亚精胺（0.75）；12—精胺（0.375）

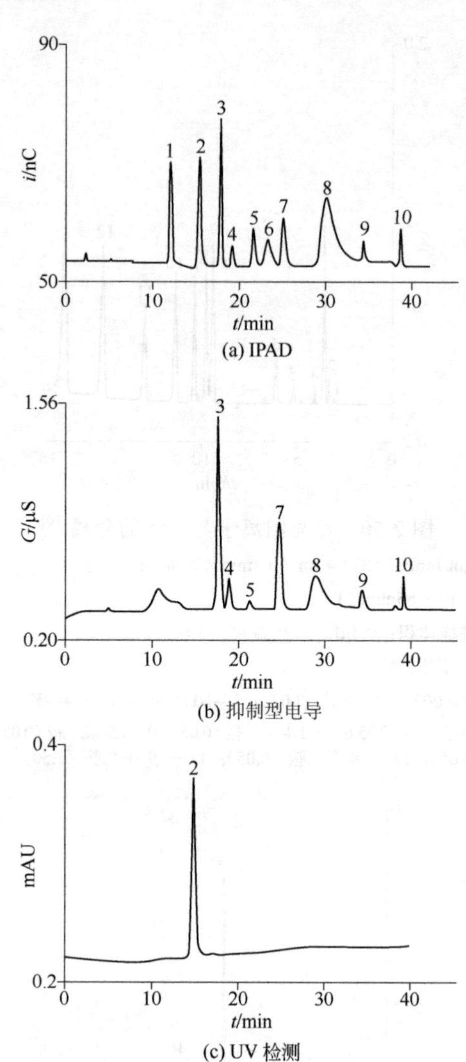

图 2-52　生物胺的分离[72]

色谱柱：IonPac CS18（250mm×2mm id）

抑制器：CSRS ULTRA Ⅱ（2mm）　　进样体积：5μL

淋洗液：甲基磺酸　　柱温：40℃　　流速：0.30mL/min

梯度：3mmol/L，0～6min；3～10mmol/L，6～10min；10～15mmol/L，10～22min；15mmol/L，22～28min；15～30mmol/L，28～35min；30 ～45mmol/L，35～45min

色谱峰（mg/L）：1—多巴胺（1）；2—酪胺（5）；3—腐胺（5）；4—尸胺（1）；5—组胺（1）；6—5-羟色胺（1）；7—胍丁胺（5）；8—苯乙胺（15）；9—亚精胺（1）；10—精胺（1）

冲安培和抑制后的积分脉冲安培分别为 0.004～0.08mg/L、0.021～0.39mg/L 和 0.090～1.1mg/L。可见对生物胺的检测，抑制型电导检测的灵敏度较积分脉冲安培检测高，而当将积分脉冲安培检测器放在抑制器之后时，因洗脱液经抑制器之后的酸度不是积分脉冲安培检测的最佳酸度，灵敏度降低（为了增加脉冲安培检测的灵敏度，需要柱后加入 NaOH 提高洗脱液的 pH 值）。紫外检测对酪胺有较高的灵敏度与选择性［见图 2-52（c）］，紫外检测增加了积分脉冲安培对真实样品中酪胺检测的准确性确认。方法对腐胺、尸胺、组胺、胍丁胺、苯乙胺、亚精胺的和精胺的检测限在 0.004～0.08mg/L 之间。

羧酸是很弱的酸，淋洗液和样品的 pH 值影响羧酸的离解。因为这种阳离子交换位置对 H^+选择性强，样品的 pH 值将影响对溶质阳离子的洗脱。当样品的 pH 值低时，峰效降低，峰形也不好。若样品的 pH 值低于 1.7，应减少进样量或做适当的处理之后方可进样。

阳离子的抑制型电导检测中，被洗脱的碱金属与碱土金属阳离子在抑制器中转变成强碱，例如钠离子转变成 NaOH，可完全离解，因此目标离子的浓度与电导响应值之间在很宽的浓度范围成线性。而铵与胺类化合物是弱碱，在抑制器中转变成的氢氧化物只部分离解，而且浓度越高，离解的部分越少，因此当其浓度增加时得到非线性的电导响应曲线。用浓度范围较小的分段工作曲线或二次拟合（quadratic fit）工作曲线可减小误差，对需要常规检测浓度范围较宽的应用，建议用盐转换-阳离子自再生抑制器（SC-CSRS300）[73]替换常规的阳离子抑制器。当用 SC-CSRS300 时，以甲基磺酸（H^+MSA^-）为淋洗液等度淋洗。SC-CSRS300 将弱离子化的胺或铵转变成高离子化的甲基磺酸（H^+MSA^-），由此增加灵敏度和扩大线性范围。SC-CSRS300 由淋洗液抑制（ES）和待测成分转换两个部分组成。在 ES 部分，淋洗液（甲基磺酸，H^+MSA^-）的大部分被抑制，而待测成分保持在 MSA^-盐的形式。在分析转换部分，待测阳离子与 H^+交换，从 $NH_4^+MSA^-$转变成 H^+MSA^-。因为 H^+MSA^-是完全离解的，因此克服了非线性，其线性范围可达 3 个数量级（0.1～100mg/L）；H^+MSA^-的摩尔电导为 399S·cm²/mol，而 $NH_4^+OH^-$ 的摩尔电导为 273S·cm²/mol，因此提高了灵敏度。应注意的是，SC-CSRS300 只适应以甲基磺酸为淋洗液的等度淋洗，而且背景电导较用常规抑制器高。

（四）重金属和过渡金属的分析

1．概述

1974 年 Fritz 等[74]提出用高效低容量离子交换剂分离过渡金属离子，柱后衍生光度法检测，改进了重金属和过渡金属的 IC 分析方法。1979 年 Cassidy 等成功地将 IC 分析用于镧系元素的分析[75]。1990 年 Siriraks 等[76]提出的螯合离子色谱（CIC）和后来 Jones 等[77]发展的高效螯合离子色谱（HPCIC）为复杂基体中痕量金属离子的测定提供了有效方法。具有阴离子和阳离子两种离子交换功能基的薄壳型离子交换剂以及柱后衍生反应试剂加入装置的商品化，分离与检测器模式的不断发展，使 IC 成为一种可用于多元素的分析方法。IC 法用于金属离子的分析，不仅可一次进样同时分析多种元素，还可同时检测元素的不同价态和形态。例如 Fe^{3+}/Fe^{2+}、As^{3+}/As^{5+}、Se^{4+}/Se^{6+}、Cr^{3+}/Cr^{6+}、V^{4+}/V^{5+}、有机砷、有机锗、有机硒和有机汞等。在线浓缩富集和基体消除的成功应用，使 IC 成为高纯水和复杂基体中痕量成分分析的有效方法。

金属离子的IC分离可用阳离子交换、阴离子交换与螯合离子色谱等多种分离机理。阴离子交换分离金属离子是通过加入络合剂使金属离子转变为阴离子，可与无机阴离子同时分离。基于阴离子交换基础上的金属离子分离不仅减少了金属离子的水解问题，还可以用于样品本身含有络合物的金属离子的测定，为测定金属阳离子提供了更广阔的选择空间。高效螯合离子色谱基于金属离子与固定相表面螯合功能基之间络合物的形成与离解，主要用于复杂基体的样品、特别是高离子强度样品中痕量重金属和过渡金属的测定。

2．重金属和过渡金属的分析

过渡金属和重金属离子由于其高的正电荷，对阳离子交换树脂有较强的亲和力，用于洗脱碱金属与碱土金属的一价淋洗离子 Na^+或 H^+不适合作淋洗液；过渡金属离子的电荷数相同，阳离子交换剂对相同电荷的金属离子的选择性几乎没有差别。抑制型电导检测仅适用于碱金属和碱土金属离子的分析，对过渡金属与重金属的电导检测分析，宜用非抑制型（即直接电导）。用于直接电导检测的淋洗液一般包含淋洗离子与有机酸。如用离子交换功能基是羧酸的阳离子交换柱 IonPac SCS1，以甲基磺酸为淋洗液分离碱金属、碱土金属与过渡金属，其洗脱顺序依次是 Li^+、Na^+、NH_4^+、K^+、Co^{2+}（和 Zn^{2+}）、Mg^{2+}、Ni^{2+}（和 Cd^{2+}）、Sr^{2+}。Co^{2+}与 Zn^{2+}共洗脱，Ni^{2+}与 Cd^{2+}共洗脱，而且 Ni^{2+}的峰严重拖尾。而于淋洗液中加入草酸，即可减小拖尾，改善分离与峰形，见图2-53。铜与草酸生成的阴离子络合物很稳定，不被阳离子交换分离柱保留，从图2-53可见其色谱峰靠近死体积，如增加淋洗液中草酸的浓度，铜的峰将进入系统的负峰。Fritz 等[78]用乙二胺和酒石酸的混合溶液为淋洗液，在表面磺化

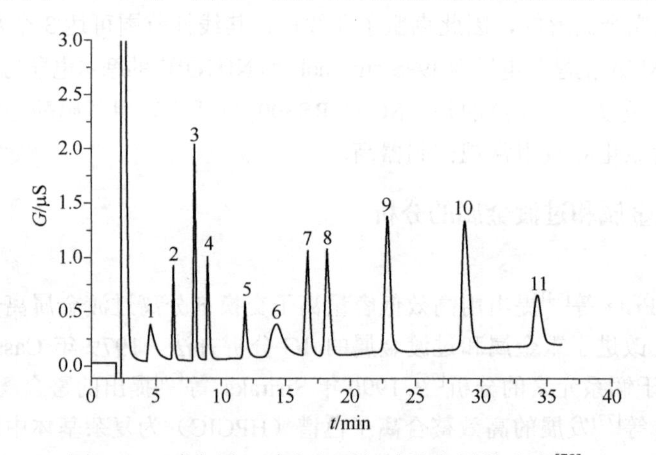

图 2-53 碱金属、碱土金属与过渡金属的分离[79]

色谱柱：IonPac SCS1

淋洗液：2.5mmol/L MSA+0.8mmol/L 草酸

检测：直接电导

色谱峰（mg/L）：1—Cu^{2+}（1.6）；2—Li^+（0.08）；3—Na^+（0.8）；4—NH_4^+（0.32）；5—K^+（0.8）；6—Mg^{2+}（0.8）；7—Zn^{2+}（1.6）；8—Co^{2+}（1.6）；9—Ni^{2+}（1.6）；10—Ca^{2+}（1.6）；11—Sr^{2+}（1.6）

的阳离子交换柱上分离 Zn^{2+}、Co^{2+}、Mn^{2+}、Cd^{2+}、Ca^{2+}、Pb^{2+}与 Sr^{2+}。因为乙二胺在pH≤5 时完全质子化$[EnH_2]^{2+}$，起淋洗离子的作用。选择酒石酸则是基于它与待测金属离子的络合，减弱金属离子的保留和改善峰形。金属离子与所选择的络合剂应是部分络合，完全的络合会导致选择性的失去。这种情况下，流动相的pH值是决定保留的主要参数。pH值影响酒石酸的络合性质，在一定的pH值范围内酒石酸对金属离子的络合能力随pH值的增加而增加，金属离子在柱上的保留随pH值的增加而减小。

若用柱后衍生光度法检测，对淋洗液选择的限制相对较少。如在表面磺化的阳离子交换树脂柱上分离过渡金属，用草酸/柠檬酸作淋洗液，可较好地分离 Zn^{2+}、Co^{2+}、Pb^{2+}、Fe^{2+}，但色谱图的前面部分，Fe^{2+}、Cu^{2+}和 Ni^{2+}的分离定量困难。Fe^{3+}与草酸形成的络合物$[Fe(OX)_3]^{3-}$（lg$K$=18.5）非常稳定，不被阳离子交换固定相保留，在死体积流出。在聚甲基丙烯酸酯阳离子交换剂柱上，用酒石酸作淋洗液，Fe^{3+}、Cu^{2+}和 Ni^{2+}的分离得到明显改善，但 Fe^{3+}仍在死体积洗脱，定量仍困难。在柱后衍生试剂 PAR 中加入 Zn-EDTA 使碱土金属（Mg^{2+}和 Ca^{2+}）同时被测定。

在阴离子交换中，金属离子的测定是通过在淋洗液中加入络合剂使金属离子转变成阴离子，以阴离子交换分离，选择性的改变主要由二级平衡来实现，即加入适当的络合剂到流动相所建立的络合平衡。有多种络合剂可选择，如柠檬酸、草酸、酒石酸、吡啶-2,6-二羧酸（PDCA）、氨羧络合剂（EDTA）、均苯四甲酸、氰根离子、氯离子等，它们与金属离子形成阴离子或中性络合物，这些络合物的稳定性不同，可在阴离子交换柱上被分离。

淋洗液的 pH 值与络合剂的浓度决定金属离子络合物的形成，进而影响金属离子的保留，其分离可通过改变淋洗液的 pH 值使其最佳化。弱的有机酸只有在离解状态下才是有效的螯合剂，因此淋洗液的 pH 值对金属离子的分离和保留有很大影响。例如，用弱有机酸作淋洗液时，降低淋洗液的 pH 值，有机弱酸的有效浓度亦减小，质子（H^+）的浓度提高，其结果使金属离子的保留时间增加。提高淋洗液的pH值将增加弱酸的离解，从而使更多的金属离子形成络合物并从固定相（树脂）移向流动相（淋洗液），缩短了保留时间。推荐用 LiOH 来调节溶液的 pH 值，因 Li^+半径小、对固定相亲和力弱，其浓度对保留的影响不大。仅在极有限的范围内可用增加淋洗液的浓度来增加络合剂的有效浓度。因为络合剂的酸型或盐型的浓度增加，H^+或 Na^+的浓度也相应增加，这样就会增加由于阳离子交换而引起的金属离子的置换而使选择性降低。因此淋洗液的浓度应相对保持恒定，而用改变淋洗液的 pH 值来获得选择性和保留时间的最佳化。金属离子的阴离子交换分离洗脱的顺序通常与阳离子交换时相反。

若固定相同时具有阴离子和阳离子两种交换功能基，则在金属离子的分离中可能是阴离子交换或阳离子交换，也可能同时存在阴离子和阳离子两种交换的分离机理。如在 IonPac CS5 柱上，用吡啶-2,6-二羧酸(PDCA)作淋洗液，因 PDCA 与金属离子形成的络合物的稳定常数高（$\beta_2>10^8$），金属离子将以络合阴离子存在，阴离子交换是主要的分析机理。在该色谱条件下，Pb^{2+}被洗脱但不能被检测，因为

Pb-PDCA 络合物较 Pb-PAR 络合物（柱后衍生产生）更稳定。在 IonPac CS5 柱上，若用草酸作淋洗液，Pb^{2+}、Co^{2+}、Zn^{2+}和 Ni^{2+}的洗脱顺序与用 PDCA 时相反，在该色谱条件下，金属离子的分离包括阴离子交换和阳离子交换两种过程。与草酸形成稳定络合物的金属离子，阴离子交换机理为主；不能形成稳定草酸络合物的金属离子，如 Pb^{2+}和 Cu^{2+}，阳离子交换机理为主。因为 Fe^{3+}与草酸形成稳定的三价阴离子络合物$[Fe(OX)_3]^{3-}$，不能被二价的草酸洗脱。但这种解释不能用于 Fe^{2+}，为什么这种色谱条件不能检测 Fe^{2+}，还无令人信服的解释。

与 PAR 的柱后衍生反应只限于对铁、钴、镍、铜、镉、锰、锌、铅、铀和镧系元素，因流动相中的络合剂阻碍了其他金属离子与 PAR 络合物的形成。研究表明，在淋洗液中加入一些小分子的配位体，如 PO_4^{3-}、CO_3^{2-}或烷基胺等将有助于金属离子与淋洗液络合剂所形成的络合物与 PAR 之间的交换，因而被淋洗液中存在的络合剂掩蔽的重金属离子就能灵敏地与 PAR 反应。另一个限制与 PAR 形成络合物的因素是柱后衍生试剂的 pH 值。试剂的 pH 值增加，PAR 的离解度增加，有助于 PAR 与金属离子之间络合物的形成。试剂的 pH 值增高，金属离子将会水解，由此阻滞金属离子与 PAR 的络合反应。若降低 PAR 的 pH 值，则能检测易水解的重金属离子，基于上述理解，用改进的可动相，可一次进样检测 9 种金属离子，见图 2-54。若用磷酸盐缓冲溶液，将 PAR 试剂的 pH 值降到 8.8，则可用 PDCA 作淋洗液检测 Ga^{3+}、V^{4+}/V^{5+}和 Hg^{2+}，并与其他重金属离子分离。

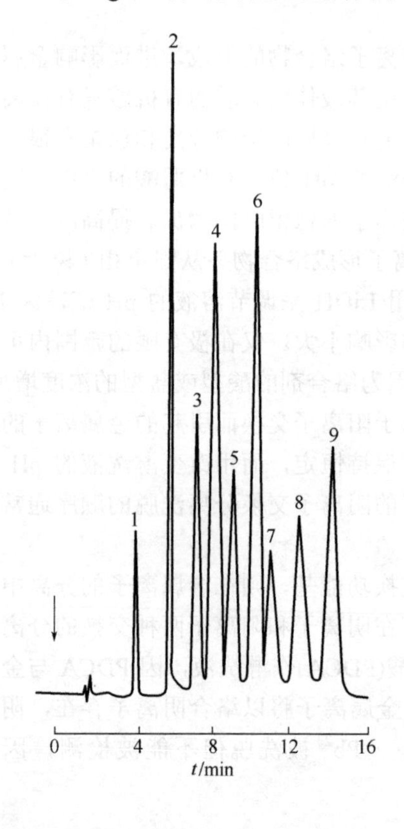

图 2-54 9 种金属离子的同时测定

分离柱：IonPac CS5

淋洗液：4mmol/L 吡啶-2,6-二羧酸+2mmol/L Na_2SO_4+15mmol/L NaCl，pH 4.8（用 LiOH）

流速：1mL/min

检测：柱后与 PAR 反应，于 520nm 处测定

进样体积：50μL

色谱峰（μg/mL）：1—Pb^{2+}（5）；2—Fe^{3+}（1）；3—Cu^{2+}（1）；4—Ni^{2+}（1）；5—Zn^{2+}（1）；6—Co^{2+}（1）；7—Cd^{3+}（3）；8—Mn^{2+}（1）；9—Fe^{2+}（1）

3．螯合离子色谱

复杂基体中痕量金属离子的测定是一个难度较大的分析化学问题，Jones 等[77]发展的高效螯合离子色谱（HPCIC）法是解决该问题的一个有效方法。螯合离子色谱对金属离子的保留是基于其相应络合物的稳定性，不同的金属离子所形成的金属络合物的稳定常数不同决定分离的选择性，淋洗液的 pH 值影响络合物的稳定性，可方便地通过改变淋洗液的 pH 值以改变选择性[80]。方法的优点是控制选择性的潜力和对含高离子浓度基体（如样品中高浓度的碱金属和碱土金属）的非常低的选择性，可从含高浓度碱金属和碱土金属的复杂样品中分离与浓缩待测金属离子，浓缩与消除基体干扰仅用一种类型功能基的固定相，系统简单。多篇文章对 HPCIC 的应用与分离机理做了综述[77,81~83]。

HPCIC 的固定相一般是将螯合离子交换剂通过化学键合或疏水性作用永久或动态涂覆在烷基硅胶或有机高聚物树脂上制成的，可分为化学键合螯合固定相、永久涂覆螯合固定相和动态涂覆螯合固定相等。应用不同的螯合基团可与金属选择性螯合。常用的螯合离子交换剂有亚氨基二乙酸型螯合剂（IDA）、氨甲基膦酸、氨基酸、多种偶氮染料等，其中 IDA 是在 HPCIC 中广泛应用的络合剂。近年，键合 IDA 的硅胶基质固定相受到较大的重视[84~87]。

用于 HPCIC 的淋洗液含有两类化合物：无机盐与络合剂。通常用的无机盐主要是碱金属或碱土金属的硝酸盐或氯化钾。加入电解质（一般浓度为 0.5～1.0mol/L）增加淋洗液的离子强度，抑制基于静电相互作用的保留（离子交换的保留），确保络合反应导致的保留为主。淋洗液中阳离子的改变不引起过渡金属洗脱顺序的改变，但不同的阳离子得到的峰效不同，如键合 2-羟乙基亚氨基二乙酸（hydroxyethyliminodiacetic acid，HEIDA）功能基的整体硅胶柱[80]，用 pH 2.5、浓度为 0.165mol/L 的 KNO_3、$LiNO_3$ 与 $NaNO_3$ 时得到的峰效最高。金属离子的保留主要由淋洗液 pH 值控制，因为淋洗液的 pH 值控制 IDA 功能基的质子化，因此控制固定相表面金属络合物的形成及稳定性。当金属离子与固定相上的螯合功能基所形成的络合物的稳定常数的不同所决定的选择性对金属离子混合物的分离是足够时，淋洗液中可不加络合剂。如 Haddad 等[88]用键合 IDAS 的高效螯合柱(JPP Chromatography，UK) 分析铝，只需用 0.5mol/L KCl 与 30mmol/L HNO_3 作淋洗液即可。铝在 IDAS 上的保留取决于淋洗液 KCl-HNO_3 的酸度与离子强度。淋洗液酸度的改变影响亚氨基二乙酸功能基上羧基的离解，酸度增加将减少负电荷的羧基功能基的数量，因此减弱静电相互作用；铝与 IDA 功能基之间络合物的稳定常数（条件稳定常数）将减小，导致保留时间减小；增加酸度的正影响是减少铝的水解，也影响分离的效率。淋洗液的离子强度控制与电离的 IDA 功能基的静电相互作用的程度，当离子强度较高时，这种相互作用被抑制，螯合作用成为主要的分离机理。而离子强度太高，由于黏度增加，将导致柱效降低，应注意分离与柱效之间的平衡。

HPCIC 固定相上的螯合功能基的选择性是由金属离子与固定相上的螯合功能基之间络合稳定常数决定的，但对很多金属离子这种稳定常数彼此之间的差距较大，如键合 IDA 的螯合固定相，对 Ba^{2+}、Mg^{2+}、Cd^{2+}、Pb^{2+}和 Cu^{2+}的络合稳定常数分别是 1.67、2.98、5.71、7.36 和 10.56[89]，因此这种选择性对很多金属离子的分离是有限的。为了减弱这种大的选择性差距与缩短保留时间，需在淋洗液中加入络合剂，淋洗液中络合剂对保留的影响与固定相上的螯合功能基对保留的影响相反。这种情况下，金属离子与淋洗液中的络合剂与固定相表面的螯合功能基之间发生竞争络合，这种竞争络合是控制金属分离选择性的强有力方法，其灵活性是简单的离子交换剂不具有的。在单纯的阳离子交换分离过渡金属离子的方法中，可在淋洗液中添加络合剂减少被分离金属离子的有效电荷，缩短分离时间。加入弱的络合剂（如酒石酸、α-羟基异丁酸）到淋洗液中，低浓度时可增加阳离子的洗脱速度，有时也可改变洗脱顺序；而在 HPCIC 中，淋洗液中加入的络合剂将显著影响选择性与金属离子的洗脱顺序。因为淋洗液中的金属络合物与固定相表面的金属络合物之间存在竞争络合。淋洗液与固定相之间的竞争络合受控于相应络合物的（条件）稳定常数。而条件稳定常数取决于络合剂的浓度、热力学稳定常数和其质子离解常数，尤其是淋洗液的 pH 值。尽管淋洗液中的金属离子与络合剂形成的条件稳定常数与在 IDA 固定相上金属离子形成的条件常数之间相当复杂，但可很好地用于选择性的控制。Jones 等[90]详细讨论了磺基水杨酸、吡啶二羧酸、亚氨基二乙酸、吡啶甲酸、草酸、氯化物等多种络合剂在键合 IDA 的硅胶螯合剂上的应用，给出了草酸、吡啶甲酸和氯化物的应用实例，并特别说明用吡啶甲酸对 Cu（Ⅱ）、草酸对 Fe（Ⅲ）和 Fe（Ⅱ）、吡啶二羧酸对 Pb 及氯化物对 Cd 保留的有效影响。

4．镧系元素的分析

阴离子交换和阳离子交换两种分离方式均能很好地分离镧系元素。1979 年，Cassidy 等[75]首次发表了用硅胶阳离子交换柱，α-羟基丁酸(HIBA)作淋洗液分离镧系元素的文章。镧系元素为三价阳离子，它们的理化性质非常相近，易水解。因此，一般的阳离子交换色谱法难以得到满意的结果。而镧系元素的络合行为存在差异，用螯合离子色谱可得到较好的分离。例如，在磺酸型阳离子交换柱上，α-羟基丁酸作淋洗液线性梯度淋洗[91,92]，洗脱顺序从 Lu 到 La；在阴离子交换分离中用草酸和二甘醇酸(diglycolic)作淋洗液，洗脱顺序与用阳离子交换相反，但 Lu 和 Y 分离不完全。对含有大量过渡金属和重金属的样品中镧系元素的测定，用螯合离子色谱法可方便地消除过渡金属和重金属离子的干扰，也可同时分离与检测过渡金属（或重金属）和镧系元素。基于重金属和镧系元素与 PDCA 形成络合物的电荷数不同，重金属和过渡金属与 PDCA 形成一价和二价阴离子络合物，而镧系元素与 PDCA 形成三价阴离子络合物：

$$M^{3+} + 2PDCA \longrightarrow [M(PDCA)_2]^- \quad (M^{3+}：Fe^{3+}、Ga^{3+}、Cr^{3+}\cdots)$$

$$M^{2+} + 2PDCA^{2-} \longrightarrow [M(PDCA)_2]^{2-} \quad (M^{2+}：Cu^{2+}、Ni^{2+}、Zn^{2+}\cdots)$$

$$L^{3+} + 3PDCA^{2-} \longrightarrow [M(PDCA)_3]^{3-} \quad (L^{3+}：\text{镧系元素})$$

一价和二价阴离子络合物对阴离子交换树脂的亲和力小于三价阴离子络合物，

因此，用 PDCA 作淋洗液可将过渡金属（或重金属）与镧系元素分成两组。待过渡金属(或重金属)离子被分离并完全从分离柱被洗脱之后，再用草酸和二甘醇酸分离和洗脱镧系元素。这种方法可于一次进样同时分离和检测过渡金属和镧系元素。

5．金属离子的柱后衍生、光度法检测

抑制型电导不能用于重金属和过渡金属的检测，因为金属离子在抑制反应形成的近中性介质中将水解，生成不溶的氢氧化物；直接电导检测的灵敏度较低。

多数金属离子与其阴离子络合物对紫外-可见光无吸收，不能直接用光度检测器检测。可在分离柱后连续地加入显色剂使这些离子生成带有吸光基团的衍生物，则可用光度法检测，这种方法称为柱后衍生，已广泛用于分析重金属离子、氨基酸、多元胺、多聚磷酸盐和 EDTA 等。柱后反应器连接在分离柱出口与检测器之间，见图 2-55。从分离柱流出的洗脱液与显色剂在一个特制的三通或反应器内混合，三通应具有小的死体积并能确保两种溶液充分混合。显色剂溶液可以用一专用泵输送，也可以将其盛在加压气罐内用高纯的惰性气体（氮气或氦气）加压输送。混合液流经由填充有惰性小球的螺旋管组成的反应管，螺旋管的长度由衍生反应的速率决定，生成的具有吸光基团的衍生物进入光度检测器。为了减少色谱峰的柱后扩散，螺旋管的内径应在 0.5mm 以下，或采用内径 1mm，填充直径小于 0.6mm 惰性微球的化学惰性塑料管。必要时可将反应管加热以促进反应的进行。

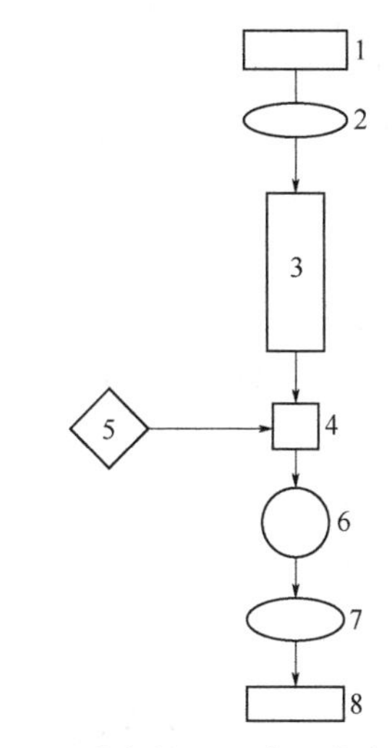

图 2-55　带有柱后反应器的离子色谱分析流程示意图

1—淋洗液；2—泵；3—分离柱；4—混合三通；5—柱后衍生试剂；6—反应器；7—检测器；8—数据处理

柱后衍生反应技术的应用，增加了检测的选择性和灵敏度。柱后反应显色剂的选择应遵循以下原则：①显色反应最好在室温下瞬间完成，柱后试剂与金属离子所形成的络合物的稳定性应大于金属离子与淋洗液络合物的稳定性；②反应产物应有高的吸光度（$\varepsilon > 10^3$），而试剂在该波长无吸收或非常弱；③显色剂的使用应充分过量并用高浓度的缓冲溶液配制，以利于与洗脱液混合后仍能保持恒定的 pH 值，显色剂的加入体积一般为淋洗液的 10%～50%，以减弱其稀释作用；④试剂能在较长时间内保持很好的稳定性。

已有多种试剂用于 IC 的柱后衍生反应[93]，1-(2-吡啶偶氮)间苯二酚（PAR）具有高灵敏度和通用性，成为 IC 中使用最广的柱后试剂。PAR 可与 Mn^{2+}、Fe^{2+}、Fe^{3+}、Co^{2+}、Ni^{2+}、Zn^{2+}、Cu^{2+}、Pb^{2+}、Cd^{2+}、镧素元素和铀等形成在波长 500～570nm 有强吸收的稳定络合物。加入二级平衡反应试剂到 PAR 中，可迅速改变 PAR 的性质。如加入适量的 Zn^{2+}和 EDTA 到 PAR 中，所得到的新试剂 Zn-EDTA-PAR，可选择性地掩蔽 PAR 对某一种或几种金属离子的反应[94]；加 EDTA 到 PAR 中，可完全抑制 PAR 与金属离子的反应；加 0.1mmol/L 亚硝基三乙酸（NTA）到 1mmol/L PAR 中，可抑制 PAR 与镧系元素的反应，并减弱 PAR 与某些过渡金属的反应；加 8mmol/L NTA 到 1mmol/L PAR 中，可完全抑制 PAR 与除 Cu^{2+}和 Co^{2+}之外的所有过渡金属的反应。

与 PAR 相比，2-[(5-溴-2-吡啶)偶氮]-5-二乙氨基苯酚（简称 5-Br-PADAP）与金属离子的有色络合物的摩尔吸光系数比 PAR 高得多，将其用于过渡金属、镧系金属和汞的柱后衍生试剂，有效地改善了方法的检测灵敏度[95,96]。

柱后衍生反应中，若所形成的有色络合物溶解度低，反应速率慢，加入适当的表面活性剂常可改善这些问题。如在三价砷与五价砷的 IC 分析研究中[97]，加入非离子型表面活性剂 Triton X-100 到柱后衍生试剂中，Triton X-100 的加入增加了有色缔合物 Mo-As-Bi-抗坏血酸的溶解性和稳定性，防止了铋离子的水解，因而提高了显色反应的速率和灵敏度。表面活性剂的加入还可降低金属有色络合物形成的 pH 值，增加吸光度和使最大吸收波长红移[98]。Xia 和 Cassidy[99]研究了不同表面活性剂对过渡金属生色反应的影响。一个典型的例子是 Gautier 等[100]用 C_{18} 柱为分离柱，α-羟基丁酸+辛烷磺酸（pH 3.8）为淋洗液，二甲苯酚为柱后衍生试剂。在柱后试剂中加入阳离子表面活性剂氯化十六烷基三甲铵或溴化十六烷基三甲铵之后，使镧素元素的检测灵敏度增加 3～6 倍。而在上述条件下，阴离子表面活性剂和非离子型表面活性剂均无增敏作用。

第二节　离子排斥色谱

自 Wheaton 和 Bauman 1953 年提出离子排斥色谱[101]之后，其分离机理一直在不断发展与完善[102]，本节的讨论仍以比较经典的 Donnan 排斥为主。离子排斥色谱（HPIEC）主要用于无机弱酸和小分子有机酸的分离，也可用于醇类、酮类、氨基酸和糖类的分离。由于 Donnan 排斥，完全离解的酸不被固定相保留，在死体积被洗脱。而未离解的化合物不受 Donnan 排斥，能进入树脂的内微孔，分离是基于溶质和固定相之间的非离子性相互作用。

一、离子排斥色谱的分离机理

影响被测定化合物保留的因素包括被测定化合物的离子化度（pK_a）、分子大小和结构；淋洗液浓度和 pH 值，淋洗液中的有机溶剂，淋洗液的离子强度；柱的温度；固定相的组成与性质，包括离子交换功能基的类型、聚合物的交联度、离子交换容量和疏水性等[103]。

离子排斥的保留机理主要包括[104]Donnan 排斥、位阻排阻（空间排斥）、疏水性相互作用（吸附）、极性相互作用（氢键，正相）、**π-π** 电子相互作用，分离时几种机理可能同时发生。典型的离子排斥色谱的固定相是总体磺化的苯乙烯/二乙烯基苯(PS-DVB) H^+型阳离子交换剂，树脂表面的负电荷层对负离子具有排斥作用，即 Donnan 排斥。图 2-56 表示在 HPIEC 柱上发生的分离过程简图。若纯水通过分离柱，将围绕磺酸基形成一水合壳层。与流动相的水分子相比，水合壳层的水分子排列在较好的有序状态。在这种保留方式中，Donnan 膜的负电荷层表征了水合壳和流动相之间界面的特性，这个壳层只允许未离解的化合物通过。强电解质如盐酸完全离解成 H^+和 Cl^-，因为 Cl^-的负电荷受固定相上 SO_3^{2-} 负电荷的排斥，不能接近或进入固定相。它们的保留体积叫作排斥体积 V_e。另外，中性的水分子可进入树脂的孔穴并回到流动相，相应于水分子保留时间的体积叫作总的渗透体积 V_p。样品中的有机弱酸（如乙酸）进入柱子之后，在流动相 HCl 的酸性介质中，它们可处于部分或全部未离解的形式，如图 2-56 上的乙酸（HAc），未离解的乙酸不受 Donnan 排斥，可靠近并进入树脂的内微孔。虽然乙酸与水均不受 Donnan 排斥，可靠近并进入树脂的内微孔，但乙酸的保留体积大于 V_p。这种现象可以解释为酸在固定相表面发生了吸附。保留时间随酸的烷基链长的增加而增加。加入有机溶剂乙腈或丙醇到淋洗液中，

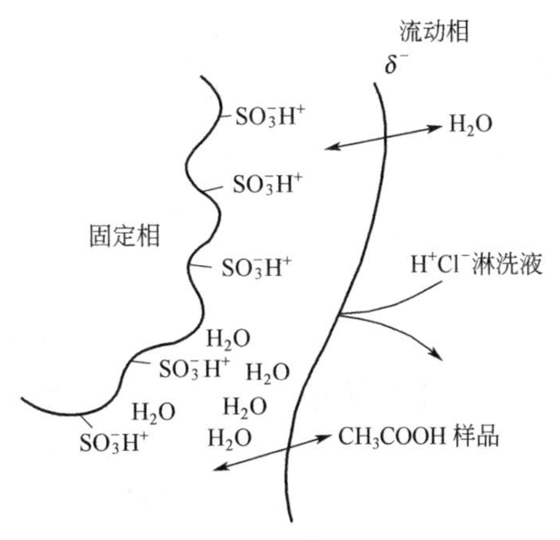

图 2-56 离子排斥柱上的分离过程

脂肪族一元羧酸的保留时间缩短，这说明有机溶剂分子阻塞了固定相的吸附位置，同时增加了有机酸在可动相中的溶解度。强酸性的淋洗液促进有机弱酸的质子化作用，中性分子不受 Donnan 排斥，可渗透进入磺化的聚苯乙烯-二乙烯基苯(PS-DVB)H^+型阳离子交换树脂的孔，基于有机酸阴离子的 pK_a 值、分子大小与疏水性不同而被分离。Donnan 排斥按照有机弱酸的 pK_a 值导致酸性较强的酸在酸性较弱的酸前被洗脱，如乙酸（pK_a=4.56）在丙酸（pK_a=4.67）前被洗脱。疏水性吸附机理导致亲水性有机酸在疏水性有机酸前被洗脱，如酒石酸（羟基丁二酸）在琥珀酸（丁二酸）前被洗脱（酒石酸分子中含有两个羟基）。酸性较强的有机酸，如草酸（pK_a=1.04）与丙酮酸（pK_a=2.26），受 Donnan 排斥，保留时间短，较早被洗脱。强的无机酸阴离子则完全被排斥，在死体积洗脱。

离子排斥中的系统峰有正峰与负峰，系统峰的形成是由于进样后样品中含有的淋洗液浓度高于或低于进样前用于平衡该柱的淋洗液浓度，在柱内发生的再平衡[102]。离子排斥色谱中观察到的单个或多个系统峰是基于淋洗液的组成是单个或多个有效成分，系统峰的数目等于或少于淋洗液有效成分的数目。在分离柱中的样品段中淋洗液离子浓度小于在淋洗液中的浓度时，将出现负峰，反之将出现正峰。正的系统峰的保留时间总是大于负的系统峰的保留时间，因为正的系统峰发生在柱的进样平

衡过程完成之后，而负的系统峰发生在这个时间之前。

二、离子排斥色谱的固定相

总体磺化的苯乙烯-二乙烯基苯(PS-DVB)H^+型阳离子交换树脂是离子排斥色谱中应用最广的固定相。二乙烯基苯的百分含量，即树脂的交联度对有机酸的保留是非常重要的参数。树脂的交联度决定有机酸扩散进入固定相的程度，因而影响保留的强弱。树脂的交联度影响树脂内的微孔体积，交联度越高，微孔体积越小，对组分的分离就越差。当阳离子交换树脂的交联度降低时，电荷密度也随之降低，而后者决定树脂对阳离子的排斥力。因此，用低交联度的阳离子交换树脂（低的电荷密度）能改善在高交联度的阳离子交换树脂上被完全排斥的离子的分离度。与用于阴离子和阳离子交换分离所用的固定相基质相比，用于离子排斥的树脂的交联度比较小。研究表明，高交联度（12%）的树脂适宜弱离解有机酸的分离。低交联度（2%）的树脂适宜较强离解有机酸的分离，目前，使用较多的是交联度为8%的树脂。

具有磺酸与羧酸两种功能基的中等疏水性阳离子交换剂，如IonPac ICE-AS6离子排斥柱，可与有机酸中的羟基形成氢键，由于离子排斥加上疏水性吸附和氢键，增加对羟基取代酸的保留，对弱酸的保留明显增加，可较好地分离在单纯磺酸功能基柱上难分离的有机酸，如酒石酸与柠檬酸、羟乙酸与乳酸和甲酸、乳酸与苹果酸、甲酸与琥珀酸等的分离，它们在磺化的阳离子交换柱上难以分离，而在同时具有磺酸基与羧基的柱上则可得到很好的分离。直链脂肪酸（C_1～C_7）在具有磺酸与羧酸两种功能基的阳离子交换柱上的保留时间较只有磺酸功能基的柱长，需要在淋洗液中加入有机溶剂以缩短溶质的保留时间。温度影响有机酸保留，一般是温度增加，保留时间稍有减小，但在同时具有磺酸基与羧基的柱上，温度对戊二酸、丙酸、反丁烯二酸等的影响比较大，不仅温度增加保留时间明显减小，而且影响洗脱顺序。

聚苯乙烯基质的离子排斥固定相不宜用于芳香羧酸的分离，因为固定相的芳香环与芳香羧酸的芳香环之间的π-π相互作用，使芳香羧酸与固定相之间发生强的疏水吸附，导致溶质保留太强，难以在合理的时间被洗脱。

磺化的PS-DVB树脂柱已成功地应用于亲水性羧酸和短碳链脂肪羧酸的离子排斥分离。由于长碳链的脂肪羧酸和芳香羧酸的强疏水性，在磺化的PS-DVB树脂柱上会出现拖尾峰和长的保留时间。虽然加入有机改进剂到淋洗液中可改善峰形和缩短保留时间，但有机溶剂的加入量不宜太高，因为目前用于排斥柱树脂的交联度大多是8%，在高浓度的有机溶剂中会收缩，有机溶剂的分子还可能保留在树脂上，干扰有机酸的测定。减弱疏水性作用的另一类固定相是亲水性阳离子交换剂[105]。几种主要的阳离子交换剂的疏水性顺序如下[106]：磺化的硅胶＜磺化的聚甲基丙烯酸树脂＜磺化的聚苯乙烯-二乙基苯树脂。几种已商品化的亲水性阳离子交换柱是：磺化硅胶Tskgel SP-25W、聚甲基丙烯酸树脂Tskgel CM-25W和Tskgel OA-PakA。硅胶基质的阳离子交换剂比较适合于芳香羧酸的分离；聚甲基丙烯酸树脂适合做脂肪羧酸的分离。

三、离子排斥色谱的淋洗液

与离子交换色谱不同，离子排斥色谱中淋洗液的主要作用是改变淋洗液的 pH 值，调控有机酸的离解。最简单的淋洗液是去离子水，由于纯水的酸度近中性，一些有机酸在近中性的水溶液中的存在形态既有中性分子型也有阴离子型(如碳酸)，因此峰形较宽，应用较少。酸性的流动相能抑制有机酸的离解，明显改善峰形。常用的淋洗液主要是矿物酸（如 HCl、H_2SO_4、HNO_3、$HClO_4$）和有机酸（如脂肪磺酸、全氟羧酸、芳香酸）。一些非酸的亲水性淋洗液，如多元醇和糖等也适合做一元羧酸的分离。选择流动相时，应考虑溶质的酸性、极性、溶剂化性质以及检测器的类型等因素。用稀的无机酸作淋洗液时，背景电导值较高，若用电导检测，需用抑制器。无机酸的种类对有机酸分离的选择性影响不大，但背景电导不同，如用相同浓度（如 0.4mmol/L）的无机酸作淋洗液，通过抑制器之后，对应 HCl、HNO_3 和 $HClO_4$ 的背景电导分别是 39μS、38μS 和 24μS。但不同浓度的淋洗液，其背景电导则随淋洗液浓度的增加而增加，如淋洗液全氟丁酸（HPFBA）的浓度分别为 0.2mmol/L、0.4mmol/L 和 1.6mmol/L，其背景电导分别为 14μS、24μS 和 80μS[107]。用 Ag^+型阳离子交换剂作抑制柱填料，则 HCl 是唯一可选用的淋洗液。用抑制型电导检测时，应选择本底电导较低的淋洗液，虽然 HCl 可与抑制器匹配，但 Cl^-的摩尔电导高，得到的背景电导也高。本底电导较低的淋洗液主要是烷基磺酸和全氟代羧酸，如十三氟代庚酸（TDFA）、辛烷磺酸（OSA）、全氟丁酸（HPFBA）、甲基磺酸(MSA)、己烷磺酸（HSA）等[108]。在淋洗液和用于抑制器再生溶液的浓度和流速一定条件下，淋洗液的背景电导随下列顺序降低（检测灵敏度反向增加）：HCl＞MSA＞HSA＞OSA≈TDFA。对于非抑制型电导检测，常用的淋洗液是芳香酸，如对甲苯磺酸、苯甲酸、邻苯二甲酸等[109]。对摩尔电导较低的弱酸，为了提高其电导检测灵敏度，可在淋洗液中加入少量“衍生剂”。如对硼酸的分析，由于硼酸可迅速地与多元醇或 α-羟基酸反应形成酸性较强的络合物[110]，因而用酒石酸和甘露醇的混合溶液作淋洗液，可明显提高对硼酸的检测灵敏度。用直接 UV 检测，H_2SO_4 与甲酸是较好的淋洗液，而用间接紫外检测时芳香酸是较好的选择。用电化学检测器时，可用较高浓度的酸。

前面已述及 HPIEC 中淋洗液的主要作用是改变溶液的 pH 值，调控待测有机酸的离解，改善峰形，因而淋洗液是影响有机酸保留的主要因素。一般情况是分离度随淋洗液中酸浓度的增加而增加。如图 2-57 所示，当淋洗液（HCl）的浓度从 0.02mol/L 增至 0.03mol/L 时，草酸的保留时间增加，硫酸与草酸之间的分离得到明显的改善。因为草酸是弱酸，当淋洗液中 H^+浓度增加时，草酸以不离解的中性分子存在的比例增加，因而保留时间增加。淋洗液的 pH 值越小，即淋洗液的浓度（酸度）越高，离子的保留时间越长，这一点与 HPIC 正相反。对 pK_a 较小的酸（如酒石酸、柠檬酸等羟基脂肪酸），增加淋洗液的浓度可增加其保留时间，使其不受水负峰的干扰。除个别有机酸（如溴乙酸、氯乙酸）外，淋洗液浓度的改变对洗脱顺序的影响比较小。

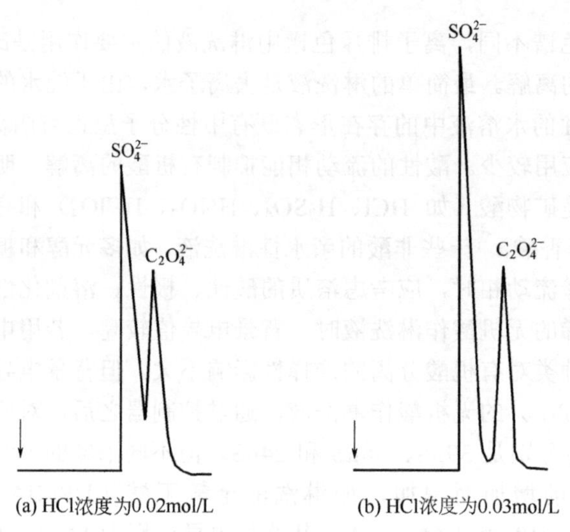

图 2-57　流动相中酸的浓度对分离的影响

分离柱：IonPac ICE-AS1

流速：0.8mL/min

检测器：抑制型电导

HPIEC 中虽然存在吸附现象，但选择性主要与被测离子的 pK_a 有关，除淋洗液 pH 值之外其他淋洗条件的改变对 HPIEC 选择性影响不大。用抑制柱时，淋洗液的最高使用浓度为 0.01mol/L HCl，这就使 HPIEC 所能测定的离子限于 pK_a 值在 1.5～7 之间。

因为酸性淋洗液抑制弱酸的离解，羧酸和固定相表面发生的疏水性作用会导致疏水性羧酸保留时间的增加。对疏水性较强的脂族一元羧酸（n_C>4），为减弱它们的保留和改善峰形，可在淋洗液中加入小量有机溶剂（有机改进剂）。乙腈、甲醇、异丙醇、丙酮、糖醇、糖类和聚乙烯醇等是常用的有机溶剂。碳链较长的醇是比较好的有机改进剂。例如在磺化的聚苯乙烯-二乙烯基苯(PS-DVB)H^+型阳离子交换柱上，以全氟丁酸（HPFBA）为淋洗液，分离脂肪族羧酸，淋洗液中含有 5%～10% 乙腈时，疏水性比较强的戊酸和己酸的保留时间明显缩短。虽然戊酸与丁酸的 pK_a 非常相近，由于戊酸的碳链较长，疏水性大于丁酸，其保留时间明显较丁酸长，淋洗液中乙腈的浓度从 0 到 10%，总的运行时间从 45min 减小到 24min，见图 2-58。又如在 TSKgel SCX 离子排斥柱[112]上，用含有 0.025%庚醇的 5mmol/L 硫酸作淋洗液，电导检测，分析 C_1～C_7 的脂肪酸（甲酸、乙酸、丙酸、异戊酸、戊酸、2-甲基戊酸、己酸、异丁酸、丁酸、异己酸、2.2-甲基正戊酸、2-甲基己酸和庚酸）；用含有 0.07%庚醇的 5mmol/L 硫酸作淋洗液，紫外检测（200nm）分析苯羧酸（1,2,4,5-

苯四甲酸、1,2,3-苯三甲酸、邻苯二甲酸、间苯二甲酸、对苯二甲酸、苯甲酸邻羟基苯甲酸和苯酚），分别将其保留时间缩短 1/2。

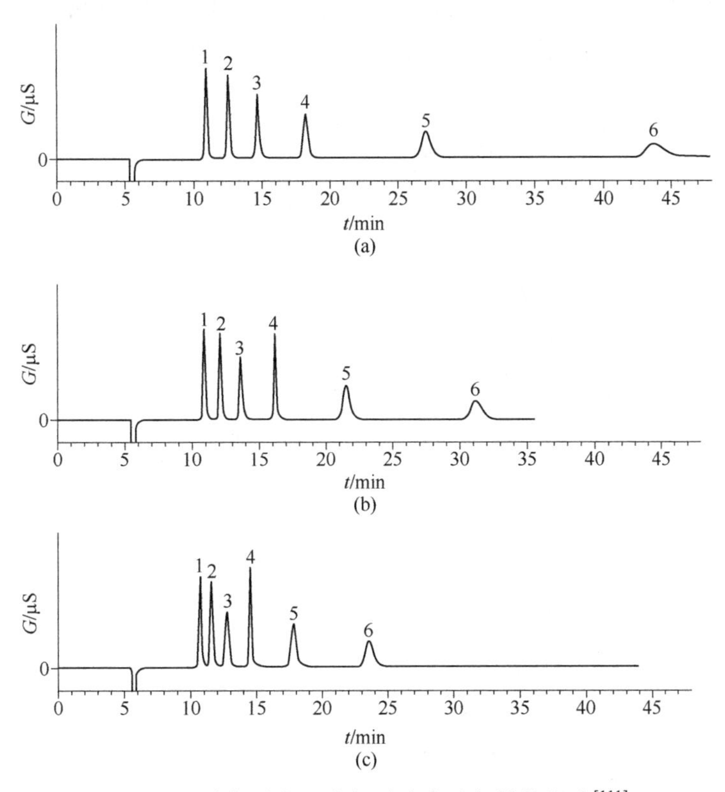

图 2-58 有机溶剂对有机酸分离选择性的影响[111]

淋洗液：（a）1.0mmol/L PFBA；（b）1.0mmol/L PFBA+5%乙腈；（c）1.0mmol/L PFBA+10%乙腈

色谱峰（pK_a）：1—甲酸（3.55）；2—乙酸（4.56）；3—丙酸（4.83）；4—丁酸（4.63）；5—戊酸（4.64）；6—己酸（4.85）

Tanaka 等[113]系统地研究了脂肪羧酸在 H^+型聚甲基丙烯酸基质的弱酸型阳离子交换树脂柱(Tosoh TSKgel OApak-A)上的分离。比较了水（pH 5.6）、稀的无机强酸与弱的羧酸作淋洗液对脂肪羧酸的分离。水作淋洗液时，由于在树脂表面的疏水吸附，脂肪羧酸的分离较差，色谱峰前拖尾。用强酸（如硫酸）或弱酸（如苯甲酸）作淋洗液，由于淋洗液的本底电导增加，减小电导检测的灵敏度。在 H^+型的强酸性阳离子交换树脂（PS-DVB-based）上，淋洗液中加入糖、多元醇与聚乙烯醇，由于—OH 官能基的吸附，增加了阳离子交换树脂表面的亲水性，可改善分离与峰形。他们的研究表明，在 H^+型的弱酸性阳离子交换树脂上，淋洗液中苯甲酸可减小前拖尾、环糊精可增加阳离子交换树脂表面的亲水性。因此可用苯甲酸和亲水性 β-环糊精混合溶液为淋洗液，在 H^+型聚甲基丙烯酸基质的弱酸型阳离子交换树脂柱上分离不同 pK_a 和疏水性脂肪羧酸。当淋洗液中 β-环精糊的浓度增加时，由于聚甲基丙烯酸基质阳离子交换树脂的表面吸附了环精糊的羟基而使树脂的亲水性增加，羧酸的保留时间缩短。而且当β-环糊精的浓度增加时，淋洗液的本底电导降低，因而电导检测的灵敏度增加。因此可不用抑制器，用 1mmol/L 苯甲酸和 10mmol/L β-环糊精为淋洗液，得到较好的分离和高的灵敏度[113]，见图 2-59。

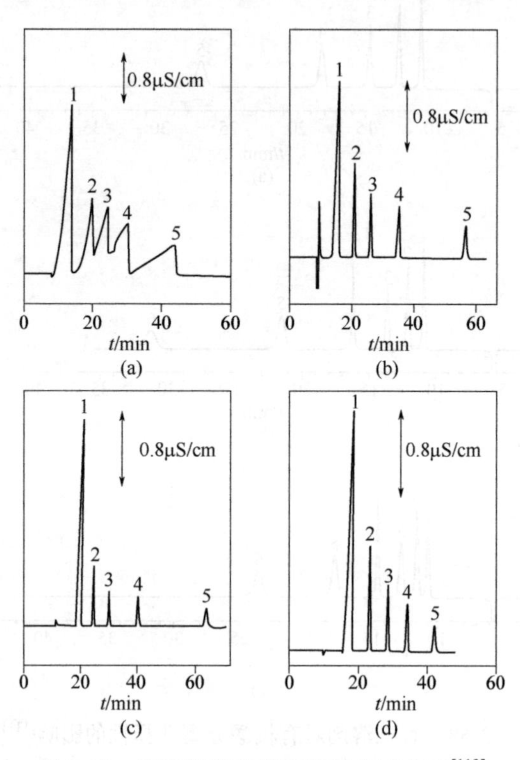

图 2-59　脂肪羧酸的离子排斥色谱分离[113]

分离柱：弱酸性阳离子交换树柱（Tosoh TSKgel OApak-A）

淋洗液：(a) 水；(b) 0.05mmol/L H_2SO_4；(c) 1mmol/L 苯甲酸；(d) 1mmol/L 苯甲酸和 10mmol/L β-环糊精

流速：1.0mL/min　　检测：直接电导

色谱峰（0.5mmol/L）：1—甲酸；2—乙酸；3—丙酸；4—丁酸；5—戊酸

温度对有机酸保留的影响一般不大，但对戊二酸、丙二酸 、富马酸与琥珀酸保留的影响较大，温度增加时，它们的保留时间明显减小，可导致洗脱顺序的改变。

四、离子排斥色谱中的抑制器和抑制反应

由于在稀的酸性溶液中，有机酸为非离子的形式，电导检测的灵敏度低，为了降低淋洗液的本底电导、提高目标化合物的电导响应，在离子排斥色谱中需用抑制器。

对阴离子 HPIEC 淋洗液的抑制，最早是利用 HCl（淋洗液）和银型树脂之间的沉淀反应：

$$R^{-}\text{-}Ag^{+} + H^{+}Cl^{-} \longrightarrow R^{-}H^{+} + AgCl\downarrow$$

此反应中，Ag^+与 Cl^-生成 AgCl 沉淀，为了保持树脂的电荷平衡，淋洗液中的 H^+进入树脂的交换位置，这样就从淋洗液中完全除去了 HCl。样品离子(A^{n-})在抑制柱通过下述反应转变成银盐：

$$nR^{-}Ag^{+} + H^{+}_{n}A^{n-} \longrightarrow nR^{-}H^{+} + Ag^{+}_{n}A^{n-}$$

前面已说明，对阴离子的检测灵敏度可由转变成其相应的氢型而增加。因此，可在银型抑制柱之后加一个 H^+型的后置的抑制柱，将样品阴离子从银型转变成酸型：

$$nR^{-}H^{+} + Ag^{+}_{n}A^{n-} \longrightarrow nR^{-}Ag^{+} + H^{+}_{n}A^{n-}$$

↑

H^+型后置抑制柱

因为只有样品阴离子进入后置抑制柱，此柱的消耗（即树脂从 H^+型转变成 Ag^+型）速度很慢，一般使用一个月之后才需要再生。由于这种抑制反应是一种沉淀反应，理论上可用浓 NH_4OH 再生，但需要很长时间，无实际意义，此外随着 AgCl 沉淀的增加，抑制柱的压力逐渐上升，可观察到明显的 AgCl 沉淀带的扩大，必须用峰面积计算才能得到准确的结果。

阳离子交换膜抑制器的发展克服了上述的缺点，膜抑制器可连续再生。阳离子交换膜是磺化的聚乙烯衍生物，对可溶于水的有机溶剂稳定，对季铵基（如氢氧化四丁基铵）有高的可透性。图 2-60 说明了抑制反应的基本原理，从图可见，再生液

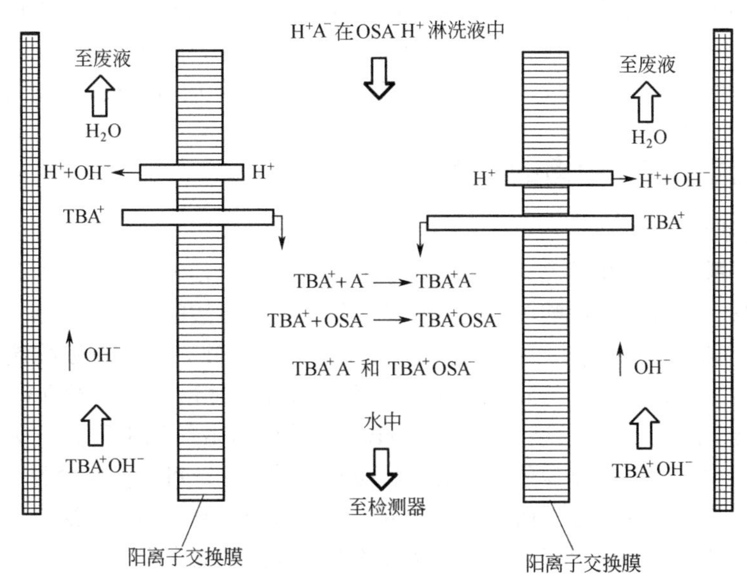

图 2-60　离子排斥色谱中的抑制反应

A^-—弱酸阴离子；TBA^+—四丁基铵离子；OSA^-—辛烷磺酸根

中的四丁基铵（TBA^+）通过阳离子交换膜与内侧淋洗液和有机酸的 H^+交换。因为H^+的摩尔电导较 TBA^+高得多，抑制反应后，淋洗液从 OSA^-H^+（辛烷磺酸）转变成 OSA^-TBA^+；在动力学平衡区，淋洗液中的 H^+与再生液（氢氧化四丁基铵）中的 OH^-中和生成水，除去了高摩尔电导的 H^+。而有机酸则从弱离解的酸型转变成与 TBA^+结合的盐型。表 2-10 列出了用于有机酸分析的常用淋洗液和再生液及其抑制反应后的背景电导。

表 2-10 离子排斥色谱中的淋洗液、再生液与背景电导

淋洗液	淋洗液浓度/(mol/L)	再生液①/(mol/L)	背景电导/(μS/cm)
HCl H_2SO_4	$(0.5\sim1)\times10^{-3}$ $(0.5\sim10)\times10^{-3}$	$(0.5\sim1)\times10^{-2}$ NaOH	50～100 50～100
全氟庚酸	$(0.5\sim1)\times10^{-3}$	TBAOH $(0.5\sim1)\times10^{-2}$	20～40
辛烷磺酸	$(0.5\sim1)\times10^{-3}$	TBAOH $(0.5\sim1)\times10^{-2}$ NH_4OH 0.01	25～45
全氟丁酸	0.4×10^{-3} $(0.4\sim2)\times10^{-3}$	TBAOH $(0.5\sim1)\times10^{-2}$	20～40

① 再生液浓度应为淋洗液浓度的 10 倍左右，流速为 2mL/min。

Iwataa[114]等最近报道了一种增加脂肪羧酸的检测灵敏度的简单柱后反应，离子排斥分离后在酸性洗脱液中的羧酸(如 CH_3COOH)，即通过 K^+型阳离子交换剂（CEX 即增强树脂）将羧酸转变成 K^+型 (即 CH_3COOK)，增加离解；淋洗液中的强酸转变成盐（$HNO_3\rightarrow KNO_3$），高电导的 H^+被低电导的 K^+置换，降低电导。结果弱酸的电导增加，检测限降低，线性范围增宽。特别是对 $pK_{a1}>4$ 的有机酸有较好的结果。

五、离子排斥色谱的应用

1. 无机弱酸的分析

无机弱酸的离子排斥色谱分析，比较成熟的应用包括硼酸、氟、亚砷酸、氢氰酸、氢碘酸、硅酸、亚硫酸、硫化物和碳酸等。由于硼酸的摩尔电导低，可加入甘露醇到淋洗液中，甘露醇与硼酸生成酸性较强的络合物，提高对硼酸检测的灵敏度[110]。在离子排斥柱上，强的无机酸在死体积流出，弱酸性的 F^-被保留，对 F^-的选择性优于阴离子交换色谱。缺点是 TBA^+F^-的摩尔电导低于用离子交换分离时 H^+F^-的摩尔电导。离子排斥色谱分析亚硫酸和亚砷酸时，可用安培检测，因其可在铂金电极上被氧化并被选择而灵敏地检测。对硅酸的检测是通过在酸性的洗脱溶液中与钼酸钠的柱后衍生反应之后，于波长 410nm 处光度法检测。

2. 有机酸的分析

HPICE 中，在已选用的条件下，保留主要取决于有机酸的 pK_a 值，即有机酸的

离解常数，酸性越弱，保留时间越长。图 2-61 说明了 pK_a 值与保留时间的关系。图 2.61 中第一个峰是草酸，它的 pK_{a1} 为 1.0，是较强的酸，因此保留时间短。峰 2 和峰 3 分别为酒石酸和柠檬酸，它们的 pK_{a1} 分别为 2.8 和 2.9。峰 4～峰 8 五种酸的 pK_{a1} 在 3～4 之间，峰 9～峰 13，五种酸的 pK_{a1}≥4.0。

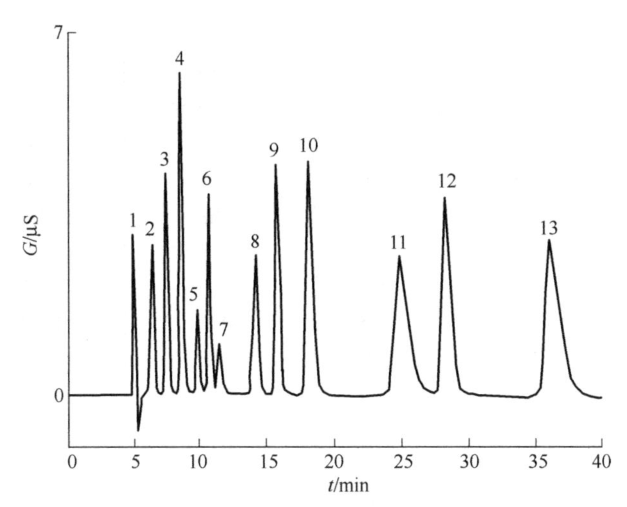

图 2-61 有机酸在离子排斥柱上的分离

分离柱：IonPac ACE-AS6　　流速：1.0mL/min
淋洗液：0.4mmol/L 全氟丁酸　　进样体积：10μL
检测器：抑制型电导

色谱峰（mg/L）：1—草酸（5）；2—酒石酸（10.0）；3—柠檬酸（15.0）；4—羟基丁二酸（20）；5—羟基乙酸（10）；6—甲酸（10）；7—乳酸（10）；8—α-羟基丁酸（30）；9—乙酸（25）；10—丁二酸（25）；11—富马酸（35）；12—丙酸（50）；13—戊二酸（40）

表 2-11 按洗脱顺序列出了在强酸性（磺酸功能基）离子排斥柱上常见有机酸的保留时间及其 pK_a 值。

相同色谱条件下，有机酸在排斥柱上的保留主要由酸的强弱决定。实验中总结出如下洗脱规律[115]：

① 同类羧酸，保留时间随碳链增长而增加，如甲酸、乙酸、丙酸、丁酸和戊酸，同为一元直链饱和羧酸，其相应的保留时间依次为 11.0min、12.3min、14.8min、18.4min 和 28.0min。又如草酸、丙二酸、丁二酸、戊二酸为同类二元羧酸，对应的保留时间亦逐个增加，依次为 5.6min、6.7min、9.7min 和 12.0min。

② 被取代的羧酸，若取代基使酸的酸性增强，则保留时间较相应的非取代酸短，取代基越多，保留时间越短。如苹果酸、乳酸分别是丁二酸、丙酸的单羟基取代酸，保留时间分别较丁二酸和丙酸短 2.1min 和 5min。酒石酸是丁二酸的二羟基取代酸，其保留时间小于苹果酸。乙酸卤代后保留时间也发生同样的变化。此外，由于羧酸结构不同而引起酸性不同，保留时间也随之不同。如顺式先于反式洗脱，支链先于直链洗脱。从表 2-11 可见，马来酸（顺丁烯二酸）的保留时间小于富马酸（反丁烯

表 2-11 有机酸的保留时间及其 pK_a 值①[115]

酸名	保留时间/min	pK_a	酸名	保留时间/min	pK_a
草酸	5.6	1.27,4.27②	乙二胺二乙酸	9.9	6.42,9.46
马来酸	5.8	1.92,6.22	乳酸	9.8	3.86
丙酮酸	6.2	—	溴乙酸	10.2	2.90
半乳糖酸	6.6	2.17	反丁烯二酸	10.2	3.02,4.38
酒石酸	6.6	3.22,4.81	萘磺酸	10.4	0.57
异柠檬酸	6.6		*α*-羟基丁酸	10.6	4.70
丙二酸	6.7	2.86,5.70	甲酸	11.0	3.75
柠檬酸	6.8	3.13,4.76	戊二酸	12.0	4.34,5.42
葡萄糖酸	7.1	3.86	乙酸	12.3	4.76
三氯乙酸	7.3	0.64	二甲苯磺酸	13.6	—
苹果酸	7.6	3.40,5.05	丙酸	14.8	4.78
奎宁酸	7.7	4.95	碳酸	15.95	—
抗坏血酸	8.4	4.3,11.82	丁酸	18.4	4.82
氯乙酸	8.6	2.86	*α*-硝基苯甲酸	16.0	2.17
α-羟基异丁酸	9.3	—	邻苯二甲酸	19.1	2.95,5.41
乙醇酸	9.7	3.82	庚二酸	21.6	4.50
二溴乙酸	9.6	1.39	戊酸	28.0	4.84
丁二酸	9.7	4.21,5.62	辛酸	33.0	4.89

① 分离柱为 HPIEC-AS1；流动相为 0.7mol/L HCl。

② 前者为 pK_{a1}，后者为 pK_{a2}。

二酸）；*α*-羟基异丁酸的保留时间小于*α*-羟基丁酸。

③ 一般二元酸在一元酸前洗脱，如草酸在乙酸前洗脱，马来酸在丙酸前洗脱。

④ 双链有机酸较其对应的单链有机酸保留时间长，如丙烯酸在丙酸后洗脱。

⑤ 芳香羧酸在树脂上的保留一般较强，HPIEC 法对它们不灵敏。

在具有磺酸与羧酸两种功能基的离子排斥柱上，离子排斥的保留机理除 Donnan 排斥之外，还有氢键与疏水作用，对羟基羧酸的保留增加，因此有机酸的洗脱顺序不完全遵照 pK_a 的顺序。对在离子排斥柱上保留弱的有机酸，如葡萄糖醛酸、酒石酸、柠檬酸、丙二酸、奎尼酸、琥珀酸（丁二酸）等的分离，需选用较高浓度的酸作淋洗液。高浓度酸作淋洗液时，不宜用电导作检测器，可用紫外或安培检测器。

3. 强酸中有机酸的分析

强酸中有机酸的分析，用阴离子交换分离较困难，而用离子排斥色谱则较容易。因强酸在排斥柱上不被保留，在死体积洗脱，不干扰排斥柱上有机酸的分离与定量。例如用 IonPac ICE6 排斥柱，以 10mmol/L 全氟丁酸为淋洗液分析硫酸、HCl 等强酸中的有机酸，见图 2-62。图 2.62 中 H_2SO_4 的浓度为 0.25%，即 2500mg/L，有机酸的浓度为 1mg/L。这种样品如果用离子交换分离，高浓度的 SO_4^{2-} 会使柱子超载。而用 IEC，因 SO_4^{2-} 不被保留，不干扰有机酸的定量。

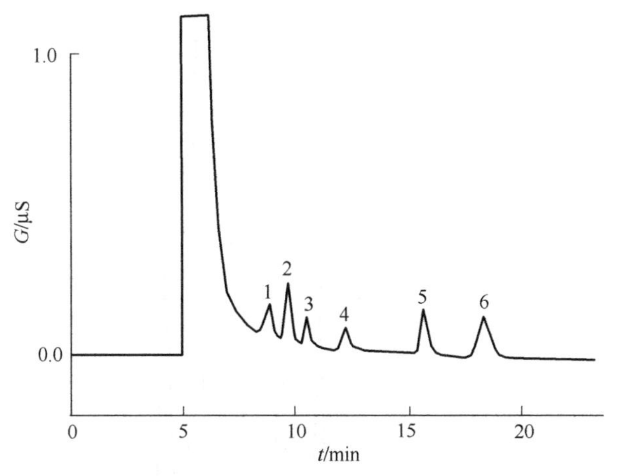

图 2-62　2.5g/L 硫酸中脂肪酸的分析[111]

分离柱：IonPac ICE-AS6　　流速：1.0mL/min

淋洗液：10mmol/L 全氟丁酸　　检测器：抑制型电导　　进样体积：50μL

色谱峰（mg/L）：1—柠檬酸（0.5）；2—羟基丁二酸（1.0）；3—乙醇酸（1.0）；4—2-羟基丙酸（1.0）；5—乙酸（1.0）；6—丁二酸（1.0）

对酸性较弱的无机酸（如 H_3PO_4、HF）中痕量无机阴离子的分析，可将离子排斥色谱和离子交换色谱联用。以纯水为淋洗液（注：只有用纯水为淋洗液，方可直接在浓缩柱上富集无机酸），样品首先通过 HPIEC 分离柱，由于离子排斥，无机强酸在柱的排斥体积洗脱，无机弱酸则保留在 HPIEC 柱上。将在排斥体积洗脱的强酸收集到 HPIC 系统的浓缩柱中，再进行 HPIC 分离。若样品中的强酸部分含量很低，可多次进样来富集在 HPIC 系统的浓缩柱上，直到强酸的量可以用 HPIC 准确测定。

4．醇和醛的分析

对醇类、醛类和腈类化合物的分析，主要选用电化学检测器。因为电化学检测器需要流动相具有一定的电解质浓度，无抑制器对淋洗液的限制，所用淋洗液浓度可较用电导时高。如在磺化的苯乙烯-二乙烯基苯(PS-DVB)H^+型阳离子交换树脂柱上分离山梨糖醇、木糖醇、赤藓糖醇、丙三醇、乙二醇、甲醇、乙醇、2-丙醇、1-丙醇、2-丁醇、1-丁醇、3-甲基-1-丙醇等，选用的淋洗液是 50mmol/L $HClO_4$。

对醇和醛的检测，脉冲安培检测器的灵敏度高，选择性好。图 2-63 为同时分离一羟基醇和多羟基醇的标准溶液色谱图。图 2-63 中，丙三醇是一种重要的化合物，因为丙三醇的沸点高，不能用 GC 测定。虽然 RPLC 法可分析一羟基醇，但 HPIEC 具有同时测定多羟基醇的优点。

5．其他应用

表 2-12 列出了近年报道的其他可参考的新的应用，包括色谱柱的商品型号、检测方式、流动相的组成、应用和参考文献。

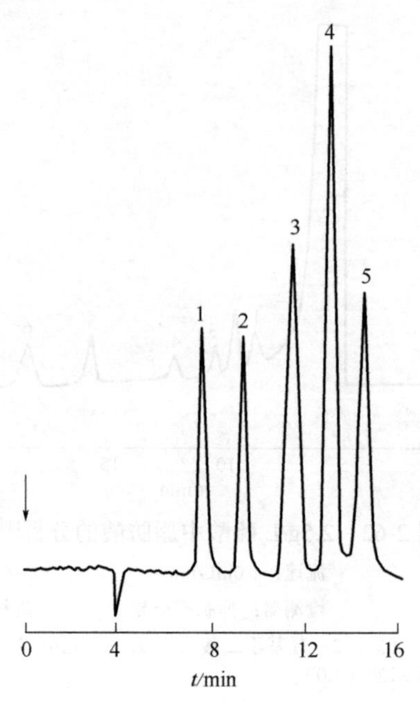

图 2-63 一羟基醇和多羟基醇的分离

分离柱：IonPac ICE-AS1　　检测器：脉冲安培，Pt 工作电极

淋洗液：0.1mol/L $HClO_4$　　进样体积：50μL

色谱峰（μg/mL)：1—丙三醇（2.5)；2—1,2-亚乙基二醇（2.5)；3—甲醇（1.75)；4—乙醇（10)；5—二丙醇（15)

表 2-12 近年报道的其他应用

序号	分离柱	检测器	淋洗液	应用	参考文献
1	IonPac ICE-AS1	UV	3mmol/L 甲酸-乙腈（3∶2,体积比）	奶粉中双氰胺	[116]
2	Shim-pack SCR102H	直接电导	0.2mmol/L 对甲苯磺酸	离子液体中四氟硼酸根	[117]
3	IonPac ICE-AS1	脉冲安培	120mmol/L $HClO_4$	电镀液中游离 CN^-	[118]
4	IonPac ICE-AS1	UV	3mmol/L 甲酸-乙腈（70∶30，体积比）	蔬菜中马来酰肼（顺丁烯二酰肼）	[119]
5	Supelcogel C610-H	MS	0.2% H_3PO_4 + 10%甲醇	天然水中低分子量有机酸	[120]
6	TSKgel Super IC-A/C（H^+型弱酸性阳离子交换）	柱后衍生	纯水	河水中磷酸盐与硅酸盐	[121]
7	H^+型弱酸性阳离子交换	直接电导	20mmol/L 琥珀酸	阴离子+阳离子	[122]
8	IC-Pak Ion Exclusion	UV，210nm	H_2SO_4与乙腈梯度	黄酒	[123]

第三节　离子对色谱

一、分离机理

Haney 等[124,125]和 Knox 等[126,127]发现在流动相中加入亲脂性离子，如烷基磺酸或季铵化合物，能在化学键合的反相柱上分离相反电荷的溶质离子。用 UV 作检测器，并将这种方法称为反向离子对色谱（RPIPC）。离子色谱中的离子对色谱［也称流动相离子色谱（MPIC）］与 RPIPC 的分离机理相似。离子对色谱中的固定相主要是高交联度、高比表面积的中性无离子交换功能基的聚苯乙烯大孔树脂，可用的 pH 值范围广（pH 0～14）。主要用于疏水性可电离的化合物的分离，包括分子量大的脂肪羧酸、阴离子和阳离子表面活性剂、烷基磺酸盐、芳香磺酸盐和芳香硫酸盐、季铵化合物、水可溶性的维生素、硫的各种含氧化合物、金属氰化物络合物、酚类和烷醇胺等。用于离子对色谱的检测器主要是电导和紫外分光。化学抑制型电导检测主要用于脂肪羧酸、磺酸盐和季铵离子的检测。

典型分离柱的填料是乙基乙烯苯交联 55%二乙烯基苯的聚合物（EVB-DVB），无离子交换功能基，在 pH 0～14 稳定，可用酸、碱和有机溶剂作淋洗液。选择适当的离子对试剂，中性的 EVB-DVB 固定相可用于阴离子和阳离子的分离。

离子交换分离的选择性受流动相和固定相两种因素的影响，主要的影响因素是固定相；而离子对分离的选择性主要由流动相决定。流动相水溶液包括两个主要成分，即离子对试剂和有机溶剂。改变离子对试剂和有机溶剂的类型和浓度可改变选择性。离子对试剂是一种较大的离子型分子，所带电荷与被测离子的电荷相反。它通常有两个区，一个是与固定相作用的疏水区，另一个是与被分析离子作用的亲水性电荷区。离子对色谱分离过程中的物理与化学现象尚未完全被弄清楚，因此在阐述离子对色谱的保留机理时，出现多种理论（或模式），目前提出的主要理论包括离子对形成、动态离子交换和离子相互作用。离子对形成模式[128]认为被分析离子与离子对试剂形成中性“离子对”，分布在流动相和固定之间，与经典反相色谱相似，可由改变可流动相中有机溶剂的浓度来调节保留。动态离子交换模式[129~131]认为离子对试剂的疏水性部分与固定相的疏水表面作用，创造了一种动态的离子交换表面，该表面与流动相处于动力学平衡，其离子交换容量随流动相中离子对试剂浓度的增加而增加。被分离的离子类似经典的离子交换那样被保留在这个动态的离子交换表面上，离子对试剂同时又起淋洗液的作用。用这种模式，流动相中的有机试剂被用于阻止离子对试剂与固定相的相互作用，因而可改变柱子的“容量”。图 2-64 描述了这种理论的保留过程，图中被分析的阳离子为 C^+，流动相是乙腈（ACN）和离子对试剂（辛烷磺酸，OSA）的水溶液，中性的苯乙烯-二乙烯基苯聚合物为固定相。阳离子通过与吸附到固定相上（疏水环境）的辛烷磺酸和在流动相（亲水环境）中的辛烷磺酸的相互作用而被保留。

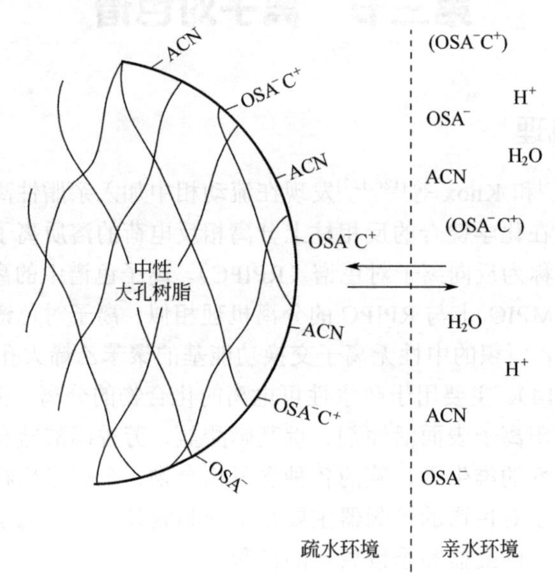

图 2-64 离子对色谱的分离机理

淋洗液：辛烷磺酸+乙腈+水

样品：阳离子 C^+

第三种模式[132]认为被分离离子的保留取决于几种因素，其中包括前两种模式。这种模式认为，非极性固定相与极性流动相之间的表面张力很高，因此固定相对流动相中能减少这种表面张力的分子如极性有机溶剂、表面活性剂和季铵碱等有较高的亲和力。离子相互作用的概念为固定相表面双电层的模式做了准备。下面以表面不活泼阴离子的分析为例来说明双电层模式。如图 2-65 所示，亲脂性离子四丁基铵（TBA^+，图中用 R^+表示）和有机改进剂乙腈被吸附到非极性固定相表面的内区，相同电荷的离子之间会相互排斥，则固定相的表面只会部分被这种离子覆盖。与亲脂性离子相应的反离子（当用电导检测器时一般是 OH^-）和样品阴离子则在扩散外区。当流动相中亲脂离子的浓度增加时，由于流动相与固定相之间的动力学平衡，吸附到固定相表面的离子浓度也增加。溶质离子通过双电层的迁移是静电和范德华力的函数。若具有相反电荷的溶质离子被带电荷的固定相表面吸引，则保留是库仑引力和溶质离子的亲脂性部分与固定相的非极性表面之间的吸附作用。加一个负电荷到双电层的正电荷内区就相当于在这个区移出一个电荷。为了再建立静电平衡，另一个亲脂性离子将被吸附到表面上，则两个相反电荷的离子（不一定是离子对）被吸附在这个固定相上。相似的说明能用于表面非活性阳离子的分离。分离表面非活性阳离子时，亲脂性阴离子被吸附在树脂表面，被分析的阳离子被保留在双电层外区。

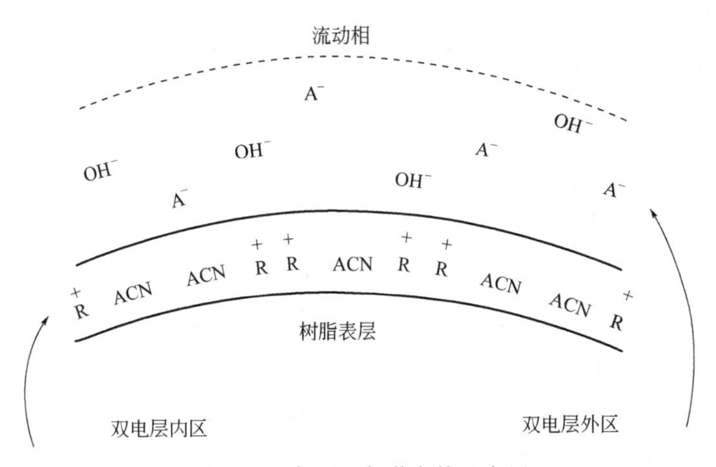

图 2-65　离子对色谱中的双电层

与一般的溶质离子不同，表面活性离子可以进入双电层的内区，并被吸附到固定相的表面。保留由其碳链长短和疏水性决定，随表面活性离子碳链的增加而增加。有机改进剂乙腈也被吸附在树脂的表面，处于与亲脂性离子的竞争平衡中。当分析表面活性和非表面活性离子时，有机改进剂由于阻塞了树脂表面的吸附位置，因而使保留时间减少。在表面活泼离子的情况下，保留时间变短是由于有机改进剂与表面活泼性离子对固定相吸附位置的直接竞争；在非表面活泼性离子的情况下，是与亲脂离子（$R—SO_3^-$ 和 R_4N^+）的竞争。

二、影响保留的主要参数

与离子交换色谱比较，离子对色谱的主要优点是具有通过改变色谱条件解决多种分析问题的灵活性。这种灵活性源于影响保留的主要参数可被改变。这些主要参数如下：流动相中离子对试剂（也称亲脂性离子）的类型和浓度；流动相中有机改进剂的类型和浓度；无机添加剂的类型和浓度；淋洗液的 pH 值。

1．离子对试剂的类型和浓度

当选择离子对试剂时，有两个简单的规律。第一，对亲水性离子的分离应选用疏水性的离子对试剂；而对疏水性离子的分离则应选用亲水性的离子对试剂。表 2-13 按疏水性增加的顺序列出了常用的离子对试剂。因为用抑制型电导检测，表中的季铵碱必须为 OH^- 型，阳离子对试剂为 H^+ 型。第二，分子较小的离子对试剂较分子量大的离子对试剂得到的分离好，因为用小的离子对试剂时，被分离离子的结构和性质对离子对试剂与被分析离子所形成的复合物的影响较大。离子对试剂影响柱子的有效容量，当离子对试剂的浓度增加时，被分离化合物的保留也增加。另外，固定相表面离子对试剂之间的静电排斥将限制柱容量增加的程度。当用电导检测器时，离子对试剂的浓度受抑制器抑制容量的限制。因此离子对试剂的典型浓度范围一般在 5×10^{-4}～10×10^{-2}mol/L 之间[133]。

表 2-13 常用的离子对试剂

阴离子分离	阳离子分离	疏水性
氢氧化铵	盐酸	疏水性增加（↓）
氢氧化四甲基铵（TMAOH）	高氯酸	
氢氧化四乙基铵（TEAOH）	全氟羧酸	
氢氧化四丙基铵（TPAOH）	戊烷磺酸	
氢氧化四丁基铵（TBAOH）	己烷磺酸	
	庚烷磺酸	
	辛烷磺酸	

2. 有机改进剂的类型和浓度

有机改进剂通过下述两种作用，用于减少保留时间和改进分离的选择性：与离子对试剂竞争固定相表面的吸附位置，从而减少柱子的有效容量；降低流动相的极性，因此影响被分离化合物与离子对试剂所形成的复合物在疏水环境中的分配。另外，有机溶剂可增加有机化合物的溶解度。

常用的有机改进剂有乙腈、甲醇和异丙醇，也可用普通反相色谱中的其他溶剂。其中乙腈较好，因为它与水的混合物黏度低，而且与水的混合是吸热反应，使淋洗液不易产生气泡。用甲醇作有机改进剂时，须用较高的浓度才能得到与用较低浓度乙腈时的相似效果，但甲醇可形成氢键的性质有时是很有用的。有时为了保证样品的溶解度，须用其他类型的有机改进剂。但应注意，当改进剂的疏水性增加时，由于黏度增加，会增加操作的反压和降低柱效。被测组分的疏水性越强，所需有机改进剂的浓度越高；离子对试剂的疏水性越强，所需有机改进剂的浓度越高。对一给定的分离体系，有机改进剂的浓度取决于离子对试剂的疏水性。图 2-66 的例子说明，当离子对试剂的疏水性增加时，为了保持大致相同的保留时间，所需的有机改进剂的浓度也增加。图 2-66 中，短碳链烷基磺酸盐［$CH_3(CH_2)_xSO_3^-$，其中 x 为 4～7］是疏水性的阴离子，应选用亲水性的季铵碱为离子对试剂，如 NH_4OH，但得到的保留时间太长。若在淋洗液中加入 5%乙腈，组分 C_5、C_6 和 C_7 之间的分离效果较好。但 C_8 组分直到 30min 才被洗脱。若淋洗液中乙腈的含量增加到 15%，则四个组分均达基线分离，但庚烷磺酸和辛烷磺酸两个峰都拖尾［见图 2-66（a）］。若用相同浓度但疏水性强的氢氧化四甲基铵作离子对试剂，四种化合物的保留时间增加，但将乙腈的浓度增加至 18%，则可补偿疏水性离子对试剂导致的保留时间的增加，而且减轻了 C_7 和 C_8 两个峰的拖尾，见图 2-66（b）。选用更疏水性的氢氧化四丁基铵为离子对试剂，并将乙腈的浓度增加到 37%，则得到四个组分的最佳分离，而且保留时间较长的组分的峰形也得到明显的改进，见图 2-66（c）。对碳链较长的磺酸盐，如常用的表面活性剂十二烷基磺酸盐，为了得到适当的保留时间和较好的分离，应选用亲水性的离子对试剂和较高浓度的有机改进剂。

在相同条件下，芳香族磺酸盐的保留时间明显小于其相应的直链化合物。例如，苯磺酸的保留时间为 2.4min，而直链 C_6 磺酸盐在相同条件下的保留时间为 23min。这说明分子结构对保留行为有很大影响，其原因是两者的疏水性和空间排列不同。

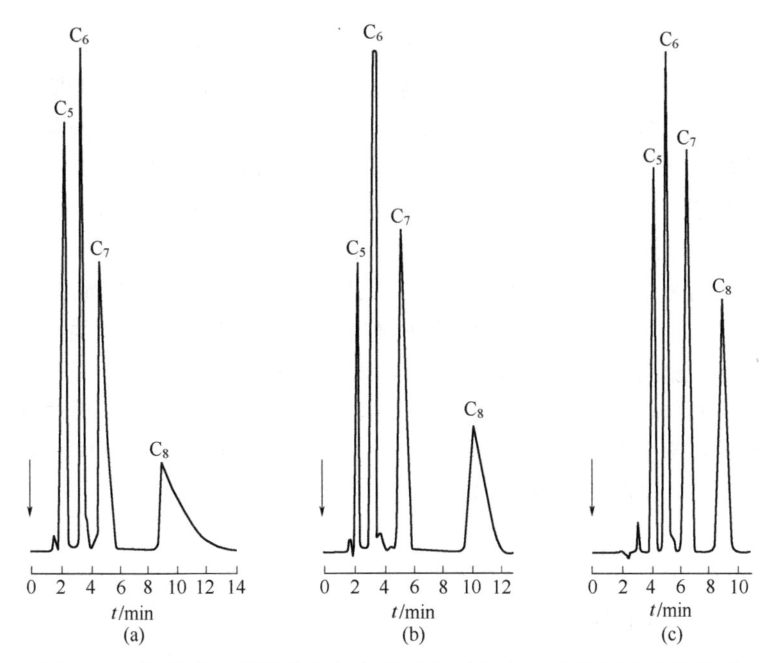

图 2-66　烷基磺酸盐的分离与亲脂性离子和有机改进剂浓度的关系

分离柱：IonPac NS1

淋洗液：（a）2mmol/L NH_4OH/乙腈（85∶15，体积比）；（b）2mmol/L TMAOH/乙腈（82∶18，体积比）；（c）2mmol/L TBAOH/乙腈（63∶37，体积比）

芳香族化合物的空间排列减少了分子与离子对试剂和固定相表面的相互作用。例如，苯、甲苯、二甲苯和异丙苯，虽能用 TBAOH 和较高浓度的乙腈（20%）来分离，但用分子较小的离子对试剂和低浓度的乙腈，也能得到相同的分离效果，而且保留时间短。当分离相似的组分时，以用分子较小的离子对试剂较为适宜。

应注意的是有机溶剂浓度的增加会影响电导，如果是造成背景电导太高，应该用疏水性较弱的离子对试剂和低浓度的有机溶剂。

3．无机添加剂的类型和浓度及淋洗液 pH 值

将无机添加剂（如碳酸钠）添加到流动相中可改进二价或多价阴离子的保留和峰形，但作用机理还不清楚。例如，对 F^-、Cl^-、NO_2^-、Br^-、NO_3^-、SO_4^{2-} 和 HPO_4^{2-} 的分离，用 2mmol/L TBAOH 和 10%乙腈作淋洗液，可较好地分离 F^-、Cl^-、NO_2^-、Br^-、NO_3^-，但 SO_4^{2-} 和 HPO_4^{2-} 的保留时间较长，峰形也宽，SO_4^{2-} 直到 32min 才被洗脱，在淋洗液加入少量 Na_2CO_3(0.3mmol/L)，不仅可减少保留时间，而且改善了峰形，但对一价离子保留的影响较小。又如，$[Fe(CN)_6]^{3-}$和$[Fe(CN)_6]^{4-}$的分离，加入 Na_2CO_3 可明显改善分离和峰形。当共淋洗或不完全分离的组分的价数不同时，加入 Na_2CO_3 对提高选择性的效果最好。所用 Na_2CO_3 的浓度范围一般是 0.1～1mmol/L。

对多价离子的分离，常需加入适当的酸或碱到流动相中以改变其 pH 值。例如当多价离子的保留时间太长时，降低流动相的 pH 值将减少它们的离解和它们与离

子对试剂的相互反应。硼酸是一个适合用于降低流动相 pH 值的试剂，虽然它们不被抑制，但它并不明显提高流动相的背景电导。淋洗液 pH 值的改变除用于控制被分析组分的离解之外，还用于避免在酸性或碱性介质中某些不希望的副反应发生。例如巯基乙酸（$HSCH_2CO_2H$）的分离，流动相为 TBAOH（离子对试剂）和乙腈，pH 值为 10.8。当用抑制型电导检测时，无色谱峰被检出。而当在流动相中加入硼酸（H_3BO_3），将流动相的 pH 值调到 7.25 时，则可检测到很好的色谱峰。

离子对色谱分析阴离子，常用的离子对试剂是氢氧化铵或季铵碱；分析阳离子，常用的离子对试剂是盐酸、高氯酸和脂肪有机酸。由于流动相的较强酸碱性，主要用在 pH 0～14 稳定的有机聚合物固定相，如 IonPac NS1 柱。基于离子对色谱的分离机理，若选择的流动相的 pH 值小于 7，即可用 HPLC 中用的 C_{18} 基质的分离柱（C_{18} 的价格较有机高聚物柱低），直接电导或抑制型电导检测。如用 pH 5.5 的淋洗液（0.05mmol/L 氢氧化四丁基铵-0.038mmol/L 柠檬酸-35%乙腈），Diamonsil C_{18} 分离柱，直接电导分析离子液体阴离子六氟磷酸根（PF_6^-）[134]。用氢氧化四丁基铵（TBAOH）为离子对试剂、两性化合物［3-(*N*-吗啉)-1-丙磺酸（MOPS）］与无机添加剂 Na_2CO_3 混合溶液为淋洗液，该混合溶液的 pH 值低于 7，用硅质 C_{18} 柱，结合两性离子抑制后背景电导低的优点，抑制型电导检测，较好地分析了气溶胶中的水溶性阴离子 F^-、Cl^-、NO_2^-、Br^-、$C_3H_3O_3^-$ 和 NO_3^-。方法对上述离子的检测限分别为 0.017mg/L、0.014mg/L、0.048mg/L、0.036mg/L、0.16mg/L 和 0.017mg/L[135]。由于相对于其他流动相，两性离子经过抑制器后，能得到很低的背景电导，又可调节淋洗液的 pH 值，对在阴离子交换分离所用的碱性淋洗液条件下不稳定化合物的分析提供了另一种供选择的方法。如杂多酸中 Cl^-与 PO_3^- 的分析，杂多酸在碱性条件下会分解，使得用离子色谱法测定杂多酸中的杂质阴离子时，流动相的 pH 值受到限制。用混合离子对试剂 TMAOH/TBAOH（氢氧化四甲基铵/氢氧化四丁基铵）与 MOPS 混合作流动相，同时加入无机添加剂和有机改进剂，有效地抑制杂多酸的分解。用 IonPac NS1 分离柱，抑制型电导检测，较好地测定了杂多酸中的杂质阴离子[136]。

三、离子对色谱的抑制反应

与离子交换和离子排斥色谱相似，在离子对色谱中，同样可用化学抑制降低流动相的背景电导，增加目标离子的电导响应值。MPIC 中所用的抑制器与 HPIC 中相同。只是阴离子离子对的抑制反应与阴离子交换的抑制反应有一点不同。

如用季铵化合物（NR_4^+）为离子对试剂分析阴离子 A^-的抑制反应过程中，阳极电解水产生的 H^+跨过阳离子交换膜去替换 NR_4^+ 阳离子。但 NR_4^+ 对阳离子交换膜有较强的亲和力，因此在再生液中加入 H_2SO_4 以增加 H^+和 NR_4^+ 通过阳离子交换膜的驱动力。

两点注意：为了得到分离的重现性，系统的完全平衡非常重要，因此对短时间的停机，推荐的方法是将流速降到 0.1mL/min，而不要停泵，为了避免长的再平衡时间，推荐对 IC 和 MPIC 各用一个抑制器，最好不合用；另一点应注意的是，因为

MPIC 主要用于大的疏水性离子的分离，在方法发展之前，应试验待分析的组分在流动相中的溶解性。

四、离子对色谱的应用

1. 无机离子的分析

对阴阳离子的分析，除用离子交换色谱之外，还可选用 MPIC。若两种阴离子在一种分离方式上共淋洗，则可用另一种分离方式来解决，因为在完全不同的色谱条件下，两种不同的化合物很难有相同的保留行为。一个典型的例子是 NO_3^- 与 ClO_3^- 的分离，用阴离子交换色谱，NO_3^- 与 ClO_3^- 共淋洗，而用 TBAOH 作离子对试剂，在 IonPac NS1 柱上，由于 NO_3^- 与 ClO_3^- 疏水性不同，得到很好的分离。一些可极化的阴离子如高氯酸盐、柠檬酸盐、硫的含氧阴离子和金属络合物等，在一般的阴离子交换剂柱上，须用很强的淋洗液才能将强极化阴离子洗脱下来。离子对色谱分离这些化合物，一般只要增加流动相中乙腈的浓度即可。如柠檬酸与高氯酸（ClO_4^-）的分离[133]，流动相为高浓度的乙腈（340mL/L）和离子对试剂 TBAOH，三价的柠檬酸在一价的高氯酸前被洗脱，由于柠檬酸的电荷数高，因而峰较宽。无机硫化合物[137~139]、连二硫酸盐（$S_2O_6^{2-}$）、过硫酸盐（$S_2O_8^{2-}$）和连多硫酸（$S_nO_6^{2-}$）等的分析，TBAOH 是适合的离子对试剂。因为上述离子都是二价阴离子，在淋洗液中加入 Na_2CO_3 可减少它们的保留时间。对 n 为 5～11 的连多硫酸（$S_nO_6^{2-}$，n=5～11）的分离，应增加淋洗液中乙腈的浓度[139]，并用紫外分光光度计检测。硫原子的数目越多，保留越强。若用梯度淋洗，可减小硫原子多的化合物的保留时间和改善峰形。

对硫化物、亚硫酸根、硫酸根与硫代硫酸根的离子色谱分析常遇到的困难是硫化物与亚硫酸根的不稳定性，硫化物与溴离子或硝酸根的分离不好，硫化物与亚硫酸根的保留时间相近。Haddad 等[140]建立的方法较好地解决了上述问题。方法先将硫化物和亚硫酸根定量转变成硫代氰酸盐和硫酸盐，再用 Lichro CART ODS 柱，以含有离子对试剂（氢氧化四丙基铵 TPAOH）的乙腈水溶液为淋洗液，分离硫酸、硫代硫酸和硫代氰酸，以紫外（220nm）检测硫代硫酸和硫代氰酸，抑制型电导检测硫酸。该方法已用于矿泉水的分析。

离子对色谱也适合做金属络合物分析，但这种化合物必须是热力学和动力学稳定的。铁、钴和金的氰化物络合物具有高的稳定性，以络合阴离子形式存在，如铁的两种氰化物络合物$[Fe(CN)_6]^{3-}$和$[Fe(CN)_6]^{4-}$，因其具有高的负电荷，流动相中除了离子对试剂 TBAOH 之外，需添加 Na_2CO_3 以减小保留与改善峰形。金的两种氰化物络合物与铁不同，它们都是一价阴离子络合物$[Au(CN)_2]^-$和$[Au(CN)_4]^-$，但具有不同配位数，其空间排列也不同。而镍、铜和银与氰化物的络合物形成常数较低，对它们的分离须在可动相中加入适量 KCN[141]以增加这些络合物的稳定性。图 2-67 说明了动力学稳定和不稳定的金属氰化物络合物的分离。按图 2-67 所示色谱条件做样品分析时，应注意 KCN 经抑制反应后的产物是毒性很大的 HCN，必须将废液收集在强碱性溶液中。

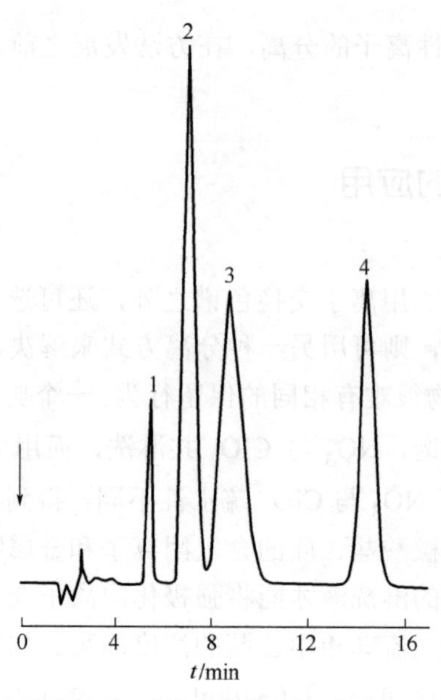

图 2-67 动力学稳定和不稳定的金属氰化物络合物的分离[141]

分离柱：IonPac NS1

淋洗液：0.002mol/L TBAOH+0.001mol/L Na_2CO_3+2×10^{-4}mol/L KCN+30%乙腈

流速：1mL/min

检测：抑制型电导

进样体积：50μL

色谱峰（mg/L）：1—$Ag(CN)_2^-$（80）；2—$Ni(CN)_4^{2-}$（40）；3—$Co(CN)_6^{3-}$（40）；4—$Au(CN)_2^-$（80）

在阳离子分析中，离子对色谱主要用于各种胺的分离，包括短碳链胺（C_1～C_3）和小分子芳香胺、胺的结构异构体、烷醇胺、季铵化合物、芳香烷基胺、巴比妥酸盐和生物碱等。如一乙醇胺、二乙醇胺和三乙醇胺的分离，用疏水性较小的己烷磺酸和硼酸作淋洗液。加硼酸到淋洗液的目的是增加二乙醇胺和三乙醇胺的灵敏度。对季铵类化合物，如胆碱和氯化胆碱的分离，常用的淋洗液是己烷磺酸和乙腈。对氢氧化四烷基铵的分离，流动相中有机溶剂的浓度随被分析物分子中碳链骨架长度的增加而增加。例如用 0.001mol/L 己烷磺酸在大致相同的时间洗脱 TEAOH、TPAOH 和 TBAOH 所用的乙腈浓度分别为 60mL/L、280mL/L 和 480mL/L。因此对于这类化合物的同时分离应采用梯度淋洗。对芳香胺和生物碱的分离，IonPac NS1 柱上常用的流动相是 0.005mol/L 的辛烷磺酸钠和 0.05mol/L 的 KH_2PO_4（pH 4.0），为了得到较短的保留时间和对称的峰形，分别加入不同浓度的乙腈。对芳香胺和生物碱的灵敏检测方法是 UV（220nm）。

矮壮素（chlormequat chloride）与缩节胺（mepiquat chloride）是季铵盐类化合物，在离子交换树脂上保留较强。用阳离子交换抑制电导检测法，需用很高浓度的 H_2SO_4 作为淋洗液，而且峰形较宽。用离子对色谱法，根据矮壮素和缩节胺的分子结构，选用九氟戊酸作为离子对试剂，以 1.00mmol/L 九氟戊酸+7%（体积分数）乙腈为淋洗，等度淋洗，在 Dionex IonPac NS1 柱上，可于 18min 完成分离，方法对矮壮素和缩节胺的检出限分别为 0.1546mg/L 和 0.1714mg/L。该方法较好地用于定植物样品中残留的矮壮素和缩节胺的分析[142]。

2．表面活性离子的分析

表面活性剂的分子中有疏水和亲水的两个中心，由于它们能减小表面张力，广泛应用于多种工业中。表面活性剂可分为阴离子、阳离子、非离子和两性离子型表面活性剂。离子对色谱分离的表面活性阴离子主要包括简单的芳香磺酸盐，如甲苯、对异丙基苯和二甲苯的磺酸盐，链烷和链烯烃磺酸盐，脂肪族醇（醚）磺酸盐，烷基苯磺酸盐和α-磺基代脂肪酸甲醚等。虽然一些具有芳香骨架的表面活性阴离子可用 RPIPC 分离和 UV 检测，但上述化合物中很多用电导检测是有益的，这些化合物的疏水性随烷基端链长的增加而增加，它们的保留行为与其分子中烷基端链的链长有关。因为它们的疏水性强，一般用亲水的氢氧化铵作离子对试剂；为了缩短它们在分离柱上的保留时间，须在流动相中加入有机溶剂，因此所选用的分离柱和抑制器必须在有机溶剂中稳定。它们的疏水性除了与烷基的链长有关外，还与取代碳链上氢原子的离子性或非离子性的种类和数量有关。例如相同色谱条件下，芳基硫酸盐（$AOSO_3R$）的保留时间较芳基磺酸盐（ASO_3R）长，见图 2-68。甲基上任何一个氢原子被羟基取代后的化合物，其保留时间明显减小。芳（香）基磺酸盐在分离柱上的保留随取代基上碳原子数目的增加而增加，如几种芳基磺酸盐的洗脱顺序依次是：苯、甲苯、二甲苯和异丙基苯磺酸盐。

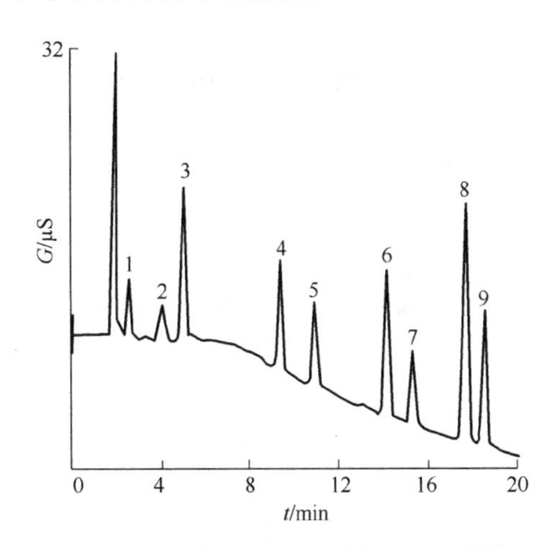

图 2-68　阴离子表面活性剂的分离[144]

分离柱：Alltech surfactant/R，150mm×4.6mm

淋洗液：A，10mmol/L LiOH；B，乙腈-水-甲醇（60∶20∶20）

梯度：0→3min，97%A+3%B；3→10min，97%A+3%B→80%A+20%B；10→20min，80%A+20%B→50%A+50%B

流速：1.0mL/min　　检测：抑制型电导

色谱峰（mg/L）：1—$AOSO_3C_6$（5）；2—ASO_3C_6（5）；3—ASO_3C_7（10）；4—ASO_3C_8（10）；5—$AOSO_3C_8$（20）；6—ASO_3C_{10}（20）；7—$AOSO_3C_{10}$（30）；8—ASO_3C_{12}（30）；9—$AOSO_3C_{12}$（40）

烷基磺酸盐在分离柱上的保留随烷基链的长度增加而增加。如图 2-69（a）所示链长为 C_1～C_{10} 烷基磺酸的分离。因为短碳链磺酸盐的疏水性为中等，因此用疏水性的氢氧化四丁基铵为离子对试剂，并用梯度增加的乙腈浓度减弱烷基链长的增加导致的疏水性的增加与改善峰形。抑制型电导检测，方法的检测限为 0.09～0.18mg/L。图 2-69（b）为芳香磺酸盐的分离，在相同条件下，由于化合物分子的空间位阻与疏水性不同，其保留不同。如苯磺酸与己烷磺酸的碳原子数均是 6，但保留时间不同。对疏水性较强的长碳链的脂肪磺酸盐的分离，应用疏水性较弱的氢氧化铵作离子对试剂，见图 2-70。烷基磺酸和脂肪醇硫酸盐都无吸光基团，电导检测是简单而灵敏的检测方式。

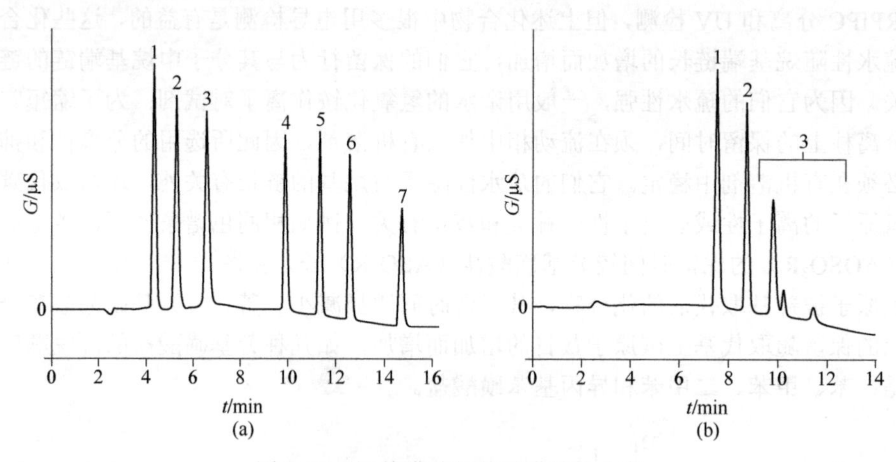

图 2-69 烷基磺酸与芳香磺酸的分离

分离柱：IonPac NS1

淋洗液：2mmol/L TBAOH+24%→48%乙腈（0→10min）

流速：1.0mL/min

检测：抑制型电导

色谱峰（mg/L）：（a）1—甲烷磺酸（5.0）；2—丙烷磺酸（8.6）；3—丁烷磺酸（8.7）；4—己烷磺酸（8.8）；5—庚烷磺酸（8.9）；6—辛烷磺酸（8.9）；7—癸烷磺酸（9.1）

（b）1—苯磺酸（10.0）；2—甲苯磺酸（8.0）；3—邻、间、对二甲苯磺酸（8.0）

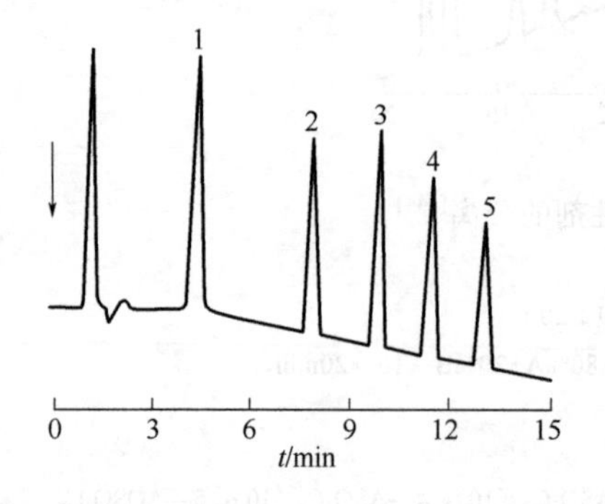

图 2-70 长链脂肪醇硫酸盐的分离[133]

分离柱：IonPac NS1

淋洗液：E_1，0.02mol/L NH_4OH+20%乙腈；

E_2，0.02mol/L NH_4OH+80%乙腈

梯度：0～25min，100%E_1→100%E_2

流速：1mL/min

检测：抑制型电导

色谱峰（80mg/L）：1—辛烷磺酸；2—癸烷磺酸盐；3—十二烷基磺酸盐；4—十四烷基磺酸盐；5—十六烷基磺酸盐

在阳离子表面活性剂中，离子对色谱主要用于季铵类化合物的分离，如化妆品含有低浓度的氯化烷基三甲基铵和氯化二烷基二甲基铵，它们的疏水性强，因此用亲水性强的 HCl 作离子对试剂[143]，并加入有机改进剂，在 IonPac NS1 柱上梯度淋洗［5mmol/L HCl+42%（体积分数）乙腈→20mmol/L HCl+75%乙腈］分离。与阴离子表面活性剂的分离不同，长链季铵化合物的保留时间不完全随碳链的增加而增加，见图 2-71。季铵类化合物分子内无发色基团，因此电导是主要的检测方式。

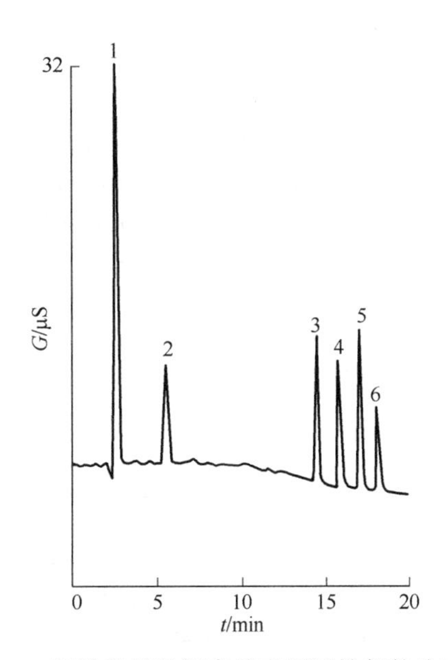

图 2-71　短链和长链阳离子表面活性剂的分离[144]

分离柱：Alltech surfactant/R，150mm×4.6mm

淋洗液：A，2mmol/L 全氟戊酸；B，100%乙腈

梯度：0～5min，70%A+30%B；5～8min，70%A+30%B→65%A+35%B

8～20min，65%A+35%B→20%A+80%B

流速：1.0 mL/min　　检测：抑制型电导

色谱峰（mg/L）：1—四甲基铵（20）/四乙基铵（20）；2—四丙基铵（20）；3—四丁基铵（30）；4—十二烷基三甲铵（30）；5—十六烷基三甲铵（40）；6—十四烷基三甲铵（50）

烷基三甲铵是广泛应用的阳离子表面活性剂，三种线型的烷基三甲铵盐［十二烷基三甲基氯化铵（DTAC）、十四烷基三甲基溴化铵（TTAB）、十六烷基三甲基氯化铵（HTAC）］是血液分析中的主要溶剂。用离子对色谱分离，抑制型电导检测。三种化合物的疏水性比较强，因此选择疏水性比较弱的甲基磺酸作离子对试剂，乙腈减弱疏水性吸附与改善峰形。淋洗液中含有较高浓度的乙腈，因此选用可兼容有机溶剂的阳离子微膜抑制器（如 CMMS-Ⅱ，50mmol/L KOH 为再生液）化学再生。方法可很好地分离三种化合物，对三种化合物的线性范围为 50～150μg/mL。将紫外检测器串联于电导检测器之后，也可得到较好结果，见图 2-72。

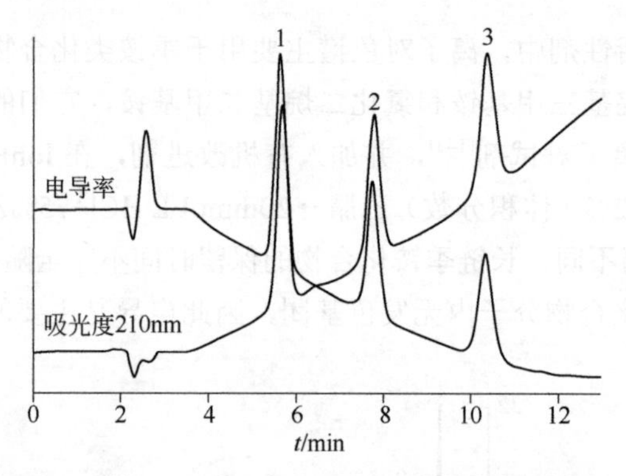

图 2-72 DTAC、TTAB 与 HTAC 标准溶液的分离[145]

色谱柱：Dionex IonPac NS1，10μm，250mm×4mm/NG1；10μm，35mm×4mm

淋洗液：A，10mmol/L MSA+50%（体积分数）乙腈；B，10mmol/L MSA，+80%（体积分数）乙腈

梯度淋洗：0～15min，100%A～100%B；15～17min，100%B；17～20min，100%B～100%A

流速：1.0mL/min　　进样体积：20μL　　温度：25°C

检测器：抑制型电导，UV（210nm）

抑制器：Dionex CMMS-Ⅱ阳离子微膜抑制器

色谱峰（100μg/mL）：1—DTAC；2—TTAB；3—HTAC

参 考 文 献

[1] Haddad P R, Nesterenko P N, Buchberger W. J Chromatogr A, 2008, 1184: 456.

[2] Thermo Scientific. IonPac AS20 Column Product Manual. P/N: 065044-05, June, 2012.

[3] Sarzanini C, Bruzzoniti M C. Anal Chim Acta, 2005, 540: 45.

[4] Pohl C A, Stillian J R, Jackson P E. J Chromatogr A, 1997, 789: 29.

[5] Jensen D, Weiss J, Rey M A, et al. J Chromatogr A, 1993, 640: 65.

[6] Shawa M J, Nesterenkob P N, Haddada P R, et al. J Chromatogr A, 2003, 997: 3.

[7] Rey M A, Pohl C A, Jagodzinski J J, et al. J Chromatogr A, 1998, 804: 201.

[8] Pohl C A, Rey M, Jensen D, et al. J Chromatogr A, 1999, 850: 239.

[9] Nesterenko P N, Jones P. J Sep Sci, 2007, 30: 1773.

[10] Warth L M, Fritz J S. J Chromatogr Sci, 1988, 26: 630.

[11] Barron R E, Fritz J S. J Chromatogr, 1984, 284: 13.

[12] Pirogov A V, Platonov M M, Shpigun O A. J Chromatogr A, 1999, 850: 53.

[13] Liang C, Lucy C A. J Chromatogr A, 2010, 1217: 8154.

[14] Thermo Scientific, IonPac AS11-HC-4μm Column Product Manual, P/N: 065463-03, 2012.

[15] Gjerde D T, schmuckler G, Fritz J S. J Chromatogr, 1980, 187: 35.

[16] Kaiser E, Rohrrer J S, Jensen D. J Chromatogr A, 2001, 920: 127.

[17] Thermo Scientifi, IonpacCS16 column Product Manual, N0.031747-05, December, 2010.

[18] Weiss J. Ion Chromatography, VCH, Weinheim, 2nd ed, 1995.

[19] EGilchrist ES, Nesterenko P N, Barron L P, et al. Anal Chim Acta, 2015, 865: 83.

[20] Karua N, Dicinoskia G W, Haddada P R, et al. J Chromatogr A, 2011, 1218: 9037.

[21] Liu Y, Avdalovic N, Pohl C A, et al. Am Lab, 1998, 30: 48.

[22] Small H, Rivello J. Anal Chem, 1998, 70: 2205.

[23] Liu Y, Avdalovic N, Small H. On-line Large Capacity Hith purity Acid and Base Generation Devices and Their Application in Ion Chromatography, presentation No.1179. New Orleans, LA, USA: Pittburg Conference, 1998.
[24] Haddad P R. Anal Bioanal Chem, 2004, 379: 341.
[25] Thermo Scientific. Eluent Generator Cartridges, Product Manual. P/N: 065018-05, June, 2014.
[26] Yu H, Li R. Chromatographia, 2008, 68: 611.
[27] Hatsis P, Lucy C A. J Chromatogr A, 2001, 920: 3.
[28] Shibukawa M, Taguchi A, Suzuki Y, et al. Analyst, 2012, 137: 3154.
[29] Barron L, Nesterenko P N, Paull B. J Chromatogr A, 2005, 1072: 207.
[30] Wouters B, Bruggink C, Pohl C A, et al. Anal Chem, 2012, 84: 7212.
[31] Novič M, Lecnik B, Hudnik V, et al. J Chromatogr A, 1997, 764: 249.
[32] Novič M, Divjak B, Pihlar B, et al. J Chromatogr A, 1996, 739: 35.
[33] Novič M, Divjak B, Pihlar B. J Chromatogr A, 1998, 827: 83-89.
[34] 吕海涛, 邓锐, 牟世芬. 色谱, 2000, 18(5): 448.
[35] 牟世芬, 刘开录. 离子色谱. 北京: 科学出版社, 1986.
[36] Gjerde D T, Fritz J S, Schmuckler G. J Chromatogr, 1979, 186: 509.
[37] Gjerde DT, Fritz J S. Anal Chem, 1981, 53: 2324.
[38] Vaeth E, Sladek P, Kenar K, et al. Anal Chem, 1987, 329: 584.
[39] Karu N, Dicinoski G W, Haddad P R. Trends Anal Chem, 2012, 40: 119.
[40] Weiβ J, Hägele G, Fresenius Z. Anal Chem, 1987, 388: 46.
[41] Rocklin R D, Pohl C A. J Liquid Chrom, 1983, 6: 1577.
[42] Hughes S, Johnson DC. Anal Chim Acta, 1983, 149: 1.
[43] Rendleman J A. Ionization of Carbohydrates in the presence of Metal Hydroxides and Oxides, Carbhydrates in solution, Advances in Chemistry Series No.117, p51. Washington, DC: American Chemical Society, 1973.
[44] Johnson D C, LaCourse W R. Anal Chem, 1990, 62: 589A.
[45] 金利通, 刘彤, 周满水, 等. 高等学校化学学报, 1993, 7: 30.
[46] 牟世芬, 李宗利. 色谱, 1995, 13(5): 320.
[47] Koizumi K, Kubota K, Ozaki H, et al. J Chromatogr A, 1992, 595: 340.
[48] Lee YC. Anal Biochem, 1990, 189: 151.
[49] Basa L J, Spellman M W. J Chromatogr, 1990, 499: 205.
[50] Rocklin R D, Clarke A P, Weitzhandler M. Anal Chem, 1998, 70(8): 1496.
[51] Eitzhandler M, Barreto V, Pohl C, et al. J Biochem Biophys Methods, 2004, 60: 309.
[52] Simpson R C. Anal Chem, 1990, 62: 248.
[53] Koizumi K, Kubota Y, Ozaki H, et al. J Chromatogr, 1992, 595: 340.
[54] Polta J A, Johnson D C. J Lig Chromatogr, 1983, 6: 1727.
[55] Welch L E, LaCourse W R, Mead D A, et al. Anal Chem, 1989, 61: 555.
[56] Clarke A P, Jaandik P, Rocklin R D, et al. Anal Chem, 1999, 71: 2774.
[57] Cheng J, Jandik P, Avdalovic N. Anal Chem, 2003, 75: 572.
[58] Jandik P, Cheng J, Avdalovic N. J Biochem Biophys Methods, 2004, 60: 191.
[59] Yu H, Ding Y S, Mou S F, et al. J Chromatogr A, 2002, 966: 89.
[60] Yu H, Ding Y S, Mou S F. Chromatographia, 2003, 57: 721.
[61] Jandik P, Cheng J, Jensen D, et al. J Chromatogr B, 2001, 758: 189.
[62] Ding Y S, Yu H, Mou S F. J Chromatogr A, 2003, 997: 155.
[63] Jandik P, Cheng J, Bhattacharyya L, et al. Application of Ion Chromatogaphy for Pharmaceutical and Biological Products. New Jersey: Wiley & Sons Inc, 2012: 364.

[64] Fa Y, Yang H Y, Chengshuai Ji, et al. Analy Chim Acta, 2013, 798: 97.
[65] Rocklin R D, Rey M A, Stillian J R. J Chromatogr Sci, 1989, 27: 474.
[66] Oehrle S A. J Chromatogr A, 1996, 745: 87.
[67] Rey M A, Pohl C A, Jagodzinski J J, et al. J Chromatogr A, 1998, 804: 201.
[68] Pohl C A, Rey M A, Jensen D, et al. J Chromatogr A, 1999, 850: 239.
[69] Thomas D H, Rey M, Jackson P E. J Chromatogr A, 2002, 956: 181.
[70] Thermo Scientific. IonPac CS19-4um Column Product Manual. P/N: 065472-01 February, 2014.
[71] Rey M, Pohl C. J Chromatogr A, 2003, 997: 199.
[72] De Borba B M, Rohrer J S. J Chromatogr A, 2007, 1155: 22.
[73] Thermo Scientific, Salt Converter-Cation Self Regenerating Suppressor 300(SC-CSRS-300), LPN1466-02. Sunnyvale, USA: 2008.
[74] Fritz J S, Story J N. Anal Chem, 1974, 46: 825.
[75] Elchuk S, Cassidy R M. Anal Chem, 1979, 51: 1434.
[76] Siriraks A, Kingston H M, Riviello J M. Anal Chem, 1990, 62: 1185.
[77] Jones P, Nesterenko P N. J Chromatogr A, 1997, 789: 413.
[78] Sevenich G J, Fritz J S. Anal Chem, 1983, 55: 12.
[79] Zenga W, Chena Y, Fritz J S, et al. J Chromatogr A, 2006, 1118: 68.
[80] McGillicuddy N, Nesterenko E P, Nesterenko P N, et al. J Chromatogr A, 2013, 1276: 102.
[81] Nesterenko P N, Jones P. J Sep Sci, 2007, 30: 1773.
[82] 丁晓静，牟世芬．色谱, 2001, 19(5): 410.
[83] 于泓，王宇昕．色谱, 2007, 25(3): 303.
[84] Bashir W, Paull B. J Chromatogr A, 2001, 910: 301.
[85] Bashir W, Paull B. J Chromatogr A, 2002, 942: 73.
[86] Paull B, Bashir W. Analyst, 2003, 128: 335.
[87] Dias J C, Kubota L T, Haddad P R, et al. Anal Methods 2, 2010, 1565.
[88] Tria J, Haddad P R, Nesterenko P N. J Sep Sci, 2008, 31, 2231.
[89] Paull B, Nesterenko P, Jones P. High Performance Chelation Ion Chromatography, RSC Chromatography Monographs. Cambridge, UK: Royal Society of Chemistry Publishing, 2011.
[90] Jones P, Nesterenko P N. J Chromatogr A, 2008, 1213: 45.
[91] Heberling S S, Riviello J M, Mou S F, et al. Res Dev, 1987(9): 74.
[92] 牟世芬, Siriraks A, Riviello J M. 色谱. 1994, 12(9): 166.
[93] Arar E J, Pfaff J D. J Chromatogr, 1991, 546: 335.
[94] Anne C C, Angela N. K, Lucy C A, et al. J Chromatogr A, 1997, 770: 69.
[95] Lu H T, Mou S F, Riviello J M, et al. J Chromatogr A, 1998, 800: 247.
[96] Ding X J, Mou S F, Liu K N, et al. Anal Chim Acta, 2000, 407: 319.
[97] Li Z L, Mou S F, Ni Z M, et al. Anal Chim Acta, 1995, 307: 79.
[98] McIntire G L. Crit Rev Anal Chem, 1990, 21: 257.
[99] Xia F, Cassidy R M. Anal Chem, 1991, 63: 2883.
[100] Gautier E A, Gettar R T, Servant R E. J Chromatogr A, 1997, 770: 75.
[101] Wheaton R M, Bauman W C. Ind Eng Chem, 1953, 45: 228.
[102] Novič M, Haddad P R. J Chromatogr A, 2013, 1305: 188.
[103] Fischer K. Anal Chim Acta, 2002, 465: 157.
[104] Novič M, Haddad P R. J Chromatogr A, 2006, 1118: 19.
[105] Ohta K, Ohashi M, Jin L Y, et al. J Chromatogr A, 2003, 997: 117.

[106] KL N, Glod B K, Dicinoski P R, et al. J Chromatogr A, 2001, 920: 41.
[107] Thermo Fisher Scientific. Dionex, Ionpac ICE-AS6 Column Product Manual. Document No.034961-7. August, 2005.
[108] Fischer K, Kotalik J, kettrup K. J Chromatogr Sci, 1999, 37: 477.
[109] Tanaka K, Fritz J S. J Chromatogr, 1986, 361: 151.
[110] 屈峰，牟世芬. 环境化学, 1994, 13(4): 363.
[111] Thermo Fisher Scientific. Dionex, IonPac® ICE-AS1column Product Manual. Document No.031181-07. June, 2006.
[112] Ohta K, Towata A, Ohashi M. J Chromatogr A, 2003, 997: 95.
[113] Tanaka K, Mori M, Qun xu, et al. J Chromatogr A, 2003, 997: 127.
[114] Iwataa T, Mori M, Itabashia H, et al. Talanta, 2009, 79: 1026.
[115] 牟世芬，蒋建萍，侯小平. 色谱, 1992, 10(3): 133.
[116] 陈梅兰，潘广文，叶明立，等. 分析化学, 2013, 41(11): 1734.
[117] 张欣，司明鑫，于泓，等. 分析测试学报, 2011, 30(10): 1163.
[118] 韩静，梁立娜，蔡亚岐，等. 分析试验室, 2008, 27(10): 94.
[119] 潘广文，赵增运，胡忠阳，等. 色谱, 2010, 28(7): 712.
[120] Bylund D, Norstrom S H, Essén S A, et al. J Chromatogr A, 2007, 1176: 89.
[121] Nakatania N, Kozakia D, Masudaa W, et al. Anal Chim Acta, 2008, 619: 110.
[122] Mori M, Tanaka K, Satori T, et al. J Chromatogr A, 2006, 1118: 51.
[123] 林晓婕，魏巍，何志刚，等. 色谱, 2014, 32(3): 304.
[124] Wittmer D P, Neussle N O, Haney W G Jr. Anal Chem, 1975, 47: 1422.
[125] Sood S P, Sartori L E, Wittmer D P, et al. Anal Chem, 1976, 48: 796.
[126] Knox J H, Lairt G R. J Chromatogr, 1976, 122: 17.
[127] Knox J H, Jurand J. J Chromatogr, 1976, 125: 89.
[128] Horvath C, Melander W, Molnar I, et al. Anal Chem, 1977, 49: 2295.
[129] Horvath C, Melander W, Molnar I. J Chromatogr, 1976, 125: 129.
[130] Kraak J C, Jonker K M, Huber J F K. J Chromatogr, 1977, 142: 671.
[131] Hoffmann N E, Liao J C. Anal Chem, 1977, 49: 2231.
[132] Bidlinmeyer B A, Deming S N, Price W P, et al. J Chromatogr, 1979, 186: 419.
[133] Weiss J. Ion Chramatography. 2nd ed.Weinheim: VCH 1995.
[134] 刘玉珍，于泓，张仁庆. 分析测试学报, 2012, 31(5): 530.
[135] 朱岩，凌艳艳，陈建芳. 分析化学, 2004, 32(1): 79.
[136] 黄超群，王丽丽，朱岩，等. 分析化学, 2006, 34: 1641.
[137] WeiβJ, Gōbl M, Fresenius Z. Anal Chem, 1985, 320: 439.
[138] Weidenauer M, Hoffmann P, lieser K H, et al. Anal Chem, 1988, 331: 372.
[139] Rabin S B, Stanbury D M. Anal Chem, 1985, 57: 1131.
[140] Miura Y, Matsushita Y, Haddad P R. J Chromatogr A, 2005, 1085: 47.
[141] Steudel R, Holdt G. J Chromatogr, 1986, 361: 379.
[142] 周旭，许锦钢，朱岩，等. 色谱, 2011, 29(3): 244.
[143] Slingsby RW. J Chromatogr, 1986, 371: 373.
[144] Naiy L M, Raaidah Saari-Nordhaus. J Chromatogr A, 1998, 804: 233.
[145] Giovannelli D, Abballe F. J Chromatogr A, 2005, 1085: 86.

CHAPTER 3

第三章

离子色谱柱填料

第一节 概述

在离子色谱中，色谱柱是实现分离的核心部件，要求分离柱效高、交换容量适中和性能稳定。不同性质的离子与固定相表面的离子功能基团的相互作用不同，因此，被淋洗液顶替下来的概率不同，流出色谱柱的时间也不一样，即不同性质离子的保留时间不同，依次流出色谱柱进入检测器。采用不同分离方式进行检测时，所使用的色谱柱填料的性质也不同。

目前，离子色谱柱主要由一定内径的柱管加上不同类型的填料组成，针对离子色谱流动相比较多地采用酸、碱、盐的特点，目前多数离子色谱柱管材料由 PEEK 材料所组成（少数厂家也采用不锈钢作为柱管），随着离子色谱对柱效要求的提高，离子色谱所用的填料颗粒也越来越小，同时也对柱管所能够承受的压力要求越来越高，新型的离子色谱柱要求能够承受 40MPa 的压力。

一般离子色谱柱内径约为 4mm 或 4.6mm，这样的色谱柱比较适合于常规 1mL/min 流量的分析，针对特定的痕量分析和联用技术的需要，新型的离子色谱柱也采用微孔型离子色谱柱，微孔型离子色谱柱内径约为 2mm，需要的流量只要常规离子色谱的 1/4，但对于同样的进样量检测信号可以提高 4 倍，而所用流动相大大减少，是离子色谱正在发展的一个方向；此外，对特定的分离方式（如离子排斥）色谱柱，色谱柱内径可以采用 9mm 规格，而对一些用于半制备用途的离子色谱柱，也可采用大内径规格[1]。

离子色谱柱管内填有颗粒大小均匀的固定相，一般商品化离子色谱柱填料主要用 5～15μm 颗粒的高分子聚合物小球，特定场合下也采用无机氧化物（如硅胶）颗粒，目前离子色谱柱所用填料的颗粒主要为球形，而针对填料表面结构性质（孔隙的大小），填料可以分为微孔型、大孔型和超孔型，随着离子色谱应用于复杂样品的分析越来越多，对离子色谱柱的交换容量要求也越来越高，超孔型填料也是离子色谱的一个发展趋势。

离子色谱柱的填料由基质和功能基团两部分组成。针对表面功能基与固定相基质的连接方式不同，基本上可以分为接枝型和乳胶附聚型两种类型，结构示意图见图 3-1。接枝型固定相是功能基通过化学键方式与固定相基质连接，有比较高的稳定性；而乳胶附聚型的功能基是通过静电作用力，将带功能基的小颗粒与带反电荷基团的基球结合，具有非常高的表面积和交换容量。基质具有一定的刚性，能承受一定的压力，作为功能基团的载体，对分离不起明显作用。功能基团能够在流动相中解离，在固定相的表面形成带电荷的离子交换位点，与流动相中的分析离子发生离子交换。在离子交换模式中，色谱固定相的基体结构基本不发生明显变化，仅由其交换功能基团上的对离子与外界带同性电荷的离子发生等量的离子交换。能解离出阳离子（如 H^+）的功能基团，可以与样品中的阳离子进行交换，这样的填料称为阳离子交换固定相；能解离出阴离子（如 OH^-）的功能基团，可以与样品中的阴离子进行交换，这样的填料称为阴离子交换固定相。功能基团与基质之间的结合包括共价键结合（如表面进行直接离子化修饰）、离子键结合（如附聚型离子交换固定相）、吸附和氢键相互作用、表面接枝等。阳离子交换固定相的功能基团主要有能解离出 H^+的磺酸基、羧酸基和膦酸基；阴离子交换固定相的功能基团主要是带正电荷的季铵基团。离子色谱包含了多类分离模式，离子交换法是离子色谱中使用最广泛的分离模式[1,2]。

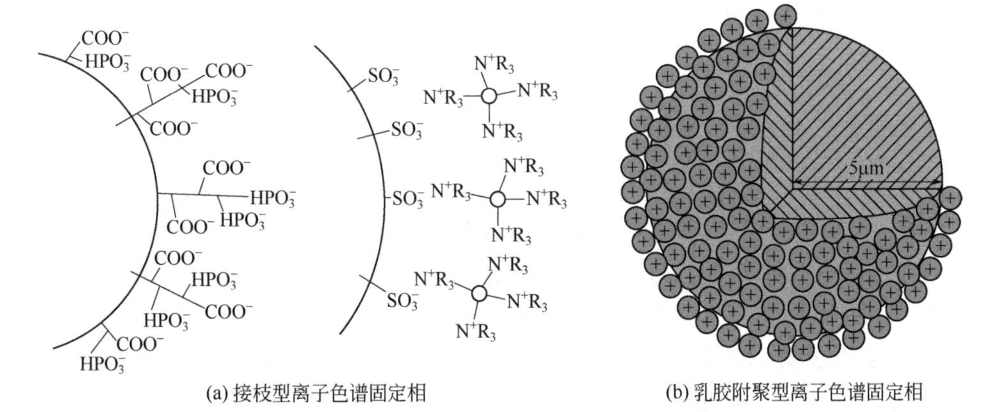

(a) 接枝型离子色谱固定相　　(b) 乳胶附聚型离子色谱固定相

图 3-1 不同类型的固定相

第二节 阳离子交换色谱柱填料

阳离子交换固定相可以按其基质材料进行分类。有机聚合物是制造阳离子交换固定相的主要基质，由于用稀酸作为阳离子分离的淋洗液，在整体 pH 范围稳定的有机聚合物是没有必要的，因此硅胶基质阳离子柱也被广泛采用。

一、固定相

1. 聚合物型阳离子色谱柱

（1）表面磺化苯乙烯-二乙烯基苯共聚物　苯乙烯-二乙烯基苯共聚物是应用最广泛的制造阳离子柱的基质材料。离子交换容量由磺化程度决定，典型的离子交换容量是 0.005～0.1meq/g。这类阳离子固定相完全电离，因此有很高的色谱柱效[3,4]。

（2）乙基乙烯基苯-二乙烯基苯共聚物　碱金属和碱土金属虽然能够在强酸型阳离子交换剂上分离，但因为它们与固定相有巨大的亲和性差异，一般情况下一价和二价阳离子无法同时分离。新一代的阳离子色谱固定相要求在一次分离中同时分析一价和二价阳离子，此时固定相可以采用二元有机酸功能基作为阳离子色谱固定相，典型的固定相为马来酸功能基及膦酸等弱电离酸功能基[5,6]。

（3）乳胶附聚型阳离子交换固定相　乳胶附聚型阳离子固定相由季铵化聚苯乙烯-二乙烯基苯基质组成，颗粒大小约为 10μm，它的表面由静电和范德华力作用，附聚着约 50nm 的磺化乳胶颗粒。阴离子交换基质通过第二层乳胶颗粒，覆盖形成带磺酸基的阳离子交换功能基。

2. 硅胶型阳离子交换剂

硅胶型阳离子固定相可以采用磺酸功能基，虽然它们色谱分离效率比较高，但因为马来酸更适合于同时分析一价和二价离子，更多的硅胶型阳离子色谱柱采用马来酸功能基。

1987 年 Kolla 等[7]提出了硅胶涂覆聚合物阳离子交换层。它属于弱酸型阳离子交换剂。硅胶的涂覆通过“预聚合”方式进行，它是在分开的步骤合成，然后用于基质材料固化功能基。这种新型阳离子交换剂的预聚合由丁二烯和马来酸在等浓度下混合共聚组成，聚（丁二烯-马来酸）的结构式见图 3-2。

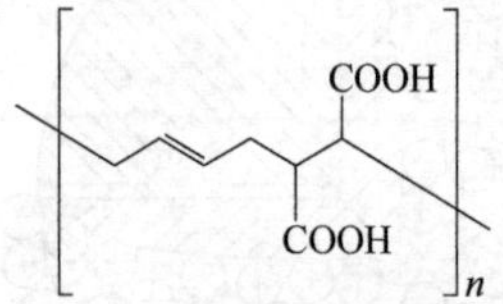

COOH
COOH
n

图 3-2　聚（丁二烯-马来酸）（PBDMA）结构式

这个结构式显示该聚合物含有两种不同离解常数的羧酸基，第一个离解步骤的 pK_a 值为 3.4，第二步的 pK_a 值约 7.4。

二、典型的柱填料和色谱条件

1. 分离机理

阳离子色谱柱所用固定相功能基电荷与阴离子固定相电荷相反，一般采用树脂最外层的带负电荷的功能基如磺酸基、羧酸基等，其分离机理是基于流动相和固定相（树脂）阴离子位置之间离子的交换。阳离子交换树脂本身带有负电荷，对淋洗液中阳离子和样品阳离子有静电吸附作用，使淋洗液中阳离子和样品阳离子争夺树脂上的负电荷位置。在离子交换过程中，由于流动相可以连续提供与固定相（离子交换树脂）表面电荷相反的平衡离子，这种平衡离子与树脂以离子对的形式处于动态平衡状态，保持体系离子的电荷平衡，随着样品离子与淋洗离子交换，当样品离子与树脂的离子成对时，样品离子由于静电作用力会有一个短暂的停留。不同的样品离子与树脂正电荷之间的静电作用力不同，因此样品阳离子从色谱柱移动的速度也不同[8]。样品阳离子与树脂的离子交换平衡可用以下方程式表示：

$$A^{+}+(\text{淋洗离子})^{+}-CO^{-}-R = A^{+}—CO^{-}-R+(\text{淋洗离子})^{+}$$

例如，在阳离子分离中用 H^+为淋洗液，可用下式表示上述的平衡。

$$K=\frac{[A^{+}CO^{-}]}{[A^{+}][H^{+}CO^{-}]}$$

式中，K 是选择性系数，K 值越大，说明样品离子的保留时间越长。选择性系数是离子电荷、离子半径、淋洗液种类和树脂类型的函数。

对于过渡金属离子，由于它们对阳离子交换树脂有较强的亲和力，需要高离子强度的淋洗液才能将它们洗脱，为解决这个问题，通过向采用的流动相中加入金属离子络合剂，以减少各金属离子的有效电荷，通过络合剂到流动相所建立的络合平衡，一些有机弱酸，如柠檬酸、草酸、酒石酸和吡啶-2,6-二羧酸等与金属离子形成阴离子或中性络合物，就可在阳离子交换剂上分离。

2. 表面磺化苯乙烯-二乙烯基苯固定相

表面磺化苯乙烯-二乙烯基苯共聚物阳离子色谱柱有多个制造商，这些色谱柱的结构和技术特征见表 3-1。在表 3-1 中列出的分离柱仅仅分别用于分离碱金属或碱土金属离子，不能同时分离一价和二价阳离子。碱金属离子可用稀无机酸洗脱，而碱土金属离子由于与固定相较高的亲和性而无法洗脱。因此碱土金属离子在表面磺化阳离子交换色谱柱上需要采用乙二胺结合酒石酸作为络合剂(对非抑制型电导检测）或 2,3-二胺丙酸（对抑制型电导），并加上强酸作淋洗液进行分离洗脱。

3. 乙基乙烯基苯-二乙烯基苯羧基化固定相

由于 pH 值的稳定性要求，阳离子交换固定相可以由聚合物基质来制造，这种固定相商品化较早的阳离子分离柱是 IonPac CS12。它是 8μm 颗粒直径的高交联度中孔乙基乙烯基苯-二乙烯基苯共聚物，比表面积为 $450m^2/g$，它的表面涂有一薄层（5～10nm）带羧酸基（pK_a<3）的阴离子表面聚合物。因为仅有部分羧基的弱酸离

表 3-1 表面磺化阳离子交换固定相的结构和技术特征

分离柱	制造商	尺寸(长×id)/mm	最大流速/(mL/min)	最大操作压力/MPa	溶剂稳定性/%	容量/(meq/g)	颗粒直径/μm
LCA-K01	SyKam	125×4	3	20	5	0.05	10
MCI Gel SCK01	Mitsubishi Kasei	150×4.6	2	8	5	没有注明	10
PRP-X200	Hamilton	(50～250)×(1.0, 2.1, 4.1, 4.6, 10.0)	8	30	100	0.035	10
Shimpack IC-C1	Shimadzu	150×4	2	5	10	没有注明	10
TSKgel IC-Cation	Tosoh	50×4.6	1.2	7	10	0.012	10
		100×4.6	1.2	7	10	0.045	5

子交换基团在阳离子交换过程中起作用，要求有较高离子交换容量（2.8meq/色谱柱）。中孔弱阳离子交换固定相的主要优点是可用稀无机酸或强有机酸（如甲磺酸）洗脱一价和二价阳离子，可在 10min 内等度淋洗洗脱 5 种重要的阳离子（钠、铵、钾、镁和钙）。用 10mmol/L 甲磺酸淋洗液，流速为 2mL/min 时，在等度淋洗条件下，可分离浓度比高达 500 的钠离子和铵离子。更大浓度差异可以采用步进梯度或连续浓度梯度。

弱酸阳离子交换固定相的一个问题是羧酸的电离取决于样品 pH 值，IonPac CS12 柱允许样品（进样量 25μL）酸的浓度到 0.05mol/L 而不损失色谱峰形和分辨率。IonPac CS12 柱的高交联度确保 100%溶剂兼容性。在强酸型阳离子交换剂中有机溶剂对无机阳离子的保留行为影响不大，然而在弱酸型阳离子交换剂中，用疏水性质子溶剂可以观察到选择性的改变，特别对二价阳离子。疏水性质子溶剂降低羧酸基团离解导致离子交换容量的显著损失。如加入 100%（体积分数）乙腈到流动相，二价阳离子的保留时间减少 45%。

电力工业的分析要求离子色谱能同时测定锰离子与碱金属和碱土金属。在锅炉水和蒸汽发生器中，锰（Ⅱ）被作为腐蚀指示剂，因此，高灵敏的锰离子分析极为重要。在聚合物弱酸型阳离子交换剂中，锰离子在钙离子之前洗脱，因此在真实样品中有相对高浓度的钙离子和低浓度的锰离子同时存在，分离两者实际上是不可能的。IonPac CS12A 柱的离子交换聚合物同时包含羧酸与膦酸基团，在图 3-3 中可以看到碱金属、碱土金属和锰的分离，在 IonPac CS12A 柱中离子交换树脂中羧酸/膦酸比最优化使锰在镁和钙之间被洗脱。镁和钙的高分辨归功于膦酸基团的影响，然而，锰与镁和钙的最佳分离仅当采用甲磺酸作为淋洗液可以获得。不能采用硫酸淋洗液是因为潜在的硫酸根与碱土金属及锰之间的络合性质导致锰和镁之间的不完全分离。与 CS12 色谱柱相比，对二价阳离子，IonPac CA12A 柱表现出更高的色谱柱效，并可以通过增加色谱柱温进一步改善分离情况。

IonPac CS12A 柱也可用于一系列脂肪和芳香胺的测定，可以用简单的步进梯度分离胺类与无机一价和二价阳离子。典型的例子是吗啉、2-二乙胺乙醇、环己胺和常见无机阳离子的分离，见图 3-4 所示。在流动相中逐步增加硫酸和乙腈的浓度使总的分析时间少于 20min。在这种色谱条件下，甚至表面活性的环己胺的洗脱也呈对称峰，整个过程可以在柱温 40℃下进行。

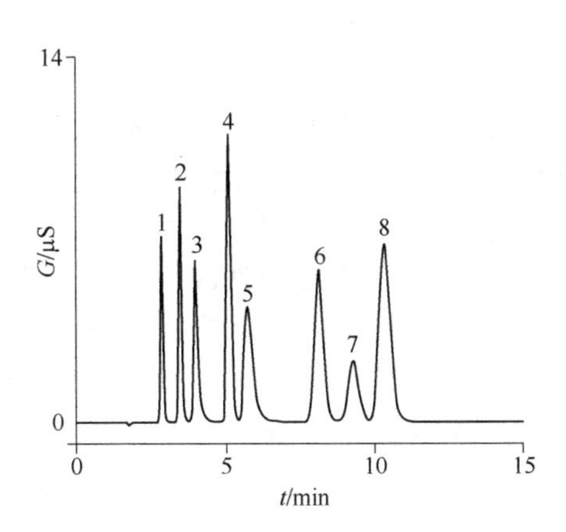

图 3-3　碱金属、碱土金属和锰在 IonPac CS12A 柱上的分离

淋洗液：20mmol/L 甲磺酸　　流速：1mL/min

进样体积：25μL　　检测：抑制型电导

色谱峰（mg/L）：1—锂离子（0.5）；2—钠离子（2）；3—铵离子（2.5）；4—钾离子（5）；5—二乙胺（10）；6—镁离子（2.5）；7—锰离子（2.5）；8—钙离子（10）

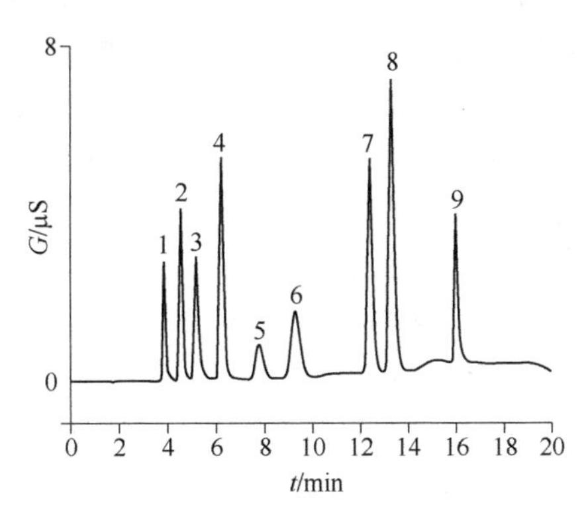

图 3-4　吗啉、2-二乙胺乙醇、环己胺和常见无机阳离子在 IonPac CS12A 柱上的分离

色谱柱温：40℃

淋洗液：0～11min，淋洗液由 8mmol/L H_2SO_4/乙腈（95∶5，体积比）至 14mmol/L H_2SO_4/乙腈（98∶5，体积比）

流速：1mL/min　　检测器：抑制型电导　　进样量：25μL

色谱峰（mg/L）：1—锂离子（0.5）；2—钠离子（2）；3—铵离子（2.5）；4—钾离子（5）；5—吗啉（10）；6—2-二乙胺乙醇（10）；7—镁离子（2.5）；8—钙离子（5）；9—环己胺（15）

更快速地分离碱金属和碱土金属可以通过缩小基质的颗粒直径和色谱柱大小进行。用柱容量为 0.94meq 的 5μm IonPac CS12A 柱［150mm×3mm（id）］，浓度为 33mmol/L 的淋洗液，对碱金属和碱土金属总的分析时间小于 8min。

IonPac CS14 用于分析芳香胺，与 CS12 色谱柱类似。两根色谱柱的不同是 CS14 的离子交换容量（1.3meq，250mm×4mm）较低。因此，对于一价和二价阳离子的基线分离需要的淋洗液浓度也要低得多（10mmol/L）。短链脂肪胺在 IonPac CS12 上表现出拖尾，可在更亲水性的 IonPac CS14 离子交换聚合物柱上分离。因此，在 IonPac CS14 柱上脂肪胺洗脱更快并得到更好的色谱对称性。CS12 色谱柱亲脂性较强，而 CS14 色谱柱的亲脂性较弱。

电力工业的另一个分析问题是乙醇胺与铵离子的分离。在电厂中将乙醇胺（c=7～25mg/L）加入超纯水以稳定 pH 值避免腐蚀。然而，在稀溶液中乙醇胺迅速分解为铵。在大量乙醇胺中分离痕量的钠和铵是一个挑战。这个问题可以用两种方法解决。一种方法是将冠醚如 18-冠-6 添加于淋洗液中，引起钾、乙醇胺和铵更强的保留，钠离子、铵和乙醇胺分辨率明显提高。该方法的缺点是导致钾离子保留时间比较长以及冠醚的费用较高。为起到同样的作用，更有效的方式是离子交换聚合物通过冠醚功能化，这种类型的色谱柱是 IonPac CS15 柱。这种色谱柱的特征结构性质与 IonPac CS12A 柱相同，唯一的差别在于，CS15 色谱柱离子交换聚合物包含附加的冠醚基团，这导致对环境样品中痕量铵及含铵样品中的钠离子的选择性改变。但在淋洗液中需加入适量乙腈，并且柱温应提高到 40℃。

最新研制的羧酸型弱酸阳离子色谱柱是 IonPac CS16 柱，这种色谱柱是高亲水性、高容量羧酸功能基的阳离子色谱柱，对碱金属和碱土金属及胺提供极佳的色谱峰分辨率。IonPac CS16 色谱柱［250mm×5mm（id）］填料是 5μm 直径的大孔颗粒，有机溶剂 100%兼容，交联度为 55%。这种亲水性羧酸功能基允许用稀酸淋洗液，如甲磺酸同时洗脱一价和二价阳离子，而新型的接枝技术通过植入大量羧酸阳离子交换基团允许更高的容量（8.4meq/柱），可用于高钠离子和铵离子浓度比的不同样品分析。当钠离子与铵离子浓度比为 10000∶1 时，还可以用简单等度淋洗分离，如用 30mmol/L 的甲磺酸为淋洗液，常见无机阳离子和铵可以在 25min 内得到很好的分离。IonPac CS16 柱适合用于环境水样中低浓度铵的测定，化学添加剂、电厂车间用水、电镀液和清洁剂的质量控制。IonPac CS17 柱和 CS18 柱为中等交换容量的羧酸型阳离子交换固定相，它们的亲水性特别理想，因此适合于低分子量胺类化合物在弱酸条件下的水溶液与金属离子的同时测定，表 3-2 列出了已商品化的羧酸型弱酸阳离子交换色谱柱的结构和技术性能。

表 3-2 羧酸型弱酸基阳离子交换色谱柱的结构和技术性能

色谱柱	IonPac CS12	IonPac CS12A	IonPac CS14	IonPac CS15	IonPac CS16	IonPac CS17	IonPac CS18	TSKgel SuperIC-Cation	TSKgel SuperIC-CR
制造商	Dionex	Dionex	Dionex	Dionex	Dionex	Dionex	Dionex	Tosoh	Tosoh
尺寸/mm	250×2 250×4	250×2 250×4 150×3 100×2	250×2 250×4	250×2 250×4	250×3 250×5	250×2 250×4	250×2	150×4.6	150×4.6

续表

色谱柱	IonPac CS12	IonPac CS12A	IonPac CS14	IonPac CS15	IonPac CS16	IonPac CS17	IonPac CS18	TSKgel SuperIC-Cation	TSKgel SuperIC-CR
最大压力/MPa	27.6	27.6	27.6	27.6	27.6	27.6	27.6	12	12
溶剂兼容性/%	100（不包括醇类）	100（不包括醇类）	100（包括醇类）	100（不包括醇类）	100	100（包括醇类）	0～20（不包括醇类）	100	100
颗粒直径/μm	8.5	8.5(2mm, 4mm) 5.5(3mm)	8	8.5	5.5	6.5(2mm) 7(4mm)	6	5	3
容量/(meq/柱)	0.7 2.8	0.7 2.8 0.94 0.28	0.325 1.3	0.7 2.8	3 8.4	0.363 1.45	0.29		
功能基	羧酸基	羧酸和膦酸功能基	羧酸	羧酸，膦酸和冠醚功能基	羧酸功能基	羧酸功能基	羧酸功能基	羧酸功能基	羧酸功能基

4．乳胶附聚型阳离子交换固定相

已商品化的 IonPac CS3、IonPac CS10、IonPac CS11 和 Fast-Sep-Cation 色谱柱是乳胶附聚型阳离子交换固定相的典型色谱柱，基质材料是高交联度乙基乙烯基苯-二乙烯基苯共聚物。IonPac CS3 色谱柱，其标准尺寸为 250mm×4mm（id），磺化乳胶颗粒直径约 250nm，交联度为 5%。这种分离柱可用于极高浓度差的样品分离，例如当高浓度的钠与低浓度的铵和钾需要各自组分的最大分辨率时，可采用 IonPac CS3 柱进行分离。快速柱 Fast-Sep-Cation 与 IonPac CS3 柱有类似的物理性质的结构，用于快速分离碱金属或碱土金属离子。与 CS3 色谱柱相比，基质颗粒相对比较大（13μm），磺化乳胶颗粒直径约 225nm，交联度为 4%，与表面磺化材料相比，乳胶型阳离子交换剂色谱效率略高。乳胶附聚型阳离子交换剂可以在流速为 2mL/min 条件下操作而没有明显的分离效率损失。

IonPac CS10 柱的颗粒大小为 8μm，其标准尺寸是 250mm×4mm(id)。IonPac CS11 柱的标准尺寸只有 250mm×2mm(id)。其共同的优点是对钠与铵分离好，但同时分离碱金属和碱土金属离子，需要用二价淋洗离子，如 2,3-二丙氨酸（DAP）和盐酸混合物。

IonPac CS11 柱的特点是在二价阳离子之间有极好的分辨率，标准条件下锰离子正好在钾离子和镁离子之间洗脱是最大优点，可很好地分离钠、铵、钾与多种醇胺。如图 3-5 所示，以甲磺酸为淋洗液，等度淋洗，30min 内完成一价阳离子与一乙醇胺、二乙醇胺、三乙醇胺及 *N*-甲基二乙醇胺的分离。该色谱柱的典型应用是石油工业、炼油厂废水中胺类的分析。

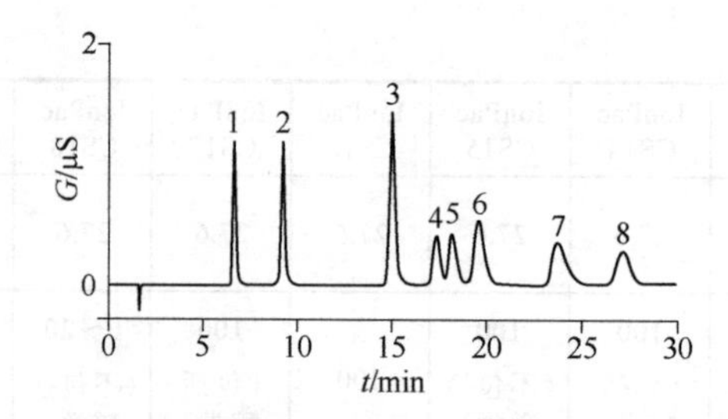

图 3-5 乙醇胺和碱金属在 IonPac CS11 色谱柱上等度淋洗分离

淋洗液：35mmol/L 甲磺酸 流速：0.25mL/min 检测：抑制型电导

色谱峰（mg/L）：1—锂离子（0.25）；2—钠离子（1）；3—铵离子（2）；4—乙醇胺（2）；5—钾离子（1）；6—二乙醇胺（10）；7—三乙醇胺（10）；8—*N*-甲基二乙醇胺（10）

IonPac CS10 柱的另一项重要应用是对生物胺如胆碱和乙酰胆碱的分离，与离子对色谱分离比较，阳离子交换色谱用甲磺酸作淋洗液提供更简单的方法。

5．硅胶型固定相

Separations Group(Hesperia，CA，USA)生产的 Vydac 400 IC 405 色谱柱适用于碱金属和小分子芳香胺的分析。与之相比，由 Macherey & Nagel（Duren，Germany）生产的 Nucleosil 5 SA［125mm×4mm（id）］和 Tosoh（Tokyo，Japan）生产的 TSK Gel IC Cation SW［50mm×4mm（id）］主要用于稀土类金属阳离子的分析。同时，三种固定相表现出相对高的离子交换容量（0.5meq/g）。

PBDMA 涂覆硅胶的固定相适合用于同时分析碱金属和碱土金属，商品名为 Metrosep Cation 1-2。图 3-6 所示为以酒石酸和吡啶二羧酸混合溶液为淋洗液的色谱图。在该条件下，钙离子在镁离子之前洗脱，这种非常规保留行为是由于吡啶二羧酸的络合性质引起的。如果用单纯酒石酸作淋洗液，碱土金属洗脱次序是一般的次序，一价和二价离子有更大的分辨率。

在 PBDMA 涂覆硅胶柱上分离的另一特征是对钡离子的保留时间较短，小于 15min，而且不损失一价和二价阳离子之间的分辨率，但钠离子和铵离子之间的分离明显低于聚合物基的弱酸阳离子交换剂。E. Merck(Darmstadt，Germany)也提供 5μm PBDMA 涂覆的硅胶色谱柱，其商品名为 LiChrosil IC CA［100mm×4.6mm（id）］，也用酒石酸和吡啶二羧酸作淋洗液，该色谱柱的色谱峰效率和分辨率可以与 Metrosep Cation 1-2 相比，检测也采用非抑制电导检测。在图 3-6 的色谱条件下，可能存在过渡金属的干扰，镍在钾和钙之间被洗脱，干扰铷和铯的测定。用酒石酸和草酸作为淋洗液，镍离子、锌离子和钴离子可与碱金属和碱土金属分离，非抑制电导检测。然而，总的分析时间在这种情况下明显延长。LiChrosil IC CA 色谱柱也可用于乙醇胺的分析。

第三类产品由 Alltech（Deerfield，IL，USA）提供，商品名为 Universal Cation。Universal Cation 和 LiChrosil IC CA 色谱柱尺寸是相同的，7μm Universal Cation 基质颗粒直径略大些。如果采用络合剂作淋洗液，则可以分离过渡金属。

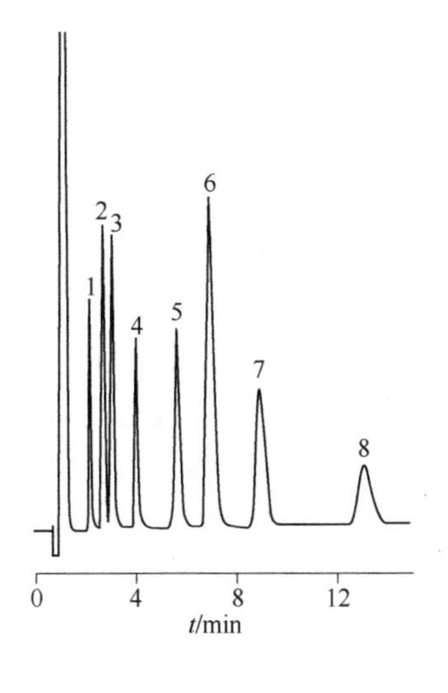

图 3-6　在 Metrosep Cation 1-2 柱上分离碱金属和碱土金属

淋洗液：5mmol/L 酒石酸+0.75mmol/L 吡啶二羧酸（dipicolinic acid）

流速：1mL/min　　检测：直接电导　　进样体积：10μL

色谱峰（mg/L）：1—锂离子（1）；2—钠离子（5）；3—铵离子（5）；4—钾离子（10）；5—钙离子（10）；6—镁离子（10）；7—铯离子（20）；8—钡离子（20）

戴安公司（Dionex）生产的 SCS-1 离子色谱柱，采用 4.5μm 的硅胶作为固定相，羧酸为功能基，其适用的 pH 值范围为 2～7，主要用于非抑制型离子色谱金属离子的测定，也可以用于胺类化合物的分离。色谱柱尺寸包括 250mm×4mm（id）和 250mm×2mm（id）两种类型。

第三节　阴离子交换色谱柱填料

阴离子分析柱是离子色谱应用最多的色谱柱，占离子色谱柱的 80%以上。因此，从离子色谱出现以来，绝大多数制造商均致力于阴离子分析柱的研制和开发，至今已经出现了不同系列的阴离子分析柱，其共同特点主要表现在：①均采用强碱性阴离子交换树脂；②固定相基质具有比较高的交联度，有一定的机械强度；③一般情况下具有广范围的 pH 值的稳定性，特别是在碱性条件下稳定。

一、固定相

（一）聚合基质阴离子交换剂

苯乙烯-二乙烯基苯共聚物、聚甲基丙烯和聚乙烯是用于制造聚合物基质的阴离子交换固定相最重要的有机聚合物。

1. 表面铵化的苯乙烯-二乙烯基苯共聚物

苯乙烯-二乙烯基苯共聚物（也称聚苯乙烯-二乙烯基苯，PS-DVB）是最通用的基质材料。因为它们在 pH 0～14 稳定，可以用极高和极低 pH 值淋洗液。苯乙烯与二乙烯基苯（DVB）共聚合可获得树脂所需的力学性能，在树脂中的 DVB 百分含量称为“交联度”。聚合物树脂的孔隙是聚苯乙烯-二乙烯基苯树脂的另一个特征，根据孔隙的差异，树脂可以分为微孔型和大孔型树脂[9]。通过表面铵化苯乙烯-二乙烯基苯聚合物，就可以生产出阴离子交换树脂，多数阴离子色谱制造商均采用这种类型的阴离子色谱固定相，在抑制型和非抑制型阴离子分析柱中得到广泛的应用。

制备该类色谱填料需要特殊的合成技术，但商品化色谱柱的衍生化修饰方法尚未公布。由于衍生化法可直接于固定相上修饰大量的功能基团，使该类色谱填料的交换容量很大，因此越来越受色谱工作者的青睐，固定相结构示意参见图 3-7。该修饰方法的技术难点在于如何提高色谱填料的柱效。基质微球的内孔经过功能化修饰后，将不利于离子的快速传递，会导致色谱柱效的降低。早期利用该方法制备的固定相的色谱柱效较差，但是近年来生产的 IC SI-524E 离子色谱柱（Showa Denko，日本）具有很好的色谱柱效，证明了该方法的可行性。

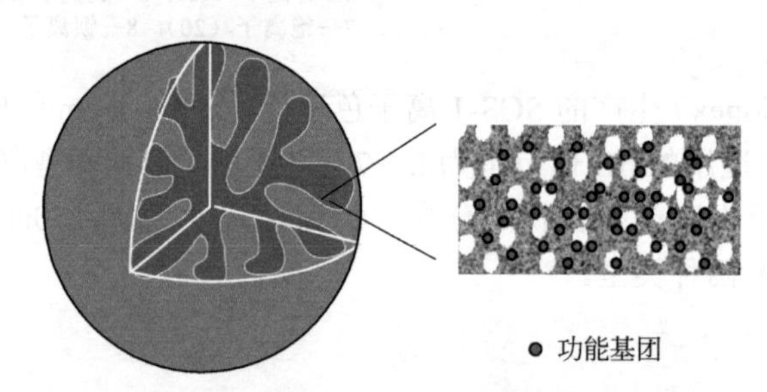

图 3-7　化学衍生化法直接修饰聚合物基质微球

2．表面铵化乙基乙烯基苯-二乙烯基苯共聚物

表面功能化乙基乙烯基苯-二乙烯基苯共聚物（EVB-DVB）从戴安（Dionex）生产的 IonPac AS14 柱开始。IonPac AS14 柱改善了氟离子和水负峰之间的分辨率，以及氟离子、乙酸和甲酸之间的分辨率，在不增加常见 7 种阴离子总的分析时间的情况下，进一步提高了分离效率。

固定相可通过将聚合物链键合于基质微球表面制备得到，基质微球表面需含有可发生聚合反应的基团，或易引入可聚合的基团。将树脂、单体及引发剂混合后反应，在基质微球表面键合一层聚合物后制备得到固定相复合材料，固定相结构示意图参见图 3-8。该修饰方法不宜使用交联单体，若反应液中含交联单体易形成凝胶，使基质微球分散于凝胶中。离子交换功能基团与基质之间的结合为共价键结合。有机聚合物树脂可以制成微孔和大孔型。由于大孔型高聚物基质有大的表面积，可得到较高的离子交换容量。表面铵基化的高交联度乙基乙烯基苯-二乙烯基苯共聚物（EVB-DVB）树脂的离子交换功能基是将外层功能基化的阴离子交换聚合物接枝（共价键结合）到高交联度基质的表面[10]。高交联度基质由 EVB 交联 55%的 DVB 组成，这种固定相可用含有机溶剂的淋洗液。

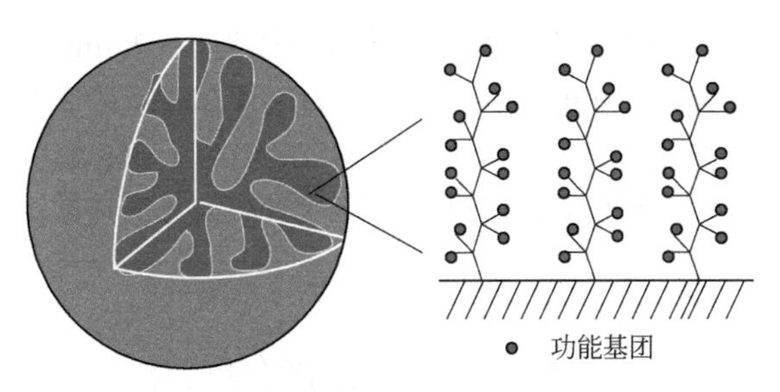

图 3-8 表面接枝型阴离子交换固定相

此外，在过去十年中超支化接枝修饰法被用于十多种阴离子交换色谱柱的生产中。制备过程首先在基质微球的外表面及大孔的内表面引入带负电荷的功能基层，然后在基球表面合成一层环氧-胺共聚物（epoxy-amine copolymer），并通过静电相互作用吸附于微球表面[11]。利用微球表面覆盖的聚合物与环氧单体发生反应，该环氧单体至少包含两个环氧基或一个铵基。最后利用伯胺或含三个环氧基的环氧单体可在基质微球表面引入超支化反应的枝点[12]，固定相结构示意图参见图 3-9。通过该方法制备得到的表面复合物具有极强的亲水性，因为聚合物仅由含羟基与铵基的脂肪链组成。此外该固定相填料能够耐受强碱性淋洗液，稳定性优于其他亲水性填料。可通过改变接枝的单体调节固定相的选择性，并且通过控制接枝层的厚度得到较快的传质速率和高的柱效[13]。该方法还可用于制备高交换容量的色谱柱填料。

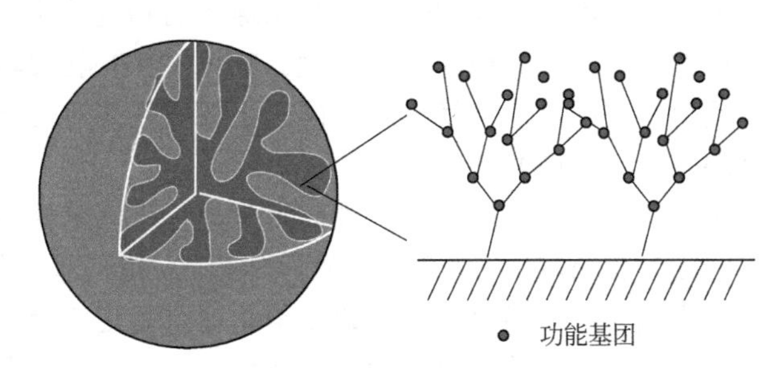

图 3-9 超支化修饰型阴离子交换固定相

3．表面铵化聚甲基丙烯酸和聚乙烯基树脂

对照上述 PS-DVB 或 EVB-DVB 树脂，聚甲基丙烯酸树脂仅仅在 pH 1～12 条件下稳定。常见阴离子能够用各种有机酸如葡萄糖酸、邻苯二甲酸、酒石酸、草酸及一些无机弱酸如硼酸等作淋洗液来分离。氢氧化钾也能够用于一价阴离子的分离，典型的例子是岛津的聚丙烯酸基质的固定相 IC-A1 和默克（Merck）公司的 12μm Polyspher IC AN-1。

4．乳胶附聚型阴离子交换固定相

最初的薄壳乳胶型阴离子交换剂是 1975 年由 H. Small 的第一篇离子色谱论文提出的[14]，结构示意见图 3-10。固定相由表面磺化的 EVB-DVB 和 PS-DVB 基质与完全季铵化的聚乙基苯-氯化甲基乙烯基苯或聚甲基丙烯酸酯（GMA）组成的高容量多孔聚合物小球（乳胶微粒）组成。基质微球的直径一般为5～25μm，乳胶微粒则小得多，约为0.1～0.3μm。它们通过静电和范德华作用力凝聚在基质的表面。虽然乳胶小颗粒聚合物表现出其完全铵化而有很高离子交换容量，但对于微孔型色谱固定相，由于乳胶附聚数量有限，最终得到较低的阴离子交换容量，其交换容量约为0.03meq/g。

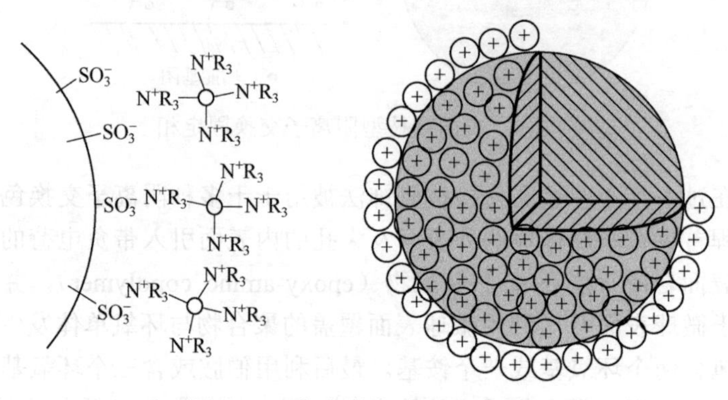

图3-10　乳胶附聚型无孔固定相

乳胶附聚阴离子交换剂的选择性通过改变季铵基的化学性质而改变。因为乳胶材料是通过分离步骤合成的，对于特定的分析要求，通过改变功能基键合颗粒或改变交联度来选择最佳的分离柱。这种表面磺化的基质通过 Donnan 排斥阻止无机离子进入固定相惰性部分的扩散，因此键合到乳胶微球上的功能基团在扩散过程中占主导地位，乳胶微球的大小决定扩散距离和速度。VBC-DVB 乳胶附聚型阴离子交换树脂与 GMA 乳胶附聚型阴离子交换树脂的区别主要表现为对易极化离子的分离不同，例如易极化的碘离子与硫氰酸离子的分析。

随着新型固定相的研发，无孔基质微球乳胶附聚型色谱固定相逐渐被超孔基质微球乳胶附聚型色谱固定相所取代。与无孔基质微球相比，超孔基质微球含有100～300nm宽的内孔，易于制备高交换容量的色谱填料。通过特定的合成过程，控制超孔基质微球的孔径，乳胶材料能够同时吸附于基质微球的外表面及内孔表面上，固定相结构示意图参见图3-11。经过优化基质微球的内孔径与乳胶材料的直径，制备得到的固定相其交换容量是无孔基质微球制备的固定相的6～8倍。

图3-11　超孔基质微球乳胶附聚型固定相

（二）硅胶型阴离子交换剂

对照有机聚合物，硅胶基质材料具有更高的色谱柱效和更佳的机械稳定性。一般情况下，由于没有膨胀和收缩的问题，可以有多种离子交换功能基团并能够适用于有机溶剂，柱温达80℃也不会对固定相产生不利影响。虽然这些固定相的色谱柱效理论塔板数比聚合物要高得多，但它们仅仅只能用于有限的 pH 值范围（pH 2～8），这将大大减少淋洗液使用范围和被测样品的种类。一般而言，硅胶基质按其颗粒大小进行分类，一般多孔基质的颗粒大小范围为 3～10μm，通过自由硅烷醇基与适合氯化硅烷加入季铵功能基达到 0.1～0.3meq/g 离子交换容量，此类阴离子交换剂一般只适用于非抑制型离子色谱体系[15]。

二、典型的柱填料和色谱条件

（一）分离机理

阴离子分析柱使用带季铵盐阴离子的交换树脂，树脂最外层的阳离子交换功能基提供树脂分离阴离子的能力，其分离机理是基于流动相和固定相（树脂）阳离子位置之间离子的交换。阴离子交换树脂本身带有正电荷，对淋洗液中阴离子和样品阴离子有静电吸附作用，使淋洗液中阴离子和样品阴离子争夺树脂上的正电荷位置。在离子交换过程中，由于流动相可以连续提供与固定相（离子交换树脂）表面电荷相反的平衡离子，这种平衡离子与树脂以离子对的形式处于动态平衡状态，保持体系离子的电荷平衡。随着样品离子与淋洗离子（即平衡离子）交换，当样品离子与树脂上的离子成对时，样品离子由于库仑力会有一个短暂的停留。不同的样品离子与树脂正电荷之间的库仑力不同，因此样品阴离子从色谱柱移动的速度亦不同。样品阴离子与树脂的离子交换平衡可用以下方程式表示：

$$A^- + (\text{淋洗离子})^- — N^+R_4 — R \rightleftharpoons A^- — N^+R_4 — R + (\text{淋洗离子})^-$$

例如，在阴离子分离中用 OH^-为淋洗液，可用下式表示上面的平衡：

$$K=\frac{[A^-\ N^+R_4][OH^-]}{[A^-][OH^-N^+R_4]}$$

式中，K 是选择性系数，K 值越大，说明样品离子的保留时间越长。选择性系数是离子电荷、离子半径、淋洗液种类和树脂类型的函数。

（二）苯乙烯-二乙烯苯共聚物表面铵化固定相

Hamilton 公司的 PRP-X100 阴离子交换柱，其树脂是球状的 PS-DVB 颗粒，表面共价键合季铵盐。用对羟基苯甲酸作为淋洗液，7 种常见的阴离子可以在很短时间内分离。Hamilton 新出的 PRP-X110 色谱柱，是另外一种 PS-DVB 基质材料。这种色谱柱可适用于抑制型或非抑制型电导检测的淋洗液。如果与抑制电导检测联用，必须加入硫氰酸钠到淋洗液中以减弱吸附导致的溴酸根、硝酸根和易极化阴离子的拖尾。同时，可以改善氟离子和水负峰之间的分离，但由于氯离子与碳酸根共淋洗使其定量受到影响。SYKAM 公司的 LCA A01 柱也用类似的固定相，但与 PRP-X100 洗脱顺序略有不同，并能够用碳酸盐/碳酸氢盐淋洗液。有关氟离子的保留行为，三种固定相表现出同样的问题，即氟离子的洗脱与死体积十分接近。因此，这种柱子不宜用于复杂基体中氟离子的测定，对较简单基体中的氟离子的测定，定量应考虑在 0.5mg/L 以上的浓度。

对照上述分离柱，Yokogawa（横河）公司的 ExcelPak ICS-A23（仅仅在日本有售）设计用于分离水负峰和氟离子，其采用碳酸盐淋洗液并结合抑制器系统。用 3 mmol/L 的 Na_2CO_3 淋洗液，7 种常见无机阴离子在 10min 内高分辨分离。虽然 7 种常见阴离子可与溴酸根和氯酸根等分离，但饮用水消毒副产物与氯离子和硝酸根共淋洗。Sarasep 公司的分离柱有相似的选择性，可用于非抑制和抑制型电导检测，在许多国家有售。分离柱如 AN1、AN2 和 AN300 是高交联度，表面用烷基二甲基乙醇胺改性。尽管这种填料具有高交联度，但不兼容有机溶剂，可能是由于甲基丙烯酸型离子交换聚合物的基质的吸附作用。此外，机械的稳定性也受限制，这些色谱柱只能在 10MPa 的系统压力下操作。Sarasep AN300 仅仅可能在 2mL/min 的流速下操作。正因为如此，AN300 色谱柱内径为 7.5mm 以减少色谱的柱压。氟离子和系统死体积之间的色谱分辨率及卤氧化物与一些常见阴离子之间的共淋洗问题与 Yokogawa 色谱柱类似，因此 AN300 也仅能用于基体较简单样品的分析。亚氯酸根和氯离子在标准条件下无法分离，亚硝酸根和溴酸根及氯酸根与硫酸根也无法完全分离。与一般乳胶型阴离子交换剂相对照，在标准条件下氟离子和乙酸根之间的分离改善。然而，乙酸和甲酸，它们可以在乳胶型阴离子交换剂上分离，而在 Sarasep 色谱柱上共淋洗。Star Ion A300 IC 阴离子柱是 Phenomenex 公司提供的一种通用型阴离子色谱柱，可以用碳酸根/碳酸氢根淋洗液，常见阴离子有相对短的分析时间并用抑制电导检测。上述色谱柱对氟离子和系统水负峰的分离都不如丙烯酸基型的色谱柱。这类色谱柱对常见阴离子的选择性十分类似于乳胶型阴离子交换柱 IonPac AS4A-SC，它仅仅提供氟离子和乙酸根的分离。Star Ion A300 IC 阴离子也有 100mm×10mm（id）形式（Star Ion A300HC），由于它有更大的色谱柱内径，因此它有更高的离子交换容量。按照制造商的说法，该色谱柱特别适合于饮用水中的痕量溴酸根的检测。这些色谱柱的特征结构和技术性能见表 3-3。

（三）表面铵化乙基乙烯苯-二乙烯基苯（EVB-DVB）固定相

对无机阴离子的洗脱结合抑制电导检测，IonPac AS14 柱，用碳酸根/碳酸氢根淋洗液，氟离子和系统水负峰之间的分离与 IonPac AS12A 相比有明显改善，避免了氟离子与短链脂肪酸如乙酸和甲酸之间的干扰，因此这种色谱柱可用于复杂基体中的氟离子测定。在某些样品中目标离子浓度差别很大，也能够很容易地用 IonPac AS14 柱分离，因为 65μeq/柱的柱容量是相对较大的。通过增加淋洗液的离子强度，硫酸根的分析时间能够缩短到 8min 左右。应该指出的是，由接枝过程制备的固定相与乳胶型阴离子交换固定相相比，显示出明显的高斯分布。色谱峰在峰的两边都是曲线，它同时有拖尾和前伸效应。用小颗粒的基质可以明显改善柱率，例如用 5μm IonPac AS14A 色谱柱，尺寸为 150mm×3mm（id），它减少该色谱柱的压力降，同时获得相对较高的交换容量（40μeq/柱）。在这个色谱柱上操作的淋洗液浓度为 8mmol/L 碳酸钠和 1mmol/L 碳酸氢钠，不仅减少了运行时间，也改善了常见无机阴离子的灵敏度（图 3-12）。

表 3-3 表面铵化的苯乙烯-二乙烯苯共聚物的结构和技术性能

分离柱	PRP-X100	PRP-X110	LCA A01	ExcelPaK ICS-A23	AN1	AN300	Star Ion A300 IC Anion	TSKgel SuperIC-Anion
尺寸(长×id)/mm	50×(4.1, 2.1, 1.0) 100×(21.5, 4.1, 1.0) 150×(50.8, 21.5, 10.0, 4.6, 4.1, 2.1, 1.0) 250×(50.8, 21.5, 10.0, 4.6, 4.1, 2.1, 1.0)	50×1.0 100×(4.6, 4.1, 2.1, 1.0) 150×(4.6, 4.1, 2.1, 1.0) 250×(4.6, 4.1, 2.1, 1.0)	200×4.0	75×4.6	250×4.6	100×7.5	100×(4, 4.6) 100×10	150×4.6
制造商	Hamilton	Hamilton	Sykam	Yohogawa	Sarasep	Sarasep	Phenomenex	Tosoh
pH 值范围	1～14	0～14	1～14	2～12	2～12	2～12	1～12	2～12
最大压力/MPa	35	没有规定	25	13	10	7	7	12
最大流速/(mL/min)	8	没有规定	3	1.5	1.5	2	2	1.2
溶剂兼容/%	100	100	10	＜5	＜5	＜5	0	20
容量/(meq/g)	0.2	没有注明	0.04	0.05	0.05	没有注明	没有注明	12meq/L
颗粒直径/μm	3, 5, 10, 12～20	7	12	5	10	7	7.5	5
柱填料类型	球状苯乙烯-二乙烯基苯胺化三乙基胺	苯乙烯-二乙烯基苯季铵功能基	苯乙烯-二乙烯基苯带季铵功能基	苯乙烯-二乙烯基苯带季铵功能基	苯乙烯-二乙烯基苯胺化二甲基乙醇胺	苯乙烯-二乙烯基苯胺化二甲基乙醇胺	苯乙烯-二乙烯基苯带季铵盐功能基	

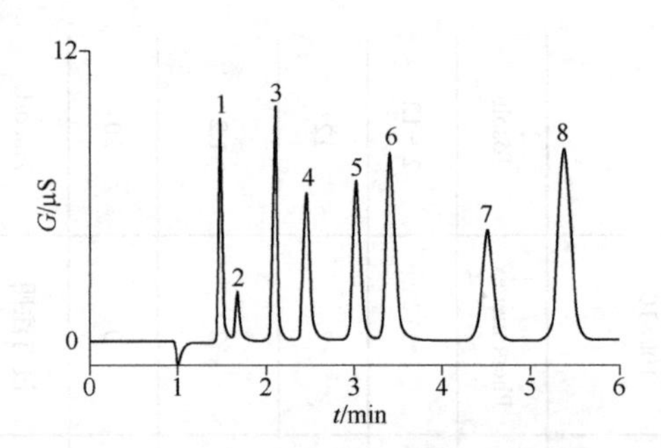

图 3-12 在 IonPac AS14A 柱上无机阴离子的快速分离

色谱柱温：30℃　　检测：抑制型电导

淋洗液：8mmol/L Na_2CO_3+1mmol/L $NaHCO_3$

进样体积：5μL　　流速：0.8mL/min

色谱峰（mg/L）：1—氟离子（5）；2—乙酸（20）；3—氯离子（19）；4—亚硝酸根（15）；5—溴离子（25）；6—硝酸根（25）；7—正磷酸（40）；8—硫酸（40）

另一表面功能化 EVB-DVB 表面共价键合阴离子交换聚合物的色谱柱是 IonPac AS15。这种材料适合于梯度淋洗无机和有机阴离子。作为对 IonPac AS11-HC 柱的改进，AS15 色谱柱特别适用于氟离子、乙醇酸、乙酸和甲酸的氢氧根梯度分离。IonPac AS15 的支持基质与 IonPac AS14 相同。与 IonPac AS11-HC 相比，改善了不同有机酸之间的分辨率。AS15 的离子交换功能基的疏水性导致其后洗脱物质的选择性：因为吸附作用，溴离子和硝酸根在硫酸和磷酸根之间被洗脱。虽然正磷酸的总分析时间显著高于 AS11-HC，但色谱柱高达 225μeq/柱的离子交换容量允许常见阴离子在等度淋洗条件下完全分离。用 5μm 颗粒和更小色谱柱尺寸［150mm×3mm（id）］的 IonPac AS15A，如果在略高温度下操作，可以得到等度淋洗或梯度淋洗条件下的高度对称色谱峰。

IonPac AS19 是采用新一代铵化 EVB-DVB 的固定相，其基质为超孔型 EVB-DVB 颗粒，多步的功能化得到亲水性很强的季铵烷醇，同时具有很高的交换容量，特别适合于氢氧根淋洗液分离卤氧化物如溴酸根的测定。IonPac AS20 同 IonPac AS19 一样，其基质为超孔型 EVB-DVB 颗粒，孔径达到 200nm，适合于氢氧根淋洗液专门分析痕量的高氯酸以及强极性的碘离子、硫氰酸根等。

IonPac AS21 同 IonPac AS20 一样，但适合于甲基胺为淋洗液用 IC-MS 分析水中痕量高氯酸，当然也可采用氢氧根淋洗液分析高氯酸、砷酸盐、铬酸盐等。

IonPac AS22 虽然同 AS19 有相似的固定相，但适合碳酸盐的淋洗液体系，并可用于 EG50 和 EPM 自动产生的 K_2CO_3/$KHCO_3$ 淋洗液，可代替 AS4A-SC、AS12A、AS14 和 AS14A 柱。

IonPac AS23 固定相的结构与 AS22 相同，适合碳酸盐的淋洗液，尤其适合分析饮用水中痕量的溴酸盐，由于 AS23 高达 320μeq/柱的交换容量，即使含有较高的氯离子，不用 Ag 柱处理也可以直接分析饮用水中的溴酸盐。

IonPac Fast Anion Ⅲ特别设计用于可口可乐饮料中磷酸和柠檬酸的测定，分析时间在 5min 之内。

表 3-4 总结了表面铵化的 EVB-DVB 的结构和技术特征。

表 3-4　表面铵化的 EVB-DVB 的结构和技术指标

色谱柱	IonPac AS14	IonPac AS14A	IonPac AS15	IonPac AS15A	IonPac AS19
尺寸(长×id)/mm	250×2 250×4	150×3 250×4	250×2 250×4	150×3	250×2 250×4
制造商	Dionex	Dionex	Dionex	Dionex	Dionex
pH 值范围	2～11	2～11	0～14	0～14	0～14
最大压力/MPa	27	27	27	27	27
最大流速/(mL/min)	3.0	1.5 3.0	0.75 3	1.5	3.0
溶剂兼容/%	100	100	100	100	100
容量/(meq/柱)	0.016 0.065	0.04 0.12	0.056 0.225	0.07	0.060 0.240
颗粒直径/μm	9	5 7	9	5	7.5
色谱填料的类型	EVB-DVB 带季铵功能基	EVB-DVB 带季铵功能基	EVB-DVB 带季铵功能基	EVB-DVB 带季铵功能基	EVB-DVB 带季铵烷醇功能基
色谱柱	IonPac AS20	IonPac AS21	IonPac AS22	IonPac AS23	IonPac Fast Anion Ⅲ
尺寸(长×id)/mm	250×2 250×4	250×2	250×2 250×4	250×2 250×4	250×3
制造商	Dionex	Dionex	Dionex	Dionex	Dionex
pH 值范围	0～14	0～14	0～14	0～14	0～14
最大压力/MPa	21	21	21	21	27
最大流速/(mL/min)	0.5 2	0.75	0.63 2.5		2.0
溶剂兼容/%	100	100	100	100	100
容量/(meq/柱)	0.0775 0.31	0.045	0.0525 0.210	0.08 0.32	0.055
颗粒直径/μm	7.5	7	6.5	6	7.5
色谱填料的类型	EVB-DVB 带季铵功能基	EVB-DVB 带季铵功能基	EVB-DVB 带季铵功能基	EVB-DVB 带季铵功能基	EVB-DVB 带季铵功能基

（四）表面铵化聚甲基丙烯酸和聚乙烯基树脂

万通（Metrohm）公司的 Metrosep Anion Dual 1 采用了羟乙基甲基丙烯酸（HEMA）的固定相。按照制造商的说法，有机样品组分很少保留在这种基质材料上，因为它的亲水性强而使干扰物质很快洗脱而避免干扰。采用较小的色谱柱内径（3mm），在比较低的流速（0.5mL/min）下操作。Polyspher IC AN-1、Metrosep Anion Dual 1 适合于分析简单的无机阴离子及卤氧酸、短链脂肪酸和草酸。而 Metrosep Anion Dual 2 是设计用于碳酸根/碳酸氢根淋洗液，采用化学抑制电导检测，这种分离柱的显著特点是氟离子与水负峰之间分离明显，同时乙酸和甲酸之间分离也很好，可同时测定样品中的氟离子、葡萄糖酸和乳酸。而酒石酸、苹果酸和丙二酸会干扰硫酸根测定。在相对比较长的时间（20min）内，硫酸根的洗脱获得高的分辨率。

奥泰（Alltech）公司的 Universal Anion 柱，其基质是类似万通公司 Metrosep Anion Dual 1 柱的大孔型阴离子交换的羟乙基甲基丙烯酸树脂，这种固定相由 2-羟基甲基丙烯酸聚合物同乙基二甲基丙烯酸交联并用三甲胺功能化，树脂颗粒为 10μm，容量为 0.1meq/g，用一系列淋洗液包括对羟基苯甲酸、邻苯二甲酸、硼酸/葡萄糖酸、氢氧根/苯甲酸和碳酸根/碳酸氢根，均有良好的分离效果。甲基丙烯酸聚合物稳定的 pH 值范围是 2～12。这种材料的机械和化学稳定性归结于高交联度。在 HEMA 基质上存在的自由羟基导致该材料的亲水性，它对易极化阴离子的色谱峰有正面影响。用 pH 8.0～8.6 的对羟基苯甲酸淋洗液，对常见阴离子的分离小于 20min。

三菱（Mitsubishi Kasei）公司提供的甲基丙烯酸基 5μm 阴离子交换柱专用于非抑制电导检测，商品名为 MCI Gel SCA04。专用于这种色谱柱的淋洗液由 4-羟基-3-甲氧基苯甲酸（vannilic acid）和 *N*-甲基二乙醇胺组成。该淋洗液是三菱公司专利，按制造商的说法，当淋洗液 pH 值调节为 6.2 时，有相对低的背景电导。必须十分精确地调节 pH 值，因为氟离子和正磷酸在低 pH 值条件下出峰相反。另外，在 pH 7 时正磷酸和氯离子发生共洗脱。这些色谱柱的特征结构见表 3-5。

至今，仅有 Interaction Chemical 公司生产聚乙烯阴离子交换树脂，其分离柱的商品名为“ION-100”和“ION-110”。这类大孔树脂在 pH 0～14 稳定，因此允许用多种不同的淋洗液；但较丙烯酸基材料的色谱柱的柱效低。

最近，万通（Metrohm）引入新型聚乙烯阴离子交换固定相：Metrosep Anion Supp 4 和 5。而 Metrosep Anion Supp 4 已经建立了常规的应用，如各种类型水中常见阴离子分析；Metrosep Anion Supp 5 柱的颗粒尺寸更小，显示更高色谱柱效，适合用于基体复杂样品的分析。Metrosep Anion Supp 5 提供三种不同的色谱柱长及不同的离子交换容量。如图 3-13 所示，氟离子与水负峰在 250mm 色谱柱上有很好的分离。氟离子和短链一元羧酸如乙酸、葡萄糖酸和乳酸有极好的分离，然而对于硫酸根有相对长的分析时间，约为 25min。这类色谱柱的特征结构和技术性能见表 3-6。

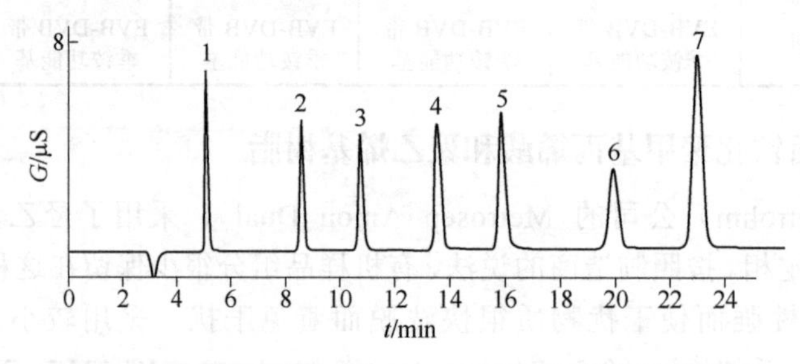

图 3-13 Metrosep Anion Supp 5 柱无机阴离子的分离

淋洗液：3.2mmol/L Na_2CO_3+1mmol/L $NaHCO_3$

流速：0.7mL/min　　检测：抑制型电导　　注射体积：20μL

色谱峰（mg/L）：1—氟离子（2）；2—氯离子（3）；3—亚硝酸根（5）；4—溴离子（10）；5—硝酸根（10）；6—正磷酸根（15）；7—硫酸根（15）

表 3-5 表面铵化聚甲基丙烯酸树脂的结构和技术指标

分离柱	Shimpack IC-A1	Metrosep Anion Dual1	Metrosep Anion Dual2	Polyspher IC AN-1
尺寸(长×id)/mm	100×4.6	150×3.0	75×4.6	100×4.6
制造商	Shimadzu	Metrohm	Metrohm	Merck
pH 值范围	2～11	2～12	1～12	2～10
最大压力/MPa	5	9	7	10
最大流速/(mL/min)	2	0.7	1.2	2
溶剂兼容/%	10	10	20	20
容量/(meq/g)	没有规定	没有规定	没有规定	没有规定
颗粒直径/μm	10	没有注明	没有注明	12
类型	聚甲基丙烯酸带季铵功能基	聚羟乙基丙烯酸带季铵功能基	聚甲基丙烯酸带季铵功能基	聚甲基丙烯酸带季铵功能基
分离柱	Universal Anion	MCI Gel SCA04	TSKgel IC-Anion-PW$_{XL}$	TSKgel IC-Anion-PW
尺寸(长×id)/mm	150×4.6	150×4.6	35×4.6 70×4.6	50×4.6
制造商	Alltech	Mitsubishi Kasel	Tosoh	Tosoh
pH 值范围	2～12	2～12	2～12	2～12
最大压力/MPa	17	没有规定	7	7
最大流速/(mL/min)	2	2	1.2	1.2
溶剂兼容/%	5	5	20	20
容量/(meq/g)	0.1	0.03	30meq/L	30meq/L
颗粒直径/μm	10	5	6	10
类型	聚甲基丙烯酸带季铵功能基	聚甲基丙烯酸带季铵功能基		

表 3-6 表面铵化聚乙烯树脂的结构的技术指标

色谱柱	ION-100 (ION-100)	Metrosep Anion Supp 4	Metrosep Anion Supp 5①	TSKgel SuperIC-AP	TSKgel SuperIC-AZ
尺寸(长×id)/mm	100×3.0 (250×3.0)	250×4.0	100×4.0；150×4；250×4	75×4.6 150×4.6	150×4.6
制造商	Interaction Chemicals	Metrohm	Metrohm	Tosoh	Tosoh
pH 值范围	0～14	3～12	3～12	2～12	2～12
最大压力/MPa	10	12	15	12	15
最大流速/(mL/min)	1～2	2	0.8	1.2	1.2
溶剂兼容/%	10	100	100	20	100
容量/(meq/柱)	0.1	0.046	0.038，0.057，0.094	30meq/L	30meq/L
颗粒直径/μm	10	9	5	6	4
填料材料的类型	聚乙烯带季铵功能基	聚乙烯带季铵功能基	聚乙烯带季铵功能基	聚乙烯带季铵功能基	聚乙烯带季铵功能基

① 与 Shodex 的 SI-50 4E 相同。

（五）乳胶附聚阴离子交换剂

乳胶附聚阴离子交换剂对常见离子有不同的选择性。最重要的分离柱结构和技术特征见表 3-7。

表 3-7　乳胶附聚阴离子交换剂的结构和技术性能

分离柱	颗粒直径/μm	乳胶交联度/%	乳胶颗粒大小/nm	应用
IonPac AS4A-SC	13	0.5	160	通用高效分离柱
CarboPac PA1	10	5	350	分离硫离子和氰根
IonPac AS5	15	1	120	分离 EDTA、磷酸等
IonPac AS7	10	5	350	多价阴离子分离
IonPac AS9-SC	13	20	110	通用的高效分离柱，特别用于卤氧酸
IonPac AS9-HC	9	15	90	通用高效分离柱，有高容量，特别用于卤氧酸
IonPac AS10	8.5	5	65	高容量阴离子分离柱，对硝酸根保留强
IonPac AS11	13	6	85	梯度淋洗高效分离无机阴离子与有机酸
IonPac AS11-HC	9	6	70	高容量，复杂基体中无机阴离子与有机酸的分离
IonPac AS12A	9	0.2	140	高效分离氟和卤氧酸色谱柱
IonPac AS16	9	1	200	高效分离易极化阴离子
IonPac AS17	10.5	6	75	梯度淋洗常见阴离子的高效分离
IonPac AS18	7.5	8	65	用于梯度和等度淋洗阴离子的高效分离
IonPac Fast Anion	15	4		快速分析无机阴离子
YSA8①				用于常见阴离子的分析

① 除了 YSA8 为核工业北京化工冶金研究院生产外，其他均为原戴安公司（Dionex）生产。

通用高效阴离子交换柱 IonPac AS4A-SC 的固定相以乙基乙烯基苯-二乙烯基苯为基质，固定相的高交联度可兼容有机溶剂，对常见无机阴离子的分离用碳酸根-碳酸氢根混合物作为淋洗液。

AS7 分离柱特别适用于多价阴离子分离，多价阴离子如氨基多羧酸和氨基多磷酸，由于它们的保留时间随着电荷数增加而急剧增加，因此洗脱多价阴离子必须用高洗脱能力的强碱流动相。

乙基乙烯基苯-二乙烯基苯基质中采用附聚丙烯基乳胶颗粒的色谱柱，如离子交换容量为 35μeq/g 的 IonPac AS9-SC 柱，乳胶颗粒用中等亲脂性的季铵功能化，可使氯酸根和硝酸根很好地分离。为获得最佳溴离子、氯酸根和硝酸根之间的分辨率，采用淋洗液流速为 1mL/min，但将增加硫酸根的分析时间到约 20min。亚氯酸根和溴酸根在这种固定相也能与氯离子更好地分离，它允许在高浓度的氯离子情况下测定相对低浓度的亚氯酸根或溴酸根。这类色谱柱可用于饮用水中消毒副产物卤氧酸的测定。IonPac AS9-SC 与 IonPac AS4A 相比，亚硫酸根和硫酸根也被更好地分离，甚至可以用于离子浓度差异很大的样品。与常规阴离子交换固定相（如 AS4A-SC 柱）相比，丙烯酸基乳胶聚合物 pH 值稳定性低，色谱柱在 pH 2～11 稳定，被分析的样品 pH 值不能超过 13。AS9-SC 色谱柱还值得注意的特征是对极化阴离子如碘离子、硫氰酸根和硫代硫酸根有相对短的保留时间，它能够用碳酸钠淋洗液在 20min 内分离这些离子。用大孔基质（200nm 孔隙）替代微孔基质，丙烯酸基乳胶颗粒也可静电凝聚在磺化后的孔隙内，并且能够对有机溶剂兼容，大孔型填料有相对高的离子交换容量［约 190μeq/柱，250mm×4mm（id）］，商品名为 IonPac AS9-HC。IonPac AS9-HC 和 AS9-SC 均适合于饮用水和地下水常见阴离子和卤氧酸分析。由 IonPac AS9-HC 容量更高可以用 9mmol/L 的碳酸钠淋洗液，对照 AS9-SC，AS9-HC 对溴酸根和氯离子、氯离子和亚硝酸根、氯酸根和硝酸根有更好的分离，氟离子和水负峰的分辨率也显著增加。因此 IonPac AS9-HC 与大体积进样兼容，并且特别适合于饮用水中痕量溴酸根的测定。

IonPac AS10 柱采用 8.5μm 粒径的 EVB-DVB 大孔（200nm）基质材料，季铵功能化的乳胶颗粒（65nm）键合于其表面，离子交换容量约为 170μeq/柱［250mm×4mm（id）］。该柱的高离子交换容量需要用高离子强度的淋洗液，氢氧化钠是特别适合的淋洗液。尽管淋洗液浓度高，氟离子与水负峰仍有很好的分离。氟离子与乙酸的分离可用梯度淋洗完成。IonPac AS10 柱的离子交换功能基是强亲脂性，对溴离子和硝酸根保留很强，可用于化学试剂和高离子强度样品中痕量阴离子的分析。

自从 1987 年引入梯度洗脱阴离子交换色谱后，氢氧根选择性乳胶附聚型阴离子交换固定相开始研制和生产。梯度洗脱的目标是在同一次色谱分离中通过逐步增加流动相的离子强度来洗脱不同保留性质的阴离子。由于是抑制电导检测，仅仅氢氧根淋洗液有可能实现离子色谱的梯度淋洗。由于氢氧根是一价淋洗离子，洗脱能力比较弱，因此，研制具更高氢氧根亲水性的分离柱方能够在很低 NaOH 浓度条件下洗脱多价阴离子。该类型较早商品化的色谱柱是 IonPac AS11，其基质是高交联度的 EVB-DVB 聚合物，颗粒直径为 13μm；乳胶颗粒直径增加到 85nm，大的颗粒直径可在较高的流速（2mL/min）下，仍能够在合适的压力下运行。柱容量为 45μeq/柱，兼容有机溶剂。

固定相对氢氧根的亲和力是由季铵功能基水合程度决定的，依次取决于羟基的数量和它们与离子交换功能基的距离。随着羟基数量增加和距离的减小，离子交换功能基的区域周围水合程度将会更强，因此对氧氧根离子有更大的选择性。因为氢氧根离子本身是强亲水性的，它较易进入离子交换功能基的区域，有更强的保留。换而言之，季铵功能基由于氢氧基的水合程度增加，氢氧根离子对固定相的亲和性增加而洗脱能力增加。

由于溶剂兼容性，IonPac AS11 色谱柱可以通过添加有机溶剂来改变选择性。例如，当用纯 NaOH 淋洗时，琥珀酸与苹果酸、丙二酸与酒石酸、延胡索酸与硫酸不可能分离。而加入 16%（体积分数）甲醇到流动相，这些阴离子就可以达到基线分辨。碘离子、硫氰酸根和硫代硫酸根的等度淋洗分离与五种最重要的矿物酸也可以用 NaOH/MeOH 混合淋洗液分离。

与 IonPac AS9-HC 相似，AS11 也有高容量模式。IonPac AS11-HC 柱［250mm×4mm（id）］具有高的柱容量，允许进更高浓度的样品（该样品可能会引起 AS11 色谱柱超载和色谱峰变宽），但分离时间较长。如用 30mmol/L NaOH 淋洗液，分离常见的七种阴离子需要 30min。在该分离条件下溴离子和硝酸根比硫酸根有更强的保留。而用 NaOH 淋洗液梯度淋洗，一价羧酸如奎宁酸、乳酸、甲酸、乙酸、丙酸和丁酸等有很好的分离。AS11-HC 的选择性也可以因加入有机溶剂于流动相而改变，可更好分离二价有机酸，但对一价短链脂肪酸的分离影响不大，最佳的分离可以结合 NaOH 和甲醇梯度来完成。分离受色谱柱温度的影响很大，类似于 AS11 色谱柱。

IonPac AS12A 为同时分析氟离子和其他矿物酸研发的。由于氟离子高的水合程度，它仅在高水含量的固定相中与水负峰分离。为完成这种离子交换，功能基必须具有非常强的亲水性。因此为了氟离子与水负峰的分离，AS12A 色谱柱乳胶型聚合物的氯化苯乙烯交联度为 0.15%。由于溶剂兼容乳胶颗粒附聚在高交联（55%）的大孔 EVB-DVB 聚合物基质（9μm）上，200nm 的平均孔隙与 AS10 色谱柱相同，比表面积为 $15m^2/g$。基质材料的表面磺化已经完全排斥吸附效应保留溴离子和硝酸根到最大的程度。这种色谱柱的离子交换容量是 IonPac AS4A-SC 的两倍，它明显考虑乳胶聚合物的高水含量。作为全部常规乳胶型阴离子交换剂，标准淋洗液是碳酸钠和碳酸氢钠混合物，它允许在等度淋洗条件下快速和有效洗脱无机阴离子。氟离子可以与水负峰很好地分离而无机酸和卤氧酸可在 15min 以内分离。氯离子和亚硝酸分离良好，这在其他乳胶型阴离子交换剂中是无法实现的。因此，甚至高的浓度比的其他阴离子也可以用电导检测和定量。与 IonPac AS9-SC 相比，氟离子、亚氯酸根、溴酸根和氯离子的分辨显著改善。甚至乙酸在 IonPac AS9-SC 柱上与氟离子共洗脱，可以用 IonPac AS12A 在标准淋洗液条件与氟离子分离，但很难达基线分离。与丙烯酸基的 AS9-SC 柱相比，AS12 柱的唯一缺点是对极化阴离子如碘离子、硫氰酸根和硫代硫酸根的保留强，不能用于与常见阴离子的同时分离。

IonPac AS16 的基体材料是基于 9μm 和 55%交联度的大孔 EVB-DVB 聚合物，用于极化阴离子如碘离子、硫氰酸根、硫代硫酸根和高氯酸根的分析。为减少极化阴离子和固定相之间的吸附作用，乳胶颗粒含极亲水的离子交换基团，乳胶交联度是 1%，颗粒直径是 80nm。用氢氧根淋洗液，IonPac AS16 柱可等度淋洗分离极化阴离子；它的高容量 170μeq/柱［250mm×4mm（id）］，允许大体积直接进样，达 2mL。为获得最佳色谱峰形，色谱柱温度 30℃是重要的，在这个温度下，甚至高氯酸也可得到较为对称的色谱峰。当采用梯度淋洗时，可同时分离一系列无机和有机阴离子与极化阴离子。唯一例外的是溴离子和硝酸，它们不能分离，因为树脂的显著的亲水性。该柱的一个重要应用是聚磷酸盐的分离，用 NaOH 梯度淋洗可分离聚合度达 20 的聚磷酸根。

IonPac AS17 设计用于快速梯度洗脱饮用水、废水和土壤萃取液中的无机阴离子，特别是高纯水中常见阴离子的分析。IonPac AS17 柱的基质是 10.5μm 颗粒直径的

55%交联度的微孔 EVB-DVB 聚合物。其乳胶颗粒的交联度为 6%，直径为 75nm，带强亲水性离子交换基团，柱容量为 30μeq/柱［250mm×4mm（id）］。其特征是氟离子与水负峰很好分离，可定量低浓度的氟离子。短链脂肪酸如甲酸、乙酸和丙酸也可以在氟离子之后基线分离。图 3-14 比较了 IonPac AS4A-SC 和 IonPac AS17 柱对饮用水中阴离子的分析，可以看到，氢氧根淋洗液有更高的灵敏度和更好的对氟离子和水负峰之间的分离而不影响总的分析时间。

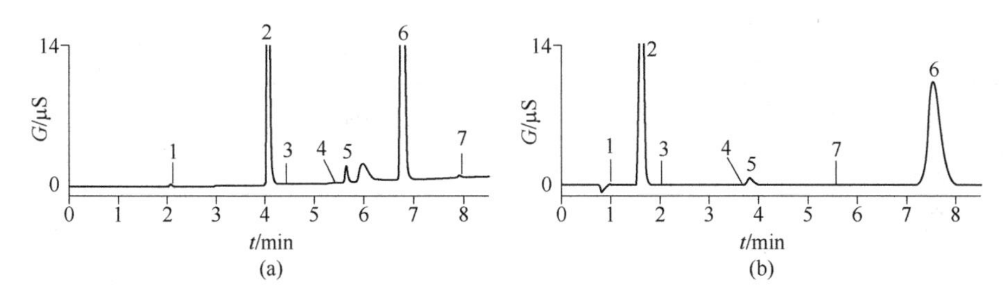

图 3-14　IonPac AS4A-SC 和 IonPac AS17 色谱柱对饮用水中阴离子分析的比较

（a）色谱柱，IonPac AS17+AG17（4mm）；淋洗液，KOH（EG40），0～1.5min，淋洗液浓度 1～20mmol/L，维持 2min 后，3.5～5.5min，淋洗液浓度 20～40mmol/L

（b）色谱柱，IonPac AG4A-SC+AS4A-SC；淋洗液，1.8mmol/L Na_2CO_3+1.7mmol/L $NaHCO_3$；流速，2mL/min；进样体积，25μL

色谱峰（mg/L）：1—氟离子［（a）0.061，（b）0.051］；2—氯离子［（a）24.057，（b）21.515］；3—亚硝酸根［（a）0.010，（b）0.015］；4—溴离子［（a）0.019，（b）0.033］；5—硝酸根［（a）1.482，（b）1.411］；6—硫酸根［（a）31.428，（b）29.721］；7—磷酸根［（a）0.286，（b）0.478］

IonPac AS18 柱设计用氢氧根淋洗液等度分析饮用水、废水和土壤萃取液中的无机阴离子，可替代 AS4-SC、AS12A、AS14、AS14A、AS17，采用 RFIC 技术可在 10min 内分离常见的 7 种离子，也可用梯度淋洗。

YSA8 型阴离子色谱柱由核工业部化学所刘开录等研制生产，是目前国产离子色谱主要采用的色谱柱，该色谱柱的特点是交换容量比较高，有机溶剂兼容，并且柱压低，特别适用于常见阴离子的分析。但该色谱柱的缺点是水负峰与氟离子保留时间差别很小，分离所需时间比较长。

（六）硅胶基质阴离子分析柱

硅胶基质阴离子分析柱由制造商如 Wescan（Santa Clara，CA，USA）、Separation Group（Hesperia，CA，USA）、Tosoh（Tokyo，Japan）和 Macherey & Nagel（Duren，Germany）提供。表 3-8 总结了最重要的现有色谱柱的特征结构和技术性质。硅胶离子交换剂由 Wescan 制造的是大孔基质，孔隙约为 30nm。这些色谱分离的特征是在一价和二价阴离子之间有很大的保留时间差异。在色谱图的最后往往出现一个负信号（约 20min），称为“系统峰”。当用有机酸如苯甲酸作淋洗液时这些峰将不可避免。新型固定相的商品名为 Vydac 300 IC 405，由球形颗粒组成，涂以聚合物以扩大 pH 稳定性。按照制造商的规定，淋洗液可以在 pH 2～10，用邻苯二甲酸作淋洗液获得标准阴离子色谱图。一般情况下，分离系统的选择用非抑制电导检测。当用 Tosoh 的 TSKgel IC-SW 作固定相和 1mmol/L 酒石酸作淋洗液时，氯酸根和硝酸根可以分离。

表 3-8　不同的硅胶基质阴离子分析柱的特征结构和技术性质

色谱柱	Vydac 302 IC 4.6	Vydac 300 IC 405	Wescan 269-001	CarboPac PA20	Nucleosil 10 Anion	TSKgel IC-SW
尺寸(长×id)/mm	250×4.6 100×4.6	250×4.6	250×4.6	150×3 150×0.4	250×4.0	50×4.6
制造商	Separation Group	Separation Group	Wescan	Dionex	Macherey & Nagel	Tosoh
交换容量/(meq/g)	约 0.1	约 0.1	0.08	0.06	0.06	0.4
颗粒大小/μm	10	15	13	6	10	5
色谱柱填料类型	季铵功能基球状颗粒				用三甲胺/二乙基胺球状颗粒铵化	

三、专用阴离子色谱柱

随着离子色谱的广泛应用，阴离子色谱柱除了进行常规无机和有机阴离子分析之外，还可以用于醇类、糖类和氨基酸的分析，这类色谱柱通常采用乳胶附聚型阴离子色谱固定相，但与常规的阴离子色谱柱在性能上却还有一些差异。表 3-9 为这类色谱固定相的性质。

阴离子色谱分离糖类和氨基酸对于糖醇和单糖类化合物宜选用低交换容量的色谱柱，而对于糖醇类化合物除了阴离子交换外，还要求有一定吸附分离，另外在分离条件下，要求淋洗液的 pH 值足够高，以使这类化合物电离成为阴离子同时也能够适合于金电极脉冲安培检测的要求。

第四节　离子排斥色谱的柱填料

一、固定相

离子排斥一般所用的固定相是表面带磺酸基或羧酸基的苯乙烯-二乙烯基苯共聚物的阳离子交换树脂。二乙烯基苯的百分含量，即树脂的交联度决定了有机酸扩散进入固定相的大小程度，因而导致保留强弱的变化，目前，大多数商品化柱填料的交联度为 8%。除了高分子聚合物之外，硅胶型阳离子交换剂有时也用于离子排斥的分离中，但由于它们无法在广的 pH 值范围内使用，因此很少有这类商品化的离子排斥固定相。

表 3-9 特定分离用的阴离子色谱柱性质

分离柱	制造商	尺寸(长×id)/mm	颗粒直径	交联度/%	乳胶交联度/%	容量/(meq/g)	最大流速/(mL/min)	最大操作压力/MPa	溶剂稳定性/%	用途
CarboPac MA1	Dionex	250×4 250×9	7.5μm 聚氯乙基苯乙烯-二乙烯基苯大孔季铵树脂	15	—	1.45/4mm 色谱柱	0.5(4mm)	14	0	糖醇、单糖、双糖
CarboPac PA1	Dionex	250×4 250×2 250×9 250×22	10μm 聚苯乙烯-二乙烯基苯附聚 500nm 季铵盐乳胶	2	5	0.1/(4mm)	1.5(4mm)	28	<2	单糖、双糖和线状多糖
CarboPac PA10	Dionex	250×4 250×2 250×9	10μm 聚苯乙烯-二乙烯基苯附聚 460nm 双功能季铵盐乳胶	55	5	0.1/4mm 色谱柱	1.5(4mm)	25	<90	高灵敏度的单糖、双糖
CarboPac PA20	Dionex	150×3	6.0μm 聚乙基苯乙烯-二乙烯基苯附聚 130nm 季铵乳胶	55	5.2	0.065/3mm 色谱柱	0.5(3mm)	21	100	单糖、双糖
CarboPac PA100	Dionex	250×4 250×2 250×9 250×22	8.5μm 聚乙基苯乙烯-二乙烯基苯附聚 275nm 季铵乳胶	55	6	0.09/4mm 色谱柱	2.0(4mm)	28	<90	聚合糖
CarboPac PA200	Dionex	250×3	5.5μm 聚乙基苯乙烯-二乙烯基苯附聚 43nm 季铵乳胶	55	6	0.09	0.5	28	100	聚合糖
AminoPac PA1	Dionex	250×4	10μm 非孔型苯乙烯-二烯基苯树脂附聚 180nm 季铵乳胶	55	55	0.09/4mm 色谱柱	1	23	<10	氨基酸
AminoPac PA10	Dionex	250×2 250×4 250×9 250×22	8.5μm 微孔型苯乙烯-二烯基苯树脂附聚 80nm 季铵乳胶	55	1	0.06/2mm 色谱柱	0.25(2mm)	28	100	氨基酸

续表

分离柱	制造商	尺寸(长×id)	颗粒直径	交联度/%	乳胶交联度/%	容量/(meq/g)	最大流速/(mL/min)	最大操作压力/MPa	溶剂稳定性/%	用途
Metrosep Carb 1 250/4.6	Metrohm	250×4.6	5μm 聚苯乙烯-二乙烯基苯共聚物带季铵功能基		—	1.530 (μmol Cl^-)	1.5	15	＜50	单糖、双糖、糖醇、寡糖
Metrosep Carb 1 150/4.0	Metrohm	150×4.0	5μm 聚苯乙烯-二乙烯基苯共聚物带季铵功能基		—	0.7 (μmol Cl^-)	1.2	12	<50	快速单糖、双糖、糖醇、多糖
ESA Sucrebead1	Shiseido	250×2.0	PS-DVB 材料							单糖和双糖
RCX-10	Hamilton	250×2.1 250×4.1 250×4.6	7μm		—		2			单糖和双糖及寡糖
RCX-30	Hamilton	250×2.1 250×4.1 250×4.6 150×4.6	7μm		—		2			单糖和双糖

二、典型的柱填料和色谱条件

离子排斥的分离模式包括 Donnan 排斥、空间排斥和吸附过程[16]。固定相通常是由总体磺化的聚乙烯-二乙烯基苯共聚物形成的高容量阳离子交换树脂。离子排斥是离子色谱分离方法之一，主要用于弱酸等弱电离化合物的分离。离子排斥可以用于从完全离解的强酸中分离有机弱酸和硼酸盐的测定。一元羧酸的分离主要由发生在固定相表面的 Donnan 排斥和吸附决定。而对于二元、三元羧酸的分离，空间排斥则起主要作用，在这种情况下，保留主要取决于样品分子的大小。

典型的离子排斥色谱柱是戴安公司的 IonPac ICE-AS1、ICE-AS5、AS6、ICE-Borate 柱及 Hamilton 公司的 PRP-X300 柱，表 3-10 列出了这些常见的商品化离子排斥

表 3-10　离子排斥固定相的结构和技术性能

分离柱	制造商	颗粒直径/μm	交联度/%	尺寸(长×id)/mm	最大流速/(mL/min)	应用
IonPac ICE-AS1	Dionex	7.5	8	250×9	1.5	一价有机酸分析柱
IonPac ICE-AS5	Dionex	7	8	250×4	1.0	特别适用于羟基有机酸的分析
IonPac ICE-AS6	Dionex	8	8	250×9	1.25	用于复杂基体中有机酸、醇类等化合物的分析
IonPac ICE-Borate	Dionex	7.5	8	250×9		专门用于硼酸根离子的分析
PRP-X300	Hamilton	3，7		(50, 100, 150, 250)×(1, 2.1, 4.1, 4.6, 10)	8.0	不同类型的有机酸分析
ORH-801	Interaction Chemical	8		300×6.5	1.5	不同类型的有机酸分析，以及糖和醇的分析
ION-300	Interaction Chemical	8		300×7.8	1.0	三羧基循环中的有机酸分析以及糖和醇的分析
ION-310	Interaction Chemical			150×6.5		有机酸快速分析
ARH-601	Interaction Chemical			100×6.5		芳香有机酸的分析
COREGEL-64H	Interaction Chemical			300×7.8		糖、醇、有机酸的分析
COREGEL-87H	Interaction Chemical		8	300×7.8 100×7.8		糖、醇、有机酸的分析
WA1 WINE ANLISIS	Interaction Chemical			300×7.8		酒类中糖、醇及有机酸的分析
TSKgel SuperIC-A/C	Tosoh			1500×6.0		阴、阳离子同时分析

注：Dionex 于 2011 年并入 Thermo Fisher Scientific。

色谱固定相的结构和技术性能。ICE-AS1 为总体磺化的阳离子交换剂，主要用于脂肪族一元羧酸的分离，不适宜二元和三元脂族羧酸的分离。ICE-AS5 和 ICE-AS6 这两种排斥色谱柱的功能基除了磺酸基之外还有一定的羧酸功能基，可与有机酸中的羟基形成氢键。由于离子排斥加上疏水性吸附和氢键的保留，ICE-AS5 非常适用于脂肪羟基酸的分析，而 ICE-AS6 适用于更复杂基体中有机酸、羟基有机酸和醇类的分析。

Hamilton 公司也提供苯乙烯-二乙烯基苯共聚物离子排斥色谱柱，其商品名为 PRP- X300，10μm 颗粒，为 0.2meq/g 离子交换容量的磺酸型树脂。稀硫酸作为淋洗液，可以用于脂肪酸的分离。

Interaction 公司也提供多种类型的离子排斥色谱柱，最主要的两种商品柱是 ORH-801 和 ION-300。这两种固定相由 8μm 的颗粒制成，ORH-801 与戴安公司的 IonPac ICE-AS1 色谱柱类似，而 ION-300 色谱柱可用于果汁、食品和生理样品中多种有机酸的分析，特别适用于三羧酸循环的分析，包括柠檬酸、丙酮酸、琥珀酸、乳酸、草酸及酮戊二酸的分析。除了分析有机酸外还可以分析糖类和醇类化合物。ION-310 柱用于快速分析有机酸和醇类。

Tosoh 公司生产的 TSKgel SuperIC-A/C 色谱柱为 Tosoh 公司与日本独立行政法人产业技术总合研究所中部中心共同拥有技术。该色谱柱利用了离子排斥和离子交换的原理，利用离子排斥用于阴离子分离，而阳离子交换分离阳离子，可以用于阴、阳离子的同时分析。

第五节　非抑制型离子色谱的柱填料

一、固定相

非抑制型电导检测离子色谱法（又称单柱法）的出现是在 20 世纪 70 年代的中后期，至今已发展成为离子色谱中一个非常重要的分支，并已作为一种实用技术广泛应用于环境、食品、医药、石油化工和农业等各个领域中[17,18]。Fritz 和 Gjerde 等较早开展了非抑制型离子色谱法的研究。1978 年他们合成了一系列较低交换容量的阴离子交换固定相，并发现交换容量的改变对阴离子的选择系数保持不变。此性质对离子交换色谱具有重要意义。相对于化学抑制型电导检测的离子色谱法，非抑制电导检测离子色谱法中，来自分离柱的洗脱液直接进入电导池检测，方法简单，易于操作。由于路径短，扩散作用不明显，所以分离的色谱峰尖锐，分辨率较好[19,20]。

非抑制型离子色谱使用的是低电导的流动相，浓度为数毫摩尔每升的有机酸或有机盐溶液，从色谱柱流出的溶液直接进入电导检测器。当样品随淋洗液进入色谱柱后，被测离子与淋洗离子竞争固定相上的离子交换位置，达到最初的离子交换平衡，被交换下来的淋洗离子和被测离子的反离子迅速通过色谱柱到达检测器，在色谱图上对应死时间的位置，出现一个系统峰。各种被测物在色谱柱中的保留不同，依次流出色谱柱，此时流动相中被测离子的浓度增加了，同时有等摩尔的淋洗离子交换到了固定相中，由于样品离子和淋洗离子的摩尔电导率不同，这时流动相的电导就不同于背景电导，这种电导的变化就以色谱峰的形式记录下来。如果淋洗离子的摩尔电导率比被测离子小，则在色谱图上出现正峰，阴离子通常是这种情况。阳离子交换色谱的流动相中的淋洗离子一般是 H^+，其极限摩尔电导率远比一般阳离子大，所以，阳离子通常产生负峰。不过，在实际的实验操作中，可以通过改变电导检测器的输出极性使负峰变成易于处理的正峰。

抑制与非抑制离子色谱的主要区别是在用电导作为检测器时存在差别，同时两者色谱柱的固定相也有所不同，非抑制离子色谱的特点是分离柱为低容量的离子交换树脂。

二、典型的柱填料和色谱条件

非抑制离子色谱法主要以低交换容量的离子交换树脂为固定相，基质是硅胶或PS-DVB。硅胶型阴离子交换树脂是将有离子交换功能的季铵基化学键合到全多孔硅球的表面，在基球表面形成一层阴离子交换官能团。使用硅胶型交换树脂时，流动相的 pH 值必须在较窄的范围内（2~6.5），这多少限制了淋洗液的选择和方法对样品的适用范围。硅胶填料的粒度一般较小，多在 3~10μm 之间。交换容量在0.1~10mmol/g 左右。常见的几种非抑制型硅胶键合阴离子分离柱的结构和技术特性见表 3-8。

非抑制阳离子色谱法的柱填料基质有硅胶和苯乙烯-二乙烯基苯共聚物两大类。聚合物型交换树脂是单柱离子色谱最早使用的固定相，此类固定相可在较大的 pH 值范围内使用。早期的交换树脂附着的交换基团多为强酸性的磺酸基团，需要淋洗液中有较高浓度的 H^+，因此造成一价、二价阳离子不能同时淋洗的问题。近期的非抑制阳离子色谱法的柱填料多采用了全多孔硅胶树脂或苯乙烯-二乙烯基苯共聚物基质附着羧酸交换基团，此类交换基团是一弱酸，因此可在使用一种淋洗液的条件下对一价、二价阳离子同时分离。表 3-11 列出了几种非抑制型阳离子分离柱的主要技术指标。

表 3-11 几种非抑制型阳离子分离柱的主要技术指标

分离柱	制造商	尺寸(长×id)/mm	最大流速/(mL/min)	最大操作压力/MPa	有机溶剂兼容性/%	交换容量/(mmol/g)	颗粒度/μm
TSKgel IC Cation	东洋曹达	50×4.6	2	5	10	0.01~0.05	20
Shimpack IC-C1	岛津	150×5	2	5	10	—	10
LCA-K01	Sykam	125×4	3	20	5	0.05	10
PRP-X200	Hamilton	250×4	8	30	100	0.035	10
Universal	Alltech	100×4.6	2	34	100	—	7

此外，Tanaka 等研究了聚甲基丙烯酸酯弱酸型阳离子交换树脂固定相在酸性条件下分离羧酸的特点，与之相比，键合硅胶型固定相具有不溶胀、耐压和渗透性好的优点，但其适用的 pH 值范围窄，只能在 pH 2～8 的条件下使用[21]。杨瑞琴等[22]合成的新聚马来酸包夹聚合弱阳离子色谱柱填料，可在同一色谱条件下分离一价、二价阳离子，特别是对碱金属与碱土金属的同时分离有独特的效果。他们合成的氯甲基苯乙烯包夹硅基强阴离子色谱柱填料[23]，可用来分离常见无机阴离子和一些低碳链的有机酸。这两种固定相既具有有机基质固定相的适用范围宽又具有硅胶基材料机械强度好的优点。朱岩等[24]以苯乙烯-二乙烯基苯共聚物基质为载体，表面键合羧酸基团，用于一价、二价阳离子的良好分离，对于过渡金属离子亦表现出较强的分离能力。

岛津公司提供以表面季铵化的聚丙烯酸酯为固定相的非抑制阴离子交换色谱柱，其商品名为 Shimpack IC-A_3，5μm 颗粒，邻苯二甲酸氢钾作为淋洗液，可以用于无机阴离子的非抑制检测；也提供非抑制阳离子交换色谱柱，其商品名为 Shimpack IC-C1，填充粒径为 10μm 的苯乙烯-二乙烯基苯共聚物，并将其作为载体引入磺酸基，可用于无机阳离子及有机胺的分离。

第六节　新型的柱填料

一、可调节容量的阴离子交换分离柱

容量梯度可以采用穴状配体色谱柱。穴状配体提供三维空穴用于金属阳离子截留，因为穴状配体往往是中性分子，阴离子分离柱能够通过穴状配体-阳离子络合物形成一种阴离子交换场所。阴离子必须与正电荷络合以维持电中性。因为穴状配体往往是亲脂性的，而辅之以色谱柱的亲脂性环境，可使阴离子保留性更强[25]。

可调节容量的阴离子交换分离柱 Dionex IonPac Cryptand A1[150mm×3mm(id)]，其色谱柱的离子交换容量为 110μeq/柱，穴状配体-[2.2.2]半共价键附着到 5μm PS-DVB 树脂材料上，如图 3-15 所示。穴状配体是双环化合物，能络合金属阳离子，如 Na^+、Li^+或 K^+。在金属阳离子存在下，穴状配体分子产生一个带有正电荷的阴离子交换位置。穴状配体-[2.2.2]对金属离子比冠醚如 18-冠-6 有更高的亲和力，能够形成更稳定的阳离子络合物，因此有更高的容量。氢氧化钾、氢氧化钠和氢氧化锂产生各自的色谱柱容量范围。用氢氧化钠足以分离常见阴离子，而氢氧化钾淋洗用于高容量的应用。氢氧化锂淋洗液适应于低容量范围的应用要求。Li^+与穴状配体的键合常数低（＜1），所产生的离子交换位置很少；因此，观测到的是低容量范围。氢氧化钠淋洗液适应于中等容量范围的应用要求。Na^+与穴状配体的键合常数为 3.9，导致中等阴离子交换容量。氢氧化钠和氢氧化锂可独立使用或一起使用，适用于对大多数无机阴离子分离的容量梯度。对诸如奎尼酸盐、甘醇酸酯、乙酸根和甲酸根的分离，则要求增强保留或高的容量范围。这类应用，淋洗液选择氢氧化钾（键合常数为 5.4）。

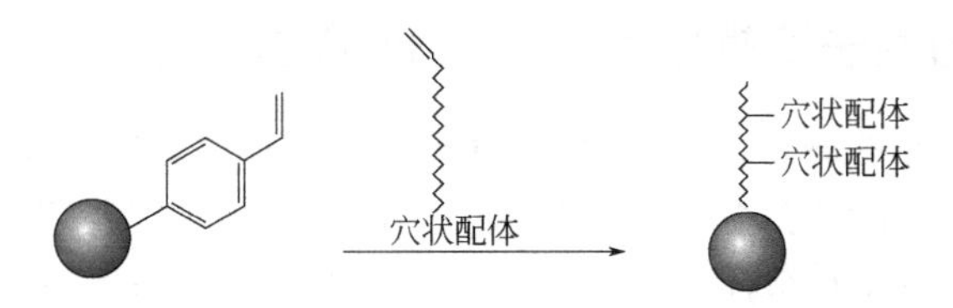

图 3-15 IonPac Cryptand A1 柱树脂结构

“容量梯度”是用 Cryptand A1 柱的推荐操作模式，其运行时间短、峰形好。梯度开始时，最初的 NaOH 淋洗液浓度为 10mmol/L，可产生中等容量的阴离子交换表面。而在 0.1min 一步梯度达到 10mmol/L LiOH，则可使该柱转变为低容量离子交换表面。Cryptand A1 柱的容量梯度可显著缩短运行时间，而不是使用传统的阴离子交换柱的淋洗液浓度梯度。此外，Cryptand A1 柱也可用于传统的淋洗液浓度梯度模式。

将基质的颗粒直径减小到 5μm，而色谱柱尺寸为 150mm×3mm（id），所需淋洗液浓度能够明显降低。然而，在等度淋洗条件下多价阴离子如硫酸根和磷酸根呈现强保留。通过容量梯度来控制运行中的柱容量，以达到控制柱效和运行时间的目的。图 3-16 表明了测定无机阴离子和可极化阴离子所采用的容量梯度。在 11min 之内可

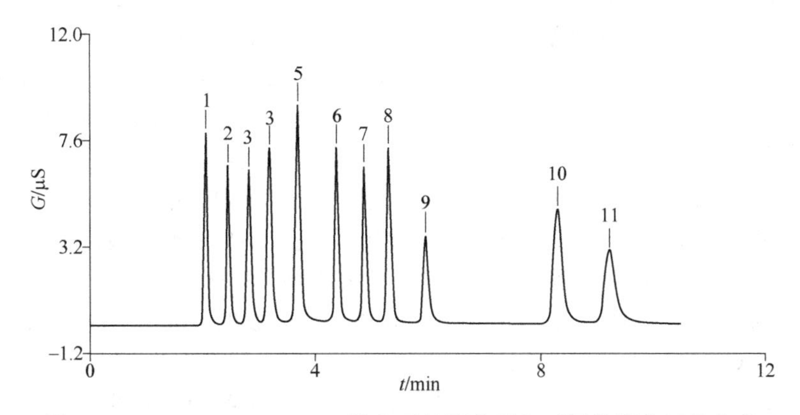

图 3-16 IonPac Cryptand A1 柱上无机阴离子和可极化阴离子的分离

淋洗液：10mmol/L NaOH，0.1min 后为 10mmol/L LiOH

流速：0.5mL/min　　检测：抑制电导　　进样体积：5μL

色谱峰（mg/L）：1—氟离子（2）；2—氯离子（3）；3—亚硝酸根（5）；4—溴离子（10）；5—硝酸根（10）；6—正磷酸根（15）；7—硫代硫酸根（10）；8—硫酸根（15）；9—碘离子（10）；10—硫氰酸根（10）；11—高氯酸根（15）

完成常见阴离子的极佳分离，对疏水性阴离子，包括I⁻、硫代硫酸根、硫氰酸根以及高氯酸根，也可得到峰形佳和柱效高的分离效果。

通过使用容量梯度，强保留的阴离子可在低的淋洗液浓度下洗脱出来，因此噪声低，改善了检出限。对有机溶剂兼容，可提高分析物的溶解度，改善柱选择性或柱子清洗的高效性。穴状配体色谱的最大优点是容量梯度能够在一次运行中洗脱非极性和极性阴离子。

二、反相与离子交换混合分离机理的色谱柱

对基体复杂样品的分析，有时单凭一种色谱保留模式很难实现样品的较好分离，而混合模式色谱固定相恰好弥补了这种缺陷。由于多种功能基团的存在增加了样品保留的选择性，从而在复杂样品的分离方面显示出了显著的优势。反相/离子交换混合模式色谱（reversed-phase/ion-exchange mixed-mode chromatography，RPLC/IEX）是在反相色谱填料表面上引入带有静电作用的极性基团，将静电作用与疏水作用结合，将两种具有正交性的分离机理结合到一次分离中，使分离效果不同于以往的普通反相色谱分离效果。一些在常规的反相色谱上难以实现分离的化合物在此模式下会有与反相色谱不同的洗脱顺序和更好的分离选择性。

事实上，这种混合模式色谱现象在硅胶基质的反相色谱固定相发展的早期就被认识到了。例如，反相色谱填料表面没有进行封尾操作，残余的硅羟基解离后具有阳离子交换活性，往往在分离某些碱性化合物时发生作用，导致峰形拖尾、柱效下降。近几年，随着硅胶制备技术的改良与发展，一些研究者致力于发展 RPLC/IEX 这类混合模式固定相，并实现了很好的应用。

例如，Lammerhofer 等[26]将十一酰-3-氨基奎宁、十一酰-3-氨基托烷接到巯基修饰的硅胶表面制备了一系列混合模式固定相，这些固定相能够提供疏水作用（烷基链）和阴离子交换作用（奎宁环）。Ohyama 等[27]将 3-(4-磺基-1,8-癸二酰亚胺)丙基连接到硅胶上制备出反相/阳离子混合模式色谱固定相，结构如图 3-17 所示，利用毛细管电色谱的方法分离了氨基酸和多肽，分离的机理除了电泳外，还有反相作用和静电作用。Stevenson 等[28]研究了商品化反相/离子混合模式硅胶柱 Imtakt Scherzo SM-C_{18} 在不同 pH 值下对乳球蛋白消化产物的分离，结果表明在酸性条件下色谱柱的分离效果更好，可能的原因是酸性条件下被分析物与残余硅羟基的相互作用减弱，同时不同的 pH 值条件下分离的机理也不同，和一般的 C_{18} 反相柱相比，Imtakt Seherzo SM-C_{18} 对多肽具有独特的选择性。

Guo 等[29]通过使用极性共聚的方法制备出一种 C_{18} WCX（反相/弱阳离子交换）混合模式色谱填料，见图 3-18，该填料表面上键合了正十八烷基和 3-羧丙基两种基团，分别提供了疏水性和弱阳离子交换性质，其在多肽的二维分离中得到很好的应用。这种混合模式色谱填料在酸性条件下以疏水作用为主，在中性与弱碱性条件下以疏水作用和阳离子交换为主。使用这种混合模式色谱柱构建二维色谱分离方法，

对鼠脑样品进行检测，可以检测到 1031 种蛋白质以及 4397 种特征多肽。相对于以往只用一维的色谱方法，能够检测到的蛋白质与多肽数量都有极大的提高。

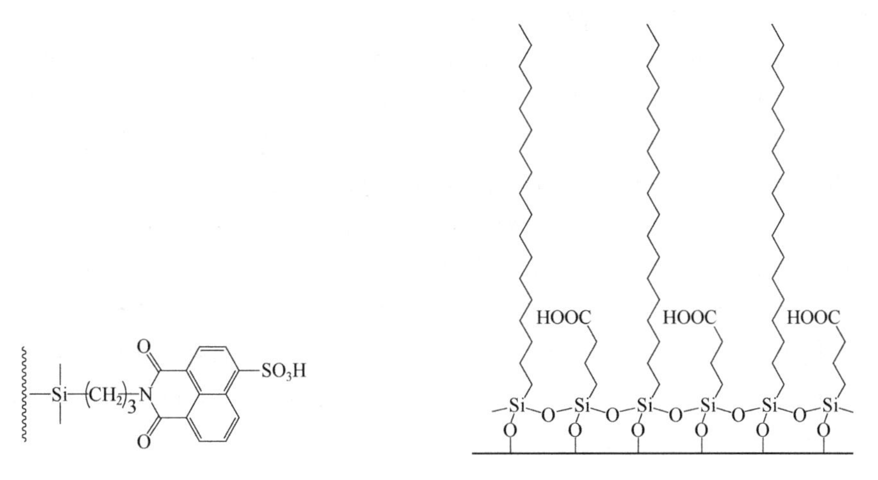

图 3-17　3-(4-磺基-1,8-癸二酰亚胺)丙基键合硅胶固定相的结构

图 3-18　C_{18} WCX 混合模式色谱固定相

基于上述方法，Wei 等[30]和 Li 等[31]又制备出 C_{18} SAX（反相/强阴离子交换）和 C_{18} SCX（反相/强阳离子交换）两种混合模式色谱填料，见图 3-19。C_{18} SAX 填料表面相应键合了疏水链以及季铵基团，具有反相作用的同时也具备了强阴离子交换能力。与普通反相色谱柱不同，这种混合模式色谱填料能够在 100%水相条件下操作且其柱效性能能够与商品化色谱柱 Sun-Fire™ C_{18} 柱相当。C_{18} SCX 填料表面相应键合了疏水链以及磺酸基团，具有反相作用的同时也具备强阳离子交换能力；将

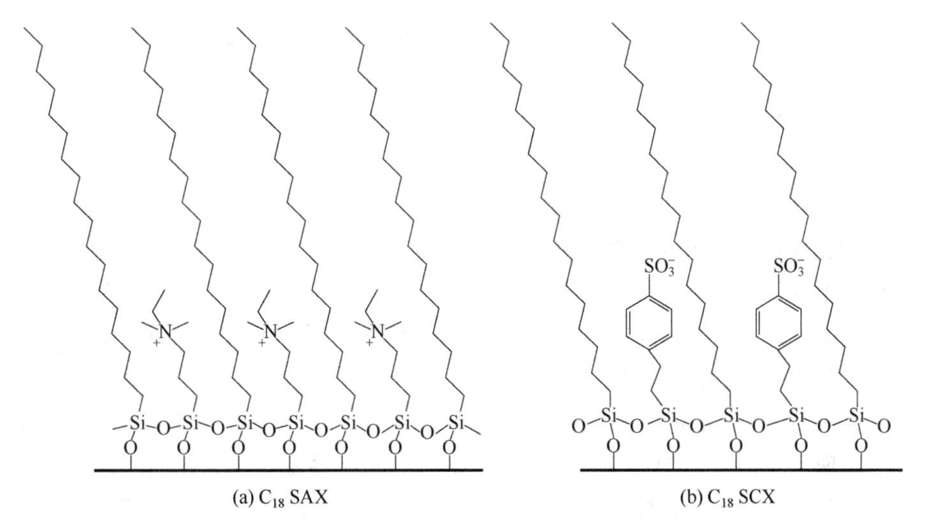

图 3-19　C_{18} SAX 和 C_{18} SCX 混合模式固定相

这种填料用于磷酸化肽的富集，可以将单磷酸化肽和多磷酸化肽依照疏水作用与离子交换作用混合作用的不同进行先后的洗脱。这种填料相对于磷酸化肽富集工作中常用的二氧化钛材料，其选择性更高。

Dionex™Acclaim 系列的 Trinity P1 色谱柱是一款新型色谱柱，采用基于纳米聚合物-硅胶混合技术生产，具有反相/阴离子交换/阳离子交换 3 种色谱分离的性质。这款色谱柱是将硅胶的内表面用带有反相和弱阴离子交换性质的有机涂层修饰，外表面用带有强阳离子交换功能的基团修饰，使阴、阳离子分离交换功能团具有独立的分布空间。在阴、阳离子和中性分子的同时测定上具有独特的优势，如同时测定药物中的活性成分和反离子，全面分析药物中的活性成分、反离子和赋形剂等。王慕华等[32]采用 Trinity P1 新型色谱柱，利用乙酸钠和乙腈混合溶液作为淋洗液，用乙酸调节淋洗液的 pH 值，优化了系统流速。在最佳色谱条件下实现了 Li^+、NH_4^+、K^+、$HCOO^-$、NO_2^-、Cl^-、NO_3^-和 Br^-等常见阴、阳离子的同时分析，并成功应用于化肥样品中阴、阳离子的实际分析，见图 3-20。

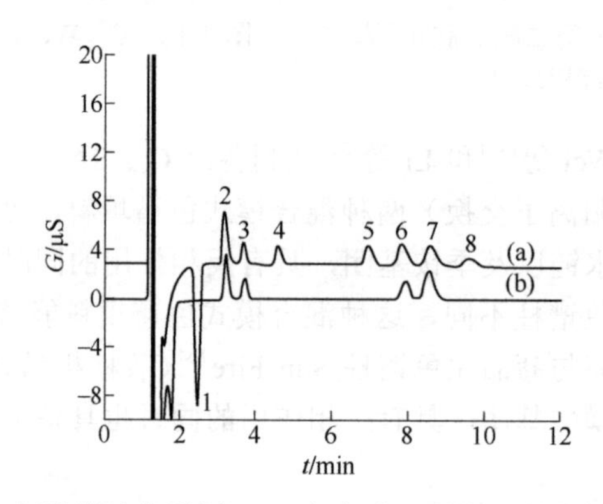

图 3-20　标准溶液色谱图（a）与复合肥料样品的色谱图（b）

淋洗液：25mmol/L 乙酸钠+50%（体积分数）乙腈，用冰醋酸调节至 pH 5.0

流速：0.5mL/min　　检测：非抑制电导　　进样体积：25μL

色谱峰（mg/L）：1—锂离子（50）；2—铵根离子（50）；3—钾离子（40）；4—甲酸根离子（20）；5—亚硝酸根（50）；6—氯离子（50）；7—硝酸根（70）；8—溴离子（50）

Shodex Rspak NN-414 色谱柱是一款复合型液相色谱柱，同时具有阳离子交换能力和疏水性。河豚毒素（tetrodotoxin，TTX）是河豚鱼类及其他生物体内含有的一种生物碱，属于亲水性强的极性小分子，在普通的反相色谱柱上几乎无保留。刘希等[33]采用 Shodex Rspak NN-414 色谱柱，基于阳离子交换和反相色谱混合分离模式的 LC-TOF/MS 方法，用于正离子模式下 TTX 的高灵敏度、高选择性分析。引入阳离子交换原理的复合型色谱固定相，可有效降低因溶液中非挥发性或弱挥发性物质所导致的基质效应，而且 TTX 在其上已经存在较强的保留，避免了进一步使用离子对试剂（如七氟丁酸等），故而能更好地与质谱兼容。

三、整体柱

在传统离子色谱中，主要采用填充法制备离子色谱柱，通过降低填料的粒径来提高色谱柱的柱效，但是填料粒径越小柱压越大，对仪器及填料的耐压性有更高的要求。整体柱具有多孔结构，能够在高流速条件下保持低压状态，不会导致柱床塌陷。Hjertén 等[34]首次制备了液相色谱连续固定相，并且命名为“连续聚合物床”，直到 90 年代中期“整体柱”的概念才被正式使用。

在填充柱中，绝大多数流动相环绕着填料微球流过色谱柱［参见图 3-21（a）］，目标物的分离取决于离子的扩散传质速率，因此不适用于大分子物质的分析。与填充柱相比，整体柱中的流动相主要经过固定相内的大孔道流通［参见图 3-21（b）］。因此，溶质离子在固定相表面的传输主要取决于流动相的对流效应。与填充柱类似，整体柱固定相也可由多孔硅胶、无孔硅胶、无孔聚合物或多孔聚合物制备而成。

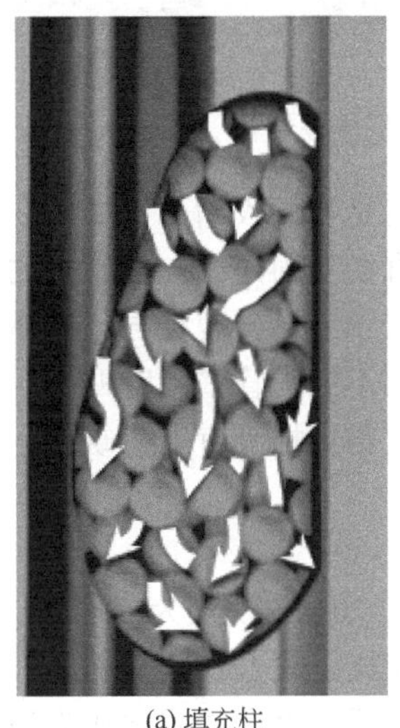
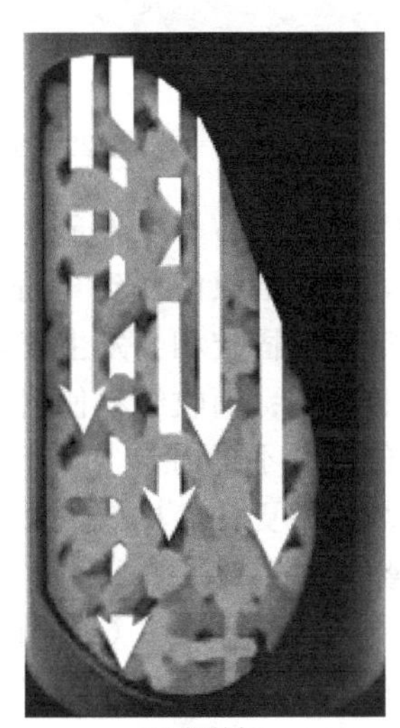

(a) 填充柱　　(b) 整体柱

图 3-21　离子色谱柱中流动相流通模式

1. 硅胶整体柱

硅胶整体柱孔道的尺寸及分布较均匀，且具有均一的介孔结构，与无孔聚合物整体柱相比具有更大的比表面积。商品化硅胶整体柱含有 2μm 的大孔及 13nm 的介孔（见图 3-22），孔隙率超过 80%，比表面积可达 $300m^2/g$。硅胶整体柱的柱效相当于 3μm 的填充柱，但渗透性却相当于 7～15μm 的填充柱[35,36]。近年来，Hara 等[37]制备的硅胶毛细管整体柱具有更小的孔径尺寸（1.3nm 的介孔及 0.9μm 的碳骨架结构），相当于 2.5μm 的填充柱柱效，但有 5μm 填充柱的渗透性。但是当 pH 值大于 8 时，硅胶会发生溶解，导致柱填料不稳定、重现性差、峰形及柱效不佳，并且柱后压很大。研究表明硅胶整体柱在碳酸钠/碳酸氢钠（pH 10.5）

淋洗液条件下，冲洗 36h 后柱效下降了 60% [38]。因此只能采用弱酸作为该类固定相的淋洗液。

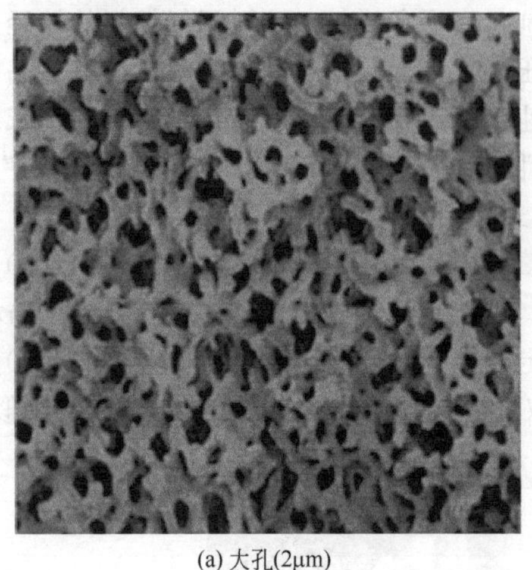

(a) 大孔(2μm)

(b) 介孔(13nm)

图 3-22 硅胶整体柱结构

此外，硅胶整体柱还有一个不足之处就是易于收缩。例如，在 9mm 内径的柱管上合成整体柱，干燥后只能得到 7mm 直径的固定相。在常规的色谱柱管中制备整体柱固定相，干燥后固定相会发生碎裂或收缩。碎裂将导致整体柱断成几截，无法作为色谱固定相使用；而收缩将使固定相不能与管壁紧密贴合，柱床被冲至柱子的一端，淋洗液的流动不再均匀。尽管硅胶整体柱具有很多缺点，但与聚合物整体柱相比，其柱床均匀性更佳，柱效也更高。

2．聚合物整体柱

在离子色谱中主要采用碱性（pH 值大于 10）淋洗液为流动相，并且可以使用淋洗液发生器实现在线产生。与硅胶固定相相比，聚合物固定相能够耐受的 pH 值范围广并且能够耐受高温，因此离子色谱柱多采用聚合物固定相为填料。此外，聚合物固定相不会因为干燥发生收缩，也可以使用致孔剂制备多孔型柱床[39]，并且大孔不会因为柱床的干燥而消失。Svec 与 Frechet 首次采用原位合成法制备了多种大孔聚合物整体柱[40]。制备方法较简单，将反应单体注入空柱管中，然后两端封口，可采用紫外[41,42]、射线[43,44]或加热[45,46]促进自由基的产生，最后在自由基引发下发生聚合反应，制备得到的整体柱其固定相能与柱管壁紧密结合。聚合物整体柱的结构特性可通过改变交联剂、致孔剂或聚合物混合液的配比来调节。到目前为止，聚合物整体柱的柱效还比不上硅胶整体柱，但是其制备方法简单及耐酸碱性强等优点使聚合物整体柱成为快速离子色谱分析的最优选择。

3．整体柱在离子色谱中的应用

离子色谱整体柱最初主要用于生物离子性大分子的快速分析，由于其分析速度较填充柱快，近年来越来越多的色谱工作者将其应用于离子性小分子的分析中。

研究最多的领域是对制备得到的整体柱进行修饰改性后用于离子分析，例如利用离子对试剂或者表面活性剂对反相色谱柱进行改性。此外也可以通过共价键或静电相互作用修饰裸露的硅胶整体柱或聚合物整体柱表面，将固定相转变为离子色谱柱固定相。

（1）离子对试剂　离子对色谱采用反相色谱柱，可同时分析样品的离子及分子，其对分析物的保留主要是吸附作用和离子交换作用。吸附作用机理认为，在流动相中添加目标离子的对离子，形成中性的离子对后，可被反相色谱柱保留；离子交换作用机理认为，对离子的疏水部分吸附在固定相的表面，离子端可作为离子交换位点与目标离子发生相互作用[47]。常规离子在聚合物填充柱上的分离时间一般为10~20min，对于实时监控来说分析时间仍然过长。Connolly 与 Paull[48]利用离子对试剂可在 1min 之内完成常见离子的快速分离。以氯化四丁铵为离子对试剂，3μm 硅胶填充柱为分析柱，可在 45s 内完成 5 种离子的快速分离。如果想要进一步提高分析速度，需要减小填料的粒径或增加流速，但是会导致很大的柱后压，甚至超出仪器的承受范围。Hatsis 与 Lucy[49]利用硅胶整体柱为分析柱，在高流速条件下可在 15s 内完成 8 种无机阴离子的分离。该分析方法的不足之处在于只适用于非抑制电导或紫外检测。

（2）表面活性剂涂覆　表面活性剂涂覆法具有可多次洗脱和涂覆的优点，可选择不同的表面活性剂进行涂覆，也可以根据实验需求改变色谱柱的交换容量。通过将含有表面活性剂的溶液泵入色谱柱中，表面活性剂的疏水端通过疏水作用黏附在反相色谱柱固定相表面，并且调节表面活性剂的浓度可以改变色谱柱的交换容量。以纯有机溶剂为流动相可以将表面活性剂从色谱柱中洗脱。Hatsis 与 Lucy[50]以双十二烷基二甲基溴化铵为修饰剂对 5.0cm 的硅胶整体柱进行改性，可在 30s 内完成 7 种常见阴离子的分离。Xu 等[51]用表面活性剂多层涂覆法制备了整体柱，与单层涂覆法相比柱效明显提高。Connolly 等[52]以磺代丁二酸二辛钠酯（dioctylsulphosuccinnate）对长为 5.0cm 的硅胶整体柱进行改性，可用于阳离子的分离。该方法的缺点是在使用过程中表面活性剂会逐渐从色谱柱中流失，最后导致离子交换容量与柱效下降。

（3）共价修饰整体柱　通过共价键修饰，整体柱上的功能基不会逐渐流失，也不存在柱子被堵塞的问题。因此与涂覆型色谱柱相比，共价修饰制备的整体柱其重现性更优良。Sugrue 等[53]将亚氨基双乙酸（iminodiacetic acid）共价键合于硅胶整体柱表面，可用于高盐基质中痕量碱土金属离子的分析。将氨基共价键合于硅胶整体柱表面（例如赖氨酸）可同时用作阳离子、阴离子交换固定相[54]。以 50mmol/L 的磷酸缓冲液（pH 3.0）为淋洗液可在 100s 内分离 6 种阴离子，而改变淋洗液的 pH 值后可用于阳离子的分离。Preinerstorfer 等[55]制备了手性离子交换硅胶整体柱，该色谱柱可用于手性药物的分离。手性对映体能够在该整体柱上得到基线分离，并且分析时间较填充柱短。

1990 年 Svec 等[56]首次制备了聚合物整体柱并应用于蛋白质的分离，制备的聚

（甲基丙烯酸缩水甘油酯-乙二醇二甲基丙烯酸酯）整体柱分离蛋白质的时间与填充柱相当，但是压力比填充柱低两个数量级。随后该类柱子被应用于离子交换模式与疏水作用模式的色谱中[57]。Josic 等[58]将该类色谱柱应用于其他蛋白质的离子交换分离。尽管聚合物整体柱可快速分离生物分子，但是对于小分子离子的分离其柱效仍然不高。

（4）乳胶附聚整体柱 乳胶附聚型离子色谱柱是最常用的商品化填充式离子色谱柱之一。同样，乳胶也可以通过静电相互作用附聚于硅胶或聚合物整体柱内，制备成附聚型离子交换色谱整体柱。2004 年，Ueki 等[59]制备了聚合物阳离子交换毛细管整体柱，可用于分离钠离子、钾离子、镁离子及钙离子，其色谱性能与商品化离子色谱整体柱类似。Lin 等[60]制备的阳离子整体固定相，能够很好地分离一系列中性和离子性物质，如苯酚、氨基化合物、苯甲酸衍生物以及碱性氮化合物。Hutchinson 等[61]制备的乳胶附聚整体柱可在 8min 之内完成 5 种阴离子的分离，比其他聚合物整体柱柱效高出许多。Zakaria 等[62]同样制备了乳胶附聚型毛细管聚合物整体柱，可用于无机阴离子的分离。由于聚合物整体柱的特性，可在 2min 内快速分离 7 种无机阴离子。Thermo Fisher Scientific 公司推出的商品化聚合物毛细管整体柱 Ion Swift MAX-100，可在氢氧化物梯度淋洗条件下快速分析无机阴离子和有机酸。

四、发展趋势

从目前的商品化离子色谱固定相的情况来看，由于离子色谱的流动相 pH 值范围比较宽，而硅胶型离子色谱固定相无法在强酸或强碱的流动相条件下进行分离，使离子色谱柱只能采用 pH 值适用范围宽而柱效比较低的聚合物固定相。因此，除了选择采用接近中性的流动相之外，还将主要从以下几个方面发展离子色谱的固定相：①采用新型的无机材料，有不同结构和表面，伸缩性小，柱压低，耐酸碱性强，如碳纳米管、金刚石等；②高效、键合相固定相，提高功能基团的空间效应，其柱效可以与 HPLC 相比；③整体式固定相是所有液相色谱技术的一个重要发展方向，离子色谱也不例外，随着整体式离子色谱固定相的出现，特别是今后商品化产品的研制，可以方便地实现高速离子色谱分离；④微型化也是离子色谱固定相的一个趋势，而芯片化为离子色谱固定相的微型化提供了可行之路，要实现离子色谱的微型化，主要需要解决抑制器的问题；⑤新的分离功能基团和有机离子具有很高的选择性，为适合于生命科学研究的下一代离子色谱固定相的研制提供可能性。另外，离子液体作为新型的功能基，有望用于离子交换、手性分离等多种分离方式中。

参考文献

[1] Weiss J, Jensen D. Anal Bioanal Chem, 2003, 375: 81.

[2] Paull B, Nesterenko P N. Analyst, 2005, 130: 134.

[3] 牟世芬，刘克纳. 离子色谱方法及应用. 北京：化学工业出版社, 2000.

[4] 丁明玉，田松柏. 离子色谱原理与应用. 北京：清华大学出版社, 2000.

[5] Fritz J S, Gjerde D T, Becker R M. Anal Chem, 1980, 52: 1519.
[6] Stevens T S, Small H. J Liq Chromatogr, 1978, 12: 123.
[7] Kolla P, Kohler J, Schomburg G. Chromatographia, 1987, 23: 465.
[8] Maria A, Christopher A. J Chromatogr A, 1996, 739: 87.
[9] Kolla P, Köhler J, Schomburg G. Chromatographia, 1987, 23: 465.
[10] 朱岩. 离子色谱原理及应用. 杭州: 浙江大学出版社, 2002.
[11] Barron R E, Fritz J S. React Polym, 1983, 13: 215.
[12] Saini C, Pohl C. An Improved Ion Exchange Phase for the Determination of Fluoride and Other Common Anions By Ion Chromatography. New Orlenans: Presentation at Pittsburgh Conference, 1995.
[13] Jensen D, Weiss J, Rey M A, et al. J Chromatogr, 1993, 640: 65.
[14] Pohl C, Saini C. J Chromatogr A, 2008, 1213: 37.
[15] Jackson P E, Thomas D H, Donovan B, et al. J Chromatogr A, 2001, 920: 51.
[16] Small H, Stevens T S, Bauman W C. Anal Chem, 1975, 47: 1801.
[17] Weiss J. Ion Chromatography. 2nd ed. Weinbeim: VCH, 1995.
[18] Fischer K. Anal Chim Acta, 2002, 465: 1571.
[19] Ohta K, Tanaka K, Fritz J S. J Chromatogr A, 1996, 731: 179.
[20] Amin M, Lim L W, Takeuchi T. J Chromatogr A, 2008, 1182: 169.
[21] Ohta K, Morikawa H, Tanaka K, et al. J Chromatogr A, 1998, 804: 171.
[22] 杨瑞琴, 蒋生祥, 刘霞, 等. 分析化学, 1998, 26(2): 151.
[23] 杨瑞琴, 蒋生祥, 刘霞, 等. 分析化学, 1998, 26(2): 1121.
[24] Zhu Y, Chen Y, Ye M, et al. J Chromatogr A, 2005, 1085: 18.
[25] 牟世芬, 刘克纳, 丁晓静. 离子色谱方法及应用. 第 2 版. 北京: 化学工业出版社, 2005.
[26] Lammerhofer M, Nogueira R, Lindner W. Anal Bioanal Chem, 2011, 400: 2517.
[27] Ohyama K, Shirasawa Y, Wada M, et al. Electrophoresis, 2004, 25(18-19): 3224.
[28] Stevenson P G, Fairchild J N, Guiochon G. J Chromatogr A, 2011, 1218: 1822.
[29] Guo Z M, Wang C R, Liang T, et al. J Chromatogr A, 2010, 1217(27): 4555.
[30] Wei J, Guo Z M, Zhang P J, et al. J Chromatogr A, 2012, 1246: 129.
[31] Li X L, Guo Z M, Sheng Q Y, et al. Analyst, 2012, 137(12): 2774.
[32] 王慕华, 钟乃飞, 叶明立. 分析化学, 2014, 42(10): 1544.
[33] 刘希, 陈佳, 刘勤. 军事医学, 2012, 36(6): 443.
[34] Hjertén S, Liao J L, Zhang R. J Chromatogr 1989, 473: 273.
[35] Leinweber F C, Lubda D, Cabrera K, et al. Anal Chem, 2002, 74: 2470.
[36] Leinweber F C, Tallarek U. J Chromatogr A, 2003, 1006: 207.
[37] Hara T, Kobayashi H, Ikegami T, et al. Anal Chem, 2006, 78: 7632.
[38] Pelletier S, Lucy C A. J Chromatogr A, 2006, 1125: 189.
[39] Gusev I, Huang X, Horvath C. J Chromatogr A, 1999, 855: 273.
[40] Svec F, Frechet J M J. Anal Chem, 1992, 64: 820.
[41] Augustin V, Jardy A, Gareil P, et al. J Chromatogr A, 2006, 1119: 80.
[42] Yu C, Svec F, Frechet J M J. Electrophoresis, 2000, 21: 120.
[43] Safrany A, Beiler B, Laszlo K, et al. Polymer, 2005, 46: 2862.
[44] Kala R, Biju V M, Rao T P. Anal Chim Acta, 2005, 549: 51.
[45] Podgornik A, Barut M, Strancar A, et al. Anal Chem, 2000, 72: 5693.
[46] Aoki H, Kubo T, Ikegami T, et al. J Chromatogr A, 2006, 1119: 66.

[47] Chen J G, Weber S G, Glavina L L, et al. J Chromatogr, 1993, 656: 549.
[48] Connolly D, Paull B. J Chromatogr A, 2001, 917: 353.
[49] Hatsis P, Lucy C A. Analyst, 2002, 127: 451.
[50] Hatsis P, Lucy C A. Anal Chem, 2003, 75: 995.
[51] Xu Q, Mori M, Tanaka K, et al. J Chromatogr A, 2004, 1041: 95.
[52] Connolly D, Victory D, Paull B. J Sep Sci, 2004, 27: 912.
[53] Sugrue E, Nesterenko P, Paull B. Analyst, 2003, 128: 417.
[54] Sugrue E, Nesterenko P N, Paull B. J Chromatogr A, 2005, 1075: 167.
[55] Preinerstorfer B, Lubda D, Lindner W, et al. J Chromatogr A, 2006, 1106: 94.
[56] Tennikova T B, Belenkii B G, Svec F. J Liq Chromatogr, 1990, 13: 63.
[57] Tennikova T B, Bleha M, Svec F, et al. J Chromatogr, 1991, 555: 97.
[58] Josic D, Reusch J, Loster K, et al. J Chromatogr, 1992, 590: 59.
[59] Ueki Y, Umemura T, Li J, et al. Anal Chem, 2004, 76: 7007.
[60] Lin J, Lin J, Lin X, et al. J Chromatogr A, 2009, 1216: 801.
[61] Hutchinson J P, Hilder E F, Macka M, et al. J Chromatogr A, 2006, 1109: 10.
[62] Zakaria P, Hutchinson J P, Avdalovic N, et al. Anal Chem, 2005, 77: 417.

CHAPTER 4

离子色谱的抑制技术

对于抑制型（双柱型）离子色谱系统，抑制系统是极为重要的一个组成部分，也是离子色谱有别于其他类型的液相色谱的最重要特点之一。抑制器的发展经历了多个发展时期，而目前商品化的离子色谱仪亦分别采用不同形式的抑制手段。

第一节 抑制器的工作原理及发展

一、抑制器的工作原理

离子色谱有多种检测方式可用，其中电导检测是最主要的，因为它对水溶液中的离子具有通用性。然而，作为离子色谱的检测器，它的通用性却带来一个对高灵敏度检测致命的问题，即淋洗液有很高的背景信号，这就使得它难以识别样品离子所产生的相对淋洗液而言小得多的信号。此外，由于电导信号受温度影响极大，高背景电导的噪声会极大地影响检测下限。

20 世纪 70 年代 Small 等[1]在离子色谱柱后引入抑制柱(后来称为抑制器)，Small 等提出的简单而巧妙的解决方法是选用弱酸的碱金属盐为分离阴离子的淋洗液，无机酸（硝酸或盐酸）为分离阳离子的淋洗液。当分离阴离子时使淋洗液通过置于分离柱和检测器之间的一个氢（H^+）型强酸性阳离子交换树脂填充柱；分析阳离子时，则通过 OH^-型强碱性阴离子交换树脂柱。这样，阴离子淋洗液中的弱酸盐被质子化生成弱酸；阳离子淋洗液中的强酸被中和生成水，从而使淋洗液本身的电导大大降低，称这种柱子为抑制柱（后经发展成为可以连续再生的抑制器）。抑制器使得离子色谱可以使用简单、通用的电导检测器，是离子色谱的关键部件。抑制器作为关键部件的原因在于它在整个离子色谱系统中起了背景消除（降低噪声）和信号放大作用。一是将高电导率的淋洗液，如阴离子分析中的弱酸盐溶液（例如 Na_2CO_3、$NaHCO_3$）或碱溶液（NaOH、KOH），阳离子分析中的强酸溶液（例如 CH_3SO_3H、H_2SO_4），流经抑制器后转换成低电导率的溶液，即阴离子分析中转换为稀 H_2CO_3 溶液 或 H_2O，阳离子分析中转换为 H_2O。二是将样品中的配对离子转换为电导率更高的离子，即阴离子分析中将样品中与目标阴离子配对的阳离子转换为 H^+。阳离子分析中将样品中与目标阳离子配对的阴离子转换为 OH^-。上述两部分的转换如下式所示。

淋洗液：高电导率溶液 ⟶ 抑制器 ⟶ 低电导率溶液

样品配对离子：阴离子分析　阳离子 ⟶ 抑制器 ⟶ H^+

阳离子分析　阴离子 ⟶ 抑制器 ⟶ OH^-

淋洗液背景电导率的降低和样品电导率的提高，其双重作用大大提高了离子色谱法的检测灵敏度，图 4-1 给出了流经抑制器前和流经离子色谱抑制器后的色谱图的区别。

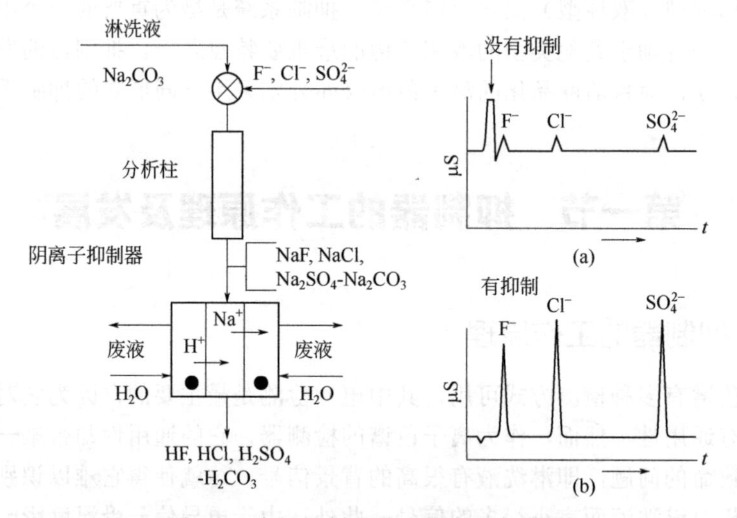

图 4-1　流经抑制器前后的离子色谱图

图 4-1 说明了离子色谱中化学抑制器的作用。图中的样品为阴离子 F^-、Cl^-、SO_4^{2-} 的混合溶液，淋洗液为 Na_2CO_3。若样品经分离柱之后的洗脱液直接进入电导池，则得到图 4-1（a）的色谱图。图中非常高的背景电导来自淋洗液 Na^+和 CO_3^{2-}，被测离子的峰很小，即信噪比不高，而且还有一个大的峰（与样品中阴离子相对应的阳离子，不被阴离子交换固定相保留，在死体积洗脱）对 F^-峰产生干扰。而当洗脱液通过化学抑制器之后再进入电导池，则得到图 4-1（b）的色谱图。在抑制器中，淋洗液中的 CO_3^{2-} 与 H^+结合生成 H_2CO_3。而 H_2CO_3 仅极少量电离为 CO_3^{2-} 与 H^+，从而形成低背景电导的水溶液进入电导池，而不是高背景电导的溶液，被测离子的配对离

子（阳离子）与淋洗液中的 Na^+一同进入废液，因而消除了大的反离子峰（或称系统峰）。溶液中与样品阴离子对应的阳离子转变成了 H^+，由于电导检测器是检测溶液中阴离子和阳离子的电导总和，而在阳离子中，H^+的摩尔电导值比其他离子摩尔电导值要大很多，因此样品阴离子 A^-与 H^+摩尔电导总和也被大大提高。表 4-1 给出了各种常见阴、阳离子在 25℃下无限稀释时溶液中的极限离子电导。

表 4-1　25℃下无限稀释时溶液中的极限离子电导 λ_0　单位：$\mu S \cdot m^2/mol$

阳离子	极限摩尔电导	阴离子	极限摩尔电导
H^+	349.8	OH^-	198.3
Li^+	38.72	F^-	55.4
Na^+	50.14	Cl^-	76.30
K^+	73.55	Br^-	78.14
NH_4^+	73.55	I^-	78.84
$\frac{1}{2}Mg^{2+}$	53.05	NO_2^-	72
$\frac{1}{2}Ca^{2+}$	59.50	NO_3^-	71.46
$CH_3NH_3^+$	58.72	$1/2CO_3^{2-}$	69.3
$(CH_3)_2NH_2^+$	51.72	$1/2SO_4^{2-}$	80.02
$(CH_3)_3NH^+$	47.25	ClO_4^-	67.36

二、抑制器的发展和分类

抑制器的发展已经历了多个阶段。最早的抑制器是树脂填充的抑制柱[1]，这种抑制柱不能连续工作，树脂上的 H^+或 OH^-消耗之后需要停机再生，同时死体积较大，此为第一阶段。第二阶段，1981 年商品化的管状纤维膜抑制器[2]不需要停机再生，可连续工作，缺点是它的抑制容量不高并且机械强度较差。第三阶段是 1985 年发展起来的平板微膜抑制器，不仅可连续工作，而且具有高的抑制容量，满足梯度淋洗的要求，但工作时需用硫酸再生。1992 年进入市场的电解自身再生抑制器是第四阶段[3,4]，这种抑制器不用化学试剂来提供 H^+或 OH^-，而是通过电解水产生的 H^+和 OH^-来提供化学抑制器所需的离子，并在电场的作用下，加快离子通过离子交换膜的移

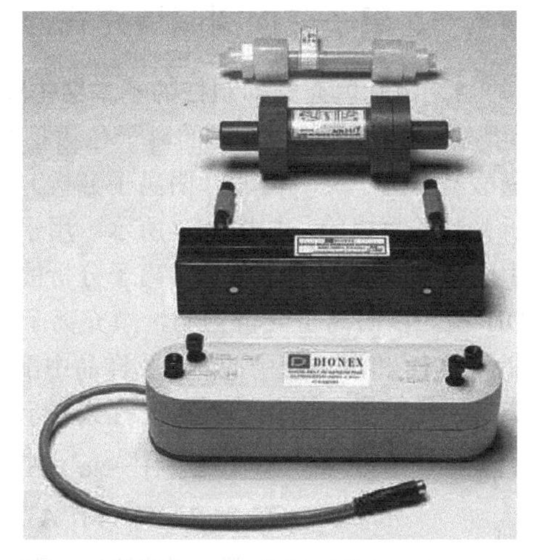

图 4-2　美国 Dionex 公司（现 Thermo Fisher 公司）的几代抑制器外观图

动。图 4-2 给出了美国 Dionex 公司（现 Thermo Fisher 公司）几代抑制器的外观照片。经过几十年的发展，抑制器的性能由间断工作发展为长时间连续工作；由酸或碱再生液不断流动发展到不用化学试剂再生只用水电解。

我国电化学专家田昭武教授等在国际上率先将电化学原理引入离子色谱抑制技术[5]，引发了离子色谱抑制器朝着电化学方向发展，研制了多种型号的离子色谱电化学抑制器，在离子色谱电化学抑制器的研究领域做出了突出贡献。

离子色谱中用于阴离子和阳离子分析的抑制器的原理相同，但电荷相反。下面的讨论将以阴离子抑制器为例。

第二节　抑制器的类型

如果按离子色谱抑制器中离子交换的模式来分类，离子色谱抑制器可以分为：①通过离子交换树脂进行的离子交换抑制器；②通过离子交换膜使离子有选择性地进行浓差扩散交换的抑制器；③通过离子交换膜和电场的共同作用使离子进行选择性定向迁移交换的抑制器。如果按离子色谱抑制器中再生离子的来源来分类，离子色谱抑制器可以分为由化学试剂提供 H^+（阴离子分析）和 OH^-（阳离子分析）的化学抑制器和电解水产生 H^+（阴离子分析）和 OH^-（阳离子分析）的自循环再生离子抑制器。如果按结构来分类可分为树脂填充式抑制器、化学薄膜式抑制器和电化学抑制器。除此之外，近年来，还发展了一些特殊的辅助抑制器，接在抑制器的后面，采用脱 CO_2 的方式降低背景电导，如 Dionex 公司（现 Thermo Fisher 公司）的 CO_2 除去装置（CRD）及 Metrohm 公司的在线 CO_2 抑制器，及用于抑制器之后的反应器，都用于提高被测离子的信号或进一步降低背景电导值。

一、离子交换树脂填充式抑制柱

1．树脂填充式抑制柱的基本结构和工作原理

最早由 Small[1]提出的离子色谱抑制器是由色谱柱管填充中到高交联度的常规磺酸基阳离子交换树脂（阴离子分析）或常规的季铵型阴离子交换树脂（阳离子分析）制备而成的，如图 4-3 所示。用于阴离子分析的阳离子交换树脂在工作前必须由酸液转换成 H^+型，用于阳离子分析的阴离子交换树脂在工作前必须由碱液转换成 OH^-型。以阴离子分析为例，填充离子交换树脂抑制器的工作原理是：离子交换树脂上的 H^+和淋洗液中的 Na^+及样品中配对阳离子进行离子交换。在抑制器上进行的离子交换可用下面化学反应方程式表示：

$$R—H^+ + Na^+OH^- \longrightarrow R—Na^+ + H_2O$$

$$nR—H^+ + M^{n+}A^{n-} \longrightarrow R_n—M^{n+} + H_nA$$

式中，R 代表离子交换树脂的固定相；OH^-为淋洗离子；A^{n-}为待测阴离子；M^{n+}为样品中配对的阳离子。

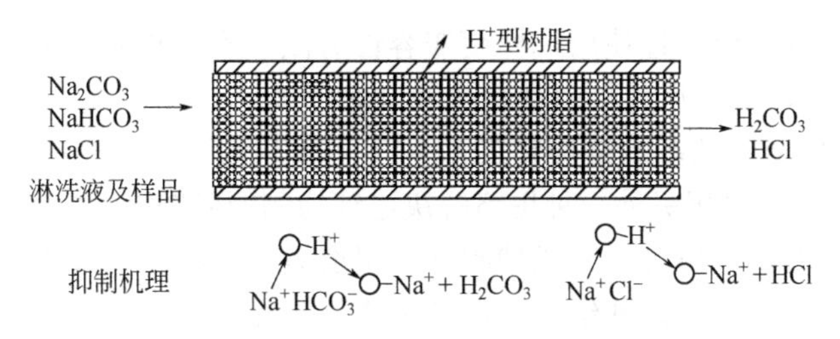

图 4-3 树脂填充式抑制器结构示意

上述反应方程式表明通过离子交换树脂上的离子交换，既实现了将淋洗液由高电导率的 NaOH 或 $NaHCO_3/Na_2CO_3$ 溶液转换成低电导率的 H_2O 或稀 H_2CO_3 溶液，降低了背景的电导率，又将被测样品转化成电导率更高的物质，从而提高了检测灵敏度。离子交换树脂填充式抑制器的优点在于简单、便宜，在不长的使用时间内有较高的抑制容量。但这类抑制器是一种耗尽型抑制器，抑制器的交换容量在使用过程中不断下降，因抑制器内的离子交换树脂由 H^+型转换为 Na^+型树脂，必须由酸液再生，因此这类树脂抑制器不能长时间连续工作。此外，由于某些被测弱酸根离子例如 NO_2^- 在交换过程中部分以 HNO_2 分子形式存在并可能进入树脂微孔，进入的程度随抑制器树脂床的消耗程度的变化而变化，造成弱酸阴离子的保留时间和峰高随抑制器的消耗而变化，重现性较差。树脂填充式抑制器的这些缺点，促使人们研发新类型的抑制器。

2．旋转式填充床型抑制器的基本结构和工作原理

为了解决不能连续抑制的问题，在原来单根树脂填充式抑制器的基础上进行改进，使之变成能连续抑制的抑制器，比较常见的有瑞士 Metrohm 公司的旋转式填充型抑制器和美国 Alltech 公司的电化学再生固相抑制器。

Metrohm 公司的旋转式填充型抑制系统结构如图 4-4 所示，该抑制系统有三个等效的抑制柱[6]；一个柱工作时，另一个柱再生，第三个柱用超纯水冲洗。分析完毕后，旋转 120°，刚冲洗过的柱用于抑制，分析后的柱进行再生，再生后的柱用超纯水冲洗，依次重复，这样就可以连续工作。

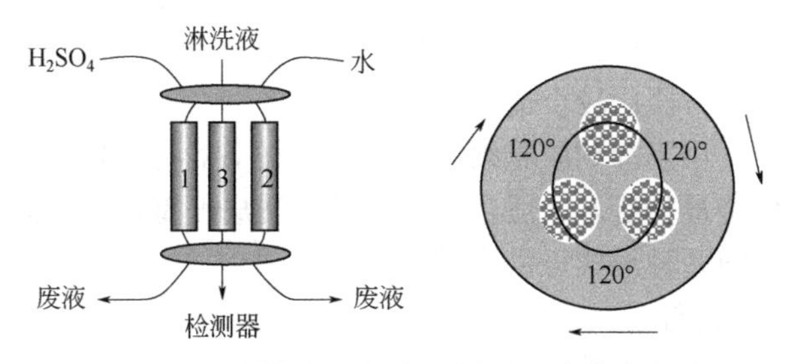

图 4-4 旋转式填充床抑制器的结构示意

采用这种方式，解决了连续分析的抑制问题，但由于单根柱子的抑制容量低（因为受死体积的限制而无法增加填料以提高交换容量），每一支柱的实际使用时间不长，无法配合高容量分析柱使用，梯度兼容性有限（不能长时间用于梯度分析，而且梯度重复性差），须使用外加硫酸再生和加水平衡。

3．抑制胶抑制器的基本结构和工作原理

日本 Tosoh 公司采用另外一种思路解决连续抑制的问题[7]，在原来单根树脂填充式抑制器的结构上，提出可抛弃式抑制柱的组合方式，在操作过程中，只需更换抑制树脂，无须再生抑制柱，其结构示意及工作原理见图 4-5。

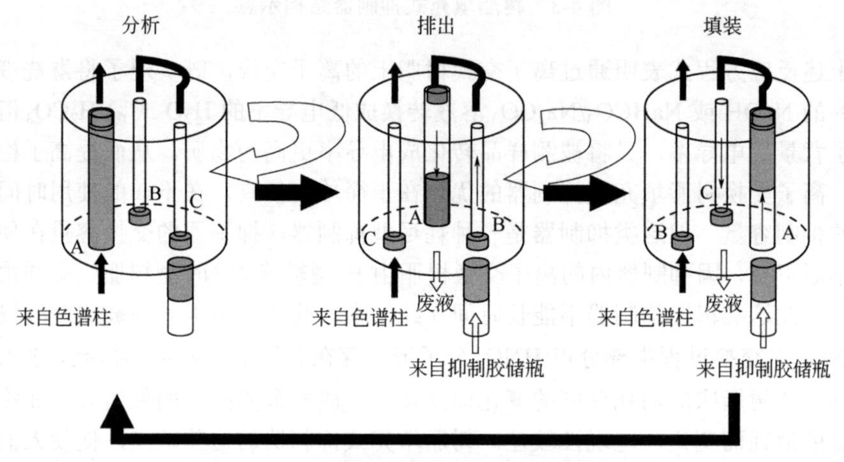

图 4-5 抑制胶抑制器的结构和工作原理

抑制胶抑制器的结构有点类似 Metrohm 的旋转式填充抑制系统，但其实际只有一根抑制柱，其余两个对应的较细的柱子并不装填抑制树脂。在分析时，A 管中充填着 200μL 的抑制胶，B、C 两个管路处于停顿状态。当分析结束准备进入第二个样分析时，A 管转到原来的 B 管的位置，这时在水压的作用下，来自抑制胶储瓶的水由 B 管通过连接管路进入 A 管，将使用过的抑制胶排到废液管路，这时来自色谱柱的淋洗液不经过抑制胶的 A 管，在色谱图上会出现很大的系统峰，是不抑制的淋洗液造成的。当 A 管中使用过的抑制胶被排出后，转到填装位置，来自抑制胶储瓶中的抑制胶在水压的作用下，重新充填满 A 管，充填结束后转到分析位置，准备分析下一个样品。在第一个样品和第二个样品之间由于更换抑制胶需要一定的时间来平衡，采用自动进样方式比较合适。

采用这种方式，由于抑制胶无须再生，即使样品对抑制器产生了污染，下一个更换的抑制胶仍保持最佳状态，适合对抑制器会造成严重污染样品的分析。

抑制胶有阴、阳两种形式可供选择。

4．离子排斥抑制器

离子排斥抑制器早期也是采用树脂柱的抑制方式，离子交换方程式表示为：

$$R—Ag^{+}+H^{+}+Cl^{-} \longrightarrow R—H^{+}+AgCl\downarrow$$

其淋洗液为 HCl，在柱后串联一个 Ag^{+}型树脂及 H^{+}型的后置抑制柱，但存在

AgCl 沉淀对柱压等的影响[8]。

二、连续再生式膜抑制器

1. 中空纤维膜抑制器

离子交换树脂填充柱抑制器的局限在于，再生离子是键合在容量有限的固定相上。因此树脂必须间歇性再生。为了克服上述缺点，一种再生离子由化学试剂连续提供的膜抑制器被研制和使用[2,9]。图 4-6 给出了阴离子分析离子交换中空纤维管结构示意。一根阳离子交换中空纤维膜和抑制器的壳体将抑制器分成内室和外室。内室为抑制室，淋洗液带着从色谱柱分离下来的样品进入抑制室，外室为再生液的流动通道。以 H_2SO_4 为再生液，提供再生离子 H^+，在外室向淋洗液的反方向流动。由于抑制室内 Na^+及与样品配对的阳离子的浓度比外室高，Na^+及与样品配对的阳离子穿过阳离子交换膜向外扩散，外室即再生液流通室中的再生离子 H^+浓度比内室高，再生离子 H^+穿过离子交换膜向内室即抑制室扩散，从而实现了将淋洗液由高电导率的物质转换成低电导率的物质，将样品转换成电导率更高的物质，提高了检测灵敏度。

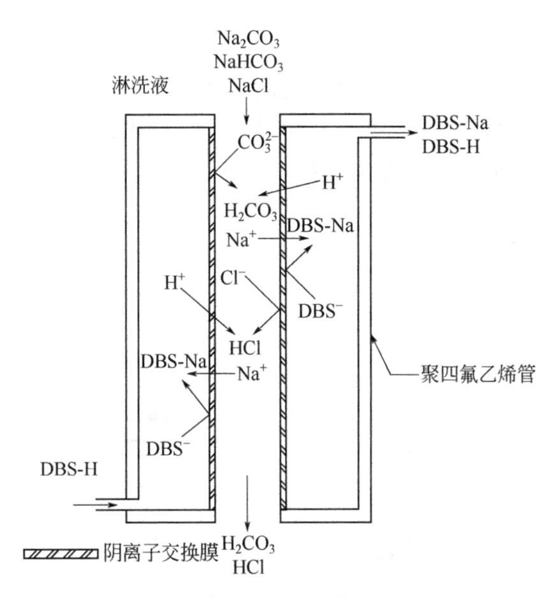

图 4-6 离子交换中空纤维管或薄膜抑制器结构示意（DBS—磺酸根）

由于再生液连续不断地流动，因此再生离子 H^+可以不间断提供，实现了抑制器连续长时间工作的工作模式，这是这类抑制器的优点。由于这类抑制器的工作原理是建立在离子交换膜限制下的选择性的浓差扩散交换，要求膜要足够薄，导致抑制器耐压性差、易破损。同时为了保证再生液有一定的浓度和纯度，再生液必须不断流动，导致工作时要耗费一定量较高浓度的酸或碱溶液，不利环境保护。

2．微膜抑制器

由于中空纤维膜的交换容量十分有限，只能在很低的淋洗液浓度条件下使用，因此经过改进的连续再生抑制器采用平板型离子交换膜（又称为微膜），将内室和外室分开，可以在保持死体积不变的前提下，大大提高抑制器的抑制容量[10]。Dionex公司生产的AMMS（阴离子抑制器）和CMMS（阳离子抑制器）为微膜抑制器，又称为化学抑制器。图4-7为微膜抑制器结构示意。

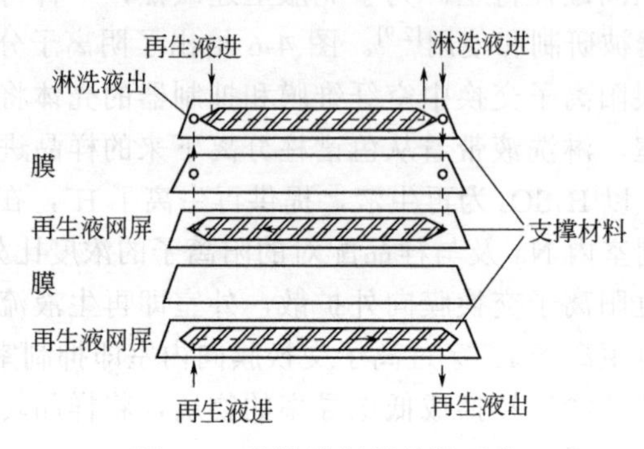

图4-7 微膜抑制器结构示意

3．离子排斥抑制器

为了克服离子排斥抑制柱的AgCl沉淀对柱压等的影响，采用一种阳离子交换膜抑制器，膜可以连续再生。阳离子交换膜是磺化的聚乙烯衍生物，对水溶性的有机溶剂稳定，对季铵离子（如TBA^+）有高的透过性。图4-8中，用辛烷磺酸为淋洗液，用四丁基氢氧化铵（TBAOH）为再生液，再生液中的TBA^+通过阳离子交换膜与内侧淋洗液和有机酸的氢离子（H^+）交换，OH^-与来自淋洗液中的H^+结合生成水，

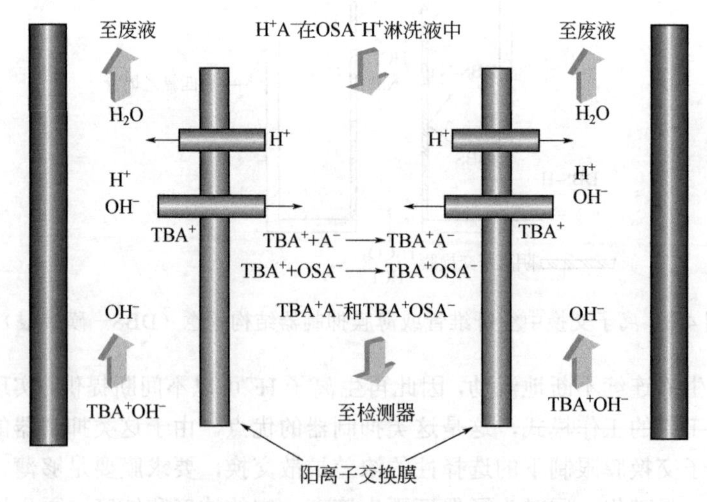

图4-8 离子排斥抑制器的工作原理

A^-—弱酸根阴离子；TBA^+—四丁基铵离子；OSA^-—辛烷磺酸根

从而降低了 H^+的高背景电导。OSA^-/TBA^+离子对的电导比 OSA^-/H^+低很多，可得到较低的背景电导，同时被测弱酸根阴离子与 TBA^+结合则完全电离，大大提高了检测的灵敏度[11]。

Dionex 公司生产的 AMMS-ICE 抑制器为离子排斥抑制器。

三、电化学连续再生抑制器

1．电迁移式电化学抑制器

为了克服化学薄膜抑制器依靠浓差扩散进行的离子交换，其交换速度慢，同时还要消耗大量再生液的缺点，一种依据电场和离子交换膜的共同作用使离子定向迁移交换的电化学离子色谱抑制器被研制成功[12]。图 4-9 给出了 1986 年由田昭武教授等提出的电迁移式的电化学抑制器的结构示意图。

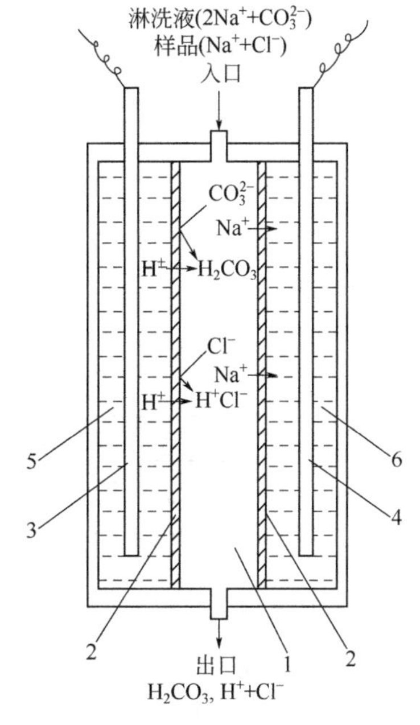

图 4-9　电迁移式的电化学抑制器的结构示意图

1—淋洗液通道；2—阳离子交换膜；3—阳极；4—阴极；5—阳极室；6—阴极室

抑制器由三个室组成，以阴离子分析为例，两张阳离子交换膜夹层间组成抑制室，两张阳离子交换膜的另一侧与柱壳体分别组成阳极室和阴极室，阴、阳极室内置有电极和电解液。来自分离柱的淋洗液带着被测离子从抑制室流过进入电导检测池。在电场作用下，电极上发生了下列电化学反应：

阳极：$H_2O = \frac{1}{2}O_2\uparrow +2H^++2e^-$

阴极：$2H_2O = H_2\uparrow +2OH^-$

电解池反应：$H_2O = H_2\uparrow + \frac{1}{2}O_2\uparrow$

同时在电场的作用下阳极室内的 H^+透过阳离子交换膜进入抑制室，淋洗液中的 Na^+及样品中的配对离子进入抑制室后透过阳离子交换膜进入阴极室，在抑制室内实现了 H^+和淋洗液中的 Na^+，H^+和样品中配对的阳离子的交换，从而将淋洗液转换成低电导率的物质，将样品转换成电导率更高的物质。这种抑制器采用棒状电极，电极与抑制室两侧的阳离子交换膜有一定距离，为了降低电极与膜之间的工作电压，电极室内采用硫酸溶液。再生离子 H^+的来源主要是电解液硫酸提供的 H^+的电迁移，工作一段时间电解液必须更换是这类抑制器的主要缺点。早期的一些国产抑制器曾采用这种方式进行电抑制。

2．自循环再生电化学薄膜抑制器

1992 年美国 Dionex 公司将电化学原理引入化学薄膜抑制器[13]，研制成了自循环再生抑制器。图 4-10 和图 4-11 是自循环再生抑制器的结构示意和工作原理。

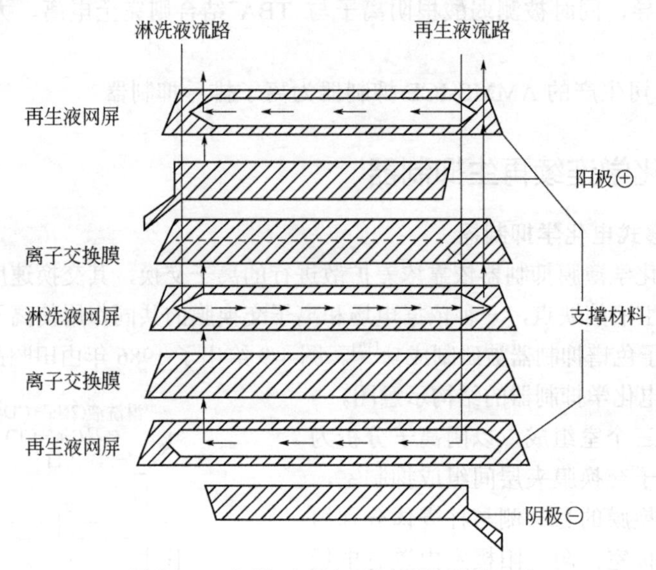

图 4-10 自循环再生抑制器的结构示意

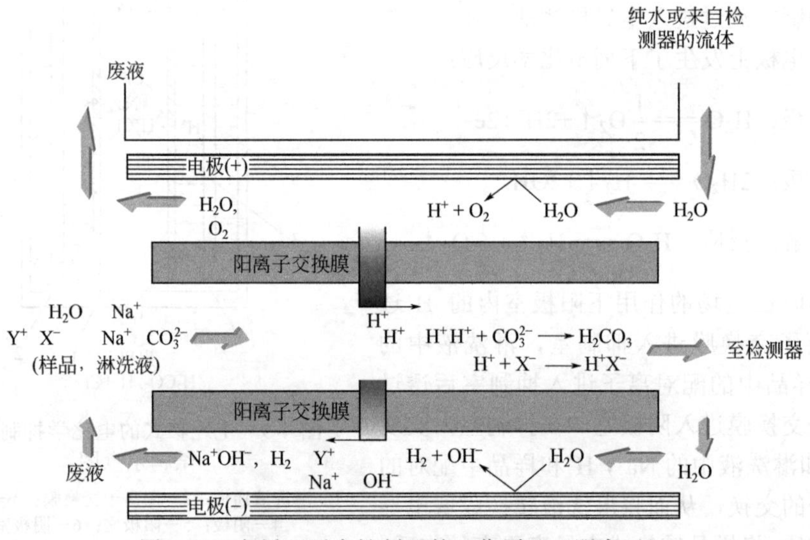

图 4-11 自循环再生抑制器的工作原理（阴离子）

X^-—样品中的阴离子；Y^+—样品中的阳离子

其工作原理基本与上述的电迁移式电化学抑制器相似，比电迁移抑制器先进的是该抑制器的电极与抑制室的薄膜之间只隔一层供气体和液体流路的薄层导电栅网，从而降低了抑制器的工作电压。使得可以采用电解流经电极的纯水或检测器尾液的水产生再生离子 H^+，而在电极室内不需要采用化学试剂硫酸溶液，是一种电解纯水产生再生离子的电化学抑制器。部分此类抑制器的淋洗液通道往往还填充有离子交换树脂，称为树脂填充式自循环再生电化学薄膜抑制器[14]，其抑制原理基本不变，填充的树脂增加了抑制器的机械性能，使其更加耐压，也提升了抑制容量，但是也带来了死体积大、离子吸附残留、对弱电离物质灵敏度低等缺点。

目前 Dionex 公司（现 Thermo Fisher 公司）主要使用的 ASRS-ULTRA 及 ASRS-ULTRA Ⅱ（阴离子抑制器）和 CSRS-ULTRA 及 CSRS-ULTRA Ⅱ（阳离子抑制器）为自循环再生抑制器，这种抑制器除了用于电自循环再生模式外，还可以采用外加水模式、离子对模式以及相当于 MMS 的化学抑制模式。

3. 电解液室一体化的电化学抑制器

为了减小热效应，设计了电化学式的抑制器[15]，尤其是采用电解纯水或电解检测器尾液产生再生离子的电化学抑制器，一个设计原则是尽可能地降低工作电压。据电化学抑制器的电压分布，降低工作电压的有效措施之一是减少电极室的电压降。为达到此目的，多孔电极的原理与技术被引入电化学抑制器。这种抑制器的电极由多孔材料组成，孔中的空间为电解液留下存放空间，孔间相通的通道可以作为电解产生的气体的排放通道。该电极将电极与电解液室集为一体，形成电极、电解液一体化的结构，既降低了电化学抑制器的工作电压，又简化了抑制器的整体结构。

4. 阴、阳离子双功能电化学抑制器

现有的各种型号抑制器仅局限于阴离子分析或阳离子分析单种功能，应用电化学原理和离子交换原理，一种阴、阳离子多功能离子色谱抑制器被研制成功。抑制器既可分别抑制阴离子或阳离子淋洗液，也可同时抑制阴离子和阳离子淋洗液。为离子色谱仪提供一种结构简洁、功能齐全、性能稳定、操作方便的新型抑制体系[16]。

图 4-12 为阴、阳离子双功能电化学抑制器的结构示意图，抑制器主要采用聚四氟乙烯材料，为五室夹层结构。柱体两端侧为阳极室 5 和阴极室 6，向内分别为阴离子淋洗液抑制室 1 和阳离子淋洗液抑制室 2，而夹在阴、阳离子淋洗液抑制室 1、2 之间的为共用的阴阳极室 9。阳极室 5、阴极室 6 以及共用的阴阳极室 9 内分别置有耐蚀电极 7、8、10。阳极室 5、阴离子淋洗液抑制室 1 和共用的阴阳极室 9 之间用两张阳离子交换树脂膜 3、3′分隔开。同理，阴极室 6、阳离子淋洗液抑制室 2 和共用的阴阳极室 9 之间亦以两张阴离子交换树脂膜 4、4′分隔开。阴离子淋洗液抑

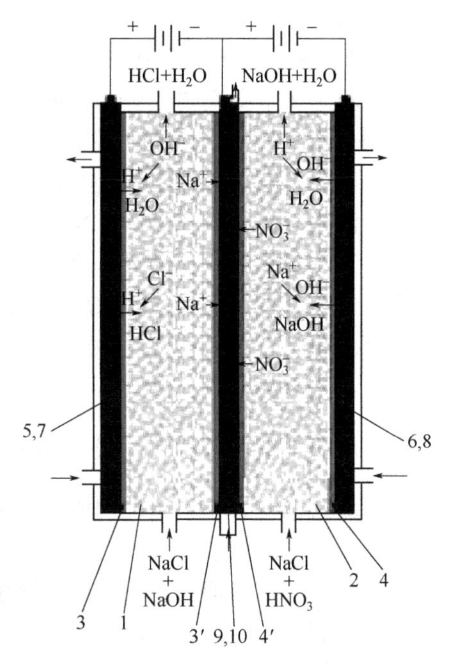

图 4-12 阴、阳离子双功能电化学抑制器结构示意图

1—阴离子淋洗液抑制室；2—阳离子淋洗液抑制室；3,3′—阳离子交换树脂膜；4,4′—阴离子交换树脂膜；5—阳极室；6—阴极室；7—阳极；8—阴极；9—阴阳极室；10—电极

制室 1 内填有阳离子交换材料，阳离子淋洗液抑制室 2 填有阴离子交换材料。阳极室 5 内注满稀酸溶液，阴极室 6 内注满稀碱溶液，共用的阴阳极室 9 注满稀电解质溶液。

作为阴离子（分析）抑制器时，阳极室 5 和共用的阴阳极室 9 内注满稀 H_2SO_4 溶液。接通在阳极室 5 的电极 7 和共用的阴阳极室 9 的电极 10 之间的直流电源，在直流电场和阳离子交换树脂膜的共同作用下，阳极室 5 内的 H^+透过阳离子交换树脂膜 3 进入阳离子淋洗液抑制室 1，和来自阴离子分离柱的淋洗液 Na_2CO_3（或 NaOH）中的 CO_3^{2-}（或 OH^-）结合成低电导的 H_2CO_3 溶液（或 H_2O）而降低了背景电导；和来自阴离子分离柱的样品溶液，例如 NaCl 中的 Cl^-结合成高电导的 HCl，提高了样品电导，从而大大提高了阴离子分析的灵敏度。进入阴离子淋洗液抑制室 1 内的与被测离子相反的离子，例如 Na^+，透过阳离子交换树脂膜 3′进入共用的阴阳极室 9 被除去。同时，在电极 7 和 10 上发生如下反应：

阳极室内的电极：$H_2O - 2e^- = 2H^+ + \frac{1}{2}O_2\uparrow$

共用的阴阳极室内的电极：$2H_2O + 2e^- = 2OH^- + H_2\uparrow$

因此阳极室 5 和共用的阴阳极室 9 设有出气口。电解产生的 H^+可以作为抑制阴离子淋洗液的离子源。

作为阳离子（分析）抑制器时，阴极室 6 和共用的阴阳极室 9 注满稀 NaOH 溶液。接通在阴极室 6 的电极 8 和共用的阴阳极室 9 的电极 10 之间的直流电源，在直流电场和阴离子交换树脂膜的共同作用下，阳极室 5 内的 OH^-透过阴离子交换树脂膜 4 进入阳离子淋洗液抑制室 2，和来自阳离子分离柱的淋洗液如 HNO_3（或 CH_3SO_3H）中的 H^+ 结合成低电导的 H_2O，降低了背景电导；和来自阳离子分离柱的样品溶液，例如 NaCl 中的 Na^+ 结合成高电导的 NaOH 而提高了样品电导，从而大大提高了阳离子分析的灵敏度。进入阳离子淋洗液抑制室 2 内的与被测离子相反的离子，例如 NO_3^-（或 $CH_3SO_3^-$），透过阴离子交换树脂膜 4′进入共用的阴阳极室 9 被除去。同时，在电极 8 和 10 上发生如下反应：

阴极室内的电极：$2H_2O + 2e^- = 2OH^- + H_2\uparrow$

共用的阴阳极室内的电极：$H_2O - 2e^- = 2H^+ + \frac{1}{2}O_2\uparrow$

因此阴极室 6 和共用的阴阳极室 9 设有出气口，电解产生的 OH^-可以作为抑制阳离子淋洗液的离子源。

柱体用于同时抑制阴、阳离子淋洗液时，阳极室 5 内注满稀 H_2SO_4 溶液，阴极室 6 内注满稀 NaOH 溶液，共用的阴阳极室 9 内注满稀电解质溶液例如稀 $NaNO_3$ 溶液。工作时，同时接通在阳极室 5 内的电极 7 和共用的阴阳极室 9 内的电极 10 之间的直流电源以及在阴极室 6 内的电极 8 和共用的阴阳极室 9 内的电极 10 之间的直流电源，两组直流电源提供的电流大小可以分别调节。柱体的工作原理和过程为上述柱体用于分别抑制阴或阳离子淋洗液时的工作原理和过程的综合，同时发生如下的电极反应：

阳极室内的电极：$H_2O - 2e^- = 2H^+ + \frac{1}{2}O_2\uparrow$

阴极室内的电极：$2H_2O + 2e^- = 2OH^- + H_2\uparrow$

共用的阴阳极室 9 内的电极 10 上的电极反应视两组电源提供的电流差而定，电解产生的 H^+和 OH^-可以分别作为抑制阴离子和阳离子淋洗液的离子源。

5．三池阳离子抑制器

日本 Nichiri Mfg 公司研制了一种新型的无机阳离子抑制器[17]，见图 4-13。这种抑制器装置空间中两边放置两个电极，抑制器被阴离子和阳离子交换膜分成三个池。两侧的池分别放置阴离子交换树脂和阳离子交换树脂。注射到淋洗液中的阴离子通过两边的离子交换树脂和膜的电动力学再生去除，抑制后的淋洗液水平接近于超纯水，因此阳离子的检测下限可以低至 μg/L 以下。

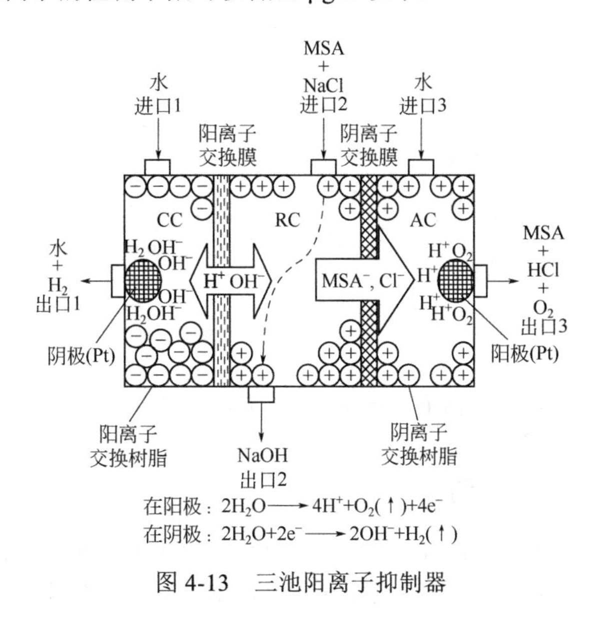

图 4-13　三池阳离子抑制器

第三节　其他类型的抑制器和抑制器辅助装置

一、Atlas 抑制器

Dionex 公司推出的 Atlas 抑制器是新一代的抑制器[18]，属于柱膜混合型自再生电抑制器，其结构见图 4-14，内部具体流路结构见图 4-15。

Atlas 抑制器由于其叠片式的结构，可以得到更低的背景电导、更高的灵敏度以及更快速的淋洗液平衡，但该抑制器不兼容有机溶剂，抑制容量有限，对于硫酸或甲基磺酸，其浓度不能超过 25mmol/L，碳酸盐不能超过 25mmol/L。

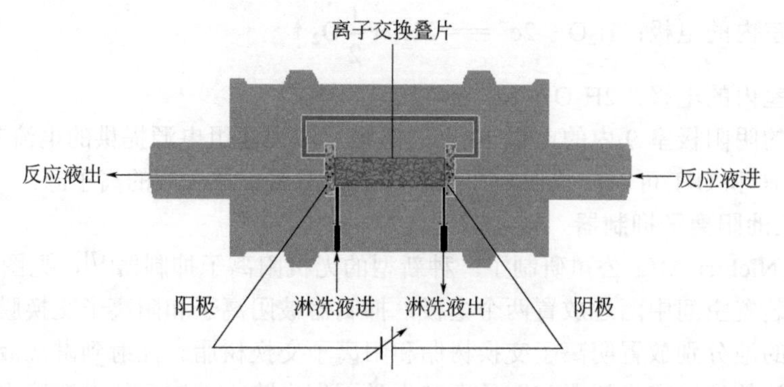

图 4-14 阴离子 Atlas 抑制器的结构示意图

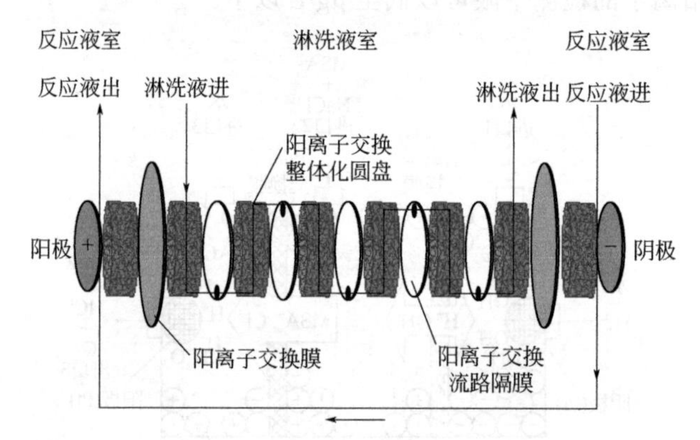

图 4-15 阴离子 Atlas 抑制器内部具体流路结构示意图

二、DS-Plus 抑制器

Alltech 公司推出的 DS-Plus 抑制器是电化学再生的固相抑制器和 CO_2 在线脱气装置的结合[19]，淋洗液首先通过填充柱抑制器，在合适的电解条件下进行抑制再生，然后再进行二氧化碳脱气，这样可以有效降低背景电导值以实现不同碳酸盐浓度的梯度淋洗。它是在早期的电化学再生的固相抑制器基础上发展起来的。另外 Metrohm 公司的双抑制器与 DS-Plus 的结构基本一致。DS-Plus 抑制器的结构和工作原理见图 4-16，其可分为三个同步连续的过程：

（1）抑制　在抑制池中，流动相和样品离子进行酸/碱的中和反应。

（2）电化学再生　来自流动相的水进行电解，连续不断再生。再生无须外加水或检测器流出液。

（3）除气　抑制器的流出液在进入电导池前，通过脱气管，脱去溶解的二氧化碳。

DS-Plus 抑制器可用于碳酸体系的梯度，因为其将碳酸转变成水降低了背景电导，使 $Na_2CO_3/NaHCO_3$ 的基线漂移降至最小。

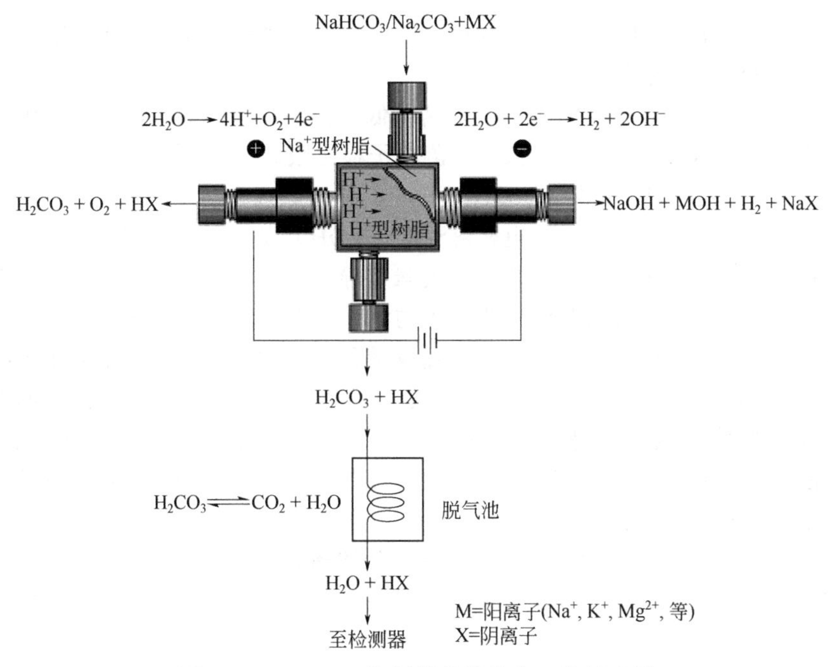

图 4-16 DS-Plus 抑制器的结构和工作原理图

三、二氧化碳去除装置

辅助抑制器顾名思义是起辅助作用的抑制器，这种装置仅起到提高抑制效率的作用，其本身并不参与常规意义上的化学或电化学抑制过程，它只是接在抑制器后起到进一步降低背景电导、提高检测灵敏度的作用。目前商品化的有戴安公司的 CRD 在线二氧化碳去除装置和万通公司的 MCS 抑制器。

1. 膜二氧化碳（MCS）抑制器

图 4-17 给出了 MCS 装置的结构和工作原理，这种抑制器接在抑制器后面，通过消除化学抑制后背景的 CO_2，使背景电导降低到 1μS/cm 以下。此抑制器的原理

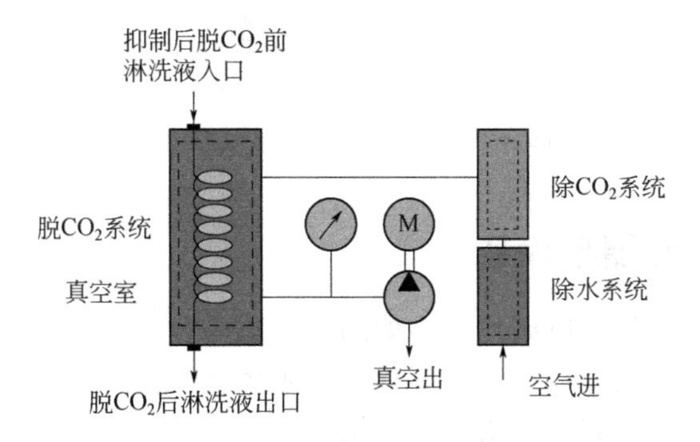

图 4-17 MCS 抑制器的结构示意

是基于气体在 Teflon AF^{TM} 上的渗透特性，通过仪器控制抑制器内置式真空池、Teflon AF^{TM} 膜和 CO_2 吸收剂[20]。

连接 MCS 抑制器，使背景电导显著降低，样品系统峰大大减小，待测离子峰面积增大 20%～50%，进一步降低了待测离子检出限。

2. 在线二氧化碳去除装置（CRD）

采用 NaOH 以及 RFIC 在线电解淋洗液（KOH）发生系统，因为抑制后的产物是水，得到比碳酸盐淋洗液系统更低的背景电导，并可以用于梯度淋洗，但对于样品中的 CO_2，尤其是碱液吸收液中阴离子的测定，大量的 CO_2 会干扰其他离子的测定，这种情况在 NaOH 和 RFIC 系统中比碳酸盐系统中更严重。为了克服系统及样品 CO_2 的干扰，在抑制器后再接一个 CRD，以消除 CO_2 对其他离子测定的干扰，并进一步降低背景电导，提高被测离子的灵敏度，其 CO_2 去除效率可达到 95%（1000mg/L）。CRD 仅适用于氢氧根和硼酸体系的淋洗液，在 RFIC 系统中使用最佳，不能简单用于碳酸盐体系。

CRD 的原理是基于气体在 Teflon AF 上的渗透特性，CO_2 透过膜与来自抑制器的废液（NaOH 或 KOH）生成碳酸盐，被排出淋洗液，巧妙地运用了自再生循环抑制器的特点[21]。

图 4-18 及图 4-19 分别为 CRD 的原理示意图和其在离子色谱流路中的示意图，主要是通过中空纤维 Teflon AF 膜的渗透特征，将抑制后洗脱液中的 CO_2 经膜渗透到管外，而管外的碱性溶液又将 CO_2 溶解，并带入废液。

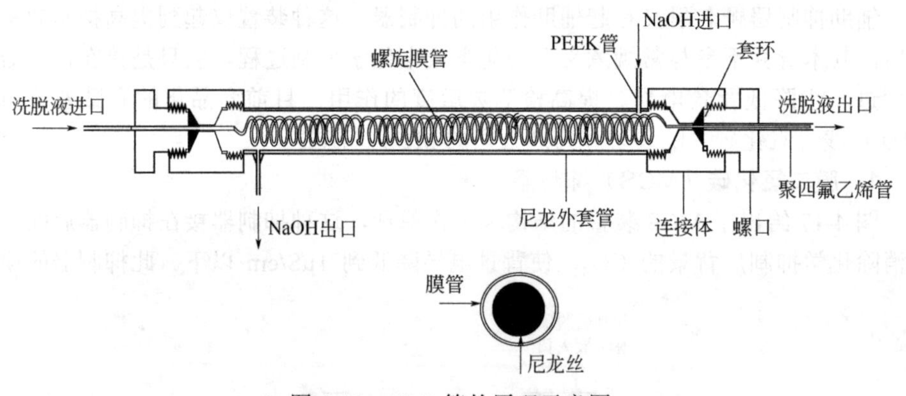

图 4-18　CRD 管的原理示意图

四、替换反应器与除盐装置

采用抑制电导检测弱电离化合物如弱酸和弱碱类化合物，存在检测信号弱和线性差的问题，而自然界存在的电离化合物绝大多数为弱电离，如有机酸、有机胺，要使常规抑制电导离子色谱扩大应用范围，解决弱电离化合物的电导检测问题是关键[21]。

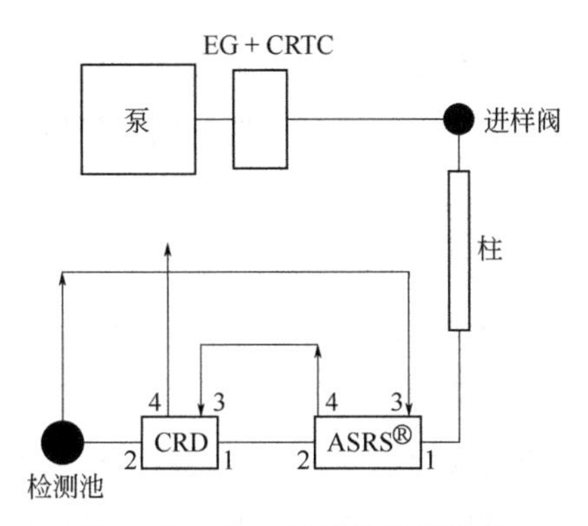

图 4-19　CRD 的结构及流路图

1—淋洗液进；2—淋洗液出；3—反应液进；4—反应液出

以阴离子为例，常规的抑制电导信号会随着弱酸的 pK_a 值增大而减小，一般碱（NaOH、KOH）淋洗液抑制后的 pH 值为 5.2～5.5，而碳酸盐淋洗液抑制后的 pH 值更低。如果弱酸的 $pK_a>5$，则只有小部分电离；而对 $pK_a>7$ 的极弱酸，抑制电导实际上是无法检测的。

为了解决抑制后弱酸信号弱和线性差的问题，除了采用不同的检测器外，将弱酸转化为其对应的盐，使其完全电离也是一种有效的途径。将弱酸转化为对应的盐，这个过程可以称为离子替换反应。它可以采用加入低浓度的弱碱或通过第二个抑制器来实现，如图 4-20（a）所示，通过抑制器后加入低浓度的碱或通过淋洗液发生器产生碱，使弱酸转化为弱酸盐使其完全电离，这种方式的主要问题是通过反应器之后淋洗液中还残留部分碱，背景会有所增加；而图 4-20（b）所示，另一种方式是通过微膜抑制器，将弱酸中的 H^+转化为 Na^+，而不引入 OH^-。

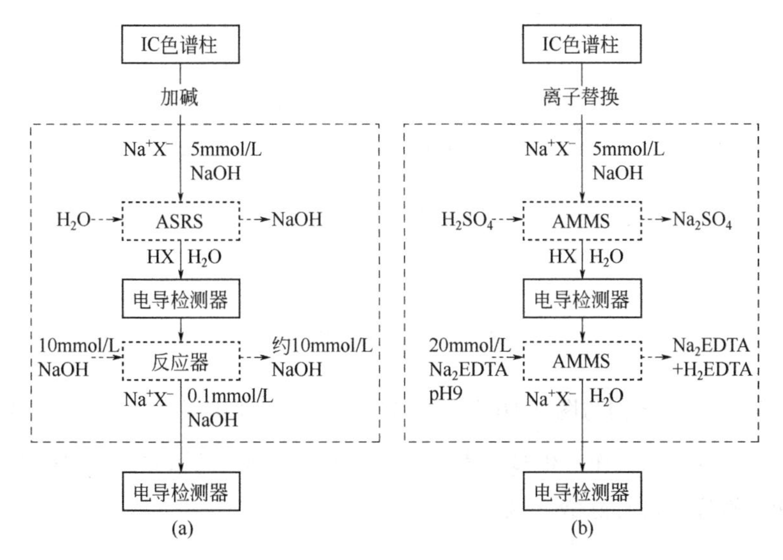

图 4-20　抑制器后反应器

Dasgupta 等在抑制器后和替换反应器后分别接了电导检测器，在抑制器后的电导检测器可以测定强酸阴离子，而替换反应器后的电导检测器可以测弱酸阴离子；同时通过两个电导检测器信号的差异，还可用来判断被测离子的 pK_a 值，从而确定其成分，这种检测又被称为两维电导检测[22~28]。

替换反应器也可以用于弱碱性阳离子的检测，如铵或有机胺离子的分析，目前 Dionex 公司商品化的有盐转换器-阳离子自再生抑制器（SC-CSRS），该装置将阳离子电化学抑制器和替换反应器（商品名称盐转换器）结合为一体，将抑制之后产生的氨或有机胺与稀甲基磺酸反应，生成完全电离的甲基磺酸铵或有机胺的甲基磺酸盐，再通过阳离子交换膜使氢离子替代铵或有机胺离子，使电导信号进一步扩大。从而使弱碱的信号和灵敏度可以提高三个数量级，线性关系也极大地改善。图 4-21 为 SC-CSRS 原理示意。

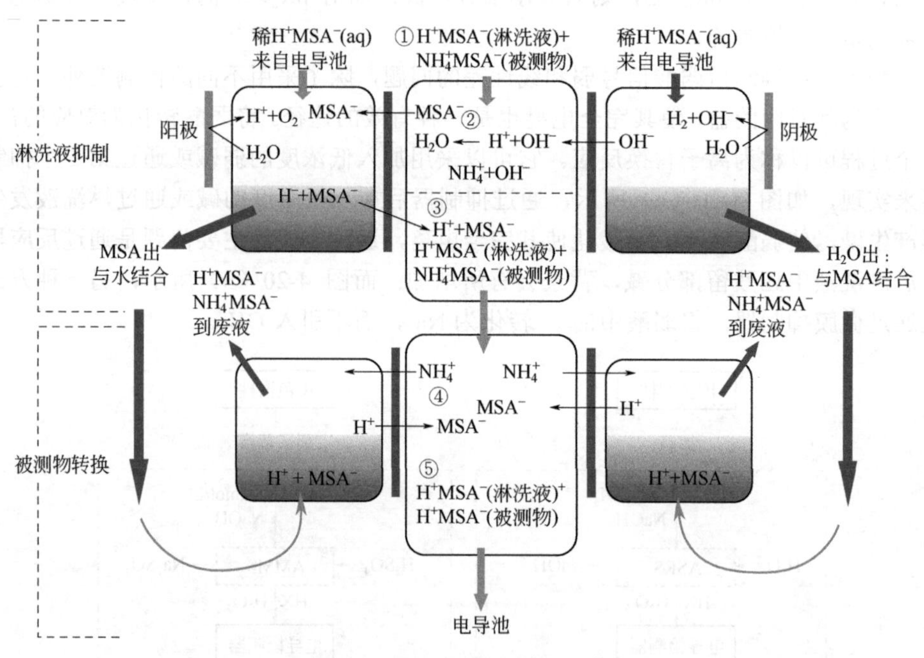

图 4-21 SC-CSRS 原理示意

除盐装置[29]的结构与图 4-10 和图 4-11 的结构原理相同，与常规抑制器相比，其抑制容量更高，但死体积相对较大，可应用于与质谱、蒸发光散射检测器的联用，或对高酸、碱样品进行除酸、碱。

第四节 离子色谱抑制器的主要性能指标及使用维护

一、主要性能指标

离子色谱抑制器有多种型号，离子色谱的性能指标可以表明抑制器的性能。抑制器的主要性能指标有：

（1）工作模式　抑制器的工作模式主要分间断再生和连续工作两种模式。树脂填充式的抑制器必须间断再生，化学薄膜抑制器与电化学抑制器可连续工作。

（2）抑制容量　抑制器的抑制容量表示抑制器对高浓度的淋洗液的抑制能力，高抑制容量的抑制器可用于梯度洗脱。

（3）死体积　抑制器的死体积影响色谱带进入抑制器后的分辨率，小的死体积将较好地保持色谱带流经抑制器后的分辨率。然而抑制容量与死体积往往矛盾，因此需要根据工作要求选择合适型号的抑制器。

（4）耐压　由于抑制器是连接在色谱柱与电导检测器之间，工作时承受着一定的压力。树脂填充式的抑制器有较好的耐压性能，薄膜抑制器的耐压性较差。

二、电化学抑制器的使用

由于电化学抑制器可连续工作，不使用化学试剂，性能稳定，操作简单，为广大用户所接受。电化学抑制器使用时尚有几点值得注意：

（1）抑制电流的调节　电化学抑制器的抑制能力很大程度决定于抑制电流，应根据淋洗液的浓度调节和使用抑制电流。过高的抑制电流会引起较大的热效应。另外要注意避免在泵静止状态下开启抑制电流，防止过热和烧干抑制器，引起抑制器膜的损伤。

（2）抑制器的工作压力　电化学抑制器由离子交换膜材料制备而成，过高的工作压力将损坏抑制器，工作过程发现系统压力发生较大变化时，应及时检查背压是否施加在抑制器上，及时检查排除。

三、电化学抑制器的维护

1. 阳离子抑制器（CSRS-ULTRA）的保存和清洗

（1）保存

① 短时间保存（一周内）　如果系统没有使用过有机溶剂，停用后，用流动相充满系统，直接用接头将所有螺孔拧紧。若使用了有机溶剂，泵入 10mL 去离子水通过抑制器后用接头拧紧。

② 长时间保存（一周以上）　如果系统没有使用过有机溶剂，则用注射器缓慢

注入 ELUENT OUT（淋洗液出口）端 3mL 200mmol/L NaOH，REGEN IN（再生液进口）端 5mL 200mmol/L NaOH，用接头将所有螺孔拧紧。若使用了有机溶剂，先泵入 10 mL 去离子水，再将 NaOH 注入，之后将接头拧紧。

长时间未使用的抑制器在使用前应先让抑制器充分水化 20min 再使用，同时保证出口顺畅。

（2）清洗　抑制器的清洗：液体流动的方向是泵→淋洗液进口→淋洗液出口→再生液进口→再生液出口→废液。

酸可溶的沉淀物和金属离子用 1mol/L 的甲基磺酸清洗 30min，流速为 1～2mL/min，然后用水清洗 10min。有机物用 10%的 1mol/L 甲基磺酸和 90%的乙腈或甲醇溶液清洗，然后用水清洗 10min。

2. 阴离子抑制器（ASRS-ULTRA）的保存和清洗

（1）保存

① 短时间保存（一周内）　如果系统没有使用过有机溶剂，停用后，用流动相充满系统，直接用接头将所有螺孔拧紧。若使用了有机溶剂，泵入 10mL 去离子水通过抑制器后将接头拧紧。

② 长时间保存（一周以上）　如果系统没有使用过有机溶剂，则用注射器缓慢注入 ELUENT OUT 端 3mL 200mmol/L H_2SO_4，REGEN IN 端 5mL 200mmol/L H_2SO_4，用接头将所有螺孔拧紧。若使用了有机溶剂，先泵入 10mL 去离子水，再将 H_2SO_4 注入，之后将接头拧紧。

长时间未使用的抑制器在使用前应先让抑制器充分水化 20min 再使用，同时保证出口顺畅。

（2）清洗　抑制器的清洗：液体流动的方向是泵→淋洗液进口→淋洗液出口→再生液进口→再生液出口→废液。

酸可溶的沉淀物和金属离子用 1mol/L 的 HCl 和 0.1mol/L KCl 混合溶液清洗 30min，流速为 1～2mL/min，然后用水清洗 10min。有机物用 10%的 1mol/L 的 HCl 和 90%的乙腈或甲醇溶液清洗，然后用水清洗 10min。

参 考 文 献

[1] Small H, Stevens T S, Bauman W C. Anal Chem, 1975, 47: 1801.
[2] Stevens T S, Davis J C, Small H. Anal Chem, 1981, 53: 1488.
[3] Rabin S, Stillian J, Barreto V, et al. J Chromatogr, 1993, 640: 97.
[4] Henshall A, Rabin S, Statler J, et al. Am Lab, 1992, 24: 200.
[5] Tian Z W, Hu R Z, Lin H S, et al. J Chromatogr, 1988, 439: 159.
[6] Schafer H, Laubli M, Zahner P. US 6153101. 2000.
[7] Sato S, Ogura Y, Miyanaga A, et al. J Chromatogr A, 2002, 956: 53.
[8] Rich W C , Johnson E L, Sidebottom T O. US 4242097. 1980.
[9] Stevens T S, Davis J C, Small H. US 4474664. 1984.
[10] Small H. Ion Chromatography. New York: Plemum Press, 1989.

[11] Dionex Corporation, Applications Notes 25, Sunnyvale, CA, 1980.
[12] Jansen K H, Fisher K H, Wolf B. US 4459357. 1984.
[13] Pohl C, Slingsby R, Stillian J, et al. US 4999098. 1991.
[14] 张恩来. CN 201210242286. 5, 2012.
[15] 胡宗荣，胡浩. CN 2002131711. 9, 2002.
[16] Hu R Z, Weng Y H, Lai L M, et al. Chromatographia, 2003, 57: 471.
[17] Masunaga N, Higo Y, Ishii M, et al. Anal Sci, 2014, 30: 477.
[18] Small H, Liu Y, Riviello J, et al. US 6325976. 2001.
[19] Saari-Nordhaus R, Anderson J M. J Chromatogr A, 2002, 956: 15.
[20] Sunden T, Cedergren A. Anal Chem, 1984, 56: 1085.
[21] Ullah S M R, Adams R L, Srinivasan K, et al. Anal Chem, 2004, 76: 7084.
[22] Karu N, Dicinoski G W, Haddad P R. Tr Anal Chem, 2012, 40: 119.
[23] Berglund I, Dasgupta P K. Anal Chem, 1991, 63: 2175.
[24] Berglund I, Dasgupta P K. Anal Chem, 1992, 64: 3007.
[25] Berglund I, Dasgupta P K, Lopez J L, et al. Anal Chem, 1993, 65: 1192.
[26] Sjogren A, Dasgupta P K. Anal Chem, 1995, 67: 2110.
[27] Sjogren A, Dasgupta P K. Anal Chim Acta, 1994, 384: 135.
[28] Al-Horr R, Dasgupta P K, Adams R L. Anal Chem, 2003, 73: 4694.
[29] Chen Y, Mori M, Pastusek A C, et al. Anal Chem, 2011, 83: 1015.

CHAPTER 5

第五章

离子色谱常用检测器

第一节　概述

一个理想的检测器，对不同的样品，在不同浓度及各种淋洗条件下应能准确、及时、连续地在色谱峰的变化上有所反映。为实现上述要求，检测器应具备较高的灵敏度、较宽的定量检测线性范围（一般应能达到 1×10^5）、好的选择性和重现性，能适应现代高精度分析的需要。在实际工作中完全符合上述条件的检测器是难以找到的，但对于某些被测物而言，在特定的条件下以上主要性能又可以基本满足。

离子色谱常用的检测方法可以归为两类，即电化学法和光学法。电化学法包括电导和安培检测器，而光学法主要是紫外/可见光吸收检测器和荧光检测器。离子色谱中最常用的电化学检测器有三种，即电导、直流安培和积分安培（包括脉冲安培PAD和积分脉冲安培IPAD）。电导检测器是IC的通用型检测器，主要用于测定无机阴、阳离子（$pK_a<7$，$pK_b<7$）和部分极性有机物如一些羧酸等。安培检测器可用于测量那些在外加电压下能够在工作电极上产生氧化或还原反应的物质。直流安培检测器可用于测定氰化物、硫化物、酚类化合物、I^-、SCN^-等。积分脉冲安培和脉冲安培检测器则主要用于测量糖类和氨基酸类有机化合物。作为一种选择性较好的检测器，紫外/可见光和荧光检测器在离子色谱分析中广泛应用于过渡金属、稀土元素和环境中有机污染物的检测。随着离子色谱与经典的液相色谱技术之间不断相互渗透、融合，使得紫外/可见光吸收和荧光检测器正在逐渐成为离子色谱重要的检测手段。另外，近年来采用原子荧光作为离子色谱检测硒、砷价态的检测器也多有报道。

离子色谱检测器的选择，主要的依据是被测定离子的性质、淋洗液的种类等因素。表 5-1 列出了离子色谱中常用检测器的主要应用范围。同一种物质有时可以用多种检测器进行检测，但灵敏度与选择性不同。例如，NO_2^-、NO_3^-、Br^-等离子在紫外区域测量时可以得到比用电导检测更高的灵敏度，而且避免了氯离子的干扰；I^-用安培法测定其灵敏度要高于电导法。

表 5-1 离子色谱中常用检测器的主要应用范围

检测方法	检测原理	应用范围
电导法	电导	pK_a或pK_b<7 的阴、阳离子和有机酸
电荷法	电荷	阴离子、阳离子、有机酸、有机胺、硅酸盐、硼酸盐
安培法	在 Ag/Pt/Au 和 GC 电极上发生氧化/还原反应	CN^-、S^{2-}、I^-、SO_3^{2-}、氨基酸、醇、醛、单糖、寡糖、酚、有机胺、硫醇
紫外/可见光检测（有或无柱后衍生）	紫外/可见光吸收	在紫外或可见区域有吸收的阴、阳离子和在柱前或柱后衍生反应后具有紫外或可见光吸收的离子或化合物，如过渡金属、镧系元素、硅酸根等离子
荧光（结合柱后衍生）	激发和发射	有机胺、氨基酸
原子荧光	待测元素的原子蒸气在辐射能激发下产生的荧光发射强度	Sb（Ⅲ）、Sb（Ⅴ）、As（Ⅲ）、As（Ⅴ）、Se（Ⅳ）硒代氨基酸（SeU、SeMeCys、SeMet、SeCys）

本章将重点介绍上述检测器的基本工作原理以及常见故障的判断和排除的方法。

第二节 电导检测器

一、电导检测器的基本原理

电导检测器是检测溶液中离子的通用检测器，是离子色谱中应用最广的检测器。电导检测器与化学淋洗液抑制结合，对无机与有机离子有非常好的灵敏度与选择性。有机离子主要包括羧酸、磺酸、膦酸与多种有机胺；无机离子主要包括强酸（如卤化物、硫酸、硝酸与磷酸）阴离子与碱金属和碱土金属阳离子等。

将电解液置于施加了电场的电极之间时，溶液将导电，此时溶液中的阴离子移向阳极，阳离子移向阴极，并遵从以下关系：

$$G=\frac{1}{1000}\times\frac{A}{L}\sum c_i\lambda_i \tag{5-1}$$

式中，G 为电导，是电阻的倒数（$G=1/R$）；A 为电极截面积；L 为两极间的距离；c_i 为离子浓度，mol/L；λ_i 为离子的极限摩尔电导。公式（5-1）也被称作 Kohlraush

定律。

在电导测量中，由于一给定电导池电极截面积 A 和两极间的距离 L 是固定的，故 L/A 为电导池常数 K，则电导率 κ 等于：

$$\kappa = \frac{1}{1000} \times \frac{1}{K} \sum c_i \lambda_i \tag{5-2}$$

在电导池常数为 1 时，测量出的电导值称为电导率，对水溶液常用的电导率单位是微西门子/厘米（μS/cm）。

电导检测器的双极脉冲电导池结构如图 5-1 所示。电导池体一般采用材质较硬、化学惰性的聚合物材料，采用双电极结构，电极通常为钝化 316 不锈钢并固定在电导池内。另外，电导池上通常有一个温度传感器，用于探测液体流出电导池时的温度和补偿由于温度改变而导致的电导变化。改变两电极之间的距离可以调整池的常数，对检测的灵敏度有很大的影响。通常电极间的距离越小，死体积越小，灵敏度越高。目前较先进的商品电导池的池体积为 0.5～1μL，最新的适合于毛细管离子色谱的电导池死体积可以达到 0.02μL。在电导池的设计中，为了消除电极表面附近形成的双电层极化电容对有效电压的影响，电导池的设计多采用双极脉冲技术。通过在一个极短的时间内（约 100μs），连续向电导池上施加两个脉冲高度和持续时间相同而极性相反的脉冲电压，采集并测量第二个脉冲终点时的电流，以此来准确测量电导池的池电阻。由于此点的电导池电流遵从欧姆定律，不受双电层极化电容的影响，此时便可以准确测量池电阻。

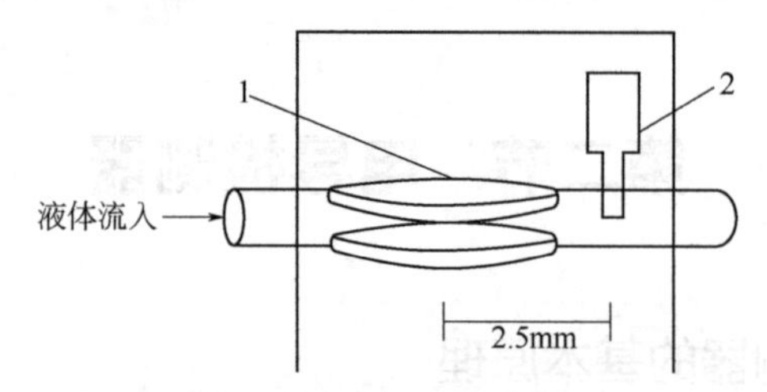

图 5-1 双极脉冲电导池结构

1—电极；2—热敏电阻

根据 Kohlraush 定律，离子的电导与浓度成正比关系。在一个足够稀的溶液中，离子的摩尔电导达到最大值，此最大值称为离子的极限摩尔电导（λ_i）。表 5-2 列出了常见离子的极限摩尔电导值。

表 5-2 常见离子在水中的极限摩尔电导值（25℃）[1]

阴离子	λ_i/[cm²/(Ω · mol)]	阳离子	λ_i/[cm²/(Ω · mol)]
OH^-	198	H^+	350
F^-	54	Li^+	39
Cl^-	76.4	Na^+	50.1

续表

阴离子	λ_i/[cm^2/(Ω·mol)]	阳离子	λ_i/[cm^2/(Ω·mol)]
N_3^-	69	R_b^+	77.8
Br^-	78	K^+	74
I^-	77	NH_4^+	73
NO_3^-	71	Mg^{2+}	53
HCO_3^-	44.5	Ca^{2+}	60
SO_4^{2-}	80	Sr^{2+}	59
乙酸盐	41	$CH_3NH_3^+$	58
甲酸盐	32	Ag^+	61.9
草酸根	74.1	Tl^+	74.7
丙酸根	35.8	Cs^+	77.2
苯甲酸盐	32.3	NMe_4^+	44.9
ClO_3^-	64.6	NEt_4^+	32.6
IO_4^-	54.5	Cu^{2+}	56.6
$[Fe(CN)_6]^{3-}$	100.9	Zn^{2+}	52.8
$[Fe(CN)_6]^{4-}$	110	La^{3+}	69.7
BrO_3^-	55.7	NAm_4^+	17.4
ClO_4^-	67.3	NPr_4^+	23.4
CO_3^{2-}	69.3		
MSA^-①	48.8		

① MSA^-为甲基磺酸根。

利用表中的 λ_i 值可以计算溶液中离子的电导。例如，25℃时 NaCl 的极限摩尔电导，Na^+为 50.1cm^2/(Ω·mol)，Cl^-为 76.4cm^2/(Ω·mol)，总共为 126.5cm^2/(Ω·mol)。25℃时，0.1mmol/L 的 NaCl 溶液，其电导率为 12.65μS/cm。一个含有 0.1mmol/L 的 NaCl 加上 0.1mmol/L Na_2SO_4 溶液的电导率应为下述 3 种离子的电导率总合（38.6μS/cm）：

离子	离子数量	电荷数	浓度/(mmol/L)	λ_i/[cm^2/(Ω·mol)]	电导率/(μS/cm)
Na^+	3	1	0.1	50.1	15.0
Cl^-	1	1	0.1	76.4	7.6
SO_4^{2-}	1	2	0.1	80.0	16.0

以上讨论了稀溶液中浓度与电导的关系。当溶液浓度增加后，电导与浓度之间直接的正比关系便不存在了。在离子色谱法中，当被测组分浓度低于 1mmol/L 时，

电导仍正比于浓度。例如，25℃时一个无限稀的 KCl 溶液的摩尔电导值为 $149.9cm^2/(\Omega \cdot mol)$，浓度为 1mmol/L 时为 $146.9cm^2/(\Omega \cdot mol)$，仅减少了 2%。

如果电解质为弱电解质，如部分电离的酸或碱，则 c_i 必须以离子解离部分的浓度代替，因为只有这部分离子才对电导值有影响。对酸或碱，可以利用 p*K* 值和溶液的 pH 值计算解离的程度。

二、影响电导测定的几个因素

1. 浓度

首先是电导检测器的结构是否克服了电极极化和双层电容的影响，但用户一般不需考虑。

根据公式(5-1)，溶液的电导与溶液中溶质的浓度呈线性关系。同时这种线性关系也受溶液中离子的离解度、离子的迁移率和溶液中离子对的形成等因素的影响。

对弱电解质溶液，影响检测器线性的主要因素是离解度或离子化程度。离解度代表了总溶质中能够传递电流的部分，它由溶质的浓度和溶剂的性质所决定。弱电解质在溶液中不能完全电离，存在部分非离子化的形式。非离子化的分子是不能传递电流的，因此，测量的离子浓度会小于溶液中该组分的总浓度。弱离解组分的线性范围变化取决于 p*K* 值。对大多数离子来说，若能够基本离解，其线性范围能够达到 μg/L～mg/L 数量级。

对强电解质，在溶液中它们是完全离解的，影响检测器线性的主要因素是离子的淌度(迁移率)。离子淌度的定义是：在一个电场中，电位改变 1V/cm 时离子的迁移速度。影响离子迁移的因素是每一离子周围形成的溶剂化电荷球对离子运动产生的阻滞力。

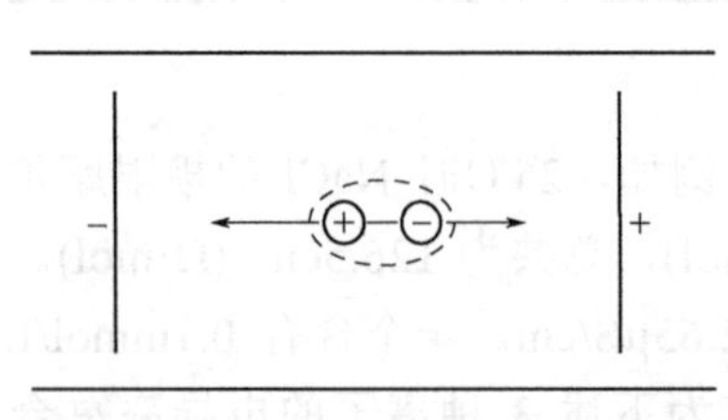

图 5-2 溶剂化电荷密度

在溶液中，离子被带相反电荷的溶剂化电荷球所包围着，在外加电位的影响下，离子和它的溶剂化电荷球向相反的方向移动，降低了离子的迁移速度，见图 5-2。

离子本身性质的不同对其迁移速率的影响也很大。具有较大水合半径的离子，其活性较差，电导值较低；而具有较小水合半径的离子其活性大，淌度较高，因此其电导值亦高。基于上述原因，便可以解释为什么充分水合的氟离子的 λ_i 值$[55.4cm^2/(\Omega \cdot mol)]$要低于水合程度略低的氯离子的 λ_i 值$[76.4cm^2/(\Omega \cdot mol)]$。此外，溶剂的黏度对离子的迁移速率也会产生一定的影响。在低黏度的溶剂中离子更易于迁移。

然而在实际操作中我们不必知道某个离子的水合半径和溶剂黏度的准确数值，因为定量分析时所得到的是一个相对值，即样品中的待测组分的电导值与标准溶液中的待测组分的电导值相比较而得到的结果。

2. 温度

温度对离子的迁移率、电导值有较大的影响。实验得知，温度每升高 1℃，电导值便增加 2%。在实际测量时所测得的电导值不应因受到温度变化的影响而导致产生对浓度测定的误差。为防止上述问题，现今的电导检测器都设计有消除温度影响的功能。例如赛默飞世尔(戴安)公司的电导检测器中，其电导池中设计有能对电导池流出液体的温度进行连续自动测量的热敏元件，通过在检测器中设定一个以 25℃时为基准的温度补偿系数进行归一化处理，来消除温度变化对测量结果的影响。

$$G_{\text{归一化}}=C_{\text{T}}G_{\text{测量值}} \tag{5-3}$$

式中，$G_{\text{归一化}}$为归一化的电导，S 或 μS；C_{T} 为转换系数；$G_{\text{测量值}}$为测得的电导，S 或 μS。

由电导池中溶液的温度系数计算转换系数 C_{T}：

$$C_{\text{T}}=e^{K(25-T)} \tag{5-4}$$

式中，K 为溶液的温度系数，%/℃；T 为溶液温度，℃。

除此以外，目前商品化的产品都有可对电导池在环境温度 5～60℃间任意设置温度并可以保持恒定的装置。使用该装置可使电导检测器免受温度改变的影响，特别是在选择较灵敏的输出范围测量时，目前高端离子色谱仪对电导池温控稳定性能够达到<0.001℃。

三、电导检测器的主要性能指标

电导检测器由流通式电导池和控制电路两部分组成，电导检测器的主要性能指标由这两部分的性能决定。

池体积的大小能够影响分辨率和灵敏度，小的池体积可较好地保持色谱柱的分辨率并可以得到更高的检测灵敏度，目前已商品化的电导池有效体积是 0.7～1.0μL左右。另外电导池能够承受的最大工作压力也是一个重要的指标，主流仪器的电导池最大耐压为 10MPa 左右。在离子色谱仪使用过程中有时为了获得稳定的基线，需要在电导池出口施加一定的反压以抑制气泡的产生，因此需要电导池有一定的耐压能力。

电路部分反映了电子噪声的水平、检测量程、线性范围及线性关系、适用的温度范围、温度补偿及克服温度影响的能力。

四、电导检测器的常见故障以及处理方法

1. 电导池的清洗

检测池被污染是电导检测器最常见的故障。污染物主要来源于没有经过适当前处理的样品，如浓度过高、复杂的样品基体等。检测池被污染后可使检测器的基线噪声变大，灵敏度下降。当确认是检测池受到污染时，可以采用下列方法清洗，使

其恢复原来的性能。具体步骤如下：

① 配制少许 3mol/L HNO_3溶液；

② 在电导池的入口处连接一个可接注射器的接头；

③ 用一个 10mL 的注射器向电导池内推注约 20mL 3mol/L HNO_3 溶液；

④ 用去离子水冲洗电导池至 pH 值达中性。

注意：清洗时应将电导池的出口处直接连接至废液，严禁强酸进入色谱柱和抑制器。

2．电导池的校正

电导池清洗后一般需重新校正。在正常使用的情况下，电导池应每年校正一次。校正的方法如下：

① 将分析泵的出口管路直接连接到电导池的入口。

② 以 8.0mL/min 的流速泵入 0.001mol/L KCl 校正溶液，2min 后将流速降至平时分析时的正常流速，最大不要超过 2 mL/min。

③ 此时电导值显示应为 147μS，如果不是，则调节检测器上的校正螺栓至 147μS。目前，一些型号的离子色谱仪，电导池的校正可以在色谱工作站上完成。

④ 用去离子水以 8.0mL/min 的流速冲洗电导池 2min，停泵，将系统管路恢复至正常状态。

注意：因检测器的生产公司不一，或者型号不同，校正步骤可能略有差别，操作前应先仔细阅读操作说明书。

第三节　电荷检测器

电荷检测器是一种新型检测器，它对离子有响应但检测原理跟电导检测不同，电荷检测器是对电导检测器的一个很好的补充。在使用电导检测器检测某些弱电离物质时，由于弱酸、弱碱不完全电离，故检测灵敏度不高，使得离子色谱法在这些离子的应用上受到限制。作为电导检测器的一个补充，近年一种新型的毛细管电荷检测器已经有报道并已经有商品出售。由于检测的原理不同，毛细管电荷检测器对检测电离较弱的有机酸、有机胺、硼酸盐以及多价态的离子，相对于电导检测有较高的灵敏度。

与电导检测不同，电荷检测是通过测量溶液中离子电离时电荷迁移所产生的电流变化来确定待测离子浓度的一种检测方法[2]。

在毛细管离子色谱仪上电荷检测器与抑制型电导检测器是串联在一起使用的。但由于电荷检测对待测样品是一种“破坏性”的检测，因此将其置于电导检测器之后。

一、电荷检测器的工作原理

电荷检测器的基本结构与电解膜抑制器相似，不同之处是电荷检测器内同时安装了两种极性不同的离子交换膜，见图 5-3。

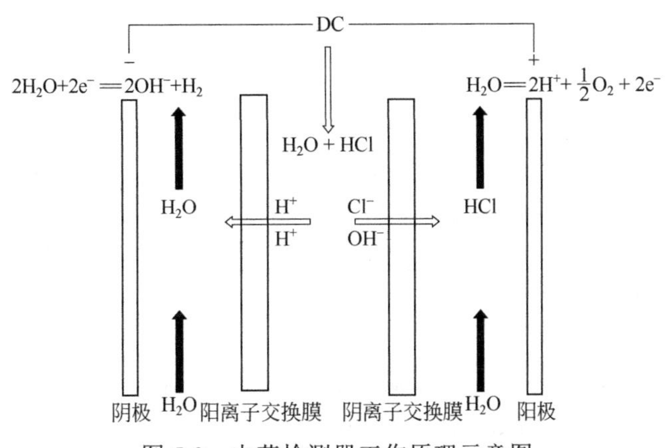

图 5-3 电荷检测器工作原理示意图

如图 5-3 所示，电荷检测器内由一块阴离子交换膜、一块阳离子交换膜和阴、阳电极构成。图 5-3 中，中间是洗脱液通道，通道两侧分别是阴、阳离子交换膜，再生液通道在交换膜的外侧。正负两个电极分别置于再生液通道两侧用来施加工作电压。当抑制器流出液流过两个膜之间时，电极之间的电流即为分析信号。由于 OH^- 流动相经过抑制器后被转变成水，仅有来自水中残留杂质离子的痕量背景电流和水自身离解后产生的很微量的背景电流。当电解质（对于抑制后的阴离子色谱必定为酸，但在原理上它可以是任何一种电解质转移到检测器）进入该电解池时，H^+和 X^-（样品阴离子）各自透过阳离子交换膜和阴离子交换膜移向阴极和阳极，即可检测这些离子携带的电荷。与电导检测器相比，电荷检测器对弱电解质有相对高的响应值。因为电导检测器仅对弱电解质的离解部分有响应，而在电荷检测器中发生去离子化，为了保持化学平衡，更多未离解的部分将产生离解。最终的离子化程度取决于施加的电场和在检测器中的停留时间。也就是说，淋洗液流速（相对于检测器的停留时间成反比）对弱酸的影响比对强酸的影响要大得多，即在正常流速下，电荷检测器对弱电解物的响应信号也较抑制型电导大。

在检测器的检测响应范围内电荷检测响应呈线性关系，相同电荷、相同浓度的离子能够得到相同的响应，因此可以对单一标准的已知、未知化合物准确定量。相对于单电荷离子如氯离子，电荷检测器对双电荷离子如硫酸盐可产生双倍的信号响应。电荷检测时，在相同浓度下被检测物质的检测灵敏度与待测物的电荷多少有关，多价离子的检测灵敏度要明显高于其在电导检测时的灵敏度。从图 5-4 可以看出，电荷检测对多价阴离子的检测灵敏度要优于电导检测，其中磷酸根的电荷检测灵敏度要明显高于电导检测，而一价的氯离子检测灵敏度与电导检测相同。表 5-3 比较了电荷检测器与电导检测器的一些性能。

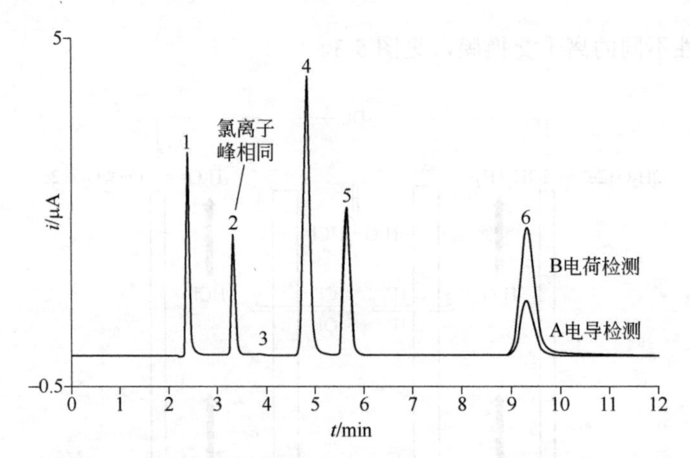

图 5-4 电荷检测器与电导检测器毛细管柱检测无机阴离子时的灵敏度比较

分离柱：IonPac AS11HC-4μm 0.4mm/IonPac AG11HC-4μm

淋洗液：30mmol/L KOH (EGC-Ⅲ KOH)+15% CH_3OH

流速：0.015mL/min　　进样体积：0.4μL　　柱温：30℃

检测器：抑制型电导，阴离子毛细管电抑制器（ACES 300）自动再生模式

色谱峰：1—氟离子；2—氯离子；3—碳酸盐；4—硫酸盐；5—硝酸盐；6—磷酸盐

表 5-3 电荷检测器与电导检测器的比较

项目	电荷检测器	电导检测器
对极弱电离和多价离子的检测响应	快速，校正方便，减少误差可得到更高的实验精度和灵敏度并且省时	检测灵敏度低
检测所有可离子化的物质	非常通用的检测方法，可经济地得到更多信息	灵敏度高
峰纯度信息	易于鉴别共洗脱问题	不方便
体积小，不占用空间	易于在实验室使用	方便使用
填补 CD（电荷）/MS（质量）之间的检测空白	不需要再进行验证，以较低成本得到更多的实验信息	需要仪器验证
方法的成熟度	新方法还有待考察	成熟方法

二、电荷检测器使用中的几个问题

1. 对有机溶剂的兼容性

除了乙腈和甲醇外，电荷检测器不兼容其他有机溶剂。在淋洗液循环模式时，除水外电荷检测器不能兼容任何有机溶剂。外加水模式时，电荷检测器可兼容有机溶剂的上限为 30%（乙腈或甲醇）。

2. 背景、噪声和漂移

（1）背景和噪声　系统正常运行时电导检测器的背景电导噪声要<2μS/cm，以便电荷检测器在工作电压为 6V 时其背景电流≤5μA，多数情况下背景电流大约是<2μA。当安装新色谱柱或抑制器时，由于新色谱柱和抑制器内的保存溶液浓度较高，会使背景电流增加。因此建议在安装这些耗材时先关闭电荷检测器电源，同时将其改为旁路，待系统用淋洗液充分淋洗，背景电导稳定后再连接电荷检测器。另外，检测

器停用 24h 以上时，在停用后要用氮气或清洁空气将检测池内的液体彻底吹出，避免背景电流增加。通常工作电压为 6V 时，电荷检测器的电流噪声为<3nA 左右。

（2）漂移　在电荷检测器的通用工作电压为 6V 时，以浓度为 30mmol/L 的 KOH 淋洗液等度淋洗测定阴离子，其漂移应< 10nA/h，梯度淋洗时应< 100nA/h；以浓度为 20mmol/L 的 MSA(甲基磺酸)淋洗液等度淋洗测定阳离子时，其漂移应< 10nA/h，梯度淋洗时应< 100nA/h。

3．工作电压的影响

工作电压与电荷检测器的检测灵敏度有密切关系。图 5-5 示出了电压对检测灵敏度的影响。低电压时，待测离子的色谱峰有些拖尾，但随着电压的逐渐增加，离子移出的效率在逐渐提高，色谱峰的灵敏度和对称性得到了改善。增加工作电压，检测灵敏度会提高，但基线噪声亦会随着工作电压的增加而变大。选择一个最佳点，通常工作电压设为 6V 可以满足大部分应用的需要。

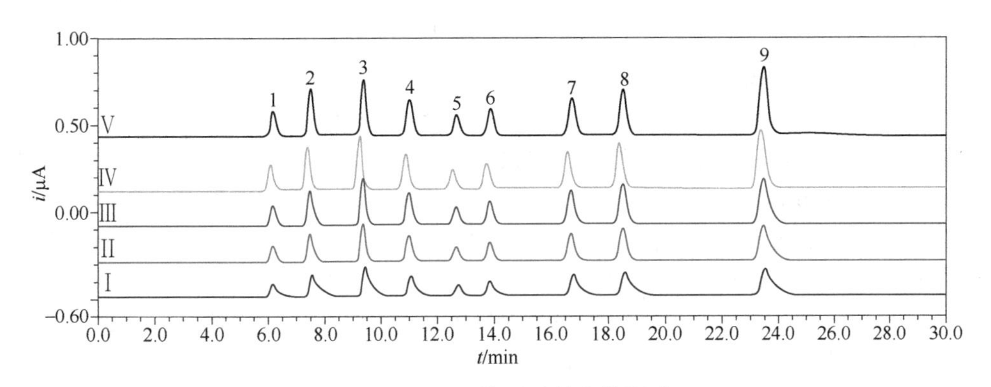

图 5-5　电压对检测灵敏度的影响

施加电压：Ⅰ—2V；Ⅱ—3V；Ⅲ—4V；Ⅳ—5V；Ⅴ—6V

色谱峰：1—氟离子；2—甲酸；3—氯离子；4—亚硝酸盐；5—溴酸盐；6—硝酸盐；7—硫酸盐；8—草酸盐；9—磷酸盐

作为电导检测器的补充检测器，电荷检测器可以很好地弥补电导检测器对弱电离和高价态离子检测灵敏度不高的缺陷，对照电荷检测和电导的信号，可以对峰纯度分析提供一种有效的鉴别手段。电荷检测器有如下特点：

① 在某固定电位条件下，电荷检测器所获得电流的大小代表了溶液中离子的含量，在检测器的响应范围内，其响应与电荷成正比。

② 电荷检测器对具有相同物质的量浓度和相同电荷的离子，其响应是相同的，因此可以使用单一校正曲线定量检测多种离子的含量，其中包括弱电解质。

③ 相同物质的量浓度时，具有多电荷的离子比单电荷离子在电荷检测器上有更大的信号响应，例如，电荷检测所产生的磷酸盐信号比氯离子至少增加 3 倍。对磷酸盐而言，电荷检测的灵敏度要远高于电导检测。

目前已经商品化的电荷检测器仅局限于毛细管离子色谱仪作为电导检测器的补

充检测器，更广泛的应用和与更多种仪器的配置还有待开发。

第四节　安培检测器

一、概述

安培检测器是一种用于测量电活性分子在工作电极表面氧化或还原反应时所产生电流变化的检测器。在外加工作电位（E_{app}）的作用下，被测物质在检测池内的电极表面发生氧化或还原反应。当发生氧化反应时，电子从电活性被测物质向安培池的工作电极方向转移；当发生还原反应时，电子从工作电极向被测物质方向转移，由此反应产生的这些电流变化被安培检测器所检测。

安培检测器的检测池内有三种电极，它们分别是工作电极、参比电极和对电极。电化学反应发生在工作电极上，当在工作电极与参比电极间施加一个适当的电压，也称为工作电位（E_{app}）时，目标化合物就会在工作电极表面发生电化学反应。参比电极的作用主要是反馈溶液的电位信息。由于 Ag/AgCl 参比电极的电位在电流中有良好的恒定性，因此常被当作参比电极。目前离子色谱用安培检测器上配备的参比电极一般为 pH-Ag/AgCl 复合电极，但工作模式可以在操作软件上选择。例如使用直流安培检测时多使用 Ag/AgCl 参比电极模式，而在积分安培，在做有 pH 值变化的梯度淋洗时常使用 pH-Ag/AgCl 参比电极模式，例如金电极检测氨基酸时使用了 pH 参比电极模式。对电极的作用是保持电位的稳定性，同时还可以防止大电流对参比电极的损坏。对电极的材料有钛和不锈钢等多种。

安培检测器常用的工作电极有四种：银电极、金电极、铂金电极和玻碳电极。

安培检测器常用于分析那些由于离解度较低，用电导检测器难于检测或根本无法检测的 pK>7 的离子。安培检测器有许多的优点：

① 灵敏度高　安培检测器的灵敏度与被测电化学活性物质在电极上的转化率有关。作为一种选择性的检测器，安培检测器有很低的背景信号；在转化率通常不超过 10%的情况下，电化学检测器便可直接测量纳安（10^{-9}A）级的电流而使其检测灵敏度达到 10^{-12}mol/L 级的浓度。线性范围宽，达 10^5。

② 选择性好　由于被测组分有特定的氧化还原电位，选择适合的工作电位，可提高检测器的选择性与灵敏度；而且避免了一些无电化学活性可能干扰分离的化合物的干扰。

二、安培检测器的工作原理及结构

1. 伏安法

伏安法是确定安培检测器最佳工作电位的一种电化学技术。其方法是令工作电极表面连续通过含有被测组分的溶液和支持电解质，测量其氧化或还原反应时产生的电流，并以此电流对在指定范围内扫描的工作电位作图得到伏安波形图。扫描时先以正向对电位进行扫描，然后再进行反向扫描，扫描在起始点结束，起点电位等于终止电位，此法称为“循环伏安法”。循环伏安波形示意见图 5-6。

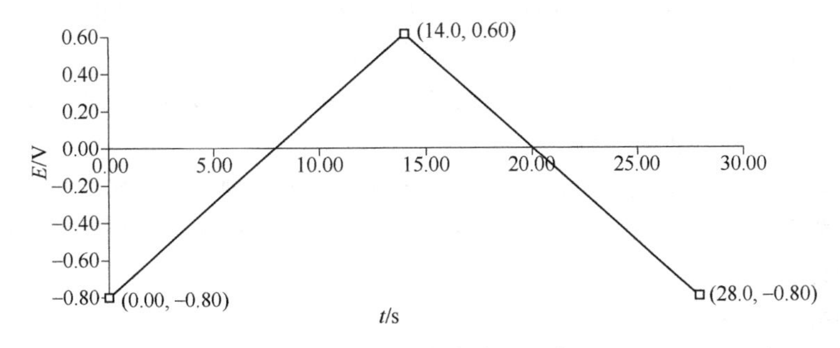

图 5-6 循环伏安波形示意

在图 5-6 循环伏安波形示意图中，电位扫描从−0.80V 至+0.60V，然后再从+0.60V 至−0.80V。一个完整的波形周期是 28s。

在下述电化学反应中：

$$A \longrightarrow B + ne^- \tag{5-5}$$

当反应正向进行时，A 将 n 个电子转移至工作电极并被氧化成 B；反向进行时，B 被还原成 A，用 Nernst 方程表示为：

$$E_{app} = E^0 + \frac{0.059}{n}\lg\frac{[B]}{[A]} \tag{5-6}$$

式中，E_{app} 为工作电位；E^0 为[A]=[B]时的电位；[A]、[B]分别为电极表面 A 与 B 的浓度（为简便，在此以浓度代替活度），mmol/L。

每一氧化还原反应均有特定的 E^0。在 $E_{app}=E^0$ 时，lg([B]/[A])一定等于零，于是[B]=[A]。如果 $E_{app}>E^0$，则[B]>[A]，反应向右进行，A 被氧化成 B，产生阳极电流，反之，B 被还原成 A，产生阴极电流。为使 A 完全氧化成 B，必须使 $E_{app}>E^0$。循环伏安法中施加的电位与电流的关系见图 5-7。

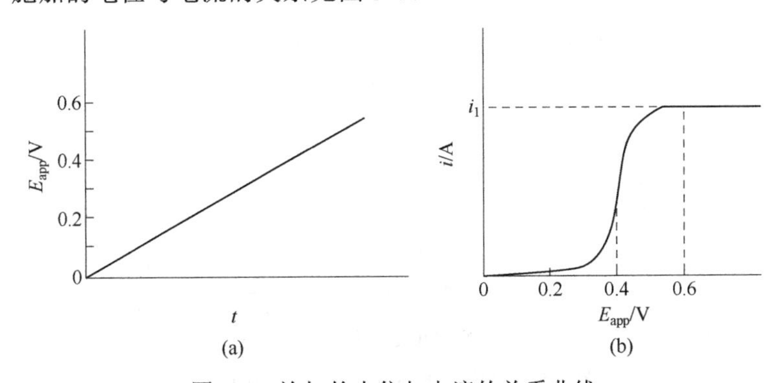

图 5-7 施加的电位与电流的关系曲线

从图 5-7 可见，当外加电压为 0.2V 时，$E_{app}<E^0$，B 被还原为 A，此时溶液中只存在 A，电极表面 A 的浓度等于溶液内部 A 的浓度，此时的氧化还原电流为零，组分 A 不发生氧化反应。当电位增加到一定程度时，[B]与[A]的比率亦随之增加。当 E_{app} 增加到 0.4V 时，$E_{app}=E^0$，电极表面的[A]=[B]。当电位增加到 0.6V 时，所有到达工作电极表面的待测离子均被氧化，电流达到一个稳定值，且不随电位变化。此时，电流的大小由待测离子向工作电极转移的速率决定，即由扩散速率决定，此时的最大电流称为极限扩散电流。

安培检测器根据所施加电位方式的不同分为以下几种：在工作电极上施加单电位时，称为直流安培法；采用多重顺序电位的为脉冲安培法和积分脉冲安培法。以下将分别讨论。

2．直流安培检测器（DC）

直流安培检测器是液相色谱中使用最广泛的电化学检测器之一。在直流安培检测器中，通过恒电位器将一个恒定的直流电位连续施加在检测池的工作电极上。直流安培恒工作电位的原理与流体动力学伏安法不同，尽管两者都需要保持恒定的工作电位。

选择最佳的工作电位对于测定非常重要。选择工作电位是为了使电化学活性分子处于扩散控制平台区。当一次进样同时测定多个不同标准电位的离子时，所设定的工作电位应能保证所有被测的电活性离子都处于平台区内。选这点的电位为工作电位，可获得最佳的信噪比。直流安培检测器最佳的工作电位是极限扩散电流最小时的电位。电位高于最佳工作电位时，噪声加大而信号并不增加。同时由于使更多的物质在电极上被氧化而造成其选择性下降，低于最佳电位时，噪声会减小但检测灵敏度下降。

可以通过实验的方法得到最佳电位 E_{app} 值：向检测池内注入一组浓度相同的标准溶液，不断改变施加的电位，测量色谱峰的峰面积或峰高，直到获得最大值时为止。E_{app} 值也可以用循环伏安法测得，即通过多次进样和逐渐增加电位的方法，以峰高对施加电位作图，便可以得到被测物的最佳工作电位。图 5-8 表明用 5-羟色胺的峰面积对施加电位作图所得到的最佳工作电位，5-羟色胺的最佳工作电位应是在 0.7V 左右。

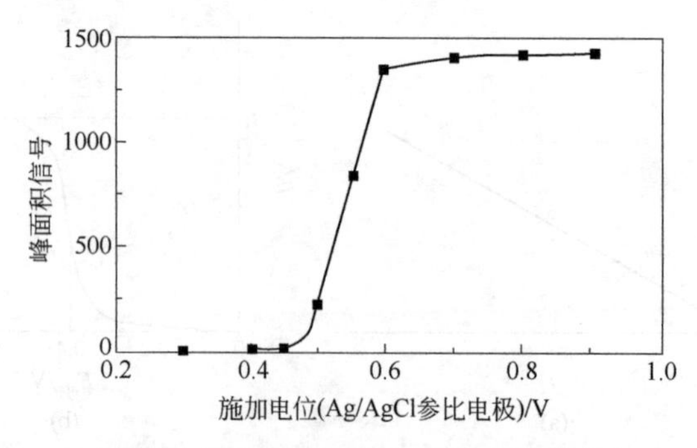

图 5-8　测定 5-羟色胺的最佳工作电位

直流安培检测器具有很高的灵敏度，可以测定μg/L 级的无机物和有机物。主要用于测量那些被测物氧化还原反应对工作电极不易产生污染的化合物。如儿茶酚胺类、硫醇和含硫的有机化合物，容易与银形成络合物的无机阴离子，如硫化物、氰化物、碘化合物等。

3．脉冲安培检测器（PAD）

离子色谱脉冲安培检测器的发展动力是源自于对糖检测的需要。由于绝大多数糖在紫外波长处吸收较弱，仅可以在较低的波长处进行检测，而糖在 210nm 处检测的灵敏度和选择性都较差，折光检测的灵敏度与选择性都不能满足糖检测的要求。从 20 世纪 80 年代中期开始，脉冲安培检测逐渐取代了这些测定糖的光度法，成为单糖、寡糖分析的一种最重要的手段，有大量的相关研究工作报道[3,4]。除了糖的分析，脉冲安培检测器亦用于其他含有醇、乙醛、胺和含硫基团组分的测定。

虽然糖可以在金和铂电极上被氧化，但氧化反应的产物亦会毒化电极的表面，抑制对被测物的进一步氧化过程。安培检测器在测定电活性组分时要求其氧化或还原产物产生的沉淀物不能存在于电极表面。因为受到沾污的电极将改变电极表面的特征，使基线漂移增强，背景噪声增高并使响应值变小。上述现象在糖的测定中表现极为明显。

为解决工作电极表面钝化的问题，脉冲安培检测器使用了快速、连续多重的三种不同工作电位即 E_1、E_2 和 E_3，见图 5-9。其中，E_1 为工作电位、E_2 为正清洗电位、E_3 为负清洗和复原电位。对应的响应时间以 60ms 为增量，分别为 t_1、t_2 和 t_3。当待测物在工作电极上发生氧化或还原反应后，其反应产物沉淀于电极表面。于工作电极上首先施加较高的正电位，继而再施加较高的负电位以除去电极表面可氧化或可还原的物质，整个过程可在极短的时间内完成。清洗后，电极表面又恢复到未被沾污时的状态，以此保证检测的重复性和灵敏度。

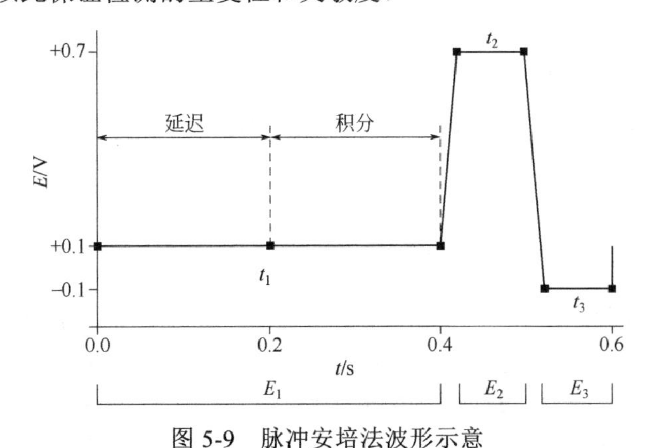

图 5-9　脉冲安培法波形示意

E_1—工作电位；E_2—正清洗电位；E_3—负清洗和复原电位

4．积分安培检测器（IPAD）

积分安培检测是另一种新形式的脉冲安培检测技术，于 1989 年由 D.Johnson 等首先提出[5]，并运用此技术，用金电极完成了对氨基酸的测定。早期积分安培检测曾被称为电位扫描脉冲库仑检测（potential sweep pulsed coulometric detection，PS-PCD）。比较两种脉冲安培检测的区别，脉冲安培检测在一个脉冲周期中对电流积分所施加的电位是单向的，而积分安培对工作电极施加的则是一种对应时间波形的循环电位，通过连续对金属氧化物生成波形和氧化物还原波形的正、反向扫描得到测量电流的积分，从而可以得到更加稳定的基线和更高的检测灵敏度。

图 5-10 比较了用 100mmol/L NaOH 淋洗液，金电极分析亮氨酸时，积分安培与脉冲安培的循环伏安图。

从图 5-10 可见，由于脉冲安培法对电流的测量是基于单次脉冲的，所以它需要一个短暂的间歇过程以便使充电电流衰减。而在积分安培法检测时由于其电流的测量是在一个循环过程中正反向连续积分的，因此大大减小了氧化还原产物对电极的影响。

从图 5-11 可以看到在积分安培中，电流的积分是双方向进行的，即当电位进行金属氧化物生成波扫描时，反向的氧化物还原波形扫描也在进行中。图 5-11 中 0.2～0.6s 是积分时间，E_3 是正清洗电位，E_4 是负清洗电位和复原电位。

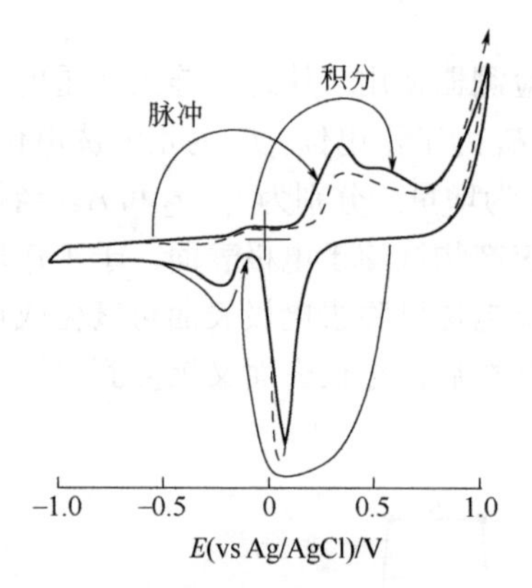

图 5-10 金电极分析亮氨酸时积分脉冲安培与脉冲安培循环伏安图的比较

—— 0.1mol/L NaOH +亮氨酸

------- 0.1mol/L NaOH

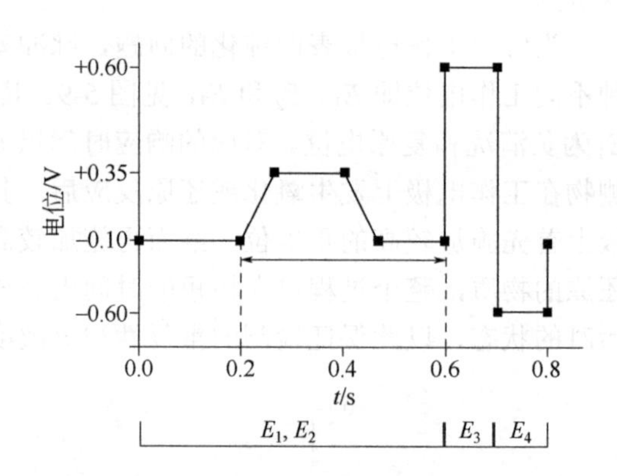

图 5-11 积分安培法波形示意

在积分安培检测时，由于反应生成的金属氧化物对金属电极表面待测物质的氧化有催化作用，因此需要反应基团的原子至少有一对孤对电子，使其在未氧化的电极表面吸附，所以此方法很适用于那些具有未成键电子基团 N、S 的胺和硫化物的检测[6,7]。积分安培法可通过金属工作电极的氧化层提高对催化氧化待测组分的检测灵敏度，而在没有待测分子存在时，积分安培的净电荷大约等于零。

相对于脉冲安培法，积分安培法通过消除来自氧化和还原反应的电荷，使其对基线漂移的影响大大减小，可以得到非常稳定的基线。施加循环的波形，进行正、反方向的积分扫描，积分安培可使电极氧化时对背景的影响降到最小，亦可降低 pH 值变化对测定的影响，并允许进行适度的 pH 值梯度淋洗，而不会造成较大的基线漂移。

积分安培法已广泛应用于糖、氨基酸、蛋白质、抗生素等的测定，详见表 5-4。

为了解决离子色谱积分安培检测器三电位波形在施加正清洗电位（+0.75V）后在金电极表面生成的金氧化物对电极重现性的负面影响，Clarke 等[8]对积分脉冲安培法的电位和时间参数进行了优化，提出用于氨基酸直接分析的六电位波形。其方法使用阴离子分离柱、强碱性淋洗液，在 30℃的条件下，25min 内可分离 20 种氨基酸。该方法对其中 16 种氨基酸的检测限可达到飞摩尔（fmol）范围，其余四种氨基酸（Val、Pro、Lle 和 Leu）的检出限为 1～4pmol。

Cai 等[9]比较了三电位、四电位和六电位三种不同工作电位波形对氨基糖苷类抗生素测定时信号响应、信噪比、检测灵敏度和线性等参数的影响，实验数据表明六电位波形可以获得最好的结果，并首次将六电位波形用于氨基糖苷类抗生素样品的测定，见图 5-12。

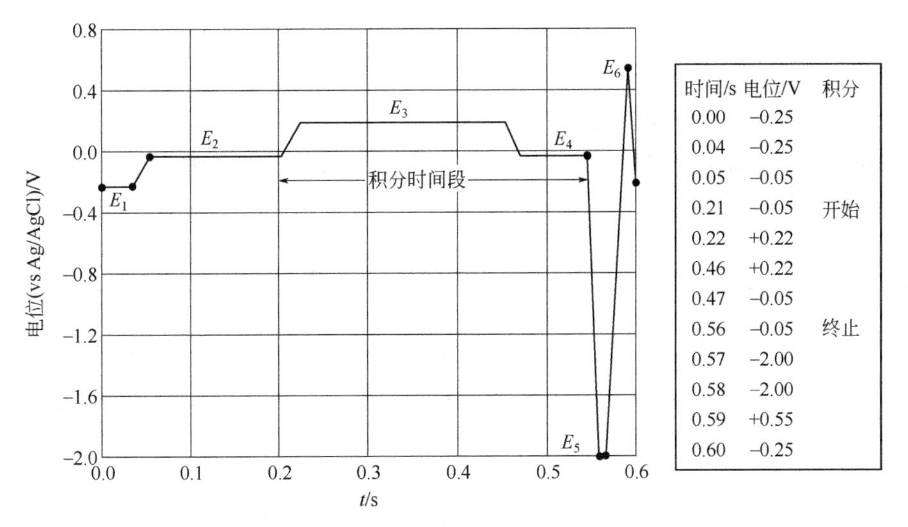

图 5-12 检测氨基糖苷类抗生素的六电位波形[9]

5. 安培池

安培池通常是一种三电极伏安池，由工作电极、参比电极和对电极（池体，常用钛合金）构成，图 5-13 为安培池示意图。常用的离子色谱安培池有薄层式、管式。薄层式检测池是目前应用最广的安培检测池，这种检测池由两块平板及中间压的一片中心挖空的聚四氟乙烯薄膜组成，池的容积由夹在中间的薄膜垫片的形状、大小和厚度决定，其薄层通道的容积过小会影响检测的灵敏度，容积过大会影响分离效果，一般小于 0.2μL。光滑的电极表面可以降低流动噪声，这种池体积也适用于高效的微孔柱和毛细管柱的使用。

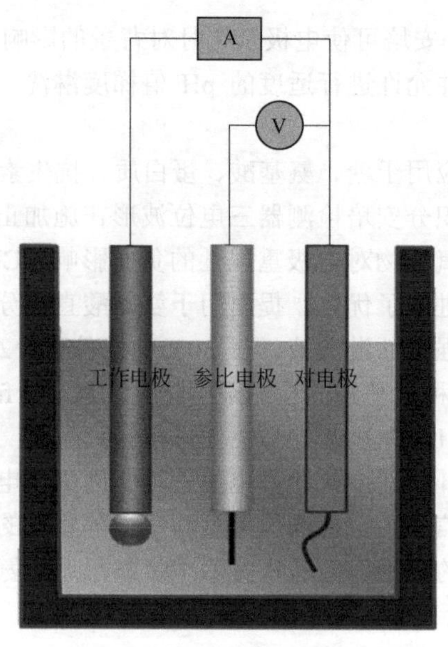

图 5-13 安培池示意

6. 工作电极

安培检测器主要使用四种不同材料的工作电极：银电极、金电极、铂金电极和玻碳电极。贵金属电极采用了高纯度固体金属，玻碳电极采用硬质石墨。表 5-4 列出了四种电极的主要应用。

表 5-4 四种电极的主要应用

工作电极	检测模式	色谱条件	主要应用
Au	积分安培	碱性淋洗，梯度	抗生素
	积分安培	碱性淋洗，梯度	单糖、低聚糖、多糖
	积分安培	碱性淋洗，梯度	糖醇
	积分安培	碱性淋洗，梯度	唾液酸
	积分安培	碱性淋洗，梯度	蛋白质
	积分安培	碱性淋洗，梯度	氨基酸
	脉冲安培	碱性淋洗	二乙醇胺、三乙醇胺
Pt	脉冲安培	排斥色谱柱，甲基磺酸淋洗液	醇、乙二醇、叠氮根、硫离子、氰根、亚硫酸根
	脉冲安培	排斥色谱柱，硫酸淋洗液	亚硫酸根
Ag	直流安培	碱性/酸性淋洗	溴离子、硫代硫酸根、亚硫酸根、硫氰根、氰化物、硫离子
	脉冲安培	碱性淋洗	氰化物、碘化物、硫离子
GC	脉冲安培	碱性淋洗	儿茶酚胺、酚类

选择工作电极时，除了根据电极对测定对象的灵敏度进行选择外，还有以下三点因素需要考虑：①流动相中工作电极的电位极限；②电化学反应中所涉及的电极；③电荷迁移反应动力学。

（1）电位极限　负电位极限是指流动相或者支持电解质被还原的电位。正电位极限是指可以氧化流动相、支持电解质或者电极本身的电位。由于上述反应产生的电流远超过溶质的氧化还原反应所产生的电流，因此用于测定待测物的电位必须限定在此范围之内。表 5-5 列出了四种电极在酸和碱溶液中的电位极限。流动相的 pH 值对电位极限有很大的影响。在碱性环境中，负电位极限将会更加负，而正电位极限在酸性环境中将会更正。换句话说，在碱性溶液中可用的电位窗向负电位方向位移；在酸性溶液中向正电位方向位移。

表 5-5　酸性和碱性溶液中，Ag/AgCl 参比电极下四种电极的电极电位①[10]

工作电极	溶液（0.1mol/L）	负电位极限/V	正电位极限/V
玻碳(GC)②	KOH	−1.5	+0.6
	$HClO_4$	−0.8	+1.3
金(Au)	KOH	−1.25	+0.75
	$HClO_4$	−0.35	+1.10
银(Ag)	KOH	−1.20	+0.10
	$HClO_4$	−0.55	+0.40
铂金(Pt)	KOH	−0.90	+0.65
	$HClO_4$	−0.20	+1.30

① 上述数值为近似值，在中性溶液中的电位极限为上述数值的中间值。

② 与金属电极不同，玻碳电极的电位极限不会突然地截断。不同应用其噪声和背景的程度亦会有所不同，需要通过实验来确定。

当施加的电位接近电位极限时，随着背景电流的增大，噪声将会变大。对于金属电极，当超过电位极限时，背景电流会快速增加。玻碳电极的背景电流是逐渐增加的。由于表 5-5 所列出的电位极限值是根据所要求的信噪比测定得来，此表中的数据仅供参考。对于一些使用玻碳电极的实验，所用的电极电位可能要超过这些电位极限。

从表 5-5 中可见，最大的正电位极限出现在玻碳和铂金电极，此类电极适宜进行氧化反应。最大的负电位极限，按次序排列，依次是玻碳、金和银电极。因为在铂金电极上容易将氢离子还原为氢气，因此铂金的负电位极限较小，通常不用于还原反应。

（2）氧化还原反应中电极的作用　待测物氧化的反应机理是电子由待测物分子向电极的迁移。氧化还原反应中所使用的电极材料根据是否参与反应大体上分为以下两种，一种是不参与氧化反应的惰性电子吸附物质，如石墨电极；另一种是可与待测组分以配合物或者形成沉淀离子的形式发生氧化反应的银、金电极。对于这些离子的检测，工作电极材料本身将直接参与反应，同时电极表面活性会缓慢下降，虽然在性能上不易察觉。例如，在氰离子存在下，银可被氧化为氰化银（AgCN）。此反应发生的电位比在铂金电极上氰化物氧化为氰酸盐的氧化反应电位要低得多。使用较低的工作电位，由于被氧化的成分减少，可以提高分析的选择性，流动相中痕量杂质氧化引起的噪声在低工作电位下也将会降低。银电极也可用于检测其他与其形成配合物或沉淀的离子（如 Br^-、I^-）以及各种硫化物（如 HS^-、SO_3^{2-}、$S_2O_3^{2-}$、硫醇等）。在氧化反应中使用银和金电极时，如当流动相中存在卤素时，会使正电位极限下降。可以考虑用不参加反应的阴离子（如乙酸、高氯酸盐、硝酸盐、磷酸盐或者硫酸盐）置换卤素。

（3）电荷迁移反应动力学　对于快速电荷迁移反应的动力学，如果反应速率很快，此反应被认为是可逆反应。若电极表面几乎所有的待测物都能被氧化，此时的电极电位是最佳的。电荷迁移慢的反应需要施加超过 $E^{\ominus}$的电位以使反应的速率加快。这种超电压被称为过电位，此反应为不可逆反应。许多不可逆的氧化还原反应需要施加较高的电位。但电位过高将会使噪声加大并使选择性降低。因此，在选择电位时应综合考虑。

7．可抛弃工作电极

可抛弃工作电极是电化学检测中的一项创新，该技术提高了检测的重现性和可操作性。与常规的工作电极相比，可抛弃电极在实验成本、平衡时间、电极抛光维护以及故障排查等方面有明显的优势[11]。

用于可抛弃工作电极的安培池与使用固定电极的安培池构造稍有不同，其中包含了一个用于固定电极的模块，并在电极和流路间使用了一种不同的隔片。

Liang 等[12]比较了高效阴离子交换色谱脉冲安培检测器（IPAD）测定碘离子时可抛弃型和常规两种银工作电极的性能。比较的内容包括：平衡时间、短期和长期的重现性、检出限以及线性。实验结果表明，对于碘离子的测定可抛弃型工作电极其性能与常规电极相等甚至更好。实验数据表明，可抛弃型工作电极可连续工作2660min（44h，每个分析周期为 10min）性能未见下降。由于可抛弃工作电极定义其灵敏度下降至80%后才进行更换，因此节省了许多电极抛光和系统再平衡的时间，同时也获得了较好的重现性。运用可抛弃型电极测定了土壤、海水样品中碘离子，加入回收率为 96%～104%，最低检出限为 0.5μg/L（10μL 进样，3 倍基线噪声）。

因为可抛弃工作电极是由一种很薄的聚合物膜片制成的，因此在使用中要注意避免折弯，同时电极表面要防止划损。工作电位设定合适与否与电极的使用寿命有很大关系，过高的工作电压会使电极使用寿命减少。建议按照厂家提供的波形条件操作。

三、安培检测器的常见故障及排除

1．基线噪声及漂移

基线噪声加大及漂移可能由以下几个原因造成：

① 检测池中有气泡，造成基线有规律地抖动。适当增加检测池出口处废液管的长度，以增加反压，消除气泡。

② 检测池前的系统有泄漏，造成基线无规律的漂移。认真检查全部管路和接头，拧紧或更换，以消除泄漏。

③ 分析泵内有气泡，造成系统压力不稳定，基线噪声加大。设法排除泵内的气泡。

④ 工作电极被沾污（特别是在直流安培方式时）后，基线的噪声会明显加大，此时需要重新对工作电极抛光。样品中待测组分浓度较高时，电极钝化的速度会加快，例如银电极，应适时进行抛光。

⑤ 温度变化的影响。由于安培检测器灵敏度较高，温度变化对检测有较大的影响。应尽量将安培池和色谱柱置于有恒温功能的色谱单元内。

⑥ 参比电极内的饱和氯化银溶液干涸。通常参比电极应保存在3mol/L饱和氯化钾溶液中。

⑦ 仪器的工作电压不稳定时检测器的基线噪声会变大。应设法安装稳压电源装置使供电稳定。

2．灵敏度低

① 首先检测电极电位设置的是否正确。通常在设置的电位低于最佳的E_{app}时灵敏度往往偏低。

② 工作电极被沾污。沾污的电极由于其表面淀积了一层氧化或还原物质而使灵敏度下降。解决的办法是对电极抛光。一般电极抛光后都可以恢复其原来的灵敏度。

③ 选择合适的淋洗条件。淋洗液的组成对洗脱离子的测定灵敏度亦会产生影响。例如对某离子半径较大的待测离子，如所使用的淋洗液离子强度较弱，则较难于洗脱，其测定灵敏度通常也较低。

3．检测器信号背景高

① 试验用水、试剂纯度达不到标准会造成检测器背景升高。由于安培检测灵敏度高，因此一般要求实验尽量使用18MΩ/cm^{2}以上高纯水和优级纯以上的试剂配制淋洗液。淋洗液配制后应脱气并用惰性气体保护，以防空气中的二氧化碳进入淋洗液。如果使用OH^-淋洗液，手工配制时，建议使用50%（体积分数）NaOH溶液配制，而不要选用固体NaOH试剂，因为此种试剂中CO_3^{2-}的含量比液体的高。

② 由于安培池停用前没有彻底清洗造成池内有淋洗液盐的结晶并导致淋洗液流动不畅引起背景升高。

③ 系统管路沾污引起。在进行高灵敏度的安培检测之前，系统管路应先用高浓度的淋洗液清洗20min以上。例如，如果使用NaOH淋洗液，在未接色谱柱之前可以用2mol/L NaOH清洗系统20min，之后再用分析条件中低浓度的NaOH冲洗平衡系统。

④ 参比电极故障引起。在使用pH-Ag/AgCl复合参比电极进行有pH值变化的梯度淋洗时，如果pH值显示不准确，应对参比电极的pH值进行校正。如经校正仍不能恢复正常，则需要更换新参比电极。另外，参比电极属于消耗品，根据使用频

率的不同，每几个月或半年要更换一次。

4. 安培池的使用和保存方法

安培池在停止使用时应从仪器上取下保存。在取下之前，应先用去离子水冲洗安培池至中性。具体的方法是：用泵将去离子水直接泵入安培池而不要经过色谱柱。将安培池上的参比电极取下，并保存在3mol/L氯化钾饱和溶液中；将工作电极和安培池分别装入清洁的塑料袋保存。

第五节　光学检测器

紫外-可见光检测器在离子色谱中的应用越来越广泛，原因是它具有独特的优点：①选择性好，通过波长的改变，便可选择性地进行检测；②应用性广，除可用于离子型的过渡金属、镧系元素的分析外，其紫外检测器还广泛用于有机酸以及其他有机化合物的测定；③灵敏度高，可很容易进行μg/L级的测定。

一、紫外-可见光检测器的基本原理与结构

1. 基本原理

紫外-可见光检测器的基本原理是以郎伯-比尔定律为基础的。根据定律，光强度减弱的关系为：

$$A = \lg\frac{I_0}{I} = \varepsilon bc \tag{5-7}$$

式中，A 为吸光度；I_0 为入射光强度；I 为透射光强度；ε为摩尔吸光系数；c 为待测物的浓度；b 为溶液层厚度。在一定条件下εb趋向于常数K，则，

$$A=Kc \tag{5-8}$$

被测溶液的吸光度与其浓度成正比。

2. 紫外-可见光检测器的基本结构

紫外-可见光检测器由三大部分组成：光源、分光系统和流动池。

（1）光源　检测器的光源应在不同波长的光谱范围内提供有足够能量的、稳定的光源。紫外检测器使用氘灯为光源，光源的覆盖范围在190～400nm；可见光检测器使用钨灯为光源，其覆盖的波长范围在381～900nm。

（2）分光系统　在分光的过程中信号应损失小，灵敏度高。图5-14为一例离子色谱仪使用的紫外/可见光检测器的光学系统示意图，图中，凹面镜首先将来自光源的光线经过滤波后聚焦于入口狭缝，然后光线以衍射方式投射至光栅。通过衍射光栅角度的转动而产生指定波长的单色光线投射至参比镜和流动池。参比镜引导部分光束至参比检测器，样品光束被投射至流动池测量样品溶液通过时的光密度。

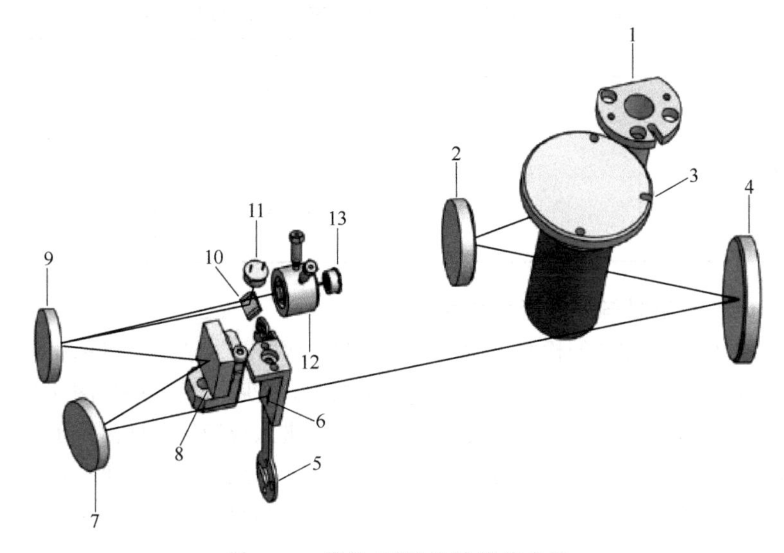

图 5-14　紫外/可见光检测器光路

1—钨灯；2—凹面反射镜（Vis）；3—氘灯；4—聚焦镜；5—滤波器；6—入射狭缝；7—反射镜；8—光栅；9—反射镜；10—参比镜；11—参比检测器；12—流动池；13—检测器

（3）流动池　由于离子色谱的流动相包括酸、碱、螯合剂和有机溶剂，因此要求流动池要耐腐蚀和兼容有机溶剂。常用 PEEK 材料为池体，该材料耐腐蚀、可承受高压（5MPa）。其标准光路的长度为 6～10mm，池体积为 11μL 左右。

3．紫外检测器的应用

与 HPLC 相比较，UV 检测在 IC 的检测方法中并不占据重要的地位，但对电导检测是一个重要的补充。UV 检测之所以在离子色谱中不如电导检测法使用普遍，原因在于许多无机阴离子在紫外区域无吸收，即便是个别阴离子有吸收，也多在 220nm 以下[13]。但近年来，利用离子色谱分离技术结合紫外检测的工作在逐年增加。如用高容量的 IonPac AS20 阴离子分离柱，UV 检测器测量了未经处理海水和咸水样品中的碘化物，样品中高浓度的氯离子、硫酸根和碳酸盐对检测无影响[14]；奶制品中三聚氰胺的分析，使用 IonPac CS17 分离柱，检测波长 240nm，方法的最低检出限可达到 4.4μg/L[15]。陈梅兰等[16]研究了一种离子色谱柱后衍生直接光度法同时测定食品中五种含硫阴离子化合物的方法。方法采用 0.24g/L 碘液和 0.2%（体积分数）磷酸的混合溶液为柱后衍生试剂，使用阴离子分离柱，检测波长 288nm 测定了腐竹、粉丝、银耳中甲醛合次硫酸氢根（吊白块）、硫离子、亚硫酸根、硫氰酸根、硫代硫酸根。由于 UV 对 Cl^-检测不灵敏，故 UV 检测器特别适合于在高浓度 Cl^-存在下测定样品中痕量的 Br^-、I^-、NO_2^- 和 NO_3^-。类似的样品如体液、海水、肉制品、生活污水等也可以用此法测定。金属-氰配合物和金属-氯配合物均可在 215nm 处测量。表 5-6 为部分无机阴离子在紫外区的最佳吸收波长。

表 5-6 常见无机阴离子在紫外区的最佳吸收波长

阴离子	测量波长/nm	阴离子	测量波长/nm
溴离子	200	硝酸盐	215
铬酸盐	365	亚硝酸盐	207
碘离子	236	硫氰酸盐	215
金属-氯配合物	215	硫代硫酸盐	215
金属-氰配合物	215		

4. 可见光检测器与柱后衍生技术

柱后衍生可提高方法的检测灵敏度与选择性，常用的方法是将目标化合物转变成在可见光区有吸收的有色化合物，用可见分光检测。柱后衍生流路见图 5-15，当目标离子经色谱柱分离后，经过一个三通与衍生剂一起进入反应管，目标离子与衍生剂在反应管内进行充分混合并反应后进入检测池。为反应完全，反应管通常设计成曲折流路或在反应管内填充惰性小珠以便使分离后的待测物与显色剂得到混合。

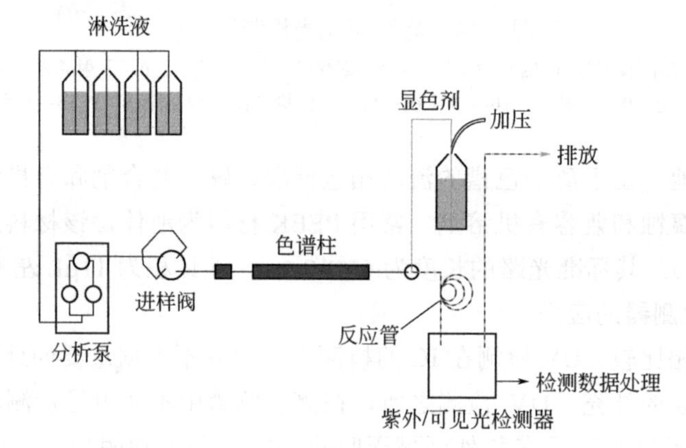

图 5-15 柱后衍生流路

柱后衍生技术测定过渡金属，最常用的显色剂是 4-(2-吡啶偶氮)间苯二酚（以下简称 PAR）。PAR 可与许多金属离子反应，例如 Fe(Ⅱ/Ⅲ)、Cu^{2+}、Ni^{2+}、Zn^{2+}、Cd^{2+}、Co^{2+}、Mn^{2+}、Pb^{2+}以及镧系元素等，测定波长为 530nm。离子色谱法柱后衍生测量过渡金属常用淋洗液有两种：吡啶-2,6-二羧酸(PDCA)淋洗液和草酸淋洗液，两种淋洗液对金属离子洗脱存在差异。在 IonPac CG5A/CS5A 柱上，以 PDCA 为淋洗液，一次进样可以使 Fe^{3+}和 Fe^{2+}完全分离，对金属离子的洗脱顺序是：Fe^{3+}、Cu^{2+}、Ni^{2+}、Zn^{2+}、Co^{2+}、Cd^{2+}、Mn^{2+}、Fe^{2+}。以草酸作为淋洗液时不能够分离铁离子的价态，但可以分离 Pb^{2+}，对金属离子的洗脱顺序是：Pb^{2+}、Cu^{2+}、Cd^{2+}、Co^{2+}、Zn^{2+}、Ni^{2+}。根据以上两种淋洗液洗脱上的差异，在实际操作中可以根据需要选择适合的淋洗液。另外在柱后衍生分离过渡金属离子时控制淋洗液 pH 值非常重要，当淋洗液 pH 值与要求值有偏差时分离会受到影响，导致峰形变差，甚至不出峰。PAR 显色剂平时应避光保存，保存时间最好不要超过一个月，超过后应重新配制。

测定六价铬（Cr^{6+}）常用的显色剂是二苯碳酰二肼（1,5-diphenylcarbazide）。该试剂对六价铬有非常好的选择性和灵敏度，其特征波长为520nm[17~19]。

钼酸钠作为显色剂可用于测定水可溶性硅酸盐，硅酸盐可以用阴离子交换分离，硅酸盐与钼酸钠生成的黄色杂多酸 $H_4[Si(Mo_3O_{10})_4]$，最大吸收波长在410nm[20]。

Dave Thomas 和 Jeff Rohrer 提出了一种基于抑制电导加柱后衍生紫外吸收检测的方法测定卤素含氧酸盐和溴酸盐的方法[21,22]。该法用阴离子分离柱分离，抑制电导法测定次氯酸盐和氯酸盐，继而通过柱后衍生，紫外检测器在352nm检测溴酸盐。该法使溴酸盐的检测灵敏度较电导检测提高了10倍，最低检出限可达到0.5μg/L。方法可用于试剂级水、瓶装水中低卤素含氧酸盐和溴酸盐的测定。

柱后衍生法的创新点是通过柱后在线生成的氢碘酸与待检测溴酸盐反应生成三碘化阴离子，三碘化阴离子在352nm有较强的吸收。

5．紫外-可见光检测器常见故障的排除与维护

由于紫外-可见光检测器是一种技术成熟的检测器，因此，在操作正确的情况下，一般不会出现问题。但在实际操作中可能还会遇到以下几方面的问题：

（1）基线噪声偏大　检测器基线噪声较大可能由以下几个原因引起：

① 流动池内有气泡。表现在基线上是出现有规律的波动。这种情况在检测器长时间未使用后常发生。用一注射器由流动池出口向内注射少许无水乙醇或异丙醇，以减小气泡的表面张力，继而再用淋洗液冲洗。注意，注射前先将流动池进口拧开，让乙醇从此处直接流出。

② 淋洗液或柱后试剂中含有吸光杂质。应尽量采用高纯度的试剂和去离子水。

③ 流动池沾污。流动池沾污后除造成基线噪声偏大外，亦会使灵敏度下降。在每次例行分析结束后，最好用去离子水冲洗流动池几分钟，以防止显色剂等对流动池的沾污。

④ 当吸光度值变化较大时，可以适当增加系统的反压即将检测器废液出口的管路延长。系统反压的增加可防止气泡进入流动池。

（2）基线漂移

① 流动池有泄漏；

② 检查灯的使用寿命期限，看是否需要更换；

③ 流动相或柱后试剂品质下降引起。

（3）检测器的常规维护　在使用紫外/可见光检测器过程中应对其光源部分和流动池给予特别的保护。光源部分主要是要尽量延长氘灯和钨灯的使用寿命。因为灯泡的使用寿命是有限的，所以在使用中，当不进行测量时应尽量避免光源处于打开的状态。有的检测器内设有高和低两种光强度供选择，在测量的样品浓度较高时，应选择低强度光。

流动池的保护主要是防止光窗被沾污。经常用去离子水冲洗可以防止某些沉淀物和显色剂对光窗的沾污。如沾污严重时可依次用去离子水、丙酮、3mol/L HNO_3、去离子水冲洗。

二、荧光检测器

荧光检测器是在高压液相色谱中常用的灵敏度高、选择性好的检测器。但在离子色谱中荧光检测器的使用频率与电导、安培以及紫外/可见光检测器相比要少得多，这其中的原因是大部分无机阴离子和阳离子均不能发射荧光。然而近年来，利用离子色谱分离结合荧光检测柱后衍生技术的应用在逐渐增多。已经发表的文献中涉及了环境监测、农药残留监测、药物分析、保健品成分分析等多个领域[23~28]。Zhu 等[29]利用离子色谱-在线电化学衍生-荧光检测（IC-ED-FD）方法测定了六种不同形态的酚。使用加入少量乙腈的 NaOH 淋洗液，用阴离子分离柱较好地使酚得到分离。为提高酚的检测灵敏度，一种多孔 Ti 电极的电解池被用来对待测物产生衍生反应。通过多孔电极内部和表面的电氧化作用使得酚的检测灵敏度得到改善。

参考文献

[1] Weiss J. Ion Chromatography. 2nd Ed. New York: VCH Publishers Inc, 1995: 295.
[2] Yang B C, Chen Y J, Mori M, et al. Anal Chem, 2010, 82: 951.
[3] Jahnel J B, Ilieva P, Frimmel FH. Anal Chem, 1998, 360: 827.
[4] Zhang Z Q, Khan N M, Nunez K M, et al. Anal Chem , 2012, 84: 4104.
[5] Welch E C, La Course W R, Johnson D C. Anal Chem, 1989, 61: 555.
[6] Johnson D C, Dobberpuhl D. J Chromatogr, 1993, 640: 79.
[7] La Course WR. Pulsed Electrochemical Detectionin High Performance Liquid Chromatography. New York: Wiley, 1997.
[8] Clarke A P, Jandik P, Rocklin R D, et al. Anal Chem, 1999, 71: 2774.
[9] Yaqi C, Yue C, Shifen M, et al. J Chromatogr A, 2005, 1085: 124.
[10] Weiss J. Ion Chromatography. 2nd Ed. New York: VCH Publishers Inc, 1995: 309.
[11] Cheng J, Jandik P, Avdalovic N. Anal Chem, 2003, 75: 572.
[12] Lina L, Yaqi C, Shifen M, et al. J Chromatogr A, 2005, 1085: 37.
[13] Buck RP, Singhadeja S, et al. Anal Chem, 1954, 26: 1240.
[14] Deanna H, Jeff R. Thermo Fisher Scientific, Application Note 239, AN71348. Sunnyvale, CA, USA: 2014.
[15] Thermo Fisher Scientific, Application Note 231, LPN2279. Sunnyvale, CA, USA: 2009.
[16] Mei L C, Ming L Y, Zhu Y, et al. Chin Chem Lett, 2009, 20: 1241.
[17] Jin S C, Zhong Y H, Ming L Y, et al. Thermo Fisher Scientific, Application Note1079, AN70879. Sunnyvale, CA, USA: 2014.
[18] Thermo Fisher Scientific, Application Note 80, AN71358. Sunnyvale, CA, USA, 2014.
[19] Yu LY, Jie H, Zhong P H. J Chromatogr A, 2013, 1305: 171.
[20] Weerapong W, Jeffrey R. Thermo Fisher Scientific, Application Note170, AN70946. Sunnyvale, CA, USA: 2014.
[21] Dave T, Jeff R. Thermo Fisher Scientific, Application Note149, AN70411. Sunnyvale, CA, USA: 2013.
[22] Brian De B, Jeff R. Thermo Fisher Scientific, Application Note171, AN20408. Sunnyvale, CA, USA: 2012.
[23] 朱岩，蒋银土，叶明利，等. 分析化学, 2001, 9: 1024.
[24] Stalikas C D, Konidari C N, Nanos C G. J Chromatogr A, 2002, 956: 77.
[25] Chun-Ting K, Po-Yen W, Chien-Hou W. J Chromatogr A, 2005, 1085: 91.
[26] 曹盛林，朱岩，陈郁，等. 浙江大学学报（理学版）, 2013, 40(3): 304.
[27] 胡正良，郭莹莹，朱岩，等. 仪器仪表学报, 2001, 22: 333.
[28] 童裳伦，朱岩，郭丹，等. 分析化学, 2001, 10: 1237.
[29] Shuchao W, Bingcheng Y, Yan Z. J Chromatogr A, 2012, 1229: 288.

CHAPTER 6

离子色谱样品的前处理

第一节　概述

IC 样品前处理的一个特殊问题是 IC 对常见阴、阳离子的高灵敏度，因此，分析者常会发现用标准溶液可以得到很好的色谱图，而分析实际样品时，常会出现令人不满意的结果，难以进行定性定量分析，其原因主要来自样品的基体。另外，有的组分不可逆地保留在柱上，造成柱效降低或完全失效等问题。样品前处理的目的主要是将样品转变成水溶液或水与极性有机溶剂（甲醇、乙腈等）的混合溶液、减少和除去干扰物[1]、减小基体的浓度、调节 pH 值、浓缩和富集待测成分，使之符合 IC 进样的要求，得到准确的结果。

本章将简要介绍经典的干式灰化法、氧瓶/氧弹燃烧法、水蒸气蒸馏法、高温水解法等，着重介绍近代的紫外光分解、微波消解、固相萃取、膜技术、螯合离子色谱法与阀切换等用于 IC 样品前处理的方法。

IC 与 HPLC 所分析的对象显著不同，很多适合于 HPLC 样品前处理的方法，不能直接用于 IC，必须经实践检验后方能采用。尽管离子色谱固定相的选择性比液相色谱高，但大多数的 IC 柱填料只兼容与水互溶的一定量的有机溶剂，柱子一旦被污染后，不能像 HPLC 柱那样可以用有机溶剂清洗。

IC 法的灵敏度较高，一般用较稀的样品溶液。对未知液体样品，最好先稀释 100 倍后进样，再根据所得结果选择合适的稀释倍数，这样既可以避免色谱柱容量的超载，也可以减少强保留组分对柱子的污染。另一个很重要的步骤就是过滤除去颗粒物[2]。用过滤器时，必须事先用 5～10mL 去离子水清洗，然后再用清洗剂进行清洗，待得到满意的空白后再用。清洗过滤器的溶剂不仅应与样品溶液的 pH 值相同，而且也要与样品的溶剂相同，如果样品的溶剂是水与有机溶剂的混合物，清洗剂也应为同样的混合物。

对于一般澄清的、基体简单的水溶液，如测定饮用水、酒类、饮料和酸雨等样品中的有机酸、无机阴离子和阳离子时，无须前处理，用去离子水稀释后，经0.45μm的滤膜过滤即可进样分析。除了用去离子水稀释样品外，还可用淋洗液作稀释剂，以减小水负峰的影响。若样品中有色素和有机物，可用反相填料的预处理柱过滤。工业污水样品，一般含有重金属离子或有机物等，重金属离子可用多种类型的阳离子交换树脂经静态交换或动态离子交换除去，有机物可用活性炭吸附或其他类型的有机吸附剂除去[3]。当遇有悬浮颗粒或微生物、细菌的样品，可以用细菌漏斗或滤纸过滤、紫外光照射等方法处理。

对液体样品如自来水、矿泉水及其他瓶装水中阴离子的测定，可在氦气流中将样品吹5min以除去其中的臭氧、二氧化氯及二氧化碳。然后再加入50μL 5%乙二胺防腐剂保存样品[4]。对碳酸类饮品，一般应将其加热（约50℃），搅拌除去CO_2或超声脱气，冷至室温，过滤后即可。对于有明显悬浮物的样品溶液，如猕猴桃汁，需离心分离后取上清液分析，或通过滤膜（0.45μm）除去颗粒物。

对需要分析过渡金属的样品，盛装样品的容器应是在10%硝酸中充分浸泡过的聚乙烯塑料瓶，使用前顺序用稀硝酸和去离子水充分洗涤，取样之后应立即加入稀酸酸化以防止金属离子的水解，另外可消除金属离子在聚乙烯塑料瓶上的吸附，减慢Fe^{2+}等的氧化速度。酸化后的样品通过0.2～0.45μm滤膜过滤，储存于4℃，一周内有效。酸化不能消除有机物的干扰。废水中常含有机配位体，这些配位体会与痕量金属离子络合，若不做前处理，则只有游离的金属离子和中等强度络合的金属离子可被测定。

对固体样品，与HPLC方法需要冗长的样品前处理过程相比较，一般情况下IC仅需要较少的样品前处理步骤，特别是测定样品中易溶于水的离子时，经常是直接用去离子水、淋洗液、酸、碱或其他化学试剂提取；对样品中不易溶于水的有机物如药物，可用甲醇、乙醇、二氯甲烷或三氯乙酸提取。对土壤，测定水可溶部分时，应根据土壤的性质选择提取液。为了使提取液易于过滤，一般选用浓度较淋洗液大1～2个数量级的盐类作提取液。分析阳离子时，不管是固体样品还是液体样品，实验室常用的三酸（硝酸、氢氟酸、高氯酸）消解法均适用；但碱溶法只能用于过渡金属、重金属和镧系元素的分析，不能用于碱金属的分析。土壤样品和岩石样品，如果不测定其中的阴离子，用通用的酸溶或碱溶均可。如果要测定样品中的阴离子，则由于三酸是离子色谱灵敏的组分，不能用三酸消解样品，可改为微波消解、热解法分解、氧弹或氧瓶燃烧法等消解样品。

样品前处理技术的新陈代谢是客观规律，熔融技术被淘汰有其必然性：熔剂用量大，所用坩埚受到侵蚀，势必引起试样的污染；如果待测的是含量甚低的成分，则因污染而引入的空白将大大超过待测成分的含量，而难以分析；并且具有耗时多、能耗大等缺点。近年来，人们已成功地将微波消解、紫外光分解、固相萃取等新技术用于 IC 中复杂样品的前处理[5]，从而进一步扩大了 IC 的应用范围，极大地推动了 IC 技术的发展。如今，样品制备的一个很重要的研究领域是在线进行，从而实现分析的自动化。

第二节　样品消解方法

一、干式灰化法

干式灰化法主要用于分解有机试样，测定试样中的金属元素、硫及卤素。该法是将试样置于马弗炉中高温（一般为 400～700℃）分解，以大气中的氧作为氧化剂，有机物质燃烧后留下无机残余物。通常加入少量浓盐酸或热的浓硝酸浸取残余物，然后定量转移到玻璃容器中，再根据 IC 分析工作的要求，进一步制备分析试液[6]。干式灰化法消解样品的时间依据试样的性质和分析要求不同而不同，一般为 2～4h。干式灰化法的优点是不加入（或加入少量）试剂，避免了由外部引入的杂质，而且方法简便。其缺点是较费时[7]，而且因少数元素挥发而造成损失[8]。为了富集待分析物，灰化法往往要对大量样品进行灰化，灰化后大量干扰即可被除去。

Haddad 等[9]首先用干式灰化法消解植物样品，继而用在线流动电渗析法处理灰化后的碱性溶液，再用 IC 分析。具体步骤是：将 2.0g 采自炼铝厂附近的植物样品，磨碎干燥后置于镍坩埚内，加入 10mL 0.5g/L 氧化钙以形成匀浆。将坩埚放在电热板上，炭化 1h 后转移至 600℃马弗炉中灰化 2h，然后加入 3g 氢氧化钠颗粒，在 600℃时继续加热 3min。冷却后取出，小心地旋转坩埚，直至熔融物固化。冷却后，用去离子水将已固化的熔融物溶解，并定容至 100mL。但样品中氢氧化钠的浓度很高，必须经进一步处理方可进行 IC 测定。

粮食样品一般采用加酸消解法测定金属元素，干式灰化法测定非金属元素。如测大米中的溴和氯时，将粉碎后粒径约为 0.03mm 的 2.0g 糙米样品[10]置于 50mL 镍坩埚中，加入 1mL 0.2mol/L NaOH 水溶液。用玻璃棒搅拌均匀，再加入 5mL 95%的乙醇，盖上盖子于室温下放置 16h 后，在电热板上先用小火将样品蒸发至干，随后用大火使样品糊化至焦炭状，然后放入 600℃马弗炉中灰化 30min，取出冷却，加少量水润湿样品，并用玻璃棒把炭化后的颗粒捣碎，在电热板上干燥后，再移至 600℃马弗炉中灰化 20min，重复此步骤直至样品灰化呈白色，取出冷却，用水溶解样品并转移至 25mL 容量瓶中定容，充分混匀后，经 0.45μm 滤膜过滤后用 IC 测定其中总溴的含量。若用碱性较弱的 Na_2CO_3 代替强碱性的 NaOH 作固定剂，则应增加 Na_2CO_3 的浓度至 1mol/L[11]。为除去浸提液中的阳离子及过量的碱，较方便的方法是用自制的阳离子交换树脂柱处理。在 25mL 酸式滴定管中，底部填入玻璃棉，装入处理好的 732 型阳离子交换树脂，高度 15～20cm，水面略高于树脂，防止气泡进入，先用去离子水洗涤，然后自上端加入样品浸提液，弃去最初流出的 50mL，收集 5mL 滤液，并用淋洗液稀释定容，备用。

用该法消解样品测定阳离子时，无须加入固定剂 NaOH 或 Na_2CO_3，可直接灰化，酸提取。如测定鱼血样中具有生态毒理学意义的钠、钾离子时[12]，移取血清样 100μL 于石英坩埚内，在控温平板电炉上于 150℃加热 5min，蒸至近干，转入马弗炉内，逐渐升温至 600℃，保温 1.5h，冷却后取出，加入 0.05mL 浓硝酸、5mL 超纯水，超声浸提，溶解残渣，定容于 25mL 塑料管中，再用超纯水稀释 20 倍，经 0.45μm 滤膜过滤后进样测定，最后样品酸度为 1.5mmoL/L HNO_3。该法中样品的酸度对钠、钾离子测定有较大影响，酸度太低时，部分钠、钾离子吸附于坩埚内壁不被浸出。

二、氧瓶/氧弹燃烧法

氧瓶燃烧法是干式灰化普遍采用的方法，它是由 Schoniger 于 1955 年创立的[13]。氧瓶燃烧-离子色谱法自 1986 年开始成为有机试样中非金属元素的常规分析方法，其测定的结果与经典的测定方法很接近。该法是将样品包在定量滤纸内，用铂片夹牢，放入充满氧气的锥形烧瓶中进行燃烧，装置如图 6-1 所示。在样品燃烧过程中，待测组分从样品基体中以氧化物形式释放出来，并被吸收在置于氧瓶中的吸收液中，过滤后即可进入 IC 分析[14]。目前，该法主要用于分析植物、生物、煤、柴油、废弃物和石化产品等样品中的 F、Cl、Br、P、S、N 和 Se 元素时的样品前处理。例如，用氧弹燃烧法-离子色谱法对含有高浓度的弹性体炭黑中卤素测定的前处理，首先利用氧弹燃烧法对丁腈橡胶、苯乙烯丁二烯橡胶、乙烯丙烯二烯橡胶样品进行分解，再使用离子色谱法测定 Br 和 Cl[15]。汽车废料中的氯残留的分析[16]，于氧

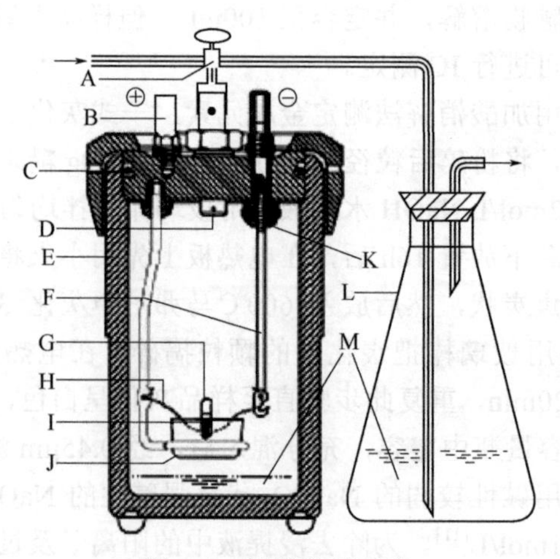

图 6-1　氧弹装置示意

A—三通阀；B—点火装置；C—密封圈；D—通气口；E—不锈钢管；F—铂金电极；G—胶囊；H—铂保险丝；I—样品粉末；J—坩埚；K—气阀；L—锥形瓶；M—吸收液

气压力（30atm，1atm=101325Pa）条件下样品燃烧，以 $Na_2CO_3/NaHCO_3$ 溶液为吸收液，非抑制电导检测，该方法可以同时测定氯、溴和硫的含量。家具中的氟、溴、氯含量的分析[17]，将样品研磨过筛后，放入氧弹装置，通入 30atm 的氧气加压，通过一个点火装置点燃铂点火线，燃烧后冷却，大部分的卤素溶于吸收液。吸收液过滤后，用超纯水定容，进行离子色谱分析。

伍朝贺等[18]认为不宜用强酸性条件下的湿法或碱性条件下的干法破坏药物中的有机物，因可引入干扰测定的离子，且难以处理，而应以氧瓶燃烧法为好，并测定了含氟药物醋酸氟轻松和氟啶酸中氟的含量。具体方法是：称取 20mg 试样，依照氧瓶燃烧法（《中华人民共和国药典》附录）破坏有机物，用 20mL 水为吸收液，待到生成的烟雾被完全吸收，继续振摇 2～3min，将吸收液移入 25mL 容量瓶中，用少量水冲洗燃烧瓶，洗液并入上述容量瓶中，加水至刻度摇匀。同法做空白试验。对工业硫黄中的微量硒，人参中的微量氟，三苯基膦和三苯基膦酸酯中的磷，橡胶产品、煤炭、页岩油中的硫，溴代荧光酮中的溴以及指甲等生物样品中的氟等的检测均可用该法消解。

一些样品如耐火废弃物在氧瓶燃烧中氧化不完全，而能够加压的氧弹燃烧法较氧瓶燃烧法分解样品更完全。高压氧弹 IC 法的优点不仅是简单、灵敏、快速，适于大批量样品的分析，而且高压氧弹法引入的化学试剂少，杂质少。Fung 等[19]详细介绍了氧弹燃烧的结构图，建立了最佳的氧弹燃烧条件。高压氧弹由不锈钢制成，体积为 300mL 并有两个阀，一个为释放气体的阀，另一个为插入电极的阀，当氧气的压力达到 2.5MPa 时，通过铂丝放电就可使样品燃烧。为安全起见，应在通风橱中将氧弹内的气体慢慢排出，一般需要 1～2min，才能将氧弹内的压力减至常压。当分析实际样品时，将 0.5g 样品放到样品皿中。对挥发性的液体样品、不能燃烧的样品或固体样品，需要加入 0.5g 煤油或十二烷醇作为样品稀释剂和助燃剂。样品与稀释剂的总质量应小于 1g。当样品中杂原子（包括卤素、S 和 P）含量超过 5%时，应减少样品量。事先加入氧弹内的吸收液为 10mL K_2CO_3（25g/L）及适量 30%的双氧水。将氧弹的排气阀打开，以 420mL/min 的速度通入氧气 5min，当氧弹内压力达 2.5MPa（大约需 1min）时，将阀关闭。然后将氧弹置于温度为室温的水浴中，立即点火使样品燃烧并让其在水浴中保持 10min。在打开氧弹前，需要 1～2min 将氧弹内的压力减至 0.1MPa。用水清洗样品皿及氧弹内壁，洗液并入 100mL 烧杯中，将此溶液煮沸 3～4min，若有沉淀生成，则将其过滤后再定容于 50mL 容量瓶中。用 0.5g 煤油或十二烷醇做空白试验。样品及空白溶液经 0.45μm 滤膜过滤后，即可用 IC 测定。所建方法不适宜测总氮，而适于测卤素及硫。可能的原因是有机物燃烧释放物以 N_2 或不易溶于水的 NO 形式，而不是以易溶于水的 NO_2 形式存在。他们用同样的消解方法，又测定了有机物及有害废弃物中的 F、Cl、Br、S 和 P[20]。但当分析有机物含量很高的废弃物如蜡、变压器油及润滑油燃烧时，产生的 CO_2 被吸收液吸收后将产生大量 CO_3^{2-}，引起基线噪声而干扰浓度为 μg/mL 级 F^-、Cl^-和 Br^-的测定，需用 50W X_8H^+型 SPE 柱处理，消除干扰。氧弹燃烧法中所用的吸收液一般为碳酸盐碱性溶液，因为适量的CO_3^{2-}不干扰IC的分离与检测，其碱性对非金属元素起“固定剂”的作用。也可用水或IC的淋洗液（$Na_2CO_3/NaHCO_3$或NaOH）作吸收液。

测定总磷的标准方法一般是在强酸性介质中，将各种形态的磷转化为PO_4^{3-}。在高温高压及过二硫酸钾提供的碱性介质中，也可将有机磷的键打断。Colina等[21]用高压氧弹法消解沉积物时，首先配制氧化剂，具体方法是将15mL 3.75mol/L的NaOH溶液加到100mL去离子水中，再加入50g $K_2S_2O_8$，溶解后，稀释定容至1L。该氧化剂必须随用随配。然后将0.2g沉积物样品置于聚四氟乙烯（PTFE）容器中，在15000r/min的离心机上离心10min，于−50℃及330Pa的压力下冷冻干燥4h。然后加入4mL氧化剂，盖好盖子，放入不锈钢体的帕尔氧弹内，拧紧弹帽的螺栓。然后放入预先加热至110℃的炉中，并在此温度加热4h，冷至室温，打开氧弹，将样品稀释至25mL。在消解过程中，各种形式的磷均转化为PO_4^{3-}。

三、湿式消解法

该法主要用于消解有机试样（如含蛋白质的食品、肥料、饲料及生物碱等）[22]。常将硝酸与硫酸的混合溶液与试样一起置于克氏（Kjeldahl）烧瓶内，在一定温度下进行消解，为提高沸点促进分解过程，常加入K_2SO_4。其中的硝酸能将大部分有机物氧化为二氧化碳、水及其他挥发性产物，余留无机成分的酸或盐[23]。Halstead等[24]用Kjeldahl法消解湖水中的有机物。具体步骤是：在250mL湖水样品或标准溶液种加入50mL消解液和几片PTFE。消解液由10mL浓硫酸、6.7g K_2SO_4和1.25mL饱和$HgSO_4$溶液组成。混合物置于Kjeldahl烧瓶内，煮至溶液体积≤50mL，继续加热30min。消解完成后，加入300mL水和碱性过硫酸盐溶液（0.22mol/L $K_2S_2O_8$+0.50mol/L NaOH）。将此混合液进行蒸馏，用50mL 0.02mol/L H_2SO_4溶液吸收馏出物。蒸出物由于消解与蒸馏操作较为费时，而且消解过程中使用的汞盐催化剂污染环境[25]，因此Halstead等改用碱性过硫酸钾溶液消解样品并用IC定量测定其中的总氮和总磷，取得了一致的结果[24]。具体方法是：将35mL湖水样品及7mL碱性过硫酸盐溶液置于消解管内，盖好盖子后放入高压釜，在204kPa压力、121℃温度下加热30min，样品冷却后可直接进入IC分析，由于消解过程中部分Cl^-可能被氧化成ClO_3^-而干扰NO_3^-的测定，选用合适的IC色谱柱如IonPac AS9-HC柱，即可实现ClO_3^-与NO_3^-的很好分离而消除了ClO_3^-对NO_3^-测定的干扰，该法消解的样品也可直接用于总磷的分析。该法简单，排污少，可作为Kjeldahl法的替代方法。

CN^-和S^{2-}易与金属离子形成稳定配合物，若样品中有金属离子存在，则CN^-和S^{2-}主要以配合物形式存在。用IC法测定的是游离的CN^-和S^{2-}，而不是其配合物。若需测定样品中的总CN^-和S^{2-}，需做前处理。常用的方法是，在酸性条件下（如H_2SO_4）蒸馏，游离氰和络合氰均以氢氰酸气体的形式释放出来，S^{2-}以H_2S形式释放出来。

$$CN^-：M(CN)_y^{x-y}+H^+ \longrightarrow M^{x-}+HCN\uparrow$$

$$S^{2-}：M_xS+H^+ \longrightarrow M^{x-}+H_2S\uparrow$$

将其吸收于碱性溶液（0.1mol/L NaOH）中，即可进行 IC 分析。

$$HCN+OH^- \longrightarrow H_2O+CN^-$$

$$H_2S+OH^- \longrightarrow H_2O+S^{2-}$$

四、高温水解

高温水解样品预处理方法是一个较成熟的方法，它具有高温热解与水蒸馏的特点，主要是利用一些元素如卤素等的易挥发特性，用高温（如 1060℃）将其从它们的盐类或其他化合物中以蒸气的形式释放出来，然后将蒸气吸收在适当的吸收液中，从而达到待测组分的分离与富集的目的[26]。热水解的完全程度取决于热解温度、水蒸气温度和流速、待分析样品的化学特性以及所用的催化剂[27]。用该法处理的样品，基体较简单，可直接进样测定[28]。热解法虽然将基体组分与待测的非金属元素分离，但对于基体复杂的样品如地质样品，测定结果易偏低，如矿石中硫的测定，需加入 5 倍样品量的助熔剂 SiO_2，并增加热解温度至 1300℃。

Pandey 等采用高温水解-离子色谱法分析了固体耐火材料中的卤素含量[29]。基于氧化钍等混合氧化物的耐火材料需要超过 1200℃反应温度，才能失去其结构完整性，释放卤化物。他们利用 WO_3 高温水解技术，结合 MoO_3 和 V_2O_5 加快样品处理和提取过程，并用 X 射线衍射对萃取机理进行了详细的研究。ThO_2 及其卤化物经高温后于 WO_3 固相反应形成了 $Th(WO_4)_2$，并释放氯、氟等卤素。

在临床医学中，鉴定人体血液中的阴离子有着重要作用。王芳等[30]自行设计并组装的用于人体血液中阴离子分析的高温水解装置，增加了缓冲瓶和调控部件，使加热条件更易最佳化。以 V_2O_5/WO_3（质量比=1∶4）为混合催化剂，将 500μL 血样于 75mm 的瓷舟中热解，测定其中的氟、氯、氮和硫。具体方法是：移取 0.50mL 血样，均匀滴入长 75mm 的瓷舟中，然后在样品上覆盖 1g 混合催化剂，置低温电热板上（100℃左右）加热烘干 3h，使瓷舟中的血液基本渗入混合催化剂，在其上再覆盖 0.5g 混合催化剂。将瓷舟推入热解炉高温区，塞紧热解炉磨口塞，通入潮湿的氧气，在炉温 850℃、水温 70℃、氧气流量 500mL/min 的条件下，热解 18min。以 IC 的淋洗液为吸收液，吸收完毕后，以淋洗液定容备用。

高温水解也是生物质精炼的重要手段之一，用离子色谱检测生物质水解后生成的酸性物质，已成为生物质利用平台建设的重要研究内容。例如，李海明等采用该技术水解了桉木，并检测了水解液中的有机酸含量[31]。桉木的半纤维素主要是聚木糖，同时还有少量的聚葡萄糖甘露糖，其中聚木糖类主要是聚 *O*-乙酰基-(4-*O*-甲基葡萄糖醛酸)木糖。在热水预水解过程中，含乙酰基支链的聚木糖脱乙酰基生成乙酸。所生成的乙酸在加速半纤维素水解和纤维素部分降解的同时，也加速了水解产物的进一步降解。其中的主要水解产物木糖和葡萄糖通过脱水反应分别降解生成 5-羟甲基糠醛和糠醛。5-羟甲基糠醛进一步热分解生成乙酰丙酸和甲酸，而糠醛也可进一步分解产生甲酸。他们将干桉木粉于油浴中加热，按照液比 1∶6 补充去离子水，考察在温度 150℃、170℃、190℃、210℃、230℃下反应 1h，从 40℃升温至所需的预处理温度开始计时。反应结束后，用凉水迅速冲凉小罐，取出预水解液及水解后的木粉，过滤得到预水解液。稀释一定的倍数，用滤头过滤后，进行离子色谱分析。结果表明，随着预水解温度的升高，乙酸、甲酸和乙酰丙酸的浓度都呈上升趋势。在 150℃下，甲酸和乙酰丙酸未检出，可见木糖和葡萄糖都没有发生酸降解反应；而随着预水解温度的升高，甲酸和乙酰丙酸含量的增加表明了木糖和葡萄糖降解生成酸的反应有所加强。

赵怀颖等[32]建立了高温燃烧水解-离子色谱测定植物样品中氟的分析方法，高温燃烧水解装置见图 6-2。将试样放于瓷舟或石英舟中，表层用石英砂覆盖。将装有纯水的比色管放在冷凝管下端接收冷凝液。分 3 次将试样推进高温炉，推进时速度不可太快，并且要掌握好推进距离。样品分解需大约 20min，调节蒸馏瓶内水的蒸发量，使比色管内的吸收液控制在 40mL。高温燃烧水解完成后，取出瓷舟或石英舟，移开比色管，用纯水定容，经微孔滤膜过滤后离子色谱法测定。色谱条件为 IonPac AS18 分离柱，IonPac AG18 保护柱，ASRS ULTRA Ⅱ抑制器和电导检测器。采用纯水作为吸收介质，使样品溶液与标准溶液基体一致。样品溶液中常见的阴离子不干扰氟的测定。方法用于灌木枝叶和茶叶等 4 个氟含量较高的植物样品以及含氟量低的小麦粉和大米粉等多种样品中痕量氟分析，得到较好结果。

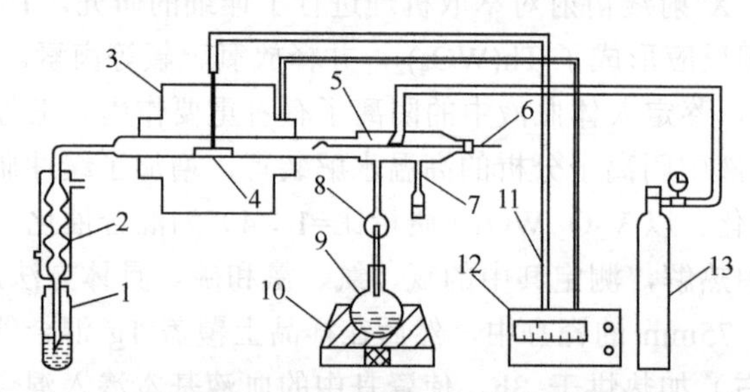

图 6-2 高温燃烧水解装置

1—吸收管；2—冷凝管；3—高温燃烧炉；4—燃烧舟；5—石英管；6—进样推棒；7—放水口；8—防爆球；9—蒸馏瓶；10—调温电热器；11—热电偶；12—温度控制仪；13—氧气瓶

核材料中的杂质元素，如 F、Cl、Br、S 等，对其物理性质或机械强度等都会产生影响，这些杂质的含量是核电极 UO_2 生产中必须控制的指标。测定 F、Cl 的国家标准方法是用高温水解法前处理样品，离子选择性电极测定。而张黎辉等[33]用高温水解装置，研究了氟、氯、溴和硫的高温水解条件，并用 IC 法测定了核电极二氧化铀中的氟、氯、溴和硫。结果表明，高温水解温度对测定结果的影响很大，若水解温度太高，则不利于卤素元素的定量回收；而温度太低时，高温水解不完全，硫的回收率偏低。水浴温度的控制也很重要，对 Cl 的影响尤为明显。具体方法是：将管式炉升温至1000℃，将水蒸气发生器中的去离子水升温至(94±1)℃。打开氧气瓶活塞及浮子流量计，使气流通过全装置，检查是否漏气，氧气流量为600mL/min。进样前通气10min。称取1g样品（当所测成分质量分数太低时，可适当增加样品质量）于石英舟中（新石英舟必须在石英管中于900～1000℃下灼烧15min以上方可使用）。在25mL容量瓶中加入15mL淋洗液作为吸收液。取下石英管（新石英管必须在900℃以上加热15min后方可使用）的石英塞，用铁丝钩将盛有样品的石英舟迅速推入管式炉的最热部分，立即塞上塞子，加热15min。将吸收液转入烧杯中煮沸至澄清，再转回原容量瓶中，用淋洗液稀释至刻度备用，共存元素P和Si不影响测定。

在生物质燃烧和气化中首先发生的均为热解，因此，对生物质热解过程中含氮污染物的生成规律进行考察，对寻求生物质利用过程中氮污染物的控制方法具有重要意义。袁帅等利用离子色谱法考察梧桐树叶热解时HCN的生成规律[34]。在高频炉热解装置中对梧桐树叶进行了温度为600~1200℃条件下的快速热解，以NaOH溶液吸收热解气中的HCN。IC法检测吸收液中的CN^-，A Suppl-250阴离子分离柱，10mmol/L的NaOH溶液为淋洗液，电导检测。采用的高温热解装置如图6-3所示。利用与高频电源相连的感应线圈所产生的高频交变磁场，间接加热置于线圈和石英管反应器中的钼坩埚，以钼坩埚作为热源。石英管反应器的内径为35mm，长度为200mm，以高纯氩气（≥99.999%）作为工作气。热解样品由石英管反应器顶端加入反应器，样品接触到炽热的钼坩埚的瞬间便发生快速热解，热解产生的气体由氩气携带出反应器，被气泡石分散成小气泡后通过吸收液将其中的HCN转化为CN^-。

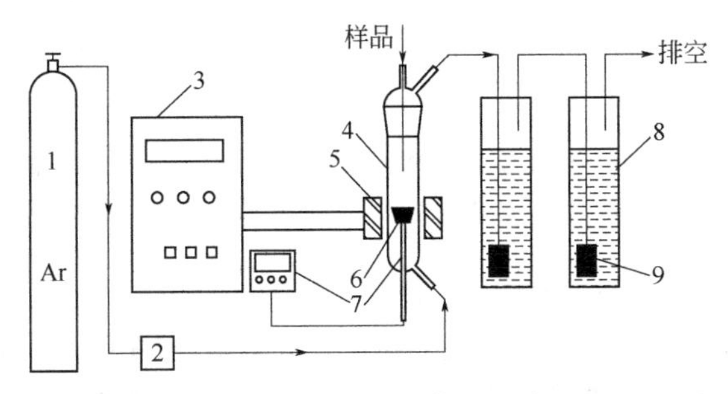

图6-3 高温热解装置示意

1—氩气钢瓶；2—气体流量计；3—高频电源；4—石英反应器；5—感应线圈；6—坩埚；7—热电偶；8—吸收瓶；9—气泡石

Putschew等[35]用同样的高温热解装置，测定了泥煤样品中卤化物总量及与有机物结合的卤化物的量。准确测定与有机物结合的卤化物的量的关键步骤是除去无机卤化物。去除泥煤样品中无机卤化物的方法是：将10mg样品、50mg活性炭及50mL经0.02mol/L HNO_3酸化了的0.2mol/L $NaNO_3$混匀后振摇1h，过滤悬浮液并用硝酸盐溶液（0.001mol/L HNO_3，0.01mol/L $NaNO_3$）清洗样品以除去浮在表面的无机卤化物，之后用同样的热解步骤于 800℃将样品进行热解后，直接进行 IC 分析。

五、快速水蒸气蒸馏

快速水蒸气蒸馏（rapid distillation）是在酸性或碱性介质中，通入水蒸气，将 F、Cl 或 NH_3 随蒸汽蒸馏出来，方法简单快速[36,37]，主要用于地质样品的前处理。例如，窦怀智等[38]建立的水蒸气蒸馏-离子色谱法同时测定了镍矿中氟、氯的含量，其装置如图 6-4 所示。取适量水置于水蒸气蒸馏装置的蒸馏瓶中，加热使水沸腾备用。移取 10mL 0.2mol/L 的 NaOH 溶液于 100mL 容量瓶中作为接收液。称取 0.5g 试样置于三口圆底烧瓶中，加入 60 mL 硫酸，用水洗净瓶口，并放入数粒玻璃珠，连接水蒸气蒸馏装置进行蒸馏。加热使三口圆底烧瓶中溶液温度迅速上升至 160～180℃。调节水蒸气流量及加热功率，将温度控制在 160～180℃范围。当馏出液至 70mL 左右时，取下接收容量瓶，用水稀释至刻度，摇匀后过滤膜，滤液备用。整个蒸馏过程约 15～20min。用该法处理地质样品，IC 法测定其中的氯和氟时，最好在接收液中加入适量淋洗液，以消除 F^-与 Cl^-之间可能出现的水负峰对氯和氟定量的影响。

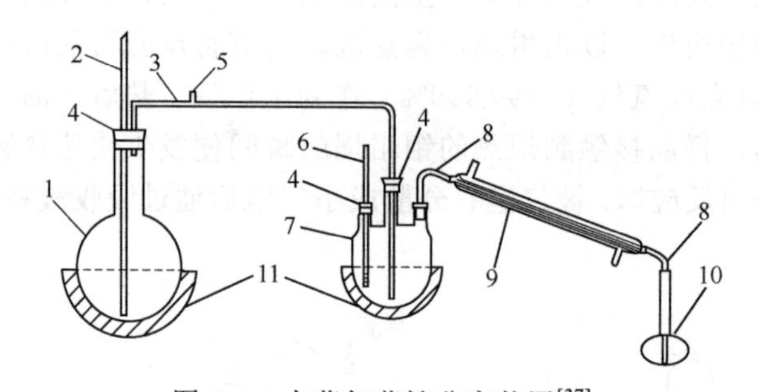

图 6-4 水蒸气蒸馏分离装置[37]

1—蒸馏瓶；2—安全管；3—玻璃管；4—橡皮塞；5—止水夹；6—温度计；
7—三口烧瓶；8—玻璃弯管；9—冷凝管；10—容量瓶；11—加热装置

陈青等[39]采用的半微量蒸馏用于钢铁中微量氮的测定。氮在钢铁中以化合氮的形式存在，经酸溶解后，化合氮转变为铵盐，在氢氧化钠溶液中通蒸汽蒸馏，馏出的氢氧化铵溶液以硫酸吸收液吸收，即可进行 IC 分析。具体方法为：称取试样 0.5g 于 100mL 烧杯中，加入 20mL 20%硫酸溶液，盖上表面皿，低温加热溶解，待试样溶解后，滴加过氧化氢溶液，加热煮沸，除去游离碳，取下冷却，移入 100mL 容量瓶中，稀释至刻度，摇匀备用。然后吸取上述试液 10～20mL（视含氮量而定）于蒸馏瓶中，加入 50%氢氧化钠溶液 5mL（其中包括中和和过量），以少量水冲洗加料口，加热蒸馏，将馏出液收集在含有 5mL 吸收液（0.0025mol/L 硫酸溶液）的 50mL 接收瓶中，当馏出液体积约 30mL 时取下容量瓶，用水稀释至刻度，摇匀，即可用于 IC 进样测定。

六、紫外光分解法

紫外光分解法主要用于消解样品中的有机物从而测定其中的无机离子，当需测定样品中 Mn^{2+}、I^-、NO_2^- 和 SO_3^{2-} 等易被氧化的成分时，不宜用该法。尽管该法消解样品的时间相对较长，但由于该法只用极少的试剂，污染少、试剂空白值低、回收率高[40]而引起了 IC 分析家的兴趣。

紫外光分解是基于自由基作用机理，而不是基于紫外光与有机基体间的直接作用。光解作用产生的 HO• 自由基可将有机物降解[41]。单位时间内产生的自由基的数量越多，紫外光解的速度则越快。一般情况下，溶液中的水可提供足够的自由基，但对于有机物含量较高的样品如食品，在光解过程中常需加入少量双氧水以加速自由基的形成从而加速有机物的降解。双氧水的反应产物仅为水和氧气而不干扰 IC 测定。

使用高强度、大辐射通量的高压汞灯可得到波长 200～435nm 的宽谱带光谱。由 254nm、313nm 和 366nm 波长处的典型汞线的不对称色散而得到的光谱与转换为热辐射的强大辐射能一起作用，加速了样品的消解[42]。紫外光消解能力与紫外光强度、照射时间及温度成正比。必须控制样品消解过程中产生的热，因为热量可造成样品蒸发而导致样品的损失。UV 消解装置一般都带温控系统，以保证样品温度不超过 90～95℃。一般用高压汞灯在（85±5）℃的温度下进行光解，时间可根据样品的类型和有机物的量而改变。

将紫外光分解与膜分离结合，是目前新型样品处理的研究方向之一。陆克平建立了一种流动注射-紫外光解-气膜扩散净化与小柱富集、离子色谱-脉冲安培检测自动分析废水中总氰与硫化物的方法[43]。样品被混合到硫酸和次磷酸组成的混合酸载流中，内含适量的氨基磺酸、抗坏血酸、EDTA 与柠檬酸，经 312nm 波长的紫外光解，使不同形态氰化物转变成氰化氢，硫化物转变成硫化氢，通过孔径 0.45μm 的聚丙烯膜片扩散，以稀碱溶液吸收，Metrosep APCC 1 HC/4.0 富集柱捕获，IonPac AS7 分析柱分离，安培检测。利用该方法每小时可做 6 个样品，部分实际样品的测定结果与标准方法的测定结果具有较好的一致性。装置图如图 6-5 所示。在流动注射体系中，样品溶液经由六通阀 1 定量，与酸载液充分混合，进入光解器，在膜器酸腔道内，以氰化氢与硫化氢形式通过聚丙烯膜片扩散至碱腔道，待测物脱离样品基体净化，并被输送到缓冲管中；通过六通阀 2 的适时切换，由泵 1 驱动氰化物与硫化物保留于富集柱；离子色谱仪启动，淋洗液冲洗富集柱进入分析柱，氰化物与硫化物依次流出，由安培检测器直接检测。样品转化与分离检测相对独立，可同时穿插进行；六通阀 2 与六通阀 3 适时交替切换，实现气膜扩散过程无明显膜压。

意大利的 Buldini 研究小组一直致力于将该法用于 IC 中各种样品前处理的研究[44,45]，取得了好的效果。用带有空气水冷凝系统的 500W 高压汞灯于(85±5)℃光解

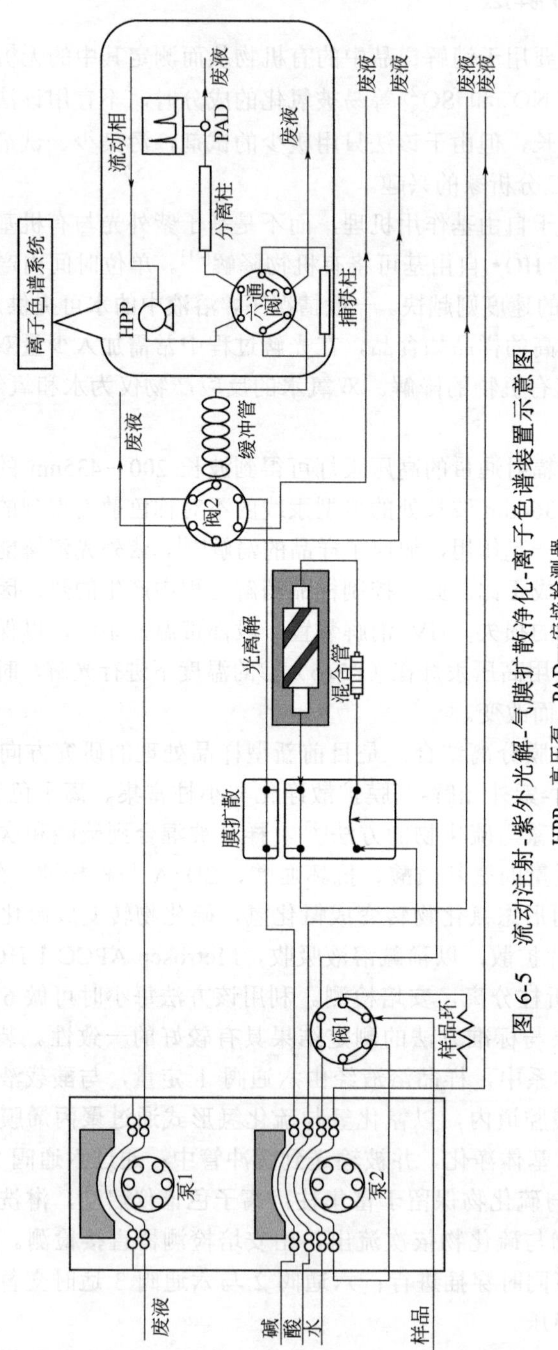

图 6-5 流动注射-紫外光解-气膜扩散净化-离子色谱装置示意图

HPP—高压泵；PAD—安培检测器

30min 便可将超纯硫酸、市售铅酸电池中的电解液（lead acid battery electrolyte）、电子工业中广泛使用的双氧水和氨水中的有机质完全消解，并用 IC 分析了其中的 F^-、Cl^-、PO_4^{3-}、SO_4^{2-}、Cu^{2+}、Cd^{2+}、Pb^{2+}、Zn^{2+}、Fe^{3+}、Ni^{2+}和 Co^{2+}等杂质离子。将 5mL 双氧水或 5mL 双氧水与氨水的混合物放到石英管中，用锥形 PTFE 塞子塞好管口，该塞子还起到冷却阀的作用，可防止样品的损失及污染。光解完毕，再加入一定量的去离子水，使样品的体积恢复到初始的体积，即可分析其中的无机阴离子杂质。若测定其中的阳离子杂质，则需再加入 10μL 2mol/L 的硝酸以溶解紫外光解过程中可能产生的金属氧化物、加入 200μL 2mol/L NH_4Ac 以使样品 pH 值保持在 5～6 之间。将光解后的溶液定容至 5mL，即可进行 IC 测定。分析氨水样品时，将 5mL 氨水样品在氮气流作用下，于(85±5)℃的温度光解 40min，其余处理方法同上。在此基础上，他们往 50mg 各种羧酸样品中加入 1mL 双氧水并混匀，于(85±5)℃的温度下，紫外光降解，冷却后定容至 5mL，即可进行 IC 测定。之后又分别考察了 50mg、100mg 和 200mg 有机羧酸脱去羧基所需时间。在大多数情况下，紫外光照射 2h 就可将基体中的羧酸消解完全，而且保证除 Mn^{2+}之外的金属离子（Fe^{3+}、Pb^{2+}、Cu^{2+}、Zn^{2+}、Ni^{2+}、Co^{2+}）及阴离子（Cl^-、Br^-、PO_4^{3-}、SO_4^{2-}）有较高的回收率（97%～102%）。测定络合能力较弱的羧酸如低分子量的脂肪酸（甲酸、乙酸、丙酸、丁酸）中的金属离子杂质时，不需要将其光解，可直接进样测定，而测定络合能力较强的羧酸特别是一些二元、三元或羟基取代的羧酸中金属离子杂质时，则必须用紫外光将其分解，使这些羧酸释放出金属离子。

用紫外光分解、IC 法测定肥皂/洗涤剂中的总磷时，由于所需样品量少，因此必须正确采集样品以保证分析的样品具有代表性[46]。可根据外观的不同从市场上采购肥皂、洗涤剂和清洁剂样品。对于没有沉淀及悬浮物的透明液体洗涤剂，不经任何预处理，可直接进行光分解。但对于有沉淀或悬浮物的液体样品，应在不断搅拌下，于 40℃时将其中的各种组分匀化。对于块状样品，应于 40℃时用去离子水匀化。然后取 50mg 样品，加入 0.5mL 30%双氧水，光解样品 1h，即可将肥皂及洗涤剂中以各种形式存在的磷（如焦磷酸、多聚磷酸、烷基膦酸）或苯基膦酸及其衍生物（如亚氨基膦酸、膦酸烷基酯）等有机物完全转化为 PO_4^{3-}，稀释定容到 25mL。IC 测定结果与经典的碱熔光度检测结果相一致。

测定橄榄油、花生油、豆油、葵花籽油及人造黄油中的无机阴、阳离子时，称取 1000mg 植物油或油脂样品，与 2mL 95%乙醇、2mL 水及 0.5g KOH 混合均匀，在 50℃皂化 30min。再加入 100μL 双氧水（30%），紫外光解 30～60min 可将皂化后的样品完全消解，然后测定其中的无机阴、阳离子，如 Cl^-、SO_4^{2-}、PO_4^{3-}、Fe^{3+}、Cu^{2+}、Ni^{2+}、Zn^{2+}、Co^{2+}、Pb^{2+}和 Cd^{2+}等[47]。

测定奶粉中的微量元素时[48]，称取 50～100mg 奶样置于石英管中，加入 0.5～1mL 双氧水（30%），用紫外光光解 30～120min 即可将其完全消解，其间，每隔 15～30min 就往样品中加入 0.2mL 双氧水（30%）。紫外光分解牛奶制品中脂肪或蛋白质的时间取决于样品量及样品中脂肪和蛋白质的含量，例如奶粉中脂肪或蛋白质完全光解所需的时间为90min，而鲜牛奶中的脂肪或蛋白质则在60min内光解完毕，而这一时间的长短取决于奶源及类型（牛、山羊等；全脂、减脂、脱脂乳等）。

Scheuer等[49]用低压汞灯照射（最大发射波长分别为185nm、254nm）加入双氧水的含2,4-二氯苯氧基乙酸、2-硝基苯甲酸和硝基苯的废水，光解1h，不仅可切断苯环上的基团，甚至可将有机物中的苯环打开，产生的羧酸如乙酸、反式丁烯二酸、甲酸、乙二醇酸、顺式丁烯二酸、丙二酸和草酸及无机阴离子可用IC进行分析。

液晶是由各种小分子有机物组成的一种有机化合物，其分子的结构和排列决定了其导电性。然而，在液晶化合物的合成过程中，不可避免地引入一些无机杂质离子，其中的卤素原子以强的共价键结合在液晶分子上，常见的阳离子如Na^+、NH_4^+、K^+、Mg^{2+}和Ca^{2+}，一部分以游离态存在，其余部分则以结合态存在。由于这些阴、阳离子大部分不是以游离态存在，影响液晶产品的导电性，因此监控其中的无机离子对其产品开发和应用具有重要意义。然而有机基体中I^-的测定一直是一个难以解决的问题，因为在消除有机基体中有机物时多采用高温氧化法，而I^-还原性强，易被氧化成I_2而升华。紫外光降解法因其强氧化性，在降解过程中也可把I^-氧化成I_2。牟世芬等[50]利用I_2在碱性介质中发生歧化反应的原理，往液晶样品中加入NaOH则解决了这一问题。I_2在NaOH溶液中可发生如下的歧化反应：

$$3I_2+6OH^- \longrightarrow IO_3^- +5I^- +3H_2O$$

由于液晶样品为合成的苯乙腈系列化合物，不溶于水，必须进行样品前处理。因乙腈的挥发性较小，选用乙腈溶解样品。在未光降解的液晶样品中，没有I^-被检出，在加有H_2O_2并光解的样品中，有少量的I^-被检出，这表明HO•的氧化作用使得部分I^-从液晶分子上释放出来。在加有H_2O_2、NaOH并光解的样品中，I^-具有较高的响应值，为仅加有H_2O_2并光解的样品中I^-响应值的7.6倍。这表明在光降解过程中，释放出的I^-大部分被氧化为I_2，由于样品中NaOH的存在，I_2被歧化为I^-和IO_3^-，使得I^-响应值增大。对于IO_3^-，由于其与歧化生成I^-的比例为1∶5，可将其转化为I^-的含量。准确称取50mg样品于石英烧杯中，加入4mL乙腈使其充分溶解，然后根据待测离子不同选用不同的光解条件，将样品转移至10mL容量瓶中，用水定容、摇匀，溶液呈乳白色浑浊液，不能直接进样分析。用预先活化的OnGuard RP和OnGuard P型前处理柱串联过滤样品，可完全除去样品中的有机物，使滤液澄清透明，再经0.45μm滤膜过滤后进样分析。若测定其中的阳离子，则无须加入H_2O_2和NaOH，溶解后直接用紫外光照射即可满足样品测定的要求。

七、微波消解法

微波消解法（microwave digestion，MWD）是一种利用微波为能量对样品进行消解的新技术，包括溶解、干燥、灰化、浸取等，该法适于处理大批量样品及萃取极性与热不稳定的化合物[51]。微波消解法于1975年首次用于消解生物样品，但直到1985年才开始引起人们的重视。与传统的传导加热方式（如电热板加热，加热方式是从热源“由外到内”间接加热分解样品）相反，微波消解是对试剂（包括吸收微波的试样）直接进行由微波能到热能的转换加热[52]。其主要产生机理有两个方面[53]。

（1）偶极子旋转　常用作溶剂的水分子是偶极子，分子内因电荷分布不匀而存在正、负偶极。微波场可看成是交变速度极快的正、负极交变电磁场。交变电磁场对偶极子的影响除与频率有关外，耗散因子越大影响越大。水恰是这样的溶剂。在未施加微波场前，水分子排列是杂乱无章的；在施加微波场后，水分子偶极的正、负极分别向电场的负、正极取向。这种取向约在0.1ns内发生，造成水分子偶极子的旋转。由于周围存在无数其他水分子亦从各自初始位置做这种取向、旋转，因而造成分子间的相互“碰撞”和“摩擦”。化学实验室常用的微波频率为915MHz或2450MHz，即交变电场极性每秒要变化9.15亿次或24.5亿次，这种激烈的“碰撞”和“摩擦”直接将微波能转化为热能。

（2）离子传导的阻滞　消解样品所用的酸在水中会解离为H^+和相应的Cl^-、NO_3^-及F^-等离子。这些带正、负电荷的离子在微波场下亦做极性取向迁移。由于极高速变化的电场使这些离子在相邻区域内做剧烈旋转，同样也受到周围溶剂分子的阻滞从而直接产生热。

在上述两种热产生机理中，一般情况下，偶极子旋转起主导作用。此外，由于溶剂和试样的介质耗散因子各异而造成界面温差，从而引起搅动，不断“剥蚀”、带走已反应的产物，裸露出新的试样表面再与溶剂接触也会加速消解反应。微波场下使用密闭容器会极大提高消解速度，其作用与内衬为聚四氟乙烯罐的不锈钢熔弹升压消解作用类似。因为消解容器由可穿透微波的材质制成，微波可直接对溶剂和试样加热，而不像不锈钢熔弹那样需要较长时间才能使溶剂和试样与钢套外的温度达成平衡。消解速度之所以提高，一方面是由于微波直接加热而缩短时间；另一方面则由于容器的密闭使溶剂在短时间内就会超过常压下的沸点温度而加速试样消解。密闭容器反应和微波加热这两个特点，决定了其完全、快速、低空白的优点，但不可避免地带来罐压升高（必须注意安全）、消化样品量小的不足。

微波消解系统主要由微波炉和消解样品的容器组成[54]。家用微波炉和专用微波炉都可用于样品消解。实验室专用的市售微波系统，具有大流量排风和炉腔氟塑料涂层，可防止酸雾腐蚀设备。目前实验室专用的微波炉已有数百种，不仅品种齐全，设备也比较完善。

微波溶样方法有以下三种：

① 常压消解法。此法最大特点是样品容量大、安全性好、样品容器便宜易得等。缺点是样品易被沾污，挥发性元素易损失，有时消解不完全。主要用于有机样品消解。

② 高压消解法。此法使用的消解容器为消解罐。在微波消解方法中，高压溶样

法是应用最广的方法，它已应用于各类样品，且方法较成熟，部分方法已被列为标准方法。

③ 连续流动微波消解法。1986 年 Burguera 等[55]首次将微波在线消解与流动注射联用，开创了连续流动微波消解样品这一领域。1993 年连续微波消解仪 SpectroPrep 问世。另外还有聚焦微波炉等在线消解装置，可以完全实现自动化，既避免了敞口消解沾污和易挥发组分损失等问题，又避免了用闭罐消解时易产生的爆炸危险，同时也节省了消解时间和样品量[56]。

因此，目前微波消解法以其快速、溶剂用量少、节省能源、易于实现自动化等优点而广为应用。已用于消解废水、淤泥、河床沉积物等环境样品及生物组织、流体、药品以及矿粉等试样。有人将其称为“理化分析实验室的一次技术革命”。美国公共卫生组织已将该法作为测定金属离子时消解植物样品的标准方法。IC 分析家们也逐渐将其应用于 IC 中的样品前处理。

随着人们对食品安全关注程度的提高，食品分析已成为当今热门研究领域。当消解各种食品时，应特别注意的问题是称样量。一般情况下，可按样品的含碳量估算称样量。为达到最佳消解效果，样品的含碳量与消解罐体积的比值不应超过 1.5mg/mL，只有这样才能保证消解过程中产生稍微过量的氮氧化物，否则预示着样品中的碳没有完全转化为二氧化碳，消解不完全而导致不准确的测定结果。

另外，在消解过程中必须考虑试剂空白及样品中其他组分对分析结果的影响，如有可能，使用有证参考物质作对照或消解前先进行样品净化。例如，杨笑等[57]采用微波消解-离子色谱法分析面制品中的磷酸盐成分，称取 0.50g 均匀粉碎样品于微波消解罐中，加 5mL 过氧化氢、2mL 纯水，按表 6-1 程序运行，消解完毕冷却。用纯水定容至 50mL。过微孔滤膜，进离子色谱仪测定。小麦粉中较多氨基酸、蛋白质、脂肪、添加剂及微量元素等，通过微波消解与 0.25μm 微孔滤膜，可去除小麦粉中所含的大量有机物质，可提高仪器的灵敏度。小麦粉中还可能含有某些金属离子或加酸过程中引入的某些金属离子如铁、铝等三价离子，这些离子在碱性淋洗液中会生成沉淀损害色谱柱，影响磷酸盐的测定，可选用 On Guard H 柱除去这些阳离子。

表 6-1 微波消解条件

持续时间/min	功率/W	温度/℃
1	250	180
6	250	200
5	400	200
10	650	220

测定发酵清液中的无机阴、阳离子时，将发酵液离心后经 0.45μm 滤膜过滤以除去细菌细胞（生物基体），若测定其中的过渡金属，则用微波-酸消解法。当测定过渡金属时，必须用 5mL 高纯硝酸将聚四氟乙烯容器清洗干净，以减少样品空白。然后将 20mL 样品置于 100mL 聚四氟乙烯消解罐中，除非特别说明，一般情况下再

加入 0.5mL 65%硝酸，盖好盖子，置于微波炉中消解。一次可消解 2～12 个样品。

分析稀土材料、粮食和大气颗粒物等样品中金属和重金属时，混合酸为常用的消解液。Bruzzoniti 等[58]用 CEM 公司的 WI-40 型微波炉，消解用稀土氧化物（如 YbF_3）制成的光纤维材料，测定了 YbF_3 中的稀土杂质。此种型号的微波炉配备 12 个可释放压力的 Teflon-PFA 消解罐及可移动的旋转式传送盘。压力释放阀也由 Teflon PFA 材料制成并位于罐的顶部，可使罐内的压力达 0.7MPa，一旦超过此压力，消解罐就会自动释放压力而且散出的气体被收集在位于转盘中央的收集器内。消解光纤维材料样品时，称取 0.1g 样品置于 PTFE 微波消解弹内，加入 10mL 14mol/L HNO_3、6mL 1.3mol/L H_3BO_3（用热水溶解以免产生沉淀）及 8mL 2mol/L HF。然后将此消解弹分别置于 600W 和 750W 的功率下消解 5 次，每次消解时间为 3min。为了保证样品消解完全，还需分别在 900W（消解 2 次，每次 5min）、1015W（消解 1 次，时间为 2min）及 1200W（消解 7 次，每次 3min）的条件下进一步消解。将消解后的溶液转移到 100mL 的聚丙烯容量瓶中，用去离子水定容。同时做样品空白。Yamane 等[59]用微波消解法，以填充有强酸型阳离子交换树脂的硼硅酸盐玻璃柱为分离柱，测定大米粉样品中的 Pb、Cd、Mn 时，用硝酸及盐酸的混合液进行微波消解。往 300mg 样品中加入 2mL HNO_3 及 0.3mL 0.6mol/L HCl，于微波辐射下进行消解。开始加热时间为 3min，最后阶段的加热时间为 2min。将消解产物转移到 50mL 玻璃烧杯中，在电热板上小心地将溶液蒸至近干，加入少量水溶解，然后转移至 25mL 容量瓶中，加入 2.5mL 1.1×10^{-2}mol/L *N*-(二硫代羧基)肌氨酸（DTCS），以去离子水定容，即可进行 IC 分析。Bruno 等[60]用法国 Fontenay 公司的微波样品处理系统，消解大气中的颗粒物样品，并用离子色谱分析其中的重金属。方法的操作步骤如下：用一便携式空气恒流采样器，以 20L/min 的流速将大气颗粒物采集到直径为 47mm、孔径为 0.2μm 的聚碳酸酯纤维膜上，采样时间为 24～48h。然后用微波湿消解法提取纤维膜上吸附的重金属。将 40mL 的样品溶液置于 250mL 的石英瓶中，用 2450MHz 的微波进行照射。消解完毕，将溶液蒸干，样品中的重金属主要以硝酸盐的形式存在，然后将其溶解在 10mL 氯化钠（50mmol/L）、硝酸钠（120mmol/L）和草酸（28mmol/L）的混合溶液中，经 0.4μm 的 Autotop WF Plus 聚碳酸酯纤维膜过滤后即可进行 IC 分析。

经典的氨基酸水解是在 110℃水解 24h，在微波炉内于 150℃消解氨基酸样品，不但能够切断大多数的肽键，可将氨基酸的水解时间缩短为 10～30min，而且不会造成丝氨酸和苏氨酸的损失。所用微波消解仪为美国 CEM 公司生产的 MDS 2000 型，电源输出功率为（630±50）W。它具有全程一体化内置电脑控温控压及五步编程加热功能；Teflon PFA 内衬罐容积为 110mL，转盘上可放 12 个罐同时萃取，罐压可达 1.21MPa，罐温可达 200℃，罐体有防爆安全装置。为了测定一些蛋白质样品中的胱氨酸和半胱氨酸，水解前需用过甲酸将其氧化，方法如下：称取 20～50mg 蛋白质样品于 CEM 容器中，分别加入 5mL 新配制的冰冷的过甲酸（0.5mL 30% H_2O_2 及 4.5mL 甲酸，在室温下混合，30min 后将其置于冰上）、250μL 200mmol/L 正亮氨酸及 250μL 10%苯酚溶液，混匀。将此混合物于 0℃放置 18h。特别值得注意的是，温孵蛋白质时，必须将蛋白质样品完全润湿并浸入氧化剂中。氧化完毕，将容器内的产物冷冻并用冻干机于真空状态下除去溶剂（注意：过甲酸对真空泵有很强的腐蚀性）。干燥后再加入 5mL 水及 10mL 30% HCl，即可在微波炉内进行水解。对不需要事先氧化的蛋白质样品，可直接将 20～50mg 蛋白质样品放入内壁衬有单层 PTFE 的 CEM 容器内，依次加入 2.5mL 水或 2.5mL 60μmol/L 巯基乙酸、2.5mL 10mmol/L 正亮氨酸和 10mL 30% HCl，盖好塞子。将需要脱气的样品于−80℃冷冻以避免抽真空时样品的剧沸。往真空状态的样品中充入高纯氮气（99%～99.5%）至压力为 15psi（1psi=6.89476kPa），此抽真空/充氮气过程需重复 4 次。然后将样品置于 110℃的炉中加热或在微波炉内水解。用 50% NaOH 将样品水解后的 pH 值调至 2.2，用 pH 2.2 的柠檬酸溶液（40g 柠檬酸钠、30mL 30% HCl 稀释至 2000mL）将其稀释定容至 50mL，经 0.45μm 滤膜过滤后即可用离子色谱进行分离测定。每一个样品水解两次，每一次的水解产物均测定两次。蛋氨酸在微波水解样品过程中相当稳定，用标准酸水解条件水解样品时，不能定量测定胱氨酸和色氨酸。胱氨酸被过甲酸氧化为磺基丙氨酸后即可定量测定。苯酚可用作氨基酸的稳定剂，尽管如此，仍不能准确测定被氧化后的蛋白质样品中的酪氨酸和色氨酸。因此，欲测定蛋白质样品中的所有氨基酸，需采用三种不同的水解方式：标准水解法、氧化后再水解及碱性条件下水解。然而无论用何种水解方式，在微波炉内水解蛋白质可极大地减少水解时间。

Cavalli 等[61]以 Dionex AminoPac PA1 阴离子交换柱为分离柱，电化学检测生化组织中的硒氨酸时，用 CEM MSD-81D 型微波消解仪水解蛋白质样品。具体操作分为蛋白质的纯化与蛋白质的水解两步。

① 蛋白质的纯化。取 1g 匀化的海豚肝脏样品，加入 5.5mL 水、1g NaCl 和 1.5mL 浓 HCl，超声振荡 30min 并于离心机上以 6000*g* 的转速离心 10min，其中的沉淀部分含有欲水解的蛋白质，用 0.1mol/L HCl 洗涤沉淀，酸解样品和 AG-50 树脂净化样品消化液之后，用 IC-IPAD 进行分析。

② 蛋白质的水解。水解蛋白质样品时，取 100mg 已纯化好的海豚肝脏样品置于反应容器内，加入 10mL 6mol/L HCl 及 0.5%苯酚溶液以保护易被氧化的氨基酸。将盛样品的 Teflon 容器抽真空并同时充入氮气，将压力设定到 55psi（379kPa），相应的温度为 150℃，于 645W 的辐射功率下微波消解 25min，用 0.45μm 滤膜过滤消解液，将滤液用淋洗液（0.023mol/L 氢氧化钠，0.007mol/L 四硼酸钠）稀释后，即可进行 IC 分析。

多种样品中总氮、磷和硫的测定，用微波消解后继用 IC 分析已成为推荐方法，然而分析阴离子时，应避免三酸的使用。如 Colina 等[62]用意大利 Milestone 公司的 MLS1200Mega 型微波样品处理系统，分别将 10mL 双氧水、5mL 样品（或 0.2g 标准物质）及 50μL 甲酸置于微波消解的密闭容器内，盖好盖子，使样品在 H_2O_2 及较低 pH 值作用下消解这些含 N、P、S 的化合物，消解完毕后，冷至室温，再加入 10mL 上述同样的双氧水并用同样的运行程序将样品进行第二次消解，冷却至室温后，用去离子水定容至 100mL，继用 IC 测定其中的 NO_3^-、PO_4^{3-} 和 SO_4^{2-}，每一个样品至少消解 5 次，并平行测定 5 次。

第三节　样品净化技术

溶解后的样品，进入 IC 分析前，常需要净化。净化的方法有简单的滤膜过滤或更进一步处理，即从复杂基体中选择性地富集痕量待测离子或选择性地去除基体[63]。样品的净化经常占去大部分的分析时间，而且往往决定着最后分析结果的成败。样品净化技术一般既可以离线，也可以在线进行[64]。常用的样品净化技术一般为固相萃取法、膜分离法及在线浓缩富集和基体消除技术。

一、固相萃取

固相萃取法（solidphase extraction，SPE）利用待测物质和基体的保留性能不同，实现样品的净化，现已成为十分重要的样品前处理方法。固相萃取的迅速发展也主要得益于液相色谱种类丰富的固定相，这些固定相很容易移植到固相萃取法中。该方法操作简单、所需样品体积较少、易实现自动化、样品不易被污染，而且既有一次性的已商品化的可满足不同样品测定需要的多种 SPE 填料，也有能够再生和可多次使用的 SPE 柱，从而成为色谱分析中最常用的既快速又灵活的一种样品前处理方法。因此，SPE 装置商品化的速度也较快，近几年研究的重点是对柱填料性能及载样条件的研究。本节将讨论反相材料、离子交换材料、螯合材料和其他新型固相萃取填料在离子色谱法中的应用。

1. 硅胶类 SPE 预处理柱

由于 IC 色谱柱填料的性能与 HPLC 柱填料有很大的差异，而且所测定的对象不同，因此，IC 分析家们所开发出的适于 IC 用的 SPE 填料与适于 HPLC 用的 SPE 填料相比，既有共性又有特性。SPE 柱一般是将 HPLC 中经常用的硅胶作柱填料，因为很容易在硅胶表面，通过化学反应键合上具有不同离子交换功能基的离子交换剂，使其具有高的选择性。另外硅胶的稳定性好，能处理很多种类的样品，目前已商品化的硅胶填料有 C_{18}、C_8 及 CN 等。测定食品中的无机阴、阳离子时，一般用 C_{18} SPE 柱净化样品。测定生理体液中的阴、阳离子时，必须除去其中的蛋白质，因为蛋白质不可逆地吸附在 IC 固定相上，极大地降低柱效。在 C_8 硅胶固定相的表面涂覆上一层亲水性的聚合物薄膜，该层亲水膜起着半渗透膜（SPS）的作用，它能阻止蛋白质不可逆地吸附在柱填料上，从而消除了蛋白质的影响。该法曾主要用于反相 HPLC 测定生物体液中药物含量时的样品前处理。

Buchberger 等[65]将其成功地用于 IC 中的样品前处理，测定了血浆中的阴离子。Sacchero 等[66]首次以 OmniPac PCX 500 为分离柱，用 IC 法测定环境样品中的三氮基苯类杀虫剂的含量时，考察了 Lichrospher100 RP C_{18} 等 6 支硅胶微柱及 OmniPac PCX 500 Guard 柱对三氮基苯类杀虫剂的富集效率，发现用 OmniPac PCX 500 Guard 柱和 Supelclean Envir C_{18} 柱时效果好。为了进一步降低方法的检出限，又首次采用二次富集法，即用 Lichrospher 100 RP C_{18} 柱保留样品中的亲脂性物质，而三氮基苯类化合物则自由通过，随后在 Supelclean Envir C_{18} 微柱上得到富集。检出限低于 100ng/L。李红艳[67]也用了 Dionex 公司的 OnGuard Ⅱ RP 柱对白酒样品进行前处理，再用离子色谱-抑制电导法测定白酒中的甜蜜素，回收率为 85%～103%，检测限为 0.072mg/L。Andrade 等[68]采用反相固相萃取小柱 Sep-Pac C_{18} 萃取了软饮料样品中的人工食用色素。样品中的杂质为极性较大的糖类，不能在固相萃取柱上保留，而待测物色素可以保留在萃取柱上，因此可以达到富集待测物和基体消除的效果，检出限在 0.003～0.04mg/L 范围内，回收率范围为 81%~101%。

2．阴、阳离子交换树脂类 SPE 预处理柱

SPE 柱也经常用中性或具有一定功能基的树脂作柱填料，聚合物填料由于选择性好而得到广泛应用，可非常方便地消除样品基体[69]。H^+型阳离子交换树脂填充的前处理柱（如 Dionex OnGurad H）可用于去除样品中阳离子的干扰。Ag^+型阳离子交换树脂填充的前处理柱（如 Dionex OnGurad Ag）可用于去除样品中卤化物的干扰。Ba^{2+}型阳离子交换前处理柱（如 Dionex OnGurad Ba）用于去除硫酸根和氯酸根等离子的干扰。如用离子色谱法检测水样中的氨基乙醇时[70]，采用 OnGurad H 去除钠离子和铵根离子的干扰。

IC 中离线样品前处理一般采用一次性 SPE 柱消除基体干扰。SPE 柱中一般填充 1～2.5g 带有功能基的选择性高的树脂。用一支一次性注射器将样品注入 SPE 柱，流出液可直接注入离子色谱仪进行分析。在消除基体的过程中，树脂对待分析物没有选择性，待分析物不被保留，基体离子（干扰离子）则被吸附在树脂上。为了获得最佳分析结果，在使用树脂类 SPE 柱时应注意以下几点。

① 人工处理样品时，应使用 5mL 全塑注射器，对 SPE 柱提供必要的压力。

② 为了除去 SPE 柱中的残留离子，应该在使用前用合适体积的去离子水或其他试剂冲洗 SPE 柱。例如，用 OnGuard Ⅱ RP 柱处理样品前，依次用 5mL 甲醇、10mL 去离子水冲洗。当处理低浓度样品（如 100μg/L～1mg/L Cl^-的预处理）时，应将最后的冲洗液注入离子色谱仪，做空白实验。如果空白值太大，表明冲洗不充分，应重新冲洗并测定空白值。

③ 为了使 SPE 柱的处理效果最佳、柱床获最有效利用，应选用适当的流速使样品溶液通过 SPE 柱，当处理的样品溶液的量小于柱的最大容量时，则上样速度可适当加大。

④ 不管是处理样品溶液还是标准溶液，都应将最初的流出液弃去。例如，将样品溶液加入 5mL 的注射器中，应该将先流出的 3mL 流出液弃去，再收集其后的 2mL 流出液，进行 IC 测定。

⑤ 如果去除的物质为有色物质或其他肉眼可观察到的物质（如 AgCl 沉淀），

则 SPE 柱一直可使用到有色带扩展至距离 SPE 柱出口 3/4 处。在某些特殊应用情况下，如果想得到 SPE 柱的最大上样量，则可让样品溶液一直通过该 SPE 柱，并用适当的检测方法进行连续检测，直到观察到柱的穿透为止。例如，为了测定 OnGuard Ⅱ Ag SPE 柱对 Cl^- 的穿透体积，可将许多份 2mL 的 Cl^- 溶液在压力推动下通过该柱，并使流出液流进盛有 5～10mL 0.1mol/L $AgNO_3$ 的烧杯中，当观察到有 AgCl 沉淀生成时，则发生了 SPE 柱的穿透，此时所通过的样品溶液的体积就是该体系的穿透体积。

⑥ 必须使 SPE 柱在垂直的情况下使用，以保证最理想的处理结果。

在上述注意事项的基础上，进行 SPE 柱的回收率实验。回收率实验可评价因与基体组分一起保留于 SPE 柱上而造成的分析物的损失量。大多数效果理想的前处理方法中，回收率应该接近 100%。回收率可按这样的方法测定：让一分析物的溶液按一定的流速通过 SPE 柱，样品基体被保留在柱上被除去，而分析物则通过该柱，通过测定分析物的浓度，即可计算回收率。具体方法是：首先对 SPE 柱进行预处理，然后用合适的标准溶液对离子色谱分析方法进行校正。将离子色谱标准溶液在压力推动下通过 SPE 柱，对 1.0mL SPE 柱，弃去前面的 3mL 流出液（对 2.5mL SPE 柱，则弃去前面的 6mL 流出液），收集其后的 2mL 流出液进行 IC 分析。若回收率不令人满意，则表明样品可能被 SPE 柱中的液体所稀释。产生这种情况的原因可能是弃去流出液的体积的选择不够准确。在样品基体中进行标准加入实验，重复测定回收率。有时回收率较低，可能的原因是分析物与基体一起发生了共沉淀而被柱填料所保留（如 Ag 柱和 Ba 柱大多如此），也可能是分析物与基体组分相结合所致（如 OnGuard Ⅱ RP 柱），有时可通过调节溶液 pH 值来改善回收率。对 Ag 柱和 Ba 柱，当回收率较低时，对样品进行适当稀释，因为高浓度的基体经过 SPE 柱时，基体成分发生沉淀，分析物可被该沉淀吸附，从而造成回收率下降，稀释可在一定程度上减少吸附。

当 PO_4^{3-} 是分析物之一时，应该考察基体对 PO_4^{3-} 回收率的影响。PO_4^{3-} 可与 Ag^+ 形成沉淀而影响其回收率，影响的程度取决于样品基体的成分。此时应该用标准加入法来考察 PO_4^{3-} 的回收率。测定基体中含高浓度 Cl^- 的样品中的 BrO_3^- 时，可先用 OnGuard Ⅱ Ag 柱除去样品溶液中的 Cl^-，然后再用离子色谱法测定其中的 BrO_3^-。

脂肪可造成柱容量的损失，当用脉冲安培检测法测定牛奶（含 2%乳脂肪）中的碘时，疏水性的组分如脂肪在金属电极表面的吸附和其对被检测物在电极表面的吸附干扰而对检测电极造成污染。由于这种原因，分析物的色谱峰响应将会随实验进行而逐渐下降，将该样品通过 OnGuard Ⅱ RP 柱就可以除去其中的脂肪，然后再用 IC 脉冲安培检测碘离子。具体方法是：依次用 5mL 甲醇和 10mL 纯水过 1.0mL OnGuard Ⅱ RP 柱对其进行预处理；当使用的是 2.5mL 柱时，则应该依次用 10mL 甲醇和 15mL 纯水对其进行预处理。在 10mL 奶样品中加入 2mL 3%冰乙酸沉淀其中的蛋白质。过滤除去被沉淀的蛋白质。取 5mL 奶样品过 OnGuard Ⅱ RP 柱，弃去最初的 3mL 过柱液，收集随后的 2mL 过柱液进行 IC 测定。如果在进行碘离子的 IC

脉冲安培测定前，没有除去样品中的脂肪，则会造成色谱柱的反压升高以及柱容量的降低。对生物样品的分析，如测定血液中草甘膦[71]，先用乙腈沉淀蛋白质，继用OnGuard Ⅱ RP柱去除样品中残留的蛋白质与有机物，再用Ag^+型阳离子交换树脂去除氯离子的干扰。

阴离子交换树脂可以利用待测物质保留性能较强，基体物质保留弱或无保留的特点，实现基体消除和样品富集。如Gan等[72]选用多种阴离子交换树脂萃取水样中的甜味剂，再用离子对色谱-质谱法检测，结果表明弱阴离子交换材料Poly-Sery PWAX的效果最好，回收率为77%~99%。

用离子色谱法分析糖类样品时，由于糖是一种羟基弱酸，在强碱性淋洗液（如KOH）中能部分或完全电离，吸附于色谱柱上，严重影响色谱柱的柱效，缩短色谱柱的寿命。所以往往采用固相萃取法进行样品前处理。Nozal等[73]采用阴离子固相萃取小柱去除蜂蜜中的糖类物质，再用离子色谱法测定草酸根、硫酸根、硝酸根和磷酸根。他们先将样品用碱溶液进行质子化，再打入活化后的固相萃取小柱，氮气吹干后用铬酸盐溶液洗脱出待测阴离子。这是因为铬酸根的保留性能比待测阴离子要强，而且不会干扰下一步的色谱分离。SPE的回收率为89%～96%，检测限是0.12～1.79μg/g。曹家兴等[74]利用固相萃取-离子色谱法测定了甘蔗糖蜜及糖蜜酒精中的有机酸和无机阴离子。他们所用的固相萃取柱为强阴离子交换填料（Strata SAX SPE），去除样品中的糖类和色素等干扰基质，检出限均低于0.2mg/L，回收率为94%~109%。

有时仅仅用一种SPE柱是不够的，可同时用几种SPE柱除去干扰。如分析自来水中卤乙酸时[75]，用了3种离子交换预处理柱（OnGuard Ba/Ag/H），其中OnGuard H用于去除了过渡金属和钙离子的干扰，On-Guard Ag用于去除Cl^-、Br^-与I^-等，OnGuard Ba用于去除硫酸根和氯酸根。孙迎雪等[76]用多支固相萃取小柱处理饮用水样品，用离子色谱法测定饮用水中的痕量卤代乙酸。他们采用反相萃取柱LiChrolut EN对待测物进行富集，用NaOH洗脱目标物并收集萃取液，然后将萃取液依次用Dionex On Guard Ⅱ IC-Ba、IC-Ag、IC-H进行样品净化，去除Cl^-和SO_4^{2-}。Manning等[77]用IC法测定垃圾填埋物浸出液中的阴离子时，首先用Dionex OnGuard RP柱处理样品以除去其中的芳香羧酸、腐殖酸及其他对色谱柱有潜在污染的物质，然后再分别用Dionex OnGuard Ag柱和OnGuard H柱来除去样品中的氯化物和金属离子，用IC分析其中的无机阴离子。Charles等[78]利用电喷雾离子色谱质谱法（IC-MS/MS）测定μg/L级以下的含氧卤化物时，将水样依次通过多柱串联系统，以除去大量的SO_4^{2-}、Cl^-及HCO_3^-，这样就可检测到0.05μg/L的BrO_3^-及ClO_3^-，0.5μg/L的IO_3^-及1.0μg/L ClO_2^-。多柱串联系统使用几类OnGuard柱，可以不受样品基体组分的影响，但感兴趣的目标分析物不被其中任何一种OnGuard柱除去。在该技术中，要在样品中加一些二价置换阳离子如Ca^{2+}和Mg^{2+}，其目的是确保Ba^{2+}能够充分地与SO_4^{2-}反应以沉淀除去溶液中的SO_4^{2-}。在样品溶液中加入一定量的CO_3^{2-}可将目标阴离子与$BaSO_4$的共沉淀减少到最低程度。在使用Ba^{2+}型树脂对样品溶液进行处理前，在样品溶液中加入一定的 CO_3^{2-} 可以显著提高某些含氧阴离子的回收率。在这里起置换作用的阳离子最好以其含氯盐的形式加入，这样 Cl^- 可以在其后的操作中用 Ag^+ 型树脂除去。而 CO_3^{2-} 则可用随后的 H^+ 型树脂酸化和惰性气体吹扫的方法加以除去。在 $BaSO_4$ 存在的情况下，若阴离子的回收率较低，原因可能是由于阴离子与 $BaSO_4$ 的共沉淀。CO_3^{2-} 的加入可以提高阴离子的回收率，其提高的程度随分析物的不同而有所变化。应该注意在进行具体的实验时，应该经常对目标分析物的回收率进行测定，以确保分析结果的可靠性。

如果仅仅需要得到较低的 SO_4^{2-} 去除率（低于最大去除率），则可使用较低浓度的 Ca^{2+}。Ca^{2+} 可有效地将 Ba^{2+} 从树脂中淋洗出来，这样 Ba^{2+} 就可以与 SO_4^{2-} 反应生成沉淀。在实验中，用 OnGuard Ⅱ Ba 柱处理过的溶液还常常使用 OnGuard Ⅱ Ag 柱处理，其目的是除去在前面的实验中以 $CaCl_2$ 形式加入的 Cl^- 及其他可与 Ag^+ 生成沉淀的阴离子。样品前处理技术的过程：分别对 OnGuard Ⅱ Ba 柱、OnGuard Ⅱ Ag 柱和 OnGuard Ⅱ H 柱进行预处理，然后按 OnGuard Ⅱ Ba 柱、OnGuard Ⅱ Ag 柱、OnGuard Ⅱ H 柱的先后顺序将上述三种处理柱连接起来待用。用超纯氯化钙配制 0.5mol/L $CaCl_2$ 溶液，再分别用 $MgCl_2$ 和 $CaCl_2$ 配制含 100mg/L Mg^{2+} 和 Ca^{2+} 的加标样品溶液，如果测定的目标分析物为含氧阴离子，则还应往样品溶液中加入 CO_3^{2-}。将上述配制好的加标样品溶液以不大于 2mL/min 的流速通过串联处理柱，对 1.0mL 处理柱，弃去最初的 3mL 流出液；对 2.5mL 处理柱，弃去最初的 6mL 流出液。OnGuard Ⅱ Ba 柱去除 SO_4^{2-}、OnGuard Ⅱ Ag 柱去除 Cl^-、OnGuard Ⅱ H 柱去除可溶性 Ag^+ 和 CO_3^{2-}，最后用氮气吹扫 5min 以除尽 CO_3^{2-}。

用上述串联处理柱系统，也可进行痕量 BrO_3^- 的分析。具体方法是：分别配制 0.5mol/L $MgCl_2$ 和 0.167mol/L Na_2CO_3 溶液，在 9.8mL 样品溶液中加入 100μL 0.5mol/L $MgCl_2$ 溶液和 100μL 0.167mol/L Na_2CO_3 溶液，这样该样品溶液中 Mg^{2+} 和 CO_3^{2-} 的浓度分别为 0.005mol/L 和 100mg/L。加入 CO_3^{2-} 有助于改善 BrO_3^- 的回收率。之所以选择 Mg^{2+} 而不是 Ca^{2+} 是因为在此浓度，$MgCO_3$ 可溶而 $CaCO_3$ 不可溶。将样品溶液依次流过串联处理柱，最后用氮气对过柱液进行吹扫，以除去其中的 CO_3^{2-}，此时得到的样品溶液即可进行 IC 测定。

3．螯合树脂类 SPE 预处理柱

螯合树脂固相萃取法用于离子色谱法中，可用于复杂基体中痕量镧系金属离子和过渡金属离子的浓缩、富集和基体消除，也可以用于去除样品中的干扰金属离子。OnGuard Ⅱ M 柱和 MetPac CC-1 柱是两种常用的螯合树脂 SPE 预处理柱，树脂的官能团是弱酸（COO^-）和弱碱（NH_4^+）。氢离子与金属离子竞争树脂上的螯合位置，溶液的 pH 值对其螯合能力有很强的影响，当 pH<2.5 时，螯合树脂完全质子化，螯合柱将不保留过渡金属离子；洗脱液的 pH=5～6 时，相对过渡金属和镧系金属而言，树脂对碱土金属的保留较弱。因此若用 pH=5.5 的乙酸铵缓冲溶液淋洗，碱土金属

将被选择性洗脱，而大多数过渡金属和镧系金属则被定量保留在柱上，当 pH<2 时（0.5mol/L HNO_3），过渡金属和镧系元素将被完全洗脱。

OnGuard Ⅱ M 柱在 pH>4 的条件下，对复杂基体中的痕量重金属离子进行吸附浓缩或去除，碱金属和碱土金属离子则不被保留。一般来说，过渡金属离子可以用 0.5mol/L HNO_3 淋洗下来。OnGuard Ⅱ M 柱处理 pH<4 的样品溶液或被分析物不是以阳离子状态存在，[如 Cr（Ⅵ）以阴离子状态存在]，则该物质不能被浓缩富集。OnGuard Ⅱ M 柱可以浓缩富集的金属有 Cd、Cu、Co、Fe、Mn、Ni、Pb 和 Zn。Cr（Ⅲ）可以被 OnGuard Ⅱ M 柱浓缩富集，却很难被洗脱。当树脂的形式发生改变时，柱床体积发生较大变化，在酸中或在干燥的情况下，其体积至少会缩小 50%，沟流现象严重，其严重程度取决于溶液的离子强度和 pH 值，沟流现象的存在会导致样品溶液的过早穿透。使用大一点的处理柱如 2.5mL OnGuard Ⅱ M，浓缩富集的效果更好，在一定程度上克服过早穿透的不足，在浓缩过程中获得好的精密度。螯合剂如 EDTA 等干扰 OnGuard Ⅱ M 柱对金属离子的浓缩富集，这种情况可在沿处理柱壁存在铁离子的黄色污染时被清楚地观察到，此时的浓缩富集效果将会很差。如果样品溶液中存在有机螯合剂，则应对样品进行消化处理，消化后可得到满意的回收率，大多数离子的回收率在 99%～117%之间，但 Mn^{2+}的回收率大约只有 32%。

填充有高交联度的亚氨基二乙酸螯合树脂的预处理柱 MetPac CC 1，其耐压性能很好，在弱酸性条件下能定量地保留复杂基体中的痕量金属离子且有很好的重现性。Siriraks 等[79]于 1990 年将 MetPac CC 1 用于痕量镧系金属离子及过渡金属离子的在线浓缩与富集，并首次将该法定义为螯合离子色谱法（chelation ion chromatography，CIC），从此它成为解决复杂基体中痕量金属离子测定问题的一个有效方法，并成功地用于海水、生物样品、矿石样品、工业废水及无机试剂等样品中痕量过渡金属和镧系元素的分析，方法的检出限一般在 μg/L 级。该法最初的装置复杂，需要有经验的人操作。因此，对它的改进工作不断有文献报道，改进的趋势是流程愈来愈简单、易于操作，而一次进样分析的过渡金属离子则愈来愈多。例如，牟世芬等[80]用 MetPac CC-1 柱做在线前处理，浓缩富集过渡金属和镧系元素，同时除去样品基体中的碱金属和碱土金属，再用选择性的络合剂将样品基体中 90%～99%的铝和过渡金属除去，将镧系元素定量地保留在螯合柱上。IC 法分离浓缩于螯合柱上的镧系元素，最后用柱后衍生反应、光度法检测。在 IonPac CS5A 分离柱上，以草酸和二甘醇酸梯度淋洗的方式，测定了包头矿、标准土样、稀土肥、玉米、玉米叶、水稻等样品中的稀土元素；以草酸梯度淋洗，测定了饮用水、猪肝、茶叶、贻贝、对虾、桃叶等样品中的重金属和过渡金属离子 Pb^{2+}、Cu^{2+}、Cd^{2+}、Co^{2+}、Zn^{2+}、Ni^{2+}[81]。

另外，螯合固相萃取材料还可以用于复杂基体中痕量阴离子的富集[82]，其工作原理是通过淋洗液浓度和阳离子种类，来调节预处理柱的柱容量，实现基体消除和待测物富集的目的。主要分为 3 个步骤：①当用高浓度淋洗液冲洗富集柱时，柱容量达到最大，装载样品后所有离子都保留在富集柱上；②然后用较低浓度淋洗液冲洗富集柱，柱容量下降，弱保留离子从富集柱中洗脱出来；③用更低浓度的淋洗液洗脱富集柱，富集柱容量很小，强保留离子也从富集柱中洗脱出来，从而实现了样品中弱保留干扰离子和强保留待测离子的分离，达到基体消除的目的。如用螯合树脂填料色谱柱 Crytand C1 为富集柱，在线样品处理-离子色谱-脉冲安培检测法分析饱和卤水中的痕量碘离子[83]，用 Crytand C1 浓缩柱富集 I^-，用 10mmol/L NaOH 洗脱样品基体离子 Cl^-，0.5mmol/L NaOH 将 I^-从浓缩柱转移到保护柱，阴离子交换分离，脉冲安培检测 I^-。

4．碳材料

活性炭是由石墨微晶、单一平面网状碳和无定形碳 3 部分组成，其中石墨微晶是构成活性炭的主体部分。活性炭有大量的空隙和很大的比表面积，自从 1951 年 Braus 等[84]用活性炭作为吸附剂以来，活性炭作为吸附剂进行固相萃取备受关注。活性炭是疏水性很强的吸附材料，对有机物有很好的吸附性，而对无机离子的亲和力较弱，因此可以用来去除食品样品中的色素等疏水性杂质。如酱油、果汁、低度酒中的 21 种有机酸的分析，采用适量的活性炭和 C_{18} 固相萃取小柱去除色素等干扰物质，得到较好结果[85]。近年来，研究者用有机试剂改性活性炭，再吸附金属离子，或者将金属离子与有机试剂形成配合物，然后再用活性炭吸附配合物，从而提高对金属离子的吸附效率。如用二甲酚橙修饰活性炭富集水中的 Pb^{2+}，检测限达 0.4μg/L[86]。活性炭是最早的固相萃取吸附剂，具有价格便宜和不可逆强吸附性等特点，可以在食品等复杂样品的前处理方面发挥更大的作用。

碳纳米管具有独特的中空结构、高比表面积、高化学稳定性，是很好的固相萃取材料。自从 1991 年 Iijima[87]首次报道发现碳纳米管以来，碳纳米管的制备和应用就受到许多研究者的关注。如用多壁碳纳米管作为固相萃取材料富集水样中的双酚 A、4-辛基酚和 4-壬基酚等，与其他萃取材料 C_8、C_{18} 等相比，碳纳米管具有更强的萃取能力[88]。用碳纳米管萃取水样中的除草剂、杀虫剂和杀菌剂等污染物，得到了良好的效果[89]。

石墨烯具有比碳纳米管更大的比表面积，而且石墨烯的制备更为简单，且不受金属离子的污染，因此可以预见石墨烯将成为比碳纳米管更优异的吸附剂而广泛用于分离领域。如用石墨烯作为固相萃取填料，富集奶粉样品中的双酚 A，用离子色谱-电化学检测器测量。萃取过程中先用 10%（体积分数）乙腈-水洗脱杂质，再用乙腈洗脱待测物质，该方法回收率为 83.3%～104.6%，检出限为 0.8μg/L[90]。用氨基化的石墨烯可以有效萃取油料作物中的多种杀虫剂，回收率为 70.5%～100.0%[91]。

二、膜技术

膜技术广泛用于工业生产，如纯水的制备、废水处理、脱盐、食品及生物工程等[92]。适合 IC 分析中净化样品的膜技术主要包括三个过程：渗析法、超滤及电渗析。

1. 渗析法

渗析是采用半透膜作为滤膜，使试样中的小分子经扩散作用不断透出膜外，而大分子不能透过被保留，直到膜两边达到平衡。渗析技术可以防止大分子损坏分离柱，堵塞泵甚至检测器，避免了烦琐的样品前处理，也节省了时间，提高了效率。

自 Nordmeyer 等[93]首次将渗析作为离子色谱的样品制备技术后，渗析法经过近年来的快速发展，已经实现在线的样品前处理。在线渗析法主要包括 4 个步骤：①渗析池淋洗，渗析池中有一张多孔薄膜，只有一定大小的离子可通过这层薄膜，薄膜将样品液和接受液分开。②渗析，接通样品制备阀门，样品溶液连续通过渗析池，同时接受溶液在密闭的循环通道中保持静止。此时，被测离子会穿过渗析膜扩散，扩散动力来自渗析膜两边的浓度差。由于样品溶液不断流入，样品液中的离子浓度和接受液中的离子浓度最终达到平衡，即两边等浓度；此平衡点通常 10min 后达到足够准确的梯度。③转移，渗析后，接受液的一部分被转移至进样环中。④进样，一旦纯净的样品充满进样环，仪器便自动注射样品并开始色谱分析。

多孔渗析膜绝大多数用于制备生化样品，因为蛋白质分子（M_r 1000～1000000）一般在 2～5nm，而待测的阴、阳离子则较小，因此选择合适的多孔材料，就可除去生化样品中干扰的大分子。多孔渗析膜的一种特殊情况是微渗析法（microdialysis），主要用于生物技术，特别是酶的生物工程及发酵工程。文献已对此法做了全面综述[94]。Torto 等[95]详细讨论了该法在生物工程中的发展趋势。该法已作为一种日常净化复杂样品的方法，用于植物和食品等样品，以除掉样品中的有机大分子及一些颗粒物。该法快速、温和，不会使样品发生降解，因此可与多种分析技术联用，在线进行多组分的分析，特别是当分析环境样品（富含有机物的絮凝剂、混凝剂处理过的废水等）、食品工业样品（牛奶、饮料、加工食品、非加工食品等）、石化产品（柴油、切削油、工业轻质油等）、临床样品（血清、血液、尿等）、刑侦样品（火灾碎片、头发提取液）及化妆品样品（香波、浴液、洗发液等）中的阴、阳离子时，微渗析法进行样品前处理是较好的选择。目前已有与 IC 联用的已商品化的微渗析仪，如 Metrohm 公司的 754 型微渗析仪。

Metrohm 754 型微渗析仪由一台输送样品及受体溶液的双通道蠕动泵和微渗析池组成。微渗析池一般由两块聚甲基丙烯酸甲酯（有机玻璃）和置于这两块有机玻璃中间的多孔膜组成。该膜能将样品中的待测组分与干扰组分分离。为了增加膜的选择性及分离速度，这张膜必须能截留一定分子量的分子。该法基于待测物分子在高、低浓度的溶液中进行的分子扩散。当处理大量样品时，为了进一步加快扩散过程，采用一个连续流动的供体流（donor stream）。用该技术处理样品所需时间与分析一个样品运行的时间相近，在分析一个样品的同时就可处理下一个样品，因此用该法处理样品不会延迟分析时间。整个过程包括样品的处理及样品的分析可自动进行。通过 V1、V2 两个六通阀即可完成样品的渗析，其中 V1 与 20μL 定量管相连。三乙酸纤维素膜的亲水性强且不易吸附待测的阴离子，因此被选为微渗析膜，此膜处理样品 100 次后方需更换。通常以超纯水作为阴离子测定的接受液，以稀硝酸作为阳离子测定的接受液。该方法对检测各类含有蛋白质、颗粒物、油脂及其他大分子物质的样品非常方便，具有操作简单、灵敏度高、重现性好等优点。方法已用于多种样品的在线前处理、离子色谱法分析，如棕榈油废水中可溶的无机阴离子分析[96]；维生素片等样品中的氯离子、磷酸氢根和硫酸根的分析[97]；面粉及面制品中的溴酸盐的分析[98]；熟肉制品中的硝酸根和亚硝酸根的分析[99]；奶粉中的胆碱的分析[100]。牛奶、未处理过的废水、果汁、发动机冷却剂及多种维生素片样品，无须其他前处理，可直接按上述方法进行渗析。

Ganeshjeevan 等[101]用渗析法做在线样品前处理，方法分析了含大量染料及铬（Ⅲ）废水样品中的铬（Ⅵ）。在由化工厂、染料厂、制革厂及纺织厂组成的工业区内设立的采样点，采集废水及湿固体废物。采集的样品置于事先分别用 1.0%硝酸、pH 8.0 磷酸缓冲液清洗干净的聚乙烯样品瓶内，然后立即往瓶内充氩气、密封。采样 3～4h 之内，必须进行样品分析。稍碱性的缓冲液利于铬（Ⅵ）的稳定存在而一般的磷酸盐缓冲液利于水溶性铬（Ⅵ）的定量测定。铬（Ⅲ）的干扰可通过沉淀方法除去，然而却无法除去水溶性有机物主要是染料的干扰。分析湿固体样品时，称取 2g 样品于 200mL 具塞玻璃容器内，加入 100mL pH 8.0 的磷酸缓冲液，充入氩气并以 50r/min 的速度在摇床上振荡提取 3h。由于大多数样品的颜色都很深，必须对样品进行稀释。样品的稀释程度取决于分光光度计测得的样品的吸光度，当吸光度的值超过 0.5 时，必须将样品稀释。对于液体样品，需按样品体积的 10%进行稀释并用 1mol/L H_3PO_4 或 1mol/L NaOH 将样品 pH 值调至 8.0。稀释了的液体样品或提取完毕的固体样品均在 10000r/min 转速下离心 10min 并经折叠的 Whatman 42 滤纸过滤，澄清液即可用于在线渗析-IC 联用分析。将渗析膜浸入装有 HPLC 级纯水的有盖培养皿内搁置 2min 直至水将渗析膜完全浸透。最后用与制备样品时同离子强度和同 pH 值的磷酸盐缓冲液制备铬（Ⅵ）的标准溶液，以优化最佳渗析条件及定量条件。

2. 电渗析法

无孔聚合物膜上涂有离子交换功能基，用于 IC 中的样品前处理，这一技术又称作 Donnan 渗析法。该法可允许样品中的离子选择性地透过膜而到达样品收集室或往样品中加入一种具有选择性的离子（如 H^+中和样品中的 OH^-）。为了增加 Donnan 渗析处理样品的选择性，人们又相继研制出了电渗析法。该法是在电场作用下进行的渗析。分离是基于在电场的作用下，带电离子透过膜到阴极或阳极室，带相反电荷的离子及中性分子则不透过膜或透过很少。因此分离的选择性主要基于电荷的不同。电渗析所用的膜基本上是渗析法经常用的中性纤维膜和离子交换膜。由于电场很强，因此电渗析的膜不必太薄，厚度可达 0.5mm。该技术能选择性地富集待分析的离子，不用预处理柱，在 20min 内可获得 10～20 倍的富集效率。与其他方法如 SPE 法相比较，该法可处理大体积的样品以达到高的检测灵敏度。

强酸和强碱性样品一般难以直接进入 IC 分析，主要原因是引起色谱柱的超载和由于淋洗液 pH 值的改变而导致的分离度的改变，尽管经稀释可降低酸、碱浓度，但有些待测痕量组分由于稀释后浓度太低而无法检测。为了解决这一问题，可用电渗析法。人们相继研究、设计了不同的电渗析装置。李云山等[102]利用电化学的原理，设计出一种简便的电渗析装置，成功地解决了分析废水等实际样品的干扰问题。该装置分四室，样品由 C 室注入，其他各室均为淋洗液。接通电源后，C 室中的待测阴离子移向 B 室并被阳膜阻挡在 B 室内。分子型有机物保留在 C 室，阳离子则移向 D 室，从而在 B 室可得到去除干扰的待测离子。但是，存在的问题是，处理 3～4 个样品后，待测离子回收率均明显下降，且使用次数越多回收率越低，影响了实际应用。频繁更换新膜不仅增加成本，使实验复杂程度增加而且影响测定的重现性。樊庆云等[103]在此基础上，通过反复实验和分析，发现阳极电解时产生的活性氧，对膜产生损害，使阳膜的选择透过性下降。因此在他们的研究工作中，增设一保护室，即在阳极和原阳膜间再增加一层阳膜，从而有效阻挡活性氧到达样品室的阳膜。经改进后的预处理器在频繁使用后未发现对回收率产生任何影响，提高了阳膜使用次数，并对其结构、原理和预处理过程涉及的理论进行了分析和研究，使之成功地应用于多种基体复杂的工业废水和生活污水中阴离子的监测。

电渗析法主要以离线的方式净化强碱性样品而测定其中常见的无机阴离子，一些已经商品化的电渗析膜对强酸型阴离子的回收率在 80%以上，但对氟的回收率不高，主要是由于氟离子质子化后形成的氢氟酸可透过膜扩散而离开样品室。用电渗析膜和磺酸类有机聚合物，可将 1mol/L 的 NaOH 在 10min 内中和完全，而不会造成待测的强酸性阴离子的损失，但这样的装置不适于电渗析弱酸性的阴离子如 F^- 和 NO_2^-。Dionex 公司研制的电解微膜抑制器（简称 SRS），以无污染的方式，将高电导的酸或碱的淋洗液抑制到低电导的水，因此是一种降低高浓度酸或碱基体的理想样品前处理方法。虽然抑制器 SRS 的抑制容量只能中和流速为 2mL/min、浓度为 200mol/L 的酸或碱，但将样品多次循环通过抑制器则可完全中和浓酸或浓碱。循环方式流路包括一个双层四通低压阀、抑制器 SRS 和电导池。由四通阀在“ON”和“OFF”位置的改变达到所需的中和程度。“中和器”工作时，去离子水将样品从定量管推到中和器。一般的样品量为 5～50μL。当四通阀在“ON”的位置时，样品从阀的上部，先后经过 SRS 和电导池到阀的左边。当样品到达阀的左端底部之前，立即将阀切换到“OFF”位置，样品再次先后经过 SRS 和电导池到阀的右上部，在样品到达阀的右端底部之前，将阀切换到“ON”的位置，重复同样的过程。当样品的电导降低到所需值（一般为 20μS）时，即将样品切换到分离柱流路进行分析。SRS 中，通过电解可产生的 H^+ 和 OH^-，浓度随电流的增加而增加。用高的电流可减少样品通过 SRS 的次数。该方法主要用于浓碱中痕量阴离子和浓酸中痕量阳离子的分析，将浓酸或浓碱的样品基体中和成水。循环处理法克服了抑制器的容量限制。用这种技术处理样品（50% NaOH、浓 NH_4OH、48% H_2SO_4、43% H_3PO_4 和 33%甲基磺酸等）之后，经 IC 分析所得到的检出限与去离子水样品直接进样所得到的检出限相同。Novic 等[104]通过阀切换系统，以 Dionex ASRS 阴离子自动再生抑制器为电解池，通过多次循环处理经过氧化钠消解的含高浓度氢氧化钠的样品，并测定了其中的氯、磷和硫，当阀处于装样状态 L 时，蠕动泵 1 与试样溶液相连通，试样溶液经 ASRS 处理并经电导检测器进入收集器。然后，阀切换至循环状态 R，此时，蠕动泵 1 与收集器相连通，进入收集器的溶液经蠕动泵 1 再次进入 ASRS 进行处理。如此反复直至通过电导检测器的溶液电导值稳定为止。去离子水不断通过蠕动泵 2 输入 ASRS 的再生液入口，电解产生所需氢离子。

3．超滤

超滤是在压力的作用下，让不易过滤的样品通过膜。超滤膜的孔径较大时，可理解为筛分，在小孔径时就不能理解为筛分，因为有范德华力等的存在。它可分离分子量为 3000～1000000 的可溶性大分子物质，对应的孔径为 1～50nm。与渗析法相比，该法快速、回收率高；缺点是易被大分子物质污染，因此可使用一次性膜或对膜交叉清洗。该法主要用于处理含有大分子的生化样品，离子色谱法中主要用于去除样品中的蛋白质等大分子。目前在线超滤-离子色谱法因其操作简单、自动化、处理快速等优点受到了研究者的关注，已经成为离子色谱样品前处理方法之一。如将超滤法用于果蔬汁、酒类的澄清处理，它不仅能明显提高酒的澄清度，保持酒的色、香、味，而且可以达到无热除菌，提高酒的保质期[105]。将离心超滤法与固相萃取法结合对样品进行净化处理，分析奶粉中的碘离子和硫氰酸根[106]。在热水浸提、超滤和酶解等样品前处理后，离子色谱-脉冲安培检测法测定多种饮料样品中的多聚葡萄糖[107]。在线超滤处理牙膏样品，离子色谱法测定样品中的游离氟含量[108]。

三、阀切换与柱切换技术

离子色谱中的阀切换与柱切换技术是通过切换阀，连接两根或两根以上相同或不同分离机理的色谱柱，通过阀切换改变淋洗液的流动方向，在一根色谱柱上首先实现待测组分和干扰组分的分离，达到分离和纯化的目的，在随后的色谱柱上完成待测组分的分离分析。目前，阀切换与柱切换技术可实现对复杂样品的直接进样分析，已成为分析复杂化合物的有力工具。以下我们将主要阐述三种主要的离子色谱阀切换与柱切换技术：核心切换法、单泵柱切换法和循环离子色谱法。

1．核心切换法

“核心切换”（heart-cut technology）技术是在选择性不同的色谱柱之间切换。通过阀切换（valve switching），当大量基体离子从第一根柱通过时，将其排入废液；当待测离子通过时，将其引入第二支色谱柱进行分析。由于大部分基体离子被排入废液，待测离子与少量引入第二支色谱柱的基体离子可获得良好分离。

这种核心切换技术存在两个问题，一个问题是柱压，由于在一个系统中同时使用两根色谱柱，使系统压力很高，而且在切换过程中柱压变化很大；另一个问题是当大量基体离子存在时，待测离子的保留时间会发生变化，造成切换时间窗的确定困难。对于每一个特定的样品，往往需要几个工作日的时间确定核心切换时间窗而限制了该法的应用。为此，牟世芬等[109]提出了一种简化的核心切换技术。用一支短的富集柱代替传统核心切换技术的第二支色谱柱，大大降低了系统压力减少了切换过程中的压力变化。针对第二个问题，通过分析大量基体离子存在下痕量离子的保留行为，提出了针对不同样品采用的不同策略。可直接通过待测离子标准溶液的保留时间确定核心切换时间窗，从而大大简化了该项技术的优化过程。

简化核心切换技术的操作包括基体消除与样品分析两步。在基体消除过程中，当待测组分从分析柱被洗脱时，将其引入富集柱，见图 6-6（a）。由于抑制器将淋洗液转换成水，使其失去了淋洗能力，待测组分能够在富集柱上富集。当大量基体离子从分析柱洗脱时，切换阀 V2 的位置，将 90%以上的基体离子排到废液，见图 6-6（b）。当样品中所有干扰组分都从柱上完全洗脱之后，开始样品分析过程，切换阀 V1 和 V2 的位置，将富集的待测组分从富集柱上洗脱下来进入分析柱进行分析，见图 6-6（c）。

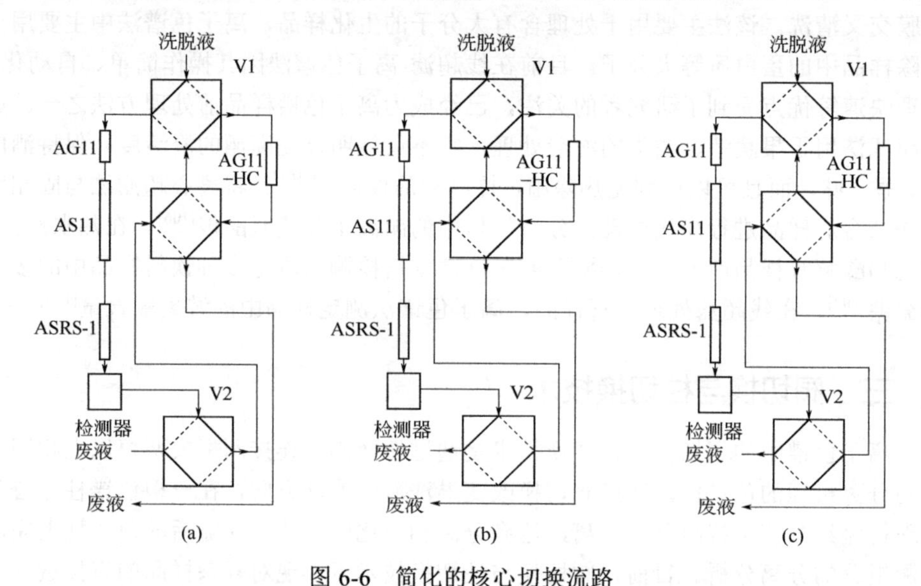

图 6-6 简化的核心切换流路

（a）样品分离，目标成分进入浓缩柱（AG11）；（b）干扰成分被排到废液；（c）富集于浓缩柱中的目标成分进入分离柱分离

简化的核心切换技术巧妙地发挥了抑制器的功能。在基体消除过程中，抑制器降低了淋洗液的淋洗能力（如图 6-7 所示），从而保证了待测组分在富集柱上的富集。而在样品分析过程中，抑制器起到了降低背景电导的作用。

核心切换时间窗的确定是该项技术的关键之一。确定时间窗的原则是：在切换时间窗内，应保证待测组分完全进入富集柱，尽量少的基体离子被引入富集柱；同时用于确定时间窗的方法还应简便易行。由于方法中所用的单层与双层四通阀的成本较高，后来发展的方法大都选用新型的六通阀或十通阀。

2. 单泵柱切换法

离子色谱柱切换技术因其灵活性大、便于操作等优点被越来越广泛地应用于复杂基体的消除，但是传统柱切换技术往往需要两个泵。朱岩等[110]建立了适用于多种

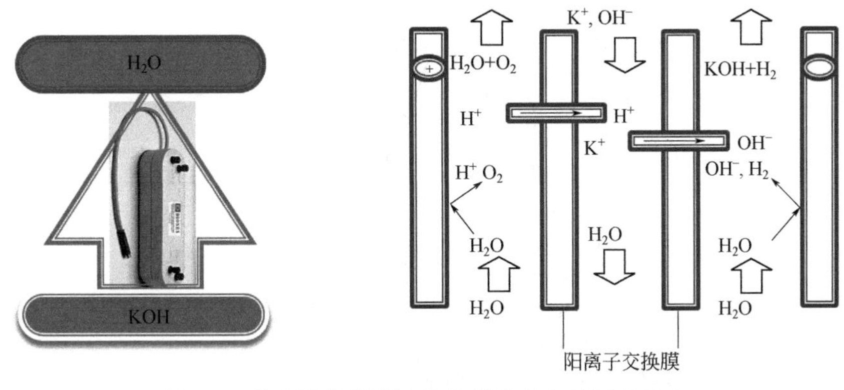

图 6-7 抑制器降低淋洗液的淋洗能力的原理示意

复杂基体样品分析的单泵柱切换方法，只用一个泵就能实现基体消除和目标物质富集，装置示意如图 6-8 所示。

双泵-双流动相系统

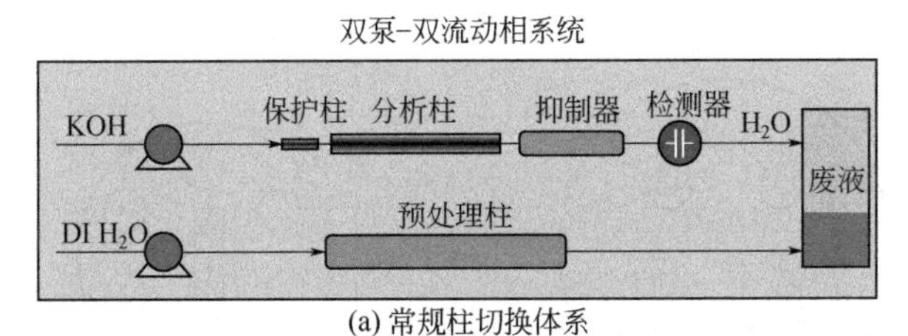

(a) 常规柱切换体系

单泵-双流动相系统

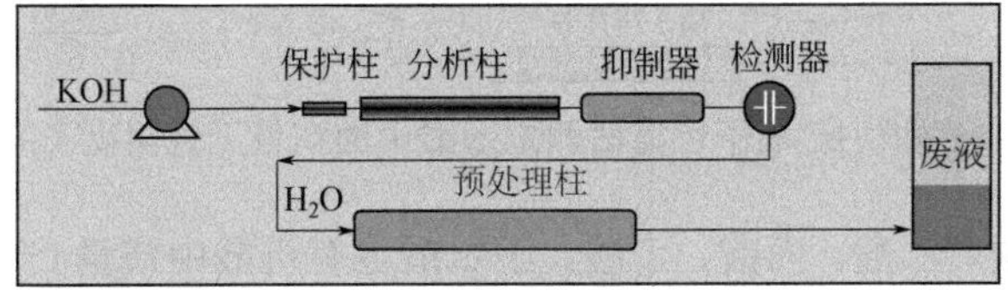

(b) 单泵柱切换体系

图 6-8 常规柱切换体系和单泵柱切换体系的装置示意

单泵柱切换方法可以用于有机酸中痕量阴离子的分析，用离子排斥柱实现有机酸基体的消除，原理如图 6-9 所示。用离子排斥柱作前处理柱能够将样品中的有机酸或无机弱酸保留在排斥柱上，而无机阴离子则从样品中被预先洗脱下来，进入阴离子交换分离柱分离。

单泵柱切换-离子色谱法测定弱酸中的痕量无机阴离子的色谱分析过程如图 6-10 所示：进样前，十通阀保持在装填状态，六通阀保持在进样状态，样品通过十通阀装载到定量环中，随后十通阀切换到进样状态开始进样，前面一部分不需要收集的样品通过排斥柱进入废液，等到目标离子从前处理柱中洗脱出来时，将六通阀切换至装填状态进行富集，富集完毕将六通阀切换到进样状态，开始分析目标离子，而十通阀仍旧保持原位，用水冲洗再生前处理柱。该方法已经被成功地应用于酒石

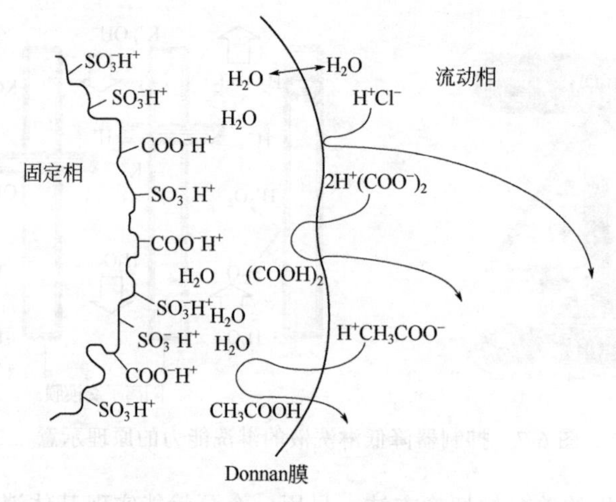

图 6-9 离子排斥柱的分离原理

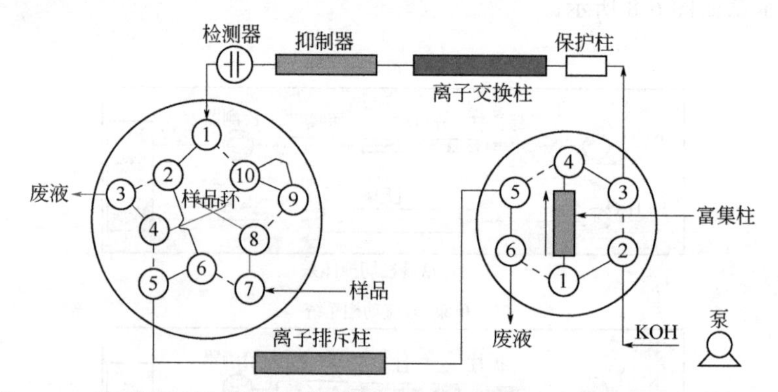

图 6-10 单泵柱切换-离子色谱法测定弱酸中的痕量无机阴离子的流路示意

酸、柠檬酸、甲酸、乙酸、丙酸、丁酸、丁二酸等有机酸中痕量Cl^-、NO_3^-、SO_4^{2-}等离子的检测，色谱图如图 6-11 所示。方法的检出限达到 0.3～1.7μg/L，样品加标回收率达到 75.2%～114.9%。

单泵离子色谱柱切换方法可用于同时分析强弱保留离子[111,112]。例如，用于快速测定离子液体中六氟磷酸根（PF_6^-）及其他常见阴离子（F^-、Cl^-、NO_3^-、SO_4^{2-}）含量，示意图如图 6-12 所示。通过保护柱与分离柱的简单切换，使强保留离子 PF_6^-仅通过保护柱，缩短其流通路径，在较短时间内出峰，其他离子既通过保护柱又通过分离柱，从而达到快速同时分离的目的。样品经稀释溶解后直接进样，淋洗液选用 KOH，流速为 1.0mL/min，采用抑制型电导检测，外标法定量，色谱分离图如图 6-13 所示。PF_6^-、F^-、Cl^-、NO_3^-和 SO_4^{2-}的线性范围分别为 1～200mg/L、0.1～25mg/L、0.1～5mg/L、0.1～5mg/L 和 0.1～5mg/L，线性相关系数均大于 0.9995；加标回收率在 86.5%～112.2%之间；相对标准偏差在 1.4%～4.1%之间，检出限分别为 8.9μg/L、0.41μg/L、0.44μg/L、1.2μg/L 和 1.2μg/L。该方法适用于一系列强弱保留离子的同时分析。

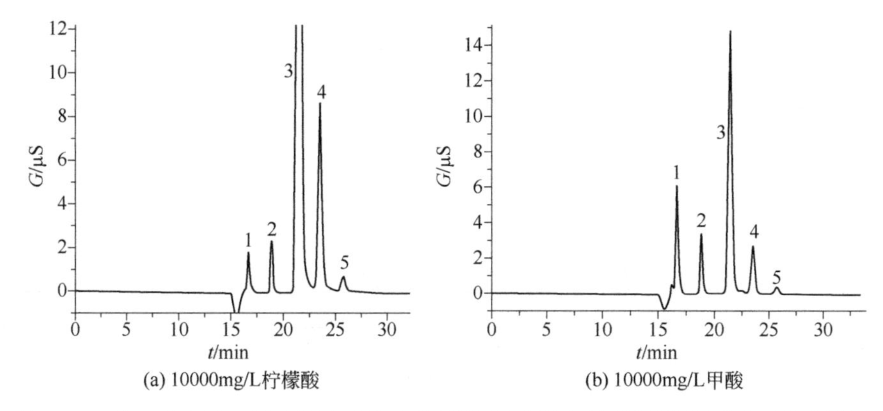

图 6-11　单泵柱切换-离子色谱法测定柠檬酸和甲酸中的痕量无机阴离子的色谱图

离子色谱柱：IonPac AG11-HC（50mm×4mm），AS11-HC（250mm×4mm）

离子排斥柱：IonPac ICE-AS6（250mm×9mm）

浓缩柱：IonPac AG11-HC（50mm×4mm）

检测器：抑制电导，自再生电化学抑制器外加水模式，抑制电位 100mV

离子色谱淋洗液：25mmol/L KOH

离子排斥流动相：去离子水（25mmol/L KOH 抑制后）

流速：0.55mL/min　　　　　　　进样量：200μL

色谱峰：1—F^-；2—Cl^-；3—有机酸；4—SO_4^{2-}（1.029mg/L）；5—NO_3^-（0.132mg/L）

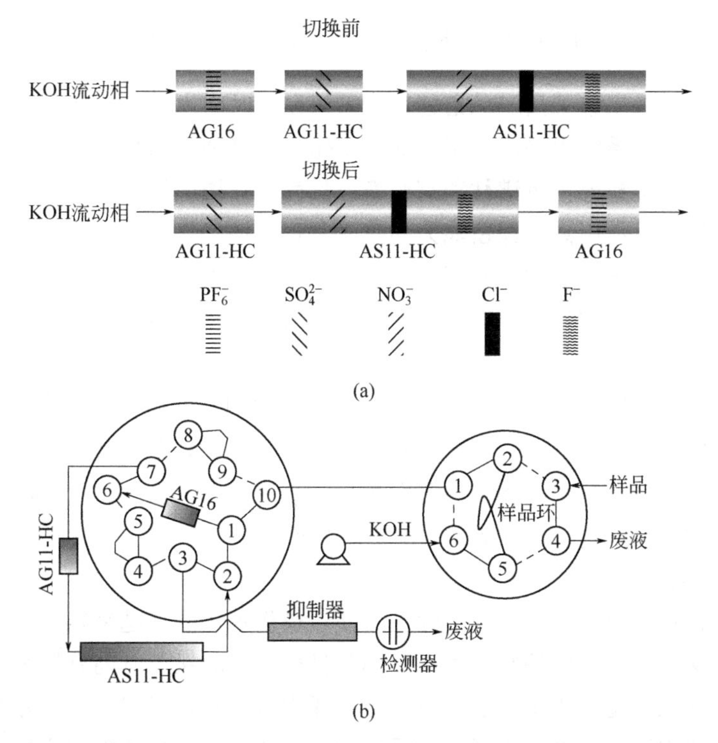

图 6-12　强弱保留离子同时分析的离子色谱柱切换原理（a）及流路图（b）

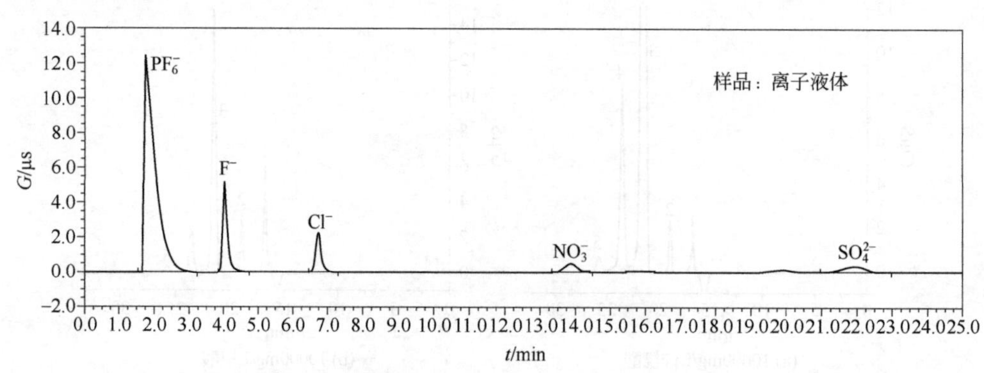

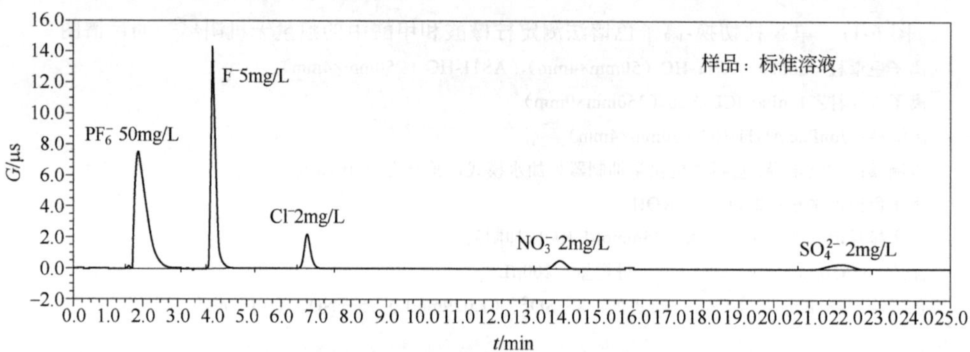

图 6-13 强弱保留离子同时分析的色谱图

另外，他们采用单泵离子色谱柱切换系统在短时间内完成碘离子与碘酸根的同时测定。在柱切换系统中采用自制表面超支化接枝修饰的阴离子交换色谱柱。该技术仅由自制的低交换容量色谱柱和高交换容量色谱柱构成简单流路系统，采用自制色谱柱成本低廉。利用离子保留能力的差异进行切换，使强保留离子（碘离子）仅通过低交换容量色谱柱，缩短其流通路径，而其他阴离子既通过低交换容量色谱柱又通过高交换容量色谱柱，能在短时间内完成碘离子和其他阴离子的同时测定。实验采用单泵单流路系统，只需增加一个六通阀，装置方法简单，并成功应用于聚维酮碘溶液中碘与碘酸根的同时测定[113]，图 6-14 为原理及流路示意图，分离效果如图 6-15 所示。将含有 I^-与 F^-、IO_3^- 的混合标准溶液（浓度分别为 25mg/L、0.25mg/L 和 25mg/L），按优化后色谱条件进行分析，连续进样 6 次，峰面积的 *RSD* 均小于 3.05%，各成分的回收率在 91.7%～101.2%之间。

3．循环离子色谱法

离子色谱柱切换技术因其灵活性大、便于操作等优点被越来越广泛地应用于复杂基体的消除。基体浓度的高低可能对部分目标离子的保留时间有较大的影响，常规柱切换技术在实施过程中会遇到时间窗选择困难、基体干扰难以消除等问题。因此，朱岩等建立了新型循环离子色谱系统，用于分析复杂基体中的痕量离子。

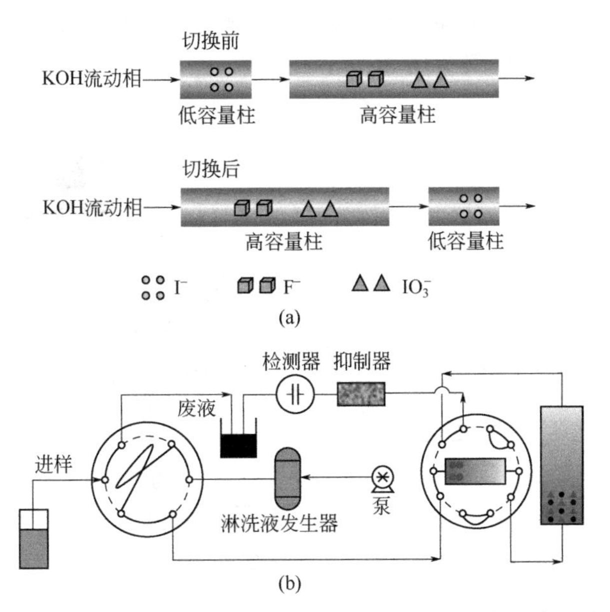

图 6-14　离子色谱单泵柱切换同时测定强保留与弱保留离子流路图

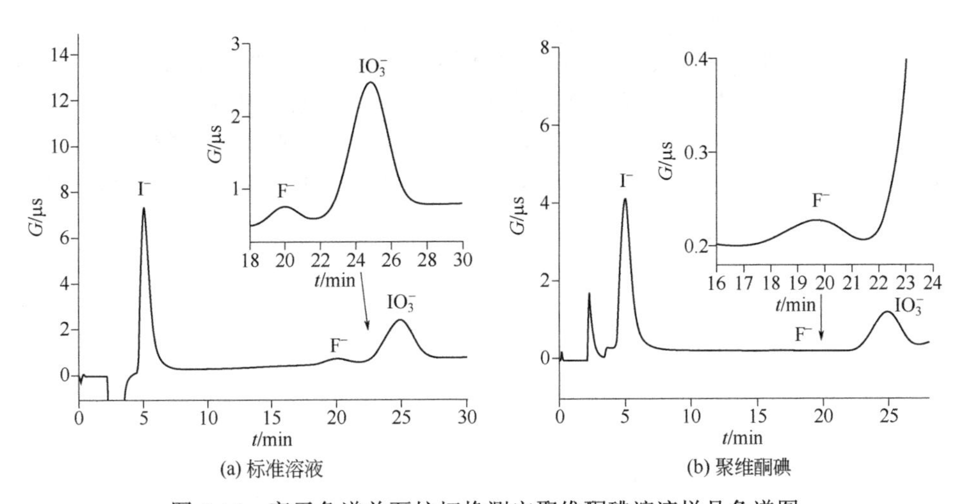

图 6-15　离子色谱单泵柱切换测定聚维酮碘溶液样品色谱图

进样体积：100μL　　流速：1.0mL/min　　检测器：抑制电导检测器

淋洗液浓度：3.5mmol/L KOH（0～30min）和 30mmol/L KOH（30min 以后）淋洗液发生器发生

切换时间：1.5min

色谱峰：碘离子，16.73mg/L；氟离子，0.0361mg/L；碘酸根，12.73mg/L

在循环离子色谱法中[114]，样品可经历多次基体消除、目标离子富集与分析的循环。因此，使用了循环离子色谱系统，可以同时实现多次消除基体和循环富集待测离子。例如，循环离子色谱法分析高盐溶液中的微量亚硝酸根时，采用的检测器为电导检测器，选择性低于紫外检测器。循环离子色谱法可以重复多次除去样品中的基体离子。0min 开始，样品随着流动相进入分析系统，开始第一次分离，大部分基体离子流入废液，流路如图 6-16 所示。

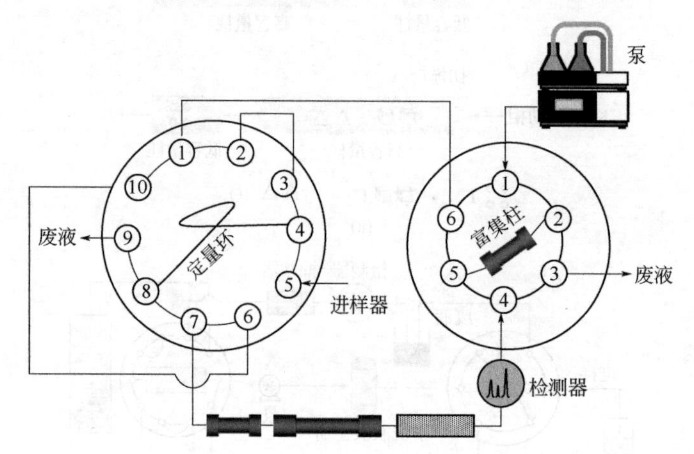

图 6-16 用于高盐溶液中痕量离子的循环离子色谱法分析装置示意

在未经基体消除的色谱图（图 6-17）中，亚硝酸根的色谱峰完全被氯离子所掩盖，不能看出亚硝酸根的保留时间。传统的离子色谱柱切换方法只有一次基体消除的过程，这就很难确定切换时间，而且基体物质也不能很好地除去。从图 6-17 的峰 1 中可以看出，基体消除之前色谱峰存在着严重的叠峰现象。因为氯离子和亚硝酸根的保留时间接近，高浓度氯离子的色谱峰完全掩盖了亚硝酸根的色谱峰。每经过一个柱切换循环，就会去除一部分氯离子，基体干扰也逐步消除。从图 6-17 的峰 5

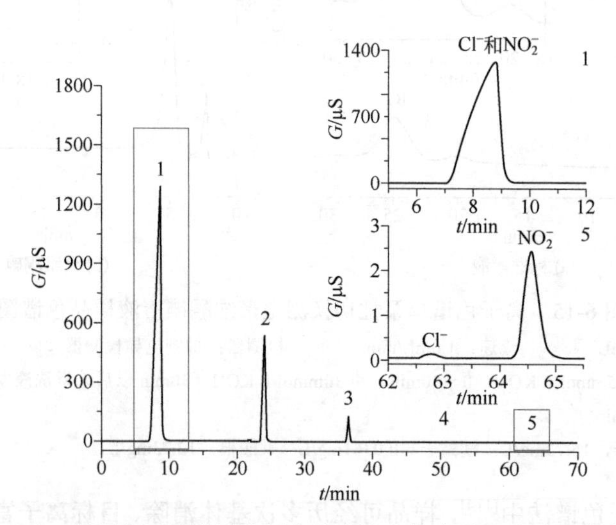

图 6-17 循环离子色谱法分析高盐溶液中的痕量亚硝酸根分离图

淋洗液：10mmol/L KOH　　流速：1.0mL/min

氯离子浓度：5000mg/L　　亚硝酸根浓度：1.0mg/L

经三次循环切换基体消除

可以看出，经过 4 个循环的柱切换过程后，氯离子几乎完全消除，亚硝酸根和氯离子可以很好地分开。整个分析过程都是通过电脑程序控制，实现了自动的基体在线消除、目标离子富集、分离的工作。以亚硝酸根的峰面积为纵坐标，质量浓度为横坐标，标准工作曲线为：Y=0.1504X+0.0201，相关系数 r^2 为 0.9996，线性范围为 0.01～1.0mg/L，方法检出限是 3.1μg/L。亚硝酸根的保留时间的相对标准偏差（*RSD*，*n*=6）为 0.64%，峰面积的 *RSD* 为 0.98%，说明该方法重复性较好。回收率范围为 98.8%～101.2%。

通过改变装置连接和实验条件，建立的循环离子色谱法能够测定复杂样品海水中的多种离子含量[115]。例如，采用稀释 5 倍后的海水作为样品，进样体积为 25μL。富集柱为 IonPac AG16 保护柱。样品经过分离柱后各个离子初步分离开来。切换后微量离子和少部分基体离子富集到富集柱 IonPac TAC-ULP1 中，绝大部分基体离子排入废液。然后，富集柱中的离子再次用分离柱分离。循环离子色谱法具有较宽的线性范围（0.05～25.0mg/L），较好的重复性（*RSD*<4%）和较低的检测限（2.3～23.6μg/L），切换流程图如图 6-18 所示，色谱分离如图 6-19 所示。

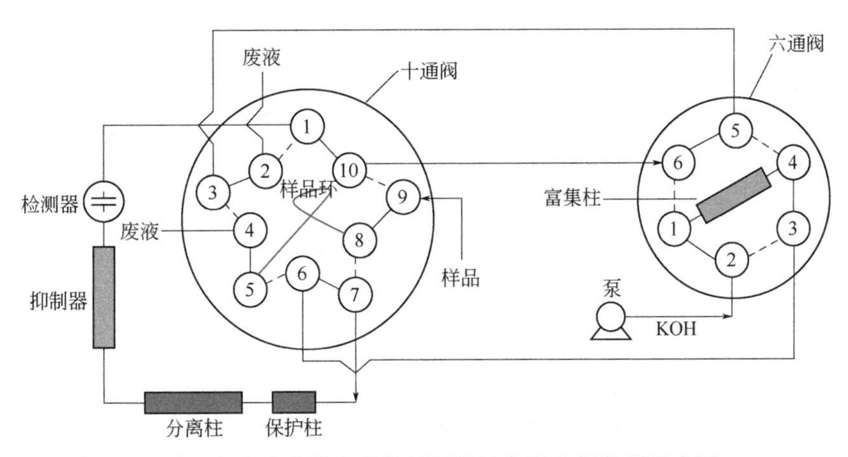

图 6-18 用于海水中痕量离子的循环离子色谱分析装置示意图

可以看出，在 45min 内，7 种无机离子很好地分离开来。各个离子的色谱峰形变好，这可能是因为海水样品经过稀释，氯离子浓度变低，约为 4000mg/L。另外可能是因为富集柱更换为微球直径较小的保护柱，不容易引起较大的峰变形现象。从图 6-19 中可以看出，氟离子、硫酸根和磷酸根的含量可以从第一次分离中就测定。其中硫酸根离子的浓度要远高于其他微量离子的浓度。为了缩短分析时间，并考虑到富集柱的柱容量有限，在第一次基体消除过程中，要把氟离子、硫酸根、磷酸根和绝大部分氯离子排入废液中，而其他离子（亚硝酸根、硝酸根和溴离子）和少部分氯离子则进入富集柱中等待第二次分离。

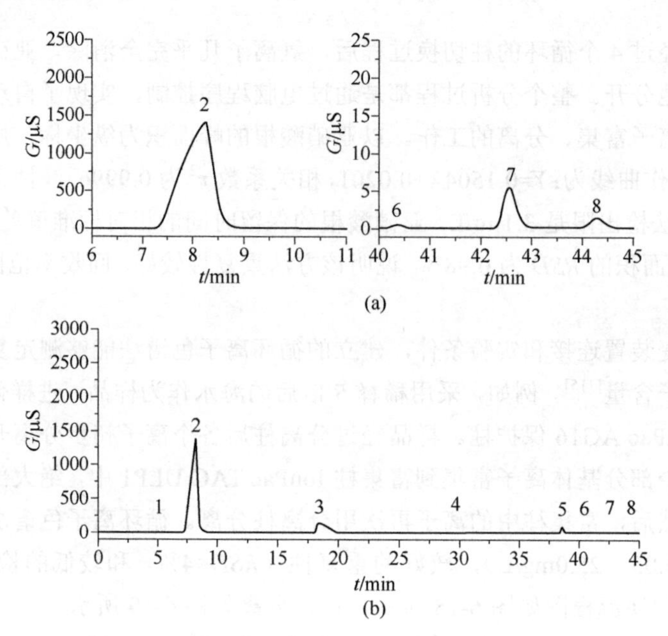

图 6-19 循环离子色谱法分析海水样品分离图

（a）局部放大图；（b）标准色谱图

淋洗液：10mmol/L（0.0～10.0min），10～35mmol/L（10.0～30.0min），10mmol/L （30.0～45.0min）

加标海水样品：氟离子 0.1mg/L；亚硝酸根离子 1mg/L；溴离子 5mg/L；硝酸根离子 1mg/L；磷酸根离子 1mg/L；硫酸根离子 100mg/L

色谱峰：1—F^-；2—Cl^-，NO_2^-，Br^-，NO_3^-；3—SO_4^{2-}；4—PO_4^{3-}；5—Cl^-；6—NO_2^-；7—Br^-；8—NO_3^-

参考文献

[1] Kuwayama K, Miyaguchi H, Yamamuro T, et al. Rapid Commun Mass Sp, 2015, 29(22): 2158.

[2] Esposito S, Bracacel E, Nibbio M, et al. J Pharmaceut Biomed, 2016, 118: 70.

[3] Nakamura Y, Maeda S, Nishiyama H, et al. Anal Chem, 2015, 87(13): 6483.

[4] Dabeka R W, Conacher H B S, Lawrence J F, et al. Food Addit Contam, 2002, 19(8): 721.

[5] 杨笑，陈波. 粮油食品科技, 2014, (4): 58.

[6] Zinn G M, Rahman G M M, Faber S, et al. Journal of Dietary Supplements, 2015, 67: 15.

[7] Chen Y W, Alzahrani A, Deng T L, et al. Anal Chim Acta, 2016, 905: 42.

[8] Skhal D, Aboualchamat G, Al Nahhas S. Actatropica, 2016, 154: 1.

[9] Shaw M J, Haddad P R. Environment International, 2004, 30: 403.

[10] 王超，顾青. 分析化学, 1995, 23 (7): 839.

[11] 李德芳，关雄俊，宋苏环，等. 色谱, 1993, 11(6): 377.

[12] 陈国胜，徐盈，张甬元. 分析科学学报, 1996(3): 217.

[13] Schoniger WS, Mikr˚Chim Acta, 1955: 123.

[14] Tao G H, Parrish D A, Shreeve J M. Inorgchem, 2012, 51(9): 5305.

[15] Moraes D P, Pereira J S F, Diehl L O, et al. Anal Bioanal Chem, 2010, 397(2): 563.

[16] Cortes-Pena M A, Perez-Arribas L V, Leon-Gonzalez M E, et al. Waste Manage & Res, 2002, 20(3): 302.

[17] Zhang S, Zhao T, Wang J, et al. J Chromatogr Sci, 2012: 108.

[18] 伍朝賀, 周清泽, 罗发军. 药物分析杂志, 1991, 11 (4): 202.
[19] Fung Y S, Dao K L. Anal Chim Acta, 1995, 315(3): 347.
[20] Fung Y S, Dao K L. Anal Chim Acta, 1996, 334(1): 51.
[21] Colina M, Ledo H, Gutierrez E, et al. J Chromatogr A, 1996, 739(1): 223.
[22] Ajima M N O, Nnodi P C, Ogo O A, et al. Environ Monit and Assess, 2015, 187(12): 1.
[23] Silva F L F, Duarte T A O, Melo L S, et al. Talanta, 2016, 146: 188.
[24] Halstead J A, Edwards J, Soracco R J, et al. J Chromatogr A, 1999, 857(1): 337.
[25] Duran A, Tuzen M, Soylak M. J Aoac Int, 2015, 5(12): e15791.
[26] Tian C, Yi J, Wu Y, et al. Carbohyd Polym, 2016, 136: 485.
[27] Lin J H, Yang Y C, Shih Y C, et al. Biosens Bioelectron, 2016, 77: 242.
[28] Zhang J, Shao S, Bao J. Bioresource Technol, 2016, 201: 355.
[29] Pandey A, Kelkar A, Singhal R K, et al. J Radioanal Nucl Chem, 2012, 293(3): 743.
[30] 王芳, 周丽沂. 分析仪器, 1991, 2: 58.
[31] 崔金龙, 郭怀泽, 李海明, 等. 中国造纸, 2014, 33(5): 20.
[32] 赵怀颖, 孙德忠, 曹亚萍, 等. 岩矿测试, 2011, 30(6): 761.
[33] 张黎辉, 陈贵福. 湿法冶金, 2000, 19(1): 51.
[34] 袁帅, 李军, 刘霞. 离子色谱检测树叶快速热解时 HCN 的生成. 第 13 届离子色谱学术报告会, 2010.
[35] Biester H, Keppler F, Putschew A, et al. Environ Scitechnol, 2004, 38(7): 1984.
[36] Innocente N, Moret S, Corradini C, et al. J Agr Food Chem, 2000, 48(8): 3321.
[37] Hemmerling C, Risto C, Augustyniak B, et al. Die Nahrung, 1990, 35 (7): 711.
[38] 窦怀智, 陆彩霞, 侯晋. 冶金分析, 2012, 32(8): 59.
[39] 陈青, 卢顺暑, 蔡颂惠. 化学世界, 1994, 11: 594.
[40] Yan X, Zhu X, Li R, et al. Journal of Hazard Mater, 2016, 303: 1.
[41] Kong L, Zhou X, Yao Y, et al. Environ Technol, 2016, 37(3): 422.
[42] Jo W K, Lee J Y, Natarajan T S. Phys Chem Chem Phys, 2016, 18(2): 1000.
[43] 陆克平. 色谱, 2015, 33 (3): 298.
[44] Buldini P L, Ricci L, Sharma J L. J Chromatogr A, 2002, 975(1): 47.
[45] Buldini P L, Cavalli S, Sharma J L. J Agr Food Chem, 1999, 47(5): 1993.
[46] Buldini P L, Sharma J L, Ferri D. J Chromatogr A, 1993, 654(1): 129.
[47] Buldini P L, Ferri D, Sharma J L. J Chromatogr A, 1997, 789(1): 549.
[48] Buldini P L, Cavalli S, Sharma J L. Micr℃hem J, 2002, 72(3): 277.
[49] Scheuer C, Wimmer B, Bischof H, et al. J Chromatogr A, 1995, 706(1): 253.
[50] Liu Y J, Mou S F. Talanta, 2003, 60: 1205.
[51] 汪尔康. 21 世纪的分析化学. 北京: 科学出版社, 1999.
[52] Peronico V C D, Raposo J L. Food Chem, 2016, 196: 1287.
[53] 韩铠. 国外分析仪器, 1994, 3: 26.
[54] Zinn G M, Rahman G M M, Faber S, et al. J Diet Supp, 2015, 185.
[55] Burguera M, Burguera J L, Alarcón O M. Anal Chim Acta, 1986, 179: 351.
[56] 董媛, 张金生, 李丽华. 化工文摘, 2005, (2): 36.
[57] 杨笑, 陈波. 粮油食品科技, 2014, 22 (4): 58.
[58] Bruzzoniti M C, Cardellicchio N, Cavalli S, et al. Chromatographia, 2002, 55(3): 231.
[59] Yamane T, Yamaguchi Y. Anal Chim Acta, 1997, 345: 139.
[60] Bruno P, Caselli M, Gennaro G D, et al. J Chromatogr A, 2000, 888(1-2): 145.

[61] Cavalli S, Cardellicchio N. J Chromatogr A, 1995, 706(1): 429.
[62] Colina M, Gardiner P H E. J Chromatog r A, 1999, 847(1-2): 285.
[63] Tileva M, Krachmarova E, Ivanov I, et al. Protein Expres Purif, 2016, 117: 26.
[64] Li T, Cao J, Li Z, et al. Food Chem, 2016, 192: 188.
[65] Buchberger W, Malissa H, Mülleder E. J Chromatogr A, 1992, 602(1-2): 51.
[66] Sacchero G, Sarzanini C, Mentasti E. J Chromatogr A, 1994, 671(1): 151.
[67] 李红艳. 分析测试学报, 2010, 29(8): 859.
[68] Andrade F I, Guedes M I F, Vieira Í G P, et al. Food Chem, 2014, 157: 193.
[69] Ning W, Bruening M L. Anal Chem, 2015, 87 (24).
[70] Ayushi D, Sengupta A, Kumar S D, et al. International J Anal Chem, 2011, 2011 (6): 51.
[71] 王勇，吴波，连厚彬，等. 色谱, 2012, 30(4): 419.
[72] Gan Z, Sun H, Wang R, et al. J Chromatogr A, 2013, 1274: 87.
[73] Nozal M, Bernal J L, Diego J C, et al. J Chromatogr A, 2000, 881(1): 629.
[74] 曹家兴，杭义萍，陆建平，等. 色谱, 2010, 28(9): 893.
[75] Zhang H, Zhu J, Aranda-Rodriguez R, et al. Anal Chim Acta, 2011, 706 (1): 176.
[76] 孙迎雪，黄建军，顾平. 色谱, 2006, 24(3): 298.
[77] Manning D A C, Bewsher A. J Chromatogr A, 1997, 770: 203.
[78] Charles L, Pépin D. Analy Chem, 1998, 70(70): 353.
[79] Siriraks A, Kingston H M. Anal Chem, 1990, 62: 1185.
[80] Lu H T, Yin X Z, Mou S A, et al. J Liq Chromatogr Relat Technol, 2000, 23(13): 2033.
[81] Zhu J S, Halpern G M, Jones K. The J Alterncomplem Med, 1998, 4(3): 289.
[82] 黄朝颜，孟洁，吴艳芬. 化学分析计量, 2014, s1: 43.
[83] 韩静，梁立娜，牟世芬，等. 分析化学, 2008, 36(2): 187.
[84] Braus H, Middleton F M, Ruchhoft C C. Anal Chem, 1952, 24(12): 1872.
[85] 林华影，林风华，盛丽娜，等. 色谱, 2007, 25(1): 107.
[86] Ensafi A A, Shiraz A Z. J Hazard Mater, 2008, 150(3): 554.
[87] Iijima S. Nature, 1991, 354: 56.
[88] Cai Y, Jiang G, Liu J, et al. Anal Chem, 2003, 75(10): 2517.
[89] Zhou Q, Ding Y, Xiao J. Anal Bioanal Chem, 2006, 385(8): 1520.
[90] Wang Z, Cui H, Xia J, et al. Food Anal Method, 2013, 6(6): 1537.
[91] Guan W, Li Z, Zhang H, et al. J Chromatogr A, 2013, 1286: 1.
[92] Rahman A T M M, Jung S W. J Microbiolbio Techn, 2015, 25(12): 2058.
[93] Nordmeyer F R, Hansen L D. Anal Chem, 1982, 54(14): 2605.
[94] Haddad P R. J Chromatogr A, 1989, 482(2): 267.
[95] Torto N, Mwatseteza J, Sawula G. Anal Chim Acta, 2002, 456(2): 253.
[96] Buldini P L, Mevoli A, Wuirini A. J Chromatogr A, 2000, 882: 321.
[97] De Borba B M, Brewer J M, Camarda J. J Chromatogr A, 2001, 919(1): 59.
[98] 宋伟，张立辉，陆幽芳，等. 理化检验(化学分册), 2006, 42(11): 899.
[99] 姚敬，杭义萍，钟志雄，等. 食品科学, 2010 (2): 187.
[100] 黄丽，刘京平，容晓文. 中国卫生检验杂志, 2008, 18(3): 444.
[101] Ganeshjeevan R, Chandrasekar R, Yuvaraj S, et al. J Chromatogr A, 2003, 988: 151.
[102] 李云山，胡荣宗，天邵武. 色谱, 1990, 8(2): 93.
[103] 樊庆云，籍静钰，阎晓杰. 中国环境监测, 1996, 1: 48.

[104] Novic M, Dovzan A, Pihlar B, Hudnik V. J Chromatogr, 1995, 704.
[105] Xu Y, Chen T, Wang Y, et al. Environ Monit Assess, 2015, 187(12): 1.
[106] Niemann RA, Anderson DL. J Chromatogr A, 2008, 1200(2): 193.
[107] 李建文，王国栋，杨月欣. 卫生研究, 2008, 37(2): 225.
[108] 杨志国，吕牧羊，曹文婷. 中国卫生检验杂志, 2010, 20(12): 3212.
[109] Huang Y, Mou S F, Liu K N, et al. J Chromatogr A, 2000, 884(1-2): 53.
[110] 钟莺莺，罗永此，朱岩，等. 离子色谱学术报告会, 2010.
[111]朱作艺，许锦钢，钟乃飞，等. 分析化学, 2011, 39(11): 1738.
[112] 张婷婷，王娜妮，叶明立，等. 色谱, 2013, 31(1): 88.
[113] Huang Z, Zhu Z, Subhani Q, et al. J Chromatogr A, 2012, 1251: 154.
[114] Wang N, Wang R Q, Zhu Y. J Hazard Mater, 2012, 235: 123.
[115] Wang Ruiqi, Wang N, Zhu Y, et al. J Chromatogr A, 2012, 1265: 186.

CHAPTER 7

离子色谱的应用

第一节　分析方法改进和发展中的几个要点

一、概述

作为近 50 年来发展最快的分析技术之一，离子色谱以其独特的选择性，应用的内容已经从开始阶段仅仅用于水中常见阴、阳离子的分析，发展到多种阴、阳离子以及小分子极性有机化合物和生物样品中的糖（单糖、寡糖）、氨基酸、肽、蛋白质等的分析[1~7]。离子色谱与电感耦合等离子体、质谱等选择而灵敏的检测方法联用技术的发展，使得这项分析技术的应用范围和检测灵敏度有了很大的提高[7]。

环境样品分析依然是离子色谱的重要应用领域。所涉及的内容包括大气、干湿沉降、地面水、废水、土壤和植物等环境样品中阴、阳离子以及其他对环境有害物的分析，特别是对一些极性较强的有机污染物以及近年引起重视的环境污染物等的分析，对环境质量评价与研究污染物在环境中的迁移、转化过程等提供科学的基础数据。

离子色谱在食品、卫生、石油、化工、水文地质等领域也有广泛的应用。我们国家已经发布了数十项用离子色谱的标准方法。

20 世纪 90 年代以来微电子工业发展很快，半导体制造过程中对所使用的水和试剂的纯度要求很高，因其对产品的质量有直接的影响。作为一种有效的痕量分析手段，离子色谱对该领域的发展所起的作用正在增加。此类样品中待测离子的浓度绝大多数是不大于μg/L 级，而 IC 的在线浓缩富集很好地满足了其检测要求。核电厂和火力发电厂锅炉蒸汽冷凝水中痕量阴、阳离子以及短碳链的有机酸等离子的检测也已经广泛采用了离子色谱法代替冗长低效的湿化学法。

无须柱前或柱衍生的高效阴子交换分离、不用有机溶剂的简单流动相以及灵敏而选择的积分脉冲安培检测技术，已广泛用于单糖、寡糖、多聚糖、氨基酸以及糖和氨基酸的同时分析。

药物与生命科学领域中的应用是近几年国际上离子色谱应用发展的热点，离子色谱的独特选择性正在补充 GC 与 HPLC 难以解决的一些分析问题。《中华人民共和国药典》2010 年版，首次选用了 4 项离子色谱方法，2015 年版又新添加了 5 项离子色谱方法。

本章将重点讨论离子色谱在环境、食品、药物、生命科学与工业等领域中的应用。每个部分均先简单说明方法的原理，然后介绍注意事项以及应用实例。由于离子色谱技术的快速发展，特别是色谱柱的发展，虽然很多方法用新的分离柱与仪器解决得比较好，但考虑到我们国家的离子色谱使用单位不一定会购买多种分离柱与更新分离柱和仪器，还有国产仪器使用单位的柱子种类也不多，因此在分析方法的讨论中注意了方法的兼容性与新的改进两个方面。参考文献以近 10 年为主，并注意读者容易查找。

二、分离方式和检测方式的选择

离子色谱有三种主要的分离方式和多种检测方式，数十种分离柱，在做一个未知样品或方法发展时，首先考虑的是选择适当的分离和检测方式。

分析者对待测样品需有一些一般信息，首先应了解待测化合物的分子结构和性质以及样品的基体情况，如是无机还是有机离子，离子的电荷数，是酸还是碱，亲水还是疏水，是否为表面活性化合物等。待测离子的 pK 值、疏水性和水合能是决定选用何种分离方式的主要因素。水合能高和疏水性弱的离子，如 Cl^-或 K^+，最好用 HPIC 分离。水合能低和疏水性强的离子，如高氯酸（ClO_4^-）或四丁基铵，最好用亲水性强的离子交换分离柱或 MPIC 分离。有一定疏水性也有明显水合能的 pK_a 值在 1 与 7 之间的离子，如乙酸盐或丙酸盐，最好用 HPICE 分离。

有些离子，既可用阴离子交换分离，也可用阳离子交换分离，如氨基酸、生物碱和过渡金属等。有的离子可用多种检测方式检测，例如测定过渡金属时，可于分离后直接用电导或脉冲安培检测，也可用柱后衍生反应，使金属离子与 PAR 或其他显色剂作用，再用 UV/Vis 检测。一般的规律是：在水溶液中以离子形态存在的离子，其酸式离解常数 pK_a 或碱式离解常数 pK_b 小于 5，应选用电导检测。具有对紫外或可见光有吸收基团或经柱后衍生反应后（IC 中较少用柱前衍生）生成有吸光基团的化合物，选用光学检测器，具有在外加电压下可发生氧化或还原反应基团的化合物，可选用直流安培或脉冲安培检测。对一些复杂样品，为了一次进样得到较多的信息，可将两种或三种检测器串联使用。若对所要解决的问题有几种方案可选，分析方案的确定主要由基体的类型、选择性、过程的复杂程度以及是否经济来决定。

第二章与第三章已述及，离子色谱柱填料的发展推动了离子色谱应用的快速发展，对多种样品分析方法的开发提供了多种可能性。特别应提出的是在 pH 0～14 的水溶液和 100%有机溶剂（反相高效液相色谱用有机溶剂）中稳定的亲水性高效高容量柱的商品化，使得离子交换分离的应用范围更加扩大。常见的在水溶液中以离子形态存在的离子，包括无机和有机离子，以弱酸的盐（Na_2CO_3/$NaHCO_3$、KOH、NaOH）或强酸（H_2SO_4、甲基磺酸、HNO_3、HCl）为流动相，阴离子交换或阳离子交换分离，电导检测，已是成熟的方法，有成熟的色谱条件可参照。对近中性的水可溶的有机“大”分子（相对常见的小分子而言），若待测化合物为弱酸，则由于弱酸在强碱性溶液中会以阴离子形态存在，因此选用较强的碱为流动相，阴离子交换分离；若待测化合物为弱碱，则由于在强酸性溶液中会以阳离子形态存在，选用较强的酸作流动相，阳离子交换分离；若待测离子的疏水性较强，由于与固定相之间的吸附作用而使保留时间较长或峰拖尾，则可在流动相中加入适当有机溶剂，减弱吸附，缩短保留时间、改善峰形和选择性。对该类化合物的分离也可选用离子对色谱分离，但流动相中一般含有较复杂的离子对试剂。此外，对弱保留离子可选用高容量柱和弱的淋洗液以增强保留，对强保留离子则反之。对疏水性和多价离子的分离，可选用亲水性固定相减弱样品离子与固定相之间的疏水作用。

多种化合物存在于几种领域，如高氯酸、磷酸、硝酸/亚硝酸等在环境、食品和工业等领域均有应用，在本章的讨论中，只比较详细地讨论在各个领域中笔者认为重要的化合物。

三、色谱条件的优化

（一）分离度的改善

1. 稀释样品

虽然离子色谱分离柱的柱容量比较大，但有一定范围。对未知浓度的样品，最好先稀释后再进样，若进样量超过所用分离柱的柱容量，不仅不能分开各个色谱峰，而且清洗与再平衡需较长时间。增加分离度的最简单方法是稀释样品。例如盐水中 SO_4^{2-} 和 Cl^-的分离。若直接进样，其色谱峰很宽而且拖尾表明进样量已超过分离柱容量，在常用的分析阴离子的色谱条件下，30min 之后 Cl^-的洗脱仍在继续。在这种情况下，在未恢复稳定基线之前不能再进样。若将样品稀释 10 倍之后再进样就可得到 Cl^-与痕量 SO_4^{2-}之间的较好分离。

2. 改变分离和检测方式

若待测离子对固定相亲和力相近或相同，样品稀释的效果常不令人满意。对这种情况，除了选择适当的流动相之外，还应考虑选择适当的分离方式和检测方式。例如，NO_3^- 和 ClO_3^-，由于它们的电荷数相同、离子半径相近，在用碳酸盐作淋洗液的阴离子交换分离柱上共淋洗。但 ClO_3^- 的疏水性大于 NO_3^-，在用 OH^-作淋洗液的亲水性柱上或离子对色谱柱上就很容易分开了。又如 NO_2^- 与 Cl^-在阴离子交换分离柱上的保留时间相近，常见样品中 Cl^-的浓度又远大于 NO_2^-，使分离更加困难，但 NO_2^- 有强的 UV 吸收，而 Cl^-则很弱，因此应改用紫外作检测器测定 NO_2^-，用电导检测 Cl^-，或将两种检测器串联，于一次进样同时检测 Cl^-与 NO_2^-。对高浓度强酸中弱酸的分析，若采用离子排斥，由于强酸不被保留，在死体积被排除，将不干扰弱酸在离子排斥柱上的分离。

3．选择适当的淋洗液与淋洗模式

淋洗液种类、浓度和有机溶剂的适当选择，可有效地改善分离度。离子色谱分离是基于淋洗离子和样品离子之间对树脂有效交换容量的竞争，为了得到最佳的分离，样品离子和淋洗离子应有相近的亲和力。离子色谱中由于固定相结构不同，特别是离子交换功能基的选择性和亲水性不同，所用淋洗液亦不同。离子交换功能基为烷基季铵的阴离子交换剂，主要用碳酸盐作淋洗液；离子交换功能基为烷醇季铵的离子交换剂是对 OH^-选择性的固定相，主要用 KOH 或 NaOH 为淋洗液。淋洗液浓度的改变对二价和多价待测离子保留时间的影响大于对一价待测离子。若多价待测离子的保留时间太长，增加淋洗液浓度是较好的方法。用亲水性强的分离柱分离疏水性强的离子时，淋洗液中无须加入有机溶剂。

用 CO_3^{2-}/HCO_3^- 作淋洗液时，在 Cl^-之前洗脱的离子是弱保留离子，包括一价无机阴离子、短碳链一元羧酸和一些弱离解的组分，如 F^-、甲酸、乙酸、AsO_2^-、CN^-和 S^{2-}等。对乙酸、甲酸与 F^-、Cl^-等的分离应选用较弱的淋洗离子和高容量柱，常用的弱淋洗离子有 HCO_3^-、OH^-和 $B_4O_7^{2-}$。由于 HCO_3^- 和 OH^-易吸收空气中的 CO_2，CO_2 在碱性溶液中会转变成 CO_3^{2-}，CO_3^{2-} 的淋洗强度较 HCO_3^- 和 OH^-大，因而不利于上述弱保留离子的分离。用 Dionex 公司的淋洗液在线发生器（见第二章第三节）可得到高纯度的 KOH 淋洗液。$B_4O_7^{2-}$ 亦为弱淋洗离子，且溶液稳定，是分离弱保留离子的推荐淋洗液。当用弱淋洗液（$B_4O_7^{2-}$）分离样品中弱保留的离子时，弱保留离子，如奎尼酸根、F^-、乳酸根、乙酸根、丙酸根、甲酸根、丁酸根、甲基磺酸根、丙酮酸根、戊酸根、一氯乙酸根、BrO_3^- 和 Cl^-等得到较好分离。但一般样品中都含有对阴离子交换树脂亲和力强的离子，如硫酸根、磷酸根、草酸盐等，如果用等浓度淋洗，它们将在 1h 之后甚至更长时间才被洗脱。对这种情况，应于 3～5 次进样之后，用高浓度的淋洗液作样品进一次样，将强保留组分从柱中推出来，或者用高浓度的淋洗液洗柱子半小时。

对离子交换树脂亲和力强的离子有两种情况，一种是离子的电荷数大，如 PO_4^{3-}、AsO_4^{3-} 和柠檬酸等；一种是离子半径较大，疏水性强，如 I^-、SCN^-、$S_2O_3^{2-}$、苯甲酸和多聚磷酸盐等。对前者以增加淋洗液的浓度或选择强的淋洗离子为主。对后一种情况，推荐的方法是在淋洗液中加入适量极性有机溶剂（如甲醇、乙腈和对氰酚等）或选用亲水性的分离柱，有机溶剂的作用主要是减少样品离子与离子交换树脂之间的非离子交换作用，占据树脂的疏水性位置，减少疏水性离子在树脂上的吸附，从而缩短保留时间，减小峰的拖尾，并增加测定灵敏度。相邻两种离子的分离度小于 0.8 或共洗脱时，若两种离子的疏水性不同，在淋洗液中加入适当种类和浓度的有机溶剂可有效地改善分离。用添加有机溶剂的淋洗液时，若用电解类型抑制器，推荐用外加水模式或化学再生模式。

梯度淋洗的优点在第二章已详细讨论，其主要优点是在一次进样中可同时分离强保留与弱保留离子、缩短分析时间、改善分离与提高峰容量。若用抑制型电导检测，目前以 OH^-类淋洗液用于梯度淋洗较好； $Na_2B_4O_7$类淋洗液是用作梯度淋洗分离弱保留离子的适合淋洗液。用添加有机溶剂的淋洗液时，可用另一种梯度模式，即保持淋洗离子的浓度不改变，而改变有机溶剂的浓度，这种方式在离子对色谱与紫外检测中的应用较多。

（二）减少保留时间的问题

减少分析时间是离子色谱发展的主要趋势之一。快速的优点包括快速得到分析结果、高的样品通量、快速的方法发展、改进生产效率与减少消耗等。减少分析时间的方法包括增加流速、改变温度、缩短柱长、增加淋洗液浓度、梯度淋洗与用快速柱（短柱或整体柱）等，但每种方法都有不同的局限性。

增加淋洗液的流速可缩短分析时间，但流速的增加受系统所能承受的最高压力的限制。流速的改变对分离机理不完全是离子交换的组分的分离度的影响较大，例如对 Br^-和 NO_2^- 的分离，当流速增加时分离度降低很多；而分离机理主要是离子交换的 NO_3^-和 SO_4^{2-}，在很高的流速时，它们之间的分离度仍很好。

由于整体柱结构的多孔性，具有低的流阻与反压，可用高的流速，但将导致过多的溶剂消耗。硅胶基质的整体柱不能承受高的 pH 值；高分子聚合基质的整体柱，由于其较低的比表面积，不利于小分子的分离。温度提高，淋洗液的黏度降低，待测离子的扩散系数增大，可用较高的流速而不增加压力与降低柱效；但离子色谱需要整个色谱系统的温度稳定，多数柱填料在高温（>80℃）下不稳定，而且有些离子的保留随温度的增加而增加。短柱的保留体积减小，可减少运行时间，但柱效降低；减小柱填料颗粒的大小，可提高柱效，但增加压力。对等浓度淋洗分离，淋洗液浓度的改变将影响保留与选择性，而对梯度淋洗分离，影响选择性的变量更多，如初始与最末淋洗液的浓度，梯度斜度与停留体积等。一般情况下，样品峰的数目小于分离柱有效峰容量（峰容量定义为在给定的色谱条件下，在色谱图的死体积峰至最后一个峰之间所能包含的色谱峰数）的 10%，应选择等浓度淋洗，而大于 40%，应选择梯度淋洗。在 10%至 40%之间，则既可用等度淋洗，也可用梯度淋洗。对快速分析与多成分样品的分析，梯度淋洗比较有利。由于梯度压缩效果，梯度淋洗可得到比较尖锐的峰形。梯度淋洗在整个色谱分离中，其前后色谱峰的峰宽及灵敏度相近；但淋洗条件的优化较等度淋洗复杂很多。为了研究哪种模式可最大化快速离子色谱系统的最高效率，Éadaoin 等[4]研究了相同柱填料的常规柱（柱长 250mm）与柱长减短 80%的短柱（柱长 50mm）的最高柱效与最快分离时间。研究表明常规柱在最佳的梯度淋洗条件下，最高峰容量为 36，最快分离时间为 11min，短柱在最佳的梯度淋洗条件下的最高峰容量为 16，最快分离时间为 3min。短柱在最佳梯度淋洗条件下得到的分离结果与其等度淋洗比较，峰容量没有明显增加，保留时间也没有缩短。因此，用可达样品分离需要的短柱，等度淋洗是获得快速分离的选用方法。

分离机理主要是离子交换时，淋洗液浓度的增加会导致保留时间的缩短，但淋洗液浓度的增加对多价离子保留时间缩短的影响大于一价离子。因此会导致洗脱顺序（选择性）的改变。如在阳离子交换柱上，用 30mmol/L 甲磺酸作淋洗液，阳离子的洗脱顺序是：$Li^+ \rightarrow Na^+ \rightarrow NH_4^+ \rightarrow K^+ \rightarrow Mg^{2+} \rightarrow Ca^{2+}$；而用 48mmol/L 甲磺酸作淋洗液时，洗脱顺序则为：$Li^+ \rightarrow Na^+ \rightarrow NH_4^+ \rightarrow Mg^{2+} \rightarrow K^+ \rightarrow Ca^{2+}$。用较强的淋洗离子可加速离子的淋洗，但对弱保留和中等保留的离子，会降低分离度。在淋洗液中加入有机改进剂，可缩短疏水性离子的保留时间和减小峰的拖尾。

（三）改善检测灵敏度

本小节主要讨论用电导检测器的情况。降低基线噪声，将检测器的灵敏度设置在较高灵敏挡是提高检测灵敏度的最好与最简单方法。

第二种方法是增加进样量。直接进样，进样体积的上限取决于保留时间最短的色谱峰与死体积（IC 中一般称水负峰）之间的时间和柱容量，例如用 IonPac CS12A 柱，用 12mmol/L 硫酸作淋洗液。进样体积为 1300μL，可直接用抑制型电导检测低至 μg/L 的碱金属和碱土金属，因为 Li^+（保留时间最短的峰）的保留时间为 4.1min，水负峰在 1.6min，Li^+峰与水负峰之间相隔达 2.5min，因此可直接用大体积进样。而在阴离子分析中，若用 CO_3^{2-}/HCO_3^- 作流动相，由于 F^-峰（保留时间最短的峰）靠近水负峰，若增加进样体积，水负峰增大，F^-的峰甚至与水负峰分不开；另外由于 F^-的保留时间一般小于 2min，若进样量大于 1mL，流速为 1～2mL/min，F^-没有足够的时间参加色谱过程，因此峰拖尾定量困难。若用亲水性强的固定相，以 NaOH 为淋洗液，特别是梯度淋洗时，由于梯度淋洗开始时 NaOH 浓度低，又由于通过抑制器之后的背景溶液是低电导的水，几乎无水负峰，这种情况可适当增大进样量，若进样量为 1000μL 可直接测定低至 μg/L 的常见阴离子。增加进样体积时，除了考虑水负峰的大小和弱保留溶质的保留时间之外，还必须考虑柱容量。离子色谱中不同型号分离柱的柱容量差别非常大，如常用的阴离子交换分离柱 IonPac AS14 的柱容量为 65μmol/L，而 IonPac AS19 的柱容量为 350μmol/L。

第三种方法是用浓缩柱，用于较清洁的样品中痕量成分测定的效果较好。用浓缩柱时要注意，柱子的动态离子交换容量小于理论值。不可使浓缩柱超负荷。用浓缩柱富集弱保留离子（如 F^-）时，若样品中同时还含有保留较强的离子，如 SO_4^{2-} 或

PO_4^{3-}等，弱保留离子的回收不好。其原因是样品中的SO_4^{2-}或PO_4^{3-}在浓缩时起淋洗离子的作用，可将弱保留离子部分洗脱下来。对弱保留的离子的分析，若浓缩柱的柱容量不是足够大，则用加大进样量方法所得到的结果较用浓缩柱好。除此之外，用浓缩柱时还应考虑样品的基体。例如，动力厂冷凝水中Cl^-和SO_4^{2-}的含量只有1～10μg/L。用浓缩柱后，SO_4^{2-}的测定结果很好，而Cl^-的结果则很不正常。其原因是工厂为了防止腐蚀，在水中加氨以降低水的pH值。氨与水作用生成的氢氧化铵中的OH^-对树脂的亲和力与Cl^-相近，因而起了淋洗离子的作用。而SO_4^{2-}对树脂亲和力较大，受OH^-的影响小。

第四种方法是用微孔柱。离子色谱中常用的标准柱的直径为4mm，小孔径柱的直径为2mm。因为小孔柱较标准柱的体积小4倍，在小孔柱中进同样（与标准柱）质量的样品，将在检测器产生4倍于标准柱的信号。而且淋洗液的用量只为标准柱的1/4，因而减少淋洗液的消耗。

四、离子色谱的负峰

抑制型离子色谱中，仪器的设置是以淋洗液通过抑制器之后的洗脱液的电导为基线的。洗脱液中任何一个层带的电导，大于经抑制后淋洗液的背景电导时为正峰，反之为负峰。如用Na_2CO_3/$NaHCO_3$为淋洗液，抑制反应的产物是弱酸H_2CO_3，但H_2CO_3会部分离解为H^+和CO_3^{2-}，这种洗脱液的真实电导值不是零，一般为20μS左右。而样品溶液进入分离柱之后，溶质离子保留在固定相上，样品“水”层经过电导池时，由于水的电导小于经抑制后淋洗液的背景电导（即经过抑制器之后的弱酸），则出现负峰（也称系统峰或水负峰）。若这种峰的保留时间与待测离子的保留时间相同，就会产生干扰。理论上讲，用OH^-型淋洗液，不会产生负峰。事实上由于NaOH中有杂质CO_3^{2-}或抑制反应不完全，仍会发生这种现象，但负峰较小。

水负峰的大小与样品的进样体积和溶质浓度以及淋洗液的浓度和种类有关，进样体积大，水负峰亦大；淋洗液的浓度越高，水负峰越大。反之亦然。水负峰的位置由分离柱的性质和淋洗液的流速决定，流速的改变可改变水负峰的位置和被测离子的保留时间；淋洗液浓度的改变只影响被测离子的保留时间而不影响水负峰的位置。因此可由淋洗液流速和浓度的改变来消除水负峰的干扰。已研究的消除水负峰干扰的方法中，一个较简单的方法是用淋洗液配制样品和标准溶液，使样品和标准溶液含有与淋洗液浓度相同的淋洗液浓度。用NaOH作淋洗液，由于抑制反应的产物是水，淋洗液的本底电导小，一般为2μS或更小。用低浓度或低电导的淋洗液也可减小水负峰。改进固定相对弱保留离子的亲和力，使其远离水负峰是非常有效的方法。受水负峰影响最大的离子是F^-、乙酸等弱保留离子，对低于10μg/L的F^-的测定，用大体积进样或用浓缩柱都会带来误差。若用对F^-亲和力强的固定相，用大体积进样可得到较好的结果。用浓缩柱虽可减小水负峰，但样品中的强保留离子特别是其浓度较F^-的浓度大时会起淋洗离子的作用，使F^-的回收产生误差。

第二节 离子色谱在环境分析中的应用

环境样品分析是离子色谱的重要应用领域，所涉及的内容包括大气、干湿沉降、地面水、废水、土壤和植物等环境样品中阴、阳离子以及其他对环境有害物的分析，特别是对一些极性较强的有机污染物以及近年引起重视的环境污染物等的分析，不仅对环境质量评价提供科学的基础数据，对于研究污染物在环境中的迁移、转化过程也有很大作用。离子色谱在其发展初期最重要的应用是环境样品中常见阴阳离子的分析。例如大气及干、湿沉降和地面水等样品中的各种阴、阳离子的测定，对 Cl^-、NO_2^-、Br^-、NO_3^-、PO_4^{3-}、SO_4^{2-} 等阴离子和 Li^+、Na^+、NH_4^+、K^+、Mg^{2+}、Ca^{2+} 等阳离子，可在 10min 左右完成分离与检测。目前我国各级环境监测部门已广泛使用离子色谱于环境空气、酸雨及各种水体中常见阴、阳离子的检测。已有多篇文章[8~10]综述了近年来离子色谱在环境分析领域中的新应用及样品前处理的方法。本节将重点讨论环境样品中常见无机阴、阳离子，含氮、磷、硫的多种化合物（NO_3^-、NO_2^-，三氮，总氮，磷酸盐的不同形态、总磷，SO_3^{2-}，SO_4^{2-} 等），有毒有害化合物（ClO_4^-、Cr^{6+}、CN^-、As^{3+}/As^{5+}）等的分析。

一、常见无机阴、阳离子的分析

常见无机阴、阳离子的种类与浓度是环境质量评价的基础数据，多种环境样品需要检测常见无机阴、阳离子。离子色谱用于常见无机阴、阳离子的检测已是成熟的高效方法，本书的第二章已详细讨论了其色谱条件的选择与优化，本节不再重述。这里特别说明的是对离子色谱仪与色谱柱的选择，对一般的环境空气、降雨、地面水等环境样品中常见水溶性无机阴、阳离子的检测，用国产的商品仪器（如青岛的盛翰、普仁，上海的舜宇恒平，北京的历元等公司）已可得到准确可用的数据。

对环境样品的分析，一个很重要的环节是选择适当的样品采集与样品前处理方法，再根据样品组成及各种离子的浓度选择色谱条件。对于水溶液样品，须尽快过滤后方可存放；生活废水、工业废水与湖水等样品中常含有有机物，进样前需用 C_{18} 或 RP（可用于酸碱性的样品）前处理小柱处理除去有机物；对组成及浓度未知的样品，最好适当稀释后再进样。对气体样品常用两种采样方法，一种是使用大气采样器采样，碱性吸收液吸收并富集。采样过程中不可避免地会吸收空气中的二氧化碳，在碱性溶液中形成碳酸盐。高浓度碳酸盐产生较大的干扰阴离子分离的干扰峰，用 OH^-淋洗液时更明显，对低浓度的检测需用去除碳酸盐的装置在线除去碳酸盐[11]。另一种方法是用亲水性滤膜采样，以去离子水超声提取，用这种方法时应注意滤膜的本底。对需要检测 SO_3^{2-} 的样品，若样品采集后不立即检测，应加入适当的保护剂，如三乙醇胺或甲醇[12]。

随着人们对海洋关注的增加，对海水组成分析的研究也不断增加。海水样品的特殊性是 Cl^-、SO_4^{2-} 等离子浓度很高，难以直接进样测定其他离子，如检测海水中的营养盐离子 NO_2^-、NO_3^- 与 PO_4^{3-}，需消除高浓度的 Cl^- 与 SO_4^{2-} 的干扰。一个较简单的方法是选择高容量柱，OH^- 淋洗液梯度淋洗，优化梯度淋洗条件，扩大 Cl^- 与目标离子之间保留时间的差距[13]。多数情况下，样品前处理是需要的，可选择离线或在线的方法。离线方法的一种是直接用 Ag_2O 与 $Ba(OH)_2$ 沉淀 Cl^- 与 SO_4^{2-} [14]，需严格控制沉淀条件。Zhu[15]等提出的巧妙的阀切换方法，只需一个泵，OH^- 淋洗液，有效地消除高浓度离子的干扰，用于海水中低浓度阴离子的分析，对 F^-、NO_2^-、NO_3^-、Br^- 与 PO_4^{3-} 的检测限可低达 μg/L 级。阀切换，在线先后以 OnGuard Ba 和 OnGuard Ag 前处理小柱除去 SO_4^{2-} 与 Cl^-，并用高容量柱大体积进样，OH^- 淋洗液梯度淋洗，方法对营养盐离子 NO_2^-、NO_3^- 与 PO_4^{3-} 的检测限分别为 0.3μg/L、0.4μg/L 和 0.2μg/L（以 NO_2^--N、NO_3^--N 与 PO_4^{3-}-P 计）[16]。柱容量低时难以分离实际样品中的 Br^- 与 NO_3^-。K. Tirumalesh[17]提出用低容量柱［IonPac AS11（45μeq/柱）］快速分析海水等样品中 Br^- 与 NO_3^- 的方法，用 OH^- 淋洗液，淋洗液与样品先后经过电化学检测器、抑制器与 UV 检测；电化学检测器检测 Br^-，在用于检测 Br^- 的施加电位（0.3V）的银工作电极上，NO_3^- 无电化学活性；洗脱液经过抑制器以提高 UV 检测灵敏度，用 UV 检测 NO_3^-。方法对 Br^- 与 NO_3^- 的检测限为 206μg/L 和 6μg/L。

空中的悬浮微粒（PM）是城市空气污染的关键指标。可分为总悬浮微粒（TSP）、可吸入微粒（PM_{10}）和微粒（$PM_{2.5}$）和超细微粒（$PM_{1.0}$），其微粒直径分别小于 100μm、10μm、2.5μm 和 1.0μm。高浓度的悬浮微粒可能引起呼吸系统与心血管疾病，增加死亡率，不同大小的颗粒物可沉积在人的呼吸系统，特别是 $PM_{2.5}$ 可渗透入人体的肺部。PM 有多种来源，包括无机离子、元素碳、痕量元素、有机化合物、生物材料等。水溶性阴、阳离子是 PM_{10} 与 $PM_{2.5}$ 的重要化学组成，可反映大气颗粒物的来源及形成过程，其检测数据有助于污染溯源[18~20]。环境保护部于 2016 年发布的关于环境空气颗粒物中水溶性阴、阳离子分析的标准方法（HJ 799—2016，HJ 800—2016），《环境空气　颗粒物中水溶性阴离子（F^-、Cl^-、Br^-、NO_2^-、NO_3^-、PO_4^{3-}、SO_3^{2-}、SO_4^{2-}）的测定》和《环境空气　颗粒物中水溶性阳离子（Li^+、Na^+、NH_4^+、K^+、Ca^{2+}、Mg^{2+}）的测定》均为离子色谱法。

环境空气颗粒物的组分鉴定及来源解析一直是大气化学研究的热点问题，SO_4^{2-} 和 NO_3^- 是大气颗粒物中两种非常重要的成分，是大气中 SO_2 和 NO_x 浓度的指示。大气颗粒物中 NO_3^- 与 SO_4^{2-} 的质量比可以用来比较固定源（如燃煤）和移动源（如汽车尾气）对大气中硫和氮贡献量的大小。研究表明[21]，F^-、Cl^-、NO_3^- 和 SO_4^{2-} 是北京大气颗粒物的重要组分，其质量之和分别占 PM_{10} 和 $PM_{2.5}$ 总量的 18.2%和 24.2%。而 SO_2 和 NO_x 两者之和分别占 PM_{10} 和 $PM_{2.5}$ 质量的 16.1%和 21.5%。通过对 NO_3^- 与

SO_4^{2-}数据的研究，说明燃煤对PM_{10}和$PM_{2.5}$的贡献大于汽车尾气。最近 Yang 等[18]通过对Na^+、K^+、Mg^{2+}、Ca^{2+}、NH_4^+、Cl^-、NO_3^-和SO_4^{2-}检测数据的分析，比较了北京春、夏、秋、冬四季上述离子的浓度变化，以及雾霾天与空气质量优时上述离子的浓度变化，说明NH_4^+ NO_3^-和SO_4^{2-}对北京环境空气污染的重要影响，为北京空气污染溯源及治理提供了基础数据。

二、环境空气中有机酸的分析

有机化合物是大气气溶胶的重要部分[10,11]，其中二元羧酸（草酸、丙二酸、琥珀酸、马来酸、苹果酸、酒石酸）是重要的有机化合物。IonPac AS11 阴离子交换分离柱，OH^-淋洗液梯度淋洗可很好地分离有机酸。但用于实际样品的分析时，仍有干扰问题，需做样品前处理，才可得到正确结果。如大气气溶胶中，草酸普遍存在，但大气气溶胶中同时存在的SO_4^{2-}的浓度是草酸浓度的 13～70 倍，SO_4^{2-}的峰将掩盖草酸的峰，需用 Ba 柱捕获SO_4^{2-}；另一个干扰是碳酸对丙二酸的干扰，需用在线除碳酸的部件减小碳酸对丙二酸的干扰。而用 IonPac AS14 分离柱，用碳酸盐淋洗液等度淋洗，草酸可与高浓度的SO_4^{2-}很好地分离，无须样品前处理。为了得到较好结果，推荐用 IonPac AS14 柱等度淋洗分离草酸与硫酸，用 IonPac AS11 柱梯度淋洗分离其他有机酸。做该类样品分析时需注意样品保持的温度与时间。因为室温（20℃）保存样品 300min 之后，丁二酸与丙二酸的回收仅为 39%，草酸为 86%，其他酸为 66%；而在 4℃保存样品 300min 之后，所有酸的回收在 96%～101%之间。用 AS11 柱系统时，方法对羟基丁二酸与顺丁烯二酸的检测限分别是 0.36μg/L 与 3.87μg/L，方法对其他有机酸都得到满意结果。

在对博物馆中文物的变质与损坏的研究中，需检测CH_3OO^-与$HCOO^-$等离子[22,23]，用涂层三乙胺的微孔聚乙烯管采样时，氟也被采取，在做方法发展时不仅需考虑乙酸与甲酸的分离，还需考虑F^-可能对乙酸的干扰。F^-、CH_3OO^-与$HCOO^-$在阴离子交换分离柱上的保留比较弱，都属弱保留离子，其保留时间相近。因此，选择 IonPac AS14 分离柱，$Na_2B_4O_7$淋洗液梯度淋洗。Kontozova-Deutsch V 等[22]比较了几种分离柱，认为 IC SI-50 4E（250mm×4mm）的分离较好，还可同时分离其他阴离子，见图 7-1。

三、含氮与含磷化合物的分析

（一）硝酸盐和亚硝酸盐的同时分析

离子色谱法中，阴离子交换分离，抑制型电导检测，一次进样同时分离和检测硝酸根和亚硝酸根，已是成熟的方法，本节不再赘述。本节主要讨论方法用于实际环境样品，特别是废水和土壤提取液时应注意的一些问题。

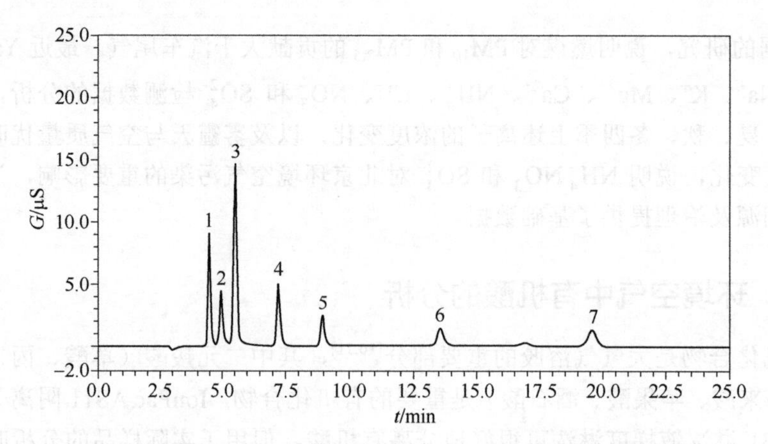

图 7-1　博物馆（纽约大都会）室内空气样品的色谱图[22]

分离柱：IC SI-50 4E（250mm×4mm）

淋洗液：3.2mmol/L Na_2CO_3/1.0mmol/L $NaHCO_3$

检测器：抑制型电导

色谱峰：1—F^-；2—CH_3COO^-；3—$HCOO^-$；4—Cl^-；5—NO_2^-；6—NO_3^-；7—SO_4^{2-}

阴离子交换分离时，亚硝酸根的保留时间邻近氯离子，在氯离子之后被洗脱，见图 7-2（a）。一般样品中氯离子的浓度远高于亚硝酸根的浓度，因此干扰亚硝酸根的测定。消除干扰的最简单方法是选用高容量的分离柱，可不做样品前处理，直接进样，或用 Ag 型前处理柱（SPE）除去氯离子。第二种方法是改用 UV 检测器，硝酸和亚硝酸根均有强的紫外吸收，氯离子无紫外吸收，因此不干扰；也可将 UV 检测器与电导检测器串联，同时检测常见阴离子，见图 7-2（b）。应注意的是，很多有机物在 214nm 处有比较强的吸收，对含有这些有机污染物的样品，可用 C_{18} 小

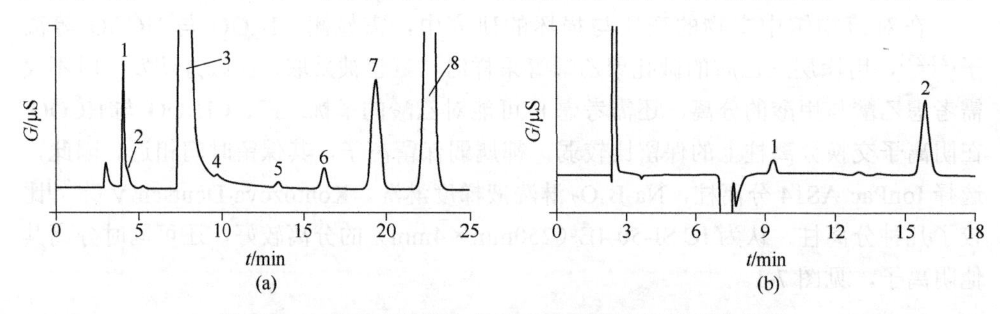

图 7-2　含高浓度氯化物的废水中硝酸和亚硝酸的分析

分离柱：IonPac AG9-HC.AS9-HC

淋洗液：9.0mmol/L Na_2CO_3

流速：1.0mL/min

进样体积：25μL

检测器：（a）抑制型电导；（b）UV，214nm

色谱峰（mg/L）：（a）1—氟离子（1.38）；2—醋酸盐；3—氯离子；4—亚硝酸盐（0.14）；5—溴离子（0.48）；6—硝酸盐（1.70）；7—磷酸盐（24.15）；8—硫酸盐（34.40）

（b）1—亚硝酸盐（0.17）；2—硝酸盐（1.76）

柱或 RP 小柱处理除去有机污染物。用离子色谱做样品分析时的一个问题是忽略样品溶液的 pH 值对分离和检测的影响，离子色谱的分离柱在 pH 0～14 稳定，只表示其柱填料在 pH 0～14 稳定，并不表示其分离和检测不受 pH 值影响。一个有趣的现象是在硫酸基体的样品中，亚硝酸根的峰有时可能出现分叉。这是由于在酸性介质中亚硝酸根会质子化，形成弱离解的亚硝酸（pK_a=3.29）。当酸性样品进入分离柱之后，未离解的亚硝酸可扩散进入多孔的固定相，由于硫酸根的自淋洗作用，将保留在固定相上的亚硝酸根洗脱下来。之后，亚硝酸扩散回到碱性的淋洗液环境，并转变成亚硝酸根离子。因此出现基线变宽的分叉的亚硝酸根色谱峰。当亚硝酸根的峰分叉时，定量将不准，建议适当调节样品溶液的酸度。另一点需注意的是，在酸性条件下亚硝酸根易被氧化成硝酸根。

（二）铵的分析

环境样品中，通常钠离子的浓度很高，而铵的浓度很低。常用的磺酸功能基或弱酸功能基（羧酸和膦酸）阳离子交换柱对钠和铵的选择性相近，钠和铵的保留时间靠近。用于实际样品分析时，钠的大峰会淹没铵的小峰。用两支分离柱和阀切换等方法可除去钠对铵的干扰，但仪器和操作均很复杂。

针对上述难点，发展了两种新型的柱填料，一种是将大环配位体作为 IC 柱填料树脂的一种功能基，另一种是高柱容量的分离柱。将大环配位体引入离子色谱的固定相或流动相是解决高浓度钠和低浓度铵的环境样品中铵的分析的新途径。冠醚是一种大环配位体，它带有亲水性的内孔穴和疏水性的外表面，金属离子在内孔与配位体键合形成稳定的络合物，这种环型冠醚对阳离子的选择性取决于冠醚的内孔大小和阳离子的离子半径。K^+的离子半径为 0.331nm（3.31Å），与 18-冠-6-醚（18-crown-6-aether）的内孔大小相近，因此对 K^+的保留很强。IonPac CS15 柱的功能基包括羧基、膦酸基和冠醚，在该柱上，K^+在二价阳离子 Mg^{2+}和 Ca^{2+}之后才被洗脱。钠和铵之间的分离度明显增加，镁和钙之间有很大的空间。对高钠低铵（Na^+∶NH_4^+=4000∶1），高钾低铵（K^+∶NH_4^+=10000∶1）和高铵低钠（NH_4^+∶Na^+=10000∶1）的样品，用硫酸和乙腈作流动相，可直接进样分析。图 7-3 [24] 中，钠与铵浓度之比为 4000∶1，仍能看到铵的清晰色谱峰。由于这种冠醚具有疏水性的外表面，淋洗液中必须含有一定的有机溶剂，选用的淋洗液是 5mmol/L H_2SO_4+9%乙腈。

柱容量高达 8400μeq 的 IonPac CS16 型阳离子交换柱[25]（常规阳离子分离柱的柱容量约为 2000μeq），其柱填料的粒度小（5μm），具有高密度的接枝羧酸阳离子交换功能基以及比较大的柱体积。其离子交换功能基只有羧酸，不含大环化合物，淋洗液中不需加入有机溶剂，使用更方便。从图 2-49 可见，样品中浓度差高达 4 个数量级的 6 种常见阳离子，可于一次进样同时测定，其中钠与铵的浓度分别为 19.73mg/L 和 0.065mg/L，钠的浓度较铵的浓度高 300 倍以上，钠的浓度较锂高 10000 倍。应注意不能以理论柱容量来计算可允许的样品进样量，因为这种阳离子交换剂的离子交换功能基是弱酸（—COOH），而所用淋洗液是甲基磺酸或硫酸，酸性条件

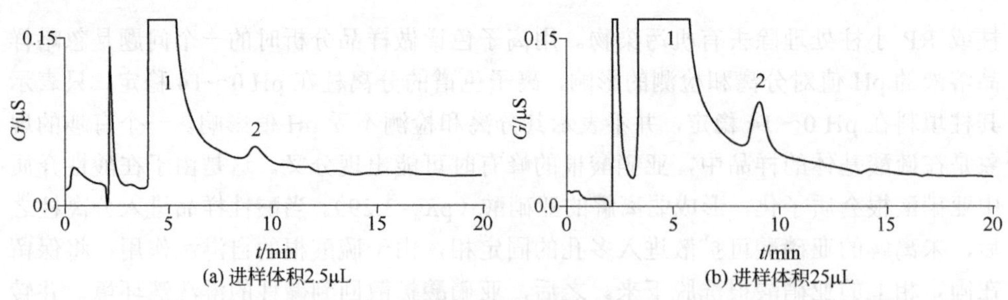

图 7-3 高浓度钠存在下痕量铵的分析[24]

（两图色谱条件相同）

分离柱：IonPac CG15+CS15（2mm）

淋洗液：5mmol/L H_2SO_4+9%乙腈　　流速：0.3mL/min

温度：40℃

检测器：抑制型电导检测（抑制器用自动循环再生模式）

色谱峰（mg/L）：1—Na^+（100）；2—NH_4^+（0.025）

下，—COOH 的离解受抑制，因此会减少有效离子交换位置，降低柱容量。

由于柱容量高，可减弱样品酸度对分离的影响，酸性比较强的样品可直接进样。这一点对环境样品分析非常重要，为了保护样品中某些目标化合物或样品基体的分解，采样后常需加酸到样品中。用高容量分离柱，对经酸分解的样品、加酸保护目标分析成分的样品、用酸性溶液提取的样品，不需调节 pH 值。如用酸性溶液提取的土壤提取液，其酸度（H^+）高达 100mmol/L，仍可直接进样。图 7-4（a）和图 7-4（b）为相同的土壤样品，（a）为水提取液，（b）为 26mmol/L 甲基磺酸提取液。从图 7-4 可见，酸性提取液对土壤样品中阳离子的提取效率明显高于水提取液，特别是对钙的提取效率，酸性提取液较水提取液高 25 倍以上。图 7-4（b）中 Mg^{2+}和 Ca^{2+}的峰形不好，是因为它们的浓度太高，超过方法的线性范围。为了得到准确结果，应稀释后再进样。方法对上述 6 种阳离子的线性范围为 3 个数量级，对 Li^+、K^+、

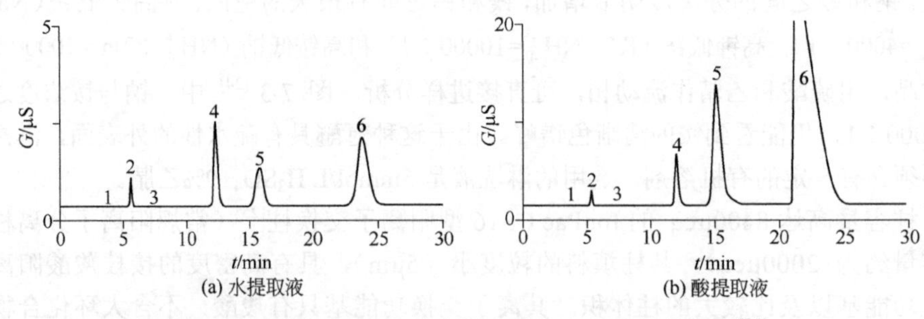

图 7-4 土壤提取液中碱金属、碱土金属和铵的测定[25]

淋洗液：26mmol/L 甲基磺酸　　流速：1.5mL/min

进样体积：25μL　　检测：抑制型电导

分离柱：IonPac CS16

色谱峰（mg/L）：(a) 1—Li^+（<0.3）；2—Na^+（2.5）；3—NH_4^+（0.05）；4—K^+（20）；5—Mg^{2+}（7.0）；6—Ca^{2+}（27）

(b) 1—Li^+（<0.2）；2—Na^+（4.5）；3—NH_4^+（0.60）；4—K^+（50）；5—Mg^{2+}（9.3）；6—Ca^{2+}（650）

Mg^{2+}和 Ca^{2+}为 0.05～80mg/L，对 Na^{+}为 0.1～1000mg/L。铵（NH_4^+）在抑制器中形成弱碱，其离解常数的改变导致非线性校正曲线。用二次方程曲线可将铵的校正曲线的浓度扩大到 40mg/L，对铵的线性范围为 0.05～40mg/L。

铵的快速分析，与在广的 pH 值范围内可离子化的强碱性阴离子交换相比，弱碱性溶质离子（如 NH_4^+）容易渗透过弱碱性阴离子交换树脂的表面。因此，可用弱碱性阴离子交换柱做铵的分离。在弱碱性阴离子交换柱上，由于树脂上叔胺功能基正电荷的静电排斥，K^{+}和 Na^{+}的保留时间靠近柱子的死体积，Mg^{2+}和 Ca^{2+}的保留时间较 K^{+}和 Na^{+}稍长，而弱碱的保留时间则大于上述无机离子，因此可与 K^{+}、Na^{+}、Mg^{2+}、Ca^{2+}分离。用碱性溶液作淋洗液，由于淋洗液中 OH^{-}浓度的增加，将抑制 NH_4^+的离子化以及弱碱性阴离子交换剂上叔氨基的离子化，因此 NH_4^+在树脂相的渗透作用被加速。研究表明[26]在聚甲基丙烯酸酯为基质的弱碱性阴离子交换树脂柱（TSKgel DEAE-5PW）上，氢氧化四丁基铵（TBAOH）对 NH_4^+与其他无机阳离子的分离最有效。TBAOH 浓度对 Na^{+}和 NH_4^+保留体积影响的研究表明，当 TBAOH 浓度增加时，Na^{+}的保留时间略有增加，而 NH_4^+的保留时间明显增加，同时 Na^{+}和 NH_4^+的峰形均有明显改进。但淋洗液的背景电导随淋洗液中 TBAOH 浓度的增加而增加。当淋洗液中 TBAOH 的浓度分别为 0.01mmol/L、0.05mmol/L 和 0.1mmol/L 时，背景电导分别为 4μS、17μS 和 38μS。背景电导的增加将导致灵敏度的降低，因此，在可得到适当保留时间和好的峰形前提下应选用尽可能低浓度的淋洗液。研究表明 0.05mmol/L 是较适当的浓度。图 7-5 为在最佳淋洗液条件下，NH_4^+与其他离子的分离。方法对 NH_4^+的检测限为 0.49μmol/L（8.91μg/L）。由图 7-5 可见，由于离子排斥，在碱性溶液中以离子型存在的 Li^{+}、Na^{+}、K^{+}、Mg^{2+}和 Ca^{2+}在弱碱性阴离子交换柱上不被保留，在柱的排斥体积被洗脱，不干扰铵的分析。

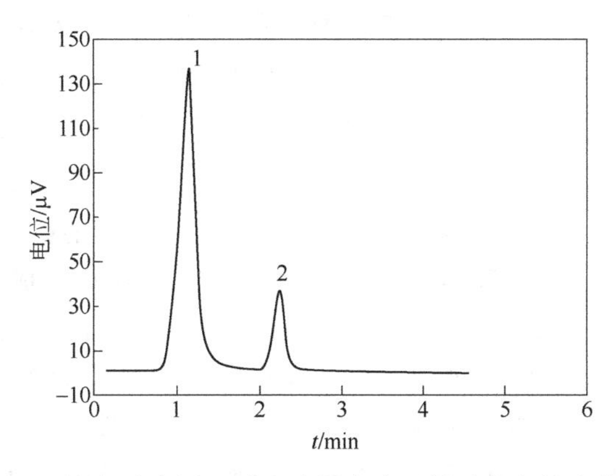

图 7-5 铵与碱金属和碱土金属在离子排斥柱上的分离[26]

分离柱：TSKgel DEAE-5PW　淋洗液：0.05mmol/L TBAOH　流速：1.2mL/min

柱温：40℃　进样体积：100μL　检测器：电导

色谱峰：1—Li^{+}，Na^{+}，K^{+}，Mg^{2+}，Ca^{2+}（各 0.05mmol/L）；2—NH_4^+（0.1mmol/L）

该方法与阳离子交换分离，化学抑制型电导检测相比，优点是不用抑制器，样品中高浓度的Na^+和K^+等不干扰NH_4^+的分离，而且快速，铵的保留时间仅为2.3min；缺点是不能同时检测Na^+、K^+、Mg^{2+}和Ca^{2+}等阳离子。对于只需要检测NH_4^+的环境样品，该法是较方便的方法。方法用于河水和雨水中NH_4^+的分析，从图7-6（a）和（b）可见，虽然河水样品中的Li^+、Na^+、K^+、Mg^{2+}和Ca^{2+}的总浓度更大，排斥峰会更大，为了与铵更好地分离，可适当增加TBAOH的浓度。

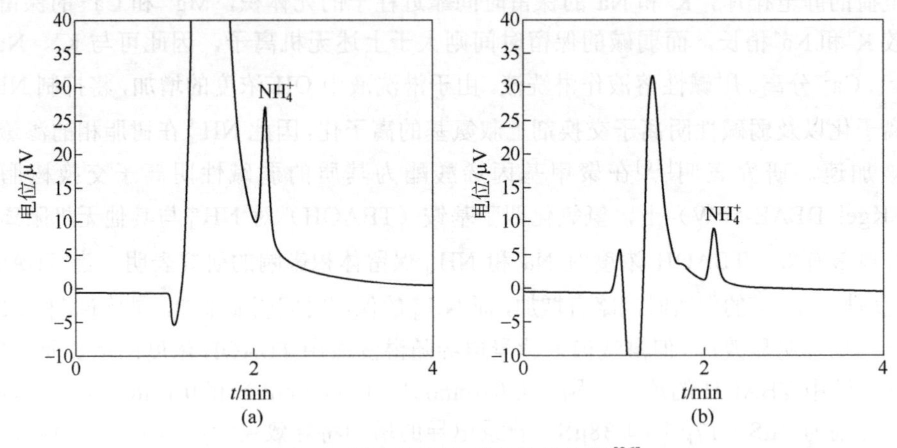

图7-6 河水和雨水样品的色谱图[26]

色谱条件：同图7-5

色谱峰：（a）河水，pH 7.77，NH_4^+（118μmol/L）；

（b）雨水，pH 4.58，NH_4^+（44.9μmol/L）

（三）三氮的同时分析

氮有5个价电子，存在着不同的氧化态和化学形态，NO_3^-、NO_2^-和NH_4^+是氮的三种主要无机形态，常将其称为三氮，即NO_3^--N，NO_2^--N和NH_4^+-N，是环境研究中非常重要的内容之一。NO_3^-中的氮是氮的最高氧化形态［N(Ⅴ)］。在一定的条件下，三种形态会相互转化，在氧化条件下，NO_2^-和NH_4^+都容易转变成氮的最高氧化态NO_3^-。三种形态的环境化学行为不同，对人体健康的影响也不同，例如人们已注意到亚硝酸盐在胃里可与胺类或酰胺类化合物作用而生成致癌性很强的亚硝胺。环境中氮的循环可在生物和非生物过程中进行，为了跟踪污染源，研究氮在环境中的迁移转化，评价氮对环境的污染程度，检测氮的不同形态是必要的。分别检测NO_3^-、NO_2^-和NH_4^+的湿化学法，由于操作费时，干扰和灵敏度不高，已逐渐被离子色谱取代。分别用阴离子交换与阳离子交换分离NO_3^-、NO_2^-和NH_4^+已是成熟的方法，但对三氮的同时分析，虽然已报道了多种方法，如选用两种色谱柱的阀切换方法，双功能基分离柱与两种检测器结合的方法。但方法用于实际样品的分析还有一定限制，方法的选用还需考虑样品的基体状况。下面将分别讨论。

用 IonPac CS5 双功能基离子交换分离柱，盐酸-甘氨酸混合液为淋洗液[28]。稀盐酸中的 H^+洗脱阳离子，Cl^-淋洗阴离子。甘氨酸是最简单的氨基酸，其 pK_1 和 pK_2 分别为 2.3 和 9.6，等电点的 pH 值是 5.9。在酸性条件下，主要以 $NH_3^+—CH_2—COOH$（Hgly+）形式存在，Hgly+对阳离子的洗脱强度大于 H^+，因而减小 NH_4^+ 的保留时间。Hgly+的抑制反应产物是中性分子（其等电点与经抑制后的洗脱液相近），因此降低了淋洗液的背景电导，提高了铵的电导检测灵敏度。将 UV 检测器与电导检测器串联，UV 和电导检测之间串联阳离子抑制器，UV 检测硝酸和亚硝酸，抑制电导检测铵。方法对 NO_3^-、NO_2^- 和 NH_4^+ 的检出限分别为 10.0μg/L、20.0μg/L 和 8.0μg/L。方法用于雨水和土壤提取液的分析，得到较好结果。

硝酸根和亚硝酸根是阴离子，铵是阳离子，在阴离子交换分离柱上，铵不被保留，在阳离子交换柱上，硝酸根和亚硝酸根不被保留。对不被保留或者在死体积被洗脱离子的检测，必须选用仅仅对待测成分具有选择性的检测方法，因为在死体积被洗脱的成分中除了待测成分之外，样品中可能还有很多成分是不被我们所选择的色谱条件保留的。显然选择阳离子交换是不适合的，因为硝酸根和亚硝酸根分不开；而选用阴离子交换，只有铵不被保留，只要能选择性地检测铵就可以。一种方法[29]是用阴离子交换分离柱（填充 IC-Anion SW 阴离子交换剂），两种检测器。以硫酸钠为淋洗液，铵在阴离子交换分离柱上不被保留，在邻近柱子的死体积处被洗脱，洗脱之后，与柱后衍生试剂邻苯二醛（OPA）和 2-巯基乙醇反应，于激发（E_x）波长 410nm 和发射（E_m）波长 470nm 处荧光检测。邻苯二醛是对铵的选择性试剂，其他的弱保留成分不干扰。硝酸根和亚硝酸根在阴离子交换柱上得到很好的分离，淋洗液硫酸钠无紫外吸收，因此可用紫外检测器直接检测洗脱液中的硝酸根和亚硝酸根。图 7-7 为三氮的色谱分离图。方法对 NO_3^-、NO_2^- 和 NH_4^+ 的检出限分别为 1.6μmol/L、2.3μmol/L 和 15μmol/L。

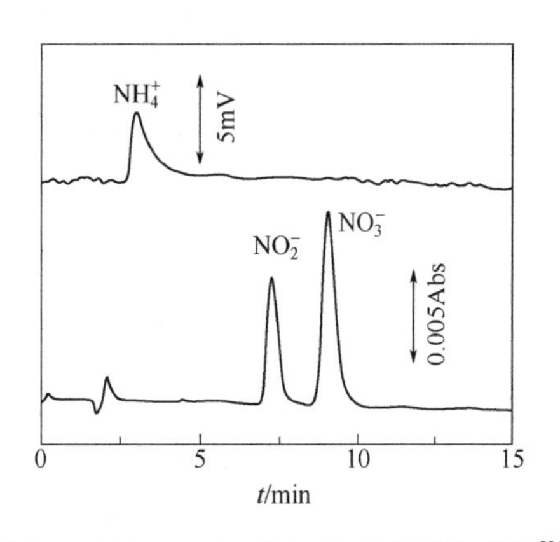

图 7-7 NO_3^-、NO_2^- 和 NH_4^+ 的分离和检测[29]

分离柱：IC-Anion SW［10cm×0.32mm（id）］
淋洗液：5mmol/L Na_2SO_4
柱后试剂：0.8mol/L 磷酸缓冲溶液（pH 6.4）
50mmol/L 邻苯二醛（OPA）
10mmol/L 2-巯基乙醇
反应管：2m×50μm（id）
反应温度：65℃
检测波长：UV=206nm，荧光，E_x=410nm，E_m=470nm
色谱峰（mg/L）：NH_4^+（1.8）；NO_2^-（4.6）；NO_3^-（6.2）

Kurzyca 等[27]改进的方法只用 UV/Vis 二极管阵列一种检测器。以 NaCl 为淋洗液，阴离子交换分离（IonPac AS14A），直接与于波长 205nm 和 208nm 测定 NO_2^- 和 NO_3^-，在阴离子交换分离柱上保留非常弱的 NH_4^+ 柱后与奈氏勒试剂反应，在色谱系统的滞留时间于 425nm 测定。比色法中不推荐用奈氏勒试剂作衍生试剂，因为比色法中奈氏勒试剂用量大，会产生大量有毒废液。但在本方法中，用 10 倍稀释的奈氏勒试剂［将 10g HgI_2 与 7g KI 溶于去离子水中，继加到 NaOH 溶液（16g NaOH 溶于 50mL 水）中，以水稀释至 100mL[30]］，有毒废液的量较比色法低 20～100 倍。因为雨水样品的盐度低，无须加入阻止钙、镁、铁沉淀的试剂。分离的运行一开始，即加入奈氏勒试剂，待 NH_4^+ 洗脱之后立即停止。整个分析时间只需 8min，见图 7-8。方法对 NO_2^-、NO_3^- 和 NH_4^+ 的线性范围分别是 0.1～100mg/L、0.05～100 mg/L 和 1～50mg/L；检测限分别是 0.1mg/L、0.05mg/L 和 1mg/L。

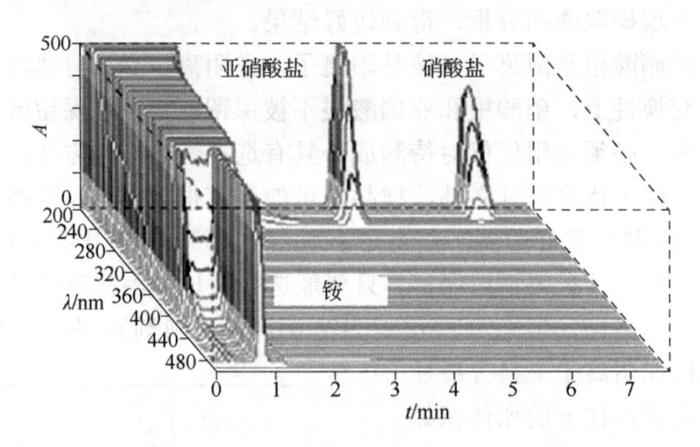

图 7-8 NO_3^-、NO_2^- 和 NH_4^+ 标准溶液（20mg/L）的 3D 色谱图[27]

分离柱：IonPac AS14A

淋洗液：10mmol/L NaCl　　流速：3mL/min

奈氏勒试剂流速：1mL/min　　检测器：二极管阵列 200～450mm

色谱峰：依次是 NH_4^+；NO_2^-；NO_3^-

Tanaka 等[31]最近提出了一个比较简单的方法，而且改进了对 NH_4^+ 检测的灵敏度。方法 IEC/AEC 基于在碱性条件下阴离子交换固定相对阳离子的离子排斥与渗透作用与对阴离子的阴离子交换作用。在淋洗液的碱性条件下，NH_4^+ 部分被中合，可渗透进入阴离子交换树脂，其渗透进入树脂的程度大于碱性强的 Na^+ 与 K^+，因此被保留，并与碱性强的 Na^+ 与 K^+ 分离。淋洗液 LiOH 的浓度越高，NH_4^+ 的保留越强，与碱性强的 Na^+ 和 K^+ 分离越好。在季铵型的阴离子交换柱上，LiOH 为淋洗液，NO_2^- 与 NO_3^- 的保留时间随 LiOH 的浓度的增加而缩短。因为用直接电导检测，淋洗液 LiOH 的浓度增加，背景电导增加将降低检测灵敏度。综合几种因素，比较适合的条件是选择交换容量较小的阴离子交换分离柱，低浓度（2mmol/L）的 LiOH 作淋洗液。方法对 NH_4^+、NO_2^-、NO_3^- 的检测限分别是 4.10μmol/L、1.87μmol/L 与 2.83μmol/L。从图 7-9 可见，方法的优点是仅用一支分离柱、一种淋洗液、一种检测器。

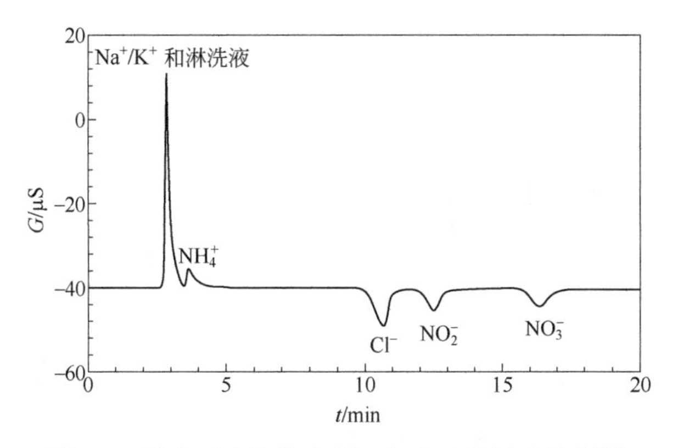

图 7-9 阴离子交换柱上阴、阳离子的同时分离[31]

分离柱：TSKgel Super IC-Anion　　淋洗液：2mmol/L LiOH

流速：0.6mL/min　　检测器：电导

（四）多聚磷酸盐与不同形态磷酸盐的分析

测定水体中的不同形态磷，对准确评价天然水中磷的水平和迁移转化过程，提出科学合理控制对策具有重要意义[32]。离子色谱发展的分析磷酸盐的方法主要是对正磷酸盐与总磷的分析。进入环境中的磷酸盐主要来自日用化学品添加剂、阻垢剂、防蚀剂与海产品的保水剂等。为了准确评价水体中磷的水平和迁移转化过程，寻找污染源，提出科学合理控制对策，有的样品需要测定不同形态的磷酸盐。下面将分别讨论。

Galceran 等[33]综述了 1997～2004 年磷酸盐形态的离子色谱分析方法。离子色谱法分析常见阴离子（包括磷酸盐）已是广泛应用的成熟方法，但分析磷酸盐时应注意所选用淋洗液的 pH，因溶液的酸度不同，磷酸盐将以不同电荷数的阴离子（$H_2PO_4^-$、HPO_4^{2-}、PO_4^{3-}）形式存在。以 CO_3^{2-}/HCO_3^- 为淋洗液时，磷酸主要以两价阴离子（HPO_4^{2-}）形式存在，其洗脱在 SO_4^{2-}之前；而以 KOH（或 NaOH）为淋洗液时，磷酸主要以三价阴离子（PO_4^{3-}）形式存在，其洗脱在 SO_4^{2-}之后。

多聚磷酸盐在碱性介质中为多价阴离子，对阴离子交换剂的亲和力强，与固定相之间还存在吸附作用。因此应选用疏水性弱的阴离子交换分离柱，如用中等亲水性的 PHIC PAX-100 柱，氢氧化钠为淋洗液，需加入甲醇减弱多聚磷酸盐与固定相之间的疏水性吸附，抑制型电导检测，一次进样同时分离检测正磷酸根（PO_4^{3-}）、焦磷酸根（$P_2O_7^{4-}$）和三聚磷酸根（$P_3O_{10}^{5-}$）[34]。用亲水性更强的高容量阴离子交换分离柱，如 IonPac AS16 柱，淋洗液中不必加入有机溶剂。不同的多聚磷酸根对固定相亲和力的差别比较大，为了在短的时间洗脱它们并得到好的峰形，梯度淋洗是推荐的。图 7-10 为洗涤剂中多聚磷酸盐的分析，从图可见，这种洗涤剂中主要是三聚磷酸盐。

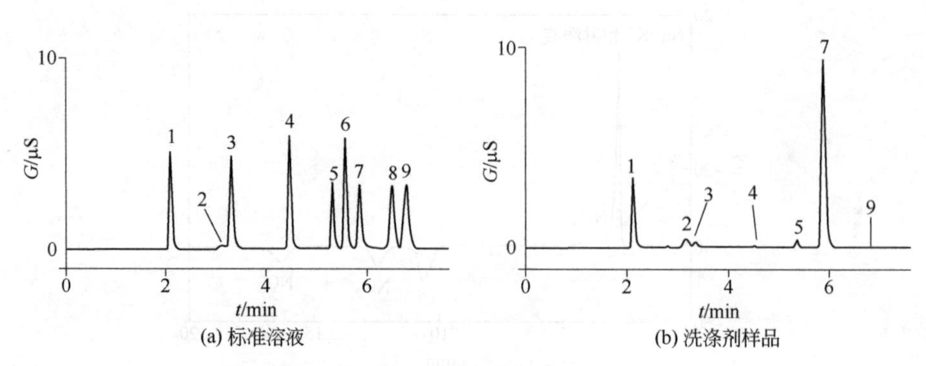

图 7-10 洗涤剂中多聚磷酸盐的分析

分离柱：IonPac AG16，AS16

淋洗液：0～10min，25～65mmol/L KOH　　淋洗液源：EG40 淋洗液在线发生器

柱温：30℃　　流速：1.5mL/min　　进样体积：10μL

检测器：抑制型电导，ASRS-ULTRA Ⅱ抑制器（自动再生循环模式）

色谱峰（mg/L）：1—Cl^-（3.0）；2—CO_3^{2-}（5.0）；3—SO_4^{2-}（10.0）；4—PO_4^{3-}（10.0）；5—焦磷酸盐（10.0）；6—三偏磷酸盐（10.0）；7—三聚磷酸盐（10.0）；8—四偏磷酸盐（10.0）；9—四聚磷酸盐（10.0）

草甘膦是广泛使用的农药，欧洲的饮用水标准（对任何一种农药）是其含量低于 0.1μg/L[35]，我国是草甘膦（$C_3H_8NO_5P$，+3 价，Glyphosate ）生产和使用的大国。草甘膦在土壤中可被微生物降解，主要产物为氨甲基膦酸（CH_6NO_3P，+3 价，AMPA）[36]。草甘膦是水溶性的极性化合物，难以用 GC 或 HPLC 方法分析。阴离子在离子色谱柱上的保留主要取决于目标离子的 pK_a 及淋洗液的性质（pH 值、离子强度、流速与温度等）。草甘膦的 pK_a 是 0.78（膦酸的一级电离）、2.09（羧酸的电离）、5.96（膦酸的二级电离）、10.98（胺的电离）[37]，在溶液中以阳离子或以阴离子存在则取决于溶液的 pH 值或酸度。磷酸的离解常数是 pK_{a1}=2.15，pK_{a2}=7.20，pK_{a3}=12.35（25℃）。基于它们的 pK_a 值，在 pH＞2.1 时，它们将部分离解成一价的阴离子，在碱性溶液中将完全离解。因此，以阴离子交换分离时，淋洗液的 pH 值为 2.1～5.5 的稀酸溶液可从阴离子交换分离柱上洗脱磷酸与草甘膦。研究了在亲水性的 Ionpac AS16 柱上，分别以 5～20mmol/L 的柠檬酸（pK_{a1}=3.13，pK_{a2}=4.76，pK_{a3}=6.40）、酒石酸（pK_{a1}=2.98，pK_{a2}=4.34）、草酸（pK_{a1}=1.23，pK_{a2}=4.19）和邻苯二甲酸（pK_{a1}=2.89，pK_{a2}=5.51）作分离磷酸与草甘膦的淋洗液。结果表明，上述酸的适当浓度均可得到可接受的分离，以 20mmol/L 的柠檬酸与酒石酸最适合。目标离子的保留与淋洗液中多价酸的 pH 值和 pK_a 有关，不同 pK_a 和电荷的酸有不同的洗脱能力，柠檬酸与酒石酸的 pK_{a1} 与 pK_{a2} 之间的差距不大，其溶液（20mmol/L）的 pH 值相近（pH 2.45，2.35），因此，它们作淋洗液的功能相似。在这种溶液中磷酸与草甘膦以一价阴离子存在。柠檬酸的浓度在 15～50mmol/L 时，其 pH 值在 2.24～2.53，因此选择 20mmol/L 柠檬酸作淋洗液，在阴离子交换分离柱 IonPac AS16 上可很好地分离草甘膦与柠檬酸，洗脱液可直接进入 ICP-MS，其检测限对草甘膦与磷酸达 0.7μg/L。

该方法的另一优点是适用的柠檬酸浓度范围宽，无须用氢氧化钠调节淋洗液的 pH 值，避免引入干扰质谱的钠离子[35]。

消除干扰和提高方法的检测灵敏度的另一个方法是二维离子色谱，邱慧敏等[32]提出先用常规阴离子交换分离柱分离常见阴离子与目标离子，根据 4 种目标离子（亚磷酸根、磷酸根、草甘膦和氨甲基膦酸）在一维分析柱中的出峰时间，将目标离子切换进入二维的毛细管系统，进行进一步分离。在一个梯度程序中同时检测前述 4 种目标离子，离子间干扰大，且分析时间较长。故根据 4 种离子在一维分析系统中的出峰时间，将其分为有机磷（Glyphosate 和 AMPA）和无机磷（HPO_4^{2-} 和 $H_2PO_4^-$）两组，设计 2 个程序，进样 2 次，分别切入二维毛细管系统中进一步分离。降低天然水体中高浓度的 Cl^- 与 SO_4^{2-} 的干扰，二维的毛细管系统增加检测灵敏度。方法对 4 种目标离子的检出限分别为 0.18nmol/L（HPO_4^{2-}），0.073nmol/L（$H_2PO_4^-$），0.15nmol/L（草甘膦）和 2.6nmol/L（氨甲基膦酸，AMPA）。

（五）总氮与总磷的分析

水体中大量氮和磷的富营养化作用，会使浮游植物、藻类和其他植物迅速生长。这些植物的腐烂会导致水体中溶解氧的减少和维持生命的能力降低。水体和沉积物中总氮（TN）和总磷（TP）的检测是环境水质常规检测的必测项目之一。

1. 总氮的分析

离子色谱法分析环境样品中总氮是将样品中的含氮化合物氧化成氮的高价态［N(Ⅴ)，NO_3^-］，以阴离子交换分离，抑制型电导检测。分析实际样品时主要是选择样品前处理方法，将样品中的含氮化合物完全氧化成氮的高价态，选择色谱条件避免干扰。

目前，碱性过硫酸钾氧化、紫外分光光度检测是测定水中总氮的国家标准方法（HJ 636—2012），但操作烦琐，存在多种影响测定结果准确度的因素。碱性过硫酸盐消解仍是推荐的样品前处理方法之一[38]。用离子色谱分析时需注意样品中 Cl^- 的干扰，因为多数废水样品均含有中到高浓度的 Cl^-，消解时，Cl^- 被氧化成的 ClO_3^- 将干扰 NO_3^- 的分离。消解时产生的 ClO_3^- 量与消解时过硫酸盐与氢氧化钠的比例有关，样品经过消解之后的稀释倍数和进样量与所选用的柱容量有关，因此应选用高容量柱，并用氢氧化钾（或氢氧化钠）淋洗液梯度淋洗；或阀切换减弱高浓度 ClO_3^- 对 NO_3^- 的干扰。

紫外和臭氧联合氧化消解水样的方法比较简单，不引入干扰色谱分离的外来离子[39~42]。欧阳钧[41]对比了紫外和臭氧联合氧化消解离子色谱法与国家标准方法对环境标准样品中总氮的分析结果，表明两种方法的测定结果均在定值范围内，但离子色谱法测得总氮的结果比国家标准法更接近环境标准样品的中间值，准确度更高。

2. 总磷的分析

离子色谱法分析总磷的方法是首先将样品中各种形态的磷化合物（包括有机磷）

氧化成磷的高价态，即正磷酸盐（H_3PO_4），继用常规的离子色谱方法分析。方法的关键是氧化是否完全与如何消除干扰。已报道的多种样品消解的方法[33]中，如溴氧紫外协调氧化[40]，碱性条件下高温灰化[43]，混合酸（盐酸+硝酸或硫酸+硝酸）消解[44]，微波与紫外光解结合，过一硫酸钾（Caro's）消解[45]等。过硫酸盐消解法是同时检测水和沉积物中总氮和总磷的推荐方法，已被官方采用为标准方法，消解之后用光度法或离子色谱法测定氧化产物 NO_3^- 和 PO_4^{3-}。样品用过硫酸钠消解之后，过硫酸盐分解产生大量的 SO_4^{2-}，加上一些复杂样品本身具有的高浓度基体离子，使离子色谱法直接进样很难检测实际样品中 10μg/L 的磷酸根。针对该问题发展的简化的二次分离离子色谱方法[46]，只需在简单的离子色谱流路中增加一个高压十通阀和一支浓缩柱，方法不仅消除了大量 SO_4^{2-} 的干扰，还可在线富集磷酸根。方法的流路如图 7-11 所示，将样品加入高容量的 IonPac AS11-HC 分离柱，以 20mmol/L KOH 为淋洗液，等度淋洗，其流路为图 7-11（a）（从图 7-12 可见于 13.4min 处的磷酸根峰在巨大的 SO_4^{2-} 峰的拖尾峰上），于 11.0min 时，将阀切换到图 7-11（b）的流路位置，此时浓缩柱在电导检测器的后面，洗脱液经过浓缩柱再到废液。因为淋洗液（KOH）已经过抑制器并被转变成水，没有洗脱功能，全部磷酸根和少量其他离子则被保留在浓缩柱上。于 15.0min 时，再将流路切换到图 7-11（c）的流路状态，此时，浓缩柱在分离柱前，用 KOH 梯度淋洗，被保留在浓缩柱上的全部磷酸根和少量其他离

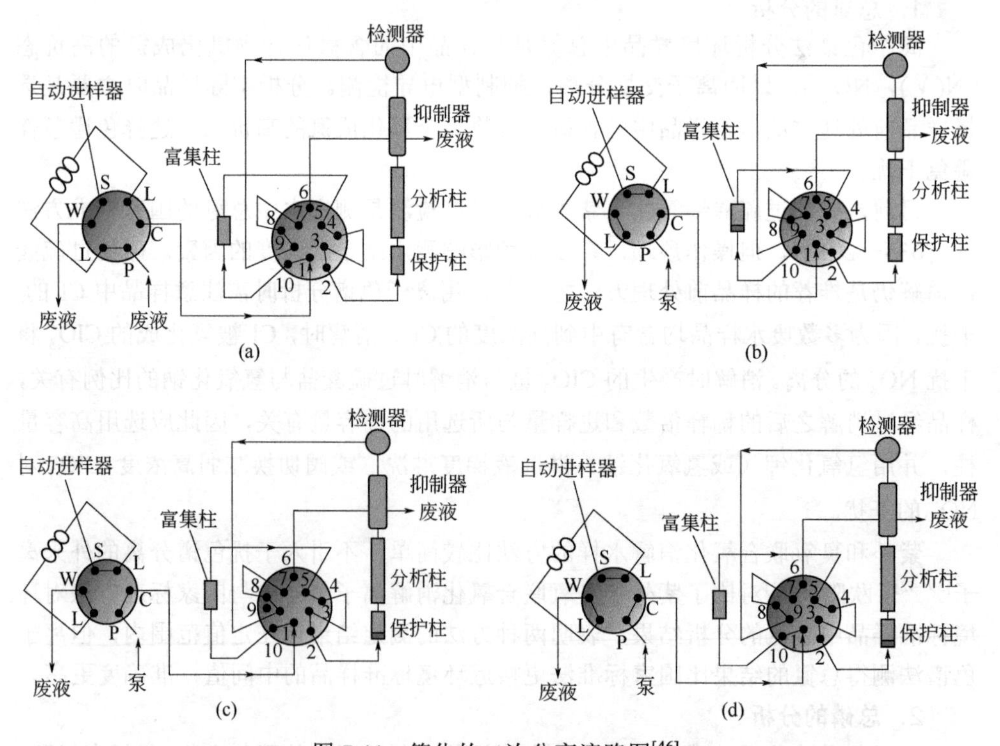

图 7-11 简化的二次分离流路图[46]

子再次进入分离柱，因此得到尖锐的磷酸根峰，见图 7-12。做实际样品时，应对阀切换的时间做调整。

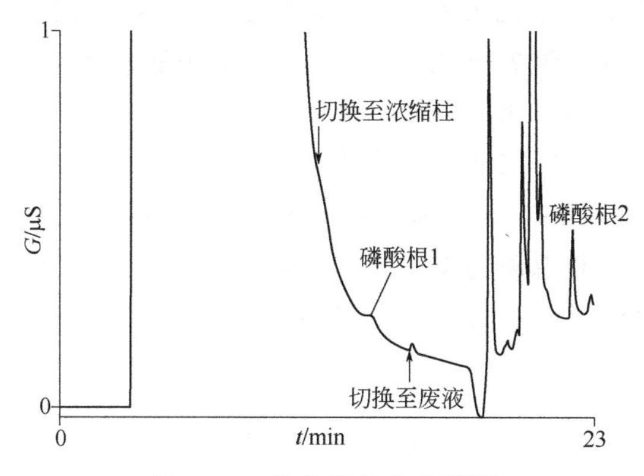

图 7-12 废水样品的色谱图

色谱柱：IonPac AS11-HC+ AG11-HC（4mm） 浓缩柱：IonPac TAC-ULP1（5mm×23mm）
淋洗液：0～15min，20mmol/L KOH；15～20min，40mmol/L KOH；20.1～23min，20mmol/L KOH
流速：1.0mL/min 进样体积：250μL
温度：30℃ 检测：抑制型电导
色谱峰：PO_4^{3-}；磷酸根 2 是磷酸根 1 二次分离后的峰

3. 总氮与总磷的同时分析

虽然离子色谱中一次进样同时测定硝酸与磷酸已是成熟方法，但用于实际样品的分析难度还是很大的。对于环境样品中总氮与总磷的分析，常用的样品前处理方法是碱性过硫酸盐消解。但用碱性过硫酸盐消解样品之后，消解中引入的大量 SO_4^{2-} 以及样品基体中高浓度的 Cl^- 等导致的干扰将严重影响 NO_3^- 与 PO_4^{3-} 的检测，已报道了多种消除干扰的离线和在线方法[33,47]。最近的研究表明[48,49]，选择优化的消解过程与色谱分离条件可得到比较好的结果。方法所用的消解溶液的配制方法如下：于 100mL 容量瓶中，加入 80mL 去离子水、10mL 1.5mmol/L NaOH 溶液，再加 4g 过硫酸钾，超声处理 10min，加水至容量瓶刻度，当天配制。将样品与消解溶液以 2∶1（体积比）的量放入样品消解管中，于 120℃消解 60min，稀释已冷至室温的溶液 10～15 倍备用。碱性过硫酸盐消解之后，Cl^-、ClO_3^-、CO_3^{2-}、SO_4^{2-} 等将干扰低浓度 NO_3^- 与 PO_4^{3-} 的检测。因为多数废水样品均含有中到高浓度的 Cl^-，消解时，Cl^-被氧化成的 ClO_3^- 将干扰 NO_3^- 的检测。Halstead 等[39]的研究表明消解时产生的 ClO_3^- 量与消解时过硫酸盐与氢氧化钠的比例有关，当其比例为 2∶1 时，样品中 50%的 Cl^-被氧化成 ClO_3^-；当其比例为 1∶1 时，样品中 20%的 Cl^-被氧化成 ClO_3^-；而当其比例为 1∶2 时（pH 11），只有非常少的 Cl^-被氧化成 ClO_3^-，但磷化合物的氧化不完全。为了将含氮化合物与含磷化合物全部氧化成其高价态（NO_3^- 与 PO_4^{3-}），又需考虑 ClO_3^- 对 NO_3^- 的干扰，除了优化消解条件之外，需选择可较好地分离 ClO_3^- 与 NO_3^- 以及 SO_4^{2-}

与 PO_4^{3-} 的高效高容量柱与分离条件。推荐的色谱条件是 IonPac AS19 高容量柱，以氢氧化钾（或氢氧化钠）淋洗液梯度淋洗。图 7-13 表明消解与未消解的污水样品中 NO_3^- 与 PO_4^{3-} 浓度变化，从图可见，样品消解之后，NO_3^- 的浓度明显增加，说明样品中有机氮的含量较多。图 7-14 为实验室合成样品中低浓度 NO_3^- 与 PO_4^{3-} 的分离，说明方法可较好地用于一般环境样品的分析。应该注意，样品经过消解之后的稀释倍数和进样量与所选用的柱容量有关；高浓度的 Cl^-（>1500mg/L，对不同柱容量的分离柱不同）影响 NO_3^- 及 PO_4^{3-} 的回收，减小 NO_3^- 的保留时间；高浓度的 SO_4^{2-} 影响对 PO_4^{3-} 的分离。也可用分析总磷的阀切换方法消除 ClO_3^- 对 NO_3^- 的干扰和 SO_4^{2-} 对 PO_4^{3-} 的干扰，但需要仪器系统可精准控制切换时间。

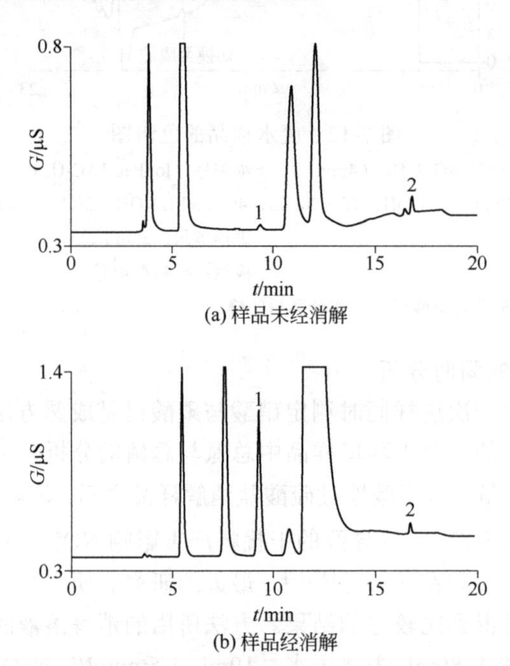

图 7-13　污水样品消解与未消解样品中 NO_3^- 与 PO_4^{3-} 浓度变化

分离柱：IonPac AS19+ IonPac AS19（2mm×250mm）

淋洗液：KOH

梯度淋洗：6～10min，20mmol/L KOH；10～12min，20～50mmol/L KOH；12～20min，50mmol/L KOH

流速：0.30mL/min　　进样体积：5μL

检测：抑制型电导

色谱峰（μg/L）：（a）1—NO_3^-（5.5）；2—PO_4^{3-}（22.0）；（b）1—NO_3^-（262）；2—PO_4^{3-}（30.0）

臭氧-紫外协同作用的氧化方法产生羟基自由基（·OH）的过程可表述为：当 O_3 被波长小于 310nm 的紫外光照射后，产生游离氧自由基（·O）与 H_2O_2，然后 O 和 H_2O_2 再与水反应生成具有强氧化性的羟基自由基（·OH），将水样中各种含磷、含氮化合物氧化成最高价态的正磷酸盐、硝酸盐。这种方法消解水样的效果较单一

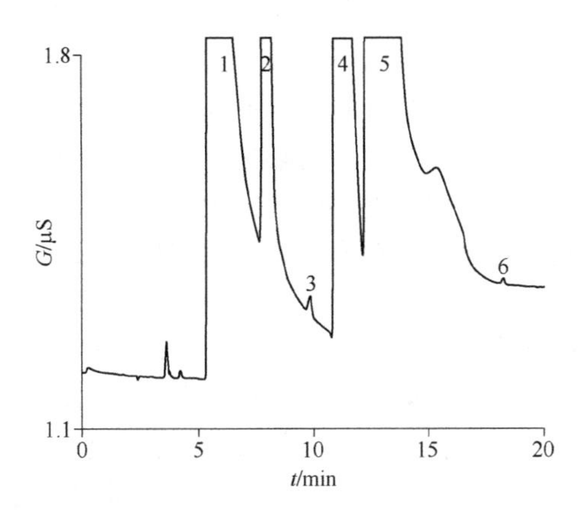

图 7-14　实验室合成样品基体中低浓度 NO_3^- 与 PO_4^{3-} 的分离

色谱条件：同图 7-13

色谱峰（mg/L）：1—Cl^-（250）；2—ClO_3^-（50）；3—NO_3^--N（0.01）；4—CO_3^{2-}（150）；5—SO_4^{2-}（250）；6—PO_4^{3-}-P（0.01）

的臭氧或紫外氧化消解水样效果好，其突出优点是消解过程不引入干扰离子，可用常规分析环境水样中阴离子的方法分析。在优化的色谱条件下，方法对总磷和总氮的检测限分别为 3.60μg/L 和 4.57μg/L[40]。

四、高氯酸盐的分析

（一）概述

高氯酸盐是一种新兴的持久性环境污染物，环境特点是扩散速度快、稳定性高、难降解，其环境污染问题已引起了人们的高度关注，已成为近年环境科学和分析化学的一个热点。多年来，高氯酸盐被广泛地应用于火箭推进剂、烟火制造、军火工业、汽车气袋、高速公路安全闪光板等领域，也作为添加剂较多地被应用于润滑油、织物固定剂、电镀液、皮革鞣剂、橡胶制品、染料涂料、冶炼铝和镁电池等产品的生产中。农业生产中使用的以智利硝石为原料的化肥中也含有一定浓度的高氯酸盐。最近 Dasgupta 等[50]通过大气模拟实验，证明存在于气溶胶中的氯离子可以在放电的条件下与高浓度的臭氧反应生成高氯酸盐，同时他们还在雨水和雪样中检测到了高氯酸盐，这说明在某些环境条件下大气中有可能产生一定数量的高氯酸盐。高氯酸盐的环境污染问题其实早就存在，只是一直未引起人们的注意。产生这种情况的主要原因是以前分析测定环境介质中高氯酸盐的方法灵敏度低，不能有效地测定环境样品中的微量高氯酸盐，这种情况一直到 20 世纪 90 年代末才有了改变。

高氯酸的污染之所以会引起人们较大的关注，原因有以下几点。首先是较低浓度的高氯酸盐就可以干扰人体甲状腺的正常功能，这主要是因为高氯酸根的电荷和离子半径与碘离子非常接近，它可以与碘离子竞争而进入人体的甲状腺，从而阻碍碘的吸收，造成甲状腺激素 T3 和 T4 合成量的减少，使人体的甲状腺功能紊乱，影响人体的发育，尤其是大脑组织的发育，目前人们最为关注的是高氯酸盐暴露对胚胎、孕妇、哺乳期妇女和少年儿童发育的影响[51]。高氯酸盐的污染引起人们较大关注的第二个原因是高氯酸根在水中的溶解度很大，且在大多数土壤和矿物质上的吸附很弱，因此高氯酸盐一旦进入环境介质即会随着地下水和地表水快速扩散，从而造成污染的扩大化[52]。另外低浓度的高氯酸根离子具有超出人们预期的极高的稳定性，常见的强还原剂很难将其还原，除了厌氧条件的特殊微生物，一般的微生物、植物、动物等也很难将其还原降解，高氯酸根离子在一般环境条件下可以在环境中长期稳定存在，其降解过程往往要用几十年甚至更长。鉴于以上原因，高氯酸盐的污染问题已经引起了人们的高度关注。2005 年美国分析化学杂志（*Anal Chem*）已经在其综合性综述中将高氯酸盐作为单独的一小节列为新兴的环境污染物[53,54]。

高氯酸盐分离检测方法的发展对近几年高氯酸盐研究热点的形成起了关键作用。前面已叙述，高氯酸盐污染问题实际早就存在，只是以前的分析方法难以准确测定出环境样品中浓度低至 ng/mL 的痕量高氯酸盐，因此高氯酸盐污染问题一直没有受到人们的高度重视。随着高效色谱分离技术特别是离子色谱技术和高灵敏度检测技术（如抑制电导检测和质谱检测技术）的发展，浓度在 ng/mL～ng/L 的高氯酸可以得到准确无误的检测，人们在许多环境介质中及其与人们日常生活密切相关的产品中均发现了高氯酸盐的存在，高氯酸盐污染问题才得到了足够的重视，从而形成了近几年环境科学的一个研究热点。目前用于高氯酸盐分析的方法主要是离子色谱法，研究的重点集中在分离与提高检测灵敏度。

（二）高氯酸的分析

与常见阴离子的分离比较，对高氯酸根的分离有其特殊性，本节将分别讨论的内容是它的疏水性比较强、分析结果的假阳性、高离子浓度与复杂基体和灵敏度的问题。

高氯酸根（ClO_4^-）为疏水易极化的阴离子，与常见阴离子相比在常规阴离子交换色谱柱上保留非常强，峰形也不好。为了减弱高氯酸与固定相之间的疏水性吸附，应选用亲水性的色谱分离柱，如以烷醇季铵为功能基的亲水性 IonPac AS11 色谱柱，并以浓的 NaOH（100mmol/L）为淋洗液。由于如此高浓度的淋洗液，样品中常见阴离子的保留时间短，可完全与 ClO_4^- 分开，样品的测定可在 10min 内完成。在 IonPac AS11 色谱柱的基础上，美国 Dionex 公司发展了亲水性更强、柱容量更高的 IonPac AS16 柱，由于亲水性更强，ClO_4^- 可在较低 NaOH 浓度条件下被洗脱。用 IonPac AS11 分离柱时，在 10min 内洗脱 ClO_4^- 的淋洗液为 100mmol/L NaOH；用亲水性更强的 IonPac AS16 分离柱时，在 10min 内洗脱 ClO_4^- 的淋洗液浓度仅为 65mmol/L NaOH。Jackson 等[55]用该色谱分离柱，选用 EG40 在线产生的浓度为 65mmol/L 的 NaOH 为淋洗液，流速为 1.2mL/min，抑制电导检测，进样量为为 1000μL 时，ClO_4^- 的检出限为 0.15μg/L，见

图 7-15。Hautman 等[56]将其发展为 EPA 标准方法（标准方法号 314.0）。该方法选用 IonPac AS16 色谱柱、50mmol/L NaOH 淋洗液、ASRS-Ultra 阴离子抑制器（外加水模式），电导检测，进样量为1000μL 时，对 ClO_4^- 的检出限为0.53μg/L。由于 IonPac AS16 色谱柱亲水性很强，可使用更低浓度的氢氧化钠淋洗液分析高氯酸根离子，加上淋洗液在线发生器的采用，极大地降低了背景电导和噪声，提高了分析的灵敏度，因此自该色谱柱商品化之后，多数高氯酸根分析研究的文章都采用了该色谱柱[57~61]。

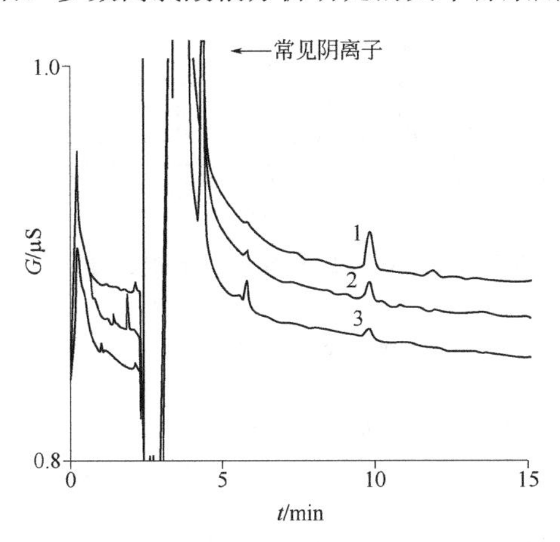

图 7-15 低浓度高氯酸根的色谱图[55]

分离柱：IonPac AG16,AS16，4mm
淋洗液：65mmol/L NaOH
淋洗液源：EG40 淋洗液在线发生器
柱温：30℃　　流速：1.2mL/min
进样体积：1000μL　　检测器：抑制型电导
色谱峰（μg/L）：1—高氯酸根（2.0）；2—高氯酸根（1.0）；3—高氯酸根（0.5）

用与 USEPA 标准方法 314.0 相同的色谱条件，但改用内径 2mm 的分离柱，以 75mmol/L KOH 为淋洗液，0.4mL/min 的流速，ClO_4^- 的保留时间 10.5min，方法对 ClO_4^- 的检出限从 USEPA 方法 314.0 的 0.53μg/L 降低到 0.11～0.17μg/L[62]。

随着高氯酸盐环境问题和分析方法研究的不断深入，发现在使用 Dionex IonPac AS16 色谱柱和抑制电导法分析某些饮用水和环境样品时，由于电导检测的非特异性，高氯酸的检出存在假阳性，究其原因，发现在阴离子交换分离柱上样品中含有的 4-氯苯磺酸类化合物与高氯酸根共洗脱。由于 4-氯苯磺酸（4-CBS）与高氯酸根的疏水性不同，在淋洗液中加入有机溶剂减弱 4-氯苯磺酸与固定相之间的疏水作用，即可将 4-氯苯磺酸与高氯酸根很好地分离（见图 7-16）。选择的色谱条件是由 67%A（纯水），15%B（100mmol/L NaOH）和 18% C（体积分数为 80%的乙腈）组成的淋洗液梯度淋洗。方法用于环境水样的测定，得到较好的结果。

为了解决 4-氯苯磺酸与高氯酸根共淋洗的问题，美国 EPA 与 Dionex 公司合作研究开发了另一个高氯酸根分析专用柱 Dionex IonPac AS20。IonPac AS20 柱与

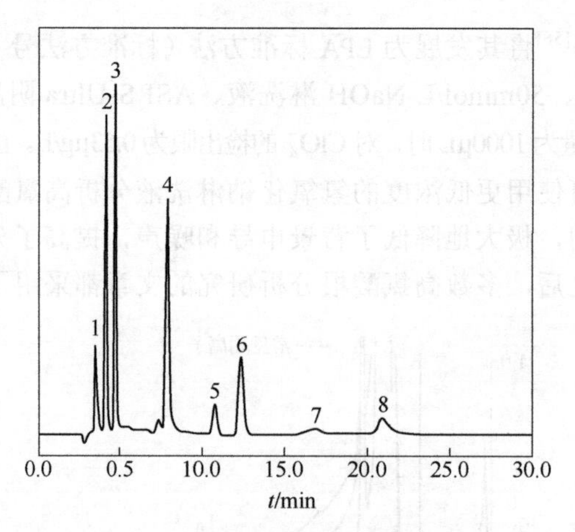

图 7-16 4-氯苯磺酸和高氯酸根的分离[63]

分离柱：IonPac AS16，AG16

淋洗液：A，67%（纯水）；B，15%（100mmol/L NaOH）；C，18%（80%乙腈）；梯度淋洗

检测器：抑制型电导

色谱峰（mg/L）：1—F^-（0.20）；2—Cl^-（0.30）+I^-（10.0）+NO_2^-（0.23）；3—Br^-（1.00）+NO_3^-（0，50）；4—SO_4^{2-}（1.00）；5—4-CBS（1.00）；6—ClO_4^-（1.00）；7—SCN^-（0.51）；8—PO_4^{3-}（0.98）

IonPac AS16 柱的柱化学不同，IonPac AS16 柱用苯乙烯单体，在适当浓度的淋洗液条件下保留可极化的阴离子，如高氯酸根。IonPac AS20 的柱化学是基于交联的季铵缩合聚合物，没有芳香特性，因此它们的选择性不同。在 IonPac AS16 柱上，芳香的溶质与固定相树脂表面的芳香基团之间的 **π-π** 相互作用，导致对芳香溶质的保留强。没有芳香特性的 IonPac AS20 柱，降低了固定相和待测离子之间的 **π-π** 相互作用，降低了固定相对 4-氯苯磺酸的吸附，使其保留时间提前[64,65]，从而消除了 4-氯苯磺酸对高氯酸根分离的干扰。图 7-17 比较了 IonPac AS16 柱与 IonPac AS20 柱对 4-氯苯磺酸与高氯酸根的分离。

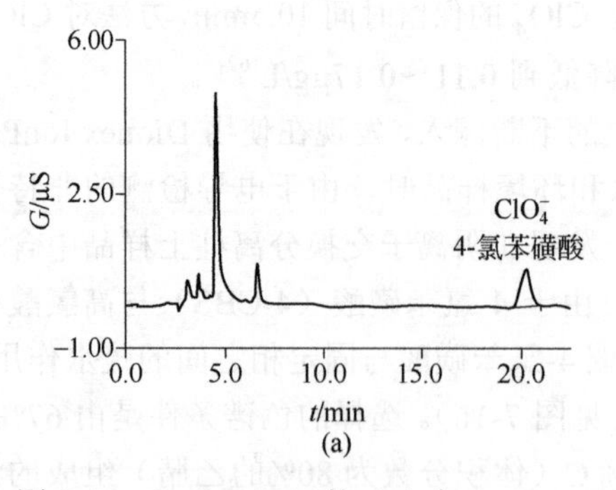

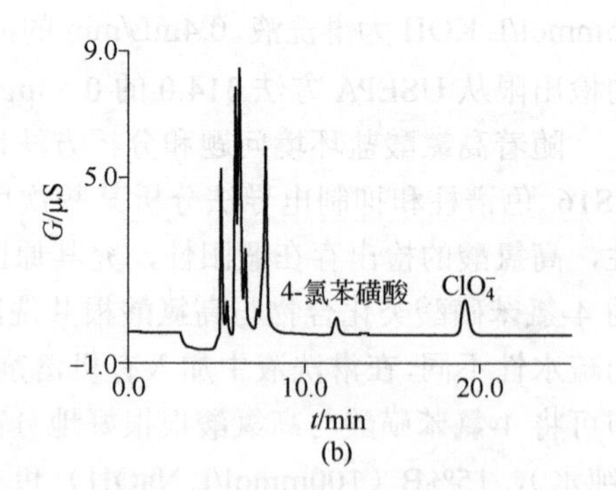

图 7-17 IonPac AS16 柱（a）与 IonPac AS20 柱（b）分离 4-氯苯磺酸和高氯酸根的比较[64]

色谱条件：（a）同图 7-15

（b）淋洗液：35mmol/L KOH　　流速：0.25mL/min

进样体积：500μL　　检测：抑制型电导

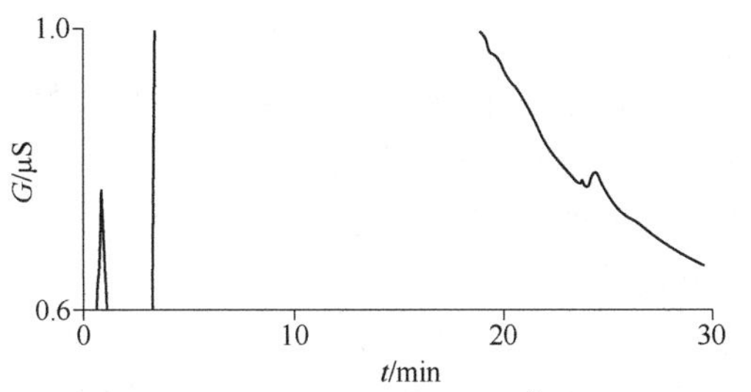

(a) 样品基体(1000mg/L Cl^-, HCO_3^-, SO_4^{2-})中加标5μg/L ClO_4^-

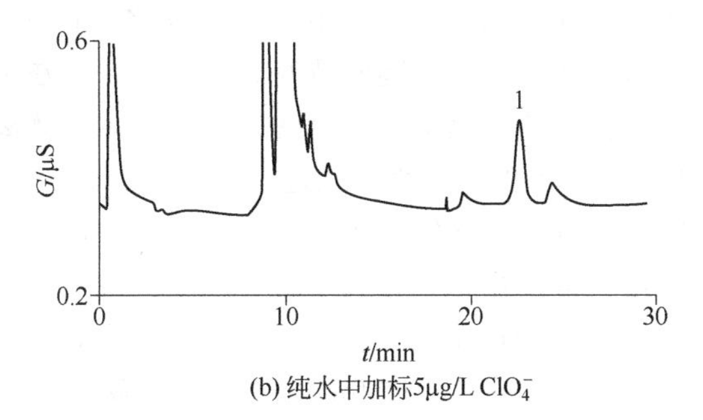

(b) 纯水中加标5μg/L ClO_4^-

图 7-18　不同基体样品中高氯酸的分离

色谱柱：IonPac AG20，AS20，4mm

淋洗液浓度：35mmol/L KOH　　流速：1.0mL/min

抑制电流：87mA　　抑制器：ASRS ULTRA Ⅱ 4mm

温度：30℃　　定量环：4000μL

色谱峰（mg/L）：ClO_4^- 0.005

基体	（a）	（b）
Cl^-	1000	0
HCO_3^-	1000	0
SO_4^{2-}	1000	0

前面讨论的直接抑制型电导方法，不能用于基体复杂或离子强度高的样品中微量高氯酸的检测。从图 7-18（b）可见，在 IonPac AS20 分离柱上，纯水样品中 5μg/L 高氯酸根有很好的峰。而在高离子浓度（Cl^-、HCO_3^-、SO_4^{2-} 的浓度各为 1000mg/L）基体的样品中，同样浓度的高氯酸根在相同的色谱条件下则得不到任何结果，见图 7-18（a）。高浓度离子基体的样品中的基体离子不仅竞争分离柱上的交换位置，而且起淋洗离子的作用，干扰高氯酸的分离，降低电导检测的灵敏度。

为了改善方法的选择性与灵敏度，美国 EPA 在标准法 314.0 的基础上发展了方法 314.1[66]，该改进的方法用阀切换技术，将 2mL 样品进到 Cryptand C1 浓缩柱中，用 1mL 10mmol/L 的氢氧化钠洗脱样品中的基体离子。继用 0.5mmol/L 氢氧化钠将保留在浓缩柱中的高氯酸转移到分离柱 IonPac AS16 上，以 65mmol/L 氢氧化钠为淋洗液，抑制型电导检测。方法的检测限达 1μg/L。若对样品的分析结果出现阳性（高氯酸峰），为了避免假阳性，必须再用可确认高氯酸的 IonPac AS20 柱再次分析。

为了消除基体干扰并提高电导检测的灵敏度，选用的样品前处理方法主要是在线基体消除与浓缩富集[61,67~69]。

由美国 EPA 和美国 Dionex 公司合作开发的用抑制型电导的新颖 2 维（2D）离子色谱法[65,70]，改善了方法的选择性和灵敏度，解决了复杂基体和高离子浓度基体样品中微量高氯酸根的检测问题。2D 离子色谱实际上是一种自动的“核心切换”、在线做柱浓缩和基体消除的技术。其流路如图 7-19 所示，由两套简单的离子色谱系统组成，在系统 1（左边），以大的进样体积（2～4mL）进入分离柱 IonPac AS20，样品中的基体离子被分离，并通过六通阀（进样阀 2）的切换被排到废液，高氯酸根（包括少量基体离子）被切换到浓缩柱。由于淋洗液 KOH 通过抑制器时被转变成不能从浓缩柱上洗脱待测离子的水，因此待测离子可被保留在浓缩柱上。在系统 2（右边），淋洗液从浓缩柱将待测离子（高氯酸根）和少量基体离子洗脱到分离柱 IonPac AS16，第 2 支分离柱不仅内径小而且选择性不同。系统 1 的分离柱 IonPac AS20 是标准孔径（4mm）的高容量分离柱，可用大体积进样；其固定相的选择性可有效地分离 4-氯苯磺酸与高氯酸根，有利于将样品的基体离子和可能的干扰离子（4-氯苯磺酸等）通过 6 通阀的切换排到废液，从图 7-20 可见，在系统 1 已经将 4-氯苯磺酸与高氯酸根分离。系统 2 的分离柱 IonPac AS16 是微孔柱（2mm），其质量灵敏度较孔径为 4mm 的柱高 4 倍，由于 IonPac AS16 柱的亲水性比较强，对疏水性的高氯酸根有很好的峰形。图 7-21 比较了在高离子浓度的基体中 0.5μg/L 的高氯酸根的检测，从图可见，在 2D IC 上得到很好的结果［见图 7-21（b）］。方法在 Cl^-、HCO_3^- 和 SO_4^{2-} 的浓度各为 1000mg/L 的样品中，用抑制型电导的最低检测浓度，进样量为

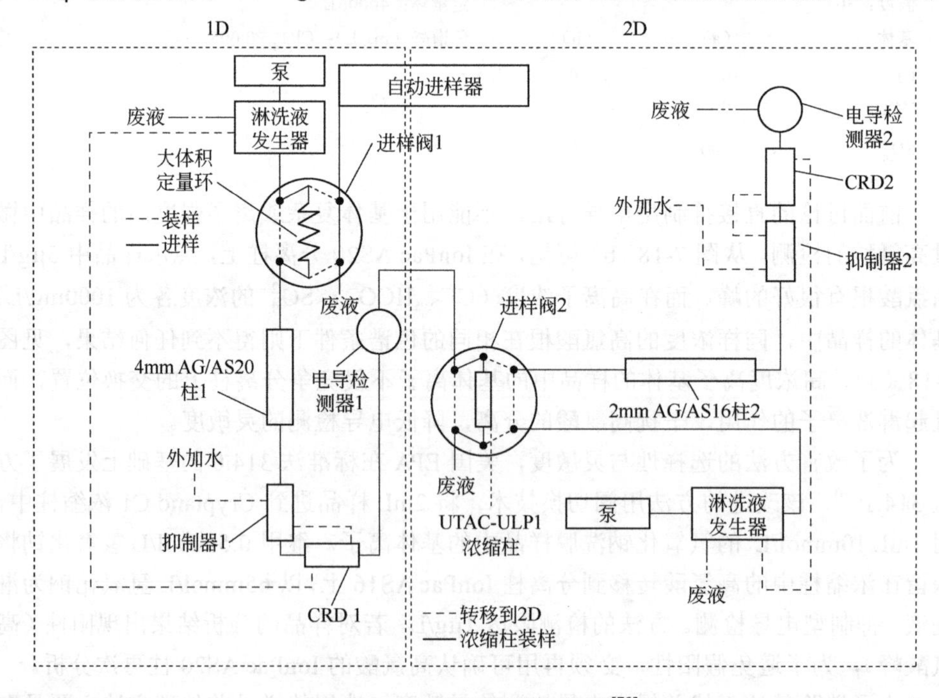

图 7-19 2D 离子色谱的流路[70]

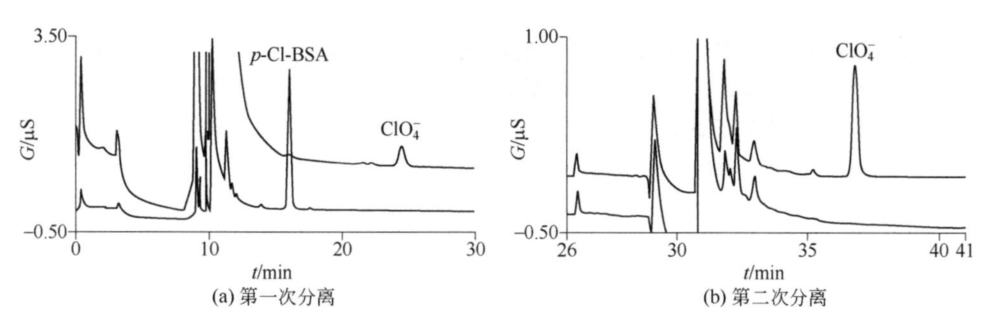

图 7-20 高氯酸根与干扰离子的分离（2D IC）

第一次分离条件	第二次分离条件
色谱柱：AG20，AS20，4mm	色谱柱：AG16，AS16，2mm
流速：1.0mL/min	流速：0.25mL/min
淋洗液：35.0mmol/L KOH（EG）	淋洗液：60.0mmol/L KOH（EG）
抑制器：ASRS ULTRA Ⅱ，4mm	抑制器：ASRS ULTRA Ⅱ，2mm
抑制电流：150mA	抑制电流：38mA
定量环：4000μL	浓缩柱：TAC-ULP1

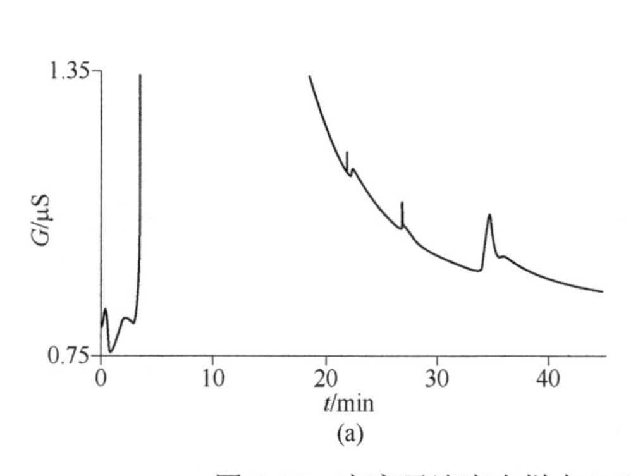

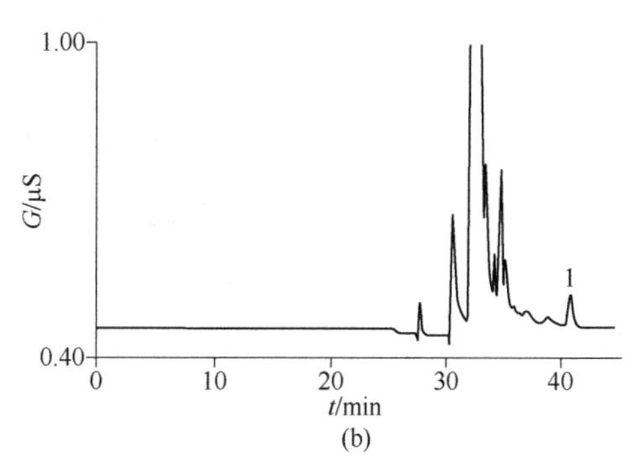

图 7-21 高离子浓度水样中 0.5μg/L 高氯酸根的分析（2D IC）

（a）1D 分离条件	（b）2D 分离条件
色谱柱：IonPac AG20，AS20，4mm	色谱柱：IonPac AG16，AS16，2mm
流速：1.0mL/min	流速：0.25mL/min
淋洗液浓度：35mmol/L KOH	淋洗液浓度：65mmol/L KOH
抑制器：ASRS ULTRA Ⅱ，4mm	抑制器：ASRS ULTRA Ⅱ，2mm
抑制电流：150mA	抑制器电流：41mA
定量环：4000μL	浓缩柱：TAC-ULP1（5mm×35mm）
温度：30℃	色谱峰（mg/L）：1—ClO_4^-（0.005）

基体（mg/L）：Cl^-，1000；HCO_3^-，1000；SO_4^{2-}，1000

2mL 和 4mL 时分别是 0.055μg/L 和 0.041μg/L。因此 2D IC 提高了方法的选择性和灵敏度，可用于复杂基体和高离子浓度基体样品中微量高氯酸根的检测。方法较 MS 或 IC-MS/MS 简单、经济。基于该方法的优点，美国 EPA 已将该方法作为标准方法（USEPA 方法 314.2）[71]，已应用于多种样品中高氯酸的检测[65,70,72,73]。

为了获得好的重现性，应注意温度的影响。Wagner 等[67]的研究表明温度对 ClO_4^- 的保留行为影响比较大，从图 7-22 可见，当将捕获柱、保护柱、分离柱和抑制器的温度从室温提高到 35℃时，ClO_4^- 的峰形和峰高较室温时有明显的改善，而且 ClO_4^- 的保留时间从 9.7min 缩短到 6.1min。

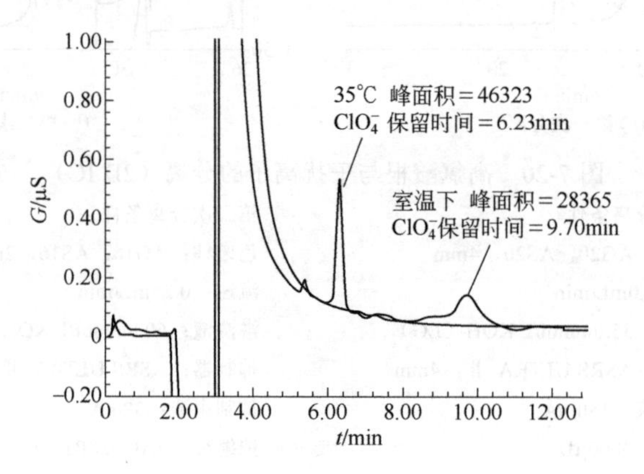

图 7-22 温度对 ClO_4^- 的保留时间的影响[67]

分离柱：IonPac AS16，AG16

淋洗液：100mmol/L NaOH

进样体积：Crytand 浓缩柱，5mL 3.0μg/L ClO_4^-

提高复杂基体样品中高氯酸根检测灵敏度和准确性的另一个方法是离子色谱-质谱联用（IC-MS）技术，方法的检测限可达 4 ng/L[74~76]。质谱法常采用直接注射的方法，研究表明，采用电喷雾离子化串联质谱直接测定复杂样品中痕量高氯酸盐时，由于干扰离子的影响，其检测灵敏度将明显下降。若选用离子色谱-质谱联用技术，可有效消除基体干扰，提高定性、定量的准确性和检测灵敏度。当用 IC 分离，电喷雾离子化检测时，必须考虑离子抑制的影响。样品中存在的常见离子对高氯酸的信号有强的抑制作用，会导致分析结果比真实值低。常见离子中抑制影响
最严重是样品中的 SO_4^{2-}，因为高浓度的 SO_4^{2-} 在色谱柱上的拖尾峰会与 ClO_4^- 共淋洗。用电喷雾离子化时，减少抑制的关键是确保溶质与高浓度基体离子的分离，除分离之外，需用抑制器除去淋洗液中的钠离子。如用 IonPac AS16 色谱柱、65mmol/L NaOH 淋洗液分离高氯酸根，用抑制器除去淋洗液中的钠离子，电喷雾质谱联用检测，测定了市政废水中的微量 ClO_4^-。进样量为 250μL 时，该方法对 ClO_4^- 的检出限为 0.3μg/L[77]。串联质谱（MS/MS）较四极杆质谱具有更高的选择性[78,79]，方法用 IonPac AS20 为分离柱，KOH 为淋洗液，洗脱液经抑制器后进入质谱，对高氯酸盐的检出限为 0.01μg/L，方法用于活性污泥样品中高氯酸盐的测定，回收率在 88.5%～102.2%之间。

最近，Leon Barron[80] 综述了离子色谱-质谱技术在司法鉴定与环境爆炸物分析中的应用，文章引用了 20 余篇关于 IC-MS 用于分析环境样品中高氯酸的参考文章。

五、铬的分析

（一）六价铬的分析

环境中铬主要是以三价［Cr（Ⅲ）］和六价［Cr（Ⅵ）］的形式存在。其中三价铬由于其配位体交换动力学缓慢，反应活性较低，对生物体的毒性轻微。对于哺乳类动物，三价铬是维持其体内葡萄糖、脂类和蛋白质代谢的基础。六价铬的毒性大，六价铬对动物的肺、肝和肾等脏器有伤害作用并对皮肤有刺激性，可以使皮肤发生溃疡，已确认为致癌物，且能在体内蓄积。含有铬的化合物广泛用于电镀、制革、纺织、造纸、染料工业中，这些企业排放的工业废水中可能含有对环境有污染的铬类化合物。因为Cr（Ⅲ）对环境的影响远没有Cr（Ⅵ）那样大，因此人们对铬的关注主要是对Cr（Ⅵ）的分析方法。离子色谱法分析铬的突出优点是可同时检测Cr（Ⅲ）与Cr（Ⅵ），或只检测毒性较大的Cr（Ⅵ）。离子色谱法分析铬有三种方式：阴离子交换分离、抑制型电导检测Cr（Ⅵ）（CrO_4^{2-}）；阴离子交换分离，柱后衍生，光度法检测Cr（Ⅵ）；阴离子交换分离，柱前与柱后衍生，光度法检测同时分析Cr（Ⅲ）与Cr（Ⅵ）。

阴离子交换分离、抑制型电导检测方法简单，在优选的色谱条件下，可得到满意的结果。CrO_4^{2-}对阴离子交换固定性的亲和力比较强，洗脱时间在常见阴离子之后，因此选用与硫酸、磷酸分离度较大的高容量亲水性分离柱，并用浓度较高的淋洗液缩短CrO_4^{2-}的保留时间，色谱条件见图7-23，方法的最低定量浓度为3μg/L。

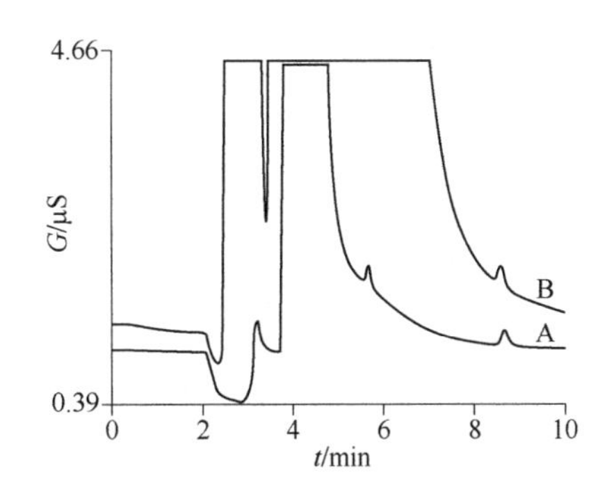

图7-23 去离子水与高离子浓度样品中10μg/L Cr（Ⅵ）的分离[81]

A—去离子水

B—离子浓度（mg/L）：Cl^-（100），NO_3^-（10），PO_4^{3-}（10），SO_4^{2-}（100），CO_3^{2-}（100），F^-（1），NO_2^-（0.1），Br^-（0.02）.

色谱柱：IonPac AS11-HC-4μm+IonPac AG11-HC-4μm

淋洗液：40mmol/L KOH

进样体积：300μL

检测：抑制型电导

土壤样品中Cr（Ⅵ）的分析，用0.3mol/L KCl 超声提取，选用Metrosep A Supp 4-250型阴离子交换分离柱，4mmol/L Na_2CO_3-1mmol/L $NaHCO_3$淋洗液，抑制型电导检测，方法的最低定量浓度为0.003mg/L。提取液KCl引入的Cl^-的保留时间与Cr（Ⅵ）的保留时间相差大，在所选择的浓度下不干扰对Cr（Ⅵ）的分离与检测，但有助于对样品中Cr（Ⅵ）的提取[82]。

测定铬的经典方法是二苯碳酰二肼（1,5-二苯卡巴肼，DPC）比色法。二苯碳酰二肼与六价铬离子作用，生成一种紫红色的络合物，该衍生反应具有高的选择性，在可见光区有强的特征吸收，被国内外标准方法选用。离子色谱用其为柱后衍生试剂，提高了对Cr（Ⅵ）分析的选择性与灵敏度。离子色谱中，用阴离子交换分离柱（例如Dionex的IonPac AS7阴离子分离柱），碱性硫酸铵为淋洗液。分离后，Cr（Ⅵ）与柱后衍生试剂二苯碳酰二肼（DPC）产生如下反应：

$$2CrO_4^{2-}+3H_4L+8H^+ \longrightarrow Cr(\text{Ⅲ})(HL)_2^+ +Cr^{3+}+H_2L+8\ H_2O$$

式中，H_4L为二苯碳酰二肼（diphenylcarbazide）；H_2L为二苯基偶氮羰肼（diphenylcarbazone）。

上述反应中，二苯碳酰二肼被氧化为二苯基偶氮羰肼（diphenylcarbazone），Cr（Ⅵ）被还原为Cr（Ⅲ）；Cr（Ⅲ）与二苯基偶氮羰肼螯合生成一个目前结构尚不清楚的紫色络合物，于波长520nm处测定。该方法对Cr（Ⅵ）的检测限是0.02μg/L。改进的方法[83]是用小内径（2mm×250mm）的IonPac AS7阴离子分离柱，减小流速与柱后反应管的体积，方法对Cr（Ⅵ）的检测限达0.001μg/L。色谱条件见图7-24。

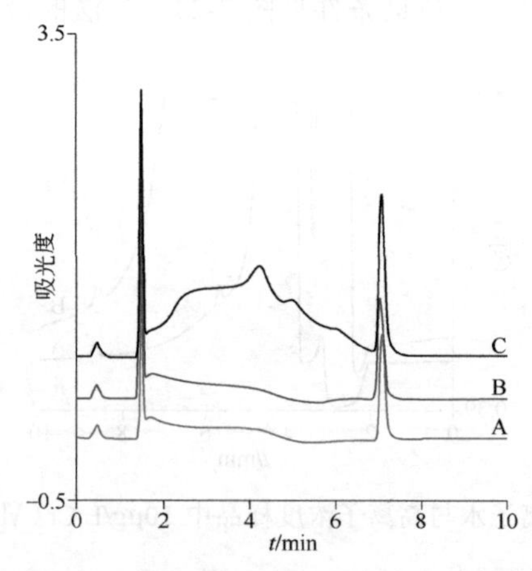

图7-24 去离子水、高离子浓度样品与自来水样品中0.1μg/L Cr（Ⅵ）的色谱图[83]

A—去离子水中加入0.1μg/L Cr（Ⅵ）；B—高离子浓度（Cl^-、SO_4^{2-}与CO_3^{2-}各为100mg/L）基体中加入0.1μg/L Cr（Ⅵ）；C—自来水中加入0.1μg/L Cr（Ⅵ）

分离柱：IonPac AS7（2mm×259mm）+AG7（2mm×50mm）

淋洗液：250mmol/L $(NH_4)_2SO_4$+100mmol/L NH_4OH

流速：0.36mL/min　　　　进样体积：1mL

柱后试剂：2mmol/L 二苯碳酰二肼+10%甲醇+0.5mol/L H_2SO_4

因为 CrO_4^{2-} 在酸性条件下不稳定，容易被还原成低价态或转变成 $Cr_2O_7^{2-}$，分析大气样品时，如何有效采集颗粒物中的六价铬，以及将其较为完全地从滤膜上提取，是方法的难点之一。刀谞等[84]围绕上述问题，从滤膜材质的选择、采样前滤膜的处理方式、样品前处理体系的选择、方法性能参数等方面开展研究。选择纤维素滤膜采样，采样前对滤膜进行碱性浸泡，采样过程保持碱性，以碳酸氢钠溶液对样品进行超声处理，六价铬的回收率从 72%增加到 104%。为了提高方法的灵敏度与选择性，他们又提出了离子色谱-电感耦合等离子体质谱联用测定大气颗粒物 $PM_{2.5}$ 和 PM_{10} 中的六价铬的方法[85]，方法的检测限达 $0.0004ng/m^3$，较前一方法提高了 5 倍。

（二）三价铬与六价铬的同时分析

环境样品中，三价铬是阳离子［Cr（Ⅲ）］，六价铬是两价的阴离子（CrO_4^{2-}），以阴离子交换分离时需将阳离子［Cr（Ⅲ）］转变成阴离子。由于 Cr（Ⅲ）的络合交换动力学速度较慢，因此在柱前与络合剂反应使其生成稳定的阴离子络合物，如与吡啶-2,6-二羧酸（PDCA）[86]或乙二胺四乙酸（EDTA）[87]反应生成一价阴离子络合物 $[Cr(PDCA)_2]^-$。对 $[Cr(PDCA)_2]^-$ 与 CrO_4^{2-} 的分离，淋洗液中需含有 3 种成分：保持 Cr（Ⅲ）的阴离子络合物稳定的络合剂，较强淋洗能力的淋洗离子，调整与稳定淋洗液 pH 值的成分。如与 PDCA 的柱前衍生反应，其步骤如下：先用氢氧化钠和盐酸调节样品 pH 值至 6.8，于 100mL 锥形瓶中加入 10mL 浓 10 倍的淋洗储备液（20.0mmol/L PDCA，20.0mmol Na_2HPO_4，100mmol/L NaI，500mmol/L $CH_3CO_2NH_4$，28.0mmol/L LiOH）和 10mL 样品溶液。加热至沸腾，保持 1min。待样品冷却至室温后用去离子水稀释至 100mL。六价铬不与 PDCA 反应，在近中性的淋洗液中以二价阴离子 CrO_4^{2-} 形式存在。一价阴离子络合物 $Cr(PDCA)_2^-$ 和二价阴离子 CrO_4^{2-} 经阴离子交换分离后，Cr（Ⅵ）通过柱后衍生形成 Cr（Ⅵ）-DPC 络合物，于 520nm 检测两种阴离子，进样量为 250μL 时，Cr（Ⅲ）和 Cr（Ⅵ）的最低检出限分别为 30μg/L 和 0.3μg/L[86]。因该方法在分离过程中，洗脱液全程与柱后衍生试剂混合，背景噪声高，使得三价铬的检测灵敏度降低。为提高三价铬的检出限，改进的方法[88]是在检测三价铬的时候不泵入柱后衍生试剂，而在检测六价铬的时候才泵入柱后衍生试剂。淋洗液组成为 2mmol/L PDCA，2mmol/L KI，100mmol/L NH_4Ac，2.8mmol/L LiOH。其中 KI 主要起淋洗作用，因此适当降低 KI 浓度，可使三价铬和六价铬保留时间间隔拉长且能够保证在检测六价铬时压力稳定，基线平稳（色谱图见图 7-25，中间突出部分为压力变化和波长切换所致）。同时该方法选用 NH_4Ac 和 LiOH 调节 pH 值至 6.70～6.80，以便于两种形态铬的分离和检测。分别于波长 365nm 与 530nm 测定三价铬与六价铬。方法对三价铬与六价铬的检测限度分别为 5.0μg/L 与 0.5μg/L。

复杂机体中超痕量离子形态的分析，离子色谱与电感耦合等离子体质谱（IC-ICP-MS）联用是目前最有效的方法之一。离子色谱中，电导检测器是非元素选择性的检测器，分离是影响方法的关键因素。而 ICP-MS 的高选择性与灵敏度，使

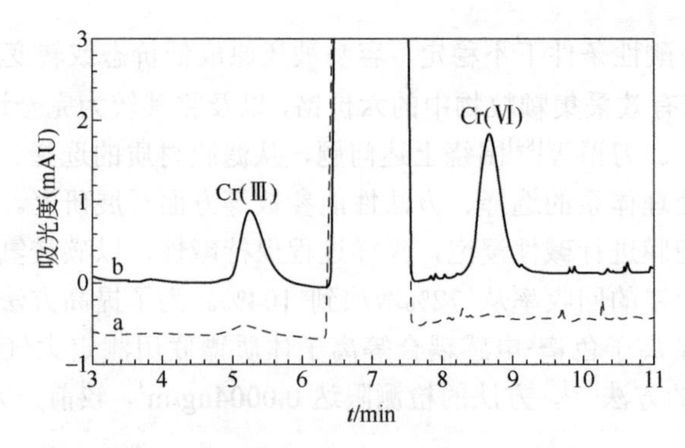

图 7-25 样品与加标样品的色谱图[88]

a—样品；b—加标样品：Cr（Ⅲ）100μg/L，Cr（Ⅵ）10μg/L

分离柱：IonPac CS5A+ IonPac CG5A

淋洗液：2mmol/L PDCA，2mmol/L KI，100mmol/L NH_4Ac，2.8mmol/L LiOH

柱后衍生试剂：2mmol/L DPC，10%（体积分数）甲醇，2.5%（体积分数）硫酸

检测波长：0～6min，365nm［Cr（Ⅲ）］；6～11min，530nm［Cr（Ⅵ）］

得分离不是最关键的因素。因此可用短柱或分离柱的保护柱以完成快速分析。若选用与 ICP-MS 兼容性好的淋洗液，可不用抑制器。如用 IonPac AG7（4mm×50mm）为分离柱，0.07mol/L NH_4Cl 淋洗液，分析多种玩具材料中的 Cr（Ⅲ）与 Cr（Ⅵ）[89]。Cr（Ⅲ）与 Cr（Ⅵ）的出峰时间分别是 45s 与 225s。进样体积为 100μL，方法对 Cr（Ⅲ）和 Cr（Ⅵ）的线性范围分别为 0.05～5mg/kg 和 0.005～0.5mg/kg；Cr（Ⅲ）和 Cr（Ⅵ）的检出限（*S*/*N*=3）分别为 0.25μg/L 和 0.029μg/L。用 IonPac AG7（4mm×50mm）为分离柱，改用 60mmol/L HNO_3 淋洗液，用 ICP-MS（*m*/*z*=50，52 和 53）测定 Cr（Ⅲ）和 Cr（Ⅵ），并对影响测定的各种因素进行了研究。该方法可以在 2min 内完成 Cr（Ⅲ）和 Cr（Ⅵ）的分离与测定。Cr（Ⅲ）和 Cr（Ⅵ）的检出限（*S*/*N*=3，*m*/*z* 53）分别为 0.05μg/L 和 0.5μg/L。线性范围（*m*/*z* 53）从 0.5μg/L 到 500μg/L 跨越 4 个数量级。*RSD*（*n*=6，*m*/*z* 52）优于 2%，方法应用于尿样中的 Cr（Ⅲ）和 Cr（Ⅵ）的测定，结果较为满意[90]。洪锦清等[91]为破除国际贸易壁垒，建立了具有更高灵敏度的检测纺织品中六价铬的方法。用离子色谱-电感耦合等离子体质谱联用方法（IC-ICP-MS），IonPac AG11（4mm×50mm）阴离子交换色谱柱、NH_4NO_3 淋洗液梯度淋洗。方法可以很好地分离溶液中的三价铬［Cr（Ⅲ）］和六价铬［Cr（Ⅵ）］。当进样量为 100μL 时，对溶液中六价铬的检出限达到 0.02μg/L。方法操作简便、灵敏度高，适用于检测纺织品中可萃取的六价铬。

Hagendorfer 等[92]提出用多种模式分析柱 RSpak NN-814 4DP （PEEK，4mm×150mm），90mmol/L $(NH_4)_2SO_4$/10mmol/L NH_4NO_3（pH 3.5）淋洗液，流速为 0.3mL/min，8min 完成 Cr（Ⅲ）和 Cr（Ⅵ）的分离，ICP-MS 检测。方法的突出优点是无须 Cr（Ⅲ）的柱前衍生反应，所选择的多模式柱可同时保留 Cr（Ⅲ）与 Cr（Ⅵ），而淋洗液的 pH 值（3.5）预防了 Cr（Ⅵ）被还原与 Cr（Ⅲ）产生沉淀。进样体积为

25μL，方法对两种铬的检测限约为0.5μg/L，方法已用于多种样品的分析。

六、砷与硒的价态与形态分析

（一）概述

不同元素的化学形态不同，包括氧化还原形态、金属有机形态、生物分子形态，不同的化学形态表现出不同的毒性、生物利用度、生物累计效应和迁移率。元素形态分析可以获得除了元素浓度以外的有价值的信息，如生物利用度和营养、迁移率和可循环性、解毒和代谢过程、相关毒性影响。一些元素的不同价态与形态的毒性有巨大差异，如砷的不同形态中，已知无机砷的毒性较有机砷大数百甚至上千倍，无机As（Ⅲ）的毒性是As（Ⅴ）的60倍[93]，且无机As（Ⅲ）迁移能力远大于无机As（Ⅴ）；三价铬是人体必需的微量元素，而六价铬是致癌的物质，毒性极大。因此其分析受到较大关注。

离子交换分离的独特选择性适合用于元素形态与价态的分离，元素的不同形态与价态在离子交换柱上的选择性不同，可很好地被分离。

对非金属元素的不同价态与形态无机阴离子，如NO_2^-与NO_3^-，S^{2-}、SO_3^{2-}、SO_4^{2-}、$S_2O_3^{2-}$与SCN^-，IO_3^-与I^-，BrO_3^-与Br^-等，可简单地用阴离子交换分离，抑制型电导或光度法检测，具有较高的灵敏度与选择性，已有较广泛的应用。也可与ICP-MS联用，提高检测灵敏度。如用CarbonPac PA10阴离子交换分离柱，NH_4NO_3淋洗液，与ICP-MS联用分析BrO_3^-与Br^-，方法对BrO_3^-与Br^-的检测限分别为0.22μg/L与0.54μg/L[94]。对砷、硒、汞、铬与锑的不同价态与形态的分析，为了提高检测灵敏度与改善选择性，与高灵敏度的元素检测方法，如原子荧光（AFS）、质谱（MS）和电感耦合等离子质谱（ICP-MS）等的联用是较好的方法。ICP-MS具有容易连接的优点，与ICP-MS联用时，淋洗液中最好不含钠盐，因为钠盐会改变等离子体的电离条件，容易在锥口沉积而造成堵塞。将钠盐改变成铵盐可较方便地解决这个问题。若选用的淋洗液含有钠离子，阴离子交换分离之后的洗脱液，经过离子色谱的特殊部件抑制器脱盐之后，再进入ICP-MS的雾化室。ICP-MS的实验参数的优化也比较简单，主要是通过调节雾化气、辅助气和冷却气流量，炬管位置，离子镜电压等工作参数，使进样系统在一定的提升量下维持较高的雾化效率和足够的信号强度。离子色谱与电感耦合等离子体质谱联用已成为解决复杂机体中超痕量离子形态分析的有效工具。

（二）砷的价态与形态分析

IC与ICP-MS联用分析砷的价态与形态，主要是用阴离子交换分离，用得较多的淋洗液有两种。由于离子色谱的淋洗液大部分是无机盐，如Na_2CO_3/乙酸钠，Na_2CO_3/NaOH/NaAc（pH=10.0），需在色谱柱和雾化器之间用抑制器在线脱盐，减少盐在锥口的堆集。另一种淋洗液与ICP-MS兼容性好，洗脱液可直接进入ICP-MS的雾化室，如NH_4NO_3与$(NH_4)_2CO_3$[95,96]。Ammann[95]认为IC与ICP-MS联用，阴离子交换分离As（Ⅲ/Ⅴ）、一甲基砷酸（MMA）、二甲基砷酸（DMA）、砷甜菜碱（AsB）与Cl^-，NH_4NO_3是最佳淋洗液。NH_4NO_3淋洗液与ICP-MS有很好的兼容性，可用高斜度的梯度淋洗，可由改变淋洗液的pH值将柱的选择性调节到最佳，避免共洗脱。pH值是改善分离的独立参数，增加了方法的灵活性。微孔色谱系统与高灵敏度的ICP-MS联用，低的流速（≤300μL/min）适合高效雾化，可用更少的样品基体进入分离柱，少的洗脱液进入MS。在两种柱（IonPac AS11与IonPac AS7）上，砷的不同形态化合物［As（Ⅲ/Ⅴ）、MMA、DMA、AsB］与Cl^-在小于9min即能很好地分离，洗脱顺序依次是：AsB、DMA、As（Ⅲ）、MMA、As（Ⅴ）。方法对5种砷化合物的检测限低达ng/L。

南极磷虾油富含Omega-3磷脂而具有较大的保健功能，但由于其砷含量较高，在保健品领域的应用受到一定限制。由于南极磷虾油中含有大量的磷脂质，采用常规的提取方法分析难以对其砷形态进行准确定量分析。王松等[97]用C_{18}固相萃取进行样品脱脂前处理，IonPac AS9-HC阴离子交换分离柱，Na_2CO_3/乙酸钠溶液为淋洗液，与ICP-MS联用的方法分析南极磷虾油中砷甜菜碱（AsB）、二甲基砷酸（DMA）、一甲基砷酸（MMA）、三价砷As（Ⅲ）和五价砷As（Ⅴ）。方法所选用的淋洗液中含有钠离子，因此需要用抑制器除去洗脱液中的钠离子。5种砷化合物出峰顺序依次是AsB、DMA、As（Ⅲ）、MMA和As（Ⅴ）。进样体积25μL，方法对5种砷化合物的线性范围为0.5～500μg/L，检出限为0.1～0.2μg/L。样品的测定结果显示，南极磷虾油中砷形态的主要存在形式为无毒的砷甜菜碱，因此可以安全地应用于食品及保健。

乙酸型AG 1-X8阴离子交换树脂（树脂的骨架是苯乙烯-二乙烯基苯共聚物，交换基团为季铵官能团）能有效吸附As（Ⅴ），但不能吸附As（Ⅲ），而氯化物型AG 1-X8阴离子交换树脂既不能吸附As（Ⅴ），也不能吸附As（Ⅲ），因此在树脂由乙酸型向氯化物型的转变过程中，可实现As（Ⅲ）和As（Ⅴ）的有效分离。郭华明等[98]用自制的AG 1-X8阴离子交换柱分离As（Ⅲ）与As（Ⅴ），原子荧光检测。方法简单易行，适用于野外现场条件下高砷地下水中As（Ⅲ）与As（Ⅴ）的分离和准确测定。

离子色谱与氢化物发生原子荧光（IC-HG-AFS）联用是分析砷的价态与形态的另一个选择而灵敏的方法。HG-AFS的价格较低，操作较简易是其优点。目前有两种氢化物发生的方法，即化学氢化物发生（CHG）与电化学氢化物发生 （ECHG）。CHG方法的效率高，但用有毒的试剂，如$NaBH_4$或KBH_4，而且$NaBH_4$和KBH_4的水溶液不稳定，需要当天配制。但ECHG发生氢化物的效率不够高，Chao等[99]改进了ECHG，用自制的ECHG，阴离子交换分离，双阳极电化学氢化物发生（bianode electrochemical hydrideGenerator）、原子荧光检测（IC–BAECHG–AFS）系统分析砷的不同形态（亚砷酸、二甲基砷、一甲基砷、砷酸根）化合物，研究了影响氢化物发生效率的因素，测试了多种离子的干扰情况。在优化的条件下，BAECHG的效率与化学氢化物发生的效率相同。用 IonPac AS14 阴离子交换分离柱，$NH_4H_2PO_4$（pH 6.20）淋洗液。方法对 As(Ⅲ)、DMA、MMA 和 As(Ⅴ)的检测限分别是 3.04μg/L、4.27μg/L、3.97μg/L 与 9.30μg/L。

（三）硒的价态与形态分析

硒对人体健康存在有利与有害两个方面影响，其影响取决于吸入的量与硒的形态。多种用于分析硒化合物的方法中，离子对反相液相色谱应用较广；检测方法包括氢化物发生-原子荧光(HG-AFS)、氢化物发生-原子吸收光谱(HG-AAS)、ICP-MS、电喷雾离子质谱（ESI-MS）与电化学检测器。ICP-MS 对硒的形态分析具有高的灵敏度与选择性，但硒的较高离子化电位影响了灵敏度，价格与操作限制了广泛应用。ESI-MS 检测器可得到硒化合物结构的更多信息，特别是发现未知化合物，但受复杂基体干扰的影响，条件的优化有一定难度。

灵敏而选择的电化学检测器中，新的六电位积分脉冲安培检测器已广泛用于氨基酸的检测[100,101]。基于硒代氨基酸的不同酸性与极性，Liang 等[102]用分析氨基酸的方法，以 AminoPac PA10 阴离子交换柱为分离柱，NaOH 与 NaAc 淋洗液梯度淋洗，检测用分析氨基酸的六电位积分脉冲安培波形，一次进样，同时分析了三种不同形态的硒代氨基酸［硒甲基半胱氨酸，selenomethylcysteine（SeMeCys）；硒代蛋氨酸；selenomethionine（SeMet）和硒代胱氨酸，selenocystine（SeCys）］与 19 种氨基酸。进样体积为 25μL，方法对 SeMeCys、SeMet 与 SeCys 的检测限（10 倍基线噪声）分别是 0.25μg/L、1μg/L 和 20μg/L。方法用于大蒜和硒酵母样品中硒代氨基酸的分析，但在大蒜中没有检出硒代氨基酸。

AFS 是检测硒的简单而价廉的检测器。硒代氨基酸在进入 AFS 前，可较方便地被氧化并还原成 SeH_2，Liang 等[103]仍用 AminoPac PA10 分离柱与 NaOH /NaAc 淋洗液，但用 AFS 检测器，分析了四种硒的不同形态化合物（SeMeCys、SeCys、SeMet 与亚硒酸盐），近样体积为 250μL，方法对 4 种硒化合物的检测限为 1～5μg/L（10 倍噪声）。为硒的形态分析提供了另一个可选用的方法。

七、氰化物与金属氰络合物的分析

由于氰化物强的毒性，各国对环境各种载体中氰化物的浓度都有严格的规定。

离子色谱法应用于多种基体中氰化物测定的报道正在增加，其中 Out 等[104]于 1992 年较为全面地叙述了离子色谱法分析氰化物和金属氰化物所取得的进展。与其他分析手段相比，如比色法，离子色谱在干扰的消除、定量的准确性与操作简便等方面优于前者。

环境样品中对氰化物的检测分为三类，即游离氰、络合氰与总氰。游离氰包括 CN^-、HCN 和部分在弱酸性的溶液中能快速离解的络合氰（与 Ag、Cd、Cu、Ni 和 Zn 生成的络合物），络合氰主要是有较高稳定常数的金属络合物（与 Au、Co、Fe、

Hg、Pd 和 Pt 生成的络合氰），总氰则是游离氰与络合氰之和。对总氰的分析，除样品前处理之外，分离与检测方法同游离氰。离子色谱法对游离氰的分析方法有三种：阴离子交换分离，抑制型电导检测；阴离子交换分离或离子排斥分离，安培或脉冲安培检测；阴离子交换分离，光度法检测。方法的选择取决于样品的性质及检测的目标。阴离子交换分离，抑制型电导检测方法可用常规的离子色谱仪配置，高容量阴离子交换分离，Na_2CO_3/$NaHCO_3$，或 KOH（NaOH）淋洗液。KOH（或 NaOH）淋洗液的灵敏度高于碳酸盐淋洗液，方法的检测限分别是 0.25μmol/L[105] 与 2.0μmol/L[106]。需要注意在阴离子交换分离柱上，CN^-的洗脱在 Cl^-之后，样品中高离子浓度（mg/L）的 Cl^-的干扰。

阴离子交换分离或者离子排斥分离，安培或脉冲安培检测方法的灵敏度与选择性均较抑制型电导法高，是推荐的检测 CN^-的方法。图 7-26 是用直流安培检测器同时测定碱性吸收液中的 S^{2-}和 CN^-的色谱条件和色谱图。氰化物在银电极上有较强的电化学活性，直接监测灵敏度可以达到 μg/L[104]。

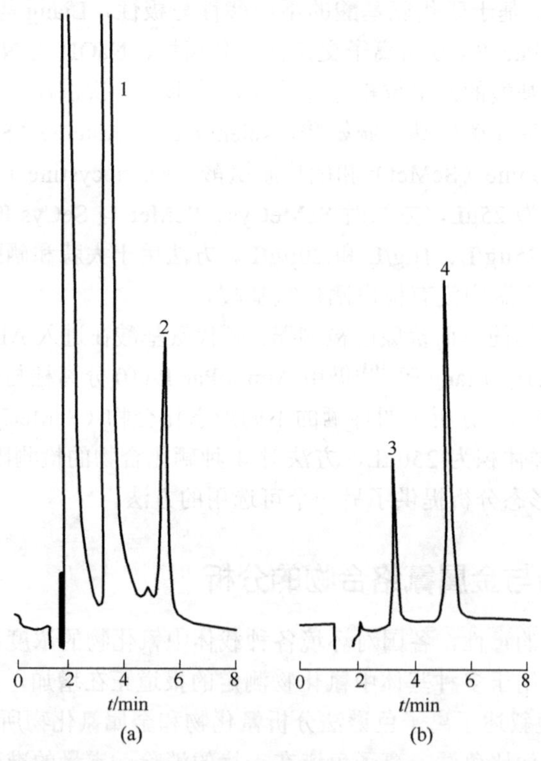

图 7-26 直流安培检测器同时测定碱性吸收液中的 S^{2-}和 CN^-[104]

分离柱：IonPac AS7

淋洗液：0.5mmol/L 乙酸钠，0.1mmol/L NaOH，0.5%乙二胺

流速：1mL/min

检测器：直流安培检测器，银工作电极，0.00V 工作电位，Ag/AgCl 参比电极

色谱峰（μg/L）：1—S^{2-}（1000）；2—CN^-（100）；3—S^{2-}（25）；4—CN^-（125）

Rocklin 等[107]将安培和电导检测器串联使用同时测定了“游离”的和“不稳定”的氰化物、硫化物和卤素离子。将电化学检测器置于分离柱和抑制器之间，将电导检测器置于抑制器之后。用阴离子分离柱，pH 11.0 的淋洗液，在进样量为 100μL 时，CN^-的最低检出限为 2μg/L。在此色谱条件下，Cd、Zn 与氰化物的络合物离解，并以游离氰的形式被测定。Ni 和 Cu 与氰生成的络合物离解缓慢，造成峰拖尾。Au、Fe 和 Co 与氰生成的络合物在此色谱条件下不离解，全部保留在色谱柱内。

阴离子交换分离中，mg/L 级浓度的 Cl^-干扰低浓度（μg/L 级）的 CN^-的分离，而在 ICE 分离中，因为强酸阴离子（如 Cl^-、SO_4^{2-} 等）被排斥，而 CN^-可与 S^{2-}分开。与直流安培检测器不同，脉冲安培（PAD）检测器的工作电极在运行时不断地被清洗[108]。银工作电极也可检测 Cl^-，而且不兼容含 mg/L 级浓度 S^{2-}的样品[109]；而 Pt 工作电极，不检测 Cl^-，在 mg/L 浓度级的 S^{2-}的样品中稳定[110,111]。用 ICE-PAD 方法，CN^-在 S^{2-}前洗脱，CN^-与 S^{2-}的分离度大于 3，Cl^-、SO_4^{2-} 等被排斥，方法的检测限达 0.27μg/L。色谱图见图 7-27。

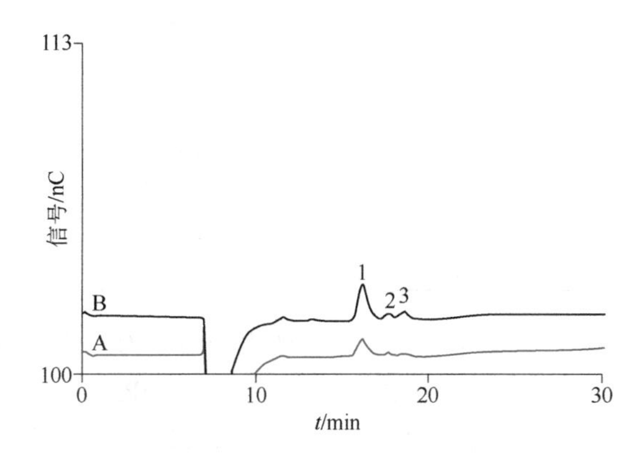

图 7-27　分析 10 倍稀释的（确定浓度的）废水样品（A）和样品 A 加标 5μg/L CN^-（B）的色谱图

分离柱：IonPac ICE-AS1

淋洗液：50mmol/L 甲基磺酸

流速：0.2mL/min

进样体积：50μL

检测器：脉冲安培，Pt 工作电极

样品制备：硫酸消解，碱吸收

色谱峰：1—CN^-（A，4.25μg/L；B，9.41μg/L）；2,3—未知

测定样品中总氰的方法一般是将样品置于硫酸中进行消解、蒸馏，氰化物、游离或络合的金属氰化物以氰氢酸气体的形式释放，如下式：

$$CN^-：M(CN)_x^{x-y}+H^+ \longrightarrow M^{2-}+HCN\uparrow$$

$$S^{2-}：M_xS+H^+ \longrightarrow M^{2-}+H_2S\uparrow$$

并将其吸收于强碱性的溶液（0.1mol/L NaOH）中：

$$HCN + OH^- \longrightarrow H_2O + CN^-$$
$$H_2S + OH^- \longrightarrow H_2O + S^{2-}$$

从以上反应中可见，若样品中含有硫化物，消解蒸馏时硫离子也会释放出来，并被碱性溶液吸收。

金属氰络合物是负电荷的络阴离子，$[M(CN)_b]^{x-}$是其分子通式。式中，M 代表金属离子；b 代表 CN^-的数目；x 代表阴离子络合物的电荷数。很多金属氰络合物相当稳定，其络合物的稳定常数（$\lg K$）大于 35 的金属氰络合物，无毒性，需在中到强的酸性（$pH<2$）条件下方可释放出 CN^-。其络合物的稳定常数（$\lg K$）小于 30 的金属氰络合物不稳定，在 pH 值大于 3 小于 6 时，即可离解释放出 CN^-。当环境水体的 pH 值小于 9.3，氰化物将转变成强毒性的 HCN。因此，在环境中金属氰络合物的稳定性是一个重要因素，常见金属氰络合物的稳定常数见表 7-1。

表 7-1 金属氰络合物的稳定性[112]

金属氰络合物	稳定常数 $\lg K$（25℃）	金属氰络合物	稳定常数 $\lg K$（25℃）
$[Co(CN)_6]^{3-}$	64	$[Ni(CN)_4]^{2-}$	30.2
$[Fe(CN)_6]^{3-}$	43.6	$[Cu(CN)_4]^{3-}$	23.1
$[Pd(CN)_4]^{2-}$	42.4	$[Cu(CN)_3]^{2-}$	NA
$[Pt(CN)_4]^{2-}$	40.0	$[Ag(CN)_2]^-$	20.5
$[Hg(CN)_4]^{2-}$	39.0	$[Zn(CN)_4]^{2-}$	19.6
$[Au(CN)_2]^-$	37	$[Cd(CN)_4]^{2-}$	17.9
$[Fe(CN)_6]^{4-}$	35.4		

金属氰化物络合物对阴离子交换树脂有较强的亲和力，将其洗脱需要较长的时间，因此选用[104,113]疏水性较低的阴离子分离柱（如 IonPac AS5 或 IonPac AS11），OH^-淋洗液梯度淋洗，可于一次进样同时分离 $Ag(CN)_2^-$、$Au(CN)_2^-$、$Cu(CN)_4^{3-}$、$Ni(CN)_4^{2-}$、$Fe(CN)_6^{3-}$和 $Co(CN)_6^{3-}$。UV 检测（215nm），对 6 种金属氰化物络合物的检测限分别为 1.48mg/L、0.28mg/L、0.06mg/L、0.77mg/L、0.09mg/L 和 0.50mg/L。

对需要检测金属氰化物的样品，需用 NaOH 将样品的 pH 值调到大于 12.0，于 4～6℃存放。

第三节 离子色谱在食品和饮料分析中的应用

一、概述

与传统的分析方法相比，IC 法的突出优点是同时分离多组分，样品前处理简单，对水溶性的极性化合物检测的独特选择性，已广泛应用于食品和饮料中阴阳离子、有机酸、胺、糖和氨基酸等的分析。在食品的原料质量控制，有益和有害成分的检测等方面得到了广泛的应用。近年来，IC作为官方标准方法的数目迅速增加（见附录），食品分析已成为目前IC的主要应用研究方向之一[114]。Buldini等[115]对食品中无机阴阳离子的IC分析做了详细的综述；并介绍了相关的样品前处理方法，包括加速溶剂萃取、超临界流体萃取、紫外光解、微波消解与高温水解等方法。陈青川等[116]综述了1994～1998年间食品中无机阴离子、金属离子、胺类化合物、有机酸、肌醇六膦酸类化合物、糖类等的IC分析。对于基体比较简单的样品中常见阴阳离子的分析，因本书第二章已详细讨论了离子色谱分析常见阴离子与阳离子的色谱条件选择及影响因素，本节不再重复。食品的基体非常复杂，种类多，即使是同一种食品也有几十个品种、几十种配方，不同分离和检测方式都存在一定程度的基体干扰。本节将针对不同类型目标化合物的性质以及实际样品的基体情况，讨论样品前处理、分离及检测方法的选择。

二、无机阴离子的分析

（一）饮用水消毒副产物溴酸盐、氯酸盐和亚氯酸盐的分析

饮用水消毒始于19世纪初，当时使用氯作为消毒剂，能有效地杀灭水中的微生物病原体，大大降低了人们因饮水而感染痢疾、霍乱等水传播疾病而致死亡的概率，是人类健康史上的一次重大突破。饮用水消毒副产物（disinfection by-products，DBPs）是指对饮用水进行消毒时，消毒剂与饮用水中含有的一些天然有机物（natural organic matter，NOM）或者无机物反应生成的化合物。消毒副产物最初主要是指用氯进行消毒产生的DBPs，现在由于消毒剂种类繁多，消毒方式也多样化，因此，DBPs涵盖的范围也大大增加。但总的来说可分为5类DBPs，即三卤甲烷（trihalomethanes，THMs）、卤代乙酸（haloacetic acids，HAAs）、卤氧化物（oxyhalides）、卤代乙腈（haloacetonitriles，HANs） 和致诱变化合物（mutagen X，MX）。由于三卤甲烷、卤代乙腈和致诱变化合物均不能在水中离解，不能用离子色谱法测定。本节主要讨论饮用水消毒副产物中卤氧化物与卤代乙酸的分析。

1．溴酸盐的分析

（1）概述　臭氧作为低毒性消毒剂正逐渐扩大使用范围，包括地下水预氧化、小区饮用水消毒、集团饮用水消毒以及桶装水和瓶装水工业等。溴酸盐是用臭氧对饮用水进行消毒时产生的一种副产物，溴酸盐对人体具有潜在的致癌作用，美国联邦环保署饮用水标准中规定溴酸盐的最高允许质量浓度为10μg/L，期望值是不检出［USEPA，Fed. Reg.，63（241）FR69389，1998］。我国原卫生部制定的《生活饮用水卫生标准》（GB 5749—2006，于2007年7月1日开始实施）中，规定居民饮用水中溴酸盐的最大允许浓度为10μg/L。2004年世界卫生组织（WHO）将《饮用水水质标准》中溴酸盐限值从25μg/L修订为10μg/L[117]。

目前，离子色谱法是检测溴酸根的首选方法。离子色谱测定饮用水中溴酸盐主

要有三种检测方法，即抑制型电导测定法、柱后衍生光度检测法和离子色谱-质谱联用。由于抑制型电导测定法的仪器设备与操作比较简单，其灵敏度能达有关规定，因此我国将其规定为关于生活饮用水与饮用天然矿泉水中溴酸盐的检测标准方法[118,119]。样品采集及保存时应注意：采集完的样品应立即进行分析，若不能即时进行测定，需将惰性气体或高纯氮气通入样品中（5min）除去残留的臭氧或二氧化氯。为防止次溴酸根转化为溴酸根，需在样品中加入乙二胺。样品需于4℃条件下存放。

（2）抑制型电导检测　饮用水中溴酸盐的含量很低，通常每升仅有几微克，在阴离子交换分离柱上的保留比较弱，其保留时间小于 Cl^- 并靠近 Cl^- 的色谱峰，一般样品中 Cl^- 浓度较溴酸根浓度高 2～3 个数量级，氯离子的摩尔电导率（76μS/cm）比溴酸根（55.7μS/cm）高。因此准确检测饮用水中溴酸盐需要解决干扰与灵敏度这两个问题。

美国 EPA 较早的标准方法 300.0B（1993 年）[120]用 IonPac AS9-SC 分离柱，CO_3^{2-}/HCO_3^- 为淋洗液，抑制型电导检测，方法对 BrO_3^- 的检出限只有 20μg/L。而符合规定要求的分析方法的检出限应为最大允许浓度的 1/10。BrO_3^- 的最大允许浓度为 10μg/L，要求方法的检出限小于 1μg/L，方法 300.0B 显然不能满足不断发展的各种规定的需要。虽然预浓缩方法可将检出限降至小于 1μg/L，但是样品前处理的时间很长，而且存在样品中存在的高浓度基体离子干扰等问题。1997 年美国 EPA 公布的方法 300.1，改用高容量柱 IonPac AS9-HC，碳酸盐为淋洗液，大体积进样，方法对 BrO_3^- 的检测限降低到 1.4μg/L[121]。

Borba 等[122]对美国 EPA 方法 300.1B 做了改进，他们用对 OH^- 具有选择性的新型阴离子交换分离柱 IonPac AS19，“在线”电解产生的高纯 KOH 为淋洗液，梯度淋洗，大体积（250μL）进样，抑制型电导检测。用 KOH 淋洗液梯度淋洗，淋洗液的初始浓度低，有利于溴酸根与其他弱保留离子的分离。方法在 1～40μg/L 范围的线性相关系数＞0.999。可同时检测水样中的亚氯酸根、氯酸根、溴酸根和溴离子（见图 7-28），对上述离子的检出限分别为 0.23μg/L，0.32μg/L，0.34μg/L 和 0.54μg/L。与方法 300.1B 相比，OH^- 淋洗液的抑制产物是水，背景电导低（＜1μS，而 9mmol/L Na_2CO_3 的背景电导为 22μS），噪声小，因此可得到的检测限较用 CO_3^{2-}/HCO_3^- 淋洗液时低。IonPac AS19 柱（240μeq/柱）的柱容量大于 IonPac AS9-HC 柱（190μeq/柱），不仅可用大体积进样，而且改善了 BrO_3^- 与 Cl^- 之间的分离（AS19 柱，R_s=4.6；AS9-HC 柱，R_s=3.4），方法的灵敏度较美国 EPA 方法 300.1B 提高了 50%～75%，方法可用于含高浓度 Cl^- 和其他干扰离子的样品中溴酸根的分析。

增大进样量可以提高检测灵敏度，但应考虑样品中高浓度的其他离子的影响以及柱容量的限制。Borba 等[122]用 Cl^-、SO_4^{2-} 和 CO_3^{2-} 各为 100mg/L 的混合水样，比较进样体积对 BrO_3^- 的分离和检测的影响。从图 7-29 可见，进样体积为 500μL 时［图 7-29（a）］，由于高浓度基体离子的影响，观察不到 5μg/L BrO_3^- 的峰，而进样体积为 250μL 时，可观察到 BrO_3^- 峰，回收率为 84.6%。根据美国 EPA 方法 300.1，浓

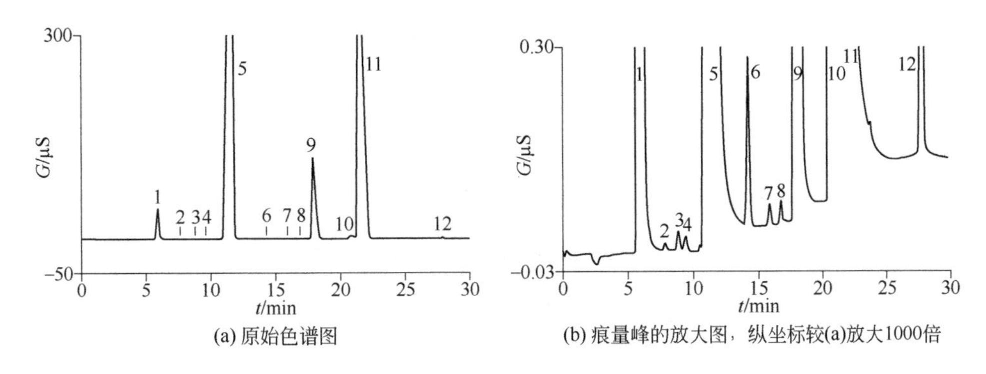

(a) 原始色谱图　　(b) 痕量峰的放大图，纵坐标较(a)放大1000倍

图 7-28 饮用水中卤氧化物的分析[122]

分离柱：IonPac AG19，AS19，4mm

淋洗液：KOH，梯度为 0～10min，10mmol/L；10～25min，10～45mmol/L

流速：1.0mL/min　　柱温：30℃

抑制器：ASRS ULTRA Ⅱ，4mm（外接水模式）

抑制电流：300mA　　进样体积：500μL

色谱峰（mg/L）：1—F^-（1）；2—甲酸盐（—）；3—次氯酸盐（0.005）；4—溴酸盐（0.005）；5—Cl^-（50）；6—NO_2^-（0.005）；7—氯酸盐（0.005）；8—Br^-（0.005）；9—NO_3^-（10）；10—CO_3^{2-}（25）；11—SO_4^{2-}（50）；12—PO_4^{3-}（0.2）

度范围为 1～10μg/L，可接受的回收率是 75%～125%，因此 84.6%的回收率是可接受的。他们的研究表明，水样中 Cl^-的浓度从 130mg/L 增加到 230mg/L，对 BrO_3^-的回收率从 85.8%降低到 52.8%。SO_4^{2-}浓度的增加，对 BrO_3^-回收的影响较小，水样中 SO_4^{2-}的浓度从 0 增加到 140mg/L 时，BrO_3^-的回收从 98%降低到 87%。但当水样中同时含有高浓度 Cl^-和 SO_4^{2-}时，对 BrO_3^-回收的影响大于单个干扰成分的影响。

抑制型电导检测饮用水中 BrO_3^-，方法简单，但样品中可能存在的高浓度 Cl^-、CO_3^{2-}和 SO_4^{2-}等离子的干扰以及检测灵敏度不够高，一直是研究的重点，为了解决这些难点，开展了大量的研究工作。其中，一个方法是样品前处理。如用高容量、强酸性的 Ag 型阳离子交换树脂小柱去除样品中存在的严重干扰 BrO_3^-分离的氯离子，Ba 型阳离子交换树脂小柱降低 SO_4^{2-}（K_{sp}=1.1×10^{-10}）的浓度。为了有效消除干扰，推荐的方法是[123,124]首先对样品进行了保护性处理，即用惰性气体或高纯氮气通入样品中（5min）除去残留的二氧化氯或臭氧；为防止次溴酸盐被转化成溴酸根，样品中加入乙二胺（1mL/L）使其生成溴胺。然后先后经前处理小柱 OnGuard Ba、OnGuard Ag 与 OnGuard H 处理，减小样品中 SO_4^{2-}、Cl^-、CO_3^{2-}与金属离子的浓度。经过处理的样品可用较大体积进样。进样后，以弱的硼酸盐淋洗液淋洗。BrO_3^-被洗脱之后，改用较浓的硼酸盐淋洗液洗脱保留在柱上的其他阴离子。方法的检测限低达 μg/L。一些国际组织也用相似的前处理方法作为测定饮用水中痕量 BrO_3^-的标准方法（标准方法 15601）[125]。采用 Ag 型前处理柱去除氯离子，继用微波蒸发技术浓缩样品中的 BrO_3^-，该方法可在 15min 内同时浓缩 5～10 个样品，对 BrO_3^-的检出限为 0.1μg/L[126]。

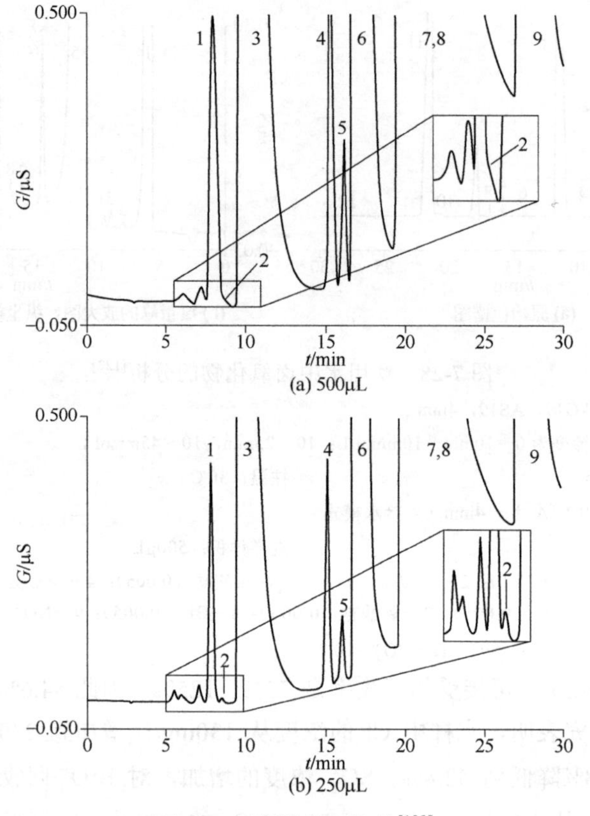

图 7-29 进样体积比较[122]

分离柱：IonPac AS19

柱温：30℃

淋洗液：KOH 梯度（淋洗液在线发生，ICS2000）

流速：1.0mL/min

检测：抑制型电导

样品：合成的高浓度离子水样（Cl^-、SO_4^{2-} 和 CO_3^{2-} 各为 100mg/L）

色谱峰（mg/L）：1—ClO_2^-（0.1）；2—BrO_3^-（0.005）；3—Cl^-（100）；4—ClO_3^-（0.1）；5—Br^-（0.025）；6—NO_3^-（10）；7—CO_3^{2-}（100）；8—SO_4^{2-}（100）；9—PO_4^{3-}（10）

我国关于生活饮用水中溴酸根检测的标准方法[118]与饮用天然矿泉水检验方法[119]均选用了两种淋洗液，OH^- 和 CO_3^{2-}/HCO_3^-。方法一用对 OH^- 具有选择性的分离柱 IonPac AS19，OH^- 为淋洗液，梯度淋洗改善分离度与缩短总的分析时间。由于 OH^- 淋洗液的抑制产物是水，背景电导低，消除了水负峰，可用大的进样体积提高检测灵敏度[127]。方法二用对 CO_3^{2-}/HCO_3^- 具有选择性的高容量分离柱 IonPac AS9-HC 或 Metrosep A Supp5-250 柱，CO_3^{2-}/HCO_3^- 为淋洗液，等浓度淋洗。为了改善分离度，可用比较弱（或稀）的淋洗液；为了减小水负峰，可适当改变淋洗液的组成（如将 CO_3^{2-}/HCO_3^- 改变成 CO_3^{2-}/OH^-）[128]。用碳酸盐淋洗液时，为了减小水负峰，减小碳酸根的干扰，降低背景电导可在抑制器后加装二氧化碳去除装置，脱去经抑制器后碳酸中的二氧化碳，将背景抑制成水。对含高浓度氯离子的样品，为了消除氯离子的干扰，可用 Ag 型前处理柱除 Cl^-。两种方法的灵敏度都符合卫生部关于饮用水中溴酸根最大允许浓度的要求。对用 CO_3^{2-}/HCO_3^- 淋洗液、等度淋洗检测饮用水中溴酸盐，随着色谱柱的发展，可选择新型的柱容量与柱效高于 IonPac AS9-HC 柱的 IonPac AS23 柱，其用于饮用水中溴酸盐分析的色谱图见图 7-30。

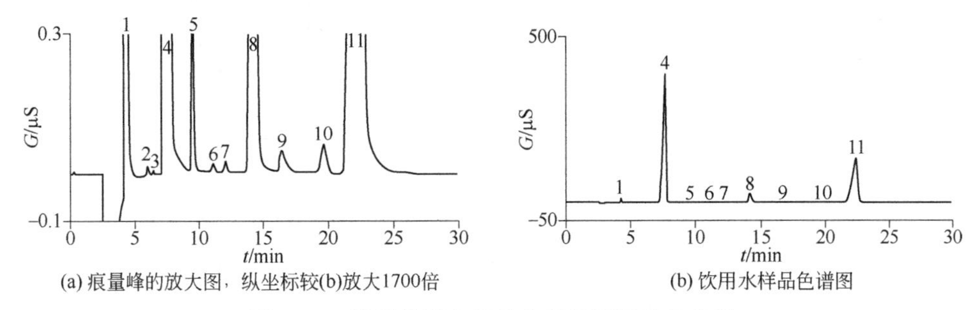

图 7-30 模拟饮用水样品中痕量溴酸盐的分析

色谱柱：IonPac AS23

淋洗液：4.5mmol/L Na_2CO_3/0.8mmol/L $NaHCO_3$　　流速：1.0mL/min

温度：30℃　　进样体积：200μL

检测：抑制型电导　　抑制器：ASRS，自循环模式

色谱峰（mg/L）：1—F^-（1.0）；2—ClO_2^-（0.01）；3—BrO_3^-（0.005）；4—Cl^-（50）；5—NO_2^-（0.1）；6—ClO_3^-（0.01）；7—Br^-（0.01）；8—NO_3^-（10）；9—CO_3^{2-}（50）；10—PO_4^{3-}（0.1）；11—SO_4^{2-}（50）

阀切换是消除基体干扰、富集目标离子、改善检测灵敏度的较好方法。改进的阀切换方法只需在常规离子色谱仪的基础上加一个十通阀即可，见图 7-31。如含高氯的饮用水中痕量溴酸盐的分析，用 IonPac AS19 分离柱，IonPac AG11-HC 为浓缩柱，以 OH^-为淋洗液，图 7-31 为其流路图，第一步，将样品装载于图 7-31（a）中阀 V_2 的定量环上；第二步，流路为图 7-31（b），淋洗液将 V_2 的定量环中的样品带到分离柱分离，因为淋洗液经过抑制器之后已经转变成没有洗脱功能的水，可将目标离子保留在浓缩柱上；流路图 7-31（c），将高浓度的基体离子排到废液。回到图 7-31（a），富集柱的流路与富集时反相，淋洗液将富集在富集柱下端的目标离子带到分析柱分离。进样体积为 2000μL，可检测含氯高达 100mg/L 的样品中 0.2μg/L 的溴酸盐，见图 7-32。

（3）柱后衍生，光度法检测

柱后衍生法的优点是消除了与溴酸根保留时间相近的色谱峰（如有机酸、氯等）的干扰，较电导检测的灵敏度高，还可同时检测 IO_3^- 和 ClO_2^-。但仪器和操作较直接电导法复杂，而且对柱后衍生试剂的浓度、酸度、纯度以及流速等必须严格控制。溴酸盐具有较强的氧化性［$E^{\ominus}_{A/V}(BrO_3^-/Br_2)=1.52V$］，可与一些还原性试剂在酸性介

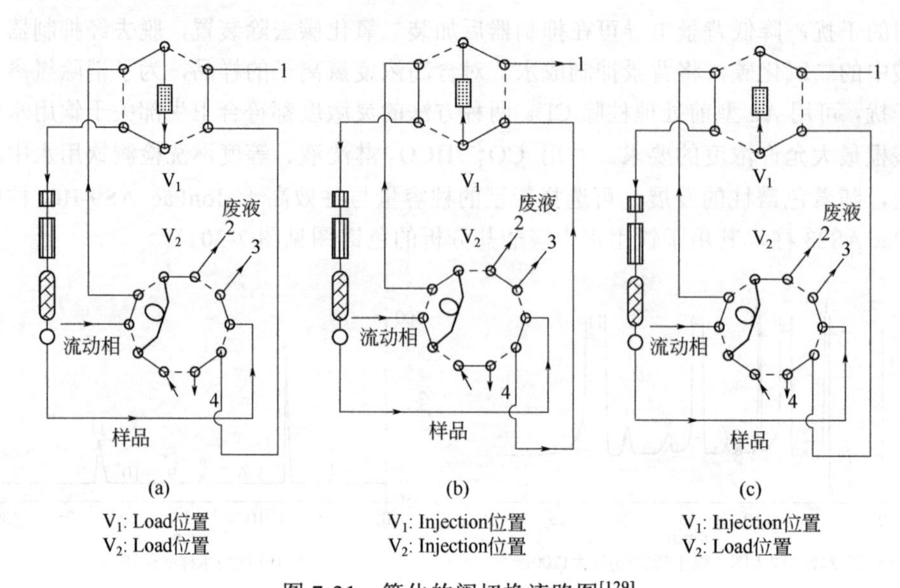

图 7-31　简化的阀切换流路图[129]

（a）V_1—装样流路；V_2—装样流路；（b）V_1—进样流路，V_2—进样流路；（c）V_1—进样流路；V_2—装样流路

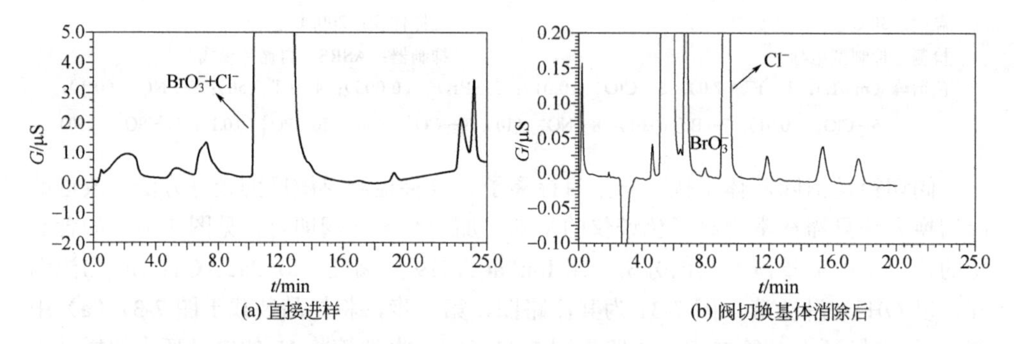

图 7-32　含 100mg/L 氯离子的样品中 0.2μg/L BrO_3^- 的色谱图[129]

分离柱：IonPac AS19/AG19　　浓缩柱：IonPac AG11-HC

淋洗液：KOH 梯度淋洗　　流速：1mL/min

进样体积：2000μL　　检测器：抑制型电导

质中发生显色反应，从而在特定的波长用紫外-可见光度检测器测定。常用的衍生试剂有联茴香胺、碘化物、溴化物、氯丙嗪和品红等，其中前三种方法分别为 USEPA 方法 317.0 和 326.0 与日本标准方法所采用。

美国 EPA 方法 317.0[130, 131]是在方法 300.1 的基础上发展的，方法 317.0 的色谱分离条件与方法 300.1 相同，只是在电导池之后加入衍生试剂，串联光度检测器。方法的实验条件见表 7-2。进样体积为 225μL 时，对 BrO_3^- 的最低检出限为 0.12μg/L。饮用水用 ClO_2 消毒时，溶液中存留的大量 ClO_2^- 会严重干扰 BrO_3^- 的测定，必须采

取有效的措施除去 ClO_2^- 的干扰[132]。ClO_2^- 具有较强的氧化性，可在样品溶液中加入亚硫酸氢盐或亚铁溶液等还原性试剂除去样品中的 ClO_2^-。亚铁溶液对样品中的 ClO_2^- 的去除效率高，3.3mg 的 Fe（Ⅱ）即可去除 1.0mg 的 ClO_2^-。该方法影响因素少、操作简单。采用该方法处理 ClO_2^- 浓度小于 1000μg/L 的饮用水样品，BrO_3^- 的加标量分别为 0.5μg/L、2.0μg/L 和 5.0μg/L 时，其回收率分别为 98.6%、102%和 110%。

表 7-2 美国 EPA 方法 317.0 的色谱条件[131]

方法参数	说明
分离柱	IonPac AG9-HC/AS9-HC，4mm
淋洗液	9.0mmol/L Na_2CO_3
淋洗液流速	1.3mL/min
检测	抑制型电导-柱后加入（PCR）-光度检测
进样体积	225μL
PCR 流速	0.70mL/min
PCR 试剂配制（注意试剂的纯度）	① 加 40 mL 70%HNO_3 和 2.5g KBr 于 300 mL 纯水中 ② 溶 250mg 联茴香胺二盐酸（*O*-dianisidinedihydrochloride）于 100mL 甲醇中 ③ 混合①与②定容至 500mL
柱后反应管	500μL
柱后反应温度	60℃
吸光检测池	10mm 光程
光源	钨灯
检测波长	450nm

碘离子具有较强的还原性，可与 BrO_3^- 发生反应生成次碘酸。次碘酸不稳定，若样品内含有过量的碘离子，可生成 I_3^-。I_3^- 在 352nm 处具有较高的摩尔吸光系数［26400L/(mol·cm)］[133]，因此可用紫外光度法测定 I_3^-，间接测定样品溶液中的 BrO_3^-。在中性介质中，该反应的速率较慢。在酸性介质和催化剂存在的条件下，反应能迅速进行。研究表明，在 0.05mol/L H_2SO_4、10μmol/L Mo（Ⅵ）和 60mmol/L KI 的混合溶液中，10μmol/L BrO_3^- 在 1min 可以转化生成 94%对应浓度的 I_3^-。Salhi 等[134]以 IonPac AS9-HC 为分离柱，9mmol/L Na_2CO_3 为淋洗液，以 0.26mol/L KI、43μmol/L $(NH_4)_6Mo_7O_{24}$ 为衍生试剂，用自动循环再生抑制器的外加酸模式来产生衍生反应所需的酸性介质，再生液为 150mmol/L H_2SO_4，于 352nm 处测定 I_3^-。进样量为 500μL 时，BrO_3^- 的检测限为 0.1μg/L。可在 100mg/L Cl^-、1000mg/L NO_3^-、1000mg/L PO_4^{3-} 和 1000mg/L SO_4^{2-} 存在下检测痕量 BrO_3^-。由于该方法好的选择性和灵敏度，USEPA 将其发展成为标准方法 326.0，方法的色谱条件见图 7-33 和表 7-3。

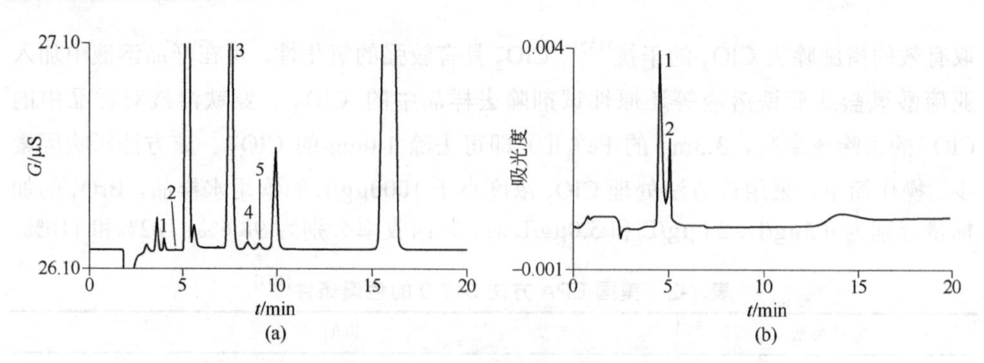

图 7-33 臭氧处理的瓶装水中溴酸盐的分析（USEPA 方法 326.0）

分离柱：IonPac AG9-HC-AS9.HC　　柱温：30℃
淋洗液：9.0mmol/L Na_2CO_3　　流速：1.30mL/min
进样体积：225μL
检测器：（a）抑制型电导；（b）UV，352nm　　柱后试剂：KI
PCR 流速：0.4mL/min　　柱后温度：80℃
色谱峰（μg/L）：（a）1—次氯酸盐（10.8）；2—溴酸盐（2.80）；3—二氯乙酸（DCA）；4—溴化物（12.7）；5—氯酸盐（12.6）；
（b）1—次氯酸盐；2—溴酸盐（2.85）

表 7-3 4 种分析 BrO_3^- 方法的柱后衍生条件和优缺点比较

方法	柱后衍生——三溴化物法（日本标准方法）	柱后衍生——三碘化物法（USEPA 方法 326.0）	柱后衍生——联茴香胺法（USEPA 方法 317.0）	抑制型电导法（USEPA 方法 300.0）
衍生试剂	① 1.2mmol/L $NaNO_2$ ② 1.5mol/L KBr，1.0mol/L H_2SO_4	① 0.26mol/L KI，43μmol/L $(NH_4)_6Mo_7O_{24}$ ② 0.15mol/L H_2SO_4	1.6mmol/L 联茴香胺 0.1mol/L KBr 1.0mol/L HNO_3	无
检测限	0.5μg/L（进样体积 100μL）	0.8μg/L（进样体积 100μL）	1.1μg/L（进样体积 100μL）	1.5μg/L（进样体积 100μL）
灵敏度	三溴化物>三碘化物>联茴香胺>电导			
优点	灵敏度高，可用大体积进样	灵敏度高，可用大体积进样	只用一种衍生试剂，基线稳定，可用大体积进样	简单，不需要柱后衍生，用改进的方法可提高灵敏度
缺点	需 2 次加入衍生试剂，需用高浓度的酸	需 2 次加入衍生试剂，需用 Dionex 公司 AMMS 抑制器	联茴香胺对人体健康有害，BrO_3^- 前有未知峰	高浓度氯干扰，用改进的方法可消除

在酸性条件下，BrO_3^- 可与 Br^- 反应生成单质 Br_2，Br_2 会进一步与 Br^- 反应生成 Br_3^-。Br_3^- 在 267nm 处的摩尔吸光系数为(40900±400)L/(mol·cm)，具有较高的灵敏度；同时由于用于产生 Br_3^- 的组分在 267nm 处均没有吸收，可用紫外光度法通过测定 Br_3^- 来间接测定 BrO_3^- 的浓度。发生衍生反应时，反应平衡常数的大小决定了反应的速率和衍生产物的稳定性。反应平衡常数大，反应速率快，反应进行较完全，Br_3^- 的稳定性亦较强。Weinberg 等[135,136]以 IonPac AS12 色谱柱为分离柱，2.7mmol/L Na_2CO_3 和 0.3mmol/L $NaHCO_3$ 为淋洗液，2mol/L NaBr 和 0.145mol/L $NaNO_2$ 为衍生试剂，用 25mmol/L H_2SO_4 为再生液，通过化学抑制来产生衍生反应所需要的酸性环

境；衍生反应管内径为0.5mm，长度为2.5m，衍生反应温度为60℃。于267nm处测定饮用水中痕量BrO_3^-，进样量为250μL时，对BrO_3^-的检出限为0.1μg/L。通过加快淋洗液流速和增加进样量，BrO_3^-的检出限可达 0.01μg/L[137]。日本对该方法做了一些改进，发展成官方标准方法[138]，方法的色谱条件见表7-3和图7-34。该方法可同时分析低浓度（μg/L）IO_3^-、ClO_2^-和BrO_3^-。对该方法做进一步优化[139]，并作成一套自动分析系统，已用于饮用水中痕量碘酸根、亚氯酸根和溴酸根的监测，对碘酸根、亚氯酸根和溴酸根的检测限分别为 0.5μg/L、0.4μg/L 和 0.1μg/L。

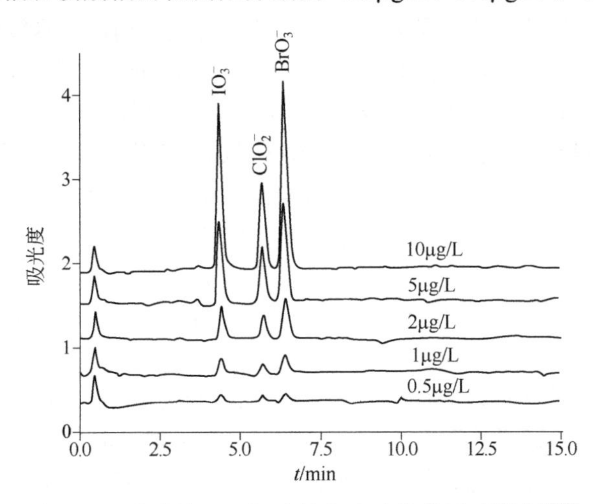

图7-34 碘酸盐、亚氯酸盐和溴酸盐的同时测定[138]

分离柱：IonPac AG9-HC，AS9-HC

淋洗液：9.0mmol/L Na_2CO_3　　流速：1.0mL/min

柱后试剂：①1.5mol/L KBr，1.0mol/L H_2SO_4，0.4mL/min；②1.2mmol/L $NaNO_2$，0.2mL/min

反应螺旋管：0.5mm×2m（40℃）　　进样体积：100μL

检测器：UV/Vis，268nm

表7-3比较了分析BrO_3^-的4种方法的色谱条件和优缺点。从表可见，柱后衍生光度检测方法的灵敏度和选择性均较直接电导高，但仪器配置和操作均较复杂。

（4）离子色谱-质谱联用　Schminke等[140]比较了几种方法，认为用电导检测时，用Ag型阳离子树脂做样品前处理是必需的。与电导检测、柱后衍生-光度法检测比较，离子色谱-质谱联用技术具有较高的检测灵敏度及好的选择性。Charles等[141]首次报道了离子色谱-电喷雾质谱（ESI-MS）联用测定饮用水中痕量BrO_3^-。样品首先经OnGuard Ba型、OnGuard Ag型和OnGuard H型前处理柱处理，除去样品中的SO_4^{2-}、Cl^-和胶态Ag^+。所用分离柱为IonPac AS9-SC色谱柱。由于常用的淋洗液（如硼酸盐、碳酸盐/碳酸氢盐等）与电喷雾质谱不兼容，且其高的离子强度会显著增加背景值，降低检测灵敏度。因此选用水/甲醇（体积比=1∶9）和27.5mg/L $(NH_4)_2SO_4$为洗脱液。淋洗液中添加甲醇可增加检测响应值及稳定性。离子色谱与质谱联用时，其淋洗液若直接进入质谱会严重破坏质谱内部的真空系统。因此，用“零死体积”

型连接管对淋洗液分流，使流速降低至 50μL/min。该方法对 BrO_3^- 的检出限为 0.1μg/L。Charles 等[142]随后又进一步优化了该方法，用离子喷雾串联质谱（IS-MS/MS）测定，将方法对 BrO_3^- 的检出限降低至 0.05μg/L，方法可同时测定 ClO_2^-、ClO_3^- 和 IO_3^-。Roehl 等[143]选用高容量的 IonPac AS9-HC 分离柱，用 Na_2CO_3 淋洗液，通过抑制器将 Na_2CO_3 转变成 H_2CO_3，再进入质谱检测器（ESI-MS），可有效消除样品中其他成分对 BrO_3^- 的干扰，对 BrO_3^- 的检出限为 0.5μg/L。

离子色谱-电喷雾质谱联用是选择而灵敏的检测溴酸盐的方法，用于饮用水样品中溴酸盐的检测，氯的干扰仍是方法发展中关注的关键问题。尽管用质谱作分析溴酸盐的检测器，仍不能完全克服氯离子的干扰。Cavallias 等[144]用高容量阴离子交换分离柱 IonPac AS11-HC，离子色谱-电喷雾离子质谱联用研究了氯离子浓度（0～250mg/L）对溴酸盐检测的影响。氯离子浓度增加导致色谱效率及质谱响应的降低。研究表明，较高浓度（mg/L）的氯离子将与溴酸根竞争色谱柱的有效交换位置，并对电喷雾离子化起离子抑制作用。对溶液中一定浓度范围的氯离子，需要作相关的校正曲线。氯离子浓度在每升几百毫克时，要检测低浓度（μg/L）的溴酸根，用银柱除氯是必需的。用高容量对 KOH 选择性的分离柱，KOH 梯度淋洗，延长碳酸根的保留时间，可避免碳酸根的干扰。

电感耦合等离子体质谱（ICP-MS）与离子色谱联用的优点在于不同荷质比的元素可以分别在不同的通道检测而无须将其分开，联用技术简单。用 ICP-MS 检测时，钠离子会改变等离子体的电离条件，而且容易在锥口沉积而造成堵塞，淋洗液中不应含有钠离子，需将淋洗液中的钠离子改成铵离子。因此可用不含钠离子的淋洗液 NH_4NO_3 或 HNO_3 与 NH_4NO_3 的混合溶液为淋洗液。美国 EPA 已将其列为测定 BrO_3^- 的标准方法（标准方法号 321.8）[145]。分离柱为 Dionex CarboPac PA100，以 5mmol/L HNO_3 和 25mmol/L NH_4NO_3 为淋洗液，等浓度淋洗。进样前需将样品的 pH 值调至 10，然后用 OnGuard RP 型前处理柱除去样品中的卤代酸，进样量为 580μL 时，对 BrO_3^- 的检出限为 0.3μg/L。方法的色谱条件和主要参数列于表 7-4。改进的方法[146]

表 7-4 美国 EPA 方法 321.8 的分析条件[145]

方法参数	说明	方法参数	说明
分离柱	Dionex PA-100（分析柱和保护柱）	辅助气	1.2L/min
淋洗液	5.0mmol/L HNO_3+25mmol/L NH_4NO_3	喷雾气	0.957L/min
淋洗液流速	1mL/min	*m/z*	79 和 81
检测	抑制的淋洗液喷雾到 ICP-MS	分析模式	时间分离或色谱
进样体积	170μL	喷雾室温度	5℃
样品前处理	Dionex 公司 OnGuard	灵敏度（100μg/L BrO_3^-）	35000cps（*m/z*=79）
冷气	12.0L/min	背景（淋洗液）	100cps（*m/z*=79）；2500cps（*m/z*=81）

仍选择 CarboPac PA100 分离柱，以 5mmol/L NH_4NO_3（pH 5.7）为淋洗液，方法的检出限为 0.2μg/L。与直接电导法和柱后衍生法比较，IC-ICP-MS 的明显优点是灵敏度高和选择性好。但仪器的价格和操作的复杂性，使该方法的使用受到一定的限制。

2．亚氯酸盐与氯酸盐的分析

二氧化氯消毒具有比较好的效果，目前我国很多地区都使用二氧化氯消毒。但是用二氧化氯消毒会产生有毒害的消毒副产物氯酸盐和亚氯酸盐，这两种化合物在动物体内产生过氧化氢，将血红元氧化成正铁血红元，造成溶血性的贫血等疾病。因此，2004 年公布的 WHO《饮用水水质准则》（第三版）中将亚氯酸盐的指标规定为 0.7mg/L。我国制定的《生活饮用水卫生标准》（GB 5749—2006，于 2007 年 7 月 1 日开始实施）中，规定居民饮用水中亚氯酸盐与氯酸盐的最大允许浓度为 0.7mg/L。亚氯酸盐是二氧化氯消毒的副产物，氯酸盐为二氧化氯原料带入。

作为 ClO_2 消毒剂的副产物，已经有不少的报道对 ClO_2^- 和 ClO_3^- 进行了研究[147,148]。Pfaff 等[148]的研究说明 ClO_3^- 在饮用水中稳定，而 ClO_2^- 在 24h 内便可丢失。在水处理过程中，二氧化氯的用量很少，因此水中反应副产物亚氯酸根和氯酸根的浓度通常比较低。虽然用高容量的阴离子分离柱，可在大量常见阴离子的存在下，一次进样分离多种含氧卤素和其他的常见阴离子，但对于实际样品的检测仍具挑战性。对需要检测亚氯酸根和氯酸根的饮用水样品，采样后应尽快用惰性气体（高纯氦气或氮气）鼓泡处理除去二氧化氯或溴氧。对需要存放的样品，为避免亚氯酸被氧化成氯酸、次溴酸被氧化成溴酸，需于 1L 样品中加入 1mL 乙二胺保护溶液（10mL 99% 乙二胺，以水稀释至 200mL）。

离子色谱用于饮用水中低浓度（μg/L）的亚氯酸盐、溴酸盐、氯酸盐的分析，用阴离子交换分离之后，可选择抑制型电导检测、柱后衍生分光光度检测和质谱检测。抑制型电导检测是最简单的方法，方法成功应用的关键是消除干扰与提高检测灵敏度。高效高容量的分离柱是首选，高效高容量的 IonPac AS23 柱是替代 IonPac AS9-HC（EPA317.0 方法用）的理想分离柱（IonPac AS23 与 IonPac AS9-HC 柱的柱容量分别是 320μeq/柱与 190μeq/柱）；低的背景电导与小的噪声是提高检测灵敏度的关键，从图 7-35 可见，电导检测器的量程为 0.5μS 的高灵敏度状态下，基线仍较稳定，OH^-淋洗液梯度淋洗与碳酸盐淋洗液等度淋洗均可得到满意结果。图 7-35 中，用碳酸盐淋洗液方法对溴酸盐的检测限较 USEPA 方法 300.1 提高近 5 倍（0.31μg/L，1.4μg/L）[149]。IonPac AS19 柱的容量高，以 OH^-淋洗液梯度淋洗，可用大体积（500μL）进样，对亚氯酸盐、溴酸盐、氯酸盐、二氯乙酸和三氯乙酸的检出限分别是 0.43μg/L、0.68μg/L、0.78μg/L、1.04μg/L 和 1.53μg/L[150]。

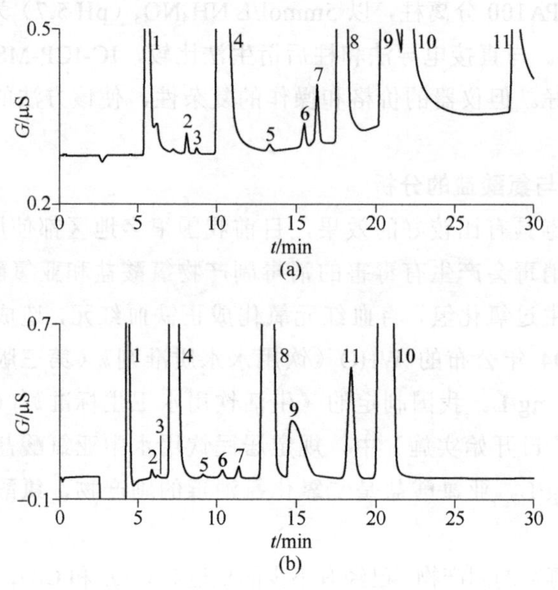

图 7-35 饮用水消毒副产品的分离（IonPac AS19 柱与 IonPac AS23 柱的比较[149]）

色谱柱：（a）IonPac AG19，AS19，4mm；（b）IonPac AG23，AS23，4mm

淋洗液（KOH）：（a）0～10min，10mmol/L；10～25min，10～45mmol/L；25～30min，45mmol/L；（b）4.5mmol/L K_2CO_3/0.8mmol/L $KHCO_3$

淋洗液源：（a）Dionex EGC Ⅱ KOH 和 Dionex CR-ATC；（b）Dionex EGC Ⅱ K_2CO_3 和 EPM

温度：30℃　　流速：1.0mL/min　　进样体积：250μL

检测器：抑制型电导，Dionex ASRS™ ULTRA Ⅱ，4mm 抑制器，（a）自循环模式；（b）外加水模式

色谱峰（μg/L）：1—F^-；2—ClO_2^-［(a) 8.8，(b) 11.3］；3—BrO_3^-［(a) 4.7，(b) 5.1］；4—Cl^-；5—NO_2^-；6—ClO_3^-［(a) 13.5，(b) 9.5］；7—Br^-；8—NO_3^-；9—CO_3^{2-}；10—SO_4^{2-}；11—PO_4^{3-}

为了消除干扰与提高检测灵敏度，同时检测饮用水中的碘酸盐、亚氯酸盐、氯酸盐、溴化物、溴酸盐和硝酸盐，报道了多种柱后加入方法[151, 152]。Zhu 等[153]改进了 USEPA317.0 方法，选用高容量阴离子交换分离柱，碳酸盐淋洗液，等度淋洗，抑制型电导检测亚氯酸盐、溴酸盐、溴化物与氯酸盐；柱后加入，于 450nm 分光检测碘酸盐、亚氯酸盐和溴酸盐。方法对碘酸盐、亚氯酸盐、溴酸盐和氯酸盐的检测限分别为 0.22μg/L、0.24μg/L、0.02μg/L 和 2.0μg/L。

3．卤代乙酸的分析

（1）概述

卤代乙酸（haloacetic acids，HAAs）是饮用水加氯消毒时氯与水中存在的天然有机物反应生成的一类消毒副产物，共有 9 种，它们分别是一氯乙酸（MCA）、二氯乙酸（DCA）、三氯乙酸（TCA）、一溴乙酸（MBA）、二溴乙酸（DBA）、三溴乙酸（TBA）、溴氯乙酸（BCA）、一氯二溴乙酸（CDBA）、二氯一溴乙酸（DCBA）。这些化合物的环境毒性不断得到毒理学和生物学的证实，研究表明上述化合物对人体具有潜在的致癌作用，其中二氯乙酸和三氯乙酸的致癌风险较大，甚至大于三氯甲烷[154,155]。美国国家环保署（USEPA）和世界卫生组织（WHO）对饮用水中卤代乙酸的最大允许浓度都做了严格的规定和立法。如 USEPA 规定饮用水中常见的 5 种卤代乙酸（MCA、MBA、DCA、DBA 和 TCA）浓度总和的最大限值为 60μg/L；WHO 规定饮用水中二氯乙酸和三氯乙酸的最大允许浓度分别为 50μg/L 和 100μg/L；我国的《生活饮用水卫生标准》（GB 5749—2006）中，规定居民饮用水中二氯乙酸和三氯乙酸的最大允许浓度分别不超过 50μg/L 和 100μg/L。

（2）卤代乙酸的分析 目前国外用于卤代乙酸分析的标准方法主要是 GC 与 IC-MS。如 USEPA 的标准分析方法 552.0 和 552.2[156, 157]。GC 法需要用复杂而费时的柱前衍生或萃取过程，而且衍生试剂对人体健康有不利的影响；IC-MS 的灵敏度和选择性都比较好，但仪器的价格和操作的复杂性影响它在常规分析中的应用。阴离子交换分离抑制型电导检测方法简单，其难点是干扰与灵敏度。

表 7-5 列出了 9 种卤代乙酸的一些物理化学性质，由表可见，9 种卤代乙酸的 pK_a 值在 0.7～2.8 之间，说明它们是中等强度的酸，在酸性条件下，它们以质子化形式存在；而在近中性（饮用水的 pH 值一般大于 5）和碱性条件下，它们可完全离解呈阴离子状态，因此可用阴离子交换分离。用 IC 法分析 HAAs 类化合物时，无须衍生反应，操作较 GC 法简单，但检出限只在中低浓度（μg/L）范围。离子交换、离子相互作用和离子排斥三种方式均可用于 HAAs 的分离，其中离子交换分离、抑制型电导检测应用比较多。

表 7-5 卤代乙酸与其 pK_a 值[158]

卤代乙酸	缩写	分子式	pK_a	沸点/℃
一氯乙酸	MCA	$ClCH_2CO_2H$	2.86	187.8
二氯乙酸	DCA	Cl_2CHCO_2H	1.25～1.30	194.0
三氯乙酸	TCA	Cl_3CCO_2H	0.63～0.70	197.5
一溴乙酸	MBA	$BrCH_2CO_2H$	2.87	208
二溴乙酸	DBA	Br_2CHCO_2H	—	195
三溴乙酸	TBA	Br_3CCO_2H	0.66	245
溴氯乙酸	BCA	$BrClCHCO_2H$	—	103.5
二溴氯乙酸	DBCA	Br_2ClCCO_2H		
二氯溴乙酸	DCBA	Cl_2BrCCO_2H		

9 种 HAAs 的酸性和疏水性不同，因此在阴离子交换分离柱上的分离是比较容易的，用大体积进样，抑制型电导检测的灵敏度也能达到国家标准的需要。但分析实际样品有较大难度，主要是样品中 HAAs 的浓度非常低，实际的饮用水样中，氯离子、硫酸盐、硝酸盐和磷酸盐的浓度远大于卤代乙酸；另外，9 种 HAAs 对阴离子交换分离柱的亲和力相差很大，如 MCA 和 MBA 的保留很弱，且靠近 Cl^-，而常见样品中 Cl^-的浓度较 HAAs 的浓度高几个数量级（如饮用水中 Cl^-的浓度较 HAAs 的浓度高 3 个数量级以上）；9 种 HAAs 中，DBCA、TCA 和 TBA 对固定相的亲和力很强，需要用梯度淋洗才可在可接受的时间被洗脱。为了得到准确的分析结果，一般需要做样品前处理，减小氯离子与硫酸盐等高浓度离子的浓度、浓缩富集卤代乙酸；选择高效高容量分离柱，梯度淋洗；降低色谱的基线噪声。常用的消除高浓度氯离子与硫酸盐等干扰的方法是用 IC-Ag 柱与 IC-Ba 柱，其优点是简单方便，可离线或在线。也可离线[159]直接用氧化银作沉淀剂消除饮用水基体中大量氯离子的干扰，以氢氧化钡作沉淀剂消除基体中大量硫酸根离子的干扰。

为了降低检测限，报告了多种方法，如大体积进样、微波蒸发浓缩与固相萃取浓缩等[161~163]。在一系列研究工作的基础上，Barron 和 Paull[160]报道了用固相萃取预浓缩，选用高容量微孔阴离子交换分离柱 IonPac AS16（250mm×2mm），KOH 淋洗液梯度淋洗，优化抑制条件降低基线噪声，抑制型电导检测，方法对 HAAs 的检出限达 0.09～21.5μg/L。因为饮用水中 Cl^-、NO_3^- 和 SO_4^{2-} 的浓度很高，因此选择高容量分离柱。9 种 HAAs 对固定相亲和力相差较大，因此梯度淋洗时选择低浓度（2.5mmol/L）的 KOH 为起始浓度，分离亲水性的弱保留离子 MCAA 和 MBAA。而对强保留的TCAA、BDCAA和DBCAA的洗脱则需将KOH的浓度提高到20mmol/L。推荐的方法是用高交联度的 PS-DVB 固定相（LiChrolut EN SPE）柱预浓缩，洗脱液依次经过 IC-Ba、IC-Ag 与 IC-H 净化柱，除去大量的 SO_4^{2-} 对二溴乙酸、三氯乙酸的干扰与大量的 Cl^-对氯乙酸和溴乙酸的干扰。图 7-36 为饮用水样及其标准加入色谱图，从图可见，色谱条件简单，灵敏度可满足有关官方规定。将进样体积提高到 500μL，方法对一溴乙酸的检测限为 12.5μg/L，对二氯乙酸、三氯乙酸、一溴乙酸和二溴乙酸的检测限为 0.38～1.69μg/L[164]。

对阴离子交换分离、抑制型电导检测分析饮用水中卤代乙酸的淋洗液，主要用碳酸钠/碳酸氢钠与氢氧化钠（或氢氧化钾），等度或者梯度淋洗，但需要选择高容量柱。并注意温度的影响。高效高容量色谱柱的发展与商品化，减小了方法的难度。如 Dionex 公司对《生活饮用水卫生标准》中规定的二氯乙酸和三氯乙酸的检测，推荐用 IonPac AS19 色谱柱，KOH 淋洗液梯度（10～35mmol/L）淋洗，抑制型电导检测；或者 IonPac AS23 色谱柱，$Na_2CO_3/NaHCO_3$ 淋洗液，等度淋洗，抑制型电导检测。对氯离子浓度小于 20mmol/L 的样品，可直接进样分析。

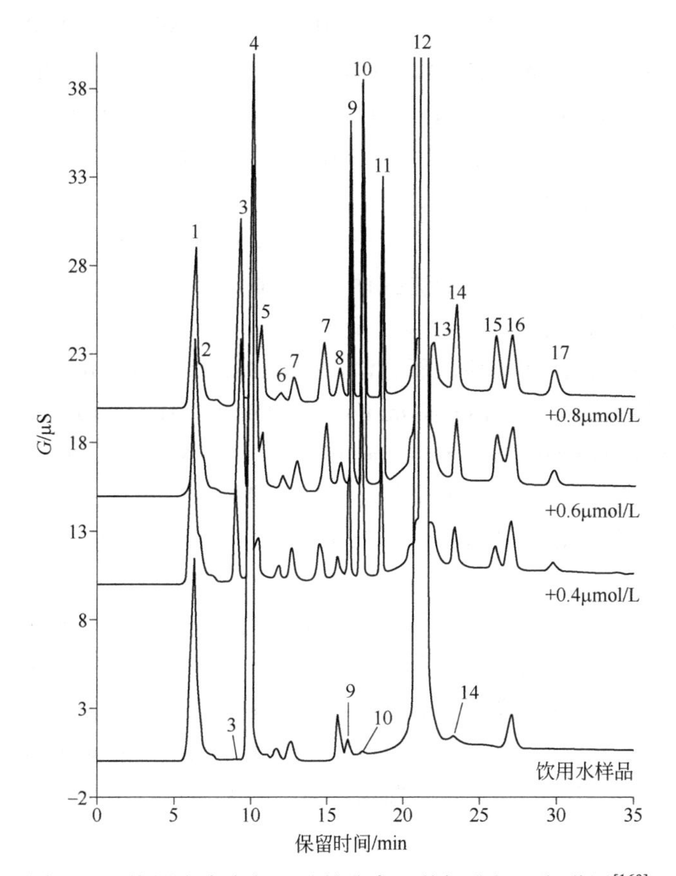

图 7-36 饮用水中卤代乙酸的分离及其标准加入色谱图[160]

分离柱：IonPac AS16（250mm×2mm） 淋洗液：KOH 梯度

流速：0.3mL/min 进样体积：100μL

检测：抑制型电导（AEES Atlas 抑制器）

样品：饮用水样品及其标准加入均经 SPE（LiChrolut EN）浓缩 25 倍

标准色谱峰（μmol/L）：1—F^-；2—甲酸；3—MCAA；4—Cl^-；5—MBAA；6—NO_2^-；7—TFAA；8—NO_3^-；9—DCAA；10—CDFAA；11—DBAA；12—SO_4^{2-}；13—$S_2O_3^{2-}$；14—TCAA；15—BDCAA；16—邻苯二甲酸盐（内标）；17—DBAA

样品峰（μmol/L）：3—MCAA；9—DCAA（7.8）；3—MCAA；10—CDFAA（1.1）；14—TCAA（3.8）

温度对卤乙酸保留影响的大小与卤乙酸的亲脂性之间有很好的相关性，卤乙酸中亲脂性最小的一氯乙酸（MCA）受温度的影响最大，亲脂性最大的一氯二溴乙酸（CDBA）受温度的影响最小。一些卤乙酸的亲脂性大于常见的有机酸，即使在超低疏水性的柱上，卤乙酸的亲脂性仍将影响保留与选择性，对温度的反应灵敏。与单纯离子交换的保留不同，当柱温增加时，由于亲脂性相互作用的保留将减小，对亲脂性较强的卤乙酸，温度增加时，卤乙酸保留的增加不大。应用温度对溶质保留影响以改善多组分分离的应用的一个很好的实例是饮用水中 19 种物质的分离。饮用水

中 F^-、IO_3^-、ClO_2^-、MCA、BrO_3^-、Cl^-、MBA、TFA、NO_3^-、ClO_3^-、DCA、CDFA、DBA、CO_3^{2-}、SO_4^{2-}、TCA、BDCA、CDBA 和 ClO_4^- 的同时分离一直很困难。Barron 等[165]用 IonPac AS16 型分离柱，OH^-淋洗液梯度淋洗，用精细的程序控温改善了上述 19 种物质的分离，用于饮用水中常见阴离子、卤乙酸与卤氧化物的分离，得到满意结果（色谱条件及图见图 2-24）。

柱后衍生对分离的选择性增加了一个原因，即除了分离柱的选择性之外，增加了柱后试剂与待检测化合物的选择性反应，进一步改进方法的选择性；柱后衍生的另一个优点是提高检测灵敏度。最近 Simone[166,167]等提出了一个可在线自动检测饮用水中 9 种卤代乙酸的新方法，选 IonPac AS9-SC+ IonPac AG9-SC 阴离子交换分离，400mmol/L H_3BO_3+80mmol/L NaOH（简称 BOR）淋洗液梯度淋洗，柱后在碱性溶液中与烟酰胺（nicotinamide）反应，荧光检测（激发 365nm，发射 455nm）。不需浓缩富集与降低氯离子与硫酸盐浓度的样品前处理，方法对 9 种卤代乙酸的检测限范围达 0.6～10.1μg/L。对样品分析的结果与 USEPA 方法 552.3 一致。

与电导检测比较，IC 与质谱联用较好地解决了电导检测的不足，增加了特异性和灵敏度。从质谱检测的观点看，色谱从样品的基体成分中分离目标化合物减小样品基体中高浓度竞争离子对质谱信号的抑制。用于抑制型电导检测的离子色谱中，用抑制器减小淋洗液的背景电导，当与质谱联用时也是很有利的。目标化合物在低离子强度的溶液中进入检测器，减少对质谱源的清洗与背景干扰、降低检测限[168,169]。

ESI-MS 适合对极性可离子化化合物的检测，与离子色谱联用时，需用抑制器将 NaOH 淋洗液在进入 MS 之前转变成纯水，并需在洗脱液中加入有机溶剂（如甲醇）增加在电喷雾管中的挥发性[170]。对饮用水样品[171]，以 LiChrolut EN 固相萃取浓缩并除去氯离子与硫酸盐，方法可同时分析低浓度（μg/L）的 MCA、MBA、DCA、DBA、TCA、BCA、CDFA、TFA、DCBA、DBCA 以及碘酸盐、溴酸盐、氯酸盐、高氯酸盐。IC-ESI-MS 需要加入有机溶剂增强喷雾效率，单级四极杆质谱只能选择单一质荷比对被测物质进行选择，抗干扰能力较差，而用三级四极杆质谱，洗脱液经抑制器之后，无须加入有机溶剂，直接进入质谱电喷雾源进行雾化。为了消除氯离子对 DCAA 的干扰，选用新型阴离子交换分离柱 IonPac Prototype-10，KOH 淋洗液梯度淋洗，DCAA 的保留时间为 21.4min，TCAA 的保留时间为 39.2min，而 Cl^- 与 SO_4^{2-}（包括 NO_3^-）的保留时间分别为 15～20min 与 25～35min，不影响 DCAA 与 TCAA 的分离。对质谱参数的选择，可用 API 3200 三重四极杆质谱（MS/MS）中的 Analyst 软件所带的自动优化功能[172]，优选母离子（precursor ion）和子离子（product ion）、离子喷雾电压、温度、碰撞能量、气流、解簇电压等参数。在优化的质谱与色谱条件下，方法对二氯乙酸和三氯乙酸的检测限分别为 0.053μg/L 和

0.046μg/L。

用电感耦合等离子体质谱（ICP-MS）作检测器，可将 9 种卤代乙酸分别在测定溴的通道与测定氯的通道检测[173]，同时含有溴与氯的卤代乙酸在两个通道均可检测。因为 ICP-MS 对溴的灵敏度较高，因此对同时含有溴与氯的卤代乙酸在检测溴的频道检测较好。由于两个通道不干扰，无须将含氯与含溴的卤代乙酸分开，只需要将含氯的 3 种卤代乙酸分开，将其他 6 种卤代乙酸分开。因为钠的离子化强度低于氯与溴，淋洗液中钠的离子化会导致高的背景与噪声，因此洗脱液需经抑制器除去钠离子。阴离子交换分离时，氯离子的保留时间离 MCAA 较近，若样品中氯离子浓度较高，需用 IC-Ag 柱处理除氯。用亲水性阴离子交换分离柱 IonPac AS16，KOH 淋洗液梯度淋洗，洗脱液应经抑制器除去钠离子，方法对含氯的卤代乙酸的检测限为 15.6～23.6μg/L，对含溴的卤代乙酸的检测限为 0.34～0.99μg/L。

（二）面粉及面制品中溴酸盐的分析

离子色谱分析溴酸盐的方法，在本节关于饮用水消毒副产物一节中已做了较详细的讨论，这里不再重述。本节主要讨论与面粉及面制品中溴酸盐的分析有关的内容。

溴酸钾作为一种添加剂添加到面包专用粉中已有近百年。它起到两种作用，一是增白，二是对面团起到一种急胀的作用。添加溴酸钾的面粉制作出来的面包更具弹性和韧性，外观更加漂亮。已发现溴酸钾是一种致癌物质，过量食用会损害人的中枢神经、血液及肾脏。国际癌症研究机构也已将该化合物列为致癌物质。我们国家对溴酸钾的问题非常重视，国家质检总局和国家标准化委员会联合发出“关于停止使用溴酸钾作为面粉处理剂的通知”，（国质检监联[2005]197 号）规定自 2005 年 7 月 1 日起，食品生产加工企业在生产过程中不能使用溴酸盐。2006 年 7 月 1 日，中华人民共和国国家质量监督检验总局与中国国家标准化管理委员会发布了小麦粉中溴酸盐测定的国家标准方法（GB/T 20188—2006）——离子色谱法。

标准方法（GB/T 20188—2006）规定的方法是阴离子交换分离、抑制型电导检测，氢氧化物与碳酸盐两种类型的淋洗液供选择。用氢氧化物作淋洗液时，用 Dionex EG50 淋洗液发生器发生的 KOH 淋洗液梯度淋洗；用 IonPac AS19 4mm×250mm 分析柱（带 IonPac AG19 4mm×50mm 保护柱）或相当性能色谱柱；ASRS 4mm 阴离子抑制器，外加水模式，抑制电流为 87～100mA。用碳酸钠与碳酸氢钠作淋洗液时，等度淋洗；用 Shodex IC SI-52 4E 4mm×250mm 分离柱（带 Shodex IC SI-90G 4mm×50mm 保护柱）或相当性能色谱柱；自动再生抑制器（具有去除 CO_2 功能）。方法对 BrO_3^- 的检测限为 0.5mg/kg。

应注意样品的前处理对不同类型的样品不同。对小麦粉的提取方法是：称取 10g

（精确到0.1g）小麦粉于250mL具塞三角瓶中，加入100mL高纯水，迅速摇匀后置于振荡器上振荡20min（或在间歇搅拌下于超声波中提取20min），静置，转移20mL上层清液于50mL离心管中，于3000r/min下离心20min，移出上清液备用。对含油脂较多的试样：准确称取10g（精确到0.1g）于100mL烧杯中，加入30mL×3次石油醚洗去油脂，倾去石油醚，样品经室温干燥后按上述“加入100mL高纯水……备用”操作。对包子粉、面包粉等小麦粉品质改良剂：根据 BrO_3^- 含量的不同，准确称取0.2～1g（精确至0.001g），用高纯水溶解并定容至50.0mL，经0.2μm的水性样品滤膜过滤后备用。

净化方法：取提取的上清液10mL通过活化的 C_{18} 固相萃取小柱，弃去前1mL，收集后9mL，做下一步净化。于5mL塑料注射器管尖部填入少许脱脂棉，湿法装入1.5g H型树脂（称为H型树脂柱），另取一只注射器管湿法装入1.5g Ag型树脂（称为Ag型树脂柱），按Ag型树脂柱在上、H型树脂柱在下的顺序将两支柱串在一起固定好，全过程始终保持柱中有液层不干，将柱固定好之后，用吸球吹出柱中液体，立即将准备好的样品溶液从柱中流下，弃去前2mL，收集1mL溶液用作离子色谱分析。若使用商品柱（OnGuard Ⅱ Ag/H）脱 Cl^- 时，按产品说明书操作。对含 Cl^- 量在1g/kg以下的小麦粉，可省略此条操作。将收集液经0.2μm的水性样品滤膜过滤后注入超滤器样品杯中，于10000r/min下离心30min进行超滤，超滤法去除样品提取液中的水溶性大分子，超滤液直接进行色谱分析。

（三）硝酸与亚硝酸的分析

亚硝酸钠和亚硝酸钾在食品生产中广泛用作防腐剂和颜色的固定剂，硝酸盐在细菌的作用下可还原成亚硝酸盐。亚硝酸盐可使人体血液的载氧能力下降，引发缺氧中毒症状。亚硝酸盐可与人体摄入的其他食品、药物、残留农药等中的次级胺（如仲胺、叔胺、酰胺等）反应形成致癌的亚硝铵。因此过量摄入硝酸盐和亚硝酸盐不利于人体健康，食品中硝酸盐和亚硝酸盐的含量都必须得到有效控制与监测，饮用水中亚硝酸盐、硝酸盐是必测项目。

IC对 NO_3^- 和 NO_2^- 的分析已是成熟的方法，正逐渐代替湿化学法而成为一种常规的分析方法。离子色谱法用于亚硝酸盐和硝酸盐的分析主要是用阴离子交换分离，抑制型电导检测或紫外分光检测。分析食品样品时有两点应特别注意：食品类样品中一般含 Cl^- 的浓度较高，NO_2^- 在阴离子交换柱上的保留靠近 Cl^-，而样品中 NO_2^- 的浓度一般较低，高浓度的 Cl^- 可能干扰 NO_2^- 的分离和测定。因此对含高浓度氯离子样品的分析，需选用高容量分离柱，用较弱的淋洗液或梯度淋洗增加 Cl^- 与亚硝酸的分离；并用适当方法除 Cl^- 或降低 Cl^- 的浓度，或用UV检测器检测。氯离子在紫外区的吸收较弱而亚硝酸盐和硝酸盐在210nm处有较强的吸收。也可将紫外检测器与电导检测器串联，用UV检测 NO_3^- 和 NO_2^-，用电导同时检测其他阴离子。对含高浓度氯离子的样品，即使是用 UV 检测，也需用适当方法降低 Cl^-的浓度，因为高浓度的氯离子会改变低浓度亚硝酸盐的保留时间（提前）。另一点应注意的是做样品前处理，除去样品中的蛋白和脂肪。

适合离子色谱的用于食品样品前处理的常用方法是用酸或有机溶剂沉淀蛋白，并分别用 RP 柱或 C_{18}除去有机物，Ag 柱除 Cl^-。针对不同样品的多种前处理方法也有参考价值，如加速溶剂萃取（ASE）[174]用于肉制品的前处理，用水作萃取液，在相同的萃取剂、体积和萃取时间下，加速溶剂萃取（ASE）的效率较超声萃取高。膜渗析法[175]在线处理蔬菜类样品，用 0.20μm 的乙酸纤维为渗透膜，以水为接受液，蔬菜样品经沸水浴后，通过膜渗析（分子量切割）除去大分子化合物与颗粒物，直接进入色谱柱。锰改性后的氧化铝（Al_2O_3）与活性炭粉末复合制成前处理柱净化蔬菜样品[176]，去除试样中的大分子有机物。制作锰改性的氧化铝（Al_2O_3）的方法简单：将 50.0g Al_2O_3 浸渍在 4% $Mn(NO_3)_2$ 溶液中，在浸渍温度为 40℃下搅拌 4h 后，置于马弗炉中，在 800℃下焙烧 2h 后取出密封保存即可。纤维素酶水解魔芋葡甘聚糖（konjae gulcomannnan，KGM），使 KGM 降解为低聚糖[177]，同时释放出被 KGM 包埋的阴离子，即可用离子色谱法测定魔芋中的亚硝酸盐。杨一超等[178]用自制的活性炭小柱脱色，继经针筒式微孔滤膜过滤后所得溶液即可进行离子色谱测定，方法用于蔬菜中硝酸盐的测定，得到的结果与标准方法无显著性差异。

对于食品中亚硝酸盐和硝酸盐的分析，我们国家最近公布了两个用离子色谱的标准方法，一个是食品安全国家标准 GB 5009.33—2010《食品中亚硝酸盐和硝酸盐的测定》中的第一法，方法对亚硝酸盐和硝酸盐的检出限分别为 0.2mg/kg 和 0.4mg/kg；另一个是国家出入境检验检疫的行业标准 SN/T 3151—2012《出口食品中亚硝酸盐和硝酸盐的测定　离子色谱法》，方法对亚硝酸盐和硝酸盐的检出限分别为 1mg/kg 和 1.5mg/kg。两个标准方法适用于水果、蔬菜、鱼类、肉类、腌制品等食品中亚硝酸盐和硝酸盐的测定。为了减小氯离子的干扰，两个方法均选用高效高容量阴离子交换分离柱（IonPac AS11-HC），KOH 淋洗液梯度淋洗，抑制型电导检测。标准方法中较详细地说明了对不同类型样品的前处理方法，两个方法所选用的前处理方法不完全相同，为方便参考，将其摘录于下。

GB 5009.33—2010 标准中，对水果、蔬菜、鱼类、肉类、蛋类及其制品等，取试样匀浆 5g（可适当调整试样的取样量，以下相同），对腌鱼类、腌肉类及其他腌制品，取 2g 试样匀浆，以 80mL 水洗入 100mL 容量瓶中，超声提取 30min，每隔 5min 振摇一次，保持固相完全分散。于 75℃水浴中放置 5min，取出放置至室温，加水稀释至刻度。溶液经过滤后，取部分溶液于 10000r/min 离心 15min，上清液备用。对乳类样品取试样 2.5～10g，置于 100mL 容量瓶中，加水 80mL，摇匀，超声 30min，加入 3%乙酸溶液 2mL，于 4℃放置 20min，取出放置至室温，加水稀释至刻度。溶液经滤纸过滤，取上清液备用。取上述备用的上清液约 15mL，通过 0.22μm 水性滤膜针头滤器、C_{18}柱，弃去前面 3mL（如果氯离子大于 100mg/L，则需要依次通过针头滤器、C_{18}柱、Ag 柱和 Na 柱，弃去前面 7mL），收集后面洗脱液待测。

SN/T 3151—2012 标准中，对水果、蔬菜等样品，取 5.0g 试样置于 100mL 烧杯中，加入 2.5mL 饱和硼砂溶液（5.0g 硼酸钠，溶于 100mL 热水中，冷却后备用），搅拌均匀，以 70℃左右的水 60mL 将样品洗入 100mL 容量瓶中，超声提取 20min，于沸水浴中加热 15min，取出后冷却至室温。一边转动一边加入 1mL 亚铁氰化钾溶液（6.0g 亚铁氰化钾，用水溶解，并稀释至 1000mL），摇匀，再加入 1mL 乙酸锌溶液（220.0g 乙酸锌，加 30mL 冰乙酸，用水溶解并稀释至 1000mL），加水至刻度，摇匀，除去上层脂肪，清液用滤纸过滤，弃去初滤液 10mL，滤液备用。对鱼类、肉类及其制品等取 2.0g 试样，腌鱼类、腌肉类及其他腌制品取 2.5g 试样，置于 100mL 烧杯中，加入 2.5mL 饱和硼砂溶液，搅拌均匀，以 70℃左右的水 60mL 将样品洗入 100mL 容量瓶中，超声提取 20min，于沸水浴中加热 15min，取出后冷却至室温。一边转动一边加入 1mL 亚铁氰化钾溶液，摇匀，再加入 1mL 乙酸锌溶液，以沉淀蛋白质，用水定容至 100mL，充分振荡，静置 15min，除去上层脂肪，清液用滤纸过滤，弃去初滤液 10mL，滤液备用。取上述滤液 15mL 依次通过石墨化炭黑柱、活化后的 C_{18}柱（如果氯离子大于 500mg/L，则需要依次通过 Ag 柱和 Na 柱），0.22μm 尼龙滤膜，弃去初滤液 6mL，收集后面溶液待测。

钟莺莺等[179]对 GB 5009.33—2010《食品中亚硝酸盐和硝酸盐的测定》中的方法做了些改进，用于乳制品中亚硝酸盐（以亚硝酸根计）和硝酸盐（以硝酸根计）的测定。乳制品经水提取后，以乙酸沉淀蛋白，继用反相固相萃取柱净化，以 IonPac AS19 为分离柱，KOH 淋洗液梯度淋洗，加入有机改进剂乙腈改善亚硝酸根和硝酸根分离，抑制器用外加水模式减小基线噪声，并优化了柱温（30℃）与池温（35℃），将电导检测器与紫外检测器串联，紫外分光为检测器的检测波长设定为 225nm，进样量为 200μL。在上述条件下，亚硝酸盐和硝酸盐的质量浓度分别在 0.005～0.5mg/L 和 0.05～1.50mg/L 时与色谱峰面积之间的线性关系良好。在电导检测模式下，对亚硝酸盐和硝酸盐的检出限分别为 0.2mg/kg 和 0.04mg/kg；在紫外检测模式下，对亚硝酸盐和硝酸盐的检出限分别为 0.02mg/kg 和 0.01mg/kg，可见紫外对亚硝酸盐和硝酸盐检测的灵敏度较电导高，而且避免了高浓度氯离子的干扰。

对肉类样品，Siu 等[180]用 70～80℃的去离子水提取匀浆的肉样（火腿和香肠）15min，经离心、过滤后，即可直接进样，抑制型电导或紫外检测。其色谱条件见图 7-37。为了保持柱效，每次进样分析之后，应用 100mmol/L NaOH 洗柱子 5min。对牛奶类样品，如奶粉，推荐在离心过滤之后，再经 OnGuard RP 处理除去蛋白和脂肪。

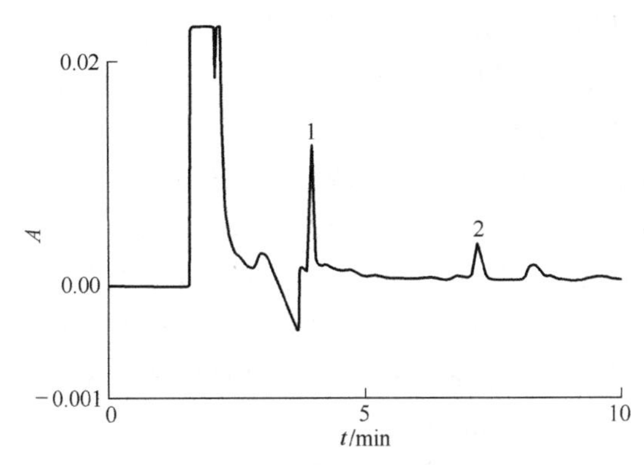

图 7-37　火腿提取液中硝酸根和亚硝酸根的测定

分离柱：IonPac AS11+IonPac AG11　　进样体积：25μL

淋洗液：5mmol/L NaOH　　流速：1mL/min

检测：UV，225nm

色谱峰（mg/L）：1—NO_2^-（1.16）；2—NO_3^-（0.56）

（四）亚硫酸盐的分析

亚硫酸盐作为防腐剂和增白剂广泛用于食品行业，食品加工工艺中还常使用硫黄作为漂白熏蒸剂，使食品中残留一部分游离的二氧化硫。亚硫酸盐与食品中的糖、蛋白、色素、酶、维生素、醛、酮等作用后，以游离型和结合型的亚硫酸根形式残留在食品中。但由于亚硫酸根、二氧化硫被认为对人有潜在的危害，甚至有间接的致癌作用，因此各国对食品残留的亚硫酸根、二氧化硫均有严格的控制。如美国食品药品管理局（FDA）规定产品中含有 10mg/kg 或高于该指标的亚硫酸盐时必须在产品的标签上注明含量。

分析食品中亚硫酸盐的离子色谱法，主要是用阴离子交换或离子排斥分离，电导或安培检测。其中电导检测时则受样品基体影响较严重，安培检测法易受甲醛干扰。亚硫酸不稳定，在配制标准溶液与样品溶液时需加入甲醇（浓度为 0.1%～0.5%）或稳定溶液（50mmol/L NaOH+1.0mmol/L 果糖+0.1mol/L EDTA）[181]。

我国出入境检验检疫行业标准 SN/T 2918—2011《出口食品中亚硫酸盐的检测方法　离子色谱法》中的方法适用于白砂糖、饼干、果脯、虾肉、柠檬茶饮料、啤酒、淀粉、葡萄、辣椒、白萝卜、魔芋精粉中亚硫酸盐残留量的检测。方法详细说明了不同类型样品的前处理与色谱条件，为参考方便，摘录如下：

色谱条件：阴离子交换分离柱 IonPac AS9-HC+IonPac AG9-HC；淋洗液，8mmol/L Na_2CO_3-2.5mmol/L NaOH，等度淋洗，抑制型电导检测。对各类样品的提取如下：①啤酒、白砂糖、淀粉、果脯、饼干样品，取 2.5g 均匀试样置于 50mL 的具塞刻度塑料离心管中，以少量水润湿，加入 1.0mL 1.0mol/L 氢氧化钠溶液，1.0mL 甲醛，以水稀释至 25mL。在涡旋振荡器上混匀 5min，以 9000r/min 离心 30min，上清液备用。②柠檬茶饮料、葡萄等酸性样品，取 2.5g 均匀试样于 50mL 具塞刻度塑料离心管中，加入 15mL 水和 1.0mL 1.0mol/L 氢氧化钠溶液，摇匀，1.0mL 甲醛，摇匀，以 1.0mol/L 氢氧化钠溶液调节稀释液的 pH 值大于 11，以水稀释至 25mL。在涡旋振荡器上混匀 5min，以 9000r/min 离心 30min，上清液备用。③辣椒、虾、白萝卜、魔芋精粉等辛辣类食品、高蛋白食品、高吸水膨胀性的样品的净化如下：a. 饼干等含油脂较多的样品，取出上清液 10mL 于另一 50mL 具塞塑料离心管中，加入 10mL 石油醚，在涡旋振荡器上混匀 1 min，以 9000r/min 离心 10min。弃去上层有机相，再加入 10mL 的石油醚，重复提取一次。弃去上层有机相，收集下清液。b. 果脯、葡萄、柠檬茶饮料等含色素较多的样品取上清液 5mL 过 ENVI-CARB 石墨化炭黑小柱（以 5mL 水预淋洗），调整流速在 1.5mL/min 左右，弃去前 3mL 样品流出液，收集后 2mL 样品溶液于具塞玻璃管中备用。c. 超滤法去除样品提取液中的水溶性大分子，将上述收集液经 0.2μm 的水相滤膜过滤后，注入超滤器样品杯中，于 9000r/min 下离心 30min 进行超滤，超滤液供离子色谱仪测定。注：由于亚硫酸盐容易氧化成硫酸盐，因此样品和标准溶液都应是新鲜配制的，并减少暴露在空气中的时间。样品和标准溶液在甲醛稳定液中的稳定时间是 24h。样品开封后应尽快分析。方法的检测限为 4.0mg/kg。

Zhong 等[182]最近提出了一个测定食品中总 SO_2 的改进经典蒸馏方法的快速蒸馏方法，用蒸气和碳酸钠与硫酸之间反应所释放出的二氧化碳气流完成蒸馏。加到样品中的碳酸钠用于释放结合的亚硫酸盐（bounded sulphite），并产生大量二氧化碳，导致在酸性溶液中食品中的 SO_2 与全部 S（Ⅳ）迅速被蒸馏出，以氢氧化钠溶液捕获蒸馏出的 SO_2。无须通入氮气，只需 3min 即可得到满意的回收。有效地排除了甲醛与其他有机化合物对总的 SO_2 测定的干扰。阴离子交换分离（分离柱 IonPac AS9-SC + IonPac AG9-SC，淋洗液 1.8mmol/L Na_2CO_3+1.7mmol/L $NaHCO_3$，等度淋洗），抑制型电导检测，以测定亚硫酸来测定 SO_2。方法的检测限为 0.013mg/L。方法用于腌制食品、蔬菜、粉丝和酒类的分析，得到满意的结果。

Iammarinoa 等[183]提出的分析肉和虾类样品中亚硫酸的方法，不需复杂的样品前处理。方法用由 NaOH、EDTA 和果糖组成的稳定剂溶液[181]（ 50mmol/L NaOH、10mmol/L 果糖 和 0.1mol/L EDTA）于标准溶液的配制和样品提取。在强碱性溶液中，果糖是还原剂，可减少亚硫酸被还原成硫酸，EDTA 对从可逆地结合到钙镁等阳离子上的亚硫酸的释放是非常重要的。在该稳定剂中标准与样品可稳定 24h。但用分离柱 IonPac AS9-HC（250mm×4mm），淋洗液 8mmol/L Na_2CO_3+2.3mmol/L NaOH 等度淋洗时，发现弱保留组分的保留时间随进样次数的增加而增加，较强保留组分的保留时间随进样次数的增加而减小，亚硫酸盐的峰面积随进样次数的增加而增加，每进一次样，增加 20%左右。可能是柱效的逐渐降低，干扰化合物的共洗脱。因此改用梯度淋洗代替等浓度淋洗，并最佳化淋洗液的组成与流速。梯度淋洗，较浓的 Na_2CO_3 保障了柱功能的有效恢复，8h 重复连续进样的 *RSD* 达 8%。稳定溶液提取液的应用有效地限制了脂肪化合物的溶解。因此，样品只需简单地离心与过滤，用最佳的梯度淋洗程序即可得到好的分离重现性与长时间定量的精密度，而且没有基体影响与背景压力增加问题。方法的检出限与定量限分别为 2.7mg/kg 和 8.2mg/kg。方法用于真实样品的色谱见图 7-38。

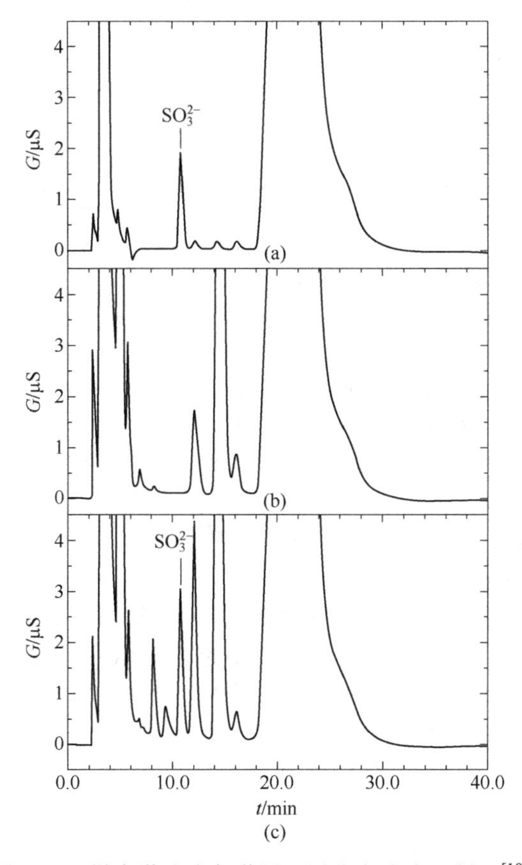

图 7-38　梯度淋洗液色谱图（用稳定溶液配制）[183]

（a）10mg/L 亚硫酸盐标准；（b）空白牛肉样品；（c）含 121.7mg/kg SO_2 的牛肉样品

分离柱：IonPac AS9-HC

淋洗液：A，8mmol/L Na_2CO_3+2.3mmol/L NaOH；b，24mmol/L Na_2CO_3

淋洗梯度：0～15min，100%A；15～16min，100%A→50% A 和 0% B→50% B；

16～20min，100%A→50% A 和 0% B→50% B；20～40min，100%A

流速：1.0mL/min　　进样体积：25μL　　检测：抑制型电导

基于 AOAC 990.3[184]号方法，用离子排斥法分离，脉冲安培法检测，用 D-甘露醇糖减少样品和色谱过程中亚硫酸的氧化，得到好的信噪比，见图 7-39，方法已用于多种样品的分析，如蘑菇罐头浸泡液、蜜枣以及干杏、瓶装酸橙汁、白葡萄酒等[184~187]。采用脉冲安培检测法测定，能够有效避免直流安培检测时的电极“中毒”现象，提高分析结果的精密度。改进的方法是用 20mmol/L Na_2HPO_4+10mmol/L 甘露醇缓冲溶液（pH 9），配制和提取样品，以 20mmol/L H_2SO_4 为淋洗液，铂金工作电极，脉冲安培检测。

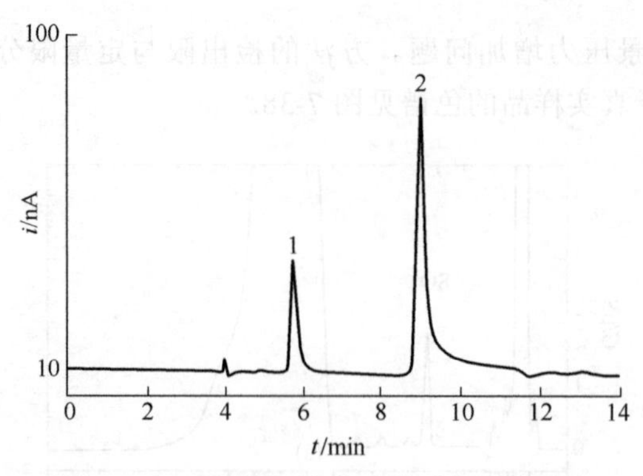

图 7-39 亚硫酸根的离子排斥色谱法分离

分离柱：IonPac ICE-AS1　　进样体积：50μL

淋洗液：20mmol/L H_2SO_4　　流速：1mL/min

检测：安培，铂工作电极，0.6V（对 Ag/AgCl）

样品缓冲液：20mmol/L Na_2HPO_4+10mmol/L 甘露醇，pH=8

色谱峰：1—甘露醇（未知）；2—SO_3^{2-}（15.8mg/L）

由于 SO_3^{2-} 能够与食品中的还原糖、醛、酮、蛋白质等生成羟基磺酸盐加合物，因此食品中的亚硫酸盐可分为游离型和结合型两种。食品酸化后，游离型亚硫酸盐可迅速转化为 SO_2 除去，而结合型亚硫酸盐只有在煮沸的条件下才可转化为 SO_2 而除去。此外，结合型亚硫酸盐在消化道中也可转化为游离型亚硫酸盐，因此有必要分别测定二者的含量。Pizcoferrato 等[188]采用经典的 Monier-Williams 样品前处理方法，以离子交换色谱-间接紫外光度检测法测定了 12 种食品中的游离型和结合型亚硫酸盐。

（五）碘和硫氰酸根的分析

1. 概述

碘和硫氰酸根影响人体甲状腺功能。碘是影响身体和智力发育的必要元素，国家标准规定每 100g 奶粉的碘含量应为 30～150μg，碘摄取不足或过量都会引起甲状腺的相关疾病。过量摄入硫氰酸根可抑制甲状腺聚碘功能，引起甲状腺机能低下。2008 年 12 月 12 日发布的《食品中可能违法添加的非食用物质和易滥用的食品添加剂品种名单（第一批）》中明确规定乳及乳制品中硫氰酸盐属于违法添加物质。

食品中碘离子和硫氰酸根的离子色谱法分析，主要是用阴离子交换分离，抑制型电导、脉冲安培和分光光度法检测。因碘离子和硫氰酸根都是易极化阴离子，在常用阴离子交换色谱柱上保留时间长，峰形较宽且不对称。选择色谱条件时应选用亲水性强的分离柱，对基体复杂的样品，宜用梯度淋洗改善分离与缩短保留时间。另一个需要注意的问题是选择适合的样品前处理方法，食品的基体非常复杂，种类多，即使是同一种食品也有几十个品种，不同的分离与检测方式都可能存在不同的基体干扰。用电导与紫外光度检测时，可同时检测样品中的碘酸根、碘离子和硫氰酸根离子。用脉冲安培检测时，若样品中同时含有碘酸盐和碘离子，可用抗坏血酸将碘酸根还原成碘离子[189]。若样品中含有其他形态的碘化物，可分别检测碘化物与总碘。对含有有机碘化物的样品，检测总碘时，可用高温分解样品，测定总碘[190]。

电化学检测对碘离子的检测灵敏度与选择性较好。不同的电极材料中[191]，玻璃碳、金与铂电极需要高的检测电位，用于检测碘将导致基线漂移，不利于获得低的检测限。银电极对碘有高的灵敏度，而且检测电位低[192]。直流安培检测器对碘离子的检测存在两个问题，基线扰动与碘离子峰的末端出现拖尾的不对称负峰，见图 7-40（a），使定量过程复杂。因为电极表面涉及与碘的沉淀反应，碘峰之后的明显扰动是由于沉淀在电极表面的碘化银溶解太慢[193]。AgI 的溶度积较大，减弱了在电极表面所形成的 AgI 沉淀的溶解速度。脉冲安培引入了清洗电位，缩短在工作电极上的检测电位的施加时间，减少在电极表面 AgI 层的形成，在优化的电位波形，可获得对称的峰形，见图 7-40（b）。用电化学检测时，因为不用抑制器，淋洗液不受抑制反应的限制，可用无机酸作淋洗液，而且可用较高浓度，因此较用抑制型电导检测时的保留时间短。如用 IonPac AS11 分离柱，50mmol/L HNO_3 为淋洗液，碘的保留时间为 2.1min；用 25mmol/L HNO_3 为淋洗液，碘的保留时间为 3.5min[193]。

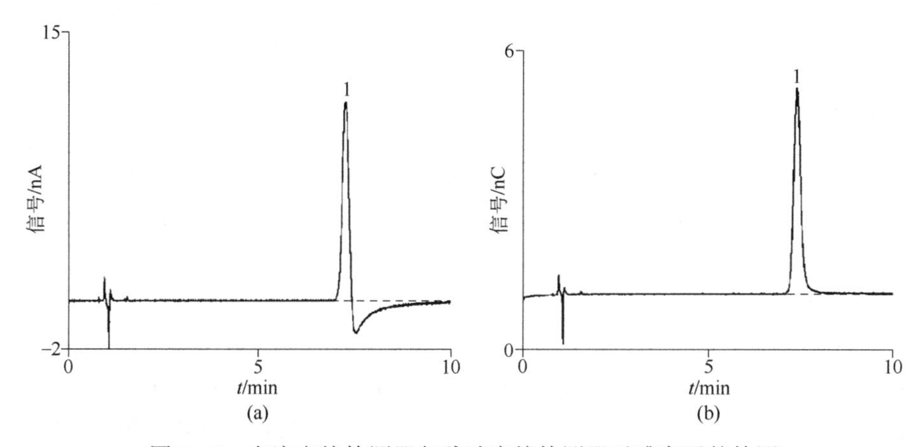

图 7-40 直流安培检测器与脉冲安培检测器对碘离子的检测

（a）直流安培检测器，银工作电极，Ag/AgCl 参比电极，工作电位 0.05V

（b）脉冲安培检测器，银工作电极，Ag/AgCl 参比电极

分离柱：IonPac AS9-SC+ IonPac AG9-SC

淋洗液：4.4mmol/L Na_2CO_3+ 6.5mmol/L $NaHCO_3$

温度：35℃　　流速：1.50mL/min

色谱峰：1—250μg/L I^-

2. 碘化物与碘酸盐的分析

食盐中碘的分析，市场上出售的加碘食盐主要是添加了碘酸钾。碘酸钾和碘离子的生物利用效率相似，因此，为了定量检测食品中的总碘需要检测碘化物与碘酸盐。碘酸钾和 I^- 均溶于水，食盐也易溶于水，以水提取即可。对食盐中 I^- 的分析可

简单地用阴离子交换分离，电导或者紫外检测。I^-的疏水性比较强，需选用亲水性较强的中等柱容量的分离柱（如 IonPac AS20）。用紫外检测时（223nm），应于紫外检测器前置抑制器，以降低基线噪声。对 I^-的分析，电导与紫外的灵敏度相近[194]。分析食盐中的碘酸盐时，因为碘酸盐在阴离子交换分离柱上的保留弱，其保留时间靠近 Cl^-，而样品中 Cl^-的浓度常大于碘酸盐的浓度，如用电导检测，需用 Ag 型小柱除 Cl^-[195]，并用高容量分离柱，以较弱的淋洗液或者 OH^-淋洗液梯度淋洗改善分离。柱切换是消除干扰与降低检测限的较好方法，用于食盐中碘酸盐的分析，在线降低样品中 Cl^-的浓度，用紫外检测，对碘酸根的检测限为 45.53μg/L[196]。

碘离子在阴离子交换分离柱上的保留较强，可用电导、紫外和脉冲安培检测器检测，因此常将碘酸盐还原成碘化物。常用的方法是用抗坏血酸或亚硫酸钠将碘酸盐转变成碘化物，再用电导或者紫外检测。用脉冲安培检测[197]，检测器只对碘的形态中的 I^-有响应，亦需将食盐中的 IO_3^- 转化为 I^-。推荐的转化方法是用抗坏血酸将碘酸盐转变成碘化物。酸性条件下，IO_3^- 与 I^-发生下述氧化还原反应：

$$IO_3^- + 5I^- + 6H^+ \longrightarrow 3I_2 + 3H_2O$$

式中形成的碘单质将抗坏血酸氧化成脱氢抗坏血酸，碘被还原成碘离子：

$$\text{抗坏血酸} + I_2 \longrightarrow 2I^- + \text{脱氢抗坏血酸}$$

抗坏血酸不干扰碘离子的检测。

婴幼儿营养米粉中碘的分析，常用的样品前处理方法是用水超声提取，乙腈沉淀蛋白，离心过滤，再用 RP 柱或 C_{18} 柱除去有机化合物。张水锋等[198]比较了用于全脂奶粉沉淀蛋白的几种有机溶剂（甲醇、乙醇、丙酮和乙腈），认为丙酮和乙腈较好。

IC-PAD 方法测定碘时，用硝酸作淋洗液，宜用乙酸消解样品[199]。该方法对婴儿配方食品的前处理如下：取 10mL 样液于 50mL 离心管，加 2mL 3%乙酸，混匀。加 8mL 水，混匀。离心（5000r/min）5min 以分离样品中的脂肪与蛋白。上层液经 0.2μm 注射器过滤器，继取 5mL 样液通过 OnGuard ⅡRP 柱，弃去 3mL。滤液进样。对有些样品，用酸消解时加热是有益的（于 70℃ 1h），也可用酸微波消解。用硝酸作淋洗液时应注意，IonPac AS11 柱是用 NaOH 平衡的，用淋洗液 HNO_3 平衡前，需用水洗 30min。图 7-41（a）是 0.1mg/L I^-在 IonPac AG11/AS11 柱上的分离，淋洗液为 50mmol/L HNO_3。I^-的保留时间小于 4min，很好地与其他阴离子分离。分析低浓度碘离子时，色谱图中约于 6min 处出现一基线的负扰动［见图 7-41（b）］，是由于前一次进样时引入的溶解氧（约在 19min 处，不同色谱条件，时间不同）。用 13min 的运行时间可将基线的负扰动置于不干扰碘的检测位置。

碘离子与碘酸根的同时分析。有的样品同时含有碘离子与碘酸根，在阴离子交换分离柱上，碘酸根的保留比较弱，而碘离子由于其较强的疏水性，保留比较强，同时分离需选择亲水性柱，若用电导检测，为了缩短时间与消除干扰，宜用梯度淋洗，而用电感耦合等离子体质谱作检测器，因为其高的选择性，碘离子与碘酸根在阴离子交换柱上的保留时间差距较大，可用较高浓度的淋洗液以缩短保留时间。

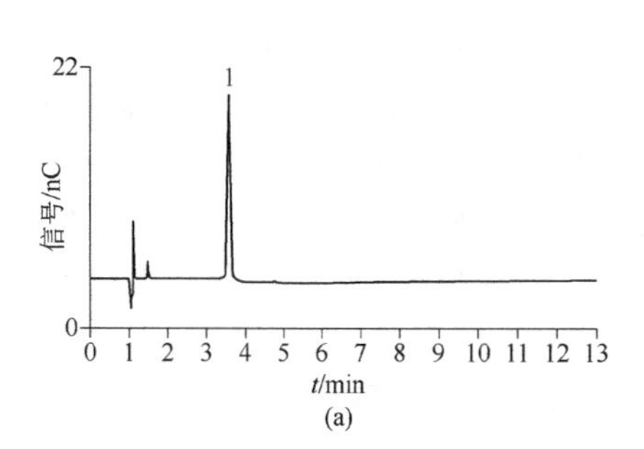

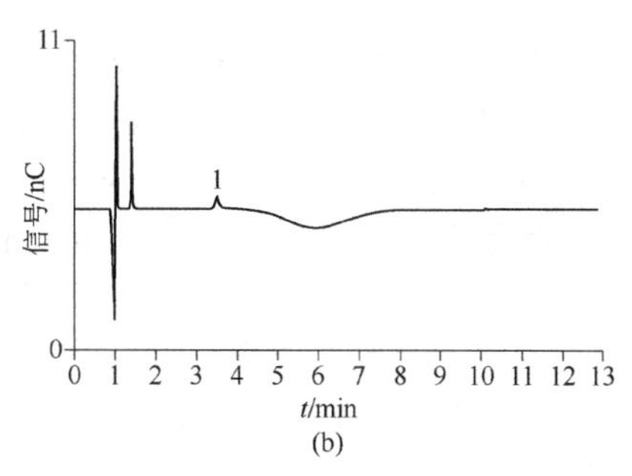

图 7-41 碘离子标准溶液（0.1mg/L）色谱图（a）与低浓度碘离子标准溶液（0.005mg/L）色谱图（b）[86]

（a）色谱条件
色谱柱：IonPac AG11，AS11
流动相：50mmol/L 硝酸
流速：1.5mL/min
柱温：30℃
进样体积：100μL
检测器：PAD
电极：Ag
色谱峰：1—碘离子（0.1mg/L）

（b）色谱条件
色谱柱：IonPac AS11，AS11
流动相：50mmol/L 硝酸
流速：1.5mL/min
进样体积：100μL
柱温：30℃
电极：Ag
色谱峰：1—碘离子（0.006mg/L）

3．碘离子和硫氰酸根的同时分析

奶制品含有碘与硫氰酸根，硫氰酸根来自婴儿配方奶粉的主要原料牛奶。对奶制品中碘的研究提示，以大豆为主要原料的婴儿配方食品中，碘存在的形式是游离碘，而以牛奶为主要原料的婴儿配方食品中碘存在的形式是游离型与结合型两种，对这种样品，室温与加热消解得到的结果不同。碘离子和硫氰酸根两种离子都是易极化阴离子，在普通阴离子交换色谱柱上保留时间长，峰形较宽且不对称。但在亲水性强的分离柱上，如 IonPac AS16，由于碘离子与硫氰酸根对固定相的亲和力不同，以 NaOH（或 KOH）为淋洗液，等度或梯度淋洗，在较短的分析时间即可很好地分离，而且峰形尖锐对称[200]。但该方法仅适用于基体比较简单的样品。混合模式色谱柱 Acclaim Mixed-Mode WAX-1 同时具有疏水性烷基链和弱阴离子交换官能团，对于疏水性离子化合物具有不同于单纯的阴离子交换分离柱的分离选择性。该柱在进行反相色谱分离的同时兼有离子交换性能，使得该色谱柱用于奶粉样品中碘离子与硫氰酸根分离时可与奶粉样品中的干扰峰分离。对于成分复杂的混合物，可以通过调节流动相中的有机溶剂比例、离子强度、pH 值以优化分离效果。WAX-1 色谱柱是硅胶基质柱，使用的 pH 值范围为 2.8～6.5，最常用的 pH 值为 6.0。常用的流动相由有机溶剂和一定 pH 值的磷酸盐水溶液组成。pH 值的变化对基体中有机酸的作用明显，升高 pH 值可以缩短它们的保留时间，但对于碘离子和硫氰酸根没有影响。有机溶剂主要影响有机成分的分离，反相色谱条件下流动相中有机溶剂比例的提高或降低可以使组分的保留时间相应地缩短或延长。流动相中的磷酸盐溶液是离子交换分离模式的淋洗液，其浓度对分离有很大影响。磷酸盐浓度降低，离子性化合物与色谱柱的作用时间延长，有利于保留时间相近的物质获得更大的分离度。李静等[201]用该柱离子色谱法同时测定奶粉中的碘离子和硫氰酸根。按常用方法对样品做前处理，乙腈沉淀蛋白，过RP柱净化。所用淋洗液为乙腈-磷酸盐缓冲液（100mmol/L，pH 6：称取13.6g KH_2PO_4和0.42g $Na_4P_2O_7 \cdot 10H_2O$溶于1L超纯水中，用磷酸微调pH值至6）-水（体积比为45∶5∶50），使待分析离子与干扰物质达到了良好分离，见图7-42。紫外检测波长为226nm。该方法对碘离子和硫氰酸根的检出限分别为4.6μg/L和13.8μg/L。

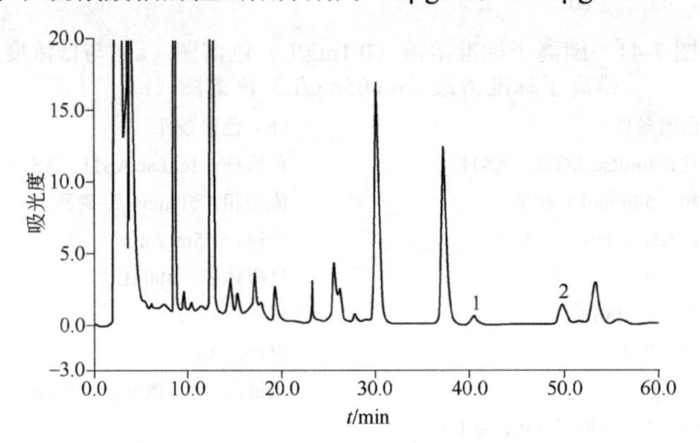

图7-42 奶粉样品中碘离子和硫氰酸根的分离谱图

色谱柱：Acclaim Mixed-Mode WAX-1

淋洗液：乙腈-磷酸盐缓冲液（100mmol/L，pH 6）-水（体积比为45∶5∶50）

流速：1mL/min　　进样体积：200μL

检测：紫外分光，检测波长为226nm

色谱峰，1—I^-；2—SCN^-

Niemann等[202]提出了在线富集，阴离子交换分离，二极管阵列（DAD）检测，测定婴儿配方奶粉与牛奶样品中碘离子与硫氰酸根。方法的样品前处理比较简单，于样品的水溶液中（5g奶粉溶于100mL水）加一滴十二烷醇（防沫剂），离心超滤处理之后，经石墨碳SPE柱净化。经前置柱（IonPac AG16 4mm×50mm）在线富集与消除干扰化合物，再进入阴离子交换分离柱（IonPac AS16 4mm×250mm）分离，以NaOH为淋洗液等度淋洗，于225nm检测。婴儿配方奶粉与牛奶样品中碘离子与硫氰酸根的浓度不同，进样体积分别为500μL和100μL，方法对碘离子与硫氰酸根的线性范围分别是1～50ng与3～300ng。

4．植物样品中超痕量碘及其形态的分析

碘是一种具有多种形态的非金属元素，具有极强的亲生物性和高活动性、易氧化还原、挥发与吸附等特点，通常以游离的元素碘、碘化物、碘酸盐、甲基碘及其他有机碘等多种形式存在，并通过大气圈、水圈、生物圈和土壤圈不停地循环。植物样品中碘的形态分析对于生物的毒理性质研究具有很重大的意义。碘离子和碘酸根都极易溶于水，可用碱性溶液提取植物样品中可溶性的碘的化合物（碘和碘酸根）。不同的植物中碘存在的形态相当复杂，对于仅含碘酸根和碘离子的食品样品经过碱萃取法就能获得食品中的总碘。但紫菜等海产类植物样品中碘的形态较多，且含量较高，仅采用碱提取法不能完全将其中的碘提取出来，因此采用高温裂解吸收法分解样品，使样品中各种形态的碘均转化为碘离子，检测总碘。报告的方法[190]选用 IonPac AS19 阴离子交换分离柱，KOH 淋洗液等度淋洗。植物样品比较复杂，碘化物含量低，为了消除干扰，提高检测灵敏度，选择 ICP-MS 检测（*m*/*z* 127）。方法对碘的检测限为 0.01mg/kg。碱提取法和高温裂解法处理样品的碘的加标回收率分别为 89.6%～97.5%和 95.2%～111.2%。按照所建立的方法分别考察了紫菜、海带、圆白菜、茶叶、菠菜等常见植物性样品中碘的存在形式，结果表明，紫菜中的碘以有机碘为主，而海带、圆白菜、茶叶、菠菜中的碘则以无机碘为主。

三、有机酸的分析

（一）概述

有机酸是食品中的重要风味成分，它可以表征产品的质量，判断果汁的真假，指示储存食品是否变质等。不同的水果有不同的特征酸，相同品种、不同产地，其特征酸也不同；新鲜程度不同，其特征酸的浓度也不同。如橘子、葡萄和苹果，图 7-43

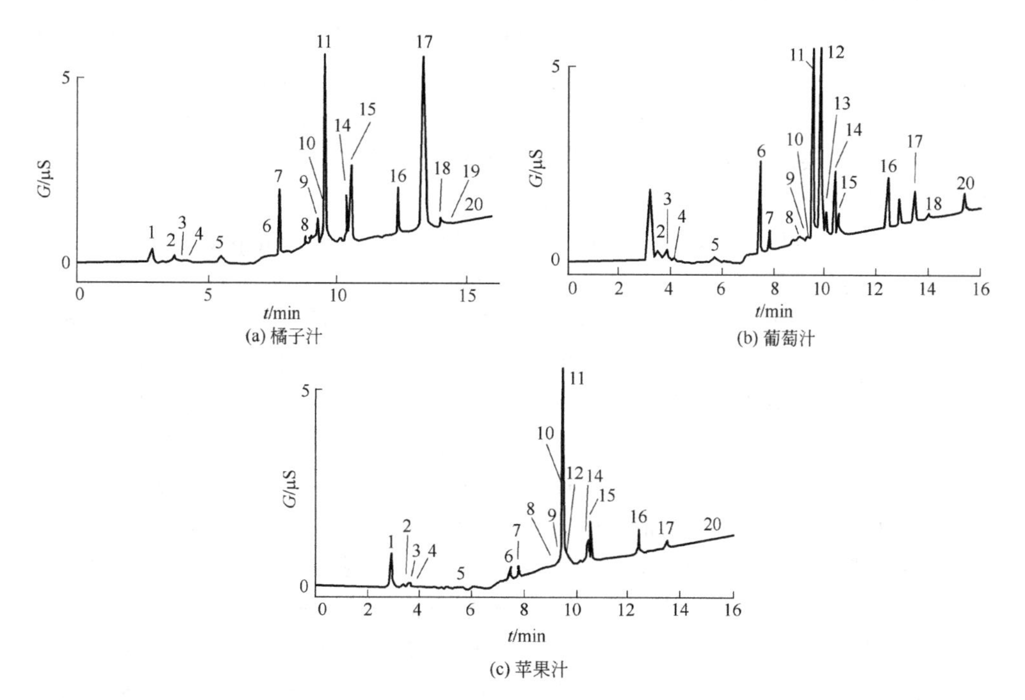

图 7-43 橘子汁、葡萄汁和苹果汁中有机酸“指纹”图的比较

分离柱：IonPac AS11 淋洗液：NaOH+甲醇，梯度 流速：2mL/min 检测：抑制型电导

色谱峰：1—奎宁酸根；2—乳酸根；3—乙酸根；4—甘露酸根；5—甲酸根；6—*d*-半乳糖醛酸；7—氯离子；8—硝酸根离子；9—戊二酸根；10—琥珀酸根；11—苹果酸根；12—丙二酸根；13—酒石酸根；14—硫酸根；15—草酸根；16—磷酸根；17—柠檬酸根；18—异柠檬酸根；19—顺乌头酸根；20—反乌头酸根

为三者“指纹”图的比较。从图 7-43 可见，橘子汁中苹果酸和柠檬酸是主要的酸；在葡萄汁中，苹果酸和丙二酸是其特征酸；而苹果汁中，只有苹果酸是其特征酸。离子交换和离子排斥两种分离方式加上化学抑制型电导检测使离子色谱对有机酸的分析灵敏度较紫外检测约高一个数量级，已广泛应用于水果、果汁、饮料、酒类和茶叶等样品的分析。用于有机酸的检测器主要是电导与紫外，对一些有机酸，如乳清酸，用脉冲安培检测器得到的结果更好。离子交换和离子排斥两种分离方式用于有机酸的分离各有其优点与局限性，可根据样品基体与目标化合物的性状选择分离方式。近年来，高效高容量阴离子交换分离柱与梯度淋洗的发展，可以同时分离无机阴离子和有机酸(见第二章第一、二节)，拓展了阴离子交换分离有机酸的应用。下面举例说明不同的分离方式与检测方法的应用。

（二）阴离子交换分离

这种方式的分离机理是离子交换，可用于同时分析有机酸与无机阴离子，如啤酒中有机酸和无机阴离子的同时分析[203]，以高容量亲水性的 IonPac AS11-HC 柱为分离柱，KOH 为淋洗液，抑制型电导检测。在优化的梯度淋洗条件下，一次进样，同时检测了啤酒中乳酸、乙酸、丙酸、甲酸、正丁酸、丙酮酸、Cl^-、NO_2^-、Br^-、NO_3^-、琥珀酸、酒石酸、SO_4^{2-}、草酸、PO_4^{3-}、柠檬酸等包括 10 种有机酸在内的 16 种离子。方法对无机阴离子与有机酸的检测限在 9.3～32μg/L。相似的方法用于烟草中 9 种有机酸（甲酸、乙酸、乳酸、丙酸、丁酸、苹果酸、丙二酸、草酸、柠檬酸）的分析[204]，水果汁中 8 种有机酸（乳酸、乙酸、苹果酸、丙二酸、马来酸、草酸、柠檬酸、异柠檬酸）的分析[205]，均得到较好的结果。

（1）肉类产品中肌苷酸的分析[206]　肌苷酸（inosine monophosphate，IMP）又称为次黄呤核苷酸，具有鲜味特征，其增加鲜味的能力较谷氨酸钠强 40 倍。肌苷酸广泛存在于动物肌肉组织中，其含量是衡量肉质鲜味的重要指标[207]。因此测定肉类食品中肌苷酸的含量，对研究肉类食品风味及呈味物质之间的相互关系具有重要的意义。对肌苷酸的分析，目前主要是用高效液相色谱法，但肌苷酸的疏水性较弱，在高效液相色谱柱上的保留较弱，保留时间接近死时间，对于复杂基质样品的分离存在干扰。而且在 $pH<4$ 的条件下稳定性较差，容易降解为次黄嘌呤和 D-核糖[208]。肌苷酸易溶于水，在中性和碱性溶液中稳定，其分子中带有磷酸基团，在碱性水溶液中可离解为离子型，因此可用阴离子交换分离，抑制电导检测。方法选用高容量阴离子交换柱 IonPac AS11-HC，以 30mmol/L KOH 淋洗液等度淋洗，肌苷酸的保留时间为 6.0min，7 种常规阴离子（F^-、Cl^-、NO_2^-、Br^-、NO_3^-、SO_4^{2-}、PO_4^{3-}）在较高淋洗液浓度的条件下，保留时间小于 5min，不干扰肌苷酸的检测。方法的线性范围为 1.0～200mg/L，已用于鸡肉、鱼肉、猪肉、牛肉等实际样品的测定。方法简便、准确，为肉类鲜味成分的研究提供了一种有效的快速分析方法。

（2）植酸的分析　植酸（肌醇六磷酸，IP6）是磷在植物中主要的存在形式，因能在生理 pH 条件下与金属离子形成不溶性配合物，妨碍人体对矿物质的吸收，加之可作为食品抗氧化剂使用，因此在食品分析中十分重要。由于植酸在食品加工过程中可以分解为肌醇一磷酸、肌醇二磷酸、肌醇三磷酸、肌醇四磷酸、肌醇五磷酸（IP1～IP5），其中某些异构体具有非常重要的生理作用，因此分离植酸类化合物的意义便十分重要。植酸是多价阴离子，离子色谱是分析植酸的适合方法，已有很多用离子色谱分析植酸的报道[209~213]。Skoglund 等[214]对多种植物性食品中肌醇磷酸的分析方法做了系统的研究。他们以 OmniPac PAX-100 柱为分离柱，用 HCl-异丙醇溶液梯度淋洗，以 Fe^{3+}-$HClO_4$ 为柱后衍生剂，在 290nm 处测定黑麦面包卷和豌豆粉中的 IP2～IP6。此外，他们还对上述体系可能使用的多种阴离子交换色谱柱进行了比较[215]。针对在生理作用中比较重要的 IP1、IP2 异构体，他们又专门建立了一种分析方法，用 NaOH、NaAc 梯度淋洗，脉冲安培法测定，方法已用于多种植物性食品的分析，方法灵敏度比电导检测法提高 2 个数量级[216]。用 HCl 加热（沸水浴）提取植物样品中的植酸后，需用 OnGuard Ⅱ Ag/H 小柱除 Cl^-降低其干扰。植酸是多价阴离子，在阴离子交换分离柱上保留较强，因此需选用亲水性分离柱，并用较浓的淋洗液（65mmol/L KOH）。在该色谱条件下，大豆与黑芝麻样品中常见阴离子的保留小于 5min，不干扰植酸的分离，见图 7-44。

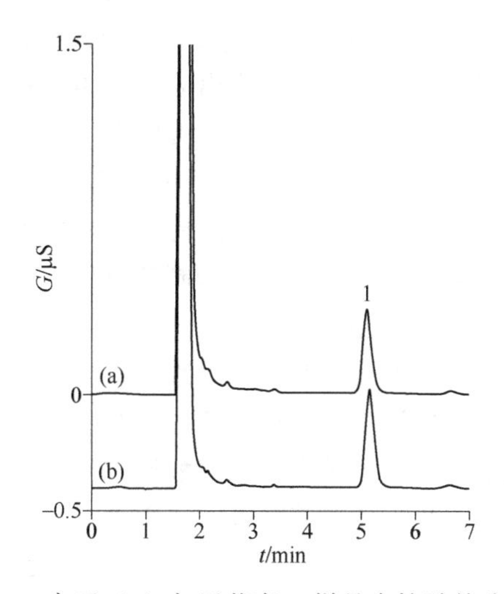

图 7-44 大豆（a）与黑芝麻(b)样品中植酸的分离[217]

色谱柱：IonPac AS11(4mm×250mm)+AG11(4mm×50mm)

淋洗液：65mmol/L KOH　　流速：1.0mL/mim

温度：35℃　　进样体积：10μL

检测：抑制型电导，自循环模式

色谱峰（mg/L）：1—植酸［（a）3.18；（b）3.79］

（三）离子排斥分离

方法的优点是常见无机阴离子在排斥柱上没有保留，消除了无机阴离子的干扰。对含有高浓度 Cl^-、SO_4^{2-}、PO_4^{3-} 等的食品，样品前处理非常简单，只需用水超声提取，稀释过滤；或经 RP 或 C_{18} 小柱除去疏水性有机物即可。常用的抑制型电导检测的色谱条件是 IonPac ICE-AS 排斥柱，0.4mmol/L 全氟丁酸为淋洗液。如蔓越橘（奎宁酸是蔓越橘果汁的重要标志，是其是否纯正的衡量标准）果汁中奎宁酸的检测，用上述条件，奎宁酸的保留时间小于 10min。

（1）多种有机酸的分析　多种有机酸具有较强的紫外吸收，可用紫外分光检测。紫外分光检测不需抑制器，对淋洗液的限制较少，可用梯度淋洗，如黄酒中有机酸含量的分析[218]。黄酒也称为米酒，是我国历史最悠久的传统酿造酒，作为传统的保健养生佳品，黄酒中包含多种有机酸，其中部分来自原料或酵母代谢产生；部分由细菌污染产生。有机酸不仅是黄酒的组成成分，同时又是风味成分的前体物质，在储存过程中部分逐步形成芳香酯，增加浓厚感，降低甜度[219]。离子排斥色谱法，样品前处理简单，一般只需离心、稀释与过滤。以 Waters 离子排斥色谱柱（300mm×7.8mm，7μm）为分离柱，流动相为 0.01mol/L 的 H_2SO_4 溶液（A）与乙腈（B）的混合溶液（体积比为 98∶2），线性梯度，柱温 50℃，进样量为 10μL，检测波长为 210nm。结果表明，该方法可在 30min 内实现草酸、马来酸、柠檬酸、酒石酸、苹果酸、抗坏血酸、琥珀酸、乳酸、富马酸、乙酸、丙酸、异丁酸和丁酸的完全分离与定量。13 种有机酸在 0.001～1.00g/L 范围内线性关系良好。方法对草酸、马来酸、乙酸、丙酸、异丁酸和丁酸的检出限为 0.01mg/L，富马酸的检出限为 0.001mg/L，其余 6 种有机酸的检出限为 0.1mg/L[218]。

（2）蔬菜中马来酰肼的分析　马来酰肼又称抑芽丹，化学名为顺丁烯二酰肼（maleic hydrazide，MH），是一种植物生长抑制剂和选择性除草剂，MH 可阻碍植物细胞分裂和降低光合作用效率，常被用于抑制蔬菜如马铃薯、洋葱和大蒜等储藏期发芽，也用于烟草种植中控制烟叶腋芽的生长。有研究称 MH 是一种诱变致癌剂，一定剂量下会导致细胞染色体断裂，从而产生细胞毒性[220]，因此对 MH 残留量的检测日益受到关注。已有多种方法用于 MH 残留量的分析。因 MH 是弱酸性化合物，可用离子排斥分离。离子排斥分离疏水性的弱酸性 MH 时，对淋洗液的选择除了需考虑与样品中存在的常见有机酸的干扰之外，还需考虑疏水性 MH 的保留时间。用酸性较弱的甲酸作淋洗液，可缩短酸性较 MH 强的有机机酸的保留，消除对 MH 的干扰；淋洗液中添加乙腈减弱 MH 与固定相之间的疏水作用，缩短 MH 的保留时间。如对马铃薯、洋葱、大蒜等蔬菜中马来酰肼（HM）的离子排斥色谱分离[221]，选用 IonPac ICE-AS1（250mm×9mm）排斥柱，以 3mmol/L 甲酸水溶液-乙腈（70∶3，体积比）为淋洗液，于波长 205nm 检测。样品以酸性甲醇溶液（1.2mol/L 盐酸-甲醇，pH<1）超声提取，离心，经 RP 柱净化。在该色谱条件下，蔬菜中常见的有机酸，如草酸、柠檬酸、酒石酸、苹果酸和琥珀酸等不干扰 MH 的分离，因常见的有机酸的保留时间小于 10min，而 MH 的保留时间在 25min。而淋洗液中添加乙腈，将 MH 的保留时间从 40min 缩短到 25min。方法对 MH 的线性范围为 0.006～1.0mg/L，检出限为 0.002mg/L。该方法灵敏度高，前处理简便。

四、胺和有机碱的分析

（一）阳离子与低分子量胺的分析

（1）无机阳离子的分析　钠和钾是保持电解质平衡的基础，但高钠也会引起高血压等疾病。镁和钙是人体骨骼生长的重要成分，因此婴儿食品中对钠、钾、钙、镁的含量都有一定规定。胺是食品质量的指示剂。阳离子交换分离、抑制型电导检测分析食品中的碱金属、碱土金属和胺是IC中广泛应用的成熟方法。如含钙强化食品中的钙含量的检测[222]，果汁和果泥中的Na^+、K^+、Mg^{2+}、Ca^{2+}的检测[223]，饮料中Na+、NH_4^+、K^+、Mg^{2+}和Ca^{2+}的检测[224]，烟叶中Na^+、K^+、Mg^{2+}、Ca^{2+}和NH_4^+的检测[225]。样品前处理主要是用乙腈（或其他试剂）沉淀蛋白与用C_{18}或OnGuard RP柱除去有机化合物。

（2）胺类的分析　胺类也是食品变质的一个指标，如三甲基胺与二甲基胺是鱼类与其他一些食品质量的标志；有机胺类是仅次于有机硫化物的恶臭污染物，其主要成分是三甲胺、甲胺、乙胺、丙胺、二乙胺、正丁胺等； 致癌物质亚硝胺的转化与低分子量胺有关。因此对低分子量胺的分析在食品分析中受到重视。抑制型电导检测可同时检测低分子量胺与常见无机阳离子，如用弱酸型（羧基）阳离子交换分离柱，以甲基磺酸为淋洗液，等度淋洗，可于一次进样同时分析甲胺、二甲胺、三甲胺与常见阳离子。Yao 等[226]对鱼、肉和鸡蛋中 NH_4^+、甲胺、二甲胺和三甲胺的测定结果发现，上述4种成分在新鲜鱼、肉、鸡蛋中的含量均很少，其含量随储存时间的延长而增加，其中以NH_4^+和三甲胺含量的增加最为明显。这就提示，NH_4^+和三甲胺含量可以作为判定上述食品新鲜度的参数。

（二）生物胺的分析

生物胺（biogenic amine，BA）是一类具有生物活性、低分子量的含氮有机化合物的总称，包括多巴胺（dopamine）、酪胺（tyramine）、腐胺（putrescine）、尸胺（cadaverine）、组胺（histamine）、羟色胺（serotonin）、胍丁胺（agmatine）、苯乙胺（phenylethylamine）、亚精胺（spermidine）、精胺（spermine）等。微量生物胺是人体内的正常活性成分，在生物细胞中具有重要的生理功能。当人体摄入过量的生物胺（尤其是同时摄入多种生物胺）时，会引起头痛、恶心、心悸、血压变化、呼吸紊乱等过敏反应，严重时会危及生命[222]。腐胺、尸胺、组胺、亚精胺和精胺作为常见的生物胺，属于剧毒化学物质，水溶性很好。生物体死亡后，由细菌分解其尸体产生一定量的上述生物胺，造成水体污染。

在常规阳离子交换柱上分离生物胺的难点是其分子结构与在实际样品中的低浓度，质子化的胺与典型的阳离子交换固定相之间强的疏水性相互作用会导致长的保留时间与不好的峰形；洗脱强保留生物胺（如亚精胺和精胺）的淋洗液需高浓度的酸与有机溶剂[227]，这种淋洗液不宜与抑制型电导匹配。近年发展的弱酸性羧酸功能基的阳离子交换柱减弱生物胺与固定相之间的疏水性作用，可用较低浓度酸作淋洗液而不需加入有机溶剂，因此可用抑制型电导检测[228~233]。电导检测的缺点是样品中高浓度的碱金属和碱土金属对低浓度的生物胺的干扰。安培检测有高的灵敏度，但由于电极表面的中毒而影响重现性。改进的积分脉冲安培检测（IPAD）波形与薄膜金工作电极（不需抛光等处理的新型工作电极，一般可连续工作两周后抛弃）的发展，改善了 IPAD 对生物胺检测的重现性。设置的电位波形可保持金工作电极长时间稳定。P. Pastore 等[234]认为用电化学检测器检测生物胺时应该避免使用抑制器，因为引入抑制器后不能检测酪胺，减小其他胺的响应，难以控制 pH 等不利因素。而用柱后加入 NaOH，将洗脱液的 pH 调整到适合脉冲安培检测的条件（pH=12.7）。他们选用弱酸性羧酸功能基的阳离子交换分离柱 IonPac CS17（2mm×250mm，5μm），甲基磺酸淋洗液梯度淋洗，柱后加碱以优化脉冲安培对生物胺的检测，用可抛弃的金工作电极，pH-Ag/AgCl 参比电极。将方法用于巧克力样品中包括多巴胺、酪胺、组胺、羟色胺、苯乙胺等多种生物胺的分析。样品以石油醚脱脂两次，继用高氯酸提取，方法对多巴胺、酪胺、组胺、羟色胺和苯乙胺的检测限分别为 3mg/kg、2mg/kg、1mg/kg、2mg/kg 和 3mg/kg。

Rohrer 等[231]比较了相同色谱分离条件下，抑制型电导检测、IPAD 检测与紫外检测生物胺的色谱图。方法用 IonPac CS18(250mm×2mm)分离柱，甲基磺酸淋洗液梯度淋洗，CSRS ULTRA Ⅱ（2mm）抑制器。为了增加 IPAD 检测的灵敏度，柱后加入 0.1mol/L NaOH 提高进入 IPAD 洗脱液的 pH。IPAD 检测器用金工作电极，pH-Ag/AgCl 参比电极。从图 2-52 可见，抑制型电导是检测腐胺、尸胺、组胺、胍丁胺、苯乙胺、亚精胺与精胺的最简单检测器，并有高的灵敏度(0.004～0.08mg/L)。IPAD 较抑制型电导可检测更多胺，包括多巴胺、酪胺与羟色胺。由于酪胺在抑制器中失去质子，不能用抑制型电导检测，而 IPAD 与 UV 均可检测酪胺，由于紫外能选择性地确定化合物的类型，因此用于确定样品中酪胺的存在，确保分析结果的准确性。方法的线性范围是 0.1～20mg/L，对 10 种生物胺的检测限在 0.004～1.1mg/L。醇类饮料中生物胺的检测对评价大量消耗这种饮料的危害性是重要的。此外产品的储存时间与储存条件能导致生物胺的形成，降低产品的质量。方法用于评估储存时间与储存环境对醇类饮料中生物胺变化的影响，结果令人满意。

水源水中 5 种生物胺（腐胺、尸胺、组胺、亚精胺和精胺）的分析[235]。样品经 0.45μm 水膜过滤后，用 TSKgel SuperIC 阳离子交换柱（150mm×4.6mm）分离，以甲基磺酸水溶液梯度淋洗，流速为 1.0mL/min，非抑制电导检测。实验结果表明，5 种生物胺可以实现基线分离；在 1.0～30.0mg/L 范围内，其峰面积与质量浓度之间的线性关系良好。进样量为 100μL，对 5 种生物胺的检出限为 0.18～0.40mg/L。方法用于四川“五・一二”地震后受灾区域的多种水源水的测定，测定结果及时、准确，为灾区人民饮水安全提供了有效保障。

（三）有机碱的分析

氯化胆碱（choline chloride）的化学名称为2-羟基乙基-三甲基胺盐酸盐，是动物生长过程中不可缺少的一种水溶性维生素，对人体新陈代谢起重要作用，因此常被加入婴儿食品与维生素的配制中。胆碱在普通的正相及反相色谱柱上几乎不被保留。在酸性介质中以阳离子形态存在，因此可用阳离子交换分离。由于氯化胆碱分子中无发色团，不能直接用分光光度检测，但在水溶液中以离子形式存在，因此检测方式可采用电导。实际样品中常包含多种常见阳离子，如 Na^+、K^+、Mg^{2+}、Ca^{2+} 等，在选择分离条件时，必须考虑这些常见离子的干扰问题[236]。如用常规阳离子交换色谱柱 IonPac CS12 分离三甲胺（掺假物）、胆碱与多种常见阳离子，因三甲胺和胆碱在柱上的保留时间在 K^+和 Mg^{2+}之间，为了消除 K^+和 Mg^{2+}对三甲胺和胆碱的干扰，应选用较弱的淋洗液(如较稀的 H_2SO_4 溶液)，但淋洗液浓度小于 7.6mmol/L 时，样品中的 Mg^{2+}和 Ca^{2+}的保留时间会超过 20min。实验表明淋洗液为 8.5mmol/L H_2SO_4 时，常见阳离子、胆碱和三甲胺在 16min 之内可得到很好分离。方法对胆碱和三甲胺的最小检出限分别为 0.1mg/L 和 05mg/L。方法用于饲料中胆碱与甲基胺的检测，结果令人满意。

改进的方法选用适合小分子亲水性胺分离的新型小内径 IonPac CS19 柱（2mm×250mm），用 EGC Ⅲ MSA Cartridge 在线产生的甲基磺酸作淋洗液，CSRS™ 300 抑制器（2mm，4mA，自循环模式），抑制型电导检测。优化的色谱条件将淋洗液的背景电导降低到约 0.1μS，噪声为 0.1nS，可将方法的检测限降到 2.3μg/L[237]。胆碱易溶于水，但水难以将胆碱从很多食品中提取完全，因食品中存在键合到脂中的胆碱，需用酸消解（70℃）将胆碱从脂中释放出来。消解液经 PES 注射器过滤后可直接进样。图 7-45 为方法用于婴儿配方食品、大豆粉和鸡蛋粉等样品分析的色谱图，从图可见，3 种样品中均含有胆碱。

甲基黄嘌呤作为一类具有显著生理活性的生物碱，在食品和医药工业上得到了日益广泛的应用，咖啡因（1,3,7-三甲基黄嘌呤）、可可碱（3,7-二甲基黄嘌呤）、茶碱（1,3-二甲基黄嘌呤）是其中最重要的 3 种化合物，茶叶、咖啡、可可等天然物质中存在一定量的咖啡因、可可碱和茶碱。咖啡因还可作为食品添加剂使用，许多运动型饮料中也加入了咖啡因，以加快人体的代谢速率。从 3 种生物碱的分子结构（见图 7-46）可见，它们在中性与弱酸性水溶液中主要以中性分子的形态存在，在强酸性与碱性溶液中，它们将分别转变成阳离子与阴离子，因此可用阳离子交换与阴离子交换分离[238]。阳离子交换分离时，以盐酸为淋洗液，等度淋洗，于 274nm 波长处检测，常见阳离子不干扰。阴离子交换分离时，以 KOH+乙腈为淋洗液，等度淋洗，274nm 波长处紫外检测。3 种化合物的检出限（S/N=3）均达低至μg/mL。其色谱条件见图 7-47 和图 7-48。由此可见，对 3 种生物碱的分析，阳离子交换分离更适合。

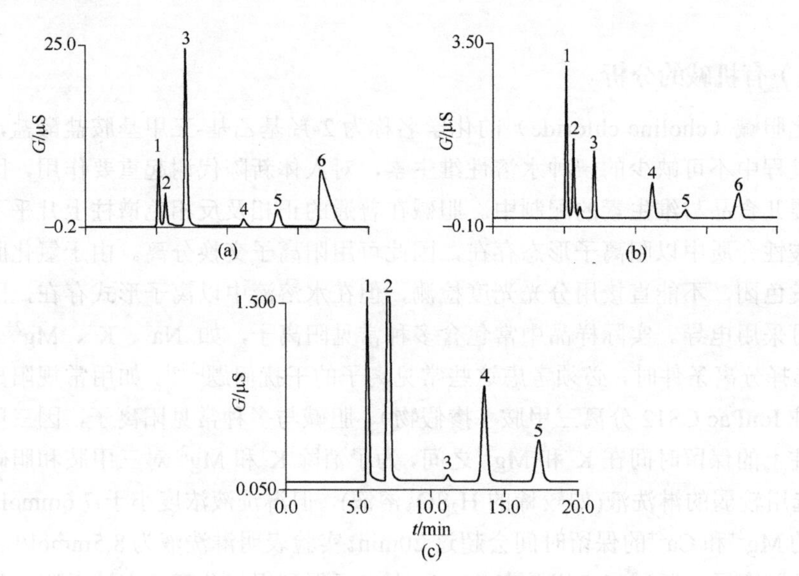

图 7-45　婴儿配方食品中胆碱的测定（稀释 200 倍）（a）；鸡蛋粉中胆碱的测定（稀释 2500 倍）（b）；大豆粉中胆碱的测定（稀释 5000 倍）（c）[237]

分离柱：IonPac CS19 柱（2mm×250mm）+ IonPac CG19 柱（2mm×50mm）

淋洗液：6.4mmol/L 甲基磺酸(EGC Ⅲ MSA Cartridge 在线产生)

流速：0.25mL/min　　　　　进样体积：5μL

检测：抑制型电导，CSRS™ 300 抑制器（2mm，4 mA，自循环模式）

色谱峰：（a）1—Na^+；2—NH_4^+；3—K^+；4—胆碱（1.77mg/g）；5—Mg^{2+}；6—Ca^{2+}

（b）1—Na^+；2—NH_4^+；3—K^+；4—胆碱（15.3mg/g）；5—Mg^{2+}；6—Ca^{2+}

（c）1—NH_4^+；2—K^+；3—胆碱（3.14mg/g）；4—Mg^{2+}；5—Ca^{2+}

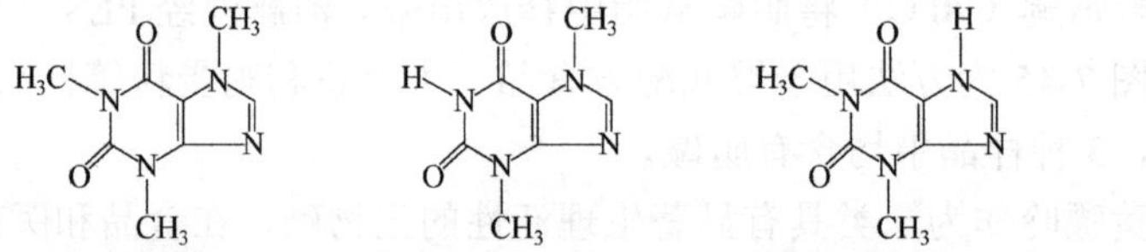

咖啡因　pK_a=14.0, pK_b=14.2　　可可碱　pK_a=10.0, pK_b=13.9　　茶碱　pK_a=8.8, pK_b=13.7

图 7-46　3 种碱的分子结构与离解常数

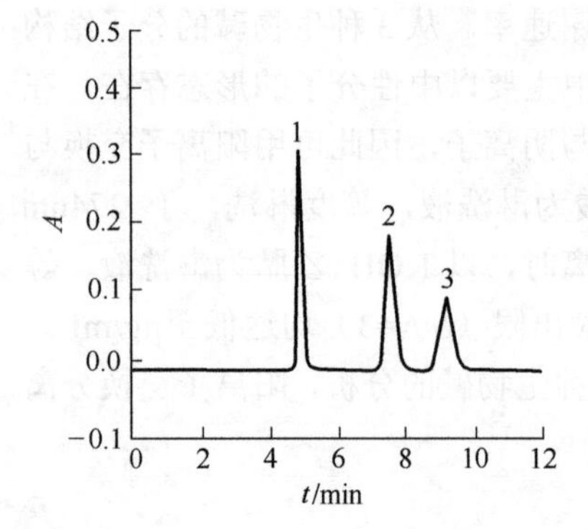

图 7-47　咖啡因、可可碱和茶叶碱的阳离子交换分离

分离柱：HPIC-CS3（两支串联）

淋洗液：100mmol/L HCl

流速：1mL/min　进样体积：50μL

检测：紫外，274nm

色谱峰（20μg/mL）：1—可可碱；2—茶碱；3—咖啡因

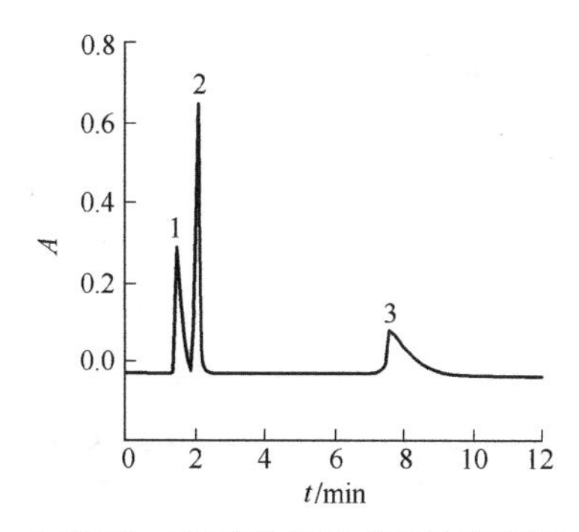

图 7-48 咖啡因、可可碱和茶叶碱的阴离子交换分离

分离柱：OmniPac PAX-100

淋洗液：15mmol/L KOH+1%乙腈

流速：1mL/min 进样体积：50μL

检测：紫外，274nm

色谱峰（20μg/mL）：1—咖啡因；2—可可碱；3—茶碱

最近的一个新应用是婴儿配方奶粉中的左旋肉碱的测定。左旋肉碱（L-Carnitine，β-羟基-γ-三甲铵丁酸）又称肉毒碱或维生素 BT，其化学式为 $C_7H_{15}O_3N$，分子量为 162.2。L-肉碱作为载体将长链脂肪酸从线粒体膜外输送到膜内，促进脂肪酸的β-氧化，降低血清胆固醇及甘油三酯的含量，提高机体耐受力及减少代谢毒性作用。对婴幼儿发育的生理过程有一定的功能。我国已规定在婴幼儿食品配方中添加适量的 L-肉碱，以满足其生理需要，更好地促进婴幼儿健康成长[239]。

左旋肉碱极性较强，无发色基团，目前报道的分析方法主要是酶法、电泳、流动相注射串联质谱法、高效液相色谱法等。酶法专属性强，但前处理烦琐，高效液相色谱法中低波长检测干扰较多，衍生法灵敏度高，但前处理复杂，所用衍生剂毒性较大。离子色谱法可测定在水溶液中能电离的物质。在酸性溶液中，左旋肉碱表现为阳离子特性，带正电荷，可用阳离子交换色谱柱分离。但左旋肉碱的两性特征使其在抑制后呈电中性，无法采用抑制型电导检测。同时，奶粉中左旋肉碱添加量较低，需要更低检出限的测定方法。新近报道的方法是在线固相萃取非抑制型离子色谱测定[240]。将已经除去蛋白的样品以纯水带入浓缩柱（IonPac TCC-UPL1），并用纯水洗脱除去乙腈等杂质，再以淋洗液将浓缩柱中的样品洗脱至分离柱分离（IonPac CS17 + IonPac CG17，4mm），非抑制型电导检测。方法对左旋肉碱的检出限为 5mg/kg，用于奶粉样品中左旋肉碱的检测，结果令人满意，见图 7-49。

五、甜味剂与人工合成食用色素的分析

（一）食品中的甜味剂和防腐剂的分析

目前国内外允许使用的甜味剂主要有以下四种：阿斯巴甜（aspartame）、甜蜜素（环己基氨基磺酸钠，sodium cyclamate）、安赛蜜（acesulfame-K）和 糖精钠（sodium saccharin）。其化合物的结构式如下：

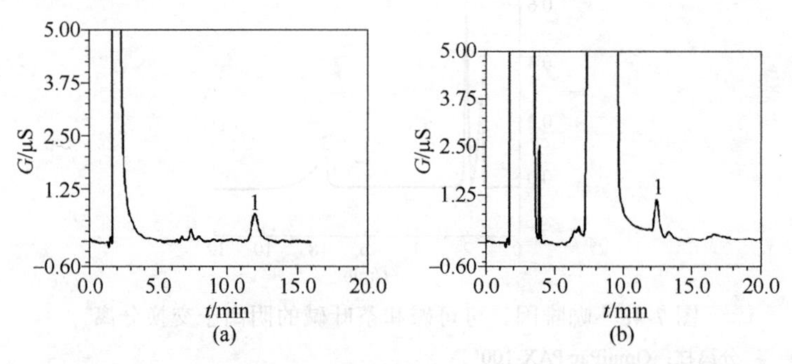

图 7-49 标准溶液（a）与奶粉样品（b）中左旋肉碱的分离[240]

分离柱：IonPac CS17+IonPac CG17（4mm）

淋洗液：3mmol/L 甲基磺酸　流速：1mL/min　进样体积：500L　检测：直接电导

色谱峰：1—左旋肉碱

糖精钠(sodium saccharin)　阿斯巴甜(aspartame)

甜蜜素(sodium cyclamate)　安赛蜜(acesulfame-K)

从其分子结构看，在碱性条件下呈阴离子状态，可用阴离子交换分离，抑制型电导检测。同时分析多种甜味剂的难点在于各种甜味剂的疏水性差别较大，阿斯巴甜与甜蜜素在阴离子交换分离柱上的保留比较弱，安赛蜜与糖精钠的疏水性较强，在阴离子交换分离柱上的保留比较强。有的甜味剂的电导检测灵敏度较低，如阿斯巴甜在经抑制柱后的近中性溶液中会从阴离子转变成中性分子；有的甜味剂，如甜蜜素的紫外吸收很弱。因此若用 Na_2CO_3/$NaHCO_3$ 淋洗液，可用两阶梯度，分别洗脱弱保留与强保留甜味剂，并将紫外和电导检测器串联分别检测不同的甜味剂[241]。该方法对四种甜味剂的线性范围为 2～100μg/mL。紫外检测，方法对糖精钠、阿斯巴甜和安赛蜜的检测限分别是 0.019μg/mL、0.035μg/mL 和 0.044μg/mL。电导检测，方法对糖精钠、甜蜜素和安赛蜜的检测限分别是 0.26μg/mL、0.16μg/mL、0.23μg/mL。对方法的改进是用淋洗液在线发生器在线产生的 KOH 溶液，梯度淋洗，抑制型电导检测，背景电导低，改善了检测灵敏度，缩短了分析时间（小于 12min），而且将苯基丙氨酸与阿斯巴甜分开[242]，见图 7-50。方法对阿斯巴甜、甜蜜素、安赛蜜和糖精钠四种甜味剂的检测限分别是 0.87mg/L、0.032mg/L、0.019mg/L、0.045mg/L。

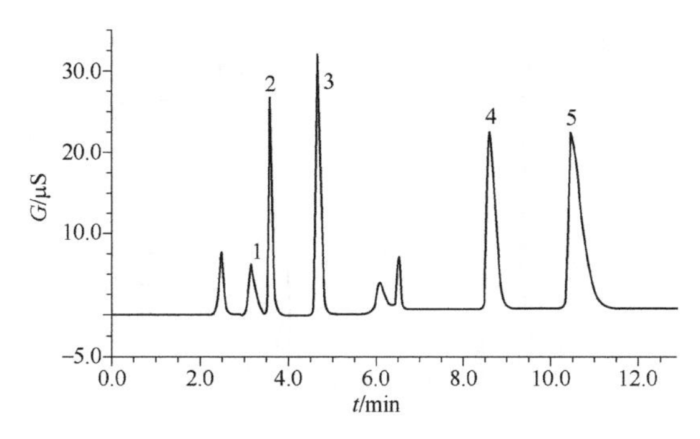

图 7-50 四种甜味剂的分离（标准溶液）

色谱柱：IonPac AS11（250mm×2mm id）

淋洗液：KOH 溶液，梯度淋洗，1～7min，1～15mmol/L KOH；7～30min，15mmol/L KOH；30.1min，1mmol/L KOH

流速：0.25mL/min

检测：抑制型电导，ASRS UL TRA Ⅱ（2mm）抑制器，自循环模式

柱温：30℃

进样体积：25μL

色谱峰（mg/L）：1—苯基丙氨酸；2—阿斯巴甜（20）；3—甜蜜素（5）；4—安赛蜜（5）；5—糖精钠（10）

三种甜味剂（甜蜜素、安赛蜜、糖精钠）和两种防腐剂（山梨酸钾、苯甲酸钠）的同时测定。五种化合物在碱性条件下都呈阴离子状态，并具有较高的电导响应，可用阴离子交换分离，抑制型电导检测。

三种甜味剂和两种防腐剂中，山梨酸钾、甜蜜素与苯甲酸钠在阴离子交换分离柱上的保留比较弱，安赛蜜与糖精钠的疏水性较强，在阴离子交换分离柱上的保留比较强。用等度淋洗，在淋洗液中需加入有机溶剂，见图 7-51（b）。用两阶等浓度淋洗，低浓度淋洗完成后立即切换到高浓度，可以最大限度地节省分析时间，并在两阶分析中获得平稳的基线和良好的峰形，见图 7-51（a）。7 种常见无机阴离子及食品中常见有机酸（如甲酸、乙酸、乳酸、苹果酸、柠檬酸、琥珀酸、酒石酸、草酸等）不干扰。从图 7-51 可见，常见阴离子和有机酸出峰位置大多集中在 6min 以前和 15～17min 范围内，与待测化合物的分离良好。该方法的高灵敏度和同时测定的优点，适合禁止加入任何人工合成添加剂的食品质量测定，以及需遵守《食品添加剂使用卫生标准》中添加剂限量要求的食品质量测定。

样品前处理时应注意，待测的几种甜味剂和防腐剂同时带有有机基团和可离子化基团，在中性和偏酸性条件下，电离受到抑制，在 C_{18} 前处理柱上有一定保留。将样品溶液的 pH 值调整至 9～10，可促进酸根基团的电离，增强其极性和在水溶液中的溶解能力，减弱与 C_{18} 前处理柱的相互作用，从而获得良好的回收率。

饮料中糖精钠的检测，还可简单地用离子排斥分离，紫外检测（202nm）[244]。对糖精钠的检测，紫外的灵敏度较电导高近一个数量级，而且，选择适当的淋洗液组成与浓度（H_2SO_4+甲醇），其他甜味剂如甜蜜素、甜味素与安赛蜜在死体积附近洗脱，饮料中常见有机酸如柠檬酸与苹果酸等不干扰。

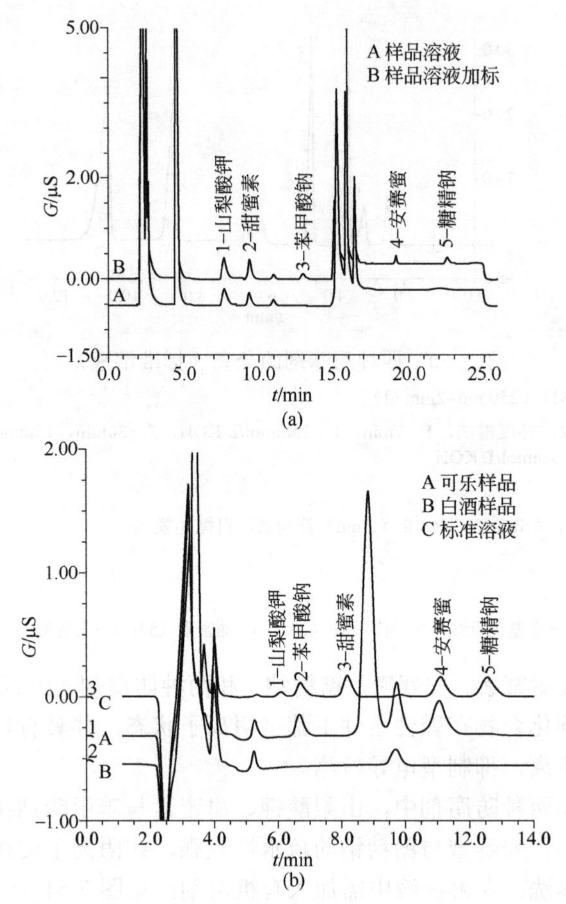

图 7-51 实际样品中 5 种添加剂的两阶等浓度淋洗分离色谱图[243]（a）与等浓度淋洗分离色谱图（b）

（a）分离条件

分析柱：IonPac AS17（250mm×4mm）

淋洗液：KOH（淋洗液在线发生装置产生）两阶等浓度淋洗，0～13min，6mmol/L；13.1～23min，70mmol/L；23.1～26min，6mmol/L

流速：1.00mL/min　　进样体积：25μL

检测：抑制型电导，ASRS 300 4mm 抑制器，外接水抑制模式

（b）分离条件

色谱柱：IonPac AS14（250mm×4mm）

淋洗液：(3.5mmol/L Na_2CO_3+1.0mmol/L $NaHCO_3$)/乙腈=81.5/18.5（体积比），等度淋洗

进样体积：100μL　　流速、检测同（a）

（二）人工合成食用色素的分析

合成的食用色素广泛应用于食品与饮料中。食用色素主要包括偶氮化合物、吲哚、三苯甲烷与次甲基等四类化合物。这些化合物的分子中含有磺酸基、羧基或苯酚基团，大部分呈酸性或阴离子形态。这些离子型化合物用传统的反相 HPLC 分离，

通常要使用离子对试剂。目前，我国法定的食用合成着色剂共有 9 种，它们是：苋菜红（C. I. Food Red 9，AMA）、胭脂红（C. I. Food Red 7，PON）、赤藓红（C. I. Food Red 14）、诱惑红（C. I. Food Red 17，ALL）、日落黄（C. I. Food Yellow 3，SUN）、柠檬黄（C. I. Food Yellow 4，TAR）、靛蓝（C. I. Food Blue 1，IND）、亮蓝（C. I. Food Blue 2，BRI）以及新红（New Red）。其中除新红为我国学者[245]合成，并只有我国允许使用以外，其余 8 种在大多数发达国家均可使用。以上着色剂可单独使用，也可与其他着色剂共同使用。在实际应用中，为了使食品的色泽更加丰富，使用后者的情况更多。由于所有的食用合成着色剂都具有潜在的毒性，对它们的使用都有严格的规定。因此，准确测定食用合成着色剂的含量对于确保食品的安全具有十分重要的意义。

一般认为离子交换色谱法并不适用于疏水性强的高价有机离子的分离，因为分析物与固定相之间的相互作用很强，保留时间很长。在离子交换固定相上，除了单纯的离子交换过程以外，极化程度很高的离子与固定相之间还存在非离子的吸附作用。从图 7-52 可见，每种食用合成着色剂的分子中都含有 2 个以上—SO_3^- 基团，在水溶液中以多价阴离子的形式存在。Chen 等[246]提出了用阴离子交换分离，一次进样同时分离和测定 8 种食用合成着色剂的新方法，方法选用一种疏水性极弱的阴离子交换色谱柱以减少吸附，同时选用强酸溶液为淋洗液进行离子抑制，以减少着色剂的有效电荷数。此外，在淋洗液中还加入高浓度的有机溶剂以减少着色剂与固定相之间的吸附作用，改善淋洗选择性。其色谱图见图 7-53。

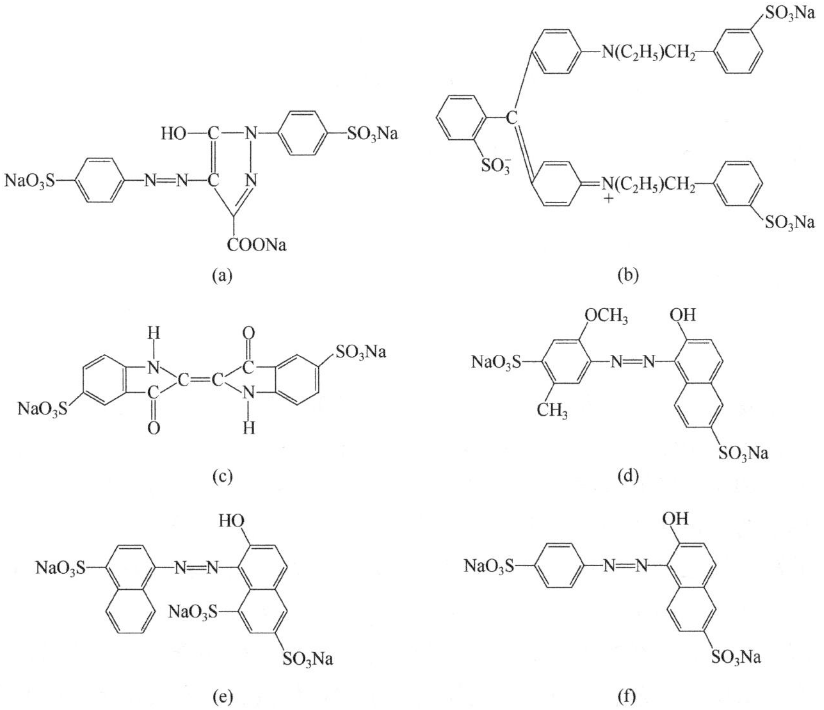

HO—C—N—SO$_3$Na
NaO$_3$S—N=N—C　N
COONa

(a)

SO$_3$Na
N(C_2H_5)CH_2
C
SO_3^-
N(C_2H_5)CH_2 +
SO$_3$Na

(b)

H　O
N　C　SO$_3$Na
C=C
NaO$_3$S　C　N
O　H

(c)

OCH$_3$　OH
NaO$_3$S—N=N
CH$_3$
SO$_3$Na

(d)

HO
NaO$_3$S—N=N
NaO$_3$S
SO$_3$Na

(e)

OH
NaO$_3$S—N=N
SO$_3$Na

(f)

图 7-52

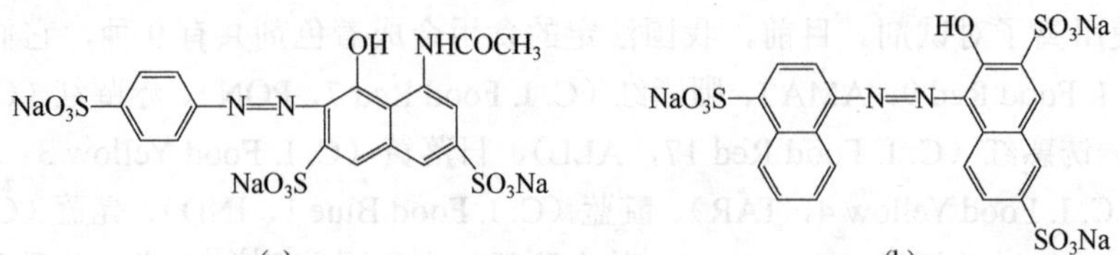

(g) (h)

图 7-52 八种人工合成着色剂的分子结构

（a）柠檬黄（TAR）；（b）亮蓝（BRI）；（c）靛蓝（IND）；（d）诱惑红（ALL）；（e）胭脂红（PON）；（f）日落黄（SUN）；（g）新红（NewRed）；（h）苋菜红（AMA）

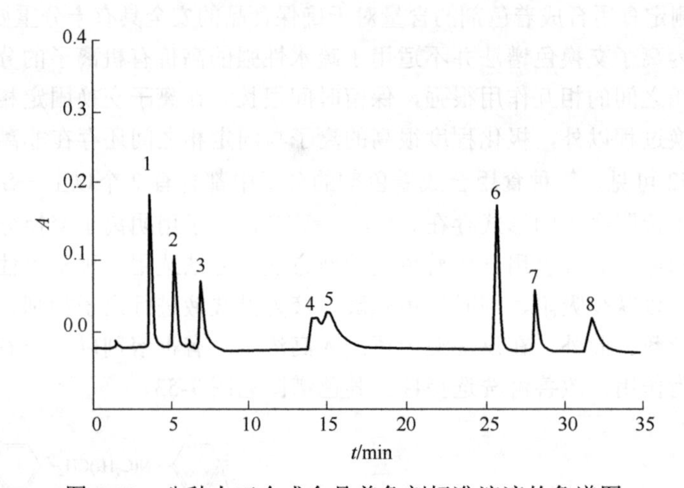

图 7-53 八种人工合成食品着色剂标准溶液的色谱图

分离柱：IonPac AS11 和保护柱

淋洗液：E_1，2.0mol/L HCl；E_2，乙腈；E_3，去离子水

梯度：0～9.5min，10%E_1+50%E_2+40%E_3；9.6～20.0min，2.5%E_1+95%E_2+2.5%E_3；20.1～35.0min，10%E_1+90%E_2

流速：1.5mL/min 进样体积：50μL

检测：可见分光（430～625nm）

色谱峰（40μg/mL）：1—亮蓝；2—靛蓝；3—柠檬黄；4—诱惑红；5—日落黄；6—新红；7—胭脂红；8—苋菜红

实验中观察到，两种非偶氮类着色剂（亮蓝和靛蓝分别属于三芳香基甲烷类和靛类）、偶氮吡唑啉酮类着色剂（柠檬黄）和单偶氮类着色剂（诱惑红、日落黄、新红、胭脂红和苋菜红）依次从色谱柱上流出。上述淋洗顺序与分子结构有关：非偶氮类着色剂的疏水性弱于偶氮类着色剂的疏水性；在偶氮类着色剂中，含有萘环的着色剂的疏水性强于含有苯环的着色剂的疏水性，而且着色剂的疏水性随着萘环数量的增加而增强。由于新红具有更多的—SO_3^- 基团，因此它在诱惑红和日落黄之后流出。胭脂红与苋菜红的电荷数相同，分子结构相似，但由于空间位阻效应，胭脂红的一个—SO_3^- 基团无法与固定相上的阴离子交换位点进行有效作用，因此它在苋菜红之前流出。该方法不仅样品前处理简单，对于疏水性极弱的阴离子交换分离柱

来说，含有强酸和高浓度有机溶剂的淋洗程序，同时也是一个在线清洗程序，因此适用于实际工作中大量样品的常规分析。

六、碳水化合物（糖类）和氨基酸的分析

1. 概述

糖类物质是一类多羟基醛类或酮类化合物及其衍生物或聚合物，在自然界中广泛存在。糖是生物体的重要组成物质，具有广泛的生物学功能，几乎所有的生命过程都有糖的介入。糖类物质是生命体维持生命活动所需能量的主要来源，具有调节神经功能和促进代谢等作用。糖类化合物的结构非常复杂，因为有不同的单糖组成（包括中性、氨基与酸性糖）、复杂的连接模式（包括连接位置，连接模式是线性与分枝）、不同功能基在糖环上的不同位置以及低聚糖的不同聚合度和宽的分散性。这说明糖的结构一直是分析化学的难点之一。按其结构单元的不同，可分为单糖、低聚糖、多糖、糖系衍生物（如糖醇、糖胺、糖醛酸、磷酸化糖等）和结合糖。不同种类的糖的功能不相同，因而准确测定食品中各种糖含量及其同系物的分布很受重视。

由于糖类化合物的紫外吸收很弱，折光度检测法的灵敏度又较低，因此糖类的分析一直是分析化学的难点之一。高效阴离子交换色谱-脉冲安培检测法（high performance anion exchange chromatography-pulsed amperometric detection， HPAEC-PAD）分析糖类化合物[247]，是糖类分析技术的一项突破性进展，该技术自 20 世纪 80 年代出现并发展至今已趋于成熟。HPAEC-PAD 分析糖，具有样品前处理简单，无须衍生，无须有机溶剂，线性范围宽，灵敏度高，分离柱效高等优点，可用于各种食品中的单糖、低聚糖、多糖（单体聚合度＜80）、糖醇、糖醛酸及一些其他糖类衍生物的直接分析。自 1995 年美国分析家协会（American Organization of Analytical Chemists，AOAC）先后颁布了用 HPAEC-PAD 方法分析食品中糖类化合物的 6 项标准方法（《AOAC 995. 13——速溶咖啡中的糖》《AOAC 996. 04——甘蔗和甜菜糖蜜中的糖》、《AOAC 997. 08——食品中的果聚糖》《AOAC 2000. 11——食品中的葡聚糖》《AOAC 2000. 17——粗蔗糖中痕量葡萄糖和果糖的测定》和《AOAC 2001. 02——特定食品中反式低聚半乳糖的测定》）之后，HPAEC-PAD 逐步成为分析糖的首选方法，在国内外食品行业中得到了广泛的应用[247~251]。

常见糖类化合物物在水中的 pK_a 列于表 7-6。由表可知，常见单、双糖和糖醇的 pK_a 值一般在 12～14，常见糖醛酸和糖胺的 pK_a 都小于 7。当所在溶液的 pH 值≥12 时，大多数糖类化合物均能部分或全部以阴离子的形式存在，因而可以用阴离子交换色谱柱、强碱性溶液为淋洗液进行分离。由于糖分子结构中还存在疏水部分，因而糖的分离机理除阴离子交换外，还需考虑疏水性吸附作用。糖类化合物在阴离子交换分离柱上的保留强弱主要取决于糖类化合物所带的电荷数、pK_a 值、分子大小、组成和结构[249]。

表 7-6 常见糖类化合物在水中的电离常数（25℃）

物质	pK_a（25℃）	物质	pK_a（25℃）
乳糖	11.98	阿拉伯糖	12.43
麦芽糖	11.94	蔗糖	12.51
果糖	12.03	半乳糖醇	13.43
甘露糖	12.08	山梨糖醇	13.60
木糖	12.15	葡萄糖醛酸	3.20
葡萄糖	12.28	半乳糖醛酸	3.48
半乳糖	12.39	葡萄糖胺	6.91

安培检测是通过测量电化学活性物质在适当的施加电位下发生氧化或还原反应时所产生的电流变化从而测定该物质的一种检测技术。糖的分离是在碱性条件下完成的，而金电极的检测条件通常为碱性，且金电极表面还可为糖的电化学氧化反应提供反应环境，因而金电极检测和阴离子交换分离相互间具有良好的匹配性。由于糖的氧化反应产物会覆盖在电极表面产生不可逆的污染，因而需选择不同的施加电位对电极表面进行清洗与活化，使电极能够连续工作，即为脉冲安培检测。对糖类化合物的测定，早期使用三电位波形。但长期使用发现在该电位波形下，电极表面容易腐蚀，且重现性较差[249]。Rocklin 等[252]于 1998 年提出了新的四电位波形，Clarke 等[253]于 1999 年提出了改进的六电位波形，减小了梯度淋洗时的基线漂移，改进了线性与信噪比，提高了电极的使用寿命和长期稳定性，使得糖检测技术向前迈进一大步。Jun Cheng 等[254]提出了新型薄膜工作电极，用新的六电位积分脉冲安培（IPAD）波形（注：对积分脉冲安培，有的文献用 PAD，而有的文献用 IPAD），这种电极可正常使用 1～2 周，其性能不变，不需要抛光与再调理，两周后可抛弃(因为价廉)。与原来的不可抛弃电极比较，可抛弃电极的性能更好，可替代原来的不可抛弃电极使用。

食品和饮料中的糖一般具有较好的水溶性，样品前处理非常简单，一般只是用水溶、离心、过滤和稀释。阴离子交换-脉冲安培检测法（简称 HPAEC-PAD 法）已广泛用于多种食品和饮料中糖的分析[249,250,255~257]，例如口香糖和多种食用糖粒中糖醇的分析；调味剂和果汁中葡萄糖、果糖、蔗糖和乳糖的分析；天然果汁是否掺假的检测；啤酒酿造过程中单糖和低聚糖的分析；甜味剂中的杂质检测，非营养型人造甜味剂的分析；麦芽糊精、菊粉和支链淀粉等的链长分布的分析。

2．单糖、双糖和小分子低聚糖的分析

单糖、双糖与小分子低聚糖是食品的重要成分，单糖的分析是描述复杂糖组成剖面与表征多糖的最重要方法。单糖分子中含有多个羟基，亲水性强。对单糖与小分子低聚糖的分离，推荐的已商品化的色谱柱是：CarboPac PA10、PA20 或 PA1 阴离子交换分离柱，以浓度低于 100mmol/L 的 NaOH 为淋洗液，等度或梯度淋洗。如咖啡糖中甘露醇（mannitol）、阿拉伯糖（arabinose）、半乳糖（galactose）、葡萄糖（glucose）、木糖（xylose）、甘露糖（mannose）和果糖（fructose）的分析，用 CarboPac PA20 柱，

2mmol/L NaOH 淋洗液等度淋洗，12min 即可完成分析。下面是几个典型的应用实例。

蜂蜜是最常见的天然滋补食品之一，各种糖的含量是影响蜂蜜质量的重要因素。各国对进口蜂蜜中葡萄糖、果糖、蔗糖含量都有要求，对蔗糖含量的要求尤为严格。以 CarboPac PA1 分离柱和积分脉冲安培检测器，50mmol/L NaOH 作淋洗液等度淋洗，可使蜂蜜中的葡萄糖、果糖、蔗糖得到较好分离和检测[258]。

蜂蜜是一种高营养与药用价值的产品，由于它的有限产量和高的价格，蜂蜜的掺假现象层出不穷。国标[259]中采用 HPAEC-PAD 方法鉴定是否掺假（淀粉糖浆），其方法原理是，蜂蜜中不含五糖以上的寡糖，而各种淀粉糖浆中均含五糖以上的寡糖，使用凝胶体积排阻法去除样品中的果糖与葡萄糖，将寡糖富集后直接经 HPAEC-PAD 分析，以五糖以上寡糖的存在作为蜂蜜中淀粉糖浆存在的判定指标。由于五糖以上的寡糖对固定相的亲和力强，而方法不需要对保留比较弱的单糖与低聚糖定量，因此方法中选用柱容量比较低的快速高效色谱柱 CarboPac PA200 为分离柱，NaOH+NaAc 为淋洗液梯度淋洗。相似的报道[260]亦说明通过分析蜂蜜中的多糖可以鉴定蜂蜜中是否掺有玉米糖浆。

糕点中水溶性半乳糖、葡萄糖、木糖、果糖、蔗糖、乳糖和麦芽糖的分析[261]。样品以水浸提，经过脱脂、除蛋白和膜过滤处理，以 CarboPac PA10 阴离子交换分离柱，NaOH 淋洗液梯度淋洗，方法对于萨其玛、饼干、面包、蛋糕、酥饼等样品中的 7 种糖的检测，均具有较好的适用性。该方法目前已被引入标准方法 GB/T 23780—2009《糕点质量检验方法》中作为单、双糖测定的第二推荐方法。

大豆及大豆制品含有丰富的营养成分，其含有的大豆低聚糖作为一种生理活性物质，具有促进肠道双歧杆菌增殖、抑制病原菌和提高机体免疫力等功效。大豆低聚糖是大豆中可溶性寡糖的总称，主要由棉子糖、水苏糖与蔗糖等组成。大豆制品中还含有少量的其他糖类，如葡萄糖、果糖和半乳糖等。豆腐生产过程中会产生大量的废水，称“豆腐水”，含有丰富的可溶性蛋白与大豆低聚糖等营养物质。用豆腐水酿造白醋可减少环境污染与避免资源浪费，豆腐水的回收价值及所酿造的白醋是否符合产品质量要求，单糖与大豆低聚糖含量是重要的指标之一。李仁勇等[262]选用 CarboPac PA10 柱，NaOH 淋洗液梯度淋洗，分析了白醋与豆腐中的单糖（半乳糖、葡萄糖、果糖）与低聚糖（蔗糖、蜜二糖、棉子糖、水苏糖）。在 30min 内可完成上述 7 种糖的分离。7 种糖的洗脱顺序是：半乳糖、葡萄糖、果糖、蔗糖、蜜二糖、棉子糖、水苏糖。进样量为 25μL，方法对 7 种糖的检测限分别是 3μg/L、2μg/L、3μg/L、6μg/L、4μg/L、7μg/L 和 6μg/L。相似的方法用于酱油中阿拉伯糖、半乳糖，葡萄糖、木糖、果糖、蔗糖与甘露糖的分析[263,264]；大蒜多糖中半乳糖、葡萄糖、甘露醇和果糖的分析[265]；多种植物中 12 种糖和糖醇（半乳糖、葡萄糖、蔗糖、果糖、棉子糖、海藻糖、鼠李糖、树胶醛糖、肌醇、山梨醇、甘露醇、水杨苷）的分析[266]。因为上述样品中一般含有强保留在色谱柱上的组分，每次进样分离完成之后，应将淋洗液 NaOH 的浓度升高至 100～200mmol/L，洗脱强保留在色谱柱上的组分并再生色谱柱以保证测定的长期稳定性。

牛奶加热或者储藏过久会引起组分的变化，从而影响其营养价值，甚至造成奶制品变质。乳果糖是乳糖在牛奶热处理过程中的异构化产物，其含量测定被国际奶制品组织建议作为评价产品是巴氏法灭菌超热处理和是否已灭菌的指示剂，能否分离乳果糖和乳糖并准确测定乳果糖的含量极为关键。用 CarboPac PA1 色谱柱，以 5mmol/L NaOH+1mmol/L 乙酸钠淋洗液等度淋洗，可很好地分析牛奶中的乳糖和乳果糖[267]。

蔬菜及食品中蔗果三糖和蔗果四糖的测定[268]，用 HPAEC-PAD 方法，CarboPac PA1 色谱柱，以 NaOH+NaAc 为淋洗液梯度淋洗，蔗果三糖和蔗果四糖的检出限分别为 0.085μg/L 和 0.089μg/g，线性范围分别为 1.22～15.20μg/g 和 1.64～18.3μg/g；应用于分析菊苣、朝鲜蓟和通力爽口服液等样品中蔗果三糖和蔗果四糖的含量，加标回收率分别为 93.79%和 97.14%。

烟草中的糖与烟草的品质有很大关系，是影响烟草香味、气味的重要因素之一。新鲜烟叶或干烟叶中都含有大量的水溶性糖，包括单糖、双糖和其他可溶性的低聚糖，而单糖占水溶性糖总量的 80%以上。在国家烟草行业标准中，烟草、烟草制品和烟用料液中葡萄糖、果糖和蔗糖的测定即是采用 HPAEC-PAD 方法（YC/T 251—2008，YC/T 252—2008）。对烤烟中的水溶性葡萄糖、果糖和蔗糖的分析[269]，可简单地用水浸取及膜过滤法处理样品，以 CarboPac PA1 阴离子交换柱为分离柱，0.2mol/L NaOH 水溶液为淋洗液等度淋洗。葡萄糖、果糖和蔗糖的检出限分别为 0.1mg/L、0.1mg/L 和 0.2mg/L，糖的浓度与其峰面积的线性关系良好，加标回收率均在 97%以上。方法简便易行，灵敏度高，重现性好，适合用于烟草中单糖的快速检测。胡静等[270]亦报道选用 HPAEC-PAD 方法分离测定了烟草料液中的山梨醇、葡萄糖、果糖、蔗糖和麦芽糖，研究了山梨醇和糖在阴离子交换色谱中的保留行为。因为不需要检测肌醇、甘油、丙二醇、半乳糖醇、木糖醇，所以选用中高容量的 CarboPac PA10 色谱分离柱，以水和氢氧化钠进行二元梯度淋洗。他们注意到阴离子交换色谱中，淋洗液浓度的改变对强保留化合物保留的影响大于对弱保留化合物保留的影响，在优化的梯度淋洗条件下，对蔗糖的保留时间仅为 17min，较用 CarboPac MA1 柱保留时间缩短近 2/3，25min 内 5 种糖均达到基线分离。各组分定量参数良好，线性范围为 0.005～20mg/L，检出限为 0.2～1.0μg/L，加标回收率为 95.1%～102.4%。方法的样品前处理非常简单，只需将烟草料液适当稀释，用 OnGuard RP 或 C_{18} 固相萃取小柱除去样品中疏水性化合物，即可直接进样。

啤酒是一种发酵饮料，糖的发酵形成醇类以及色、香、味和营养化合物。啤酒的组成中包括 3.3%～3.4%糖类化合物，其中单糖与低聚糖为 20%～30%，戊聚糖为 5%～8%。糖类化合物是啤酒中主要的非挥发性化合物。在啤酒和啤酒原料麦汁中，糖是重要的组成成分，各种糖的含量以及相互之间的比例，与产品的质量评价和生产工艺的优化均有着重要的关系。G. Arfelli 等[271] 用 CarboPac PA 10 色谱柱，淋洗液为 100mmol/L NaOH（淋洗液 A）与 100mmol/L NaOH+1mol/L NaAc（淋洗液 B），梯度淋洗（0～24min，淋洗液 A 95%→77%；24～27min，淋洗液 A 保持在 77%；27～28min，淋洗液 A 77%→95%）。方法对样品中甘露糖（mannose）、麦芽糖（maltose）、麦芽三糖（maltotriose）、麦芽四糖（maltotetraose）、麦芽五糖（maltopentaose）、麦芽六糖（maltohexaose）和麦芽七糖（maltoheptaose）的检测限为18.6～55.1μg/L。分析了26个不同生产厂家的啤酒样品，发现啤酒中糖类化合物的组成与含量差别很大，即使同类型的啤酒，其糖类化合物的组成与含量也不同。其中甘露糖的含量在19.3～1469mg/L之间，麦芽糖为34.5～2882mg/L，麦芽三糖为141.9～20731mg/L，麦芽四糖为168.5～7650mg/L，麦芽五糖为20.1～2537mg/L，麦芽六糖为22.9～3295mg/L，麦芽七糖为8.5～2492mg/L。啤酒中糖类化合物的含量与组成对区别啤酒的不同风味是很有用的。主成分的分析提示啤酒的发酵条件的不同。各种麦芽低聚糖的检测可用于区别啤酒的种类与品质，也可用于控制啤酒酿造中复杂的酶系统，为啤酒的质量控制提供一个很好的因素。如用CarboPac PA100色谱柱，以水、0.25mol/L NaOH溶液和1mol/L NaAc溶液梯度淋洗，可同时测定啤酒中的单糖、双糖和多种低聚糖，样品中11种糖（葡萄糖、果糖、蔗糖、麦芽糖、异麦芽糖、麦芽三糖、异麦芽三糖、麦芽四糖、麦芽五糖、麦芽六糖、麦芽七糖）在40min内达到良好分离，其检出限（S/N=3）为13～88pg，加标回收率为81%～107%[272]。

糖类是黄酒的主要成分之一，主要来源于生产过程中未完全发酵的残糖和糊精，其中含量最高的是葡萄糖，其次是潘糖、麦芽糖、异麦芽糖等低聚糖，它们赋予了酒液甜味和黏稠的口感。由于发酵工艺上的差别，不同品种的黄酒按含糖量高低可分为干型、半干型、半甜型、甜型4类，摄取低聚糖对人体健康有益。最近的报道[273]用HPAEC-PAD方法，CarboPac PA10分离柱，NaOH和NaAc溶液梯度淋洗，分析黄酒中葡萄糖等7种单糖和低聚糖，见图7-54。方法在0.5～50mg/L浓度范围

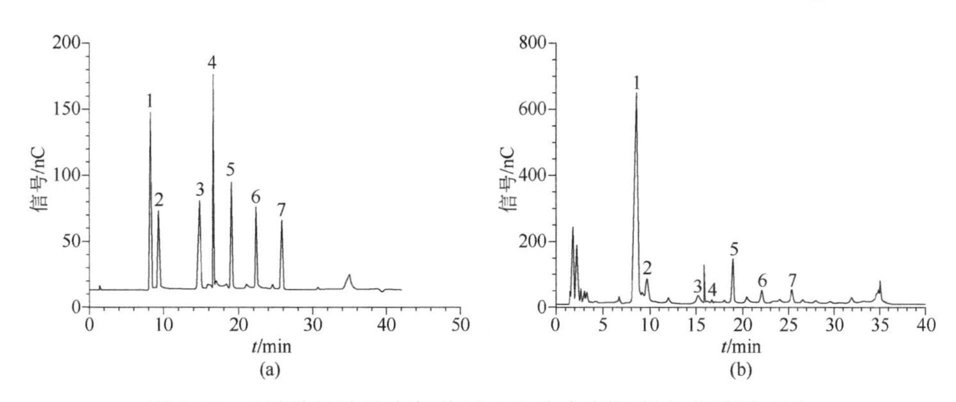

图7-54 7种糖标准溶液色谱图（a）与加饭酒样品色谱图（b）

分离柱：CarboPac PA10分离柱与保护柱　　温度：30℃

淋洗液：A，纯水；B，250mmol/L NaOH;C,200mmol/L NaAc

梯度：0～2.0min，82%A+18%B；2.0～11min，82%～72%A，18%B，0～10%C；11～20min，72%～62%A，18%B，10%～20%C；20～30min，62%～52%A，18%B，20%～30%C；30～32min，52%～32%A，18%B，30%～50%C；32～37min，20%A，80%B；37.1～42min，82%A+18%B

流速：1mL/min　　进样体积：25μL

检测：脉冲安培，金工作电极，pH-Ag/AgCl复合参比电极

色谱峰：1—葡萄糖；2—果糖；3—异麦芽糖；4—异麦芽三糖；5—麦芽糖；6—潘糖（panose）；7—麦芽三糖

内线性关系良好。将所建立的方法用于绍兴元红、加饭、善酿、香雪酒四个厂家生产的加饭酒中 7 种糖的分析，初步获得了 4 种不同类型黄酒中 7 种单糖和低聚糖的含量情况，并对不同厂家不同年份和批次的加饭酒进行检测并建立指纹图谱进行相似度计算，结果显示指纹图谱相似度计算结果可为区别不同厂家生产的加饭酒提供依据。

3．糖醇的分析

糖醇是一类糖的加氢还原产物，是一种多元醇，由糖分子上的醛基或酮基还原成羟基而成，也叫醛醇。它是一种低热、难以消化、有甜味的新型功能型甜味剂。糖醇的酸性很弱，其 pK_a 值大于 13，如半乳糖醇与山梨醇的 pK_a 分别是 13.43 与 13.60，在 pH 12～14 可离子化，在常用的阴离子交换色谱柱上保留弱或不被保留，因此应选用容量高的分离柱增加弱保留溶质的保留，并用较浓的 NaOH 淋洗液增加弱酸的离子化。前面已述及 CarboPac MA1 柱，由于其树脂基核的大孔结构，柱容量大，是分析糖醇和醛糖类化合物的首选分离柱。糖醇的洗脱顺序由其 pK_a 决定，糖醇的 pK_a 大于单糖与双糖，因此在阴离子交换分离柱上的洗脱顺序是糖醇—单糖—双糖，见图 7-55。淋洗液的 pH 值靠近待测糖的 pK_a，可得到最佳的分离。如硬糖果中山梨糖醇与甘露糖醇的分析；口香糖中甘油、山梨糖醇、甘露糖醇与葡萄糖的分析；苹果汁中山梨醇、葡萄糖、果糖和蔗糖的分析；无糖食品中的丙二醇、肌醇、甘油、木糖醇、山梨醇、甘露醇、半乳糖醇、葡萄糖、果糖、蔗糖和麦芽糖的同时分析，发酵池中的糖醇、乙二醇和糖的分析。下面是几项典型的应用实例。

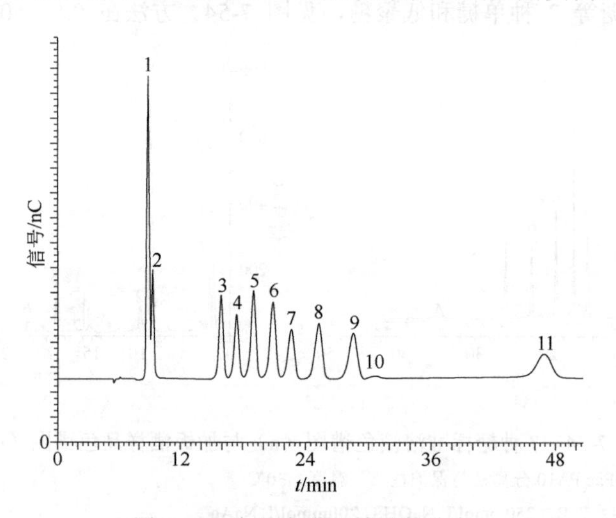

图 7-55 食品中常见糖醇的分离

分离柱：CarboPac MA1（4mm）淋洗液：480mmol/L NaOH

温度：30℃ 进样体积：10μL 流速：0.4mL/min

检测器：积分安培，四电位波形，PTFE Au 可抛弃工作电极，Ag/AgCl 参比电极

色谱峰（10nmol/L）：1—肌醇；2—丙三醇；3—阿拉伯醇；4—山梨醇；5—半乳糖醇；6—甘露醇；7—甘露糖；8—葡萄糖；9—半乳糖；10—果糖；11—蔗糖

一个有趣的应用实例是一个口腔医学院的研究工作，求助木糖醇与赤藓糖醇的分离。我们用 CarboPac MA1 分离柱，400mmol/L NaOH 淋洗液等度淋洗，很好地分离了木糖醇与赤藓糖醇。目前人工合成的用于食品工业的糖醇包括山梨糖醇、甘露糖醇、赤藓糖醇、乳糖醇、木糖醇等，这些糖醇对酸、热有较高的稳定性，不容易发生美拉德反应。它们作为良好的食品甜味剂，已得到广泛的应用，但在糖醇的使用范围和限量要求上，CAC（Codex Alimentarius Commission）与我国的规定存在一定的差异，从而带来一些潜在的贸易麻烦，因此有必要对进出口食品中糖醇含量实施摸底调查，积累数据。周洪斌等[274]针对该问题建立了检测食品中的糖醇的离子色谱-质谱（IC-MS）联用方法，用 CarboPac MA1（250mm×4mm）分析柱，以 90mmol/L NaOH 淋洗液等度淋洗，洗脱液经抑制器后进入质谱(APCI 源正离子模式)，方法对赤藓糖醇、木糖醇、D-山梨糖醇、D -甘露糖醇、乳糖醇和麦芽糖醇的检出限（S/N=3）分别为 0.28mg/kg、0.59mg/kg、0.71mg/kg、1.74mg/kg、4.14mg/kg、4.034mg/kg。方法用于多种进口食品中的 6 种糖醇含量的检测，方法的灵敏度、准确度和精密度均符合相关的技术要求，已广泛应用。

若样品中同时含有糖醇和其他糖类化合物，由于 CarboPac MA1 柱的柱容量大，对其他糖类化合物的保留比较强，而梯度淋洗的斜率太大又会导致基线漂移，这种情况下，选择中高容量的柱（如 CarboPac PA10）比较适合。

二糖醇如麦芽糖醇、异麦芽糖醇和乳糖醇等具有负热量、低吸湿性，高稳定性和良好的膨胀性等特点，较多地用于食品工业。Tommaso 等[275]研究了麦芽糖醇、异麦芽糖醇、乳糖醇，以及其他常见糖类在 CarboPac PA100 色谱柱上的同时分离方法，选用 40mmol/L NaOH 和 1mmol/L 乙酸钡为流动相，脉冲安培法检测。加入乙酸钡消除淋洗液中的碳酸根，以期获得满意的重现性，并有效改善分离、峰形和灵敏度。另外由于等度淋洗无须分离柱的再平衡，分析时间可控制在 25min 内。方法适用于太妃糖果、饼干、巧克力等十几种食品中的二糖醇测定。他们又进一步改进淋洗液条件[276]，以 12mmol/L NaOH 和 1mmol/L 乙酸钡淋洗液等度淋洗，方法在 25min 内分离了肌醇、糖醇、常见单糖、双糖以及三糖（棉子糖）和四糖（水苏糖），并将方法成功应用于橄榄根和叶的纯水提取物中水溶性糖类化合物的分析。

烟草料液是在烟草制品加工过程中施加于烟叶或烟梗上起改进烟草香味和吸味，增加韧性与保润性等作用的水溶液，主要由各种添加成分，如可可粉、大量的单糖、糖醇和一些低聚糖等组成。此外，烟草料液中的丙二醇、甘油、山梨醇以及木糖醇等成分对烟草具有定香及保润的作用。然而，烟草料液中较高浓度的糖类成分会提高主流烟气中的有毒成分水平。据报道，某些有毒成分水平大概会增加到未加入添加剂前的 150%[277]。另外，美国对香烟和雪茄规定了不同的征收税额，单支收税雪茄比香烟要高将近一倍，而区分香烟和雪茄的标准之一就是其所含糖的浓度的高低[278]。因此，准确测定这些成分对烟草正确地加香加料具有重要意义。方法[279]选用高容量（1450μeq /柱）CarboPac MA1 阴离子交换柱，以 NaOH 为淋洗液等度淋洗，一次进样可同时分离肌醇、甘油、丙二醇、半乳糖醇、木糖醇、山梨醇、甘露醇、葡萄糖、果糖、蔗糖、甘露糖和半乳糖等12种化合物，方法用于烟草料液中糖、糖醇以及醇类化合物的测定，得到满意的结果。12种化合物的检出限为2.0～216μg/L，加标回收率为80%～108%。方法灵敏、简便。

随着人们生活水平的提高和健康意识的增强，食品安全和健康受到世界各国的广泛关注，新兴的无糖食品受到了广大消费者的欢迎。按照国际有关规定，无糖食品是指不含蔗糖（甘蔗糖和甜菜糖）和淀粉糖（葡萄糖、麦芽糖和果糖），而可以含有作为食糖替代品的糖醇（包括木糖醇、山梨醇、麦芽糖醇、甘露醇等）的一类食品。建立可靠、有效、快速且针对性强的无糖食品中糖和糖醇的分析方法可以有效地控制无糖食品的质量，规范无糖食品市场。根据无糖食品的特点，理想的分析方法需要能够同时分析常见的单糖、双糖和糖醇。唐坤甜等[280]建立了高效、简便的同时分析无糖食品中的糖和糖醇的 HPAEC-PAD 方法，并通过样品加标回收和对有不同选择性的两种色谱柱（CarboPac MA1 与 CarboPac PA10）的对照实验，验证了方法的准确性和可靠性。该方法共检测了14种无糖食品和低糖食品中的丙二醇、肌醇、甘油、D,L-木糖醇、D-山梨醇、D-甘露醇、半乳糖醇、D-葡萄糖、D-果糖、蔗糖和麦芽糖等12种糖，对控制无糖食品的质量、规范无糖食品的市场提供了科学的依据。

食品中肌醇（myo-inositol，环己六醇）的 HPAEC-PAD 方法分析[281,282]，用 CarboPac MA1 分离柱，NaOH 溶液梯度淋洗液。对以牛奶与大豆为原料的婴儿配方食品中游离肌醇以及总肌醇的分析，用微波辅助酸解之后酶处理的方法做样品前处理。色谱分离的一个问题是丙三醇的洗脱在肌醇之前，丙三醇含量高或丙三醇对肌醇的比例高的样品，丙三醇将掩盖肌醇的色谱峰，影响肌醇的定量。色谱分离的另一个问题是样品中其他糖类化合物的干扰，单糖与双糖在 MA1 柱上保留较强，若样品中这种糖的含量≥50%，若一次进样后没有充分清洗柱子，强保留的糖保留在柱上，下一次进样会出现基线升高与不确定峰。对糖类化合物的含量高的样品，需设置较长清洗时间的梯度程序。

4. 低聚糖的分析

食品工业中需检测低聚糖与其同系糖（如菊粉、支链淀粉、麦芽低聚糖）的剖面，与 HPLC 方法比较，HPAEC-PAD 方法有较大的优势。下面是几个典型的应用实例。

低聚果糖（fructooligosaccharides，FOS），又名寡果糖或蔗果低聚糖，是果糖基经 β（2→1）糖苷键连接而成的聚合度为2～9的功能性低聚糖。已作为一种营养强化剂广泛添加于各种食品特别是乳粉中。低聚果糖来源多样且成分复杂，食品中添加的低聚果糖主要有两种来源，一种是以蔗糖为原料，由果糖基转移酶转化、精制而得到，其主要成分为蔗果三糖（1-kestose，GF_2）、蔗果四糖（nystose，GF_3）和蔗果五糖（fructofuranosyl nystose，GF_4）[283]；另一种是以菊苣或菊芋提取的菊粉为原料，经酶解或酸解而生成的聚合度为2～9的果聚糖，其主要成分是果果三糖（inulo-triose，F_3）、果果四糖（inulo-tetraose，F_4）和果果五糖（inulo-pentaose，F_5）

等。建立乳粉中低聚果糖的快速和准确检测方法仍然是一项极富挑战性的工作。最近的很多研究针对不同样品，不断改进了 HPAEC-PAD 方法的适应性[284~289]。耿丽娟等[285]的研究工作针对基质复杂的乳粉样品，通过对样品前处理方法和色谱分离条件的优化，选用 CarboPac PA200（250mm×3mm）阴离子交换分离柱，NaOH 与 NaAc 溶液梯度淋洗。建立的 HPAEC-PAD 方法已成功应用于市售乳粉中低聚果糖含量的测定，乳粉样品和菊粉来源的低聚糖分离的色谱图见图 7-56 与图 7-57。用亚铁氰化钾和乙酸锌溶液沉淀蛋白质，再用乙醇水溶液提取[187]。蔗果三糖受乙醇溶剂的干扰严重，因此提取液用 N_2 吹干后用水复溶。乳粉样品不仅含有大量的蛋白质，还含有较多的脂类物质，因此对乳粉样品中糖类物质的分析还需要除去脂肪的干扰。比较 OnGuard RP 柱与 Sep-pak C_{18} 柱对乳粉样品的除脂效果表明，GF_2、GF_3 和 GF_4 可完全从 OnGuard RP 小柱洗脱下来，而部分 GF_3 和全部的 GF_4 依然保留在 C_{18} 小柱上，说明 C_{18} 小柱对低聚果糖的保留较强。因此对乳粉类样品应选择 On Guard RP 小柱除脂。

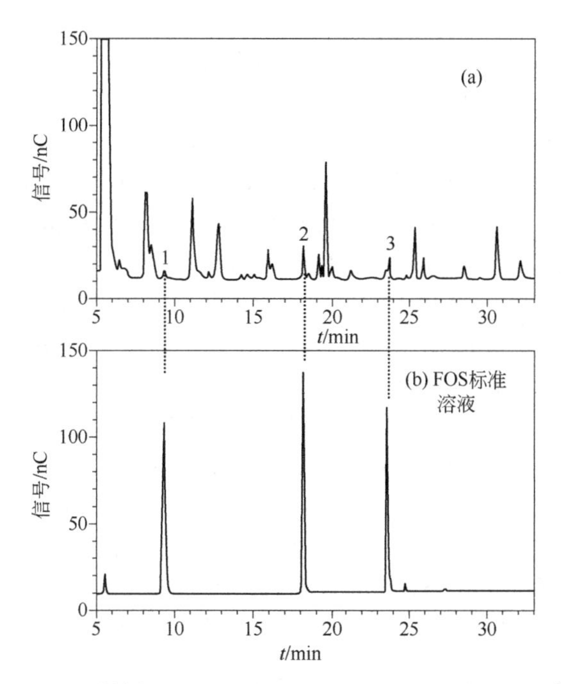

图 7-56　乳粉样品（a）和标准溶液（b）的分离色谱图[285]

色谱柱：CarboPac PA200

淋洗液：A，水；B，0.2mol/L NaOH；C，0.4mol/L NaAc

梯度淋洗：0～5.0min，40%B；5.0～25.0min，40%B，0～15%C；25.0～30.0min，40%B，15%C；30.1～33.0min，40%B，50%C；33.1～35.0min 100%B；35.1～50.0min，40%B

流速：0.4mL/min

色谱峰：1—GF_2；2—GF_3；3—GF_4

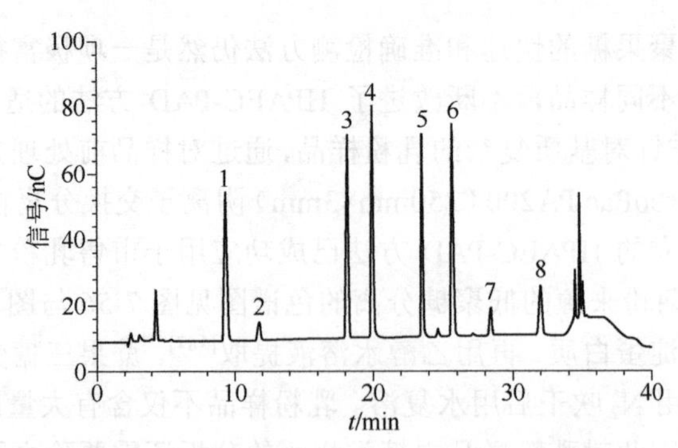

图 7-57 加标准 GF_2、GF_3 和 GF_4 的菊粉来源低聚糖样品色谱图[285]

色谱条件：同图 7-56

色谱峰：1—GF_2；2—F_2；3—GF_3；4—F_3；5—GF_4；6—F_4；7—GF_5；8—F_5

发酵乳中的两种低聚糖（FOS 与 IOS）的分析。近年来，对功能性食品中的低聚果糖（fructooligosaccharides，FOS）与健康关联研究的兴趣增加，对食品中特有的 FOS 含量的数据的需要增加。发展的 HPAEC-PAD 方法的目的是选择性地测定存在于研究的益生元食品添加剂中短碳链的 FOS 与菊粉低聚糖（inulooligosaccharides，IOS）的含量[286]。方法选用 CarboPac PA 100（4mm×250mm）分离柱与 CarboPac PA100（4mm×50mm）保护柱，水、60mmol/L NaOH 与 50mmol/L NaAc 淋洗液梯度淋洗［60mmol/L NaOH+5～88mmol/L NaAc（0～130min）］。流速为 0.7mL/min。整个梯度淋洗程序中，保持 NaOH 浓度不变以避免流动相的 pH 改变。因流动相 pH 的变化影响 DPA 的背景信号，因此用不改变 pH 的 Ac^-的梯度，而且，在高的不变的 NaOH 浓度下，可在 DPA 池中用 Ag/AgCl 参比电极。PAD 电位波形：E_1=0.1V（t_1=0.00～0.40s），积分从 0.20～0.40s，E_2=−2.0V（t_2=0.41～0.42s）；E_3=0.6V（t_3=0.43s）；E_4=0.1V（t_4=0.44～0.50 s）。一次进样，120min 内，下述 15 种糖达基线分离，洗脱顺序为：葡萄糖、果糖、蔗糖、松三糖（ISTD）、GF_2、F_2、GF_3、F_3、GF_4、F_4、GF_5、F_5、GF_6、F_6、F_7。方法的淋洗液组成保证了高的选择性与 PAD 背景信号的稳定性，方法的精华是分离效率、灵敏度、适用性以及可同时测定食品中（如乳制品）的 FOS 与 IOS 系列。方法已用于加到乳制品中作为益生元食品添加剂的商品水可溶性纤维的定量检测以及加到低脂发酵乳中的两种商品低聚糖（FOS 与 IOS）的益生元性质证明，表征菊粉系列中聚合度 DP3～DP7 的短碳链低聚糖与聚合度从 DP2 到 DP7 的 IOS，检测益生元糖的稳定性与质量，食品生产的质控，作为含有 FOS 与 IOS 为益生元材料的功能食品标记的分析方法。

淀粉是植物细胞中以淀粉粒形式储存的多糖，是食品工业的重要原料。天然淀粉一般由支链淀粉与直链淀粉构成，其中支链淀粉糖占食物淀粉含量的 75%～80%，其结构直接影响淀粉食品的品质。支链淀粉糖分子具有多个非还原端，经异淀粉酶作用后产生的葡萄糖链同样具有多个羟基，这些分子在强碱性溶液中将全部或部分电离，并以阴离子形式存在，可用阴离子交换分离。同时，糖分子的疏水部分与柱填料之间存在疏水作用，因此基于糖链的长度及带电情况，不同的葡萄糖链在色谱柱上的保留不同，根据各色谱峰的峰面积与峰的个数可以判断各葡萄糖链的分布，从而判断支链淀粉糖的构型。用 HPAEC-PAD 方法，用 NaAc+NaOH 为淋洗液，梯度淋洗，金工作电极，脉冲安培检测，可实现对聚合度达 80 的支链淀粉葡萄糖链的检测。如选用 CarboPac PA20（3mm）分离柱，以水（A）、0.1mol/L NaOH（B）和 1mol/L NaAc+0.1mol/L NaOH（C）溶液为淋洗液梯度淋洗。支链淀粉糖分子的非还原端羟基需在强碱性条件下才能离解成阴离子，对聚合度较高的葡萄糖链，需要很高浓度的 OH^-作流动相，才能将其从固定相洗脱。而支链淀粉糖在强碱性环境中易发生降解和差向异构化反应，因此淋洗液中加入洗脱能力较 OH^-强的近中性的 NaAc。在梯度淋洗时，为了保证糖分子的离解程度不变以及 PAD 的基线稳定，需保持淋洗液的 pH 不变。因此在淋洗液 B 和 C 中含相同浓度的 OH^-。脉冲积分安培检测，Au 工作电极，Ag/AgCl 参比电极。实现了对聚合度大于 80 的支链淀粉葡萄糖链的测定[290]。方法选取玉米、木薯、马铃薯与水稻的淀粉进行链淀粉糖链长分布的研究，用于其分子结构的判断。实验结果表明，在聚合度小于 65 时，各个色谱峰峰面积的相对标准偏差小于 5%，可为进一步的淀粉糖理化特性研究和品种改良提供有效数据。

5．**酸性糖的分析**

常见的酸性糖主要包括：葡萄糖醛酸（glucuronic acid，GlcA）、半乳糖醛酸（galacturonic acid，GalA）、乙酰神经氨酸（*N*-acetylneuraminic acid，Neu5Ac）、艾杜糖醛酸（iduronic acid，IdoA）、羟乙酰神经氨酸（*N*-glycolylneuraminic acid，Neu5Gc）、甘露糖醛酸钠（sodium mannuronic acid，ManA）和古罗糖醛酸（guluronic acid，GulA）等。它们的 pK_a 在 3～4 之间，可用 NaOH 淋洗液在阴离子交换分离柱上分离。由于它们的酸性较强，在阴离子交换分离柱上的保留机理主要是离子交换，其保留时间随淋洗液 NaOH 浓度的降低而减小，Neu5Gc 的保留受酸度的影响最大。除 Neu5Gc 之外所有酸性糖在不同酸度条件下的保留顺序不变。在低浓度的 NaOH 中，酸性糖分子中羧基的离子化减弱，导致它们与 CarboPac PA1 柱上季铵基的键合减弱，因此洗脱加快。而酸性糖的保留随 NaAc 浓度的增加而减小，在低浓度的 NaAc 中，酸性糖的保留时间加长，而且峰形加宽。因此在分离酸性糖以及酸性糖与其他糖同时分离时，需注意最佳的淋洗条件与方式的选择。如用 CarboPac PA1 分离柱，150mmol/L NaAc+15mmol/L NaOH 淋洗液，等度淋洗，10min 内分离上述 7 种酸性糖达基线分离，洗脱顺序先后为：Neu5Ac、Neu5Gc、GalA、GulA、GlcA、ManA、IdoA。方法的定量限是 12.5×10^{-3}nmol/L[291]。

糖醛酸分子中含有羧基，酸性比较强，如葡萄糖醛酸与半乳糖醛酸的 pK_a 值分别是 3.20 与 3.48，与阴离子交换柱的固定相结合力较强。用 HPAEC-PAD 分析糖醛酸时，为了较快地洗脱糖醛酸，并得到有效分离，应选用中等容量的分离柱，如 CarboPac PA1、CarboPac PA10、CarboPac PA100 等，以 NaOH 和 NaAc 为淋洗液，等度或梯度淋洗[288~299]。

高等动物体内含有唾液酸，它是一类带羧基的酸性九碳糖类化合物的酰基衍生物的总称。唾液酸对细胞膜的生理功能起到重要作用，近期食品安全方面更进一步强调了唾液酸的作用。研究说明，母乳中唾液酸化的成分能帮助婴儿抵抗肠道感染以及促进记忆和智力的发育。但是作为母乳替代品的牛乳里面的唾液酸含量则大大低于母乳[292]。常见的唾液酸主要有两种，*N*-乙酰神经氨酸（Neu5Ac）和 *N*-羟乙酰神经氨酸（Neu5Gc），它们是神经氨酸的氨基基团分别连接了一个乙酰基或乙二醇基的衍生产物。另外，还有自然界含量较少的去氨基神经氨酸（KDN）。通过对 Neu5Ac、Neu5Gc 和 KDN 上羟基的进一步取代，从而构成了唾液酸这个种类繁多的大家族。取代基有多种，如甲基、乙酰基、磺酸基和磷酸基等基团。目前可以分离不同类型唾液酸的方法主要是 HPLC、GC、CE 等，但这些方法 都需要对唾液酸进行衍生后再进行分离与测定，增加了实验的复杂性和可能的干扰因素。HPAEC-PAD 方法用于唾液酸的分离测定是近年发展的一种新方法[293~295]。该方法是在强碱性介质中，使唾液酸的羟基和羧基转变成阴离子，阴离子交换分离，然后对分子结构中的羟基在金电极表面发生氧化反应产生的电流实现检测。该方法具有不用衍生、操作方便、灵敏度高和环境友好的优点，对唾液酸的检出限达到μg/L 级。唾液酸是一种酸性化合物，在碱性淋洗液条件下是阴离子，在阴离子交换柱上的保留较强。另外，唾液酸的成分还常常伴随着更难洗脱的低聚糖和糖蛋白。因此，应选择柱容量较小的阴离子交换柱 CarboPac PA20 和较强的淋洗液使唾液酸在尽可能短的时间内得到较好的分离。又因唾液酸在强酸或强碱性条件下容易发生结构改变或取代基移位，所以不能只通过增大 NaOH 浓度来达到使唾液酸在阴离子交换色谱柱上尽快洗脱的目的，而是加入淋洗能力比 NaOH 强、碱性比 NaOH 弱的 NaAc 作淋洗液梯度淋洗。梯度程序如下[293]：100mmol/L NaOH 和 20mmol/L NaAc 等度淋洗 5min；再用 100mmol/L NaOH 和 20～300mmol/L NaAc 梯度淋洗 10min 分离唾液酸，并设置 2min 的 200mmol/L 高浓度 NaOH 再生分析柱；最后用 100mmol/L NaOH 和 20mmol/L NaAc 平衡 5min。进样体积为 25μL，流速为 0.5mL/min。方法对 *N*-乙酰神经氨酸（Neu5Ac）和 *N*-羟乙酰神经氨酸(Neu5Gc)的线性范围为 5～500μg/L；检出限为 3.0μg/L 和 1.8μg/L。

Hurum 等[296]比较了 HPAEC-PAD 与 UHPLC-FLD（荧光检测）方法对婴儿配方食品中 *N*-乙酰唾液酸的分析，结果表明，HPAEC-PAD 方法的样品前处理简单，UHPLC-FLD 方法需要 DMB 衍生，而且分别用于两种方法的样品前处理方法不可交替使用。两种方法均具有足够的灵敏度与线性，荧光检测的灵敏度稍高。两种方法的精密度相似，与具体样品的配方有关。对 UHPLC-FLD 方法，若标准在与样品匹配的基质中衍生，两种方法的准确度均很好。标准与样品衍生的基质不同将改变反应效率，严重影响定量。总的看来，HPAEC-PAD 的样品前处理快，不需衍生。对可导致 DMB 衍生欠佳的样品，用 HPAEC-PAD 方法比较好。而对需要定量 *O*-乙酰唾液酸的样品，或唾液酸的浓度很低的样品，UHPLC-FLD 方法比较好。

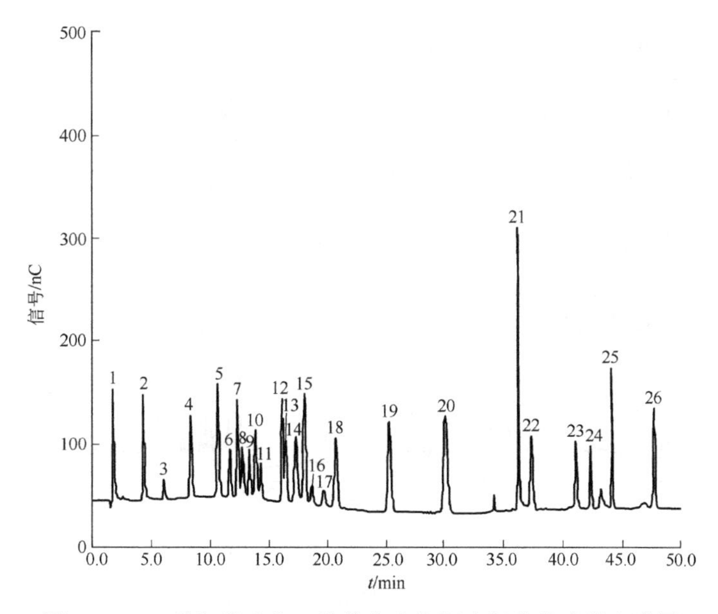

图 7-58 17 种氨基酸和 9 种糖化合物混合标准溶液的色谱图

色谱柱：AminoPac PA10　　柱温：30℃

检测器：积分脉冲安培，金工作电极　　进样体积：25μL

色谱峰（μmol/L）：1—精氨酸（9.4）；2—海藻糖（5.2）；3—赖氨酸（7.9）；4—阿拉伯糖（4.5）；5—葡萄糖（5.8）；6—丙氨酸（8.0）；7—苏氨酸（7.7）；8—果糖（6.0）；9—甘氨酸（7.8）；10—核糖（5.0）；11—缬氨酸（7.8）；12—丝氨酸（7.8）；13—脯氨酸（7.8）；14—蔗糖（5.2）；15—乳糖（5.6）；16—异亮氨酸（7.7）；17—亮氨酸（7.9）；18—蛋氨酸（7.8）；19—棉子糖（6.3）；20—麦芽糖（11.3）；21—组氨酸（9.1）；22—苯丙氨酸（7.8）；23—谷氨酸（41.5）；24—天冬氨酸（26.1）；25—胱氨酸（3.7）；26—酪氨酸（7.9）

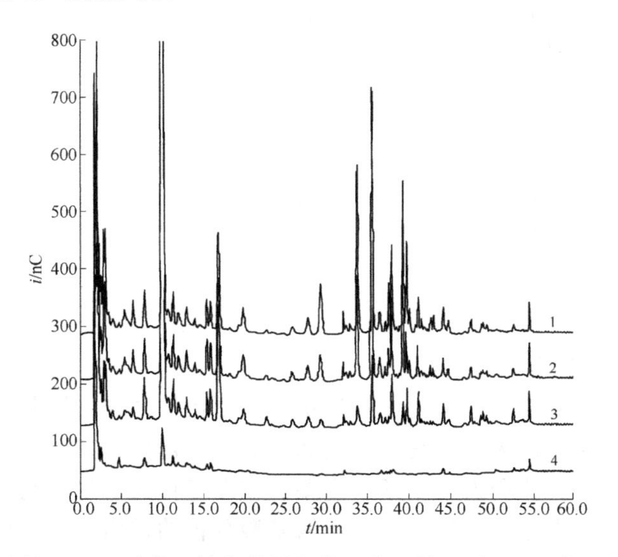

图 7-59 4 种黄酒的色谱图比较（黄酒样品稀释 500 倍）

1—8 年陈酿的古越龙山；2—5 年陈酿的古越龙山；3—5 年陈酿的女儿红；4—一种劣质黄酒

色谱条件：同图 7-58

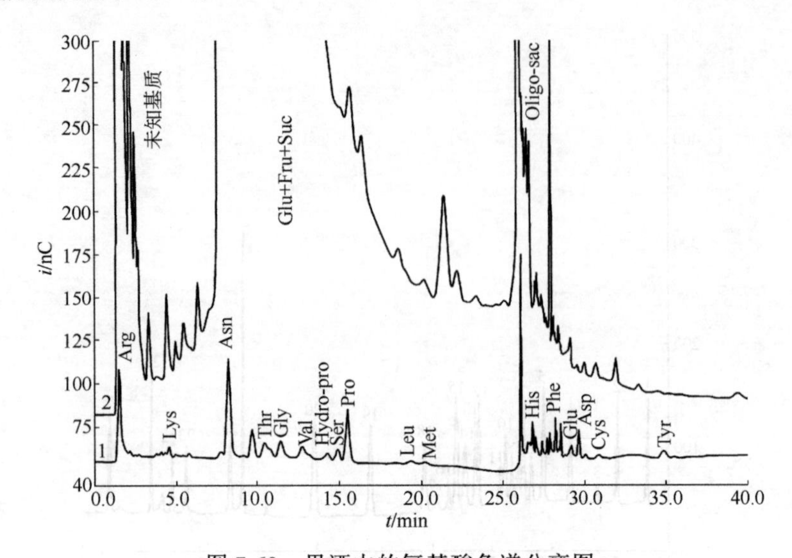

图 7-60 果酒中的氨基酸色谱分离图

1—样品经过前处理后稀释 20 倍；2—样品直接稀释 100 倍

分离柱：AminoPac PA10（250mm×2mm）

检测：脉冲安培，金工作电极　　　　进样：25μL

色谱峰：1．Arg—精氨酸；Lys—赖氨酸；Asn—天冬酰胺；Thr—苏氨酸；Gly—甘氨酸；Val—缬氨酸；Hydro-pro—羟基脯氨酸；Ser—丝氨酸；Pro—脯氨酸；Leu—亮氨酸；Met—蛋氨酸；His—组氨酸；Phe—苯基丙氨酸；Glu—谷氨酸；Asp—天冬氨酸；Cys—半胱氨酸；Tyr—络氨酸

2．Glu+Fru+Suc—谷氨酸+果糖+蔗糖；Oligo-sac—低聚糖

淋洗液：流速 0.25mL/min，梯度如下

时间/min	NaOH/(mmol/L)	NaAc(mmol/L)
0.00	40	
2.00	40	
12.0	80	
16.0	80	
24.0	60	400
40.0	60	400
40.1	200	
42.1	200	
42.2	40	
65.0	40	

6．氨基酸的分析

食品中氨基酸的含量是衡量食品质量的重要依据之一。氨基酸含量与食品的营养和味道密切相关。大量的食品原料和制成品都需要对其中的氨基酸含量进行分析，以满足食品工业和人们生活的需要。柱前和柱后衍生，高效液相色谱法分离，紫外和荧光检测是目前用于食品中氨基酸分析的常用方法。但方法的流动相复杂，需要柱前或柱后衍生反应。高效阴离子交换积分脉冲安培法可以直接测定氨基酸，无须柱前柱后衍生反应（详见第二章第三节），淋洗液非常简单，只用 NaOH 和 NaAc，不用有机溶剂，而且可同时分析氨基酸和糖，方法已广泛用于食

品中氨基酸和糖的分析[300~306]。Jandik 等[307]对氨基酸和糖的同时分析做了综述。图 7-58 为 17 种氨基酸和 9 种糖的同时分离。图 7-59 为氨基酸和糖同时分析的一个有趣的应用[302]，图中的曲线 4 是从路边买的一瓶与曲线 2 有相同标签的假酒。很明显，不含对人体有益的氨基酸和糖。大多数食品中同时含有氨基酸和糖，若样品中两类化合物的浓度相近，可简单地同时分析；若糖的含量较氨基酸高时，可用在线[300]或离线的方法[301~303]将大量的糖除去。糖的含量较氨基酸的含量高 100 倍以上的样品，最好用离线方法除糖。图 7-60 为果酒中氨基酸的色谱分离，从图可见，样品中大量的葡萄糖、果糖和蔗糖严重干扰氨基酸的分离，用离线方法除糖后，得到氨基酸的定量分析。

第四节　离子色谱在工业分析中的应用

一、微电子、电力工业中的痕量分析

对于微电子和电力工业，水质的重要性是不言而喻的。特别是半导体、磁盘驱动器、发电厂等生产部门。据国外有关资料估算，一座中等规模的半导体工厂每年约需要使用 450 万立方米以上的高纯水清洗原材料（如晶片）和产品部件（如芯片、磁头等）在制造过程中带入的污染物。随着半导体集成电路集成度的不断提高，对产品清洁度的要求也越来越严格，极微量的沾污都会使产品成为废品。在电力工业，随着运行的发电机组单机容量的不断扩大，系统在超高温、超高压下运行，对水质的要求非常苛刻。例如在锅炉蒸汽中，即使 μg/L 级的杂质（如 Cl^-、Na^+、Ca^{2+}等）在高温、高压下都可能对系统内与水接触的机件（如转子）表面产生腐蚀作用。在电厂的运行过程中，需要监测和辨认腐蚀性和非腐蚀性离子的浓度，查找和排除腐蚀性物质的来源和原因，尽可能延长水处理设备和除盐设备的使用寿命，降低含杂质水蒸气对电厂发电设备腐蚀和锅炉管道故障导致的设备维修与停工。因此需将电厂锅炉给水与气中的阴离子（如痕量氟离子、乙酸根离子、甲酸根离子、氯离子、亚硝酸根离子、硝酸根离子、磷酸根离子和硫酸根离子等）与阳离子(钠离子、钾离子、镁离子、钙离子和铵离子)的浓度控制在＜1.0μg/L，一些核电站需将阴离子污染物浓度控制在＜0.2μg/L。对上述离子的检测，离子色谱是首选的方法，因此，国家电力行业的两项标准方法《火力发电厂水汽试验方法　痕量氟离子、乙酸根离子、甲酸根离子、氯离子、亚硝酸根离子、硝酸根离子、磷酸根离子和硫酸根离子的测定》[308]、《发电厂水汽痕量阳离子的测定　离子色谱法》[309]均选择离子色谱法。

离子色谱分析常见阴、阳离子已是成熟的方法，这里不再重述。分析微电子、电力工业中阴阳离子的难点主要是待测定离子的浓度非常低，得到准确的分析结果需要特别注意降低空白，严格控制试剂的纯度、器皿的洁净度与操作规程[310,311]。

1. 样品的浓缩与富集

微电子和发电厂对所使用的高纯水和循环水的水质要求非常高，其杂质含量一般小于 1μg/L，直接进样对某些离子将难以检出，常需要浓缩富集。离子色谱中用浓缩柱和大体积定量管直接进样两种方式以降低检测限。本节将分别介绍这两种方法的优缺点、使用中的注意事项。

浓缩柱的作用是用来从相对清洁的样品基体中富集低浓度的待测组分，即在一个具体的实验室中，样品中的目标离子浓度小于在最佳的色谱条件下的最低定量浓度，可选用浓缩柱富集目标离子。使用浓缩柱的优点在于，可用分析 mg/L 级或μg/L 级阴、阳离子的色谱条件分析目标离子浓度为 μg/L 级和亚 μg/L 级的样品。与大体积定量管直接进样等其他富集方法相比，直接进入分离柱的进样体积较小，减小水负峰。目前有多种类型的浓缩柱，它们有不同的性能、用途和使用方法。例如，按所富集的离子分为阴离子浓缩柱、阳离子浓缩柱等；按使用方式分为借助于浓缩泵的浓缩柱和压力较低、在自动进样器上使用的浓缩柱与低压可手动浓缩柱等。选择浓缩柱时最重要的是要选择用于分离柱的淋洗液可从浓缩柱上完全洗脱目标离子，因此可用所用分离柱的保护柱作浓缩柱。以 Thermo Fisher Scientific 公司的产品为例，如欲富集样品中痕量的碱金属和碱土金属时，可以直接用阳离子保护柱（如 IonPac CG12A）作为浓缩柱而不可使用阳离子浓缩柱 TCC-2，原因是两者具有不同的交换基团（分离柱 CS12A 为羧基，而 TCC-2 为磺酸基），否则分离时淋洗液不能有效洗脱富集在浓缩柱上的离子。与其他离子交换柱一样，浓缩柱的交换容量也是有限度的，当该柱的交换容量过载时，待测物便不能定量保留。因此，预测浓缩柱的保留临界点是十分重要的。在估计一浓缩柱的交换容量时，在动态下考察可以得到该柱较为准确的保留临界点。因为在动态下离子与树脂表面相互作用的概率不是 100%，故较给定的静态容量有所降低。浓缩柱的静态容量一般可在该柱的使用手册中查到。而动态容量由于受流速和待测离子对树脂亲和力的影响，其交换容量可能小于静态容量的 50%。

适合用浓缩柱富集的样品，主要是样品中可被浓缩柱保留的各种离子的浓度都很低，样品中的目标离子浓度小于在一个具体实验室中最佳的色谱条件下的最低定量浓度。若样品中待测离子之间的浓度差很大，保留比较强的离子浓度大于弱保留离子的浓度，此类样品不宜简单地用浓缩柱富集。因为富集在浓缩柱上的强保留离子将起淋洗离子的作用，导致弱保留离子的回收率降低。在这里我们提出一个淋洗离子的概念。所谓淋洗离子是指如果某离子对交换树脂的亲和力大于那些已与树脂结合的离子，则该离子便可视为是这些离子的淋洗离子。例如，当浓缩接近或超出浓缩柱的动态容量时，某些阴离子，如硫酸根作为一种二价淋洗离子将会在树脂上置换那些弱保留的一价阴离子如氟离子和氯离子。淋洗离子是一个相对的概念，例如，硫酸根也可以被比其亲和力更强的离子所置换。一般认为，当一种被测离子开始以淋洗离子形式出现时，此时可能是达到了浓缩柱容量的临界点。

与浓缩柱法相比，大体积定量管直接进样法操作较简单，不需要使用浓缩柱、浓缩泵和切换阀，省去了富集样品的步骤，缩短了测定时间[312]。选用大体积定量管直接进样方法时，应选用水负峰小的淋洗液（OH^-）与小内径(2mm)的分离柱，并具有稳定的基线与小的噪声，电解微膜抑制器用外加水模式。若不需检测弱保留成分，可用 CO_3^{2-}/HCO_3^- 淋洗液，定量管的体积应小于 1200μL。例如，用 IonPac AS11（250mm×2mm）分离柱，NaOH 淋洗液（由淋洗液在线发生器产生）梯度淋洗，进样体积为 1000μL，对常见阴离子与低分子量有机酸的检测限分别为 0.00890μg/L（F^-）、0.037μg/L（CH_3COO^-，乙酸）、0.043μg/L（$HCOO^-$，甲酸）、0.0077μg/L（Cl^-）、0.013μg/L（NO_2^-）、0.012μg/L（SO_4^{2-}）、0.016μg/L（草酸）、0.012μg/L（Br^-）、0.0170μg/L（NO_3^-）、0.029μg/L（PO_4^{3-}）μg/L。

2．微电子工业中的应用

离子色谱是分析电子部件离子污染的选用方法。当环境潮湿，一些阴离子如 Cl^- 与 SO_4^{2-} 将导致部件的腐蚀。离子色谱可用来测定印刷电路板、半导体用水与磁盘驱动等部件的离子污染。在制造前，全面分析这些阴离子能明显减少腐蚀的发生与磁头界面等故障。常规需要检测的阴离子包括 F^-、Cl^-、Br^-、NO_3^-、SO_4^{2-} 与 PO_4^{3-} 等，有机酸包括乙酸、甲酸、丙烯酸、甲基丙烯酸、苯甲酸、草酸等。可用浓缩柱或大体积进样降低方法检出限。一典型应用的色谱条件见图 7-61。方法的检测限达 ng/L 级。

3．电力工业中的应用

通过化学监控运行中的加压水冷反应堆（PWR）、沸水反应堆（BWR）和发电厂中的高纯水，对延长那些与水接触部件的使用寿命已经起到明显的作用。由于离子色谱对电力工业中需检测的常见阴阳离子的独特选择性，可在线运行，因此在化学监控中已广泛应用。

电力工业中常需检测的阴、阳离子，主要是国家电力行业的两项用离子色谱的标准方法中所列出的阴离子（氟离子、乙酸根离子、甲酸根离子、氯离子、亚硝酸根离子、硝酸根离子、磷酸根离子和硫酸根离子）和阳离子（钠离子、钾离子、镁离子、钙离子和铵离子）。纯水中上述离子的离子色谱法分析已是成熟的方法，而且有标准方法可遵循，这里不再重复。

下面讲述含锂的硼酸盐水中痕量 F^-、Cl^-、SO_4^{2-} 的测定。在核电厂的加压水反应堆（pres-surized water reactors，PWRs）中，硼酸作为中子吸收剂，加到反应堆冷却剂中控制初级的核反应度，冷却剂的 pH 值对系统的维护非常重要，因为 pH 值低于 6.9（约 300℃）将导致燃料棒包层的加速腐蚀。为了得到希望的 pH 值，加 LiOH 到冷却剂中。为了降低风险、保持核电厂正常运行，痕量阴离子浓度的检测非常重要。分析含锂的硼酸水中的痕量阴离子时，关键问题是消除硼酸的干扰。主要考虑弱保留的目标离子（F^-、乙醇酸盐、乙酸、甲酸）与样品中硼酸盐（硼酸盐也是弱保留离子）的分离。因此用在线基体消除[314]，于样品进入浓缩柱之前先通过阳离子

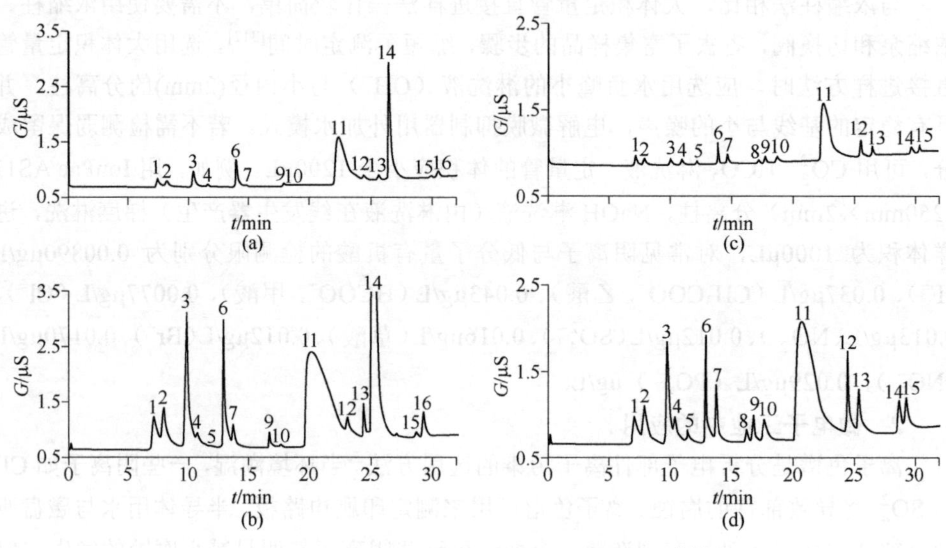

图 7-61 电子工业中典型应用的色谱条件[313]

（b），（d）标准溶液；（a），（c）电子部件水提取液

分离柱：IonPac AS17+AG17，2mm　　淋洗液：KOH

梯度：0～6min，0.3mmol/L；6～8min，0.3～1.0mmol/L；8～19min，1～10mmol/L；19～35min，10～40mmol/L

温度：30℃　　流速：0.5mL/min

检测器：抑制型电导，ASRS ULTRA 抑制器，自循环模式

进样体积：（a），（c）1mL 直接进样；（b），（d）5mL，浓缩柱 IonPac TAC-LP1 浓缩后进样

色谱峰/(μg/L)	（a）	（b）	色谱峰/(μg/L)	（c）	（d）
1—氟离子	1.8	2.0	1—氟离子	1.1	1.2
2—乙酸根	3.1	7.7	2—乙酸根	1.4	4.8
3—甲酸根	6.2	13.0	3—甲酸根	1.5	6.6
4—丙烯酸根	1.3	1.0	4—丙烯酸根	3.1	1.9
5—甲基丙烯酸根	—	0.065	5—甲基丙烯酸根	1.5	2.1
6—氯离子	4.3	5.4	6—氯离子	1.6	2.6
7—亚硝酸根	0.1	1.0	7—亚硝酸根	1.3	3.1
8—溴离子	—	—	8—溴离子	0.7	1.0
9—硝酸根	0.7	0.9	9—硝酸根	0.9	1.3
10—苯甲酸	0.36	0.60	10—苯甲酸	5.6	10
11—碳酸根	—	—	11—碳酸根	—	—
12—未知	—	—	12—硫酸根	3.1	3.8
13—硫酸根	1.5	1.7	13—草酸根	2.3	2.4
14—草酸根	46	46	14—邻苯二甲酸	3.6	5.6
15—邻苯二甲酸	0.86	1.0	15—磷酸根	2.9	4.1
16—磷酸根	4.0	5.0			

捕获柱（CR-CTC-Ⅱ）捕获锂离子，将浓缩于浓缩柱中的样品转移到分离柱之前，以足够量的去离子水淋洗浓缩柱，将样品中大部分硼酸洗脱，消除样品基体中大量

硼酸对弱保留离子的干扰；用 KOH 淋洗液梯度淋洗，并将初始浓度设置比较低。改进的方法无须用捕获柱和浓缩柱[315]，用 H_3BO_3 与 NaOH 适当比例的混合溶液为淋洗液梯度淋洗，梯度淋洗的程序开始用低浓度淋洗弱保留离子(F^-、乙酸、甲酸等)，再提高淋洗液浓度加速强保留离子（SO_4^{2-}）的洗脱，并选用小孔径分离柱（2mm），大体积进样。大的硼酸盐基体峰在 1.7min 开始（见图 7-62），在目标离子出峰前回到基线，不干扰目标离子的分离。

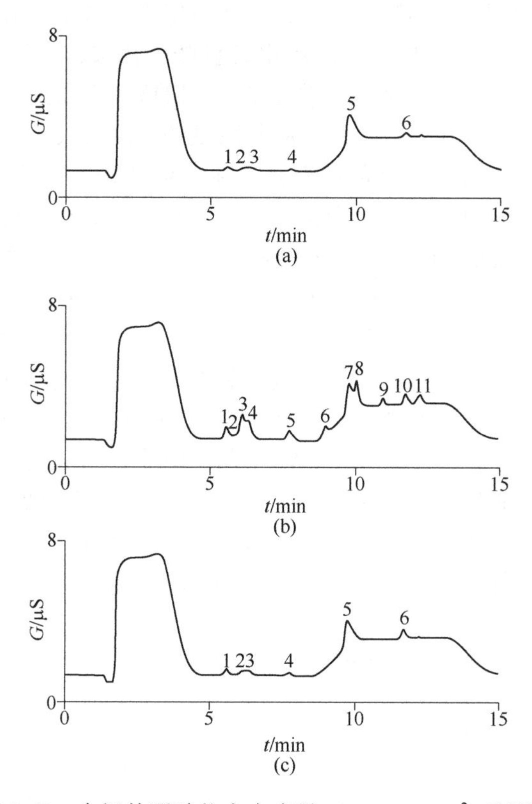

图 7-62 含锂的硼酸盐水中痕量 F^-、Cl^-、SO_4^{2-} 的测定

（a）模拟含锂的硼酸盐水样（2500mg/L H_3BO_3+5.0mg/L Li^+）；

（b）模拟含锂的硼酸盐水样+痕量阴离子；

（c）模拟含锂的硼酸盐水样+1.3μg/L F^-，1.0μg/L Cl^-，4.5μg/L SO_4^{2-}

分离柱：IonPac AG14/AS14（250mm×2mm）

淋洗液：A，100mmol/L H_3BO_3/75mmol/L NaOH；B，去离子水

梯度淋洗：0～4.0min, 10%A+90%B；4.1～8.5min, 65%A+35%B；8.51～15.0min，10%A+90%B

流速：0.5mL/min

检测：抑制电导，ASRS300 型抑制器（2mm），外加水模式

色谱峰（μg/L）：（a）1—F^-（1.3）；2—CH_3COO^-；3—$HCOO^-$；4—Cl^-（12）；5—CO_3^{2-}；6—SO_4^{2-}

（b）1—F^-（5.8)；2—乙醇酸（10)；3—CH_3COO^-；4—$HCOO^-$；5—Cl^-（8.3)；6—NO_2^-（10)；7—CO_3^{2-}；8—NO_3^-（10)；9—HPO_4^{2-}（10)；10—SO_4^{2-}（8.7)；11—$C_2O_4^{2-}$（10)

（c）1—F^-（1.3)；2—CH_3COO^-；3—$HCOO^-$；4—Cl^-（1.2)；5—CO_3^{2-}；6—SO_4^{2-}（4.4)

离子色谱在电力工业中另一类较广的应用是化学添加剂(主要是多种胺，如吗啉、乙醇胺、2二乙基乙醇胺、3-二甲基氨基丙胺、环乙胺等)的分析，样品中除了这些胺之外还可能含有其他阳离子，选择色谱条件时应注意与样品中存在的其他离子的分离。如吗啉、乙醇胺、2-二乙基乙醇胺在常用的阳离子交换分离柱上的保留在钠与铵之间，较难分离。对这种样品的分析，建议选用高容量柱，梯度淋洗，并于淋洗液中适当加入有机溶剂，抑制型电导检测。

核电厂用的缓蚀剂与氧清除剂，铵被广泛应用于调节 pH 值与防止腐蚀。由于有机胺的挥发性较小，因此核电厂广泛用有机胺替代铵作缓蚀剂，吗啉与乙醇胺（ETA）是应用较广的有机胺；联氨（肼）是常用的氧清除剂。在 mg/L 浓度的铵与其他常见阳离子存在下检测吗啉、乙醇胺与联氨的难度较大，因为它们在阳离子交换分离柱上有相近的选择性。目前还没有一种商品阳离子分离柱可用于含有 mg/L 浓度的铵与其他常见阳离子的样品中同时分离吗啉、乙醇胺与联氨。比较好的方法是用一个方法检测联氨与吗啉，一个方法检测 ETA。检测联氨与吗啉的方法用 IonPac CS16 高容量柱，15mmol/L 甲基磺酸为淋洗液，联氨在 16min 洗脱；甲基磺酸浓度梯度到 40mmol/L，吗啉在 24min 洗脱，可用抑制型电导与脉冲安培检测联氨与吗啉。用脉冲安培检测时，金工作电极的灵敏度较铂金工作电极高，并于电导检测器之后加入 NaOH 以提高脉冲安培检测的灵敏度。IonPac CS16 高容量柱能很好地从高浓度的铵与常见阳离子中分离低浓度的联氨与吗啉，但不能从高浓度铵中分离低浓度的乙醇胺。而不同选择性的分离柱 IonPac CS15，在提高的温度（50℃）下，以甲基磺酸为淋洗液，抑制型电导检测，可很好地分析含 mg/L 浓度铵的样品中μg/L 浓度的乙醇胺。吗啉在该柱上保留强，可很好地与铵、联氨和乙醇胺分离[316]。

二、石油化工分析中的应用

石油化工指以石油和天然气为原料，生产石油产品和石油化工产品的加工工业。石油产品又称油品，主要包括各种燃料油（汽油、煤油、柴油等）、润滑油以及液化石油气、石油焦炭、石蜡、沥青等。生产这些产品的加工过程常被称为石油炼制，简称炼油。石油化工产品以炼油过程提供的原料油进一步化学加工获得。生产石油化工产品的第一步是对原料油和气（如丙烷、汽油、柴油等）进行裂解，生成以乙烯、丙烯、丁二烯、苯、甲苯、二甲苯为代表的基本化工原料。第二步是以基本化工原料生产多种有机化工原料（约 200 种）及合成材料 （塑料、合成纤维、合成橡胶）。这两步产品的生产属于石油化工的范围。

离子色谱在石化领域中的应用涵盖了从初期的地质勘察、生产过程控制、产品质量控制到后期的排废排污。石化样品一般较复杂，样品基体的离子浓度高，目标离子的浓度差大。为了减少样品的前处理，应选择高容量的分离柱。如用高容量柱（8400μmol/柱）IonPac CS16，直接检测油田水样中的钠、铵、钾、镁、和钙时，钠与铵的浓度比大于 10000∶1，仍能得到定量的结果。对检测器的选择主要是选择性，为了一次进样获得较多的信息，常将紫外与电导检测器串联或安培与电导检测器串联。如高 Cl^-废水中痕量 NO_2^-和 NO_3^-的分析，可将紫外和电导检测器串联，由于 Cl^-无紫外吸收，可用紫外检测 NO_2^-和 NO_3^-。另一个需要重视的问题是样品的前处理，对未知样品必须稀释 10～50 倍后方可进样，再根据情况选择适当的稀释倍数；对可见含油的样品，需要用适当的有机溶剂萃取除油后再经 C_{18}柱或 RP 柱除有机物。

1．油田水分析

在石油开采地质勘探中，一般需要环境的水质与土壤组成的酸碱度与盐度等的基础数据，离子色谱是主要的分析方法之一。对常见阴、阳离子的分析，用已经商品化的常规离子色谱分析柱，10～15min 内可分别完成常见阴离子与阳离子的分析；用快速柱 3～5min 内可分别完成常见阴离子与阳离子的分析。对水样，只需过滤与稀释；对土壤样品，只需要简单地以超纯水振荡提取，即可将其中常见的阴离子提取出来；加入适量酸进行振荡提取，可将其中的碱金属和碱土金属提取出来。对于重金属和过渡金属的检测，则需要柱后衍生后光度法检测。

在石油开采过程中需要对地壳浅层和伴随油气开采出来的水质进行分析，以控制盐度对管路和设备的腐蚀；同时为了提高开采率，尽量减小对地壳结构的破坏，需要将油气水混合液中的水进行回注，同时还要补加人工配制的回注水以确保盐分的相似性。我国 2006 年 7 月发布的石油天然气行业标准（SN/Y 5523—2006）中关于油田水分析方法中规定用离子色谱法分析的项目包括铵、溴化物、氯化物、氟化物、碘化物、硝酸盐、有机酸、磷、硫酸盐等。

原油和天然气的勘探和生产中，水样的分析非常重要，油和气的储存常伴有结构水。这种结构水一般含有高浓度的盐，其组成与地质结构有关，主要成分为氯化钠，有的高达 10000mg/L。与海水相比，结构水含有较高浓度的维持生命所必需的元素，如溴、碘和氮以及低浓度的 Mg^{2+}、铵和铁。对水质的分析，除了检测 Cl^-和 HCO_3^-之外，还应检测 Br^-、SO_4^{2-}和 I^-，有些情况还要求检测 NO_3^-、PO_4^{3-}、F^-、SCN^-和有机酸。钻井中常用 SCN^-等作示踪剂，以了解油井之间的情况，用亲水性的阴离子分离柱，IC 法很容易测定这些易极化的阴离子，如 I^-、SCN^-和 $S_2O_3^{2-}$等。油田结构水中，待测离子浓度相差很大。用 IC 法测定油田水的主要问题是大量 Cl^-存在下其他痕量阴离子的分析，高浓度 Na^+、Mg^{2+}与 Ca^{2+}存在下其他痕量阳离子的分析。对这类样品的分析，较有效的方法是将样品稀释 25 倍后进样，再根据色谱图中显示的各成分的大致浓度范围及浓度比选择适当的稀释倍数。为了得到准确的分析结果，减少误差，用于校准的标准溶液的基体应与样品基体相匹配；并对样品做多种稀释倍数，如图 7-63 所示的样品中，Li^+、Na^+、NH_4^+、K^+、Mg^{2+}、Ca^{2+}、Sr^{2+}和 Ba^{2+}的浓度分别为 1mg/L、9700mg/L、98mg/L、63mg/L、85mg/L、152mg/L、17.6mg/L 和 1.0mg/L。由于 Na^+的浓度太高，将样品稀释 5 倍之后，仍不能定量 Li^+、Na^+和 NH_4^+，但可较好地分离出 Sr^{2+}的峰。将样品稀释 25 倍之后，可较好地分离出 Li^+的峰；稀释 100 倍之后，可检测 NH_4^+。对这种类型的样品，宜用高容量阳离子交换分离柱[318]。

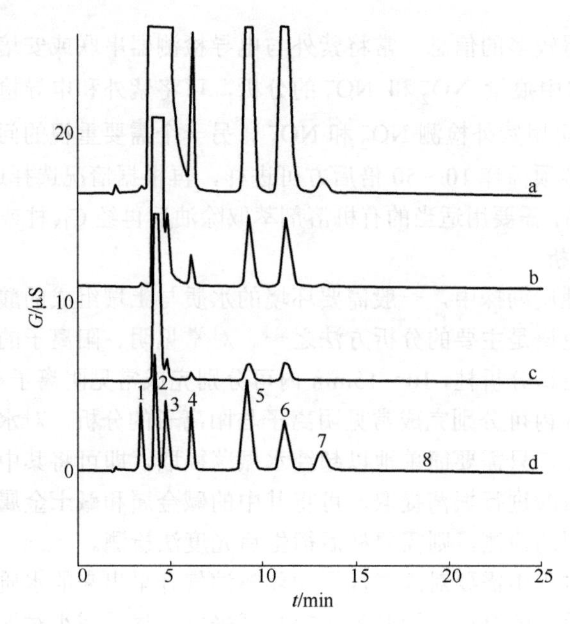

图 7-63 结构水中碱金属和碱土金属离子的分析[317]

分离柱：IonPac CS12A

淋洗液：11mmol/L H_2SO_4

检测：抑制型电导

样品：a—结构水稀释 5 倍；b—稀释 25 倍；c—稀释 100 倍；d—标准溶液

色谱峰（Li 为 1μg/mL，其他均为 5μg/mL）：1—Li^+；2—Na^+；3—NH_4^+；4—K^+；5—Mg^{2+}；6—Ca^{2+}；7—Sr^{2+}；8—Ba^{2+}

2．醇胺脱硫溶液中热稳定盐的分析

石油炼制、石化厂以及生产胺的车间，常用胺（如乙醇胺、甲基二乙醇胺、二乙醇胺和二异丙醇胺等）来除去天然气原料中存在的腐蚀性气体 H_2S 和 CO_2。除去这些酸性气体的最有效洗涤液是 20%～30%的乙醇胺或甲基二乙醇胺。如图 7-64 所示，首先用醇胺吸收天然气中的 H_2S 和 CO_2，再加热从醇胺中除去 H_2S 和 CO_2，醇胺回到吸收柱再次使用。醇胺在使用过程中不可避免地会发生氧化降解，并与天然气中的一些污染物，产生一系列有机或无机阴离子，形成多种盐类，如草酸盐、丙酸盐、甲酸盐、乙酸盐、硫代硫酸盐和硫氰酸盐等，由于它们无法在再生过程中去除[319]，因而被称为热稳定盐（heat stable salts，HSS）。热稳定盐在醇胺法工艺系统中不断积累会导致系统净化效能下降、溶液发泡和装置腐蚀等。胺的消耗除了耗资之外，胺溶液中的高盐成分增加溶液的黏度，使胺失去活性，减少对酸的吸收容量，增加腐蚀。胺的浓度影响洗气效率，对胺的连续检测能调整胺的适时补充。因此应及时检测胺溶液中胺与阴离子的浓度。由于不同种类、不同含量的 HSS 的危害程度不同，所以有必要测定醇胺溶液中 HSS 的种类与含量[320]。对上述离子的分析，目前离子色谱是首选方法，最近有较多的报道[321~329]。该类样品的目标离子同时含有在阴离子交换分离柱上保留较弱的阴离子与保留较强的疏水性离子，应选用高容量分离柱，OH^-淋洗液梯度淋洗，并在淋洗液中加入适量有机溶剂，见图 7-65。从图可见，一次进样不仅可以检测甲基二乙醇胺在加热时分解产生的腐蚀性有机酸、乙酸盐、甲酸盐和草酸盐，还可分离硫的不同形态化合物，如硫酸和亚硫酸以及强保留的硫代硫酸和硫代氰酸盐。分析该类样品的另一个应注意的问题是样品基体为较高浓度的胺溶液，为了得到准确的分析结果，需对样品做适当前处理。下面讨论两个应用实例。

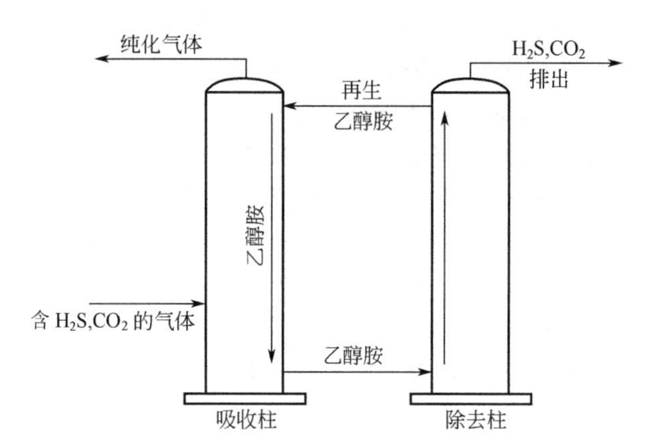

图 7-64 天然气中 H_2S 和 CO_2 的除去

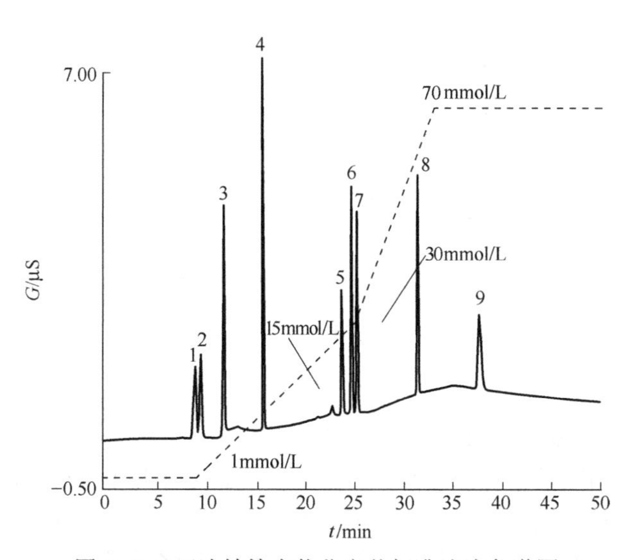

图 7-65 石油精炼中热稳定盐标准溶液色谱图

分离柱：IonPac AS11-HC(4mm×250mm)+AG11-HC

淋洗液：15%甲醇+KOH 梯度（1～9min，1mmol/L；9～25min，1～30mmol/L；25～34min，3～70mmoL/L）；

流速：1.4mL/min　　柱温：30℃　　进样体积：25μL

检测：抑制型电导，ASRS-ULTRA，外加水模式

色谱峰（4mg/L）：1—乙酸盐；2—甘胺酸盐；3—甲酸盐；4—氯化物；5—亚硫酸盐；6—硫酸盐；7—草酸盐；8—硫代硫酸盐；9—硫氰酸盐

一个较简单的样品前处理方法[328]：取 5mL 样品溶液过 0.22μm 的尼龙滤头以去除其中的固体颗粒。依次用纯水和甲醇活化 Waters Sep-pak C_{18} 固相萃取小柱，将过滤后的样品加入该柱中，置于离心机中于 1000r/min 转速下加速黏稠样品过柱。由于实际样品中 HSS 的浓度远远超出离子色谱法的线性范围，因此需将处理后的样品用超纯水稀释 100 倍后再进样分析。用 IonPac AS11-HC 分离柱，OH^-淋洗液，梯度淋洗，40min 内完成醇胺脱硫溶液中的乙酸根离子、甲酸根离子、氯离子、硫酸根离子、草酸根离子、硫代硫酸根离子和硫氰酸根离子的分离。吴述超等[325]用自制的填有强酸型阳离子交换树脂的电渗析离子交换装置，将 HSS 由胺液介质转换为水介质，再分别用 3.5mmol/L Na_2CO_3+1.0mmol/L $NaHCO_3$ 淋洗液分离无机阴离子（Cl^-、SO_4^{2-}），用 0.5mmol/L Na_2CO_3+0.5mmol/L $NaHCO_3$ 淋洗液分离有机阴离子（$HCOO^-$、CH_3COO^-、$CH_3CH_2COO^-$）。由图 7-66 可见，用离子色谱法检测未经处理的胺液，HSS 出现保留时间提前、峰高下降、噪声增大、基线漂移等现象，降低了检测的准确度和灵敏度。此外，胺液中的 MDEA 部分保留在分离柱中，降低了柱效，从而影响整个离子色谱柱的性能。因此采用离子色谱法分析脱硫胺液中的 HSS 时，胺液必须经过预处理，即将 HSS 从胺液介质转换为水介质。

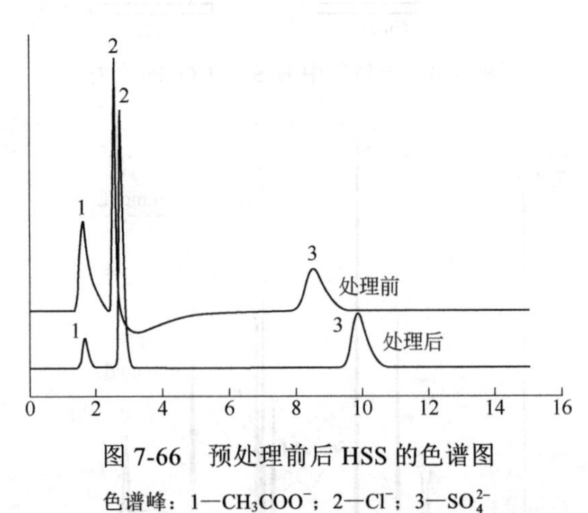

图 7-66 预处理前后 HSS 的色谱图

色谱峰：1—CH_3COO^-；2—Cl^-；3—SO_4^{2-}

3. 水垢与阻垢剂的分析

水垢主要是由碳酸盐和硫酸盐沉淀生成的，石油钻井中主要是碳酸钙、硫酸钡和硫酸锶，叫这种沉淀为水垢。这种沉淀的成因，主要是结构水与注入水的混合，结构水是与地下的石油或天然气共存的水，结构水的化学成分与当地的地质结构有关。为了增加油的回收，常将另一种天然水注入油田中。当注入水与结构水具有不协调的化学性质时，即形成水垢。这种水垢黏附于管道、泵、阀和生产机械的其他部件上。水垢的形成不仅降低产量，清洗耗资，有时还造成危险事故。对注入水、结构水以及混合水中 Ca^{2+}、Sr^{2+}、Ba^{2+}、CO_3^{2-} 和 SO_4^{2-} 的及时检测，可有效地预报水垢的形成。为了阻止水垢的形成，常在油田水中加入阻垢剂，如多磷酸盐、聚丙烯酸酯和多膦酸盐等。及时地测定油田水中的阴、阳离子以决定阻垢剂的需要量，及时地检测阻垢剂的消耗情况以决定阻垢剂的增补量在石油勘探和钻井中非常重要。图 7-67 为多膦酸盐阻垢剂标准溶液色谱图。

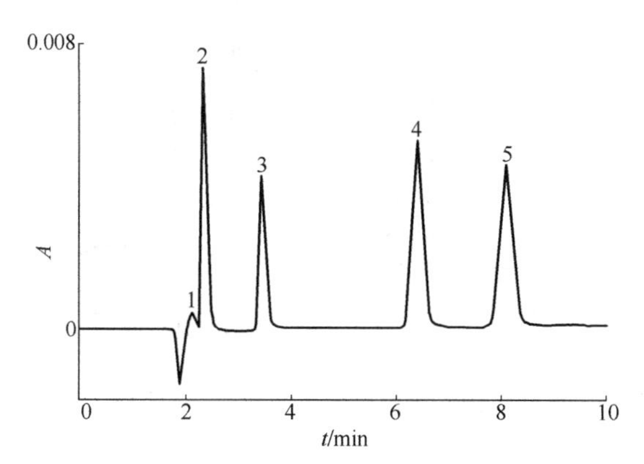

图 7-67 多膦酸盐阻垢剂标准溶液色谱图

分离柱：IonPac AS7

淋洗液：30mmol/L HNO_3

流速：0.8mL/min

检测：柱后衍生，1g/L $Fe(NO_3)_3 \cdot 9H_2O$+2%（体积分数）$HClO_4$，于 230nm 处测定

进样量：25μL

色谱峰（50μg/mL）：1—PO_4^{3-}（未知浓度）；2—Dequest 2010；3—Dequest 2051；4—Dequest 2000；5—Dequest 2041

为了阻止腐蚀和形成沉积物，石油精炼冷却塔中常用多种挥发性胺处理冷却水，常用的挥发性胺有吗啉（1,4-氧氮杂环己烷）、二乙醇胺和环己胺等。为了避免过量化学试剂（较贵）的使用，必须及时检测这些胺的浓度。用 IonPac CS12A 阳离子交换分离柱，H_2SO_4+乙腈淋洗液梯度淋洗，可同时分析用于冷却水处理的挥发性胺和水中存在的无机阳离子，见图 7-68。

4．石油化工中间体及产品中卤素及硫的分析

卤素和硫的含量是油和其化学中间体的必控指标，因其可造成使用设备的腐蚀、影响催化剂的效率与产品品质等级，难以通过 QC/QA 验证。作为原料源的有原油、乙烯等，作为化工中间体的有中间石脑油、重整油等；最终产品方面，有比较常见的汽油、柴油、液化气、橡胶等。对原油中阴离子的分析，可简单地用分液漏斗，以热水或淋洗液直接萃取原油样品。若有乳化现象，应加入去乳剂乙醇或异丙醇去乳，离心后再取其清液。萃取剂与原油的比例一般为 1∶1。原油的水提取样液只需经过滤和 C_{18} 或 RP 小柱处理后，即可直接进样分析。对上述样品中卤素及硫的分析，推荐的方法是燃烧-离子色谱（CIC）[330]，可选用管式燃烧炉、氧弹或者氧瓶分解样品。如石油原油中的氯和硫与重整催化剂中的氯和硫的分析，可称取适量样品使用管式燃烧炉燃烧裂解，以含 H_2O_2（氧化经燃烧后产生的 SO_2）和磷酸根（作为内标）

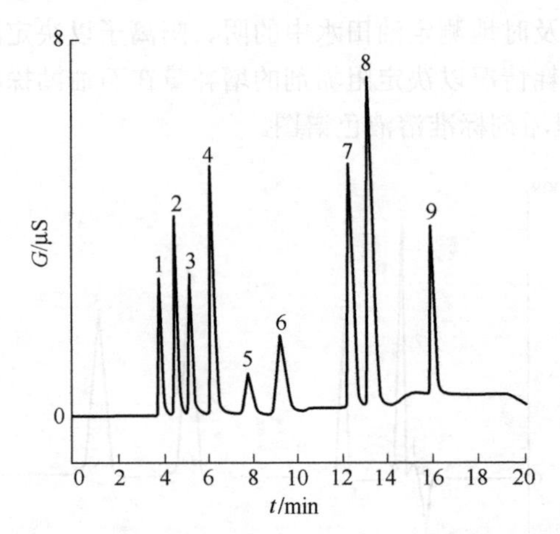

图 7-68 挥发性胺处理的冷却水的分析（标准溶液色谱图）

分离柱：IonPac CS12A

淋洗液（梯度）：0→7min→11min，8mmol/L H_2SO_4 + 2%乙腈→14mmol/L H_2SO_4+4%乙腈→25mmol/L H_2SO_4+ 5%乙腈

流速：1.0mL/min　　进样体积：25μL　　检测：抑制型电导

色谱峰（mg/L）：1—Li^+（0.5）；2—Na^+（2.0）；3—NH_4^+（2.5）；4—K^+（5.0）；5—吗啉（10.0）；6—二乙醇胺（10.0）；7—Mg^{2+}（2.5）；8—Ca^{2+}（5.0）；9—环己胺（15.0）

的碱性吸收液吸收，吸收液可直接进样分析。

冰乙酸中总碘的分析，乙酸作为一种重要的化工原料，目前大多是由甲醇低压羰基化法生产的，该方法由于采用碘甲烷作为助催化剂使产品中不可避免地含有碘化物。而用乙酸作原料生产下游产品时，要求乙酸中总碘含量在 10^{-9} 级。方法用燃烧裂解将样品中的碘完全释放出来，以水合肼吸收，燃烧定容为稀释过程，因此以高灵敏度的安培检测器测定，方法的检测限低于 0.1×10^{-9}。

三、化学试剂中杂质的分析

（一）与水可互溶的电子级有机溶剂中常见阴离子的分析

半导体材料与微电子电路生产过程中需要使用的化学试剂，如异丙醇、丙酮、甲醇、*N*-甲基-2-吡咯烷酮（NMP）、过氧化氢、磷酸、硫酸等的纯度对半导体制造业保证产品的质量非常重要。常用的化学法分析有机溶剂中的痕量阴离子费时费力。譬如，通常先要在电热板上对大体积的溶剂蒸发几个小时，然后再用比色法或滴定法测定，而且对各种阴离子的分析方法不同，必须分别测定。离子色谱法分析与水可互溶的有机溶剂中痕量阴离子，比较常用的方法有两种，一种是在线消除基体与浓缩富集目标离子，选用高容量阴离子分离柱，Na_2CO_3/$NaHCO_3$ 淋洗液或 NaOH（或KOH）淋洗液，抑制型电导检测。方法的基本原理是将含有有机溶剂的样品直接装载到一支与分离柱相同性质的保护柱内，因为上述与水可互溶的有机溶剂不被阴离子交换保护柱保留，可用去离子水冲洗该保护柱除去有机溶剂，待测的阴离子会定量保留在柱上。继用淋洗液洗脱至分离柱进行分离与测定[331~334]。方法对 Cl^-、SO_4^{2-}、HPO_4^{2-} 和 NO_3^- 的最低检出限为 0.010～0.18μg/L，全部分析时间不超过 45min。

另一种方法是选用高容量柱，用 NaOH(或 KOH)淋洗液降低背景电导，化学法再生抑制器避免有机溶剂的干扰，将样品适当稀释后直接进样。叶明立等[335]详细地讨论了分析与水可互溶的有机溶剂中常见阴离子时抑制器的工作模式，他们的研究发现用自动再生模式时，有机溶剂产生大的背景峰干扰弱保留离子的分离，不能检测样品中的 Cl^-；而用外加硫酸的化学抑制模式，则可消除有机溶剂的干扰。因为样品中的有机溶剂不被阴离子交换分离柱保留，将在死体积被洗脱，并以"浓缩"后的较高浓度进入抑制器。电化学自动再生抑制器与外加酸化学抑制，本质上都是在阴离子抑制器中提供 H^+，但其在抑制器中通过阳离子交换膜的推动力不同，化学抑制器中 H^+通过阳离子交换膜的推动力主要是浓度差，电化学自动再生抑制器中 H^+的移动是在电场的作用下进行的。有机溶剂影响溶液的介电常数，使溶液的导电性能降低，导致 H^+的移动受阻，因此在有机溶剂流经时，抑制效能降低，在死体积出现高的背景电导。用 IonPac AS17 分离柱，KOH 淋洗液，进样体积为 25μL，抑制器用化学再生模式，方法用于甲醇、乙腈、异丙醇等有机溶剂中的 Cl^-、NO_3^-、SO_4^{2-} 3 种离子的分析，检出限对甲醇分别为 1.1μg/L、3.2μg/L 和 4.9μg/L，对乙腈分别为 1.4μg/L、7.1μg/L 和 16.5μg/L，对异丙醇分别为 1.2μg/L、8.1μg/L 和 25.6μg/L。Vanatta[336]最近的报道也注意到在与水可互溶的有机溶剂存在下抑制器的性能。抑制器用高流速的外加水模式，用小内径的分离柱，KOH 淋洗液梯度淋洗，改进了方法的灵敏度，适当稀释后的样品可直接进样。方法用于异丙醇、丙酮、甲醇、*N*-甲基-2-吡咯烷酮（NMP）等样品中 F^-、Cl^-、NO_2^-、SO_4^{2-}、Br^-、NO_3^- 和 PO_4^{3-} 的分析。除丙酮中的 NO_2^- 与 NO_3^-，甲醇中的 NO_2^-，甲基吡咯烷酮（*N*-methyl-2-pyrrolidone，NMP）中的 F^-之外，方法对全部阴离子的回收率在 82%～112%之间。

分析该类样品时应注意，所有溶剂都是易挥发的，标准加入与稀释等操作过程均应快速完成。

（二）浓酸中痕量阴离子的分析

1. 氢氟酸、磷酸中痕量阴离子的分析

浓的弱酸中痕量阴离子的分析，先经离子排斥分离，未离解的弱酸保留在排斥柱上，离解的阴离子被排斥并收集在浓缩柱上，再用阴离子交换分离，抑制型电导检测，已是成熟的方法[337]。浓酸试剂中痕量阴离子的测定，因为基体阴离子是离子色谱分析的灵敏成分，如何消除基体干扰是关键。为了消除基体干扰，研究了很多方法，下面将讨论几种主要的方法。

二维（2D）离子色谱法，方法基于浓的氢氟酸或磷酸可保留在离子排斥柱上，而强酸性的无机阴离子不被离子排斥柱保留的特点，将氢氟酸基或磷酸与无机阴离

子分开（称为ICE-IC法）[338~340]。方法分两个部分，首先用去离子水作流动相，在离子排斥柱上将样品组分分成两组，强酸离子，如NO_3^-、Cl^-和SO_4^{2-}等在排斥柱上被排斥，而弱离解的基体离子（氢氟酸或磷酸）被保留。ICE–IC方法流路如图7-69所示，连接流路，首先将样品装入样品定量管，用去离子水将样品定量管中的样品（浓的氢氟酸）带到离子排斥柱中，样品中的F^-在排斥柱上的保留较强，而样品中的离子型组分，如Cl^-、NO_3^-、SO_4^{2-}、PO_4^{3-}等在排斥柱上被排斥（不被保留），将这一部分收集到浓缩柱中，再用淋洗液将浓缩在浓缩柱上的离子带到阴离子分离柱。方法用于离子排斥柱的淋洗液是水，被排斥的阴离子方可被浓缩柱保留与富集。如浓磷酸中痕量阴离子的分析，首先用去离子水作流动相，在离子排斥柱上将样品组分分成两组，强酸离子（如NO_3^-、Cl^-和SO_4^{2-}等）在排斥柱上被排斥，并在12min之前被洗脱，而弱离解的基体离子PO_4^{3-}被保留，并以一个大峰被洗脱，见图7-70（注意本法不宜用于磷酸浓度小于50%的样品，因稀磷酸部分离解）。将排斥柱洗脱液中7.0～13.0min的部分收到浓缩柱，而将13min之后的洗脱液（主要是磷酸盐）排到废液。第二部分是将浓缩柱切换到阴离子分离柱的流路，按常规方法分离阴离子。为了提高方法的灵敏度，可于离子排斥分离并在浓缩柱富集之后，阴离子分离与测定用毛细管系统，可将方法的检测限降低至ng/L级[341]。用于阴离子交换分离的淋洗液可选择$Na_2CO_3/NaHCO_3$或者KOH(NaOH)。由于KOH淋洗液的背景电导低，可做梯度淋洗，其灵敏度较$Na_2CO_3/NaHCO_3$淋洗液高近1个数量级，检出限可低达μg/L～ng/L级[342,343]。

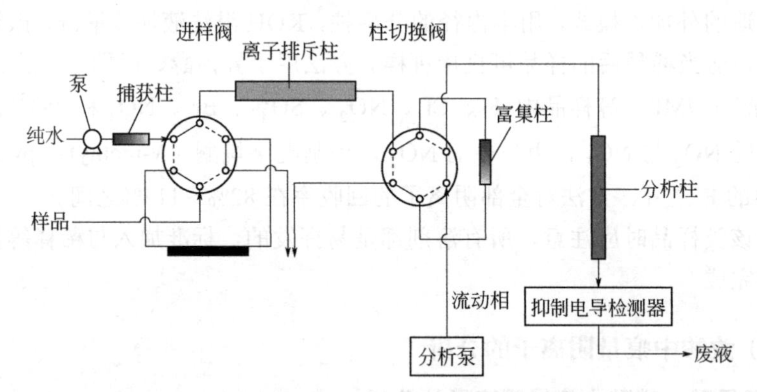

图7-69　分析浓HF中阴离子的ICE-IC方法流路[340]

胡忠阳等[344]用ICE-IC方法于氟化盐高纯试剂中阴离子杂质的分析，发现随着进样次数的增加，F^-峰的保留时间逐渐提前，在进样超过25次（进样次数与样品浓度有关）后几乎于死时间流出。研究表明，在磺酸功能基的排斥柱上分离氟化盐试剂时，排斥柱由H^+型逐渐转化为了K^+型（或Na^+型），但用100mmol/L HF溶液冲洗排斥柱，使排斥柱由K^+型恢复至H^+型后，F^-的出峰时间即可恢复至最初状态。

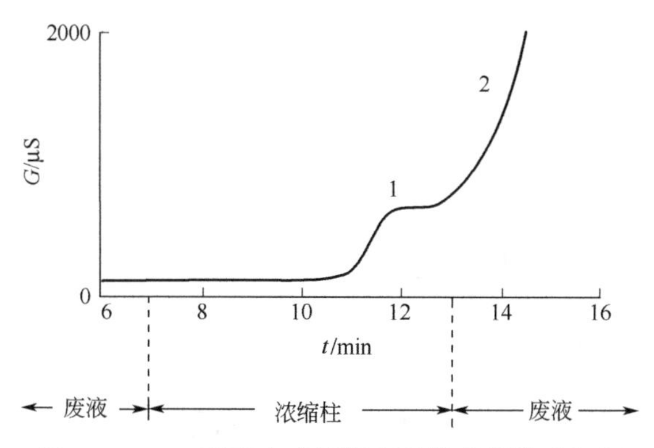

图 7-70 85%磷酸中痕量阴离子的离子排斥分离

分离柱：IonPac IEC-AS6

淋洗液：去离子水　　流速：0.5mL/min

进样体积：200μL　　检测：电导

色谱峰：1—NO_3^-/Cl^-/SO_4^{2-}；2—PO_4^{3-}

另一种方法是阀切换，将浓缩柱串联于电导检测器之后，收集高浓度磷酸峰之前的洗脱液。方法的关键是淋洗液经过抑制之后转变成没有洗脱能力的水，因此，目前主要是用 KOH（或 NaOH）为淋洗液。从原理看，这种方法可用于减弱或消除高浓度离子的干扰，但用于高浓度离子的保留较目标离子强或者弱的样品分析比较好操作。

2．浓硝酸中痕量阴离子的分析

浓硝酸中的痕量阴离子的分析，可用柱切换（或阀切换）方法与直接进样两种方法。在常规阴离子交换分离柱上，NO_3^- 的保留时间在 SO_4^{2-} 与 PO_4^{3-} 之前，用柱切换（或阀切换）方法时，切换的时间很难控制。若选择 NO_3^- 的保留时间在 SO_4^{2-} 与 PO_4^{3-} 之后的分离柱和淋洗条件，则可方便地用阀切换。如用 IonPac AS15 阴离子交换分离柱，当 OH^-淋洗液的浓度大于 48mmol/L 之后，柱子的选择性发生改变，多价阴离子（如磷酸根、硫酸根、碳酸根等）的保留时间受淋洗液浓度的影响大于一价离子（如硝酸根），因此，NO_3^- 的保留时间在 SO_4^{2-} 与 PO_4^{3-} 之后[345,346]，见图 7-71。

直接进样方法需选用高容量分离柱，使高浓度的硝酸样品在柱中不超载。如 Kaiser 等[346]用高容量的 IonPac AS15 阴离子交换分离柱，用淋洗液发生器在线产生 KOH 淋洗液，抑制器选用外加水模式，降低基线噪声。将浓硝酸适当稀释之后，直接进样分析试剂中的痕量阴离子。方法用于 0.7%的高纯硝酸与硝酸盐浓度高达 7000mg/L 的样品中痕量阴离子杂质的检测，对 Cl^-、SO_4^{2-} 和 PO_4^{3-} 的检测限分别是 41μg/L、104μg/L 和 120μg/L。该方法虽然可直接进样同时分析上述三种离子，但检测限达不到μg/L 级。

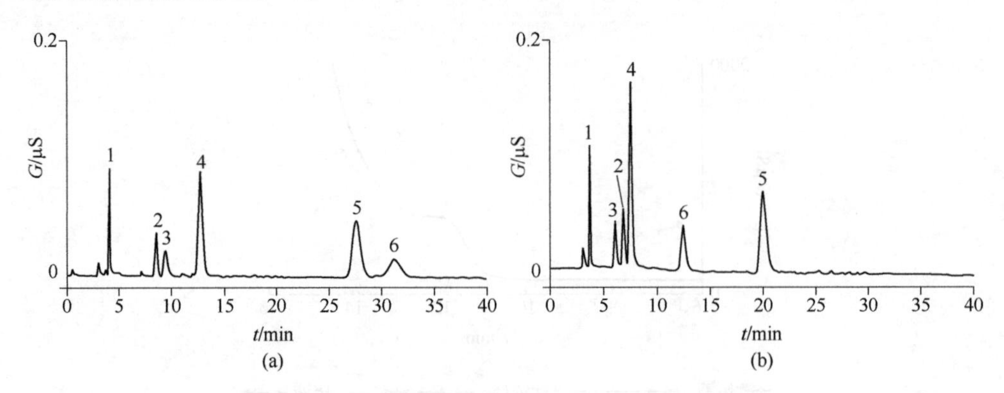

图 7-71 AS15 柱上淋洗液浓度对 NO_3^- 保留的影响[346]

分离柱：IonPac AS15，2mm 检测：抑制型电导

淋洗液：（a）33mmol/L KOH；（b）48mmol/L KOH

色谱峰（μg/L）：1—氟离子（60）；2—氯离子（90）；3—碳酸根；4—硫酸根（450）；5—硝酸根（600）；6—磷酸根（450）

3．混合酸中痕量阴离子的分析

电子工业中的蚀刻剂常用两种以上的浓酸以不同比例混合组成，如乙酸、硝酸与磷酸混合组成。混合酸组成的蚀刻剂对腐蚀性强的 Cl^- 与 SO_4^{2-} 的浓度有严格控制，需控制在 mg/L 级水平。将样品稀释后直接进样分析的方法，检测限受限制。其他方法，如复杂的样品前处理、多种检测器或核心切换等都比较复杂。基于 Cryptand A1 柱的可改变柱容量的特殊性能[347]，用 KOH 淋洗液时，柱容量达最大；用 NaOH 淋洗液时，柱容量会降低；用 LiOH 淋洗液时，柱容量最低。若柱子开始在 K^+ 型，后在 Na^+ 型，高浓度样品就可在该柱上分离。方法用 IonPac Cryptand G1 5μm（30mm×33mm）保护柱与 Cryptand A1 5μm（150mm×33mm）分离柱，ASRS-Ultra 2mm 抑制器，外加水模式。Vanatta 等[348]详细讨论了蚀刻剂中 3 种酸在不同比例时 5 种阴离子（Ac^-、Cl^-、NO_3^-、SO_4^{2-}、PO_4^{3-}）的分离条件，实验表明用 Cryptand A1 柱，KOH 与 NaOH 梯度淋洗，可用于 100 倍稀释的 3 种酸在任何比例的混合酸中的 5 种阴离子的分析。方法对 Cl^- 与 SO_4^{2-} 的检测限为 mg/L 级。但对 3 种酸不同比混合的样品，需在本法所选择的淋洗程序基础上做微调。图 7-72 为稀释 100 倍的混合蚀刻剂中 Cl^- 与 SO_4^{2-} 的分析，Cl^- 与 SO_4^{2-} 的峰形与加标回收数据，说明稀释 100 倍的 3 种酸混合的样品没有超柱容量。方法可用于 100 倍稀释的 3 种酸以任何比例时，混合酸中的 5 种阴离子的分析。

若仅分析硝酸中的氯离子，方法就比较简单[349]，仍用 Cryptand A1（150mm×3mm）分离柱，15mmol/L KOH 淋洗液等度淋洗，进样前将 70%的硝酸稀释至 0.7%，进样体积为 7.5μL。方法的检出限是 1.8μg/L。

（三）浓碱中痕量阴离子的分析

离子色谱对于测定常见阴离子具有很高的灵敏度和低的检出限，但是对于测定

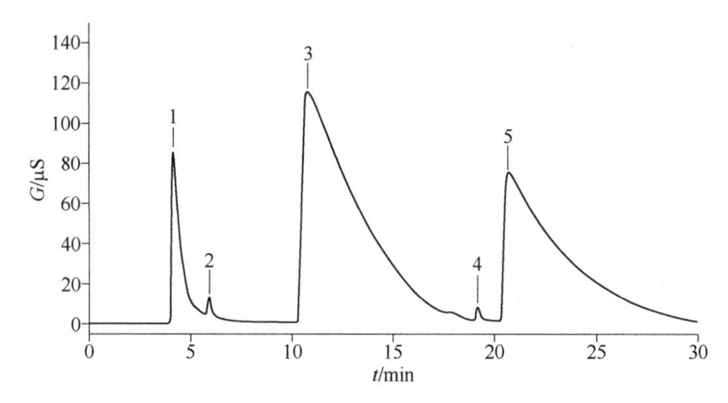

图 7-72　电子工业中混合酸蚀刻剂中 5 种阴离子的分离[348]

样品：100%乙酸、69%硝酸与 85%磷酸各 33.33%；混合酸稀释 100 倍

分离柱：IonPac Cryptand G1 5μm (30mm×33mm)/IonPac Cryptand A1 5μm(150mm×33mm)

淋洗液：0～15min，10mmol/L KOH；15.1min，30mmol/L NaOH

流速：0.5mL/min　　柱温：29℃　　进样体积：7.5μL

检测：抑制型电导

色谱峰：1—乙酸；2—Cl^-；3—NO_3^-；4—SO_4^{2-}（SO_4^{2-}之前的小峰是碳酸）；5—PO_4^{3-}

浓碱中痕量阴离子的分析，样品中 OH^-的浓度远大于淋洗液的浓度，在 Cl^-的峰前将出现一个大的干扰峰，这种干扰峰会掩盖目标组分的峰。用于消除样品基体离子（OH^-）的方法主要有以下几种：商品化的 H^+型样品前处理小柱，自制的强酸型前处理柱[350]和商品化的中和器[351, 352]。前两种方法的工作原理相同，样品慢速通过填充 H^+型树脂的柱子，样品中的阳离子（Na^+或 K^+）置换树脂上的 H^+，置换出的 H^+中和样品中的 OH^-。

商品化的中和器可自动运行，用水将样品定量管（loop）中的样品带到高容量电解阴离子自再生中和器（anion self-regenerating neutralizer，ASRN）中，中和器中电解产生的 H^+与碱中的阳离子交换，样品中的 OH^-与 H^+结合生成水，被中和后的样品转变成水中含有少量的阴离子的溶液[353]。经过中和的样品进入浓缩柱，再以淋洗液将浓缩柱中的阴离子带到分离柱分离。如 29%NH_4OH 中阴离子的检测，进样体积为 100μL，以去离子水将样品带入自再生中和器（ASRN）中，并在中和器中循环两次(根据样品的具体情况与工作的需要选择循环次数)，经中和的样品溶液进入浓缩柱，以 NaOH 淋洗液将浓缩柱中的样品溶液反冲进入分离柱（IonPac AS11），抑制型电导检测。方法对 Cl^-、NO_2^-、Br^-、NO_3^-、SO_4^{2-}和 PO_4^{3-}的检测限分别为 1.4μg/L、2.0μg/L、5.7μg/L、2.3μg/L、3.5μg/L 和 7.5μg/L。

（四）高盐基体中痕量阴离子的分析

高盐基体中痕量阴离子的分析，离子色谱法主要用柱切换(或阀切换)方法。改进的柱切换方法只需一台泵、两个阀（一个六通阀，一个十通阀）、一支分离柱和一支浓缩柱。方法在线消除样品中高浓度的基体，而目标离子则循环地从分离柱到浓缩柱。其流路连接图同图 7-31。方法的关键是淋洗液经过抑制器之后被转变成在阴离子浓缩柱上没有洗脱阴离子功能的淋洗离子，即纯水。方法用于多种高盐基体中痕量阴离子的分析[354]，如高氯基体中氯酸盐和亚硝酸盐的分析[355]，纯硫酸钠中痕量氯离子的分析[356]，不同浓度的有机基体中痕量阴离子的分析[357]。

另一个方法是巧妙地运用 Cryptand C1 柱的柱容量可由淋洗液的浓度与淋洗液中阳离子的种类的改变而改变的特性，用于高盐基体中痕量阴离子的分析[358]。一个典型的应用是饱和卤水中痕量 I^-的测定[359]。氯碱工业中要求原料卤水中 I^-的浓度低于 0.1mg/L，HPAEC-PAD 法已广泛用于多种样品中 I^-的检测[360, 361]，但不能直接用于饱和卤水中痕量 I^-的测定，因为饱和卤水中 Cl^-的浓度约为 160g/L，而 I^-的浓度仅为μg/L 级。方法用 Cryptand C1 浓缩柱在线去除卤水基体中存在的大量 Cl^-，将痕量 I^-转移到 IonPac AS20 分离柱分离，脉冲安培（银工作电极）检测。饱和卤水中痕量 I^-的富集与分离流路见图 7-73。

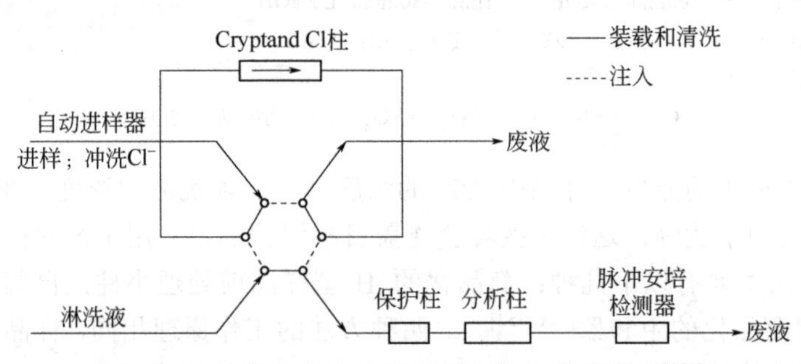

图 7-73 饱和卤水中痕量 I^-的富集与分离流路[359]

Cryptand C1 浓缩柱的树脂具有螯合物大环配合基功能基，柱容量随淋洗液的浓度和阳离子的种类而改变。淋洗液中阳离子的浓度越高，柱容量越大；在相同浓度下，柱容量随阳离子（Li^+、Na^+、K^+）离子半径的增大而增大。因此可用高浓度的 KOH 淋洗液冲洗使柱容量达最大，再装载样品，此时样品中的阴离子都保留在浓缩柱上；再用较低浓度的淋洗液冲洗浓缩柱，降低浓缩柱的柱容量，使样品中弱保留的离子被洗脱，而保留较强的离子仍然留在浓缩柱上，进一步用更低浓度的淋洗液淋洗浓缩柱，使浓缩柱的柱容量接近 0，此时样品中强保留离子也被洗脱，实现了样品基体中弱保留离子（这里是高浓度基体离子 Cl^-）与强保留待测离子的分离，达到基体消除的目的。方法用 IonPac AS20 分离柱，NaOH 淋洗液，脉冲安培（银工作电极）检测，对 I^-的检出限为 0.07μg/L，线性范围为 5～1000μg/L。

第五节 离子色谱在医疗卫生中的应用

随着离子色谱技术的发展和分析检测的客观需要，离子色谱的应用范围也越来越广泛[362]。从医疗卫生应用来看，离子色谱主要用于测定体液中的无机离子、有机离子、糖类、蛋白质、氨基酸等[363]，所建立的方法简单高效，有着传统方法不可比拟的优点[364]。

一、体液中无机和有机阴、阳离子的分析

1．体液中阳离子的分析

体液中常见的无机阳离子有 Na^+、K^+、Ca^{2+}、Mg^{2+}等[365]。Thienpont 等[366]报道了 IC 法可作为血清中总的钾、钠、钙和镁的标准方法[367]，并在大量研究工作的基础上[368~370]，于 1997 年发表了一篇关于离子色谱作为血清中阴、阳离子分析的标准方法的综述文章[371]。文章详细地讨论了抑制型离子色谱法对临床上一些重要阳离子分析的色谱条件；临床化学对标准方法所要求的精密度和准确度；用已定值的标准参考物，与火焰原子发射和火焰原子吸收法比较；比较了市场上可买到的离子色谱仪的性能；不同样品前处理方法对分析结果的影响和方法的应用。文章引述了 64 篇参考文献。作者的结论是离子色谱法是一个测定血清中钾、钠、钙和镁的可靠方法，样品前处理简单。临床上离子色谱法可作血清中阳离子分析的标准方法。推荐的色谱条件是：IonPac CS12 分离柱，硫酸或甲基磺酸作淋洗液，电化学抑制器，抑制型电导检测。由于体液中某些成分的浓度较高，淹没邻近的峰，所用淋洗液的浓度应较标准色谱条件低，如硫酸的浓度小于 8mmol/L，甲基磺酸的浓度小于 10mmol/L。样品前处理简单，可用酸溶和微波消解法[368,369,372]，用酸溶法时，一般取 25～50μL 血清样品，用 14mmol/L 甲基磺酸（淋洗液）或 2mmol/L 盐酸稀释至 20～200 倍，在酸性介质中平衡 1h，再经 0.45μm 滤膜过滤，用时根据样品中待测阳离子的浓度和仪器情况再稀释。微波消解[368,369]：取 300μL 血清样液，加 1mL 65%硝酸和 5mL 水。在 1103kPa 压力下消解 3min，冷却，稀释后即可进样。体液样品中的蛋白质会保留在柱上，使柱效降低甚至不能使用。测定血清中钾、钠、钙、镁时，由于其含量高，分析时对样品的稀释倍数大（＞1000 倍），样品中的蛋白质对柱效的影响不大。若用与有机溶剂可匹配的固定相，可用有机溶剂清洗柱子。而测定血清中含量很低的成分时，样品的稀释倍数小，应考虑蛋白质的干扰问题。一般的方法是用 50%的三氯乙酸，与样品以 1∶2 混合，离心后，取上层清液备用。或用乙腈脱蛋白：于血清（或血浆）样品中，加入等体积乙腈，混匀，高速离心（5000r/min）7min，取上层清液，用去离子水稀释 10 倍[373]。

2．体液中阴离子的分析

用 IC 法分析人血清中 NO_2^- 和 NO_3^- 的主要困难是样品中 Cl^-的含量远大于 NO_2^- 或 NO_3^- 的量，一般 Cl^-的量较 NO_2^- 的量大 10^5 倍。在一般的离子色谱条件下，高 Cl^- 的大峰会淹没小的 NO_2^- 峰，因此需做样品前处理。用 Ag 型柱除去高 Cl^-，并用对 Cl^-不灵敏的 UV 检测器（214nm）检测，以避免 Cl^-的大峰对 NO_2^- 的干扰。Monaghan 等[374]在比较几种分离柱、淋洗液和检测器的基础上，认为因 NO_2^- 的疏水性较 Cl^-

强，选用较疏水性的高容量分离柱 CarboPac PA100，增加 NO_2^- 和 Cl^- 之间的分离度。用氯化钠作淋洗液（减弱 Cl^- 的干扰），梯度淋洗，并用 5mmol/L 的三羟甲基氨基甲烷（Tris）缓冲溶液使淋洗液的 pH 值为 7.5。

氰化物为剧毒物质，由氰化物引起的自杀、他杀、误服时有发生。王勇等[375]采用离子色谱-电化学检测法分析了血液中的氰离子浓度，采用积分安培检测器，最低检出限以 3 倍基线噪声法表示为 0.003mg/L，回收率为 83.9%，并测定实际案件中的中毒死亡的血液检材中的氰离子，结果为 12.883mg/L。

3．尿液中有机酸的分析

临床化学对多种无机和有机阴离子有很大的兴趣，这些离子的浓度可用于某些疾病的指示，例如，乳酸指示酸中毒；草酸、尿酸、钠和氯分别指示尿结石和肾衰竭、高尿酸血症和痛乳、电解质失调和脱水。用 IC 分析尿液时，应将尿液稀释 25 倍以上方可直接进样。若所用分析柱在有机溶剂中稳定，则最好先用乙腈除蛋白后再稀释样品。虽然用 NaOH 作淋洗液可很好地分离尿液中多种阴离子和有机酸，但对草酸的分析结果有时是不准的，因为 NaOH 将尿液中的抗坏血酸分解成草酸[373]。

尿酸（2,6,8-三羟基尿杂环）是嘌呤核苷在人体内的一种代谢产物。尿酸的分泌过程可能导致泌尿系统结石，或 Lesch-Nyhan 综合征。由高尿酸引起的困扰人类健康的最大问题是痛风，导致痛风的原因是嘌呤核苷摄入过多从而代谢过多的尿酸无法有效排至体外，体内尿酸含量升高。赵富勇等[376]采用离子色谱-电导法测尿液中的尿酸，不需要样品前处理，仅需要将样品离心、过滤。样品分离采用阳离子交换柱以 2.0mmol/L 的硝酸作为流动相进行等度洗脱，流动相流速为 1.0mL/min。该实验使用非抑制电导检测器。在最佳色谱条件下进行一次分析需要 10min。尿酸的检出限为 0.5μg/L，方法的回收率为 100.13%，平行十次进样的相对标准偏差为 1.76%。

碘离子也是临床化学家关心的一个重要成分，患有碘诱导甲状腺疾病的病人的尿碘含量较正常人高 10～100 倍[377]。较新的分析方法是用亲水性的 IonPac AS11 阴离子分离柱改善疏水性 I^- 的峰形，用硝酸作淋洗液，用安培检测器检测。由于溶解氧，在该色谱条件下约 8min 的地方常会出现一个负峰，该负峰实际上是前一次进样之后约 19min 处出现的。根据碘的出峰时间，在该实验条件下选用两次进样之间的时间为 11min，负峰就不干扰 I^- 的测定[378]。用安培检测器，银工作电极检测碘离子时，样品中的碘离子与工作电极表面的银结合形成碘化银沉淀，同时氧化了银。AgI 沉淀是可逆的，由于电极上 AgI 的溶解以及 Ag 的还原，在 I^- 峰之后常会出现一个小的负峰。当用脉冲安培检测器时，这个负峰变得很小，因此对 I^- 的检测，最好用脉冲安培检测器。用脉冲安培检测器时的另一个问题是样品前处理。样品应用超滤或 OnGuard RP 前处理柱处理以除去分子量大于 10000 的成分。未经处理的样品会污染工作电极，增加清洗工作电极的频度。

二、糖类化合物和蛋白质的分析

1．糖类化合物的分析

糖是生物界分布最广、含量较大的一类有机化合物[379]。几乎所有动物、植物、微生物体内都含有它。糖在生命过程中发挥着重要的生理作用，是现代生命科学研究的热点之一[380]。

鉴于糖类化合物分子具有电化学活性及在强碱溶液中呈离子化状态，用离子色谱分析糖类化合物时，一般用氢氧化钠为淋洗液，阴离子交换分离，脉冲安培检测（简称 HPAEC-PAD），对单糖、中性寡糖和唾液酸化的寡糖的分析具有高的选择性和灵敏度，方法无须柱前和柱后衍生，可直接测定 pmol/L 浓度的糖，因此该方法得到广泛的应用[381]。对于在柱上保留较强的糖的洗脱，除了用氢氧化钠淋洗之外，还在淋洗液中加入了“推”的离子乙酸根（用其钠盐），这种淋洗液价廉而且无毒。但经分离（或纯化）之后的寡糖是在较高浓度（200～300mmol/L）的 NaOH-NaAc 溶液中，对寡糖的进一步研究，必须除去淋洗液中的 Na^+和 Ac^-。一个最方便的方法是将用于电导检测的抑制器置于脉冲安培池之后，在抑制器中，H^+与 NaOH 中的 OH^-中和生成水，Na^+通过阳离子交换膜到废液。分离（或纯化）的寡糖在乙酸的水溶液中进到收集瓶，溶液中的乙酸很容易在真空干燥的步骤中除去。新的电化学抑制器，由于高的抑制容量，增加了除盐的效果，因此得到非常广泛的应用。如 Cai 等[382]用 HPAEC-PAD 法同时分析血清中多种糖类，以 NaOH-NaAc 淋洗液梯度淋洗，在 16min 内分离了样品中的葡萄糖、核糖、麦芽糖与异麦芽糖。Cataldi 等[383]也用该法成功分离测定了牛奶中的单糖及多糖组分，效果良好。HPAEC-PAD 法分析糖类化合物，无须衍生，操作简单，结果准确，是一种快速、便捷的检测方法。但需注意，由于离子色谱对进样样品要求较高，样品前处理步骤要求严格。

2．蛋白质的分析

阳离子交换色谱分离，紫外检测在蛋白质的分析中得到广泛应用，下面举例说明。

（1）阳离子交换色谱检测蛋白脱酰胺作用　重组蛋白的结构修饰一般是天冬酰胺的脱酰胺作用，重组蛋白中，天冬酰胺残基的脱酰胺作用的测定对生物和药物都是非常重要的。弱酸型阳离子交换柱 ProPac WCX 10 适合对这种转移修饰之后的蛋白质变异体进行分离。WCX 10 柱的填料为具有亲水性的涂层和在接枝链上为羧酸功能基的聚合物树脂，其物理化学性质消除了蛋白和固定相之间的非离子性相互作用[384]。例如核糖核酸酶 A 的脱酰胺基变异体与天然蛋白的分离，用 pH 6.0 的 Na_3PO_4 和 NaCl 作淋洗液，于 280nm 检测[385]。

（2）血红蛋白的阳离子交换色谱测定　血红蛋白是血液中运输氧的蛋白质，含有四条多肽链，其中两条为α链，两条为β链，每条链环绕着一个亚铁红素基团。血红蛋白有几种正常类型和异常类型。临床医学常需分离和定量血样中的血红蛋白变异体[386]。两类必测的血红蛋白的变异体是糖基化的血红蛋白和血红蛋白顺序变异体。在亲水性的涂层和在接枝链上有磺酸功能基的聚合物树脂柱（ProPac SCX 10）上[387]，用 50mmol/L Na_3PO_4+2mmol/L KCN（pH 6）和 50mmol/L Na_3PO_4+2mmol/L KCN（pH 6）+0.5mol/L NaCl（pH 6）做梯度淋洗，于 220nm 处检测，可于 20min 完成血红蛋白变异体 HbA1a1、HbA1a2、HbA1b1、HbA1b2、Pre HbA1c、HbA1c、HbA1d1、HbA1d2、HbA1d3、HbA1e 和 HbA0 的分析[388]。

（3）阳离子交换色谱分析单克隆抗体不匀性　当发展和生产治疗用蛋白质时，结构变异体的特性是非常重要的。在对单克隆抗体（Mabs）重链上赖氨酸变异体的 C 末端加工时要求仔细分析其结构变异体[389,390]。在 ProPac WCX 10 弱酸阳离子交换分离柱上，用 10mmol/L Na_3PO_4（pH 7.0）和 10mmol/L Na_3PO_4+1mmol/L NaCl(pH 7.0)作淋洗液梯度淋洗[391]，分离人类 IgG1Mab C 末端赖氨酸变异体，上述变异体可与天然的抗体达基线分离，于 280nm 检测[392]。相似的色谱条件已用于单克隆抗体的稳定性的检测[393]。

（4）色氨酸和蛋氨酸（甲硫氨酸）氧化的肽与其未氧化型的分离　蛋白质和肽的不匀性有时是来自色氨酸或蛋氨酸残基的氧化作用。蛋白质和肽中氨基酸的氧化作用是一种常见的后转移修饰作用。生物化学家很重视氧化的问题，因为氧化对生化治疗作用的有效性和稳定性有不利影响[394]。用 ProPac WCX 10 阳离子交换分离柱，10mmol/L Na_3PO_4（pH 6.0）和 10mmol/L Na_3PO_4+500mmol/L NaCl（pH 6.0）做梯度淋洗，于 254nm 处检测，能容易将氧化的 LH RH 与未氧化的 LH RH 分开[395]。

三、氨基酸的分析

1．蛋白质和多肽中氨基酸的分析

氨基酸分析广泛用于蛋白质和多肽的研究[396]。蛋白质中的氨基酸分析主要包括两个步骤：先将样品水解，然后进行分离和测定。在整个分析过程中，水解是关键步骤，也是整个氨基酸分析最难控制的一步，它直接影响分析结果的准确度。掌握水解方法是准确分析的基础。蛋白和多肽的水解方法有：酸水解、碱水解、酶水解以及微波消解等。

（1）酸水解　酸水解是采用较多的一种水解方法。酸水解包括盐酸水解和甲基磺酸水解。

① 盐酸水解　盐酸水解使用起来比较方便，可以在液相或气相两种条件下进行，试剂本身也可以在后续步骤中蒸发除去。常规操作是将样品和 6mol/L HCl 放置在密闭耐压管中，110℃加热 20～24h。在盐酸水解过程中，天门冬酰胺和谷氨酰胺会变为天门冬氨酸和谷氨酸，色氨酸则完全被破坏，半胱氨酸也变为胱氨酸，酪氨酸会被水解试剂中的微量杂质所破坏，丝氨酸和苏氨酸只发生部分水解。Darragh 等[397]比较了不同水解时间的氨基酸损失，大多数氨基酸均有不同程度的损失，损失最多的是半胱氨酸和丝氨酸。为了减少各种氨基酸的损失，可在水解样品中加入一些保护剂，如苯酚、巯基乙酸、巯基乙醇、吲哚或色胺等。氨基酸连接顺序对水解

有很大的影响，脂肪性氨基酸的疏水端阻碍水解，因此脂肪性氨基酸之间的肽键是最难断开的，如异亮氨酸-异亮氨酸、缬氨酸-缬氨酸、异亮氨酸-缬氨酸等肽键在 110℃加热 24h，只能断开 50%～70%。对于这些肽键的水解需增长水解时间（90～120h）或者增加水解条件的强度。盐酸气态水解便于大量的样品同时水解，还可以减少与试剂有关的杂质的干扰。

② 甲基磺酸水解　甲基磺酸是酸性较强的非氧化性酸，用它水解最大的优点是色氨酸和蛋氨酸亚砜可以与其他氨基酸同时测定。Weiss 等[398]使用盐酸和甲基磺酸对已知组成的蛋白进行水解，将两种水解方法所得结果与理论值比较，结果表明甲基磺酸水解得到的结果与理论值较为符合。甲基磺酸不挥发，无法利用其气体对粘在管壁上的蛋白进行水解，而且水解后不能随蒸发除去，干扰色谱分离。由于不能进行气态条件下的水解，限制了这种方法在大量常规样品分析中的使用。

（2）微波辐射水解　利用微波辐射能量对蛋白进行水解是近几年发展起来的一种快速蛋白水解方法。这种方法需要一套特殊的耐压装置。它的作用原理是通过分子极化传递能量而不是分子相互碰撞，极化效率的大小取决于分子的极性。微波水解中，使用盐酸可以在液态或气态两种方式下进行，而甲基磺酸不挥发只能以液态方式进行。连续不断增加的辐射能量将水解时间缩短到几十分钟，极大地提高了水解效率[399]。Joergensen 等[400]应用微波辐射方法对含有碳水化合物、脂肪、核酸和矿物质的蛋白在盐酸介质中 150℃水解 10～30min，得到的结果与传统方法一致。水解过程中加入苯酚和巯基乙酸等保护剂，可以提高一些氨基酸的回收率。苯酚对使用过甲酸水解的样品中的酪氨酸、苯丙氨酸和组氨酸具有保护作用。巯基乙酸可以对蛋氨酸和部分色氨酸起到稳定作用。Weiss 等[398]比较了盐酸和甲基磺酸两种水解试剂，分别在传统方式和微波消解方式下进行水解，发现在微波消解法中除了苏氨酸和丝氨酸的回收率较低外，其他氨基酸的两种方法的回收率相差不大。

（3）碱水解　绝大多数的碱水解都用于色氨酸测定和含糖多的样品。这种方法的主要缺点是丝氨酸、苏氨酸、精氨酸和半胱氨酸被破坏，其他氨基酸易发生消旋化。碱水解常用的试剂有氢氧化钠或氢氧化钾。在色氨酸测定要求不高的情况下，经常采用改进的酸水解方式对色氨酸和其他氨基酸同时测定。碱水解还可以用于含磷氨基酸的测定[401]。

（4）酶水解　酶水解可以用于测定对化学水解法敏感的氨基酸如天冬酰胺和谷氨酰胺，而且水解过程中氨基酸不发生消旋化。由于蛋白酶对一些氨基酸的特殊的选择性，结果经常产生偏差。酶水解反应需要较长的时间，不适合大量样品的分析。Daniello 等[402]采用酸水解和酶水解组合水解方法，测得氨基酸的回收率在 97%～100%。

2．体液中氨基酸的分析

人体中的血浆、尿液和脑脊液中的氨基酸分析对于临床诊断和研究具有十分重要的作用。体液中各种氨基酸的浓度差别大，对分析方法的选择性、灵敏度、线性范围、重现性等要求较高[403]。其中样品制备是体液中氨基酸分析的重要内容，包括样品的采集、离心、储存和除蛋白等。血样和尿样的采集应该确保被试者没有服用任何影响氨基酸测定的药物。为了避免饮食因素对血液中氨基酸浓度的影响，采血应在早晨空腹的情况下进行。采集后的样品应该尽快处理，防止样品中由于代谢引起氨基酸浓度的改变。如果不能及时处理，应将样品在低温下保存，这样可以抑制谷氨酸和丝氨酸的增加以及精氨酸和胱氨酸的降低。离心条件影响样品中氨基酸的测定结果，一般离心速率在1500～6000r/min之间，时间在0.5h左右。离心之后的样品不能马上除蛋白，应将离心后的样品放在低于-18℃的条件下储存阻止蛋白水解[404]。

除蛋白的方法有酸沉淀、有机溶剂沉淀、超滤、高速离心和透析法等。超滤和高速离心方法不适合处理含油脂的血样，容易造成滤膜的堵塞[405]，而且有些氨基酸在处理的时候会发生降解。酸沉淀法和有机溶剂沉淀法是除蛋白最常用的方法。磺基水杨酸（sulphosalicylic acid，SSA）沉淀蛋白的方法广泛用于体液样品中氨基酸的分析，适用于经典的离子交换色谱法和大多数的高效液相色谱法。一般方法为：4份3% SSA和1份血浆混合或每毫升样品中加入30～40mg的固体SSA，然后立刻振摇，高速离心后，上清液可以用于直接进样；尿样可以采用每毫升尿样中加入50～100mg的固体SSA；脑脊液可以采用四份样品中加入一份15% SSA混合[406]。在有机溶剂沉淀法中，氨基酸的回收率变化较大。经常表现为天冬氨酸和谷氨酸的含量会增加；而天冬酰胺和谷氨酰胺含量则减少。在有机溶剂沉淀法中无法测定色氨酸、胱氨酸和脯氨酸。Uhe等[407]分别使用乙腈、三氟乙酸和SSA三种除蛋白的方法，比较精氨酸、赖氨酸、鸟氨酸、甘氨酸、丝氨酸和谷氨酸的测定值，结果表明酸沉淀法较乙腈沉淀法好。

四、化妆品中胺类化合物与有机酸的分析

随着经济的发展，化妆品已成为人们生活中不可缺少的日用品。人们对化妆品的需求，已不再停留在化妆品的品种和品牌，而要求更高的品质和更安全的产品。产品质量问题的发生多与化妆品违法添加了禁用物质密切相关。为保障化妆品的安全，世界各国都制定了严格的法规，规定了化妆品中的限用和禁用物质。我国《化妆品安全技术规范》（2015年版）参照《欧盟化妆品规程》，罗列了1388种禁用物质，以及47种限用组分。因此化妆品中禁用和限用物质的检测是化妆品监管的重要任务。

1．化妆品中有机胺的分析

有机胺类化合物是一类碱性物质，其中乙醇胺属于单链烷胺、单链烷醇胺类化妆品限用物质，用作洗涤剂、软化剂、pH值调节剂等。二乙醇胺属于仲链烷胺、仲链烷醇胺类，为化妆品禁用物质。三乙醇胺可作化妆品的增湿剂，在化妆品配方中与脂肪酸中和成皂，与硫酸化脂肪酸中和成胺盐，用于调节化妆品的pH值。在液体洗涤剂中加入三乙醇胺，可改善油性污垢去除性能，特别是非极性皮脂的去除。

三乙醇胺属于三链烷胺、三链烷醇胺类限用物质，在非淋洗类产品中的限量为2.5%。二甲胺、二乙胺为仲链烷胺、仲链烷醇胺类禁用物质，可作为化学合成的原材料。有机胺极性强，用GC法测定，需经衍生处理，色谱峰拖尾严重。由于有机胺的紫外吸收峰较弱，不适合HPLC法直接测定。有机胺溶解性好，可用水或酸溶液提取，离子色谱法直接测定，选择性好，操作简单。如Ion Pac SCS 1（250mm×4mm，5μm），IonPac SCG 1（50mm×4mm，5μm）色谱柱，具有羧基功能团的弱阳离子交换剂，以2.5mmol/L甲烷磺酸+5%（体积分数）乙腈为流动相，非抑制电导测定化妆品中的铵、单乙醇胺（MEA）、二乙醇胺（DEA）、三乙醇胺(TEA)、二甲胺(DMA)和二乙胺(DIEA)，方法的检出限为0.072～0.12mg/L，回收率为86.9%～108.5%，相对标准偏差为1.2%～6.2%[408]。

化妆品原料不纯和产品中蛋白质分解均能产生铵和烷基胺。这些化合物对皮肤、眼睛、上呼吸道以及肺均有强烈的刺激作用，其中二甲胺（DMA）与亚硝酸盐能形成致癌物二甲基亚硝胺。氨及小分子烷基胺采用阳离子交换色谱分离，抑制电导测定，能克服LC、CE、GC等方法操作繁杂的缺点。钟志雄等[409]建立同时测定化妆品中铵和6种烷基胺的离子色谱分析方法。优化了色谱条件和样品前处理方法，样品以100mmol/L乙酸-20%（体积分数）乙腈溶液浸提，固相萃取(SPE)柱去除阴离子、中和氢离子后进样测定。考察了提取溶液的pH值、有机溶剂和共存离子对测定结果的影响。分析方法的线性范围为0.3～15mg/L，检出限为2.1～7.9mg/kg，定量限为7～25mg/kg。建立的方法用于清洗、柔肤、祛斑、防晒、烫发、染发和育发类化妆品的分析，加标回收率的范围在80.2%～109.2%之间，相对标准偏差（*RSD*）的范围为0.5%～3.1%。方法选择性好，灵敏度高，抗干扰强，用于实际样品测定结果准确。在前面工作的基础上，他们[410]发展了一个样品前处理的简单有效的微型净化与捕获装置，方法利用有机胺的高挥发性，样品经碱化，生成气态氨（胺），再用稀酸溶液吸收后测定。消除了碱金属、碱土金属与有机化合物对烷基胺分析的影响。如称取2.5g化妆品于蒸馏管中，加入约5mL水溶解，再加入3g氢氧化锂，立即接到蒸馏器上，用25mL 100mmol/L乙酸溶液吸收至100mL，约需3min，取3mL上清液过LC-SAX柱，弃去前2.0mL，接取后1.0mL溶液用IC法测定，能有效地消除基体的干扰。一个样品的前处理过程仅需10min。方法成功地用于化妆品中6种烷基胺的分析。

2. 化妆品中有机酸的分析

（1）化妆品中苯甲酸、水杨酸、山梨酸和硼酸等防腐剂的分析　限用的防腐剂包括甲醛供体、醛类衍生物、醇类、苯甲酸及其衍生物等，防腐剂测定方法包括高效液相色谱法（HPLC）、毛细管电泳法（CE）、气相色谱法（GC）、薄层色谱法（TLC）等，而苯甲酸、水杨酸和山梨酸等小分子弱有机酸，采用离子排斥色谱法或阴离子交换色谱法测定具有更明显的优势[411]。样品处理简单，方法灵敏度高，准确可靠。如洗发香波经甲醇溶解、SPE-C_{18}柱净化、水稀释后，用离子排斥柱Metrosep organic acid（10μm，250mm×7.8mm，Metrohm Co.），0.25mmol/L硫酸+20%（体积分数）

丙酮淋洗液，抑制型电导测定。方法的检出限分别为 0.1mg/L、0.15mg/L、0.2mg/L，样品中 3 种防腐剂的加标回收率为 92.2%～95.3%[412]。

硼酸为外用杀菌剂、消毒剂、收敛剂和防腐剂，对多种细菌、霉菌均有抑制作用。硼酸及硼酸盐一般添加在液体收敛剂、痱子粉、爽身粉中作为防腐剂。《化妆品安全技术规范》规定在爽身粉、口腔卫生用品和其他产品（沐浴和烫发产品除外）中的最大使用浓度分别为 5%、0.1%和 3%。测定硼酸的方法主要有姜黄素分光光度法、电感耦合等离子体原子发射光谱法（ICP-AES）和离子色谱法等，其中离子色谱法有阴离子交换和离子排斥两种分离模式。由于硼酸电离常数较小，其电离受淋洗液 pH 值的影响较大，经过抑制器后检测信号很低，但硼酸根[$B(OH)_4^-$]可以和多羟基化合物如甘露醇形成一价阴离子络合物，在电导检测器上有较强的信号和很好的稳定性，因此可用非抑制模式检测。如选用 IonPac AS14、IonPac AG14 色谱柱，以 7.5mmol/L L-精氨酸+2.5mmol/L (*N*-环己烷基氨基)-乙磺酸+60mol/L 甘露醇淋洗液洗脱，非抑制电导测定硼酸[413]。化妆品组成复杂，一般含有有机酸或醇类，如添加柠檬酸、丙三醇调节基体的 pH 值和赋予产品保湿功效，在普通排斥柱上干扰硼酸的测定。硼酸选择性离子排斥柱 IonPac ICE-borate（250mm×9mm），具有羟基功能基，以 3mmol/L 甲基磺酸+60mmol/L 甘露醇淋洗液等浓度淋洗，能有效消除复杂有机体的干扰。用水或乙腈-水提取化妆品中的硼酸和硼酸盐，经 RP 柱净化后电导测定，方法的加标回收率为 93.2%～103.5%，相对标准偏差为 2.4%～5.9%[414]。

（2）化妆品中有机酸的分析　化妆品中允许使用的有机酸主要有α-羟基酸（酒石酸、乙醇酸、柠檬酸、苹果酸、乳酸）、巯基乙酸等。α-羟基酸具有抗氧化、去死皮及调控皮肤表面 pH 值的作用，用于洁肤和美白等化妆品中，但添加量过多，可腐蚀皮肤。我国《化妆品安全技术规范》规定，化妆品中α-羟基酸的总量不得超过 6%。α-羟基酸有多种测定方法，其中 HPLC 法难以将酒石酸与乙醇酸有效分离[415]。离子色谱法有阴离子交换色谱和离子排斥色谱模式可供选择，有机酸均能有效分离，操作简便。如 AS11-HC 色谱柱，以 5～100mmol/L NaOH 溶液梯度淋洗，或以 1.5～30mmol/L NaOH、0.25%～5%（体积分数）甲醇梯度淋洗，能有效分离多种有机酸[416]。小分子有机酸采用离子排斥法测定，选择性好，操作简便。如 IonPac ICE-AS6 色谱柱，以 0.4mmol/L 七氟丁酸作淋洗液等浓度淋洗，AMMS-ICE 300 抑制器，以 10mmol/L 四丁基氢氧化铵（TBAOH）作再生液，电导检测，能有效地分离酒石酸、乙醇酸、柠檬酸、乳酸和苹果酸等α-羟基酸。化妆品用水溶解，经 RP 柱净化后测定，有机物不干扰测定，准确可靠[417]。

巯基乙酸（thioglycolic acid，TGA）能还原蛋白质、角蛋白（如头发、毛）中的二硫键，使头发变柔软，易于卷曲塑造外形。1940 年开始，TGA 就用于冷烫头发和皮肤脱毛，但经常接触 TGA，可能会引起皮肤红肿、瘙痒、皮炎等过敏反应，因此《化妆品安全技术规范》规定，TGA 在烫发产品中的最大允许浓度为 8%（专业用不超过 11%）、在脱毛产品中的最大允许浓度为 5%。TGA 易溶于水，与碱反应形成盐，能稳定存在，适合用阴离子交换-抑制电导测定。由于 TGA 在色谱柱上保留较强，淋洗液浓度应适当提高，并加入有机溶剂如甲醇、乙腈等，改善峰形[418,419]。

化妆品中的丙烯酸源自配方中使用的聚丙烯酸、聚丙烯酸盐及聚丙烯酸酯类高分子聚合物增稠剂和乳化剂。丙烯酸极性较大，在普通 C_{18} 色谱柱上几乎没有保留，紫外吸收强度较弱。用 HPLC 法测定时，受到化妆品中基体的干扰。离子色谱法可用高容量色谱柱 IonPac AS11-HC、AG11-HC（保护柱） 以 30mmol/L KOH 为淋洗液等浓度淋洗，抑制电导测定。样品经过水溶解，超声处理，离心、过滤后即可进样测定，操作简便，化妆品基体不干扰测定[420]。

3．化妆品中海藻糖的分析

海藻糖是一种天然糖类，由两个葡萄糖分子以 α,α,1,1-糖苷键构成非还原性糖。可作为保湿剂添加到化妆品配方中，起到保持皮肤水分的作用。糖类的测定方法包括 HPLC、TLC、GC 和 IC 法等，其中 IC 法可同时测定多种糖，不必衍生，准确可靠，操作简单[421,422]。采用 METROSEP CARB 1 分离柱（150mm×4.0mm），以 200.0mmol/L NaOH 溶液为淋洗液分离共存组分，脉冲安培检测化妆品中的海藻糖，方法回收率为 95.2%～99.2%[423]。

第六节 离子色谱在药物分析中的应用

一、概述

药品安全关键在于药物的质量，而药物质量需要分析检测技术把关[424]。随着分离技术和检测技术不断更新以及药学的发展，药物分析面临着很大的机遇与挑战[425]。IC 法在药物分析中的应用补充了液相和气相对离子型药物分析的不足，已成为分析药物的手段之一。目前在药物对离子和药物赋形剂、双膦类药物、抗生素和中药方面分析的应用较多。

二、药物对离子和药物赋形剂的分析

药物生产必须按照标准程序进行，需要时时检查赋形剂和填料的性质以确定其真实性。药物制造过程中使用多种不同的赋形剂，如注射剂中使用磷酸盐或柠檬酸盐，填料使用山梨醇、硫酸钙、磷酸钙二盐。药物辅料与对离子大多是阴离子，常见的有盐酸、硫酸、硝酸、磷酸、乙酸、甲烷磺酸、氢溴酸、丙酸、马来酸与柠檬酸等。含有这些对离子的药物均可以采用离子色谱法直接测定。含有机硫、氟、碘、氯等的药物[426]，可通过对样品的消解吸收转化成可被测定的阴离子，进而得到有效成分的含量[427]。离子色谱是对带电物质分析定量的常规技术。虽然反相液相色谱在分析制药工业的药品中广泛使用[428]，离子色谱也是分析离子型化合物的可选方法，能够证实药物的分析结果。

IC 可用于制药工业中药物配料与用水的质量检查，注射用水与最终配方的分析[429]。如注射用的水中钠、钾、镁与钙的分析，抗组胺减充血剂中的辅料硫酸钙与硅酸镁的分析，可用常规阳离子交换分离柱，甲基磺酸为淋洗液等度淋洗，抑制型电导检测。止痛剂/减充血剂中阴离子的分析见图 7-74。加了保护柱以保护分析柱并延长其使用寿命。阴离子捕获柱用于去除氢氧根淋洗液中的污染物。这个配方中含有活性成分右美沙芬氢溴酸盐和假麻黄碱盐酸盐。从色谱图中可以看出，这两种成分中的对离子都有很大的峰。非活性成分柠檬酸和三元磷酸钙在色谱图中都有峰。注意：不带电的成分不干扰测定。

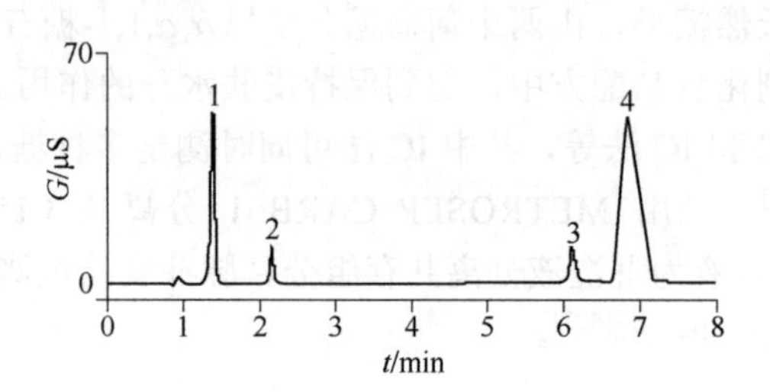

图 7-74 止痛剂/减充血剂中阴离子的分析

色谱柱：IonPac AS11，AG11，ATC-1

流动相：10mmol/L NaOH 0～2.5min；10～35mmol/L NaOH 2.5～8min

流速：2mL/min　　进样体积：25μL

检测器：抑制电导检测器　　样品：1g 溶解于 10mL 去离子水

色谱峰：1—氯离子；2—溴离子；3—磷酸根；4—柠檬酸根

三、双膦酸盐类药物的分析

双膦酸盐是一类广泛用于治疗骨骼病症的化合物，包括恶性高钙血症、骨质疏松和佩占特氏病[430]。最常见的口服含氮制剂的副作用是胃部不适和食管炎症[431]。该类化合物具有 P—C—P 结构，两个膦酸基团之间连接一个碳原子（见图 7-75）。双膦酸盐如阿仑膦酸钠、帕米膦酸钠、伊班膦酸钠和利塞膦酸钠均为极性化合物，在非极性固定相如 C_{18} 或 C_8 柱上很难保留[432]，又无紫外吸收，挥发性低，不适合用 LC 与 GC 分析。它们在碱性条件下为阴离子，可用阴离子交换分离，电导检测。

帕米膦酸二钠（pamidronate disodium）是一种双膦酸类骨吸收抑制剂，临床上广泛应用于治疗骨质疏松症、肿瘤并发的高钙血症和变形性骨炎。帕米膦酸二钠注射液为帕米膦酸二钠加适量甘露醇制成的灭菌水溶液。目前测定帕米膦酸二钠及其制剂的方法主要有高效液相色谱荧光检测法、高效液相色谱蒸发光散射法和高效液相色谱示差折光检测法，由于荧光检测需要柱前衍生，步骤烦琐；蒸发光检测需用离子对试剂，对实验条件要求较高，重现性较差；示差折光检测的灵敏度较低。帕米膦酸含有一个氨基和两个膦酸基团，为两性离子，通过调节 pH 值抑制其中一方

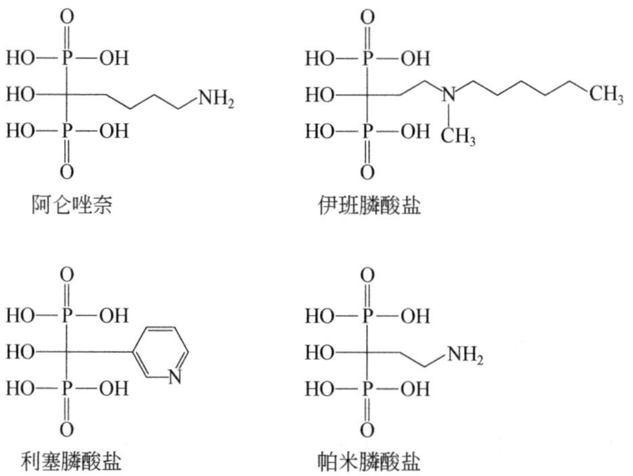

阿仑唑奈　　伊班膦酸盐

利塞膦酸盐　　帕米膦酸盐

图 7-75　双膦酸盐的化学结构

向电离，可以用离子色谱分离、电导检测器检测。《中华人民共和国药典》（以下简称《中国药典》）2010 年版第二部新收载的检测帕米膦酸的方法为离子色谱法，色谱条件见图 7-76。2015 年版《中国药典》新收载的检测阿仑膦酸的方法为离子色谱法，其色谱条件与检测帕米膦酸方法相同，2015 年版《中国药典》对阿仑膦酸钠的相关物质检测做出了一定的要求，磷酸盐和亚磷酸盐要求用离子色谱法检测，色谱条件见图 7-77。

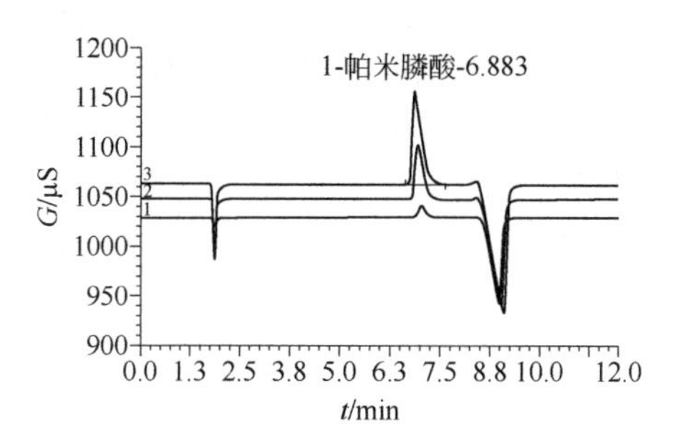

图 7-76　帕米膦酸二钠标准溶液色谱图

色谱柱：IonPac AS22(250mm×2mm)/IonPac AG22(50mm×2mm)
柱温：30℃
淋洗液：3mmol/L 草酸，等度淋洗
流速：1.2mL/min
进样体积：25μL
检测方式：非抑制型电导检测

血浆中双膦酸盐类药物的分析。由于双膦酸盐的口服剂量较小（通常为 10～20mg），因此它在人血浆中的浓度很低。为了更有效地研究其药代动力学，需要更为灵敏的方法对其在血液、尿液样品中的含量进行有效准确的测定。近几年国内外分析血浆、尿液样品中双膦酸盐的方法主要有反相高效液相色谱法、离子对高效液

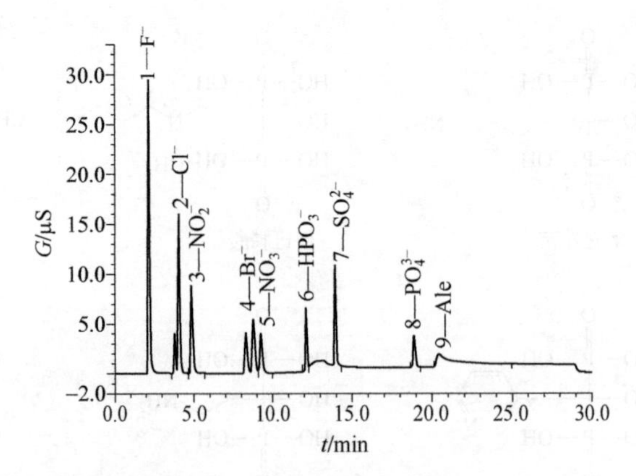

图 7-77 阿仑膦酸钠中磷酸盐和亚磷酸盐的测定（2015 年版新增项目）

色谱柱：IonPac AS11/ IonPac AG11

淋洗液：KOH

梯度：0～6min，3mmol/L；6～23min，3～30mmol/L；23～26min，30mmol/L；26.1～30min，3mmol/L

流速：1.0mL/min　　柱温：30℃　　进样体积：25μL

检测器：抑制型电导　　抑制器：AERS 500，外接水模式

相色谱法和离子色谱法（IC）等，涉及的检测器主要有荧光检测器、质谱检测器、紫外检测器等。这些方法通过柱前衍生方法可得到较低的检出限，最低可达 1～5ng/mL；所用的衍生试剂主要包括芴甲氧羰酰氯（FMOC）、氯甲酸异丙酯（IBCF）和 Fe^{3+}等。衍生化反应的缺点包括步骤复杂、耗费时间与衍生物可能不稳定。由于阿仑膦酸钠、帕米膦酸钠、伊班膦酸钠和利塞膦酸钠在碱性条件下可电离为阴离子，因此可以用阴离子交换分离，而且其结构中都包含氨基基团，碱性条件下可直接在金电极上氧化，因此可用积分脉冲安培法检测[433]，图 7-78 为 4 种双膦酸盐混合标准溶液的色谱图。与衍生后检测的方法相比，该方法中 4 种双膦酸盐有很好的保留

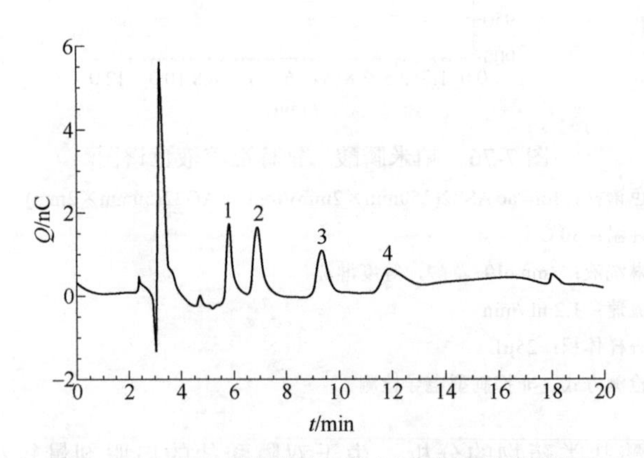

图 7-78 4 种双膦酸盐混合标准溶液的色谱图

分离柱：IonPac AS18/AG18（250mm×2mm）

淋洗液：24mmol/L NaOH　　流速：0.25mL/min　　检测：脉冲安培

色谱峰：1—帕米膦酸二钠；2—阿仑膦酸钠；3—伊班膦酸钠；4—利塞膦酸钠

与较好的分离度。该方法不用衍生，更简单而易于操作。将该方法用于人体血浆中双膦盐类的检测，其回收率为 80.81%～97.32%，*RSD* 为 1.46%～3.02%。另外，阿仑膦酸钠及有关物质的分析还可以采用离子色谱-抑制电导法和离子色谱-蒸发光散射检测法[434]，避免衍生等步骤给分析带来的不便，抑制电导法和蒸发光散射检测对阿仑膦酸钠的检出限分别为 1.252×10^{-2}μg/mL 和 5.007μg/mL，色谱图如图 7-79 所示。虽然蒸发光散射检测法对无机阴离子的检测灵敏度较低，但该法对阿仑膦酸钠的检测具有较高的选择性和灵敏度。

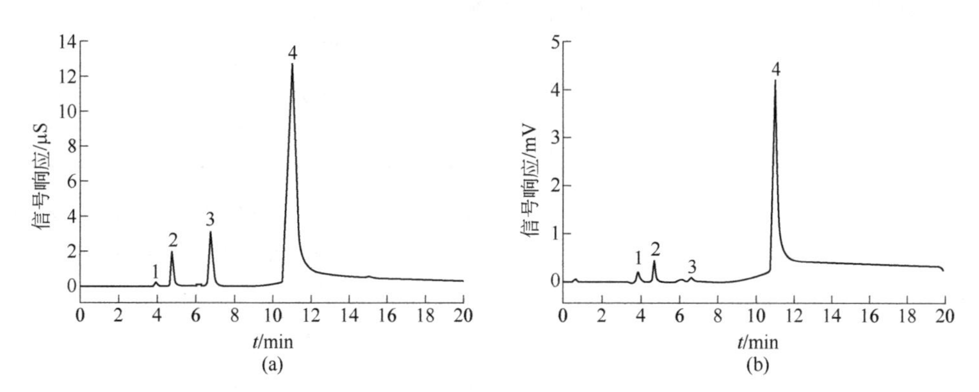

图 7-79　实际样品的 IC-电导检测谱图（a）和 IC-蒸发光散射器检测谱图（b）

色谱柱：IonPac AS18

流动相：0～4min，22.0mmol/L KOH；4～7min 22.0～52.0mmol/L KOH；7～15min 52.0mmol/L KOH；15～18min，52.0～22.0mmol/L KOH；18～23min，22.0mmol/L KOH

色谱峰：1—F^-；2—Cl^-；3—SO_4^{2-}；4—阿仑膦酸

四、抗生素的分析

已用于氨基糖苷类抗生素的分析方法中，传统的微生物法、旋光法、分光光度法，干扰多、操作烦琐费时[435]；由于其分子缺乏吸光基团，液相色谱分离后无法进行检测，需做柱前或柱后衍生[436]；高效液相色谱-蒸发光散射检测法检测灵敏度低[437]；由于仪器普及程序的影响，HPLC-MS 方法的应用受到限制。另一种检测氨基糖苷类抗生素的方法是电化学法，氨基糖苷类抗生素的液相分离-电化学检测多在酸性条件下采用离子对分离，而脉冲安培电化学检测的金工作电极需在碱性条件下工作，因此必须在柱后加碱。欧洲药典（EP）对氨基糖苷类抗生素的测定多选择 C_{18} 柱，离子对试剂为流动相，分离柱后加碱，脉冲安培检测（LC-PAD）的方法，见表 7-7[438]。

氨基糖苷类抗生素（如庆大霉素、奈替米星、卡那霉素、硫酸锌霉素、阿米卡星、链霉素和二双氢链霉素、林可霉素和大观霉素等）的结构是由多元环己醇和氨基糖两部分缩合而成，极性较大，水溶性好，用离子色谱法分析有较大的优势。美国药典（USP）对有些品种采用离子色谱阴离子交换分离-脉冲安培检测（IC-PAD）

表 7-7 EP 收载的用 LC-PAD 或 IC-PAD 检测的品种和项目

品种	检测项目 1		检测项目 2		检测项目 3	
	检测项目	方法	检测项目	方法	检测项目	方法
硫酸阿米卡星	—	—	有关物质	LC：C_{18}-PAD	—	—
阿米卡星	—	—	有关物质	LC：C_{18}-PAD	—	—
硫酸庆大霉素	—	—	组分	LC：C_{18}-PAD	有关物质	LC：C_{18}-PAD
妥布霉素	—	—	有关物质	LC：C_{18}-PAD	含量测定	LC：C_{18}-PAD
硫酸新霉素	鉴别	LC：C_{18}-PAD	有关物质	LC：C_{18}-PAD	—	—
硫酸奈替米星	鉴别	LC：C_{18}-PAD	有关物质	LC：C_{18}-PAD	—	—
盐酸大观霉素五水合物			有关物质	LC：C_{18}-PAD	含量测定	LC：C_{18}-PAD
新霉素 B	鉴别	LC：C_{18}-PAD	有关物质	LC：C_{18}-PAD	—	—

的方法进行含量测定，见表 7-8。离子色谱法针对氨基糖苷类抗生素化合物高的水溶性、极性与弱的酸性，可在碱性条件下阴离子交换分离；针对其弱的酸性导致的弱保留，用稀的 KOH(NaOH)作淋洗液，并用 RFIC-EG 解决稀的碱溶液配制的准确性问题。氨基糖苷类抗生素分子中糖的结构，具有电化学活性的—OH 和—HN—，可用电化学检测，新的多电位波形，提高检测灵敏度，如卡那霉素与妥布霉素的测定，见图 7-80。从图 7-80 可见，六电位波形（测定氨基酸的波形）对氨基糖苷类抗生素的检测灵敏度高于三电位波形。相同的方法也可用于新霉素、阿米卡星与链霉素等的分析。

表 7-8 USP 收载的 LC-PAD 或 IC-PAD 检测的品种和项目

品种	检测项目 1		检测项目 2		检测项目 3	
阿米卡星	—	—	鉴别 B	IC：MA1-PAD	含量测定	IC：MA1-PAD
硫酸阿米卡星	—	—	鉴别 B	IC：MA1-PAD	含量测定	IC：MA1-PAD
硫酸阿米卡星注射液	—	—	鉴别 B	IC：MA1-PAD	含量测定	IC：MA1-PAD
硫酸卡那霉素	鉴别 C	IC：MA1-PAD	—	—	含量测定	IC：MA1-PAD
卡那霉素注射液	鉴别 B	IC：MA1-PAD	—	—	—	—
硫酸链霉素	含量测定	IC：PA1-PAD	—	—	—	—
注射用链霉素	含量测定	IC：PA1-PAD	—	—	—	—
链霉素注射液	含量测定	IC：PA1-PAD	—	—	—	—

注：PA1 为 CarboPac PA1 阴离子交换分离柱；MA1 为 CarboPac MA1 阴离子交换分离柱；PAD 为脉冲积分安培检测器。

以妥布霉素为例，妥布霉素为一种氨基糖苷类广谱抗生素，对革兰氏阳性菌和阴性菌均具有良好的抗菌作用，得到广泛应用，如妥布霉素滴眼液，药膏和硫酸妥布霉素注射液等。与其他抗生素一样，妥布霉素具有一定的耳毒性和肾毒性，临床规定妥布霉素在血液中的治疗浓度不能超过 12mg/L。因此，在用药过程中对妥布霉

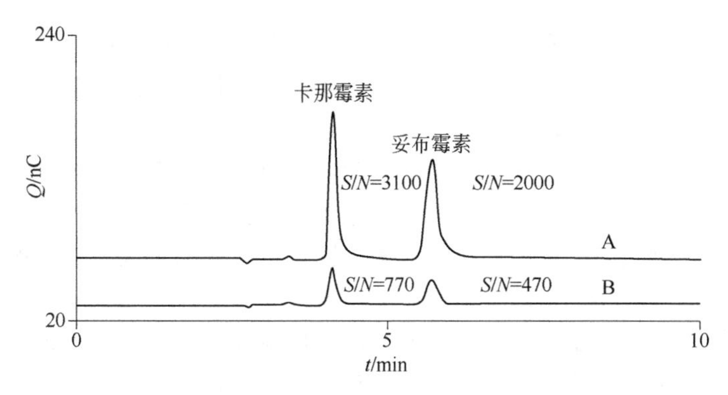

图 7-80 卡那霉素与妥布霉素的检测

A—六电位波形；B—三电位波形

分离柱：CarboPac PA1（250mm×4.0mm，8μm）

淋洗液：20mmol/L KOH（EG50 淋洗液发生器产生）

流速：0.5mL/min 进样体积：20μL 柱温：30℃

检测器：Dionex 电化学检测器，金工作电极，pH 参比电极，Ti 对电极

素进行监测是必不可少的。妥布霉素带有脂肪氨基和羟基，在高 pH 值溶液中可在金电极上被氧化，因此可采用电化学法检测。同时，妥布霉素在碱性条件下可离解成阴离子，因此可直接利用阴离子交换分离，其中碱性淋洗液与脉冲安培电化学检测条件相匹配，不需柱后加碱，色谱图见图 7-81。检出限为 7.11μg/L，可应用于骨髓炎患者引流组织液中妥布霉素的测定。

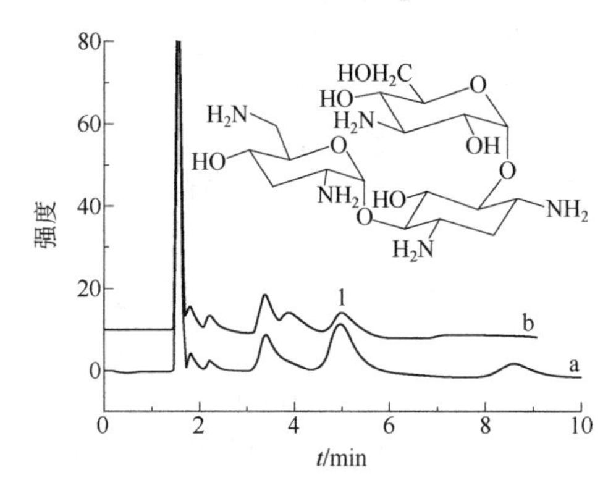

图 7-81 妥布霉素标准溶液（a）和引流组织液样品（b）的色谱图[439]

分离柱：CarboPac PA1 淋洗液：2mmol /L KOH 检测器：脉冲安培

色谱峰：1—妥布霉素（a，10mg/L）

五、中药的分析

中药是一个复杂的化学体系，包含多种化学成分，中药材种类繁多，产地分散，生长环境、采收季节不同，加工炮制方法各异，加之类同品、代用品不断，造成所

含化学成分及临床疗效具有很大不同[440]。因此，分析和阐明中药中的化学成分是中药现代研究的一个关键问题。现代分析科学中用于生物样品成分测定的方法主要有电泳法、气相色谱、高效液相色谱法等，特别是高效液相色谱为中药成分的分析提供了快速广泛的检测技术。但是，中药化学成分复杂，不仅含有多种有效成分，如生物碱类、有机酸类、糖类、蛋白质类及微量元素类，而且中药在加工过程中还可能带入某些有毒物质的残留，如二氧化硫残留等。这些物质大多极性很强，难以用气相色谱法或高效液相色谱法分离。

离子色谱是用于离子类化合物分析的液相色谱技术，可以对中药中的极性组分进行定性分离和定量检测。离子色谱法分析阴阳离子、有机酸与多糖等具有快速、简便、灵敏、选择性好的优点，并能同时测定多组分，在中药化学成分的分析中已得到较多应用。本节将讨论离子色谱法在中药材及其制剂的元素分析、二氧化硫残留检测、有机酸和糖类含量测定等方面的应用。

1．元素分析

微量元素是中药归经和药性物质基础的重要组成部分。中药材中常见的碱金属元素有钠、钾、锂等，碱土金属有镁、钙等。这些元素对多种生物分子（如酶、激素等）的活性有关键调控作用。例如钠、钾有利尿清热等功效，镁、钙具有降血糖、降血脂、排石等功效[441]。因此，测定中草药中的无机元素尤其是有医学价值的微量元素具有重要意义。

中药材中碱金属与碱土金属的分析，可方便地用阳离子交换分离，抑制电导法检测。例如，中药丹参中碱金属和碱土金属的分析[443]，女贞子水浸煮液中的Na^+、K^+、Mg^{2+}、Ca^{2+}等的分析[444]。丁海萍等[442]采用 IonPac CS12A 作为分离柱，甲基磺酸为流动相，测定了不同产地萹蓄中ⅠA 和ⅡA 族金属元素含量，并比较了不同产地萹蓄中ⅠA 和ⅡA 族金属元素含量的高低。结果显示，萹蓄中钾离子的含量为 15.5mg/g，镁离子的含量为 23.8mg/g，而钙离子的含量高达 51.28mg/g。

对中药中铁、砷、锑、铬与汞等元素的不同价态和形态的分析是目前分析化学关注的重点之一，主要的难点仍是样品前处理。如侯逸众等[445]采用离子色谱-双阳极电化学氢化物发生-原子荧光光谱法分析了当归中的锑形态。他们用磷酸氢二铵和酒石酸的混合液作为流动相，电解池中间用纯铅作为单阴极，两边用钛丝作双阳极，硫酸为电解液发生氢化物，可以在 5min 内实现 Sb（Ⅴ）和 Sb（Ⅲ）的基线分离，方法具有较好的实用性。

对中药中卤素、N、P、S 的化合物的分析，一般采用容量法、重量法分析，但是这些传统方法耗时耗力，灵敏度低，且易受干扰。离子色谱法对阴离子的检测具有独特的优势，可以同时测定中药材中的多种阴离子含量。例如，样品用水超声提取，以 Shim-pack IC-A1 为分离柱，邻苯二甲酸氢钾溶液为流动相，非抑制型电导检测分析川芎提取液中的 3 种有机酸和 3 种无机阴离子[446]；麻黄中的氯化物、亚硝酸盐、硝酸盐和硫酸[447]；氧瓶燃烧法处理药材样品，阴离子交换分离，抑制型电导检测，分析药材（茶叶、柑橘叶、黄芪）中的硫和磷含量，方法对磷和硫的检出限分别为 0.00356μg/mL 和 0.00324μg/mL[448]；中药川附子中的氯、磷和硫的分析[449]；离子色谱-电感耦合等离子体质谱联用，用 Hamilton PRP X-100 阴离子交换分离柱，硝酸铵溶液为淋洗液，分析中成药中的溴酸根和溴离子等离子[450]。

2．有机酸与糖类的分析

有机酸是中药材的重要组成部分。中药中小分子有机酸在高效液相色谱中保留较弱，在气相色谱法中需要衍生化，这些制约因素使得对中药中有机酸的分析研究较少。离子交换固定相能够很好地保留中药材中的有机酸，并可同时分析多种有机酸。例如，离子交换固定相富集八角茴香中的莽草酸[451]。用 OnGuard RP 前处理柱净化样品提取液，IonPac AS 11-HC 阴离子交换分析柱，抑制型电导法检测丹参（冻干）中 5 种有机酸（乳酸、乙酸、甲酸、琥珀酸和草酸）和 2 种无机阴离子（氯离子和硝酸根离子）[452]。植物根茎中的植酸的分析，用离子色谱分离，柱后衍生-紫外分光光度法或蒸发光散射法检测，检出限分别为 0.5μg 和 1.0μg[453]。用 IonPac AS11-HC 阴离子交换分离，NaOH 淋洗液梯度淋洗，抑制电导检测分析中药制剂乾坤胶囊中的甲酸[454]。中药中氨基酸的分析，可用阴离子交换分离、积分脉冲安培检测。例如，用 AminoPac PA 10 阴离子交换柱分离，分析了珍惜药材金线莲中的游离氨基酸[455]。

中草药中含有的丰富的糖类化合物，对于其药效有重要的作用。阴离子交换分离-脉冲安培检测（HPAEC-PAD）是分析各种样品中糖类化合物的成熟方法，已用于中草药中糖类化合物的分析。常用的色谱条件是选用 CarboPac PA1 阴离子交换分离柱，NaOH 淋洗液等度或梯度淋洗，金工作电极，积分脉冲安培检测。如中草药中阿拉伯糖、半乳糖、葡萄糖、甘露糖和果糖等糖类化合物的分析[456]；韩国红参提取物中的精氨酰-果糖和精氨酰-果糖基-葡萄糖的分析[457]，检测限分别为 20ng/mL 和 25ng/mL，方法成功地用于中草药与大鼠血浆中精氨酰-果糖和精氨酰-果糖基-葡萄糖的定量检测；拟南芥中的磷酸糖类的分析[458]，为了改善分离，方法用二氧化钛树脂柱在线捕获样品中的磷酸糖类和核苷酸，使其与样品基体分离；氰葡萄糖苷也常见于药用或食用植物中，是一类具有强活性的物质。Cho 等[459]采用水解和蒸馏的方法对 9 个种属的植物样品进行前处理，再用离子色谱法分析了这些样品水解液中的氰酸根离子含量。

中药多糖是非细胞毒物质，它在医药领域中的重要性近年来引起人们极大的重视。槐耳多糖是由槐栓菌经固体发酵培养得到的菌丝体中抽提、分离、纯化得到的化合物，药理研究表明槐耳多糖具有明显抗癌及免疫增强作用。对于多糖的研究，往往会通过适当的前处理水解步骤将多糖降解为单糖再进行分析。方法选用 CarboPac PA20 分析柱，KOH 淋洗液等度淋洗，脉冲安培检测（Au 工作电极），阿拉伯糖、半乳糖、葡萄糖、木糖与甘露糖等均可获得良好的分离，方法灵敏度可达μg/L 级。

3．硫酸盐及亚硫酸盐的分析

（1）中药材中二氧化硫的分析　中草药在加工过程中会采用硫黄熏蒸的方法，用以干燥一些根茎类药材，有助于药材储藏中的防虫、防霉。另外，硫黄熏蒸还常用于中草药的漂白增色。但是二氧化硫是一种较强的还原剂，会造成药材有效成分的损失，降低药材质量和疗效。过量的二氧化硫残留会使服用者产生恶心、呕吐等肠胃不适症状，并会影响机体对钙的吸收。因此，测定中药材中的二氧化硫残留量具有重要意义。目前，中药材中二氧化硫测定多采用滴定法，方法耗时，选择性差。测定经硫黄熏蒸处理过的药材和饮片中二氧化硫的残留量，《中国药典》2015 年版通则 2331 规定，二氧化硫残留测定法中共有三个方法，第一法为酸碱滴定法，第二法为气相色谱法，第三法是离子色谱法。涉及的品种包括山药、天冬、天花粉、天麻、牛膝、白及、白术、白芍、党参和粉葛等。离子色谱法用阴离子交换分离，OH^- 或碳酸盐淋洗液，抑制型电导检测。例如，饶毅等[460]采用阴离子交换色谱法测定了大黄药材中的二氧化硫残留量，他们采用水蒸气蒸馏法进行样品前处理，将药材样品放入盐酸溶液中，以过氧化氢溶液作为吸收液，将二氧化硫氧化为目标离子硫酸根，收集流出液用于色谱分析。朱雪妍等[461]也采用加酸水蒸气蒸馏法提取样品，建立了离子色谱法测定 69 种 127 批中药材中的总二氧化硫含量，为制定中药材中二氧化硫残留的限量标准提供依据。

（2）中药注射液中的亚硫酸盐的检测　例如，苦碟子注射液的生产工艺中会加入硫酸溶液去除钙离子，但是过多残留的硫酸盐和亚硫酸盐会导致蛋白质的巯基发生可逆反应，出现过敏性症状。宋玉国等[462]采用 IonPac AS 18 为分离柱，KOH 溶液为淋洗液，检测了苦碟子注射液中硫酸盐和亚硫酸盐的含量，回收率分别为 99% 和 91%。中药注射液中还会添加枸橼酸，提高稳定性。过量枸橼酸有可能导致低钙血症。离子色谱法可同时分析中药注射液中的亚硫酸钠和枸橼酸，一次进样 35min 内完成分离测定，适合大批样品的检测[463]。为了进一步简化样品前处理过程，吴越等[464]采用了在线渗析技术去除了中药材碱提取液中的大分子杂质，离子色谱-电化学法测定亚硫酸根离子，分析了中药材中的二氧化硫残留量。

（3）中成药制剂中硫酸盐的分析　例如，西瓜霜为葫芦科植物西瓜的成熟果实与芒硝经加工而制成的白色至黄白色结晶状粉末，微咸，有清凉感。《中国药典》2010 年版一部收载的西瓜霜测定方法，其含量以硫酸钠计，采用重量法测定。但是传统的硫酸钡重量法，操作复杂，费时耗力。而用离子色谱法测定中药西瓜霜主成分硫酸钠的含量，前处理用水超声提取，阴离子交换分离，抑制型电导检测，在 10min 内完成分析[465]。

六、其他药物的分析

叠氮化物作为一种叠氮反应的主要原料，广泛应用于生产化工原料、农药和药物[466]。在药物生产过程中，必须严格控制产品和中间体叠氮化物的含量。如用于治疗心血管类疾病的沙坦类药物，已经报道的分析叠氮根方法有容量分析法、分光光谱分析法、气相色谱分析法、高效液体色谱分析法和离子色谱分析法等[467]。通常情况下容量分析法和分光光谱分析法干扰严重，不适合药物分析，特别对痕量叠氮根的分析[468]。气相色谱分析法和 HPLC 法则要求对样品进行特定的预处理。离子色谱法可简单地以阴离子交换分离，KOH 为淋洗液梯度淋洗，抑制型电导检测。方法选用 2mm 内径的微孔型毛细管 IonPac ASl8 阴离子交换柱，淋洗液在线发生器产生的高纯 KOH 作淋洗液，梯度淋洗，可以将硝酸盐和叠氮化钠完全分离[469]。改进的方法用于药物中叠氮根与杂质的同时分析，对叠氮根的检出限为 0.23μg/L，线性范围在 0.001～20mg/L，用该方法测定了厄贝沙坦、氯沙坦试样及中间体保护基溴化物中的叠氮化钠含量。厄贝沙坦样品的色谱分离如图 7-82 所示。

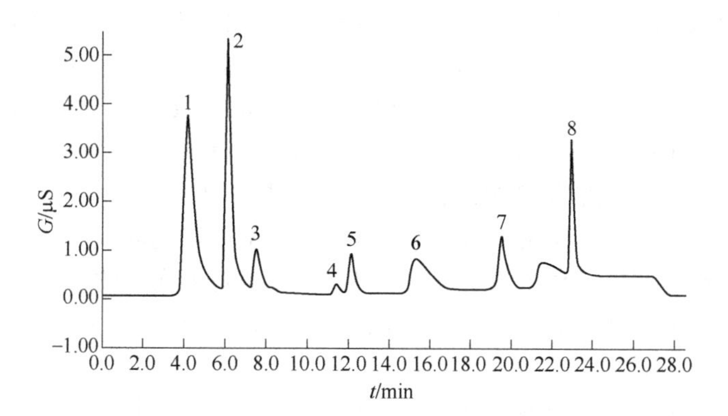

图 7-82 厄贝沙坦样品分析色谱图

色谱柱：IonPac AS18 色谱柱

淋洗液：KOH

梯度：0～8min，5.0～7.0mmol/L；8～12min，7.0～10.0mmol/L；12～17min，10.0mmol/L；17～25min，10.0～5.0mmol/L；25～30min，5.0mmol/L

流速：0.25mL/min　　进样体积：25μL　　检测：抑制型电导

色谱峰：1—氟离子；2—氯离子；3—亚硝酸根；4—叠氮酸根；5—硝酸根；6—碳酸根；7—硫酸根；8—磷酸根

第七节 离子色谱在农业分析中的应用

大多数农药结构复杂、品种繁多[470]，虽然大多数可用 HPLC 或者 GC 分析[471]，然而对部分不具光学吸收且能够离子化的化合物而言，离子色谱是较好的选择。

一、化肥分析中的应用

我国化工行业标准 HG 2559—2011《化肥催化剂产品分类、型号和命名》规定化肥催化剂涉及制氢、制氨、甲醇合成及制酸 4 类，又可细分成脱毒、转化、变换、甲烷化、氨合成、醇类、制酸、制氮、氧化及其他 10 类，其中前 5 类统称为制氨催化剂，是化肥催化剂的主体[472]。在催化剂的生产中，杂质的存在严重影响催化剂的性能，其中铁基、铜基催化剂对硫、氯等“毒物”非常敏感，且氯对催化剂的危害约为硫的 10 倍。由于氯及其化合物与催化剂中的氧化钾等作用，生成氯化钾等化合物，高温下从催化剂中析出钾离子，使催化剂的活性明显下降，催化剂中氯含量为0.01%~0.03%(质量分数)就会使其活性明显下降[473]。此外，可溶性氯会导致不锈钢设备的腐蚀，因此必须严格控制氯等毒物的含量[474]。在化肥催化剂包含的十大类催化剂中，有低温变换、甲醇合成、甲烷化等七类催化剂需要控制氯的含量，因此准确测定化肥催化剂中氯的含量非常必要。

邱爱玲[475]采用离子色谱法测定了化肥催化剂中的氯含量。建立了化肥催化剂中氯含量的检测方法，选择了合适的分析条件。考察了样品粒度、浸取次数以及浸取时间对化肥催化剂中氯含量的影响，研究结果显示样品粒度低于 0.075mm、30min一次浸取能够将化肥催化剂中的氯有效溶出。同时建立了氯组分的标准工作曲线，线性相关系数大于 0.999。在 7 种化肥催化剂中 Cl 的回收率为 94%～114%，相对标准偏差不大于 10.7%，完全满足工业分析测定需要。该方法具有灵敏、准确和简便等优点，对于测定化肥催化剂中氯含量显示出明显的优势。

高氯酸盐是 20 世纪 90 年代末美国环保署(EPA)发现的环境污染物。有关专家指出，目前高氯酸盐在以一种无法想象的速度、广泛地进入人类的饮食中。因此，EPA 已经修改了污染物监测法规。在修改的法规中，将高氯酸盐列为一级监测指标。研究发现，智利硝石矿具有高含量的高氯酸盐，而且作为肥料组分大量使用。因此带来了化肥的高氯酸盐污染问题。EPA 于 2001 年提供了有关化肥和相关物质中高氯酸盐情况的报告，同时还提供了化肥中高氯酸盐的分析方法。

目前化肥及相关物质中高氯酸盐的检测方法主要为离子色谱法。前处理通常采用 EPA 方法，但对于复合肥的高氯酸盐分析，需要比较复杂的过程和较长的提取时间。同时 EPA 方法中采用的分析柱对高氯酸盐的分离度还有欠缺，因此建立更快速和准确的化肥中高氯酸盐的分析方法具有实际意义。王楼明等[476]研究了化肥中高氯酸盐含量的离子色谱分析方法。选择超声波萃取为样品提取方法并优化了萃取时间。筛选了离子色谱柱，确定使用 IonPac AG21+AS21 为分离柱；优化了淋洗液浓度和流速，确定以 10mmol/L NaOH 为淋洗液，流速为 0.3mL/min；进样体积为 200μL。方法线性范围为 0.1～10mg/L，相关系数为 0.9998。方法回收率达 83%以上，相对标准偏差在 1.07%～4.46%范围内。钾肥样品检出限为 420pg/kg，复合肥样品检出限为 680μg/kg。

二、草甘膦除草剂的分析

草甘膦是一种在农业生产中应用广泛的除草剂[477]。易溶于水，在环境中不易降解，可对环境造成污染[478]。由于草甘膦对光的吸收弱，用 HPLC 分析需要进行衍生或低波长紫外检测，致使测定耗时且灵敏度不高[479]。而草甘膦在水中有较大的电离，采用离子色谱抑制电导检测，分析柱为 AS4SC，9mmol/L Na_2CO_3 和 4mmol/L NaOH 为淋洗液，流速为 1.5mL/min，在此条件下，常规阴离子对分离无干扰，该方法可直接用于环境水样中痕量草甘膦的测定[480]。叶明立等[481]建立了一种采用毛细管离子色谱法同时测定饮用水中痕量碘离子（I^-）、硫氰酸跟（SCN^-）和草甘膦（Glyphosate）的方法。样品经过 0.22μm 滤膜过滤后，直接进样 5nL，采用 IonPac As19（250mm×0.4mm）毛细管色谱柱分离，KOH 梯度淋洗，流速为 10nL/min，抑制电导检测，外标法定量。方法对 I^-、SCN^-和草甘膦的检出限分别为 0.3ng/L、0.2ng/L 和 0.2ng/L，线性范围为 2.0～100 ng/L，加标回收率为 86.0%～100.6%。

三、植物生长调节剂的分析

乙烯利是一种植物生长调节剂，具有植物激素，增进乳汁分泌，加速成熟、脱落、衰老以及促进开花和控制生长的生理效应，它被广泛地应用于农业生长调节和水果蔬菜催熟上，因此对环境的影响也引起人们的重视[482]。对乙烯利的测定前人已经做了较多的工作，主要用气相色谱法进行测定。直接用气相色谱测定，灵敏度较低。这种农药在水溶液中呈强酸性，在碱性条件下会释放出乙烯，用气相色谱法对其乙烯产物进行间接测定[483]。对乙烯利的分析，离子色谱法比较简单，抑制型电导检测的灵敏度也较高。主要的问题是分离，在常见的阴离子交换色谱柱上乙烯利的保留时间介于 NO_3^- 和 SO_4^{2-} 之间，需选择适当的分离柱与淋洗液。徐茂生等[484]报道的方法，选择 1mmol/L NaOH+7mmol/L Na_2CO_3 的混合溶液为淋洗液，方法对乙烯利的检测下限为 0.18μg/mL，用于土壤样品的分析，加标回收率为 102%。

吲哚-3-乙酸和吲哚-3-丁酸均为植物生长调节剂。与已经报道的高效液相色谱法、气相色谱-质谱联用法、电化学法、毛细管电泳-荧光检测联用法和薄层色谱法等比较，离子色谱-荧光检测器联用法可以更有效地测定吲哚-3-乙酸和吲哚-3-丁酸。朱岩等[485]采用离子色谱-荧光检测法分析吲哚-3-乙酸和吲哚-3-丁酸。该测定采用 1.0mL/min 甲醇+0.01mol/L Na_2CO_3 的混合溶液（甲醇体积分数为 45%）作为淋洗液在 Omni-Pac PAX-500 柱上分离。吲哚-3-乙酸和吲哚-3-丁酸的检测限分别为 0.045μg/mL 和 0.167μg/mL，有良好的重现性和线性关系。对土壤样品进行测定，有较好的回收率。

矮壮素和缩结胺作为植物生长调节剂在我国大量使用，通过抑制赤霉素的合成达到控制植物生长、提高农产品的产品质量，是高效、低毒、无药害内吸性药剂，广泛地用于小麦、水稻、棉花、烟草、玉米及各种块根作物上。目前我国检测矮壮素残留的方法有化学法、电位滴定法。化学法通过硝酸银滴定测定游离氯和总氯来计算矮壮素的含量。但滴定法灵敏度低，误差较大，不适合痕量分析。电位滴定法灵敏度较化学法有所提高，但是样品量大。早期分析矮壮素和缩结胺的方法还包括 TLC、IC、GC 和 HPLC 法。气相色谱法采用衍生法，衍生反应装置复杂而且结果易呈假阳性。矮壮素和缩结胺的低挥发性和强极性，自身的化学性质决定了适合液相色谱法检测，但是其分子结构简单而且不含有发色基团，因此也需要衍生后进行紫外检测。而采用离子交换色谱-直接电导法可以直接测定小麦中矮壮素和缩结胺残留[486]，色谱图如图 7-83 所示。矮壮素和缩结胺的检测线性范围为 0.20～20.0mg/L，检出限分别为 0.070mg/L 和 0.073mg/L。

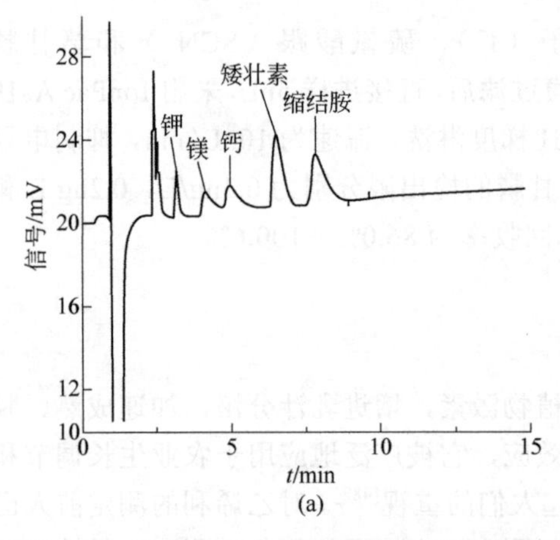

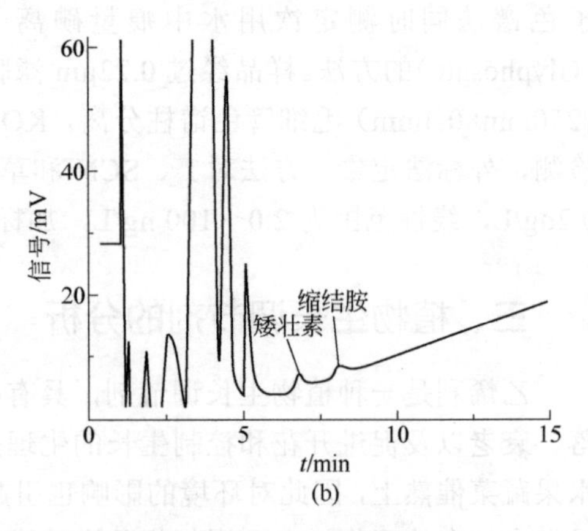

图 7-83 阳离子混合标准溶液（a）和小麦样品加标（b）色谱图

色谱柱：SH-CC-3 阳离子色谱柱　　淋洗液：3.0mmol/L 甲烷磺酸

流速：1.0mL/min　　柱温：40℃

四、饲料分析中的应用

饲料的质量和安全直接关系牲畜安全卫生[487]。氯化胆碱是动物生长过程中不可缺少的一种水溶性维生素。目前饲料添加剂氯化胆碱的检测方法有非水滴定法、银量法、四苯硼钠法、雷氏盐比色法和雷氏盐重量法等[488]。现行检测标准（行业标准 HG/T 2941—2004）采用化学法间接测定其中的氯化胆碱，方法缺少选择性，干扰因素多，无法鉴别掺入的廉价无机氯化物和胺类等物质。离子色谱法可用于测定饲料中氯化胆碱的含量及鉴别饲料中氯化胆碱及掺假物三甲胺[489]。由于样品中常含有一些常见阳离子，如 Na^+、K^+、NH_4^+、Mg^{2+}和 Ca^{2+}等，在选择分离条件时，必须考虑这些离子的干扰问题。当选用常规阳离子交换色谱柱 IonPac CS12 为分离柱时，三甲胺和胆碱在该柱上的保留时间在 K^+与 Mg^{2+}之间。为了消除 K^+与 Mg^{2+}对三甲胺和胆碱的干扰，应选用较弱的淋洗液，即较稀的 H_2SO_4 溶液，但还需注意样品中 Mg^{2+}和 Ca^{2+}的保留时间不可太长，优化的色谱条件色谱图见图 7-84。从图 7-84 可见，常见阳离子、胆碱和三甲胺在 16min 之内得到很好分离。方法对胆碱和三甲胺的最小检出限分别为 0.1mg/L 和 0.05mg/L，回收率为 99%～102%。

硝酸盐广泛存在于蔬菜、粮食和环境中，它本身基本上是无毒的，当还原成亚硝酸盐时便有毒。样品水溶液经超声提取后，过 Ag 柱、Na 柱、RP 柱除杂质，即可用阴离子交换分离，电导或质谱检测[490]。饲料青贮过程中将产生大量有机酸，其中乳酸菌和肠细菌产生的乳酸和乙酸是导致青贮过程中 pH 值下降的主要因素；丁酸是酪酸菌产生的，与饲料腐败程度有关；丙酸具有抑制真菌的作用，可反映出青贮饲料质量的优劣。因此这 4 种酸含量是评定饲料质量的重要指标。离子色谱可方便地检测青贮饲料中有机酸的含量，饲料浸提液过滤后，直接进样，阴离子交换分离，电导检测，即可准确测定其中乳酸、乙酸、丙酸和丁酸的含量[491]。

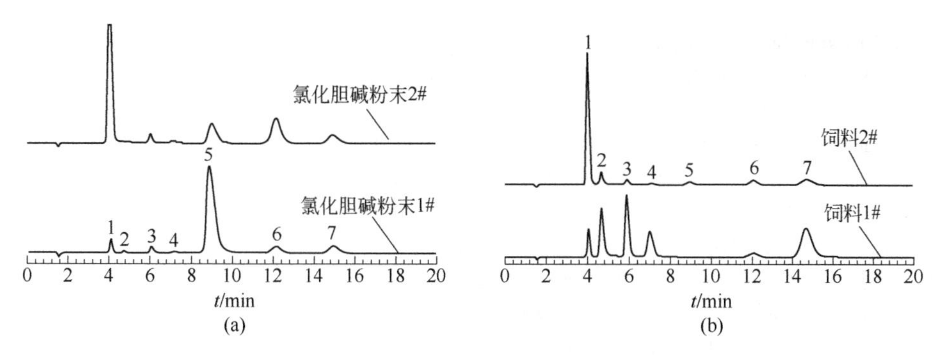

图 7-84　氯化胆碱粉剂样品（a）及饲料样品（b）的色谱图

色谱柱：IonPac CS12

淋洗液：8.5mmol/L H_2SO_4

检测：抑制型电导

色谱峰：1—Na^+；2—NH_4^+；3—K^+；4—三甲胺；5—胆碱；6—Mg^{2+}；7—Ca^{2+}

参 考 文 献

[1] Woods C, Rowland A P. J Chromatogr A, 1997, 789: 287.

[2] Sarzanini C, Bruzzoniti M C. Anal Chim Acta, 2005, 540: 45.

[3] Haddad P R, Nesterenko P N, Buchberger W. J Chromatogr A, 2008, 1184: 456.

[4] Tyrrell E, Shellie R A, Haddad P R, et al. J Chromatogr A, 2009, 1216: 8512.

[5] 李仁勇，梁立娜，牟世芬. 食品与发酵工业, 2010, 36(7): 97.

[6] Rohrer J S, Basumallick L, Hurum D. Biochemistry, 2013, 78(7): 907.

[7] Barron L, Gilchrist E. Anal Chim Acta, 2014, 806: 27.

[8] Woods C, Rowland A P. J Chromatogr A, 1997, 789: 287.

[9] Sarzanini C, Bruzzoniti M C. Anal Chim Acta, 2005, 540: 45.

[10] Tsaia Y I, Hsiehb L Y, Wenga T H. Anal Chim Acta, 2008, 626: 78.

[11] 贺伟，丁卉，施超欧. 色谱, 2012, 30(4): 340.

[12] 栗欣，郭花捷. 环境化学, 1996, 15(1): 76.

[13] 郭莹莹，叶明立，施青红. 理化检验, 2006, 42: 185.

[14] 傅厚暾，赵俐敏，李贝. 色谱, 2007, 25(1): 120.

[15] Wanga R, Wang N, Yan Zhu, et al. J Chromatogr A, 2012, 1265: 186.

[16] 林红梅，林奇，张远辉，等. 色谱, 2012, 30(4): 374.

[17] Tirumalesh K . Talanta, 2007, 74: 1428.

[18] Yang Y J, Zhou R, Yi'an Di, et al. J Environmental Science, 2015, 34: 197.

[19] 李艳丽. 科技创新导报, 2013, (7): 15.

[20] Liu Q, Liu Y, Yin J, et al. Atmospheric Environment, 2014, 91: 85.

[21] 宋燕，徐殿斗，柴之芳. 分析试验室, 2006, 25(2): 80.

[22] Kontozova-Deutsch V, Deutsch F, Wael K D, et al. Talanta, 2011, 86: 372.

[23] Kontozova-Deutsch V, Krata A, Deutsch F, et al. Talanta, 2007, 75: 418.

[24] Rey M A, Pohl C A, Riviello J M, et al. J Chromatogr A, 1998, 804: 201.

[25] Thomas D H, Rey M, Jackson P E. J Chromatogr A, 2002, 956: 181.

[26] Mori M, Tanaka K, Helaleh M I H, et al. J Chromatogr A, 2003, 997: 191.

[27] Niedzielski P, Kurzyca I, Siepak J. Anal Chim Acta, 2006, 577: 220.

[28] Mou S F, Wang H T, Sun Q. J Chromatogr A, 1993, 640: 161.

[29] Kitamaki Y, Jin J Y, Takeuchi T. J Chromatogr A, 2003, 1003: 197.

[30] Greenberg A E, Clesceri L S, Eaton A D. Standard Methods for the Examination of Water and Wastewater. 18th ed, American Public Health Association, AmericanWaterWorks Association, Water Environment Federation. Washington: 1992: 4-78.

[31] Mori M, Hironaga T, Tanaka K, et al. 色谱, 2012, 30(4): 356.

[32] 邱慧敏, 耿金菊, 韩超, 等. 分析化学, 2013, 41(12): 1910.

[33] Ruiz-Calero V, Galceran M T. Talanta, 2005, 66: 376.

[34] 宋秀贤, 牟世芬. 环境化学, 1994, 13: 87.

[35] Zhong-Xian G, Qiantao C, Zhaoguang Y. J Chromatogr A, 2005, 1100: 160.

[36] Coupe R H, Kalkhoff S J, Capel P D, et al. Pest Manag. Sci, 2012, 68 (1): 16.

[37] You J, Koropchak J A. J Chromatogr A, 2003, 989: 231.

[38] Karthikeyan S, He J, Palani S, et al. Talanta, 2009, 77 (3): 979.

[39] Halstead J A, Edwards J, Reginald J, et al. J Chromatogr A, 1999, 857(1-2): 337.

[40] 丁明军, 杨慧中. 分析化学, 2012, 40(3): 381.

[41] 欧阳钧. 理化检验, 2014, 50(7): 906.

[42] 康勤书, 周永强. 分析试验室, 2008, 27(5): 303.

[43] 钟志雄, 李攻科. 色谱, 2009, 24(4): 499.

[44] 黎涛, 林瑛. 理化检验, 2006, 42: 524.

[45] Thermo Fisher Scientific Inc. Application Note No. 254. 2014.

[46] Thermo Fisher Scientific Inc. Application Note No. 244. 2014.

[47] 张国郁. 理化检验, 2014, 50(12): 1577.

[48] Thermo Fisher Scientific Inc. Application Note No. 1103. 2014.

[49] Pohl C. LC-GC North Am, 2013, 31 (4): s16-s22.

[50] Dasgupta P K, Martinelango P K, Jackson W A, et al. Environ Sci Technol, 2005, 39: 1569.

[51] Renner R. Environ Sci Technol, 2004, 38: 14A.

[52] Tipton D K, Rolston D E, Scow K M. J Environ Qual, 2003, 32: 40.

[53] Koester C J. Anal Chem, 2005, 77: 3737.

[54] Richardson S D, Ternes T A, Anal Chem, 2005, 77: 3807.

[55] Jockson P E, Gokhale S, Pohl C A, et al. J Chromatogr A, 2000, 888: 15.

[56] Hautman D P, Munch D J, Eaton A D, et al. Environmental Protection Agency. Cincinnati, OH: 1999.

[57] Wagner H P, Suarez F X, Pepich B V, et al. J Chromatogr A, 2004, 1039: 97.

[58] 蔡亚岐, 史亚利, 张萍, 等. 化学进展, 2006, 18: 1554.

[59] Shi Y, Zhang P, Wang Y, et al. Environ Int, 2007, 33: 955.

[60] MacMillan D K, Dalton S R, Bednar A J, et al. Chemosphere, 2007, 67: 344.

[61] Barron L, Nesterenko P N, Paull P. Analy Chim Acta, 2006, 567: 127.

[62] Winkler P, Minteer M, Willey J. Anal Chem, 2004, 76: 469.

[63] 张萍, 史亚利, 蔡亚岐, 等. 高等学校化学学报, 2007, 28: 1246.

[64] 张萍, 史亚利, 蔡亚岐, 等. 分析化学, 2006, 34: 1575.

[65] Lin R, De Borba B, Srinivasan K, et al. Anal Chim Acta, 2006, 567: 135.

[66] Wagner H P, Pepich B V, Pohl C, et al. Revision 1. 0, EPA Doc. No. 815-R-05-009. Cincinatti, OH: 2005.

[67] Wagner H P, Pepich B V, Pohl C, et al. J Chromatogr A, 2006, 1118: 85.

[68] Tian K, Dasgupta P K, Anderson T A. Anal Chem, 2003, 75: 701.

[69] Tian K, Canas J E, Dasgupta P K, et al. Talanta, 2005, 65: 750.
[70] Wagner H P, Pepich B V, Pohl C, et al. J Chromatogr A, 2007, 1155: 15.
[71] USEPA Method 314. 2, Cincinnati, Ohio: 2008.
[72] 林立，王海波，史亚利. 色谱, 2013, 31(3): 281.
[73] Thermo Fisher Scientific Inc. Application Note 178. 2014.
[74] Martinelango P K, Anderson J L, Dasgupta P K, et al. Anal Chem, 2005, 77: 4829.
[75] Hedrick E, Behymer T. USA EPA Method 332. 0, Revision 1. 0, EPA Doc No. 600/R-05/049. Cincinatti, OH: 2005.
[76] Mathew J, Gandhi J, Hedrick J. J Chromatogr A, 2005, 1085: 54-59.
[77] Roehl R, Slingsby R, Avdalovic N, et al. J Chromatogr A, 2002, 956.
[78] 张萍，史亚利，王亚纬，等，分析化学, 2007, 35(1): 131.
[79] 史亚利，刘肖，张萍，等，分析试验室, 2007, 26(4): 34.
[80] Barron L, Gilchrist E. Anal Chim Acta, 2014, 806: 27.
[81] Thermo Fisher Scientific Inc. Application note No. 1116. 2015.
[82] 张涛，蔡五田，刘金巍，等. 分析测试学报, 2013, 32(11): 1384,
[83] Thermo Fisher Scientific Inc. Application Update No. 179. 2012.
[84] 刀谞，张霖琳，吕怡兵，等. 环境化学, 2014, 33(7): 1194.
[85] 刀谞，吕怡兵，滕恩江，等，色谱, 2014, 32(9): 936.
[86] 李静，王雨，陈华宝，等. 食品科学, 2010, 31(10): 250.
[87] 贺婕,余家胜，朱岩，等. 分析化学, 2014, 42(8): 1189.
[88] 虞锐鹏，胡忠阳，叶明立. 色谱, 2012, 30(4): 409.
[89] 林莉，郑翊，卫碧文，等. 分析试验室, 2013, 32(8): 82.
[90] 朱敏，林少美，姚琪，等. 浙江大学学报(理学版), 2007, 34(3): 320.
[91] 洪锦清，李敬，程玉龙，等. 质谱学报, 2012, 33(5): 290-294.
[92] Hagendorfer H, Goessler W. Talanta, 2008, 76(3): 656.
[93] Korte N E, Fernando Q. Crit Rev Environ Control, 1991, 21(1): 1.
[94] 沈金灿，荆淼，陈登云，等. 分析化学, 2005, 33(7): 993.
[95] Ammann A A. J Chromatogr A, 2010, 1217: 2111.
[96] 陈绍占，杜振霞，刘丽萍，等. 分析化学, 2014, 42(3): 349.
[97] 王松, LI Ke, 崔鹤，等. 分析化学, 2016, 44(5): 767.
[98] 郭华明，刘春华. 分析化学, 2012, 40(7): 1092.
[99] Chao S, Fan Y, Hou Y, et al. J Chromatogr A, 2008, 1213: 56.
[100] Clarke A P, Jandik P, Rocklin R D, et al. Anal Chem, 1999, 71: 2774.
[101] Cheng J, Jandik P, Avdalovic N. Anal Chem, 2003, 75: 572.
[102] Lina Liang, Shumin Moa, Yaqi Cai, et al. J Chromatogr A, 2006, 1118: 134.
[103] Lina Liang, Shumin Moa, Ping Zhang, et al. J Chromatogr A, 2006, 1118: 139.
[104] Out E O, Byerley J L, et al. Analyst, 1992, 117: 1145.
[105] Thermo Fisher Scientific Inc. Application Note No. 200, LPN 2034. Sunnyvale, CA, USA: 2008.
[106] Lin M-F, Williams C, Murray M V, et al. J Chromatogr B, 2004, 803(2): 353.
[107] Rocklin R D, Johnson E L. Anal Chem, 1983, 55: 4.
[108] Weinberg H S, Cook S J. Anal Chem, 2002, 74 (23): 6055.
[109] Thermo Fisher Scientific. Application note No 188. Sunnyvale, CA, USA: 2008.
[110] Cheng J, Jandik P, Liu X, et al. J Electroanal Chem, 2007, 608: 117.
[111] Thermo Fisher Scientific. Application Note No. 227, AN70902. Sunnyvale, CA, USA: 2013.

[112] Smith R M, Martel A E. Critical Stability Constants, Volume 4: Inorganic Complexes. New York: Plenum Press, 1976.
[113] Thermo Fisher Scientific. Application Update No. 147. 2014.
[114] Majors R E. LC-GC Int, 1998, 11(4): 204.
[115] Buldini P L, Cavalli S, Trifiro A. J Chromatogr A, 1997, 789: 529.
[116] 陈青川，牟世芬. 色谱, 2000, 18: 20.
[117] World Health Organization. Guideline for Drinking-Water Quality, Vol 1, 3rd ed. Geneva: WHO Pubication, 2004.
[118] GB/T 5750. 10—2006 生活饮用水标准检验方法 消毒副产物指标.
[119] GB/T 8538—2008 饮用天然矿泉水检验方法.
[120] US EPA Method 300. 0. Cincinnati, OH: 1993.
[121] US EPA Method 300. 1. Cincinnati, OH: 1997.
[122] De Borba B M, Rohrer J S, Pohl C A, et al. J Chromatogr A, 2005, 1085: 23-32.
[123] Thermo Fisher Scientific. Application Note 101, TAN70413. Sunnyvale, CA, USA: 2012.
[124] Joyer R J, Dhillon H S. J Chromatogr A, 1994, 671: 165.
[125] ISO 15601, Water qulity-determination of dissolved bromate method by liquid chromatography of ions, ISO, Geneva, Switzerland, 2001.
[126] Liu Y J, Mou S F, Heberling S. J Chromatogr A, 2002, 956: 85-91.
[127] 史亚利，蔡亚岐，刘京生，等. 分析化学, 2005, 33(8): 1077.
[128] 应波，李淑敏，鄂学礼. 色谱, 2006, 24(3): 302.
[129] Yali Shi, Yaqi Cai, Jingsheng Liu, et al. Microchim Acta, 2006, 154 : 213.
[130] Wagner H P, Pepich B V, Hautman D P, et al. US EPA Method 317. 0, EPA 815-R-00-014, Vol 1. 2000.
[131] Hautman D P, Munch D J, Frebis C, et al. J Chromatogr A, 2001, 920: 221.
[132] Wagner H P, Pepich B V, Hautman D P, et al. J Chromatogr A, 2000, 882: 309.
[133] Bichsel Y, Von Gunten U. Anal Chem, 1999, 71: 34.
[134] Salhi E, von Gunten U. Water Res, 1999, 33: 3239.
[135] Weinberg H S, Yamada H. Anal Chem, 1998, 70: 1.
[136] Weinberg H S, Yamada H, Joyce R J. J Chromatogr A, 1998, 804: 137.
[137] Delcomyn C A, Weinberg H S, Singer P C. J Chromatogr A, 2001, 920: 213.
[138] 古谷博，关口惠美，天羽孝志. 日本水道协会杂志, 2003, 3: 36.
[139] 周益奇，王子健，许宜平，等. 色谱, 2007, 25: 430.
[140] Schminke G, Seubert A, Fresenius J. Anal Chem, 2000, 366: 387.
[141] Charles L, Pépin D, Gasetta B. Anal Chem, 1996, 68: 2554.
[142] Charles L, Pépin D, J Chromatogr A, 1998, 804: 105.
[143] Roehl R, Slingsby R, Avdalovic N, et al. J Chromatogr A, 2002, 956: 245.
[144] Cavallia S, Polesellob S, Valsecchib S. J Chromatogr A, 2005, 1085: 42.
[145] Greed J T, Brockhoff C A, Martin T D. US EPA Method 321. 8. Cincinnati, OH: 1997.
[146] 沈金灿，荆淼，王小如，等. 分析化学, 2005, 33(7): 993.
[147] Hautman D P, Bolyard M. J Chromatogr, 1992, 602: 65.
[148] Pfaff J D, Brockhoff C A. Res and Technol, 1990, 192: 5.
[149] Thermo Fisher Scientific. Application Note 184. Sunnyvale, CA, USA: 2012.
[150] 杨春英，杭义萍，钟新林. 分析化学, 2007, 35(11): 1647.
[151] 周益奇，王子健，许宜平. 色谱, 2007, 25(3): 430.
[152] 钟志雄，杜达安，姚敬. 理化检验, 2006, 42: 153.

[153] Zhu B H, Zhong Z X, Yao J. J Chromatogr A, 2006, 1118: 106.
[154] 张晓健, 李爽. 给水排水, 2000, 26: 1.
[155] Richard A M, Hunter E S. Teratology, 1996, 53: 352.
[156] Hodgeson J, Gollins J, Barth R E. US EPA Method 552. 0. Revision 1. 0, National Exposure Research Laboratory, Office of Research and Development, USEPA. Cincinnati, OH: 1990.
[157] Munch D J, Munch J W, Pawlecki A M. US EPA Method 552. 2. Revision 1. 0, National Exposure Research Laboratory, Office of Research and Development, USEPA. Cincinnati, OH: 1995.
[158] Paull B, Barron L. J Chromatog A, 2004, 1046: 1.
[159] 傅厚暾, 赵利敏, 罗曼, 等. 分析化学, 2008, 36(10): 1407.
[160] Barron L, Paull B. J Chromatogr A, 2004, 1047: 205.
[161] Liu Y J, Mou S F. J Chromatogr A, 2003, 997: 225.
[162] Liu Y J, Mou S F. Microchem J, 2003, 75: 79.
[163] Liu Y J, Mou S F. Chemosphere, 2004, 55: 1253.
[164] 孙迎雪, 黄建军, 顾平. 色谱, 2006, 24: 298-301.
[165] Barron L, Nesterenko P N, Paull B . J Chromatogr A, 2005, 1072: 207.
[166] Simone Jr P S, Anderson G T, Emmert G L. Anal Chim Acta, 2006, 570: 259.
[167]Simone Jr P S, Brown M A, Emmert G L, et al. Anal Chim Acta, 2009, 654: 133.
[168] Xiang X, Chan C Y, Guh H Y. Anal Chem, 1996, 68: 3726.
[169] Buchberger W, Ahrer W. J Chromatogr A, 1999, 850: 99.
[170] Roehl R, Slingsby R, Avdalovic N J, et al. J Chromatogr A, 2002, 956: 244.
[171] Barron L, Paull B. Talanta, 2006, 69: 621.
[172] 刘肖, 史亚利, 王碗, 等. 分析化学, 2007, 35(2): 221.
[173] Liu Y J, Mou S F, Chen D. J Chromatogr A, 2004, 1039: 89.
[174] 曾雪灵, 叶明立, 陈永欣, 等. 分析测试学报, 2006, 25(3): 92.
[175] 徐霞, 应兴华, 段彬伍, 等. 分析化学, 2007, 35(11): 1586.
[176] 刘宛宜, 王若冰, 陈力可, 等. 分析化学, 2013, 41(12): 1914.
[177] 陈浩, 徐娟, 薛爱芳, 等. 色谱, 2007, 25(4): 598.
[178] 杨一超, 居旦蓉. 理化检验, 2007, 43: 221.
[179] 钟莺莺, 陈平, 彭锦峰, 等. 色谱, 2012, 30(6): 635.
[180] Siu D C, Henshall A. J Chromatogr A, 1998, 804: 157 .
[181] Melai V, Matteucci F, Di Antonio E, et al. 117th AOAC International Annual Meeting & Exposition “Analytical Solutions at Work”. Atlanta: September 14-18, 2003.
[182] Zhong Z X, Li GK, Zhu BH, et al. Food Chem, 2012, 131: 1044.
[183] Iammarinoa M, Tarantoa AD, Centonze D. Anal Chim Acta, 2010, 672: 61.
[184] AOAC Official Methed 990. 3, Offical Methods of Analysis of AOAC International, 16th ed. AOAC International: Arlingion, VA, 1995, 2(47): 33.
[185] 刘哲, 刘克纳, 宋强, 等. 食品与发酵工业, 1997, 38(1): 26.
[186] Wygant M B, Statler J A, Henshall A. J AOAC Int, 1997, 80(6): 1374.
[187] Casella I G, Marchesc R. Anal Chim Acta, 1995, 311(2): 199.
[188] Pizcoferrato L, Di Lullo G, Quattrucci E. Food Chem, 1998, 63(2): 275.
[189] 王楼明, 林燕奎, 王丙涛, 等. 分析测试学报, 2011, 30(1): 99.
[190] 林立, 陈光, 陈玉红. 色谱, 2011, 29(7): 662.
[191] Bruggink C, Rossum W J M, Spijkerman E, et al. J Chromatogr A, 2007, 1144: 170.
[192] Rendl J, Seybold S, Borner W. Clin Chem, 1994, 40: 908.

[193] Cataldi T R, Rubino A, Laviola M C, et al. J Chromatogr B, 2005, 827: 224.
[194] Thermo Fisher Scientific. AN239. Sunnyvale, CA, USA: 2014.
[195] Kumar S D, Maiti B, Mathur P K. Talanta, 2001, 53: 701.
[196] Huang Z P, Subhani Q, Zhu Z Y, et al. Food Chem, 2013, 139: 144.
[197] Rebary B, Paul P, Ghosh P K. Food Chem, 2010, 123: 529.
[198] 张水锋，林珍珍，陈小珍，等. 分析测试学报, 2012, 31(1): 85.
[199] Thermo Fisher Scientific. Application Note No 37, Sunnyvale, CA, USA: 2013.
[200] 墨淑敏，梁立娜，蔡亚岐，等. 色谱, 2005, 23: 677.
[201] 李静，王雨，梁立娜. 色谱, 2010, 28(4): 422.
[202] Niemann R A, Anderson D L. J Chromatogr A, 2008, 1200: 193.
[203] 史亚利，刘京生，蔡亚岐. 分析化学, 2005, 33(5): 605.
[204] 胡静，赵瑞峰，施文庄，等. 分析测试学报, 2011, 30(10): 1171.
[205] 王红青，肖海龙，赵凯，等. 分析测试学报, 2011, 30(9): 1063.
[206] 朱作艺，张玉，王君虹，等. 分析化学, 2015, 43(11): 1749.
[207] 曹振辉，杨林楠，葛长荣，等. 动物科学与动物医学, 2003, 20(12): 34.
[208] Vani N D, Modi V K, Kavitha S, et al. LWT-Food Sci Technol, 2006, 39(6): 627.
[209] Talamond P, Gallon G, Guyot J P, et al. Analysis, 1998, 26: 396.
[210] Talamond P, Gallon G, Treche S. J Chromatogr A, 1998, 805: 143.
[211] Talamond P, Doulbeau S, Rochette I, et al. J Chromatogr A, 2000, 871(1-2): 7.
[212] Phillippy B Q, Bland J M, Evens T J. J Agric Food Chem, 2003, 51: 350.
[213] Chen Q C, Betty W Li. J Chromatogr A, 2003, 1018(1): 41.
[214] Skoglund E, Carlsson N G, Sandberg A S. J Agric Food Chem, 1997, 45(2): 431.
[215] Skoglund E, Carlsson N G, SandbcrgA S. J Agric Fed Chem, 1998, 46(5): 1877.
[216] Skoglund E, Carlsson N G, Sandbcrg A S. J Agric Food Chem, 1997, 45(12): 4668.
[217] Thermo Scientific. Application Note: 295. Sunnyvale, CA USA: LPN3028, 2012.
[218] 林晓婕，魏巍，何志刚，等. 色谱, 2014, 32(3): 304.
[219] 冯爱军，赵文红，白卫东，等. 中国酿造, 2010, (8): 144.
[220] Marcano L, Carruyo I, Del C A, et al. Envir Res, 2004, 94(2): 221.
[221] 潘广文，赵增运，胡忠阳，等. 色谱, 2010, 28(7): 712.
[222] 阎炎，沈冬青，陈清川，等. 中国公共卫生, 1996, 12(11): 500.
[223] Trifiro A, Saccani G, Zanotti A, et al. J Chromatogr A, 1996, 739(1-2): 175.
[224] 张婷婷，叶明立，胡忠阳，等. 色谱, 2012, 30(4): 400.
[225] 郭紫明，庹苏行，吴名剑. 烟草化学, 2007, 7: 42.
[226] Yao S Z, Yang X R, Zhang H, et al. J AOAC Int, 1998, 81(5): 1099 .
[227] Pineda R, Knapp A D, Hoekstra J C, et al. Anal Chim Acta, 2001, 449: 111.
[228] Rey M, Pohl C. J Chromatogr A, 2003, 997: 199.
[229] Cinquina A L, Cali A, Longo F, et al. J Chromatogr A, 2004, 1032: 73.
[230] Saccani G, Tanzi E, Pastore P, et al. J Chromatogr A, 2005, 1082: 43.
[231] De Borba B M, Rohrer J S. J Chromatogr A, 2007, 1155: 22.
[232] Hoekstra J C, Johnson D C. Anal Chim Acta, 1999, 390: 45.
[233] 贾丽，陈舜琮，曹英华，等. 环境化学, 2008, 27(6): 825.
[234] Pastore P, Favaro G, Badocco D. J Chromatogr A, 2005, 1098: 111.
[235] 赵新颖，焦霞，夏敏，等. 色谱, 2009, 27(4): 505.
[236] 丁永胜，牟世芬. 色谱, 2004, 22(2): 174.

[237] Thermo Fisher Scientific. Application Update189. Sunnyvale, CA, USA： 2012.
[238] Chen Q C, Mou S F, Hou X P, et al. Anal Chim Acta, 1998, 371: 287.
[239] GB 14880—2012 食品安全国家标准 食品营养强化剂使用标准.
[240] 吴凌涛, 方丽, 霍柱健, 等. 分析试验室, 2013, 32(11): 93.
[241] Chen Q C, Mou S F, Liu K N. J Chromatogr A, 1997, 771: 135.
[242] Zhu Y, Guo Y Y, Ye M L, et al. J Chromatogr A, 2005, 1085: 143.
[243] 李静, 王雨, 梁立娜. 食品科学, 2011, 32(12): 239.
[244] 陈青川, 牟世芬, 宋强. 分析测试学报, 1997, 16(6): 55.
[245] 刘志皋、高彦祥. 食品添加剂基础. 北京: 中国轻工业出版社, 1994.
[246] Chen Q C, Mou S F, Hou X P, et al. J Chromatogr A, 1998, 827: 73.
[247] Lee Y C. Anal Biochem, 1990, 189: 151-162.
[248] Jandik P, Jun C, Avdalovic N. J Biochem Biophys Methods, 2004, 60: 191.
[249] 牟世芬, 于泓, 蔡亚岐. 色谱, 2009, 27(5): 667.
[250] 李仁勇, 梁立娜, 牟世芬. 食品与发酵工业, 2010, 36(7): 97.
[251] 孙元琳, 汤坚, 吴胜芳, 等. 中国食品学报, 2008, 8(6): 128.
[252] Rocklin R D, Clarke A P, Weitzhandler M. Anal Chem, 1998, 70: 1496.
[253] Clarke A P, Jandik P, Rocklin R D, et al. Anal Chem, 1999, 71: 2774-2781.
[254] Cheng J, Jandik P, Avdalovic N. Anal Chem, 2003, 75: 572-579.
[255] Andersen K, Sorensen A. J Chromatogr A, 2000, 897: 195.
[256] L’homme C, Peschet J L, Puigserver A, et al. J Chromatogr A, 2001, 920: 291.
[257] Gelders G G, Bijnens L, Loosveld A M, et al. J Chromatogr A, 2003, 992: 75.
[258] 崔鹤, 李戈, 纪雷, 等. 化学分析计量, 2001, 10(1): 25-26.
[259] GB/T 21533—2008 蜂蜜中淀粉糖浆的测定 离子色谱法.
[260] Cordella C, Julio S L T, Clement M C, et al. Anal Chim Acta, 2005, 531: 239.
[261] 侯玉柱, 元晓梅, 蒋明蔚, 等. 食品与发酵工业, 2009, 35(2): 134-137.
[262] 李仁勇, 梁立娜, 牟世芬, 等. 分析化学, 2009, 37(5): 725.
[263] 李仁勇, 梁立娜, 牟世芬, 等. 中国调味品, 2009, 34(7): 95.
[264] 朱松, 戴军, 陈尚卫, 等. 分析测试学报, 2012, 31(11): 1411.
[265] 李国强, 尹平河, 赵玲, 等. 分析测试学报, 2007, 26(3): 401.
[266] Raessler M, Wissuwa B, Breul A, et al. J Agric Food Chem, 2008, 56(17): 7649.
[267] 曾文芳, 时巧翠, 陈永欣, 等. 食品科学, 2006, 27(5): 205.
[268] 李建文, 王竹, 杨月欣. 卫生研究, 2008, 37(3): 359.
[269] 王荔, 陈巧珍, 宋国新, 等. 色谱, 2006, 24(2): 201.
[270] 胡静, 沈光林, 温东奇. 色谱, 2007, 25(3): 451.
[271] Arfelli G, Sartini E. Food Chemistry, 2014, 142: 152-158.
[272] 潘媛媛, 梁立娜, 蔡亚岐, 等. 色谱, 2008, 26(5): 626.
[273] 胡贝贞, 董文洪, 夏碧琪, 等. 色谱, 2015, 33(6): 662.
[274] 周洪斌, 熊治渝, 李平, 等. 色谱, 2013, 31(11): 1093.
[275] Cataldi T R I, Campa C, Casella I G, et al. J Agric Food Chem, 1999, 47: 157.
[276] Cataldi T R I, Margiotta G, Iasi L, et al. Anal Chem, 2000, 72: 3902.
[277] Talhout R, Opperhuizen A, van Amsterdam J G C. Food and Chemical Tox icology, 2006, 44 (11): 1789.
[278] Clarke M B, Bezabeh D Z, Howard C T. J Agric Food Chem, 2006, 54: 1975.
[279] 唐坤甜, 梁立娜, 蔡亚岐, 等. 分析化学, 2007, 35(9): 1274.
[280] 唐坤甜, 林立, 梁立娜, 等. 食品科学, 2008, 29(6): 327.

[281] Ellingson D, Pritchard T, Foy P, et al. J Aoac Int, 2012, 95(5): 1469.
[282] Ellingson D, Pritchard T, Foy P, et al. J Aoac Int, 2013, 96(5): 1068.
[283] 胡学智，伍剑锋. 中国食品添加剂, 2007(6): 148.
[284] 王建华，张帆，滕达，等. 理化检验, 2007, 43: 558.
[285] 耿丽娟，黄峻榕，冯峰，等. 色谱, 2014, 32(2): 1380.
[286] Borromei C, Cavazza A, Merusi C, et al. J Sep Sci, 2009, 32: 3635.
[287] Borromei C, Careri M, Cavazza A, et al. Int J Anal Chem, 2009, 2009: 1.
[288] Max F, Jinadevi S R, Audrey A. J Chromatogr B, 2009, 877(23): 2388.
[289] 白靖，姜金斗，陶大利. 食品科学, 2014, 35(2): 257.
[290] 贺伟，丁卉，王婕琛，等. 分析测试学报, 2012, 31(10): 1242.
[291] Zhang Z Q, Khan N M, Nunez K M, et al. Anal Chem, 2012, 84: 4104.
[292] Lamari F N, Karamanos N K. J Chromatogr B, 2002, 781: 3.
[293] 唐坤甜，梁立娜，蔡亚岐，等. 分析化学, 2008, 36(11): 1535.
[294] Rohre r J S. Anal Biochem, 2000, 283: 3.
[295] Rohre r J S, M iller H I. Anal Biochem, 2003, 316: 131.
[296] Hurum D C, Rohrer J S. J Dairy Sci, 2012, 95: 1152.
[297] 吴胜芳，王树英，陶冠军，等. 食品与生物技术学报, 2005, 24(4): 86.
[298] 孙元琳，汤坚，吴胜芳，等. 中国食品学报, 2008, 8(6): 2128.
[299] 梁立娜，张萍，蔡亚岐，等. 分析化学, 2006, 34(10): 1371.
[300] Jandik P, Cheng J, Avdalovic N. J chromatogr B, 2001, 758: 189.
[301] Ding Y S, Yu H, Mou S F. J chromatogr A, 2003, 997: 155.
[302] Yu H, Ding Y S, Mou S F. Chromatographyia, 2003, 57: 721.
[303] Thiele C, Ganzle M G, Vogel R F. Anal Biochem, 2002, 310: 171.
[304] Cataldi T R I, Telesca G, Bianco G, et al. Talanta, 2004, 64: 626.
[305] Ding Y S, Yu H, Mou S F. J Chromatogr A, 2002, 982: 237.
[306] Rombouts I, Lagrain B, Lamberts L, et al. Methods Mol Biol, 2012, 828: 329.
[307] Jandik P, Cheng J, Avdalovic N. J Biochem Biophys Methods, 2004, 60: 191.
[308] DL/T 954—2005.
[309] DL/T 301—2011.
[310] 程介克. 痕量分析, 1992, 8(1): 59.
[311] U S EPA Method 300. 0. August, 1993.
[312] Dionex Corporation. Application Note 146, LPN 1507. Sunnyvale, CA, USA. 2003.
[313] Dionex Corporation. Application Note 153, LPN 1527. Sunnyvale, CA, USA: 2003.
[314] Dionex Corporation. Application Note 185, LPN 1996. Sunnyvale, CA: 2008.
[315] Thermo Fisher Scientific. Application Update 191. Sunnyvale, CA, USA: 2012.
[316] Thermo Fisher Scientific. Application Note 247, LPN 2506. Sunnyvale, CA, USA: 2010.
[317] Kadnar R. J Chromatogr A, 1998, 804: 217.
[318] Thermo Fisher Scientific. Application Note 1094. Sunnyvale, CA, USA: 2014.
[319] Andrew M, Burhalt I M V, Kernoghan N J, et al. J Chromatogr A, 1993, 640: 111.
[320] 胡天友，黄瑛，颜晓琴，等. 石油与天然气化工, 2008, 37(2): 119.
[321] Kadnar R, Rirder J. J Chromatogr A, 1995, 706(1): 339.
[322] Bord N, Cretier G, Rocca J-L, et al. J Chromatogr A, 2005, 1100(1): 223.
[323] 罗芳. 石油炼制与化工, 2005, 36(3): 60.
[324] 罗芳. 分析测试学报, 2004, 23(4): 84.

[325] 吴述超, 胡荣宗, 黄维雄, 等. 石油化工, 2006, 35(4): 384.
[326] 汪文强, 陆克平. 石油化工, 2007, 36(1): 88.
[327] 颜晓琴. 石油与天然气化工, 2010, 39(4): 294.
[328] 唐飞, 汪玉洁, 罗 勤, 等. 色谱, 2012, 30(4): 378.
[329] SupapT, Idem R, Tontiwachwuthiku P. Energy Procedia, 2011, 4(1): 591.
[330] Miyake Y, Kato M, Urano K . J Chromatogr A, 2007, 1139: 63.
[331] Kaiser E, Rohrer J S. J Chromatogr A, 1999, 858: 55.
[332] Dionex Corporation. Application Update 163. LPN 1962. Sunnyvale, CA, USA: 2007.
[333] Dionex Corporation. Application Note 85, LPN0482. Sunnyvale, CA, USA: 2000.
[334] Kaiser E, Wojtusik M J. J Chromatogr A, 1994, 671: 253.
[335] 叶明立, 朱岩, 施青红. 分析化学, 2005, 33(2): 187.
[336] Vanatta L E. J Chromatogr A, 2008, 1213: 70.
[337] Kaiser E, Rohrer J S, Watanabe K. J Chromatogr A, 1999, 850: 167.
[338] Dionex Corporation, Application Note No. 78. Sunnyvale, CA, USA: 1992.
[339] Vermeiren K. J Chromatogr A, 2005, 1085(1): 60.
[340] VermeirenK. J Chromatogr A, 2005, 1085(1): 66.
[341] 谢佩瑾, 孙剑英, 汪列敏, 等. 中国无机分析化学, 2012, 2(3): 28.
[342] Vanatta L E . Trends Anal Chem, 2001, 20: 336.
[343] Stover F S. J Chromatogr A, 2002, 956: 121.
[344] 胡忠阳, 叶明立, 吴述超, 等. 分析化学, 2012, 40(11): 1703.
[345] Weis J. Ion Chromatography. Weinheim: VCH, 1995: 98.
[346] Kaiser E, Rohrera J S, Jensen D. J Chromatogr A, 2001, 920: 127.
[347] Woodruff A, Pohl C A, Bordunov A, et al. J Chromatogr A, 2001, 956: 35.
[348] Vanatta L E, Coleman D E, Woodruff A. J Chromatogr A, 2003, 997: 269.
[349] Vanatta L E, Woodruff A, Coleman D E. J Chromatogr A, 2005, 1085: 33.
[350] 曾文芳, 叶明立, 朱岩. 分析测试学报, 2006, 25(2): 112.
[351] Wang K F, Lei Y, Eitel M, et al. J Chromatogr A, 2002, 956: 109.
[352] Dionex Corporation. Application Note 93, LPN 1886. Sunnyvale, CA: 2007.
[353] Dionex Corporation. Product Manual for Anion Self-Regenerating Neutralizer ASRN Ⅱ and Cation Self-Regenerating Neutralizer CSRN Ⅱ. LPN 034962. Sunnyvale, CA: 1998.
[354] 钟莺莺, 朱海豹, 裘亚钧, 等. 中国无机分析化学, 2011, 1(1): 78.
[355] Wang N, Wang R, Zhu Y. J Hazard Mater, 2012, 235: 123.
[356] 张婷婷, 王娜妮, 叶明立, 等. 色谱, 2013, 31(1): 88.
[357] Zhong Y, Zhou W F, Zhu Y. Anal Chim Acta, 2011, 686: 1.
[358] Wagner H P, Pepich B V, Pohl C, et al. J Chromatogr A, 2006, 1118: 85.
[359] 韩静, 梁立娜, 牟世芬, 等. 分析化学, 2008, 36(2): 187.
[360] 墨淑敏, 梁立娜, 蔡亚岐, 等. 分析测试学报, 2006, 25(1): 105.
[361] 梁立娜, 蔡亚岐, 牟世芬. 分析试验室, 2005, 24(11): 66.
[362] Fillatre Y, Rondeau D, Daguin A, et al. Talanta, 2016, 149: 178.
[363] Silva R J N B D. Talanta, 2016, 148: 177.
[364] García-Fonseca S, Rubio S. Talanta, 2015, 148: 370.
[365] 谭惠仁. ICP-AES、ICP-MS、AFS、IC 分析技术在茶叶中微量元素的分析研究[D]. 广州: 中山大学, 2013.
[366] Thienpont L M, Nuwenborg J E V, Stöckl D. J Chromatogr A, 1995, 706 (1): 443.
[367] Thienpont L M, Nuwenborg J E V, Stoeckl D. et al. Anal Chem, 1994, 66 (14): 2404.

[368] Thienpont L, Franzini C, Kratochvila J, et al. Eur J Chin Chem Clin Biochem, 1995, 33 (12): 949.
[369] Thienpint L M, Van Nuwenberg J E, Reinauer D H. J Chin Chem Clin Biochem, 1996, 29: 501.
[370] Nuwenborg J E V, Stöckl D, Thienpont L M. J Chromatogr A, 1997, 770 (1): 137.
[371] Thienpont L M, Van N J E, Stockl D. J Chromatogr A, 1997, 789 (1): 557.
[372] Van Nuwenberg J E, Stbeld D, Thienport L M. J Chromatogr A, 1997, 770: 137.
[373] Dionex Corporation. Application Note No. 107. Sunnyvale, CA, USA: 1996.
[374] Monaghan J M, Cook K, Gara D, et al. J Chromatogr A, 1997, 770 (1): 143.
[375] 王勇，左跃先. 离子色谱法检验血液中氰化物//第 13 届离子色谱学术报告会论文集, 2010.
[376] 赵富勇，王宗花，王辉，等. 离子色谱法电导检测人尿中的尿酸//第 13 届离子色谱学术报告会论文集, 2010.
[377] Mura P, Papet Y, Sanchez A, et al. J Chromatogr B, 1995, 664 (2): 440.
[378] Dionex Corporation. Application Update No. 140. Sunnyvale, CA, USA: 1998.
[379] García-Fonseca S, Rubio S, et al. Talanta, 2015, 148: 370.
[380] Garcia R, Boussard A, Rakotozafy L, et al. Talanta, 2016, 147: 307.
[381] Guzzi C, Alfarano P, Sutkeviciute I, et al. Organic & Biomolecular Chemistry, 2016, 14 (1): 335.
[382] Cai Y, Liu J, Shi Y, et al. J Chromatogr A, 2005, 1085 (1): 98.
[383] Cataldi T R I, Angelotti M, Bianco G, et al. Analy Chim Acta, 2003, 485 (1): 43.
[384] Weitzhandler M, Farnan D, Horvath J, et al. J Chromatogr A, 1999, 828 (1): 365.
[385] Dionex Corporation. Application Note No. 125. Sunnyvale, CA, USA: 1999.
[386] Frantzen F. J Chromatogr B, 1997, 699 (1): 269.
[387] Weitzhandler M, Farnan D, Horvath J, et al. J Chromatogr A, 1999, 828 (1): 365.
[388] Dionex Corporation. Application Note No. 126. Sunnyvale, CA, USA: 1999.
[389] Harris R J. J Chromatogr A, 1995, 705 (1): 129.
[390] Lewis D A, Guzzetta A W, Hancock W S, et al. Analy Chem, 1994, 66 (5): 585.
[391] Weitzhandler M, Farnan D, Horvath J, et al. J Chromatogr A, 1999, 828 (1): 365.
[392] Dionex Corporation. Application Note No. 127. Sunnyvale, CA, USA: 1999.
[393] Dionex Corporation, Application Note No. 128. Sunnyvale, CA, USA: 1999.
[394] Courchesne K, Manavalan P. Protein Sci, 1997, 6 (85): 179.
[395] Dionex Corporation. Application Note No. 129. Sunnyvale, CA, USA: 1999.
[396] Li W, Zhao H, He Z, et al. Colloid Surface B, 2015, 138: 70.
[397] Darragh A J, Garrick D J, Moughan P J, et al. Analy Biochem, 1996, 236 (2): 199.
[398] Weiss M, Manneberg M, Juranville J F, et al. J Chromatogr A, 1998, 795 (2): 263.
[399] Tatár E, Khalifa M, Záray G, et al. J Chromatogr A, 1994, 672 (1): 109.
[400] Joergensen L, Thestrup H N, et al. J Chromatogr A, 1995, 706 (1): 421.
[401] Krüger R, Kübler D, Pallissé R, et al. Anal Chem, 2006, 78(6): 1987.
[402] Daniello A, Petrucelli L, Gardner C, et al. Anal Biochem, 1993, 213 (2): 290.
[403] Poinsot V, Ong-Meang V, Gavard P, et al. Electrophoresis, 2016, 37 (1): 50.
[404] Fekkes D, J Chromatogr B, 1996, 682 (1): 3.
[405] Gao P, Zhou C, Zhao L, et al. J Pharmaceut Biomed Analy, 2016, 118: 349.
[406] Fekkes D, Dalen A V, Edelman M, et al. J Chromatogr B, 1995, 669 (2): 177.
[407] Uhe A M, Collier G R, Mclennan E A, et al. J Chromatogr A, 1991, 564 (1): 81.
[408] Zhong Z X, Li G K, Zhong X H, et al. Talanta, 2013, 115: 518.
[409] 钟志雄，李攻科，朱炳辉，等. 色谱, 2010, 28(7): 702-707.
[410] Zhong Z X, Li G K, Luo Z B, et al. Analy Chim Acta, 2012, 715: 49.
[411] Helaleh M I H, Tanaka K, Taoda H, et al. J Chromatogr A, 2002, 956: 201.

[412] Sid Kalal H, Rafiei J, Bani F, et al. Int J Environ Res, 2010, 4(2): 289.
[413] 李晶，朱岩．分析化学, 2006, 34(8): 1205.
[414] 朱惠扬，钟志雄，潘心红．理化检验：化学分册, 2010, 46(12): 1384.
[415] Chen S F, Mowery R A, Castleberry V A, et al. J Chromatogr A, 2006, 1104: 54.
[416] 钟志雄，梁春穗，杜达安．环境与健康杂志. 2006, 23(4): 357.
[417] 钟志雄，杜达安，梁旭霞．中国卫生检验杂志, 2001, 11(1): 21.
[418] 钟志雄，杜达安，梁春穗，等．卫生研究, 2004, 4: 491.
[419] 王丽群，国立东，张丽英．黑龙江医药, 2014, 27(1): 10.
[420] 于海英，李启艳，王小兵，等．卫生研究, 2014, 43(4): 624.
[421] Zhu Z Y, Xi L L, Subhani Q, et al. Talanta, 2013, 113: 113.
[422] Delatte T L, Selman M H J, Schluepmann H, et al . Anal Biochem, 2009, 389: 12.
[423] 许丽，周光明，余娜，等．日用化学工业, 2012, 42(1): 76.
[424] Kahsay G, Song H, Schepdael A V, et al. J Pharmaceut Biomed, 2014, 87: 142.
[425] Dołowy M, Pyka A. Biomed Chromatogr, 2014, 28: 84.
[426] Romão W, Lalli P M, Franco M F, et al. Anal Bioanal Chem, 2011, 400(9): 3053.
[427] Hurtado P P, Lam P Y, Kilgour D, et al. Anal Chem, 2012, 84 (20): 8579.
[428] Nsouli B, Bejjani A, Negra S D, et al. Analy Chem, 2010, 82 (17): 7309.
[429] Dionex Corporation. Application Note No. 106. LPN 0660. Sunnyvale, CA, USA: 1996.
[430] Popot M A, Garcia P, Hubert C, et al. J Chromatogr B, 2014, 958 (5): 108.
[431] D'Eufemia P, Finocchiaro R, Celli M, et al. Biomed Pharmacother, 2010, 64 (4): 271.
[432] Kaji H, Hisa I, Inoue Y, et al. J Bone Miner Metab, 2009, 27 (1): 76.
[433] 陈郁，刘玉秀，陈智栋，等．色谱, 2012, 30 (4): 414.
[434] 陈郁，刘玉秀．浙江大学学报(理学版), 2012, 39 (2): 194.
[435] Domnguez-Vega E, Montealegre C, Marina M L. Electrophoresis, 2016, 37 (1): 189.
[436] Zhou J L, Maskaoui K, Lufadeju A. Anal Chim Acta, 2012, 731 (12): 32.
[437] 张洁，严丽娟，潘晨松，等．色谱, 2012, 30 (10): 1031.
[438] 封淑华．中国药业, 2010, 19 (11): 1.
[439] 寿旦，朱作艺，张扬，等．分析化学, 2012, 40 (6): 960.
[440] 易伦朝，吴海，梁逸曾．色谱, 2008, 26 (2): 94.
[441] 祁嘉义．临床元素化学．北京：化学工业出版社, 2000.
[442] 丁海萍，赵玉英，王琳琳．化学试剂, 2012, 34 (6): 011.
[443] 翟武，宣栋梁，蔡嵘．理化检验：化学分册, 2002, 38 (2): 66.
[444] 刘玉芬，夏海涛，葛洪玉．广东微量元素科学, 2005, 12 (8): 47.
[445] 侯逸众，范云场，朱岩，等．分析试验室, 2009, 28(10): 38.
[446] 王宗花，丁明玉．药物分析杂志, 1999, (1): 20.
[447] 符继红，解成喜，张丽静．色谱, 2004, 22 (1): 72.
[448] 杨绍美，陆建平，曹家兴，等．分析试验室, 2011, 30 (7): 119.
[449] 寇兴明，卢铁刚，胡常伟，等．四川大学学报(自然科学版), 2001, 38 (3): 449.
[450] 李骥超，王小燕，欧阳荔，等．光谱学与光谱分析, 2010, 30 (11): 3136.
[451] Hu P, Liu M, Zhao J, et al. Solvent Extr Ion Exc, 2014, 32 (3): 316.
[452] 刘静，李静，聂黎行，等．药物分析杂志, 2012, (10): 1774.
[543] Phillippy B Q, Bland J M, Evens T J. J Agri Food Chem, 2003, 51 (2): 350.
[454] 汪琼，张翼，谢小波，等．中成药, 2007, 29 (11): 1703.
[455] 钟添华，黄丽英，房静．分析测试技术与仪器, 2011, 17 (2): 74.

[456] 屈晶，周光明. 食品工业科技, 2010, (7): 357.
[457] Joo K M, Park C W, Jeong H J, et al. J Chromatogr B, 2008, 865 (1-2): 159.
[458] Sekiguchi Y, Mitsuhashi N, Inoue Y, et al. J Chromatogr A, 2004, 1039 (1-2): 71.
[459] Cho H J, Do B K, Shim S M, et al. Toxicol Res, 2013, 29 (2): 143.
[460] 饶毅，刘玲，刘琼，等. 中国实验方剂学杂志, 2011, 17 (22): 32.
[461] 朱雪妍，罗轶，黄捷，等. 中国药师, 2013, (9): 1330.
[462] 宋玉国，申玉华. 药物分析杂志, 2012, (5): 857.
[463] 王欣美，毛秀红，王柯. 中国卫生检验杂志, 2012, (3): 470.
[464] 吴越，王玉，梅雪艳，等. 药物分析杂志, 2014, (1): 155.
[465] 滕南雁，梁飞燕. 药物分析杂志, 2011, (8): 1549.
[466] Koshiji K, Nonaka Y, Iwamura M, et al. Carbohyd Polym, 2016, 137: 277.
[467] Xie Q, Weng X, Lu L, et al. Biosens Bioelectron, 2015, 77: 46.
[468] Simulescu V, Kalina M, Mondek J, et al. Carbohyd Polym, 2015, 137: 664.
[469] 姚超英. 浙江大学学报(理学版), 2008, 35 (3): 305.
[470] Gholami-Shabani M, Akbarzadeh A, Norouzian D, et al. Appl Biochem Biotec, 2014, 172 (8): 4084.
[471] Karthik N, Binod P, Pandey A, et al. Bioresource Technol, 2015, 188: 195.
[472] Tapiahernández J A, Torreschávez P I, Ramírezwong B, et al. J Agri Food Chem, 2015, 63: 4699.
[473] Kang J, Wang T, Xin H, et al. J Air Waste Manage, 2014, 2 (5): e01092.
[474] Choi S K, Jeong H, Kloepper J W, et al. Genome Announce, 2014, 2: e01092.
[475] 邱爱玲. 化学工业与工程技术, 2014, 35(3): 78.
[476] 王楼明，林燕奎，王丙涛，等. 分析科学学报, 2011, 27 (2): 253.
[477] El-Aty A M A, Lee G W, Mamun M I R, et al. Biomed Chromatogr, 2008, 22 (3): 306.
[478] Albero B, Sánchez-Brunete C, Donoso A, et al. J Chromatogr A, 2004, 1043 (2): 127.
[479] Moawad M, Khoo C S. J Aoac Int, 2005, 88 (5): 1463.
[480] Yan Z, Zhang F, Tong C, et al. J Chromatogr A, 1999, 850 (1): 297.
[481] 叶明立，胡忠阳，潘广文. 分析化学, 2011, 39 (11): 1762.
[482] 林涛，邵金良，刘兴勇. 色谱, 2015, 33 (3): 235.
[483] Oulkar D P, Banerjee K, Ghaste M S, et al. J Aoac Int, 2011, 94 (3): 968.
[484] 徐茂生，王慕华，胡正良，等. 仪器仪表学报, 2001, 22(z1): 327.
[485] 施青红，吴东亮，陈志斌，等. 宁波工程学院学报, 2001, 13(B03): 147.
[486] 张锦梅，王敬花，王珊珊，等. 全国离子色谱学术报告会. 2012, 2 (3): 76.
[487] Náchermestre J, Serrano R, Portolés T, et al. J Agri Food Chem, 2014, 62 (10): 2165.
[488] Náchermestre J, Ibáñez M, Serrano R, et al. J Agri Food Chem, 2013, 61 (9): 2077.
[489] 丁永胜，牟世芬. 色谱, 2004, 22 (02): 174.
[490] 陈勇，吴雅欣，杜利君，等. 粮食与饲料工业, 2014 (5): 63.
[491] 傅彤，刘庆生，范志影，等. 中国畜牧兽医, 2005, 32(5): 16.

CHAPTER 8

仪器常见故障的排除和色谱柱的清洗

作为一种常规分析仪器，离子色谱仪已在许多领域得到应用。根据测定对象的不同，仪器可以有多种配置。不仅各个公司仪器的结构设计有较大不同，同一型号的仪器，因为所使用的色谱柱、流动相、检测器甚至分析泵的不同也可以产生多种组合。因此，全面讨论仪器的常见故障和排除方法有较大的难度，本章只就一些仪器的典型故障和注意事项做一些讨论。现代分析仪器的制造愈来愈精密，要延长仪器的使用寿命平时对仪器的精心维护是必不可少的。因此，了解一些关于仪器日常维护的知识，遇到故障时能够正确地判断并及时排除是十分重要的。以下将介绍实验工作中容易出现的问题和解决问题的办法。

第一节　仪器的例行保养与常见故障的排除

一、分析泵和输液系统

（一）概述

高压分析泵是离子色谱仪最重要的部件之一。分析泵的作用主要是通过等浓度或梯度浓度的方式在高压下将淋洗液经由进样阀输送到色谱柱内并对待测物进行洗脱。分析泵性能的好坏直接影响仪器结果的可靠性。为适应离子色谱分离的需要，大多数离子色谱仪上配备的高压泵为全塑泵。此种泵不但能够承受强酸强碱的腐蚀，对常用的反相有机溶剂也能完全兼容。新型的离子色谱仪的承受压力部分和流动相通过的流路均由耐压耐腐蚀的 PEEK（聚醚醚酮）材料制造。离子色谱仪用分析泵应能满足以下要求：

（1）输出压力高　离子色谱分离的压力通常在 7～21MPa 之间，考虑到与液相色谱的兼容，因此泵的输出压力应不低于 40MPa。

（2）耐腐蚀　由于离子色谱使用的流动相包括强酸、强碱、络合剂和有机溶剂，因此要求泵所有与液体接触的区域能够兼容反相有机溶剂和 pH 0～14 的溶剂。

（3）流量稳定　分析泵输出稳定的流量对分析结果的重现性有很大的影响。要求泵的输出流量准确，脉动小，流量精度和重复性为±0.5%以上。

（4）其他　有良好的密封性，噪声小等。

高压分析泵和输液系统主要由高压输液泵、压力传感器、启动阀、单向阀、淋洗液瓶和输液管路等部分组成。离子色谱用分析泵有并联和串联两种液体输送方式。通常，串联方式分析泵故障率低并有较高的流量精度，适合那些 2mm 内径、淋洗液流速较小的色谱柱，最新的毛细管型离子色谱仪的串联式分析泵，流速增幅可达到 0.0001mL/min。并联方式的分析泵流量范围通常要更大一些，因此可适应的色谱柱的范围更宽一些。例如，能够满足内径为 2mm、4mm、9mm 色谱柱的流量要求。并联分析泵一般的流量范围在 0.04～10mL/min。理论上讲，分析泵并联方式的系统压力应该比串联方式稳定，但随着科学技术的进步，目前多数通过微处理器控制的串联泵其稳定性与并联泵已经没有明显差别。

离子色谱的梯度淋洗根据混合方式不同，分为高压梯度与低压梯度。高压梯度是通过梯度程序分别控制两台高压输液泵，将两种淋洗液按比例输送至混合器，混合器连接于泵后，两种淋洗液在高压下进行混合，然后将混合液送入分离系统。高压梯度的主要优点是每台泵都可以控制流量的输出，可以获得任意形式的梯度曲线。低压梯度是一台高压输液泵通过泵前的比例电磁阀控制梯度淋洗液所需的几种淋洗液的流量。因此比例阀在泵前，四元比例阀输出的溶液先进入混合器进行混合，然后进入输液泵，混合在低压下进行，因此称低压梯度。低压混合容易产生气泡，一般需要配置在线脱气装置。离子色谱的梯度淋洗主要是采用四元比例阀低压混合，泵出口的静态混合器可以提高混合效果。低压四元梯度泵的流路见图 8-1。

（二）分析泵常见故障与排除

高压泵工作正常的情况下，系统压力和流量稳定，噪声很小，色谱峰形正常。与之相反，在高压泵工作不正常的情况时，系统压力波动较大，产生噪声，基线的噪声加大，流量不稳并导致色谱峰形变差(出现乱峰)。产生以上情况的原因有多种，下面分别予以叙述。

1．淋洗液的脱气与泵内气泡的排除

仪器初次使用或更换淋洗液时，管路中的气泡容易进入泵内，造成系统压力和流量的不稳定，同时分析泵电机为维持系统压力的平衡而加快运转产生噪声。另外，分析泵工作时要求能够提供充足的淋洗液，否则分析泵容易抽空。因此淋洗液瓶需要施加一定的压力，通常施加的压力＜35kPa。对于一些容易产生气体的溶液如加入

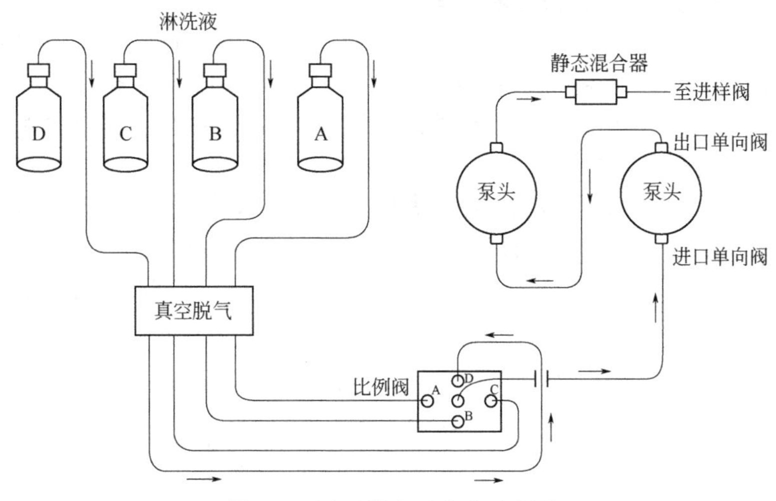

图 8-1 四元梯度泵流路示意图

部分甲醇的淋洗液，可先离线用真空抽滤脱气的办法除去溶液中大部分的气体，再于系统中用惰性气体（氦气或高纯氮气）加压保护。

在更换淋洗液后，因为淋洗液管路离开了液面而易使管路内产生气泡。此时建议先旋松启动阀的螺栓，开泵，用一容器接收流出的淋洗液，注意观察直到管路内的气泡排出。停泵，旋紧启动阀螺栓再开泵。如果气泡已经进入泵内，会观察到泵压不稳定，同时有噪声产生。此时要先停泵，然后通过启动阀排除。具体方法是：旋松压力传感器上的旋钮，用一个 10mL 注射器在启动阀处向泵内注射去离子水或淋洗液，可反复几次直到气泡排除为止，然后再将泵启动，参见图 8-2。另外，大部分分析泵上都设有大流量冲洗泵头的开关，但启用之前，切记先要将系统旁路冲洗，以免高压使系统管路崩溃。建议不要频繁使用此功能，因为电机长时间过快地转动会加速电机内部转子的磨损。

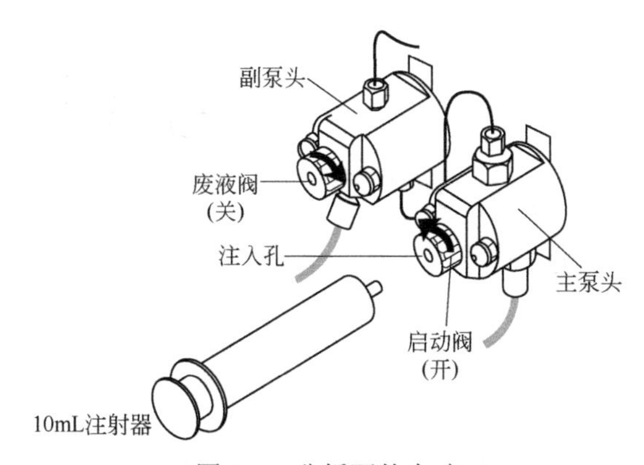

图 8-2 分析泵的启动

2．系统压力波动大，流量不稳定

系统中进入了空气，或者单向阀的宝石球与阀座之间有固体异物，使得两者不能闭合密封，需卸下单向阀浸入盛有纯水的烧杯内用超声波清洗。图 8-3 是一款单向阀的分解图。近年来单向阀中常使用组合阀芯，将宝石球、垫片等组装在一个圆柱体内，圆柱体两端分别有液体进出入的小孔。一般阀芯上会标有液体流动方向的箭头，重新安装时不要装反。检查此类单向阀是否堵塞时，可以轻轻摇动，正常应该可以听到宝石球移动发出的声音，否则就可能是堵塞了。另外，也可以用洗耳球按着进液的方向吹气，如果不通气，应该就是堵塞了。此种单向阀的清洗方法同前面叙述的相同。

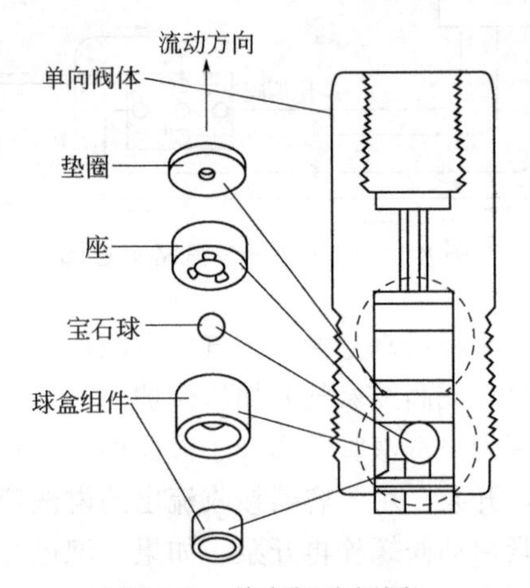

图 8-3　单向阀分解图

当使用了浓度较高的淋洗液后，如 0.2mol/L NaOH，建议停机前用去离子水冲洗系统至中性，以免一些盐沉淀在单向阀内。此外，分析泵上的压力传感器是用来探测液体流动时的压力变化的，并将其变化反馈至分析泵电路来调整电机的转速。压力传感器有故障时也会造成压力波动，应检查传感器旋钮上的 O 形密封圈是否有磨损。图 8-4 为一款压力传感器的结构。

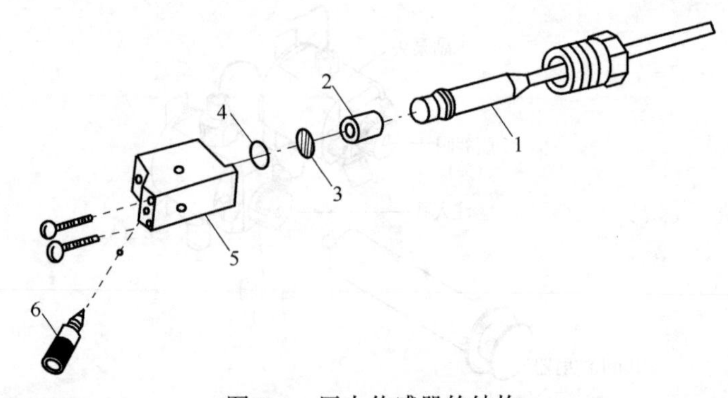

图 8-4　压力传感器的结构

1—压力传感器探头；2—套筒；3—压力衬垫；4—O 形密封圈；5—传感器基座；6—漏液传感器

泵密封圈（见图 8-5）变形后，在高压下会产生泄漏。泵漏液时，系统压力不稳定，仪器无法工作。泵密封圈属于易耗品，正常使用的情况下每 6～12 个月更换一次。更换的频率与使用次数有关。为延长密封圈的使用寿命，在使用了浓度较高的碱溶液以后，要用去离子水清洗泵头部分，以防产生沉淀物。目前部分高端离子色谱具有利用蠕动泵自动定时清洗泵头的功能，需要注意的是，清洗液要定期更换，一般不要超过一周。

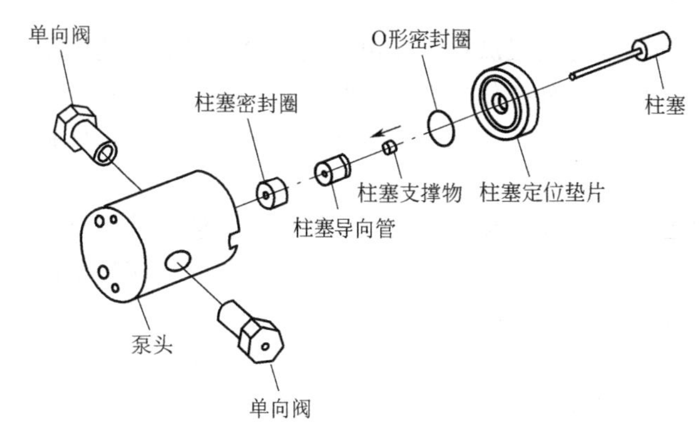

图 8-5　分析泵的活塞结构

3．系统压力升高

在系统的压力超过正常压力的 30%以上时，可以认为该系统压力不正常。压力升高与以下几种情况有关：

① 保护柱的滤片因有物质沉积而使压力逐渐升高，此时应更换滤片；

② 某段管子堵塞造成系统压力突然升高，此时应逐段检查，更换；

③ 室温较低时如低于 10℃时，系统压力会升高，此时应设法使室温保持在 15℃以上；

④ 当有机溶剂与水混合时，由于溶液的黏度、密度变化压力亦会升高；

⑤ 流速设定过高使压力升高，应按照色谱柱的要求设定分析泵的流速。

4．系统压力降低或无压力

系统有泄漏时，压力会降低。仔细检查各种接头是否拧紧。此外，当系统流路中有大量气泡存在，进入泵内形成空穴，启动泵后系统无压力显示，亦无溶液流出。此种现象在单柱塞泵中常观察到。为避免上述问题，流动相的容器要加压（≤0.03MPa）；在仪器初次使用或更换淋洗液时要注意排除输液管路内的空气。

（三）分析泵的日常维护

(1)泵的清洗　经常用去离子水对泵进行清洗有助于使泵处于一个良好的状态。使用强酸强碱后必须要冲洗，以防止泵内密封圈受到损害。某些正相有机溶剂(如二氯甲烷等)对 PEEK 材料有腐蚀作用，应避免使用。

(2) 泵的维护　在泵的使用过程中应适时添加淋洗液以避免溶液耗光，造成泵空抽。产生气泡后应先停机，然后予以排除。特别要防止在无人的情况下，泵内进入气泡，泵为维持压力平衡而加快转速对电机内转子的磨损。防止泵内进气泡最好的方法是对淋洗液瓶加压。在排净流路中的气泡后，加压的系统基本上不会再产生气泡。

二、检测器常见故障

检测器常见的故障是基线漂移、噪声增大。检测器尚未达到稳定状态可使基线产生漂移（见图 8-6）。另外在使用抑制器时，正常情况下背景电导会由高向低的方向逐渐降低，最后达到平衡。如果背景电导值持续增加，说明抑制器部分有问题，检查抑制器是否失效。

性能良好的检测器的基线噪声在较高灵敏度时仍能保持很小。但随着输出灵敏度的进一步增加，检测器的噪声会逐渐变大。除此以外，在离子色谱中，电导池或流动池内产生气泡也会使基线噪声增大。通常这种噪声的图形有规律性，它是随着泵的脉动而产生的（图 8-7）。池内的气泡可通过增加出口的反压和向池内注射乙醇或异丙醇除去。检测池被沾污也会造成噪声增加。用酸清洗电导池和对电极表面抛光可以使基线噪声减小（参考本书第六章检测器部分）。另外，应避免为了提高检测灵敏度而将检测器的输出范围设置过于灵敏以防止基线噪声增加。

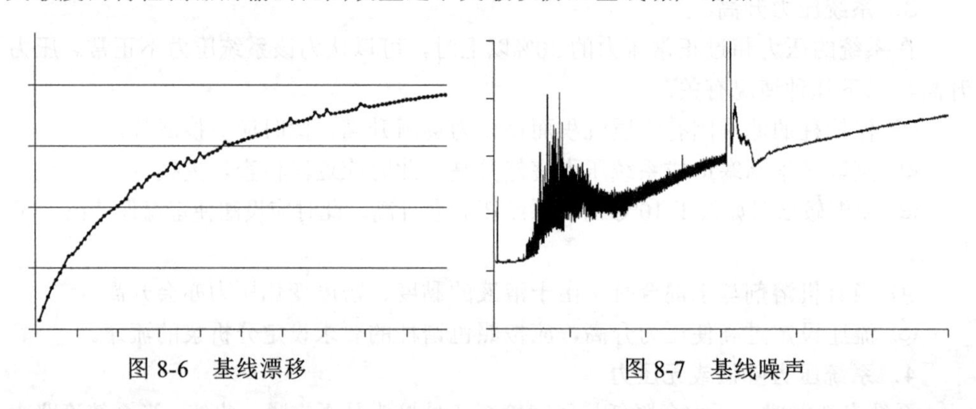

图 8-6 基线漂移　　　　图 8-7 基线噪声

配制淋洗液的水应该满足电阻率＞17.8MΩ·cm 的要求。实验中发现淋洗液使用纯度较低的水配制时基线噪声较大。在进行痕量分析时，所使用的淋洗液要用电阻率＞18.2MΩ·cm 的水配制。如使用 OH^- 淋洗液洗脱时，建议使用 50%（质量分数）NaOH 溶液配制，离线进行真空脱气并用惰性气体密封保存。上述步骤可以减小基线噪声，提高测定灵敏度。

三、色谱柱常见故障

1. 柱压升高

柱压升高可能与以下原因有关：

① 色谱柱过滤网板被沾污，需要更换。一般先更换保护柱进口端的网板。更换时应注意不可损失柱填料。色谱柱结构示意见图 8-8。

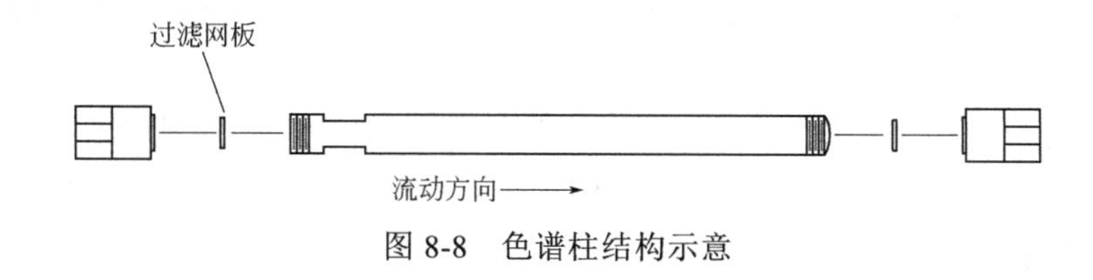

图 8-8　色谱柱结构示意

② 柱接头拧得过紧，使输液管端口变形，造成压力升高。因此接头不能拧得过紧，不漏液即可。

③ PEEK 材料的管切口不齐。

④ 环境温度的变化对色谱柱的压力也有一定的影响，在温度较低时（<10℃），柱压一般会升高 0.2～0.3MPa。

2．分离度下降

色谱柱分离度下降可能与以下原因有关：系统有泄漏时分离度会降低；分离柱被沾污后柱容量因子 k'值变小；淋洗液类型和浓度不合适等。

（1）对分离度产生影响的几个参数　分离度（R_s）受容量因子（k'）、理论塔板数（N）、组分的相对保留值（α）的影响（参见第二章）。因此，改变淋洗液的离子强度可以控制 k'值。例如，当淋洗液的 k'值大于被测物的 k'值时，保留时间将缩短；反之，若被测物的 k'值大于淋洗液的 k'值，保留时间将延长。

对分离度有影响的因素还有分离柱的理论塔板数（N）和组分的相对保留值（α）。增加色谱柱的理论塔板数可以改善分离的效果。色谱柱用小颗粒树脂填充理论塔板数一般较高，但淋洗液的流速、柱压等色谱参数会有改变。α表示的是两种溶质的保留值之比。增大相对保留值（α）可以明显提高分离度。而增加α值最简便而有效的方法是选择合适的固定相和流动相的浓度或组成。除上所述，改善色谱柱的分离度还要综合考虑组分对交换树脂的亲和力大小、离子半径以及价态高低等诸因素，从而确定适当的淋洗液类型、浓度和判定是否需要梯度淋洗。

（2）选用适当的分离（柱）方式　待测离子的亲（或疏）水性和水合能的大小是决定选择何种分离方式的主要因素。针对不同的测定对象，商品离子交换柱的亲（或疏）水性能可在其手册中查到。一般，水合能高和亲水性强的离子适合用离子交换分离，如一些常见阴、阳离子，可以选用树脂表面疏水性的分离柱；而水合能低、疏水性强的离子，如 I^-、SCN^-等可以选择亲水性较强的分离柱。此类离子除可用电导检测外，还可以用安培检测，而且灵敏度更高。

（3）采用适当的样品前处理　离子交换树脂被一些强亲和力的离子沾污后可以对树脂的交换容量造成严重的伤害，有时是不可逆的。因此，对于基体复杂的样品进行适当的样品前处理有利于改善分离同时对分离柱也有保护作用。例如高含氯样品中氯离子的去除改善了相邻组分的分离。某些离子半径较大的阴离子，如 WO_4^{2-}、

VO_4^{3-}、MoO_4^{2-}等在碱性条件下在阴离子交换树脂上有较强的保留。

3．死体积增大

分离柱入口树脂损失造成死体积增大或树脂床进入空气使树脂床产生沟流均会使分离度下降。沟流时可造成色谱峰分叉，见图 8-9。

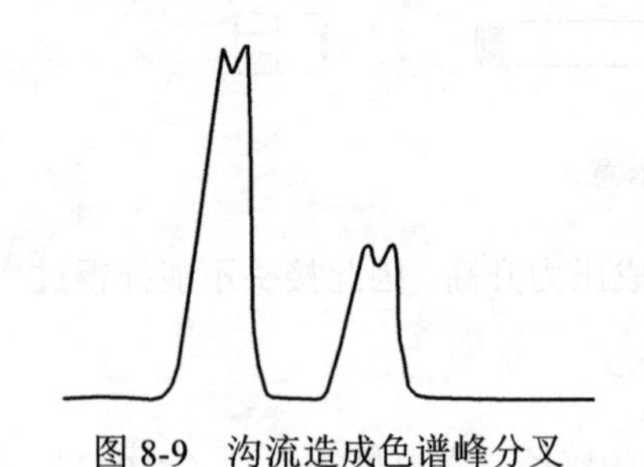

图 8-9　沟流造成色谱峰分叉

另外在使用中要注意色谱柱的 pH 适应范围，如果超出该范围分离度将下降。若分离柱入口处出现空隙，可填充一些惰性树脂球以减小死体积的影响。分离柱的出口与系统之间的连接应用内径小的 PEEK 管（内径 0.25mm），而 2mm 直径色谱柱应采用 0.125mm 内径 PEEK 管，以减小柱效损失。此外，采用高强度 PEEK 塑料制造的锥形接头比材质较软的平头式接头死体积要小。此种接头与柱体上端的接触面更加吻合。图 8-10 为高强度 PEEK 塑料锥形接头结构。

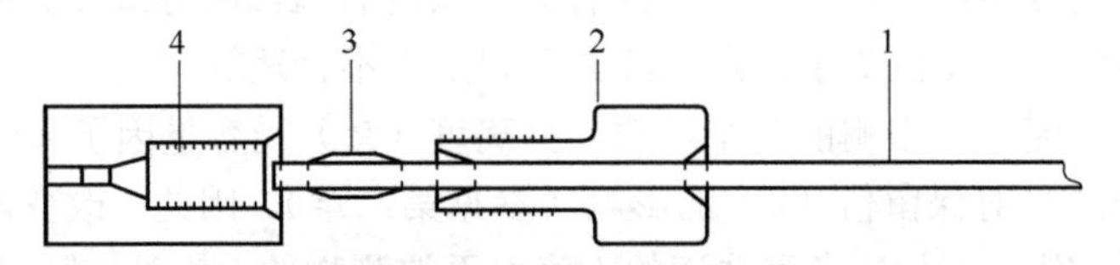

图 8-10　高强度 PEEK 塑料锥形接头结构

1—塑料连接管；2—螺栓；3—密封头；4—螺口

4．保留时间缩短或延长

色谱峰保留时间的改变会影响待测组分的定性和定量，因为在色谱分析中稳定的保留时间对于获得准确、可靠的结果是十分重要的。离子色谱中影响保留时间稳定的因素有以下几个。

① 仪器的某部分可能有漏液，例如接头处没拧紧等。

② 系统内有气泡使得泵不能按设定的流速传送淋洗液。

③ 分离柱交换容量下降，使保留时间缩短。

④ 由于抑制器的问题引起保留时间的变化。抑制器的问题常常被误认为是分离柱的问题。抑制器可以被样品中的金属离子、疏水型离子所沾污（例如，非离子型表面活性剂的沾污可使硫酸根的保留时间延长）。

⑤ 使用 NaOH 淋洗液时空气中的 CO_2 对保留时间的影响。碳酸根的存在使淋洗液的淋洗强度增大。

解决的办法是：

① 采用 50%（质量分数）NaOH 储备液；

② 使用预先经过脱气的水配制；

③ 配好的淋洗液用氦气或高纯氮气保护。

四、抑制器使用中的常见故障

抑制器在化学抑制型离子色谱中具有举足轻重的作用。抑制器工作性能的好坏对分析结果有很大的影响。抑制器是由不同性质的微膜、电极和筛网构成（详见第四章）的。抑制器最常见的故障是漏液、峰面积减小（灵敏度下降）和背景电导升高。

1．峰面积（或峰高）减小

峰面积减小主要有以下原因造成：微膜脱水、抑制器漏液、溶液流路不畅和微膜被沾污。抑制器长时间停用之后，若保管不善常发生微膜脱水现象。为激活抑制器，可用注射器向阴离子抑制器内以淋洗液流路相反的方向注入少许0.2mol/L硫酸；阳离子用0.2mol/L氢氧化钠，同时向再生液进口注入少许去离子水，并将抑制器放置0.5h以上，而目前最新型的抑制器只需注入去离子水即可活化。以上做法是为了使抑制器内的微膜充分水化，恢复离子交换功能。另外，在微膜充分水化之前，应避免用高压泵直接泵溶液进入抑制器，因为微膜脱水后变脆易破裂。

抑制器内的微膜也会被沾污，特别是金属离子。沾污后抑制容量会有所下降。抑制器内沾污的金属离子可以用草酸溶液清洗。草酸可与金属离子生成配合物从而消除金属离子对微膜的沾污。

2．背景电导高

在化学抑制型电导检测分析过程中，若背景电导高，则说明抑制器部分存在一定的问题。绝大多数的问题是操作不当造成的。例如，淋洗液或再生液流路堵塞，系统中无溶液流动造成背景电导偏高或使用的电抑制器其电流设置得太小等。膜被污染后交换容量下降亦会使背景电导升高。而失效的抑制器在使用时会出现背景电导持续升高的现象，此时应更换一支新的抑制器。

3．漏液

抑制器漏液主要有以下几个原因。

① 使用前抑制器内的微膜没有经过充分水化使得抑制器的交换膜缺乏良好的渗透性。因此，长时间未使用的抑制器在使用前应先向内注入少许去离子水（3～5mL），并放置30min待微膜水化溶胀后再使用。

② 长期使用后在抑制器内的交换膜表面和流路中会产生某些沉淀物，从而造成流路堵塞，反压升高，引起抑制器漏液。

③ 再生液废液出口堵塞，造成抑制器内反压增加造成漏液。可以用以下方法检查系统反压：

a．连接管路从进样阀至废液，同分析流速，平衡2～3min后，记录压力P_1，见图8-11（a）。

b．连接管路从进样阀至检测池，并在检测池出口处根据实验流速安装反压管。可以使用内径为0.025cm的PEEK管作为反压管，流速为1mL/min时反压管长度为

120cm；流速为 2mL/min 时反压管长度为 60cm（见表 8-1）。同分析流速，平衡 2～3min 后，记录压力 P_2，见图 8-11（b）。

c．$P_2-P_1<0.3\text{MPa}$。

表 8-1 离子色谱常用 PEEK 管的反压

颜色①	id/cm	id/in	液体体积/(mL/ft)	反压(1.0mL/min)/(psi/cm)	反压(1.0mL/min)/(psi/ft)	反压(0.25mL/min)/(psi/cm)
绿色	0.076	0.030	0.137	0.003	0.86	0.021
橙色	0.051	0.020	0.061	0.015	0.435	0.109
蓝色	0.033	0.013	0.026	0.081	2.437	0.609
黑色	0.025	0.010	0.015	0.232	6.960	1.740
红色	0.013	0.005	0.004	3.712	111.360	27.840
黄色	0.008	0.003	0.001	28.642	859.259	214.815
浅蓝	0.006	0.0025	0.0009	58.0	1766.0	441.0

① 不同生产商 PEEK 管的颜色可能会不同。

注：1in=2.54cm；1ft=30.48cm；1psi=6894.76Pa。

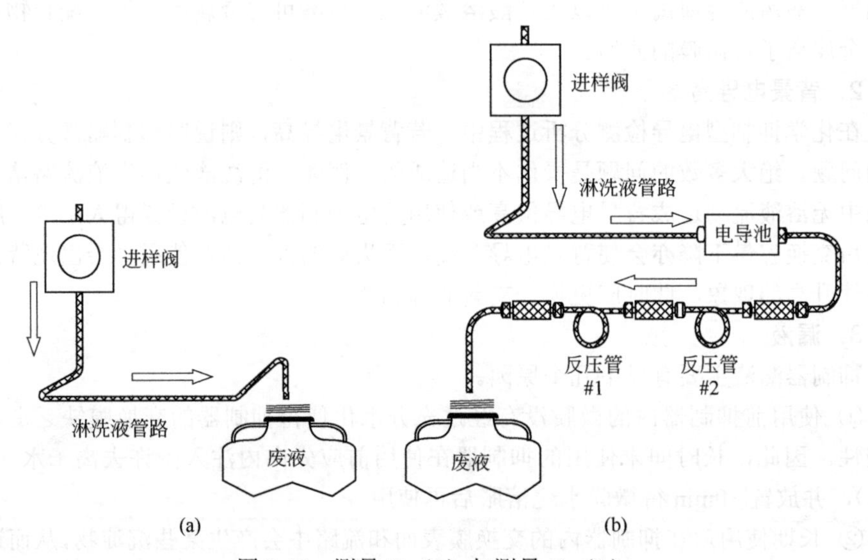

图 8-11 测量 P_1（a）与测量 P_2（b）

如果压力超出指定范围，执行以下步骤：

i．重复步骤 a 和 b，以验证 P_1 和 P_2；

ii．排除管路可能的堵塞等原因；

iii．减少或缩短反压管的长度以便于 P_2-P_1 的结果在正常范围之内。

另外，由于抑制器保管不当造成抑制器内的微膜收缩、破裂也会发生漏液现象。

第二节 色谱柱和抑制器的保存与清洗

一、色谱柱的保存方法

色谱柱的填料不同，色谱柱的保存方法也各异。一般而言，大多数离子分离柱是在碱性条件下保存，而阳离子分离柱是在酸性条件下保存。具体的保存方法可参考色谱柱的使用说明书。需要长时间保存时（30d 以上），先按要求向柱内泵入保存液，然后将柱子从仪器上取下，用无孔接头将柱子两端堵死后放在通风干燥处保存。短时间不使用，建议每周应至少开机一次，让仪器运行 1～2h。

二、抑制器的保存方法

微膜抑制器应让其内部保持潮湿的环境。因为微膜在干燥的环境中会变脆且易破，若在其干燥的情况下施加较大压力有可能会造成膜破裂。如果停用前使用的淋洗液是强酸、强碱或含有有机溶剂，建议用去离子水将抑制器冲至中性。再次使用前应允许微膜充分水化溶胀之后再将其连接到仪器上。从仪器上取下的抑制器必须要用无孔接头将所有接口堵死，以防内部干燥。抑制器可按以下方法保存：

1．阴离子抑制器（ASRS-ULTRA）的保存和清洗

短时间保存（一周内），如果系统没有使用过有机溶剂，停用后，用流动相充满系统，直接用接头将所有螺孔拧紧。若使用了有机溶剂，泵入 10 mL 去离子水通过抑制器后用接头拧紧。

长时间保存（一周以上），如果系统没有使用过有机溶剂，则用注射器，缓慢注入 ELUENT OUT 端 3mL 200mmol/L H_2SO_4，REGEN IN 端 5mL 200mmol/L H_2SO_4，用接头将所有螺孔拧紧。若使用了有机溶剂，先泵入 10mL 去离子水，再将 H_2SO_4 注入，之后将接头拧紧。

长时间未使用的抑制器在使用前应先让抑制器充分水化 20min 再使用，同时保证出口顺畅。

2．阳离子抑制器（CSRS-ULTRA）的保存和清洗

短时间保存（一周内），如果系统没有使用过有机溶剂，停用后，用流动相充满系统，直接用接头将所有螺孔拧紧。若使用了有机溶剂，泵入 10 mL 去离子水通过抑制器后用接头拧紧。

长时间保存（一周以上），如果系统没有使用过有机溶剂，则用注射器缓慢注入 ELUENT OUT 端 3mL 200mmol/L NaOH，REGEN IN 端 5mL 200mmol NaOH，用接头将所有螺孔拧紧。若使用了有机溶剂，先泵入 10mL 去离子水，再将 NaOH 注入，之后将接头拧紧。

长时间未使用的抑制器在使用前应先让抑制器充分水化 20min 再使用，同时保证出口顺畅。

三、色谱柱与抑制器的清洗

色谱柱、抑制器被沾污后将使色谱柱的柱效和抑制器的抑制容量下降。其现象有：分离柱的保留时间较正常时间缩短，分离度下降。使用电导检测器时，背景电导较以前增加，说明抑制器的抑制能力减小了。以上问题是复杂样品中存在的一些无机离子或有机物对离子交换树脂(膜)的可逆或不可逆的损害造成的。就阴离子分离柱而言，样品中可能存在的离子半径较大的阴离子，如 WO_4^{2-}、VO_4^{3-}、MoO_4^{2-}等离子对离子交换树脂有较强的亲和力，用正常浓度的淋洗液不能将其洗脱，因此这些离子便占据了部分交换容量，从而使交换容量下降、分辨率降低。样品中过量的有机溶剂对交换树脂表面的交换基团有不利的影响，特别是对一些交联度不高的交换树脂。带有丙烯酸盐交换基团的阴离子分离柱对溶液中 H^+的浓度有限制。

选择适当的柱清洗方法可使受到污染的色谱柱的分离度得到恢复或部分恢复。色谱柱的清洗方法可以从色谱柱的使用说明书中查到，图 8-12（a）和图 8-12（b）是一种阴离子交换柱被 1%浓度的腐殖酸污染后用 THF(四氢呋喃)和盐酸的混合溶液清洗的结果，清洗后色谱柱的分离度可恢复至污染前的 95%左右。通常在发现色谱柱保留时间开始提前后便应当进行清洗，不要等到色谱柱污染较严重后再清洗，因为此时的效果往往不好。

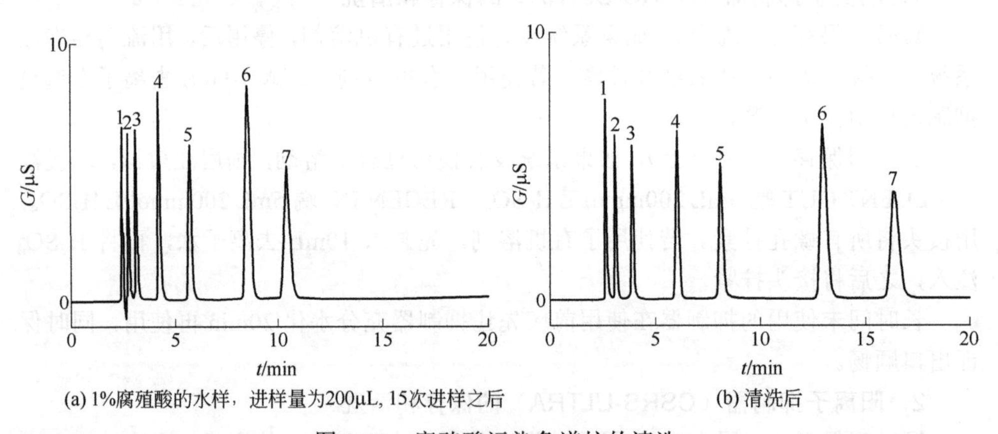

图 8-12 腐殖酸污染色谱柱的清洗

分离柱：IonPac AS16 4mm 淋洗液：35mmol/L NaOH 流速：10mL/min

检测器：抑制型电导 柱温：30℃

色谱峰（mg/L）：1—F^-（2）；2—Cl^-（2）；3—SO_4^{2-}（5）；4—$S_2O_3^{2-}$（10）；5—I^-（20）；6—SCN^-（20）；7—ClO_4^-（30）

在使用四氢呋喃作为清洗溶剂时，要注意浓度不要过高，建议控制在 20%以下，过高可能会使树脂基球溶胀，交换基团脱落，导致交换容量下降。样品中 Fe、Pb

浓度较高时，对表面磺化的季铵基阴离子交换树脂有不利的影响，严重时会使色谱峰拖尾，例如样品中的 Pb^{2+}会使 PO_4^{3-} 的色谱峰拖尾。带有羧基交换基团的阳离子交换树脂不能接受含有醇类的样品或使用含有醇类的淋洗液，因为醇类与羧酸盐反应将发生酯化，破坏交换基团。

1．色谱柱的清洗

色谱柱清洗时有几点事项应注意：清洗前，应先将系统中的保护柱取下，并连接到分离柱之后，但色谱柱流动方向不变（见图 8-13）。这样做的目的是防止将保护柱内的污染物冲至相对清洁的分离柱内。将分离柱与系统分离让废液直接排出。另外，每次清洗后应先用去离子水冲洗 15min 以上，再用淋洗液平衡系统。清洗时的流速不宜过快，通常可设为 1mL/min。清洗时间依色谱柱而定，一般高容量色谱柱的清洗时间要长于普通容量的柱子。

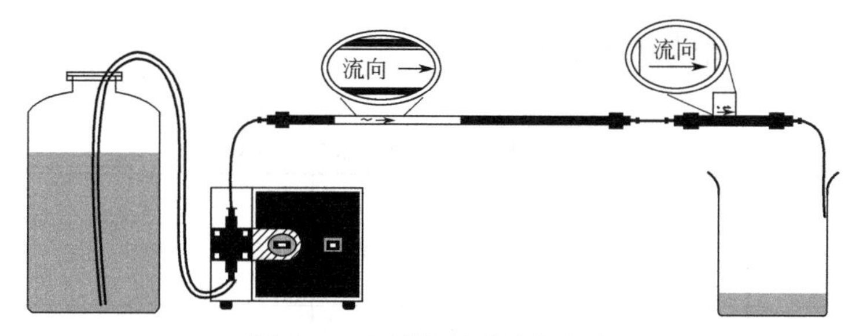

图 8-13　色谱柱清洗连接方式

（1）无机离子的沾污　离子半径较大的无机离子与交换基团结合，影响了正常的交换分离。首先应考虑用组分相同但浓十倍的淋洗液清洗色谱柱。清洗亲水性离子和某些金属（如 Al）可使用 1～3mol/L HCl。清洗阴离子分离柱上的金属（如 Fe）使用 0.1mol/L 草酸。对于疏水性的污染物，常用酸和有机溶剂配合清洗。

（2）有机物沾污　清洗色谱柱内的有机物常用甲醇或乙腈。但对带有羧基的阳离子分离柱要避免使用甲醇。低交联度离子交换树脂填充的色谱柱（交联度<5%）清洗液中有机溶剂的浓度不宜超过 5%。

（3）金属离子沾污　先用草酸清洗，如效果不理想，再用络合能力较强的吡啶-2,6-二羧酸（PDCA）进行清洗。

2．抑制器的清洗

化学抑制型离子色谱抑制器长时间使用后性能会有所下降。清洗时可使溶液由分析泵直接进入抑制器，然后从抑制器排至废液。液体流动的方向是：分析泵→抑制器淋洗液进口→淋洗液出口→再生液进口→再生液出口→废液。

（1）酸可溶的沉淀物和金属离子　阴离子抑制器使用配制于 1mol/L HCl 中的 0.1mol/L KCl。阳离子抑制器用 1mol/L 甲烷磺酸清洗。

（2）有机物　阴离子抑制器使用 10% 1mol/L HCl 和 90%乙腈溶液清洗；阳离子抑制器用 10% 1mol/L 甲烷磺酸和 90%乙腈溶液清洗。

附录

一、离子色谱的标准方法

表 1　采用离子色谱法的国家标准（GB）

方法编号	方 法 名 称	测定对象	样品基体
GB 13580.5—1992	大气降水中氟、氯、亚硝酸盐、硝酸盐、硫酸盐的测定离子色谱法	F^-、Cl^-、NO_2^-、NO_3^-、SO_4^{2-}	降水
GB/T 14642—2009	工业循环冷却水及锅炉水中氟、氯、磷酸根、亚硝酸根、硝酸根和硫酸根的测定离子色谱法	F^-、Cl^-、NO_2^-、NO_3^-、PO_4^{3-}、SO_4^{2-}	工业循环冷却水及锅炉水
GB/T 15454—2009	工业循环冷却水中钠、铵、钾、镁和钙离子的测定 离子色谱法	Na^+、NH_4^+、K^+、Mg^{2+}、Ca^{2+}	工业循环冷却水
GB 11446.7—2013	电子级水中痕量阴离子的离子色谱测试方法	F^-、Cl^-、NO_2^-、Br^-、NO_3^-、PO_4^{3-}、SO_4^{2-}	电子级水
GB/T 8538—2008	饮用天然矿泉水检验方法	阴离子、溴酸盐、碘化物、阳离子	饮用天然矿泉水
GB/T 5750.5—2006	生活饮用水标准检验方法无机非金属指标	F^-、Cl^-、NO_3^-、SO_4^{2-}	生活饮用水
GB/T 5750.6—2006	生活饮用水标准检验方法金属指标	Na^+、Li^+、K^+、Mg^{2+}、Ca^{2+}	生活饮用水
GB 8077—2012	混凝土外加剂匀质性试验方法	Cl^-	混凝土
GB 5085.3—2007	危险废物鉴别标准 浸出毒性鉴别 附录 F 固体废物氟离子、氯离子、亚硝酸根、氰酸根、溴离子、硝酸根、磷酸根、硫酸根的测定 离子色谱法	F^-、Cl^-、NO_2^-、NO_3^-、PO_4^{3-}、SO_4^{2-}、CN^-、Br^-	固体废物
GB/T 5750.10—2006	生活饮用水标准检验方法 饮用水中溴酸盐的测定——IC 法	BrO_3^-	生活饮用水
GB/T 5750.10—2006	生活饮用水标准检验方法 饮用水中 ClO_2、ClO_3^-、BrO_3^-、Br^- 的测定——IC 法	ClO_2、ClO_3^-、BrO_3^-、Br^-	生活饮用水

续表

方法编号	方 法 名 称	测定对象	样品基体
GB/T 20188—2006	小麦面粉中溴酸盐的测定 离子色谱法	BrO_3^-	小麦面粉
GB/T 17481—2008	预混料中氯化胆碱的测定(离子色谱法为仲裁法)	氯化胆碱	饲料
GB/T 21515—2008	饲料添加剂 天然甜菜碱	甜菜碱	饲料
GB/T 21533—2008	蜂蜜中淀粉糖浆的测定 离子色谱法	糖	蜂蜜
GB/T 5009.33—2010	食品中亚硝酸盐与硝酸盐的测定	NO_2^-、NO_3^-	食品
GB/T 23710—2009	饲料中甜菜碱的测定 离子色谱法	甜菜碱	饲料
GB/T 23780—2009	糕点中总糖的测定 离子色谱法	总糖	糕点
GB 5413.20—2013	食品安全国家标准 婴幼儿食品和乳品中胆碱的测定	胆碱	婴幼儿食品和乳品
GB/T 23978—2009	液状染料 氯离子含量的测定 离子色谱法	氯离子	液状染料
GB 1610—2009	工业铬酸酐硫酸盐含量的测定 离子色谱法	硫酸盐	工业铬酸酐
GB/T 24533—2009	锂离子电池石墨类负极材料 附录J 阴离子的测试方法	阴离子	石墨
GB/T 24533—2009	锂离子电池石墨类负极材料 附录J 全硫的测试方法	硫	石墨
GB/T 24800.13—2009	化妆品中亚硝酸盐的测定	亚硝酸盐	化妆品
GBZ/T 160.36—2004	中华人民共和国国家职业卫生标准:工业场所空气有毒物质测定 氟化物	氟化物	空气
GBZ/T 160.37—2004	中华人民共和国国家职业卫生标准:工业场所空气有毒物质测定 氯化物	氯化物	空气
GBZ/T 160.85—2007	中华人民共和国国家职业卫生标准:工业场所空气有毒物质测定碘及其化合物	碘及其化合物	空气
GB/T 32113—2015	口腔护理产品中氯酸盐的测定 离子色谱法	氯酸盐	口腔护理产品
GB/T 32093—2015	化妆品中碘酸钠的测定 离子色谱法	碘酸钠	化妆品
GB/T 31197—2014	无机化工产品 杂质阴离子的测定 离子色谱法	阴离子	无机化工产品
GB/T 30906—2014	三聚磷酸钠中三聚磷酸钠含量的测定 离子色谱法	三聚磷酸钠	三聚磷酸钠
GB/T 11446.7—2013	电子级水中痕量阴离子的离子色谱测试方法	阴离子	电子级水
GB/T 29400—2012	化肥中微量阴离子的测定 离子色谱法	阴离子	化肥
GB/T 3884.12—2010	铜精矿化学分析方法 第12部分:氟和氯含量的测定 离子色谱法	氟和氯	铜精矿
GB/T 6730.69—2010	铁矿石 氟和氯含量的测定 离子色谱法	氟和氯	铁矿石
GB/T 24876—2010	畜禽养殖污水中七种阴离子的测定 离子色谱法	阴离子	畜禽养殖污水
GB/T 28159—2011	电子级磷酸	磷酸	电子级试剂

表 2 采用离子色谱法的中国行业标准

方法编号	方法名称	测定对象	样品基体
DZ/T 0064.51—1993（中华人民共和国地质矿产行业标准）	地下水质检验方法 离子色谱法测定氯离子、氟离子、溴离子、硝酸根和硫酸根	F^-、Cl^-、NO_2^-、NO_3^-、SO_4^{2-}	地下水
DZ/T 0064.28—1993（中华人民共和国地质矿产行业标准）	地下水质检验方法 离子色谱法测定钾、钠、锂和铵	钾、钠、锂和铵	地下水
SL 86—94（中华人民共和国水利行业标准）	水中无机阴离子的测定（离子色谱法）（适用于地面水、地下水、饮用水、降水和工业废水中 F^-、Cl^-、NO_2^-、NO_3^-、PO_4^{3-}、SO_4^{2-} 的测定）	F^-、Cl^-、NO_2^-、NO_3^-、PO_4^{3-}、SO_4^{2-}	地面水、地下水、饮用水、降水和工业废水
CJ/T 143—2001（中华人民共和国城镇建设行业标准）	城市供水钠、镁、钙的测定 离子色谱法	钠、镁、钙	城市供水
DL/T 954-2005（中华人民共和国电力行业标准）	火力发电厂水汽试验方法 痕量氟离子、乙酸根离子、甲酸根离子、氯离子、亚硝酸根离子、硝酸根离子、磷酸根离子和硫酸根离子的测定 离子色谱法	痕量有机酸和阴离子	蒸汽凝结水 高纯水
DL/T 301—2011（中华人民共和国电力行业标准）	发电厂水汽中痕量阳离子的测定 离子色谱法	阳离子	发电厂水汽
SY/T 5523—2006（中华人民共和国石油天然气行业标准）	油田水分析方法	阴、阳离子	油田水
SY/T 7001—2014（中华人民共和国石油天然气行业标准）	醇胺脱硫溶液中热稳定盐阴离子组成分析离子色谱法	阴离子	醇胺脱硫溶液
NY/T 1375—2007（中华人民共和国农业行业标准）	植物产品中亚硝酸盐与硝酸盐的测定 离子色谱法	亚硝酸盐与硝酸盐	植物产品
NY/T 1374—2007（中华人民共和国农业行业标准）	植物产品中氟的测定 离子色谱法	氟	植物产品
HJ/T 83—2001（中华人民共和国国家环境保护标准）	水质可吸附有机卤素(AOX)的测定 离子色谱法	可吸附有机卤素（AOX）	水
HG 544—2009（中华人民共和国国家环境保护标准）	固定污染源废气 硫酸雾的测定 离子色谱法	硫酸雾	固定污染源废气
HG 549—2009（中华人民共和国国家环境保护标准）	环境空气和废气 氯化氢的测定 离子色谱法	氯化氢	环境空气和废气

续表

方法编号	方 法 名 称	测定对象	样品基体
HJ 84—2016（中华人民共和国国家环境保护标准）	水质 无机阴离子（F^-、Cl^-、NO_2^-、Br^-、NO_3^-、PO_4^{3-}、SO_3^{2-}、SO_4^{2-}）的测定 离子色谱法	无机阴离子	水
HJ 812—2016（中华人民共和国国家环境保护标准）	水质 可溶性阳离子（Li^+、Na^+、NH_4^+、K^+、Ca^{2+}、Mg^{2+}）的测定 离子色谱法	无机阳离子	水
HJ 799—2016（中华人民共和国国家环境保护标准）	环境空气 颗粒物中水溶性阴离子（F^-、Cl^-、Br^-、NO_2^-、NO_3^-、PO_4^{3-}、SO_3^{2-}、SO_4^{2-}）的测定 离子色谱法	无机阴离子	环境空气颗粒物
YC/T 283—2009（中华人民共和国烟草行业标准）	烟草及烟草制品 淀粉的测定 酶水解-离子色谱法	葡萄糖	烟草及烟草制品
YC/T 248—2008（中华人民共和国烟草行业标准）	烟草及烟草制品 无机阴离子的测定 离子色谱法	无机阴离子	烟草及烟草制品
YC/T 251—2008（中华人民共和国烟草行业标准）	烟草及烟草制品 葡萄糖、果糖、蔗糖的测定 离子色谱法	葡萄糖、果糖、蔗糖	烟草及烟草制品
YC/T 252—2008（中华人民共和国烟草行业标准）	烟用料液 葡萄糖、果糖、蔗糖的测定 离子色谱法	葡萄糖、果糖、蔗糖	烟用料液
YC/T 275—2008（中华人民共和国烟草行业标准）	卷烟纸中柠檬酸根离子、磷酸根离子和醋酸根离子的测定 离子色谱法	柠檬酸根离子、磷酸根离子和醋酸根离子	卷烟纸
YC/T 346—2010（中华人民共和国烟草行业标准）	烟草及烟草制品 果胶的测定 离子色谱法	半乳糖醛酸	烟草及烟草制品
YC/T 348—2010（中华人民共和国烟草行业标准）	卷烟主流烟气中氮氧化物的测定 离子色谱法	氮氧化物	气体（卷烟烟气）
YC/T 375—2010（中华人民共和国烟草行业标准）	烟用添加剂环己氨基磺酸钠的测定 离子色谱法	环己氨基磺酸钠	烟用添加剂
YC/T 377—2010（中华人民共和国烟草行业标准）	卷烟 主流烟气中氨的测定 离子色谱法	氨	烟草制品
YC/T 412—2011（中华人民共和国烟草行业标准）	烟用聚丙烯丝束滤棒成型水基胶粘剂 亚硝酸盐的测定 离子色谱法	亚硝酸盐	烟用聚丙烯丝束滤棒成型水基胶粘剂

续表

方法编号	方法名称	测定对象	样品基体
YC/T 403—2011（中华人民共和国烟草行业标准）	卷烟 主流烟气中氰化氢的测定 离子色谱法	氰化氢	烟草制品
YC/T 422—2011（中华人民共和国烟草行业标准）	烟用添加剂中一氯乙酸的测定 离子色谱法	一氯乙酸	烟用添加剂
YC/T 448—2012（中华人民共和国烟草行业标准）	烟草及烟草制品 游离氨基酸的测定 离子色谱-积分脉冲安培法	游离氨基酸	烟草及烟草制品
YC/T 499—2014（中华人民共和国烟草行业标准）	烟草及烟草制品 硫的测定 离子色谱法	硫	烟草及烟草制品
SN/T 2704.1—2010（中华人民共和国出入境检验检疫行业标准）	切削液和机床排泄液 第 1 部分：磷酸根的测定 离子色谱法	磷酸根	切削液和机床排泄液
SN/T 2704.2—2010（中华人民共和国出入境检验检疫行业标准）	切削液和机床排泄液 第 2 部分：氯、溴的测定 离子色谱法	氯、溴	切削液和机床排泄液
SN/T 2704.3—2010（中华人民共和国出入境检验检疫行业标准）	切削液和机床排泄液 第 3 部分：亚硝酸根的测定 离子色谱法	亚硝酸根	切削液和机床排泄液
SN/T 2762—2011（中华人民共和国出入境检验检疫行业标准）	进出口石墨中氟含量的测定 离子色谱法	氟	石墨
SN/T 0736.14—2011（中华人民共和国出入境检验检疫行业标准）	进出口化肥检验方法 第 14 部分：离子色谱法测定微量无机阴离子	阴离子	化肥
SN/T 3019.1—2011（中华人民共和国出入境检验检疫行业标准）	电子电气产品中卤素的测定 第 1 部分：氢弹燃烧-离子色谱法	卤素类阴离子	电子电气产品
SN/T 2994—2011（中华人民共和国出入境检验检疫行业标准）	有机化工产品中氟、氯和硫酸根的测定 离子色谱法	氟、氯和硫酸根	有机化工产品
SN/T 2993—2011（中华人民共和国出入境检验检疫行业标准）	磷矿石中氟和氯的测定 离子色谱法	氟和氯	磷矿石
SN/T 3138—2012（中华人民共和国出入境检验检疫行业标准）	出口面制品中溴酸盐的测定 柱后衍生离子色谱法	溴酸盐	面制品
SN/T 3185—2012（中华人民共和国出入境检验检疫行业标准）	原油中卤素含量的测定 氧弹燃烧-离子色谱法	卤素类阴离子	原油

续表

方法编号	方 法 名 称	测定对象	样品基体
SN/T 3360—2012（中华人民共和国出入境检验检疫行业标准）	聚合物中重铬酸钠的测定 离子色谱法	重铬酸钠	聚合物
SN/T 3019.2—2013（中华人民共和国出入境检验检疫行业标准）	电子电气产品中卤素的测定 第 2 部分：氧仓燃烧离子色谱法	卤素类阴离子	电子电气产品
SN/T 3528—2013（中华人民共和国出入境检验检疫行业标准）	进出口化妆品中亚硫酸盐和亚硫酸氢盐类的测定 离子色谱法	亚硫酸盐和亚硫酸氢盐	化妆品
SN/T 3653—2013（中华人民共和国出入境检验检疫行业标准）	食品接触材料 无机非金属材料 水模拟物中氟离子的测定 离子色谱法	氟离子	食品接触材料 无机非金属材料
SN/T 3636—2013（中华人民共和国出入境检验检疫行业标准）	出口食品中硫酸盐的测定 离子色谱法	硫酸盐	食品
SN/T 3608—2013（中华人民共和国出入境检验检疫行业标准）	进出口化妆品中氟的测定 离子色谱法	氟	化妆品
SN/T 3727—2013（中华人民共和国出入境检验检疫行业标准）	出口食品中碘含量的测定	碘离子	食品
SN/T 3919—2014（中华人民共和国出入境检验检疫行业标准）	铁矿石中水溶性氯化物含量的测定方法 离子色谱法	水溶性氯化物	铁矿石
SN/T 3911—2014（中华人民共和国出入境检验检疫行业标准）	建筑用砂石中水溶性氯离子含量的测定 离子色谱法	水溶性氯离子	建筑用砂石
SN/T 3974—2014（国家质量监督检验检疫总局）	电镀产品中痕量六价铬的测定 柱后衍生离子色谱法	六价铬	电镀产品
HG/T 4199—2011（中华人民共和国化工行业标准）	无机化工产品中氟含量测定 离子色谱法	氟离子	无机化工产品
YS/T 820.11—2012（中华人民共和国有色金属行业标准）	红土镍矿化学分析方法 第 11 部分：氟和氯量的测定 离子色谱法	氟离子和氯离子	红土镍矿
YS/T 928.6—2013（中华人民共和国有色金属行业标准）	镍、钴、锰三元素氢氧化物化学分析方法 第 6 部分：硫酸根离子量的测定 离子色谱法	硫酸根	镍、钴、锰三元素氢氧化物
JJG 823—2014（中华人民共和国国家计量检定规程）	离子色谱仪	阴离子、阳离子	

续表

方法编号	方法名称	测定对象	样品基体
JY/T 020—1996	离子色谱分析方法通则		
化妆品安全技术规范（2015 年版）	巯基乙酸的离子色谱测定	巯基乙酸	化妆品
化妆品安全技术规范（2015 年版）	锶的离子色谱测定	锶	化妆品
化妆品安全技术规范（2015 年版）	乙醇胺等 5 种组分的离子色谱测定	乙醇胺等	化妆品
化妆品安全技术规范（2015 年版）	羟基酸的离子色谱法测定	羟基酸	化妆品
中国药典（2015 年版）（参见二部 366 页）	肝素钠的杂质测定离子色谱法	多硫酸软骨素、硫酸皮肤素、半乳糖胺	药物
中国药典（2015 年版）（参见二部 458 页）	帕米膦酸二钠含量测定 离子色谱法	帕米膦酸	药物
中国药典（2015 年版）（参见二部 1034 页）	氯膦酸二钠注射液，胶囊含量测定 离子色谱法	氯膦酸二钠	药物
中国药典（2015 年版）（参见二部 670 页）	盐酸头孢吡肟中 *N*-甲基吡咯烷的测定 离子色谱法	*N*-甲基吡咯烷	药物

二、有机酸的 pK_a 值

表 3 有机酸的 pK_a 值（按 pK_1 增加的顺序排列）

有机酸	pK_1	pK_2	pK_3
乌头酸（aconitic）			
二-羟基异丁酸（2-hydroxyisobutyric）	3.72		
对苯二酸（terephthalic）			
二羟基环丁烯二酮，方型酸（squaric）	0.40	3.10	
三氯乙酸（trichloroacetic）	0.66		
苯六甲酸（mellitic）	0.70	2.21	3.52
二氯乙酸（dichloroacetic）	0.87		
草酸（oxalic）	1.04	3.82	
硝基乙酸（nitroacetia）	1.46		
马来酸（maleic）	1.75	5.83	
氧代戊二酸（ketoglutaric）	1.85	4.44	
乳清酸（orotic）	1.96	9.34	
柠康酸，甲基顺（式）丁烯二酸（citraconic）	2.20	5.60	
丙酮酸（pyruvic）	2.26		

续表

有 机 酸	pK_1	pK_2	pK_3
1,2,4-苯三酸（trimellitic）	2.40	3.71	5.01
氟乙酸（fluoroacetic）	2.59		
中康酸，甲基富马酸（mesaconic）	2.61		
氰基乙酸（cyanoacetic）	2.63		
丙二酸（malonic）	2.65	5.28	
氯乙酸（chloroacetic）	2.68		
5-羟基水杨酸（5-hydeoxysalicylic）	2.70		
二硫代酒石酸（dithiotartaric）	2.71	3.48	8.89
溴乙酸（bromoacetic）	2.72		
苯二甲酸（phthalic）	2.75	4.93	
氧联二乙酸（oxydiacetic）	2.79	3.93	
水杨酸（salicylic）	2.81	13.40	
酒石酸（tartaric）	2.82	3.95	
富马酸（fumaric）	2.85	4.10	
柠檬酸（citric）	2.87	4.35	5.69
碘乙酸（iodoacetic）	2.98		
异柠檬酸 isocitrate	3.02	4.28	5.75
黏液酸，半乳糖二酸（mucic）	3.08	3.63	
苯乙醇酸（mandelic）	3.19		
半乳糖醛酸（galacturonic）	3.23	11.42	
苹果酸（malic）	3.24	4.71	
硫羟苹果酸（thiomalic）	3.30	4.60	10.38
奎宁酸（quinic）	3.36		
巯基乙酸（thioglycolic）	3.42	10.11	
硫羟乳酸（thiolactic）	3.48	10.08	
马尿酸（hippuric）	3.50		
甘油酸（glyceric）	3.52		
甲酸（formic）	3.55		
羟基乙酸（hydroxyacetic）	3.63		
乳酸（lactic）	3.66		
衣康酸（itaconic）	3.68	5.14	
苯甲酸（benzoic）	4.00		
琥珀酸（succinic）	4.00	5.24	
抗坏血酸（ascorbic）	4.03	11.34	
4-羟基苯甲酸（4-hydroxybenzoic）	4.10	9.96	
乙烯基乙酸（vinylacetic）	4.12		
戊二酸（glutaric）	4.13	5.03	

续表

有 机 酸	pK_1	pK_2	pK_3
丙烯酸（acrylic）	4.26		
己二酸（adipic）	4.26	5.03	
庚二酸（pimelic）	4.31	5.08	
3-巯基丙酸（3-mercaptopropanoic）	4.34	10.84	
壬二酸（azelaic）	4.39	5.12	
茴香酸（anisic）	4.48		
乙酸（acetic）	4.56		
异戊酸（isovaleric）	4.58		
丁酸（butanoic）	4.63		
异丁酸（isobutyric）	4.63		
戊酸（valeric）	4.64		
丙酸（propanoic）	4.67		
巴豆酸（crotonic）	4.69		
新戊酸（pivalic）	4.83		
己酸（caproic）	4.85		
辛酸（octanoic）	4.89		
尿酸（uric）	5.61		
胍（guanidine）	13.54		